中国宁乡式铁矿

刘云勇　贺爱平　秦元奎　王　峰　杨宏伟　吴义松　斯小华
姚敬劬　程建荣　张华成　徐元进　万传辉　程　龙　李小伟　编著

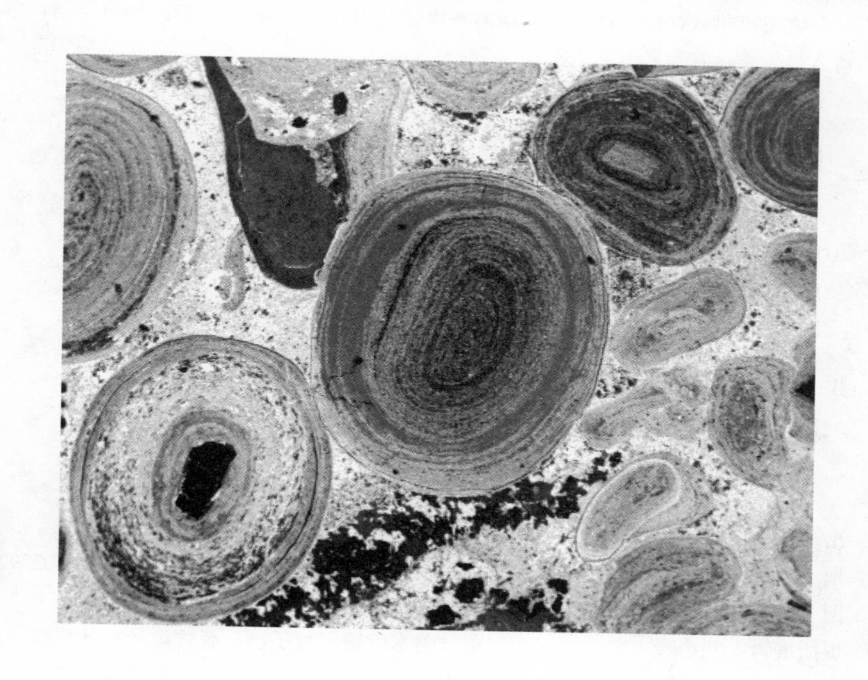

北　京
冶　金　工　业　出　版　社
2017

内 容 提 要

宁乡式铁矿是我国重要的铁矿类型和最重要的沉积铁矿类型，矿石矿物主要为赤铁矿，伴有褐铁矿、鲕绿泥石、菱铁矿、方解石、白云石、石英、玉髓、胶磷矿和黏土矿物等，且含磷偏高，选冶技术有较大难度。

本书综合历年来对宁乡式铁矿进行的技术攻关成果，从矿产地质、地质勘查和选冶技术三个方面对宁乡式铁矿的百年地质和开发利用研究进行系统和深入的总结。矿产地质篇阐述了宁乡式铁矿多年来的地质研究成果，重点是对宁乡式铁矿成矿背景、成矿作用、成矿环境的新的研究成果。地质勘查篇从勘查历史、勘查阶段、勘查工程网度等方面对宁乡式铁矿地质勘查工作进行了总结、评述，以及近几年来新开展的遥感、资源潜力评价技术的成果。选冶技术篇介绍宁乡式铁矿工艺矿物特征、选冶技术、工艺设备和选矿药剂，总结了半个世纪以来选冶研究的主要成果和最新进展。

本书可供铁矿地质研究、地质勘查以及选冶研究领域的工程技术人员、科研人员、管理人员和教学人员阅读。

图书在版编目(CIP)数据

中国宁乡式铁矿/刘云勇等编著．—北京：冶金工业出版社，2017.1

ISBN 978-7-5024-7439-3

Ⅰ.①中…　Ⅱ.①刘…　Ⅲ.①铁矿床—矿产地质—中国
Ⅳ.①P618.31

中国版本图书馆 CIP 数据核字（2016）第 304713 号

出 版 人　谭学余
地　　址　北京市东城区嵩祝院北巷 39 号　邮编　100009　电话　(010)64027926
网　　址　www.cnmip.com.cn　电子信箱　yjcbs@cnmip.com.cn
责任编辑　刘小峰　曾　媛　李鑫雨　美术编辑　彭子赫　版式设计　孙跃红　彭子赫
责任校对　王永欣　责任印制　李玉山

ISBN 978-7-5024-7439-3

冶金工业出版社出版发行；各地新华书店经销；三河市双峰印刷装订有限公司印刷
2017 年 1 月第 1 版，2017 年 1 月第 1 次印刷
787mm×1092mm　1/16；24 印张；52 彩页；738 千字；465 页
168.00 元

冶金工业出版社　投稿电话　(010)64027932　投稿信箱　tougao@cnmip.com.cn
冶金工业出版社营销中心　电话　(010)64044283　传真　(010)64027893
冶金书店　地址　北京市东四西大街 46 号(100010)　电话　(010)65289081(兼传真)
冶金工业出版社天猫旗舰店　yjgycbs.tmall.com

序

宁乡式铁矿为有特色的泥盆纪海相沉积鲕状赤铁矿矿床，是我国铁矿的重要类型之一，在世界沉积铁矿中也颇具特色，广泛分布于湖北、湖南、江西、贵州、云南、四川、重庆、甘肃等省（市、区）。已查明铁矿资源储量38.05亿吨，约占全国铁矿总资源量的7%，占全国沉积铁矿探明储量的73.5%。

本书作者通过对宁乡式铁矿全面、系统和深入地研究总结，对宁乡式铁矿的内涵作了界定，从矿产地质、地质勘查和选冶技术试验三个方面进行阐述。我有幸在出版之前拜读了本书原稿，得益匪浅。

矿产地质部分主要阐明了宁乡式铁矿生成的地质构造背景、主要矿床地质特征、特殊的矿石物质成分、结构构造、含矿建造、铁矿与岩相古地理的关系和矿床的时空分布规律等，并建立了宁乡式铁矿的成矿模式。

第二部分总结了宁乡式铁矿地质勘查简史、勘查阶段、勘查类型、勘查网度，并对铁矿资源储量作了估算；阐明了遥感地质、磁法、电法测量在宁乡式铁矿地质勘探中的应用，丰富了我国铁矿地质勘探理论和方法。

由于宁乡式铁矿的矿石矿物主要为赤铁矿，伴有褐铁矿、鲕绿泥石、菱铁矿、方解石、白云石、石英、玉髓、胶磷矿和黏土矿物等，且含磷偏高，使选冶技术有较大难度。作者综合了许多单位历年来所做的大量选冶技术试验流程和结果以及不断进行的技术攻关成果，使宁乡式铁矿的工业利用程度有较大提高，但还有待进一步深化研究，逐步提高该类铁矿石的工业利用程度。这是一个十分迫切和长期的研究任务。

全书资料丰富，内容详尽、新颖，有不少创新点。例如，把宁乡式铁矿沉积建造分为稳定型沉积建造和准稳定型沉积建造两类，每大类又进一步划分为陆屑含铁建造和陆屑碳酸盐含铁建造；将含矿沉积盆地分为陆内断陷型、断坳型、断块型和走滑型四类；建立了宁乡式铁矿的成矿模式等。书中还附有44幅精美的彩色照片和40幅铁矿石的显微照片，其中不乏罕见的珍品，非常可贵。

以往对宁乡式铁矿的勘查深度普遍较低，一般不超过400m，勘探程度也较低，但沉积铁矿层延伸均较稳定，因此，铁矿资源潜力很大。前几年的矿产资源潜力评价结果也证实该类铁矿远景十分可观。

本书的出版将成为我国地质矿产志黑色金属卷的重要组成部分之一。

[signature]

2016年7月于北京

前　言

宁乡式铁矿——泥盆纪海相沉积鲕状铁矿，是我国重要的铁矿类型和最重要的沉积铁矿类型。国外海相沉积鲕状铁矿自古生代至新生代均有产出，主要矿床有法国洛林铁矿、英国北安普敦铁矿、西班牙弗拉达铁矿、俄罗斯刻赤铁矿、加拿大纽芬兰铁矿和美国伯明翰铁矿。与这些铁矿相比，中国宁乡式铁矿在成矿时代、控矿条件、矿床特征及物质成分等方面都具有自己的特色，应划分为世界沉积铁矿类型中单独的一个亚类。

中国宁乡式铁矿自1923年发现、1935年定名至今已有近百年历史。这种体量巨大的铁矿资源长期受到地质界和矿业界的关注。新中国成立前，谢家荣、刘季辰、刘彝祖、孙健初、程裕淇、徐瑞麟、许杰、吴燕生、王曰伦、李陶、李毓尧、李捷、王晓青等先后对湖北、湖南、重庆、江西等地的宁乡式铁矿的含矿层位、赋矿岩系、矿床特征和资源前景做过调查和评价。

新中国成立后，廖士范、程裕淇、徐安武等对铁矿形成的岩相古地理进行过研究，傅家谟详细划分了铁矿石相，姚培慧等总结了湖北、湖南、江西、广西等地典型宁乡式铁矿的地质特征，赵一鸣等对全国宁乡式铁矿的时空分布和演化作了一次全面的总结。

21世纪初，由于国家对铁矿资源需求的增长，对宁乡式铁矿的研究经一度沉寂后再次兴起。姚敬劬、张华成、刘云勇、徐柏安、贺爱平等在完成科技部“全国宁乡式铁矿开发利用和环境保护”研究项目时，全面收集了全国宁乡式铁矿地质勘查、地质研究和选冶试验资料；调研了湖北、湖南、江西、广西、云南、重庆等省市区的重要宁乡式铁矿；查明了全国宁乡式铁矿的时空分布、资源储量、成矿条件、矿床特征及开发利用现状；总结了多年来全国各单位完成的选冶试验成果，对宁乡式铁矿的工艺矿物学特征和加工技术条件进行了梳理和评价。

2011—2015年，秦元奎、杨宏伟、吴义松、刘云勇、李全洲、张清才、程建荣、姚敬劬、万传辉、斯小华、李小伟、程龙、邓江龙、邹璇、程林等完成了湖北省恩施—宜昌地区宁乡式铁矿整装勘查项目，除投入了包括遥感在内的大量地质勘查工作外，还设立了地质研究专项，对该区铁矿沉积盆地、含矿建造、岩相古地理和地球化学进行了研究。项目以现代沉积学理论作为支撑，充分利用盆地分析、建造分析、层序地层学、精细岩相古地理分析和沉积地球化学的方法，获得了新的发现和认识，为在该区寻找富矿、中磷铁矿、自熔性矿指明了方向。大体同一时期，湖南、云南、江西、贵州、广西、重庆等省市区启动了一批包括国家科技支撑项目、国土资源部公益性项目和全国危机矿山接替资源找矿项目在内的宁乡式铁矿研究项目，开展了多项公益性矿调和民营矿山企业出资的找矿勘查，取得了不菲的成绩。

本书第一篇“矿产地质”阐述了宁乡式铁矿多年来的地质研究成果，重点是近年来对宁乡式铁矿成矿背景、成矿作用、成矿环境的新认识。以中国华力西阶段构造格局、华南板块板内裂谷活动、扬子陆块和华北陆块第二次会聚造成秦岭海域的消减为视点，分析了宁乡式铁矿沉积盆地的空间配置、盆地类型、地球动力学成因。将宁乡式铁矿的沉积建造分为稳定型沉积建造和准稳定型沉积建造两大类，每大类又进一步划分为陆屑含铁建造和陆屑碳酸盐含铁建造两类。将含矿沉积盆地分为陆内断陷型、断坳型、断块型和走滑型四类，论证了各类盆地划分的依据。确定了成矿岩相应为无障壁海岸的近滨相和远滨相，以及有障壁海岸的台坪亚相和潮间泥沙灰坪亚相。分析了成矿机制，划分出沉积期成矿作用、成岩期成矿作用和成矿后改造作用三个阶段，建立了宁乡式铁矿的成矿模式。

由于矿床地质和选冶技术研究两方面的需要，近年来对宁乡式铁矿物质成分的研究达到了前所未有的详尽程度，特别是扫描电镜等微观测试技术的广泛应用，清楚地揭示了这种颗粒微细、结构复杂的矿石组成长期未能破解的奥秘。因此，物质组成研究成果在第一篇中列专章说明。

本书第二篇“地质勘查”从勘查历史、勘查阶段、勘查类型、勘查工程和勘查网度，以及采加化诸方面对宁乡式铁矿的地质勘查工作进行了总结。宁乡式铁矿的地质勘查始于新中国成立初期，鼎盛于20世纪50年代末至70年代初。起初，勘查围绕几个重点矿区进行，随后迅速向全国推开。湖北、湖南、江西、广东、广西、贵州、云南、四川、重庆、甘肃等省市区相继发现、勘查了数百个矿产地，查明大中型矿床60余处，提交各类地勘报告500多份。宁乡式铁矿的资源储量成倍增长，总量达38亿吨。全国从事宁乡式铁矿勘查并获得重要成果的地勘单位有：中南冶勘601队、607队、608队，武钢鄂西矿务局604队，湖北地质2队、11队、7队；湖南冶勘206队、214队，湖南地质409队、403队，湖南地质茶陵队，中南地质永新铁矿勘探队；江西冶勘7队，江西地质906队、901队；广西地质屯秋队、1队、425队；贵州地质113队、104队；云南地矿10队、8队；甘肃地矿1队；四川地质202队、万县队，四川冶勘604队等。各地勘单位除提交一大批大中型铁矿的资源储量外，还积累了丰富的、可为后人借鉴的宁乡式铁矿地质勘查经验。在地质勘查阶段划分、勘查类型、勘查程度、勘查工程网度乃至采加化等方面都有独到的见解和相应的技术措施。同时，对于以往在宁乡式铁矿勘查中很少论及的地球物理和地球化学找矿方法，以及近几年来新开展的遥感、资源潜力评价技术成果也分章予以介绍，丰富了我国铁矿地质勘查理论和方法。

本书第三篇“选冶技术”内容为宁乡式铁矿工艺矿物特征、选冶技术、工艺设备和选矿药剂，涵盖了半个世纪以来选冶研究主要成果和最新进展。宁乡式铁矿的选冶试验研究与地质勘查几乎是同步进行的。20世纪70年代后期，由于矿石利用问题没有很好解决，地质勘查进入了停顿状态，但选冶技术的研究得到进一步加强，提升至国家科技攻关的高度。国家曾四次组织科研院所、钢铁生产企业联合对宁乡式铁矿的选冶技术进行攻关。1960—1986年为前期阶段，承担试验研究的单位主要有：冶金部矿冶研究院、峨眉地质矿产综合利用研究所、长沙矿冶研究院、长沙黑色矿山设计院、冶金部钢铁研究院、中科院化工冶金研究所、中南冶金地质研究所、湖北省地质试验中心、湖南冶金地质研究所、江西重工业局试验室、广西地质中心实验室、昆明冶金研究所、四川地质中心实验室，以及重钢、马钢、唐钢等生产单位。通过多年努力，取得了丰富的、对以后工作有导向意义的成果。这一阶段对宁乡式铁矿选冶技术的结论性意见为：矿石经简单重选后全烧结入炉炼高磷生铁，高磷生铁入转炉炼钢，综合回收钢渣磷肥的工艺路线，不但技术上可行，而且选矿成本低，铁、磷、钙综合利用程度高，应作为宁乡式铁矿开发建设优先考虑方案。在重选恢复地质品位的基础上进一步浮选降磷，精矿作为配矿，也是可行的工艺路线，但资源利用不合理。

21 世纪以来，鄂西宁乡式铁矿的选矿技术得到较大提升，由于高梯度磁选设备和脱磷脱硅药剂性能的完善，选矿回收率较以前提高了近 10 个百分点，精矿品位提高了近 3 个百分点，试验规模也从实验室小试提升到扩大连续试验和工业试验。

2005 年以后，国家再次组织国内科研院所和高校对宁乡式铁矿选冶技术展开新一轮研究。将“鄂西典型高磷赤铁矿综合开发利用技术及示范”列为国家“十一五”科技支撑计划重点项目。项目由武钢承担，长沙矿冶研究院、马鞍山矿山研究院、北京矿冶研究总院、武汉理工大学、武汉科技大学、北京科技大学、武钢开圣科技开发有限责任公司参加。试验研究除采用常规方法外，还进行了闪速磁化焙烧、精矿化学降铝、直接还原铁及生物降磷研究。项目的结论性意见为：鄂西宁乡式铁矿的开发利用研究已到了完全突破的前沿，在今后的研究中，可以将直接还原技术与旋风闪速炉结合起来，一方面解决加工成本高的问题，同时也可以解决生产规模问题。

同一时期，首钢与宜昌市签订合作合同，首钢在宜昌设立长阳新首钢资源控股公司，开发长阳境内的宁乡式铁矿，建成了 50 万吨/年工业化试验选厂。2013 年长阳新首钢资源控股公司完成了“湖北宜昌火烧坪高磷鲕状赤铁矿选矿工业化应用示范工程”项目，用火烧坪自熔性矿石进行高梯度磁选—浮选脱磷脱硅工业化试验。入选原矿 TFe 37.82%、P 0.975%，获得铁精矿 TFe 55.13%、P 0.193%，回收率 57.21%，铁精矿达到H55的行业标准。这是鄂西宁乡式铁矿首次工业化试验的结果，为今后规模开发提供了示范。

纵观我国宁乡式铁矿百年地质和开发利用研究历史，我们认为编著《中国宁乡式铁矿》对其进行全面总结是十分必要的。书中将矿产地质、地质勘查和选冶技术合为一体，既是出于方便读者的考虑，又体现了目前对矿产资源概念内涵的理解。矿产不只是单纯的自然富集物，它必须在数量和质量上满足开发利用时技术上可行、经济上合理，因此论及宁乡式铁矿脱离不了地质勘查和选冶技术。

本书编写分工如下：绪论、第一、二、三章由姚敬劬、张华成编写；第四、五章由秦元奎、姚敬劬编写；第六章由杨宏伟、吴义松编写；第七、八章由刘云勇、姚敬劬编写；第九章由万传辉、李小伟编写；第十、十一、十二、十三、十四章由刘云勇、程建荣编写；第十五章由王峰编写；第十六、十七章由程建荣、刘云勇、斯小华、程龙编写；第十八章由徐元进编写；第十九章由程建荣、刘云勇编写；第二十章由姚敬劬编写；第二十一、二十二、二十三章由贺爱平编写。全书最后由姚敬劬修改定稿。

编著本书得到科技部、湖北省科技厅、湖北省国土资源厅地质勘查处、地勘基金管理中心、科技外事处以及中南冶金地质研究所的支持和指导；得到全国地质资料馆、有关省市国土资源厅局、矿山企业的协助。赵一鸣教授、黄钟宏教授、金光富教授、王化军教授审阅了书稿，提出了宝贵的修改意见，在此一并表示诚挚的谢意！

编著者

2016年5月

目　录

第二篇　地质勘查

第三篇　选冶技术

绪 论

一、宁乡式铁矿广泛分布于我国南方，其中湖北、湖南、江西、广东、广西、贵州、云南、四川、重庆、安徽等十个省区市有工业矿床分布，另外与四川毗连的甘肃也有宁乡式铁矿分布。经地质勘查已提交矿产地223处，查明铁矿资源储量38.05亿吨，约占全国铁矿总资源量的7%，占全国沉积铁矿探明储量的73.5%。因此，宁乡式铁矿是我国重要的铁矿类型和最主要的沉积铁矿类型。

这种类型的铁矿最早是瑞典人丁格兰提出的，1923年他在《中国铁矿志》中将产于江西萍乡的沉积铁矿称之为“萍乡式铁矿”，但是他没有确认含矿地层的时代，并认为铁矿“无重大经济价值”。后经国内地质学家研究，确认该地层为泥盆系，并认为“这一类型铁矿矿量可观”。

1935年谢家荣、孙健初、程裕淇等在《扬子江下游铁矿志》中首次明确提出，产于上泥盆统海相地层中的鲕状赤铁矿为一种单独的矿床类型，并命名为宁乡式铁矿。至此，宁乡式铁矿的术语正式出现在各类文献中，一直沿用至今。

新中国成立后随着地质研究和矿产勘查工作的广泛深入，赋存于泥盆纪地层中的铁矿不断被发现，其中除宁乡式铁矿外还有多种成因和地质特征各异的铁矿，有鉴于此，有必要对本书所述的“宁乡式铁矿”的内涵作如下界定：

（1）铁矿产于泥盆系海相地层中，在滨海浅海环境沉积形成。

（2）矿体顺层、多层产出，延长大而厚度小。矿床规模可达到大型，常集中分布。大型矿床矿体延长可达十余公里，而厚度一般为1～3m，最大可达6～10m。

（3）矿石矿物以赤铁矿为主，次为褐铁矿、鲕绿泥石、菱铁矿、磁铁矿；脉石矿物有方解石、白云石、玉髓、黏土矿物等；矿石以具有鲕状、豆状、角砾状构造为特征，一般通称为“鲕状赤铁矿”。

（4）矿石化学组成以含磷高为特征。矿石中磷含量一般为0.4%～1.0%，属于“高磷铁矿石”；矿石含铁30%～50%，可分为一般贫矿和一般富矿两个品级。矿石酸碱度变化大，碱性、自熔性、酸性矿石都有产出，以酸性矿石为主。

根据上述界定原则，认定某些产于泥盆系地层中的海相沉积铁矿不属于宁乡式铁矿。例如，陕西柞水大西沟铁矿，虽也产于中泥盆统地层中（青石垭组海相黏土质—碳酸盐岩组合），但矿体形态、物质组成、结构构造均与宁乡式铁矿不相同：矿体厚大，可达百米以上，矿石矿物以菱铁矿为主，具条带状构造，应属于地槽环境下形成海相沉积菱铁矿床。又如，湖南道县后江桥铁锰矿，产于上泥盆统佘田桥组，但其物质成分为铁、锰、铅、锌，矿石为半自形-他形粒状结构，块状、网格状构造，有围岩蚀变白云石化、方解石化、绿泥石化，因此也未归为宁乡式铁矿，应为沉积改造型铁锰铅锌矿床。川北虎牙铁锰矿，产于泥盆系虎牙统（D_2），矿层由磁铁矿、赤铁矿、菱锰矿、铁锰矿、绿泥石片岩夹条带状磁铁矿和含锰灰岩、片岩组成，厚6～16m，虽含铁可达45.67%，但从矿物组成和结构构造看，应属沉积变质型铁锰矿床。而湘东、赣西、粤北一些地区泥盆系沉积铁矿虽遭受变质，成分发生了变化，但仍保持宁乡式铁矿物质成分和结构构造基本特征。川北、甘南的铁矿形成于不同构造背景，但总体特征仍与宁乡式铁矿一致，因此这两者都已认定为“宁乡式”铁矿，并不再采用“茶陵式铁矿”等名称。

二、宁乡式铁矿正规的地质勘查工作始于新中国成立后。新中国成立初期，包括三年国民经济恢复和第一个“五年计划”时期，当时全国地质队伍尚处于组建阶段，勘查工作主要围绕几个重点矿山进行，并在一些重点地区开展了普查和详查。1954 年中南地质局永新铁矿勘探队提交的江西乌石山铁矿勘探报告就是宁乡式铁矿最早的勘探报告之一。随后，在官店、黑石板、火烧坪、仙人岩、太平口、鱼子甸、寸田、当多等多地相继找到了大中型铁矿和众多的小型铁矿，地质勘查全面展开，宁乡式铁矿的勘查工作进入了鼎盛时期。1965 年以后，由于宁乡式铁矿的开发利用问题没有得到很好的解决，地质勘探工作逐渐收缩，只是继续完成已开展的地质工作及对某些重要矿区进行补充勘探。1975—2000 年为宁乡式铁矿地质勘查停顿时期，除了个别矿区，全国宁乡式铁矿一片静默。

2000 年以后，由于国际铁矿价格持续高涨，国内再次重视对宁乡式铁矿的开发利用，各大钢厂所属矿业公司委托地勘单位对一些重点矿床作补充勘查工作，为开发利用这类铁矿作前期准备，主要有首钢、武钢、重钢、柳钢、德钢等。部分宁乡式铁矿较为丰富的省市为进一步查清铁矿资源状况，规划开发利用，设置了矿产资源调查或整装勘查项目；同时许多民营企业为获得采矿权也投资进行探矿，全国宁乡式铁矿的地质勘查进入了一个新的阶段。

三、据文献记载，历史上宁乡式铁矿的开发利用最早可追溯到隋唐时期，当时湖北巴东已有人开采这类铁矿。宋、辽、金时代，湖北建始也进行了开采。至明清，湖南茶陵、宁乡，湖北长阳、宜昌等地冶铁兴盛，铁场工人近千人。

现代宁乡式铁矿的利用，主要在铁矿资源缺少的省区。湖南省 1970 年在田湖铁矿建立矿山，年产铁矿 30 万吨；1974 年建成湘东铁矿，开采清潞、雷垄里等铁矿，年采选 80 万吨铁矿，曾是湖南省重点铁矿山。江西省 1958 年建成上株林铁矿，年采选铁矿 20 万吨；1970 年建成乌石山铁矿，年产铁矿 10 万吨。广西壮族自治区 1969 年建成屯秋铁矿，年产矿石 20 万吨。湖北由于优质铁矿资源丰富，鄂西宁乡式铁矿基本未动，但自 1958 年以来一直进行选冶技术试验。1980 年以前为早期试验阶段，参加试验的单位有冶金部矿冶研究院、峨眉地质矿产综合利用研究所、长沙矿冶研究院、冶金部钢铁研究院、中南冶金地质研究所、湖北省地质局试验室以及重钢、涟钢、马钢、唐钢等单位。松木坪铁矿的样品还外送卢森堡进行试验。云南、贵州、四川铁矿的样品也多次做了选冶试验。2000 年以后为近期试验阶段，进行试验的单位有北京矿冶研究总院、长沙矿冶研究院、成都矿产综合利用研究所、北京科技大学等。2005—2010 年“鄂西典型高磷赤铁矿综合开发利用技术及示范”列为国家“十一五”科技支撑计划重点项目，由武汉钢铁（集团）公司承担，长沙矿冶研究院等 7 个单位参加。2013 年长阳新首钢矿业有限公司实施的“湖北宜昌火烧坪高磷鲕状赤铁矿选矿工业化应用示范工程”项目通过验收。

通过以上一系列高强度的技术攻关，使宁乡式铁矿的工业化利用向前迈进了一大步。

第一篇 矿产地质

本篇前三章对宁乡式铁矿多年来的地质研究成果进行总结，阐明我国宁乡式铁矿的资源、分布特征、成矿区域地质背景、含矿地层及含矿岩系。本篇的重点（第四章至第八章）则在于表述近年来作者对宁乡式铁矿成矿背景、成矿作用、成矿环境以及矿石物质组成的研究成果。作者以中国华力西阶段构造格局、南方板块板内裂谷活动、扬子陆块和华北陆块会聚和离散为视点，分析宁乡式铁矿沉积盆地的空间配置、盆地类型、地球动力学成因。将沉积盆地分为陆内断陷型、断坳型、断块型和走滑型四类，论证了各类盆地的划分依据。根据铁矿产出的构造沉积环境，将宁乡式铁矿的沉积建造分为稳定型沉积建造和准稳定型沉积建造两大类，每一大类又进一步划分为陆屑含铁建造和陆屑碳酸盐含铁建造两类。通过中大比例尺岩相古地理图编制，确定了成矿岩相应为无障壁海岸的近滨相和远滨相，以及有障壁海岸的台坪亚相和潮间砂灰坪亚相。探讨了成矿机制，将成矿作用划分为沉积期成矿作用、成岩期成矿作用和成矿后改造作用三个阶段，建立了宁乡式铁矿的成矿模式。

宁乡式铁矿物质组成研究的新成果，设第七章做专门介绍。由于矿床地质和选冶技术研究两方面的需要，近年来对宁乡式铁矿的物质成分研究达到了前所未有的详尽程度，特别是扫描电镜等先进微观测试技术的广泛应用，清楚地观察到这种颗粒微细、结构复杂矿石的内部特征，揭示了长期未能破解的奥秘。

本篇最后一章（第九章），分省区市阐述了主要宁乡式铁矿的矿床地质特征，矿石质量、资源量、勘查程度和资源远景，开采、选冶技术条件，及开发利用现状。这是本书的重要基础材料，也是今后开展宁乡式铁矿地质研究、资源勘查和开发利用不可多得的参考。

第一章 分布及资源储量

第一节 地理分布

一、全国

我国宁乡式铁矿的地理分布见图1-1、表1-1。

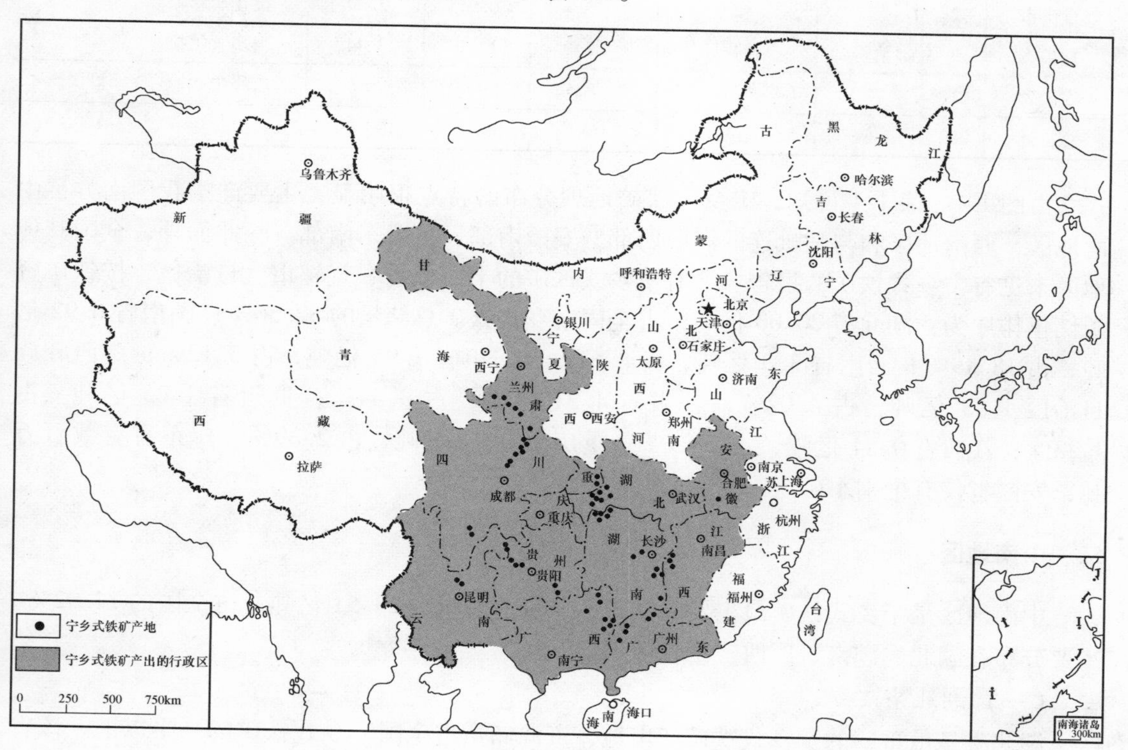

图1-1 中国宁乡式铁矿分布示意图

表1-1 我国宁乡式铁矿地理分布

行政区	矿区数	大型（>1亿吨）	中型（1亿~0.1亿吨）	小型（<0.1亿吨）	资源储量/亿吨	占宁乡式铁矿比例/%	主要矿区
湖北省	93	4	19	70	20.00	52.56	官店、黑石板、火烧坪、龙角坝、长潭河、伍家河
湖南省	51	1	15	35	6.92	18.19	大坪、杨家坊、田湖、小溪峪、清水、排前

续表 1-1

行政区	矿区数	大型（>1 亿吨）	中 型（1 亿～0.1 亿吨）	小型（<0.1 亿吨）	资源储量/亿吨	占宁乡式铁矿比例/%	主要矿区
江西省	10		4	6	0.84	2.21	乌石山、六市、上株岭
广西壮族自治区	23		6	17	1.53	4.02	屯秋、海洋、英家、公会
广东省	9			9	0.06	0.16	新埔、泰来
贵州省	10		6	4	1.23	3.23	小河边、菜园子、平黄山、雄雄嘎
云南省	5	1	1	3	3.30	8.67	鱼子甸、寸田
四川省	10		2	8	1.95	5.12	碧鸡山
重庆市	2		2		0.91	2.39	桃花、邓家乡
甘肃省	9		4	5	1.31	3.44	当多、黑拉
安徽省	1			1			双峰尖
总　计	223	6	59	158	38.05	100.00	

由图 1-1、表 1-1 可知，宁乡式铁矿地理分布的特点很明显，主要产于我国南方：中南地区、西南地区和与其毗连的江西西部、安徽南部、甘肃东南部。除此而外，全国其他地区未见有宁乡式铁矿的报告。产有宁乡式铁矿的十一个省、直辖市、自治区，按铁矿资源储量排序为：湖北省 20.00 亿吨，占全国宁乡式铁矿总储量的 52.56%；湖南省 6.92 亿吨，占 18.19%；云南省 3.3 亿吨，占 8.67%；四川省 1.95 亿吨，占 5.12%；广西壮族自治区 1.53 亿吨，占 4.02%；甘肃省 1.31 亿吨，占 3.44%；贵州省 1.23 亿吨，占 3.23%；江西省 0.84 亿吨，占 2.21%；重庆市 0.91 亿吨，占 2.39%。广东省有数百万吨，安徽省仅有个别小矿点。

二、中南地区

中南地区是宁乡式铁矿最主要的分布区，资源总量为 28.51 亿吨，占全国的 74.92%。主要分布在湖北、湖南、广西三个省区。

（一）湖北省

湖北省是最重要的宁乡式铁矿产出地，资源储量占全国宁乡式铁矿的一半以上。该省铁资源丰富，但有 60.95% 是属于宁乡式铁矿。全省宁乡式铁矿集中产出在鄂西南宜昌市和恩施土家族苗族自治州境内。大约 3.29 万平方公里的范围内星罗棋布 93 个矿区，其中大型矿区 4 个、中型矿区 19 个。官店铁矿资源储量 4.21 亿吨，居湖北省各铁矿之首，也是全国资源储量最大的宁乡式铁矿。鄂西南铁矿的这种高集中度可与国内的五台—吕梁、宁芜—庐枞等铁矿集中产区相比。

湖北恩施州的铁矿主要分布于巴东、恩施、建始、宣恩及鹤峰五个县境内，以建始县最为丰富，有官店大型铁矿，伍家河、太平口、十八格等中型铁矿分布，资源储量占鄂西南地区的 1/4 以上。其次为巴东县，有黑石板大型铁矿，仙人岩、瓦屋场、龙坪等中型铁矿产出。宣恩县、恩施市的铁矿也比较丰富，县市内铁矿资源储量都达到或接近 1 亿吨。

宣恩县的长潭河、恩施市的铁厂坝都是中大型的铁矿，单个矿床铁矿资源储量都在5000万吨以上。

湖北宜昌市的铁矿分布于夷陵区、长阳县、五峰县、兴山县、秭归县及宜都市，以长阳和五峰两县最为丰富。长阳县有火烧坪大型铁矿，以及青岗坪、田家坪、石板坡、马鞍山等中型矿区。火烧坪大型铁矿，因交通条件相对较好，一直被列为开发对象，进行过多次开发前期技术准备和大量选冶研究，积累了丰富的技术资料。五峰县有龙角坝大型铁矿，以及谢家坪、黄粮坪、阮家河等中型铁矿。夷陵区的官庄铁矿资源储量8600万吨，离宜昌市区仅20公里，也被多次规划准备开发利用。秭归县、宜都市也有较多的铁矿产出，秭归县杨柳池等地的铁矿资源储量达中型规模，宜都市松木坪中型铁矿距焦柳铁路仅1公里，交通方便。

（二）湖南省

湖南省为铁矿资源较少的省，且有一半以上属宁乡式铁矿。省内宁乡式铁矿分布比较广泛，遍及多个县市，相对集中于湘西北、湘中及湘赣边境。湘西北的铁矿分布密集，与鄂西南的铁矿基本连成一片。石门县杨家坊、新关，慈利县小溪峪，桑植县利泌溪，永顺县桃子溪均为中型铁矿，另有十多处小型铁矿产出。

湘中地区宁乡县是宁乡式铁矿命名地，宁乡一带即有铁冲、陶家湾、南田坪等铁矿产出。涟源田湖为中型铁矿，小型铁矿有二十余处，广泛分布于邵阳、桃江、湘潭、株洲、衡阳等县市。田湖铁矿曾为涟源钢铁厂的主要矿石基地，所谓“先有田湖铁矿，后有涟钢”。

湘东铁矿分布于湘赣交界的醴陵、茶陵、攸县、安仁一带。茶陵雷垄里、清水、排前，攸县凉江、安仁九家坳等为中型铁矿，小型铁矿有潞水、漕泊、江冲等。该区铁矿向东与赣西铁矿区相连，构成湘东—赣西铁矿集中产区。

湘东南汝城地区矿区数不多，但有大坪大型铁矿产出。

（三）广西壮族自治区

广西为我国铁矿资源短缺的省区，宁乡式铁矿资源储量占全区铁矿总量的51.45%，宁乡式铁矿的开发对广西钢铁工业矿石资源的供给有重要意义。区内铁矿主要分布于桂东北灵川、鹿寨、贺县地区。灵川一带有海洋、大圩中型铁矿，思安头、潮田、黄村等小型铁矿产出；鹿寨一带有屯秋中型铁矿，古当、新村、龙江等小型铁矿产出；贺县一带有英家、公会中型铁矿，羊冲柳家、莲塘、文帐洞、黄姚等小型铁矿产业。

（四）广东省

广东宁乡式铁矿分布于粤桂交界的怀集、连南至阳山，粤北的英德到清远一带。代表矿点有怀集的小竹马脚、泰来，连县的黄土岭、新埔等。中泥盆统桂头组的红色碎屑岩建造上部的石英砂岩、钙质粉砂岩、页岩组合中夹鲕状赤铁矿层，层数一般1～2层，厚度一般1m以下，原生矿石品位一般低于40%，出现豆状构造时，品位往往较富。

三、西南地区

西南地区为宁乡式铁矿的重要分布区，资源总量为7.39亿吨，占全国宁乡式铁矿的19.42%。铁矿主要分布在贵州、云南、四川三省及重庆市。

（一）贵州省

贵州为铁矿资源欠缺的省，且主要为沉积铁矿。贵州省宁乡式铁矿分布于黔西北及黔东南不大的范围内。黔西赫章、威宁一带分布有小河边、菜园子等中型铁矿；黔东南独山一带有平黄山中型铁矿及桑麻等数个小型铁矿产出。

（二）云南省

云南省宁乡式铁矿探明资源储量3.3亿吨，分布范围较小，主要产于滇中武定一带和滇东北昭通地区。前者有鱼子甸大型铁矿产出，铁矿位于武定县南，跨武定禄劝两县；后者有寸田中型铁矿，菁门等小型铁矿分布。

（三）四川省

四川省是我国最主要的铁矿蕴藏省之一，铁矿资源储量丰富，仅次于辽宁省，列全国第二位。矿床类型主要为钒钛磁铁矿，但宁乡式铁矿也是重要的沉积铁矿类型。该种类型铁矿分布在越西、宝兴、灌县、江油等地。碧鸡山铁矿位于越西县成昆铁路以东，离铁路仅10公里，现已探明碧鸡山北段、北西段、北东段三个中型铁矿。江油地区的铁矿位于武都、马角坝一带，有梅花洞、广利寺、观雾山等铁矿产出。江油铁矿向西南，有灌县懒板凳铁矿。川北靠近甘肃边境，与甘南属于同一成矿区，中泥盆统中上部为杂色钙质砂岩、泥岩夹赤铁矿，矿点有松潘张沟梁等。

（四）重庆市

宁乡式铁矿产于巫山县与湖北建始县毗邻的抱龙镇桃花和邓家乡，两个铁矿都达到中型规模。它们与鄂西的宁乡式铁矿连成一片，是鄂西成矿区的组成部分。

四、华东地区

华东地区成型的宁乡式铁矿仅见于江西省，分布在靠近湖南的萍乡、莲化、永兴地区。全省共有主要矿产地10处，其中中型矿床4处，小型矿床6处，查明资源总量0.84亿吨。

另外，据安徽省区域调查，皖南上泥盆统地层中也发现有赤铁矿层产出，如皖南双峰尖，但规模很小，仅为矿点。安庆地区五通组中普遍夹有铁矿层和铁质砂岩，大致可分为四层，除底部一层含铁砾岩外，其余在五通组上部，厚度一般不超过1m，分布有黄土坝、马头、张溪镇等矿点。

五、西北地区

西北地区的宁乡式铁矿仅见于甘肃省。分布于甘肃南部甘川交界的迭部地区。迭部铁矿东起洛大乡柴马山，西止当多沟一带的白龙江北岸，延续120多公里的铁矿带发现铁矿产地18处，探明9处，累计铁矿资源储量1.31亿吨，最大的单个矿床资源储量为0.68亿吨。

第二节 资源储量及矿床规模构成

一、资源储量

（一）查明资源储量

根据历年来各矿区所提交的地质勘探报告统计，我国宁乡式铁矿已查明的资源总量为37.2亿吨。主要矿区的资源储量见表1-2。

表 1-2 主要宁乡式铁矿资源储量

（亿吨）

大型铁矿（≥1.0 亿吨）		中型（Ⅰ）铁矿（1.0 亿~0.5 亿吨）		中型（Ⅱ）铁矿（0.5 亿~0.2 亿吨）		中型（Ⅲ）铁矿（0.2 亿~0.1 亿吨）		小型铁矿（<0.1 亿吨）			
湖北		湖北		湖北		湖北		湖北		湖南	
官店	4.21	伍家河	0.97	石板坡	0.42	瓦屋场	0.16	兴山周家坡	0.002	南田坪	0.004
黑石板	3.84	长潭河	0.97	黄粮坪	0.33	太平口	0.15	秭归铺平	0.002	雀塘铺	0.010
火烧坪	1.62	官庄	0.86	马鞍山	0.32	十八格	0.15	白燕山	0.089	大石桥	0.040
龙角坝	1.39	青岗坪	0.75	田家坪	0.26	马虎坪	0.14	白庙岭	0.063	金坑	0.033
湖南		铁厂坝	0.73	杨柳池	0.24	阮家坪	0.13	杨林新村	0.038	七里江	0.070
大坪	1.23	仙人岩	0.63	谢家坪	0.20	松木坪	0.11	傅家堰	0.076	钟岭	0.097
云南		龙坪	0.66	湖南		湖南		茅坪	0.041	潞水	0.098
鱼子甸	2.68	云南		杨家坊	0.44	新关	0.11	石崖坪	0.096	漕泊	0.036
		寸田	0.71	小溪峪	0.32	喻家咀	0.18	尹家村	0.063	辽叶垅	0.043
		四川		田湖	0.21	槟榔坪	0.19	铁厂湾	0.017	江冲	0.040
		碧鸡山	0.55	利泌溪	0.25	桃子溪	0.12	烧巴岩	0.070	滴玉石	0.059
		甘肃		排前	0.44	麦地坪	0.14	火烧堡	0.087	广西	
		黑拉	0.68	凉江	0.23	利泌溪	0.16	中坪	0.013	莲塘	0.003
		重庆		九家坳	0.30	雷垄里	0.13	朝阳	0.007	文帐洞	0.022
		桃花	0.66	太清山	0.21	广西		清水湄	0.00	黄姚	0.015
				清水	0.22	老茶亭	0.11	红莲池	0.011	大圩	0.005
				广西		英家	0.20	湖南		亭亮	0.076
				屯秋	0.37	公会	0.10	何家峪	0.054	江西	
				海洋	0.35	大圩	0.10	麦地坪	0.027	上株岭	0.069
				江西		江西		卧云界	0.098	四川	
				乌石山	0.31	六市	0.19	西界	0.038	梅花硐	0.073
				贵州		贵州		圳上	0.008	广利寺	0.031
				菜园子	0.34	平黄山	0.18	笛楼坪	0.061	云南	
				小河边	0.30	重庆		铁冲	0.006	寻田	0.011
				甘肃		邓家乡	0.11	陶家湾	0.005		
				当多	0.28						

由于各矿区地质勘查完成于不同时期，故所提交的资源储量数字的含义也不相同。表中所列为各矿区资源总量，其中包含各个类别的资源储量。

（二）潜在资源量

1. 资源潜力

根据宁乡式铁矿的成矿地质条件、地质勘查程度和对其成矿作用新的认识，预测在我国这种类型铁矿资源有较大潜力。理由如下。

（1）成矿地质条件有利：

1）含矿岩系广泛发育，围绕扬子地台周边及相邻地区，遍及十余省市区。主要含矿地层有黄家磴组、写经寺组、锡矿山组、佘田桥组、郁江组、邦寨组、鱼子甸组、碧鸡山组，在相应的成矿区中十分发育，厚数十米至上百米，有多层铁矿产出，主要矿层厚度最大可达 6~10m，且延长稳定，可连续绵延十余公里。

2）铁矿成群成带密集分布，常在不大的范围内有数十个矿床产出，蕴藏数亿至数十亿吨铁矿资源量。如鄂西伍家河、官店、黑石板、龙角坝等大中型铁矿实际连成一带，总资源量10亿吨以上。黔西北从石门坎到雄雄嘎，甘南从马尔则岔到黑拉，湘西北从太清山到槟榔坪，湘东从凉江到九家坳，滇中鱼子甸、寻甸，铁矿分布均犹如串珠，潜在资源量可观。

3）成矿构造沉积环境有利，中上泥盆世华南海广布，围绕海陆边缘形成大范围的滨岸环境、陆棚浅海环境，发育了滨岸潮坪相、远滨海岸相等陆源碎屑和碳酸盐混合的海相沉积，均是有利的赋矿岩相。中上泥盆世整个华南处于相对稳定环境，为铁矿的沉积和规模矿层的形成创造了良好的条件。

（2）地质勘查程度不足。宁乡式铁矿经过多年的勘查，查明了一批矿区，获得了巨大的资源量。但对宁乡式铁矿勘查工作总体评价应是：矿区勘查程度较高，区域调查评价程度不足，对重点成矿区的成矿规律和成矿预测研究不够。其中一个重要原因是宁乡式铁矿选冶技术一直没有过关，制约了勘查工作的深入。20世纪70年代以后，宁乡式铁矿的调查评价和矿区勘查基本停止，不少矿区的地质勘查并未完成，许多有望地段也没有再进行工作。如大坪铁矿外围有多处磁异常未作验证，这为发现潜在资源留下很大的空间。

对已发现的铁矿产地，只有一部分提交了储量，鄂西发现的93处铁矿，其中44处提交了正式勘查报告，占发现地的46.42%。许多有望成为大中型铁矿的矿区因勘查程度不足而未上平衡表。青岗坪、十八格等多个铁矿勘查时提交的地质储量也未被认可。

另外，根据当时的勘查水平和采矿技术，铁矿的勘探深度为200~500m，矿体深部和边部并未封口，每一个矿区实际资源量都不止报告提交的数量。

（3）对宁乡式铁矿成矿作用认识的进步。宁乡式铁矿的地质研究成果不少，但多完成于20世纪70年代以前。研究工作查明了铁矿产出层位、时空分布特征、成矿的构造和岩相古地理条件，并进行了成矿预测。研究成果对当时的地质勘查的指导作用功不可没。但因受当时沉积学理论发展水平的限制，对宁乡式铁矿的认知受到一定影响。当时研究工作多采用小比例尺编图，缺少中、大比例尺的成矿预测。

自20世纪80年代以后，国内外沉积学理论有了很大发展，对华南泥盆纪岩相古地理的研究取得了突破性的进展。盆地分析、层序地层学、事件地层学和沉积地球化学广泛应用于铁、锰等沉积矿产的研究，并取得了令人瞩目的成果，发现了一批新的矿产地，使这些矿产的资源储量大幅度增加。对宁乡式铁矿产出层序类型和层序位置的研究，为其进行大范围的对比成为可能；精细化的岩相古地理分析方法为对宁乡式铁矿定位的相、微相确定提供标志；沉积地球化学理论的新成果为铁矿中铁、磷、硅、钙等元素的地球化学行为，元素迁移、分异、沉淀的机制作出解释，并为寻找富矿、低磷矿、自熔性矿指明方向。

2. 潜在资源量预测结果

对我国宁乡式铁矿资源潜力的定量预测仅在鄂西和湘东等地进行过，其结果如下：

2011年湖北省国土资源厅对鄂西宁乡式铁矿的资源潜力进行了定量预测，采用“沉积型矿产模型综合地质信息体积法”预测恩施宜昌地区宁乡式铁矿资源总量为54.91亿吨，扣除已查明的19.59亿吨，尚能新增35.32亿吨。

2010年辽宁工程技术大学韩仁萍等对湘赣边界地区的宁乡式铁矿成矿远景进行预测。通过对该区地层、区域地质构造、岩相古地理、典型矿床的控矿条件进行分析类比，结合地球物理、地球化学、遥感、航磁等综合信息的分析解译，在矿产资源综合信息评价系统MRS的平台上建立了成矿模式和数学预测模型。预测潜在资源量为13.05亿吨，新增10.74亿吨。

如果以上述两个地区资源量占全国宁乡式铁矿的比例作概略估计，我国宁乡式铁矿的潜在资源量应不少于70亿吨。

二、矿床规模构成及资源集中度

（一）矿床规模构成

按单个矿床查明资源量，宁乡式铁矿的矿床规模可作如下分类：

资源量大于1亿吨的为大型矿床；资源储量小于1亿吨、大于5000万吨的为中型（Ⅰ）矿床；资源储量5000万~2000万吨的为中型（Ⅱ）矿床；资源储量2000万~1000万吨的为中型（Ⅲ）矿床；资源储量小于1000万吨的为小型矿床。这种规模划分方法与《铁、锰、铬矿地质勘查规范》（DZ/T 0200—2002）的要求基本一致，但考虑到规范中中型矿床划分范围过大，本书将规范中规定的中型矿床进一步划分为中型（Ⅰ）、中型（Ⅱ）和中型（Ⅲ）三个亚类，以便作较为细致的比较。各类规模矿床的数量和资源储量分布见表1-3、图1-2。

表1-3　不同规模铁矿资源储量分布

类　别	标准/亿吨	矿床数	占矿床总数比例/%	资源储量/亿吨	占资源储量比例/%
大　型	≥1	6	2.69	16.02	42.19
中型（Ⅰ）	0.5~1.0	11	4.93	8.17	21.52
中型（Ⅱ）	0.2~0.5	20	8.97	4.85	12.77
中型（Ⅲ）	0.1~0.2	28	12.56	4.62	12.17
小　型	<0.1	158	70.85	4.39	11.35
总　计		223	100.00	38.05	100.00

在223个矿床（中）大型矿床共有6个，占矿床总数的2.69%，这种小比例说明找到和查明大型铁矿具有较小的或然率和较大的工作难度。

中型（Ⅰ）矿床有11个、中型（Ⅱ）矿床有20个、中型（Ⅲ）矿床有28个，分别占矿床总数的4.93%、8.97%、12.56%，找矿或然率与矿区规模成反比。大中型矿床数所占的比例为29.15%，说明对于宁乡式铁矿找到大中型铁矿的可能性比较大。与其他类型的沉积铁矿，如涪陵式、綦江式、山西式、宣龙式等相比，宁乡式铁矿的成矿规模最大。涪陵式、綦江

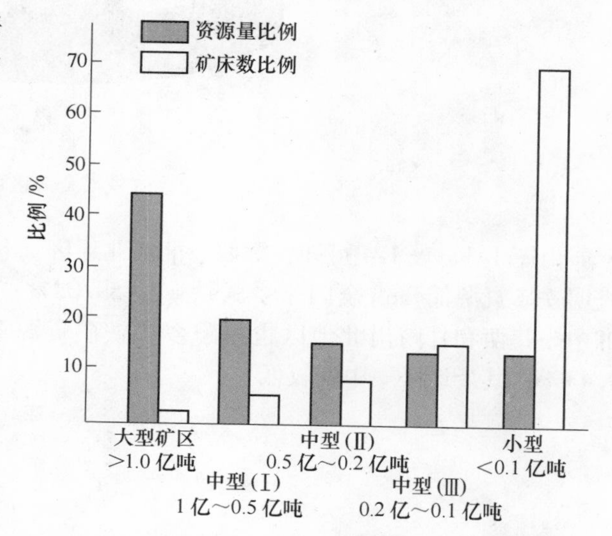

图1-2　宁乡式铁矿矿床储量规模和矿床数的构成

式、山西式铁矿都以小型为主，宣龙式铁矿规模较大，但其中规模最大的庞家堡铁矿也只相当于宁乡式铁矿的中型（Ⅰ）矿床的规模。

（二）资源集中度

（1）矿床规模资源集中度。不同规模矿床资源储量的集中度如下：6个大型矿床的总资源储量为16.02亿吨，占宁乡式铁矿储量总量的42.19%；11个中型（Ⅰ）矿床的资源储量总量为8.17亿吨，占21.52%，这两者之和为63.71%，如果再加上中型（Ⅱ）、中型（Ⅲ）的资源占有率，则达到88.65%，说明宁乡式铁矿矿床资源集中度高，将近90%的资源集中在大型、中型矿床中，为今后规模开发、建设资源基地提供了有利的条件。

（2）区域集中度。宁乡式铁矿资源的区域集中度见表1-4、图1-3。

表1-4　宁乡式铁矿资源区域分布集中度

区　域	查明矿床数	中型以上矿床数	查明资源储量/亿吨	集中度（占全国宁乡式铁矿比例）/%
鄂西—湘西北（包括重庆）	112	26	22.48	59.08
湘中—赣西	44	14	3.91	10.28
桂东北	23	6	1.53	4.02
滇黔	15	7	4.53	11.91
川中	8	2	1.95	5.12
甘南—川北	11	4	3.59	9.43
其他	10		0.06	0.16
合计	223	65	38.05	100.00

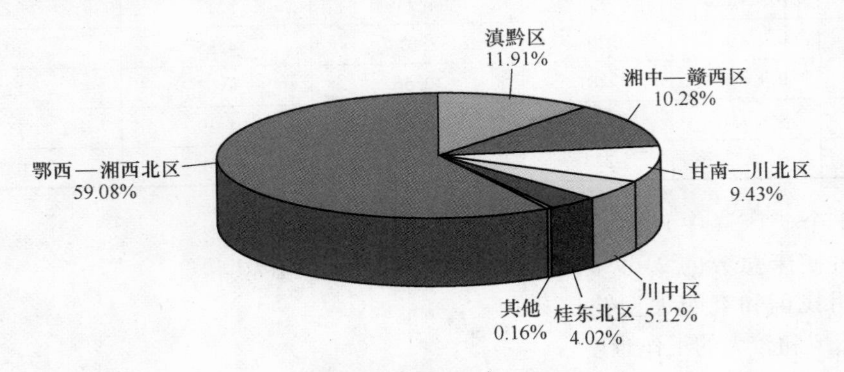

图1-3　宁乡式铁矿资源区域分布集中度

由图1-3、表1-4可知，鄂西—湘西北地区（包括重庆东部）资源集中度最高，区内查明铁矿资源储量占全国宁乡式铁矿的59.08%；其次为滇黔地区，集中度为11.91%；湘中—赣西和甘南川北地区也是宁乡式铁矿资源重要集中区，集中度分别为10.28%和9.43%；其余地区集中度较低。

第二章　成矿区域地质背景及成矿区划分

第一节　成矿区域地质背景

一、铁矿分布的大地构造位置

宁乡式铁矿分布的大地构造位置见图2-1。铁矿主要分布于扬子地台的上扬子凹陷和华夏（加里东）褶皱区的湘桂褶带。甘南地区和川北地区的铁矿则分布在西秦岭（印支）褶带的南缘。扬子地台属于中国南部大陆及陆缘构造域；华夏（加里东）褶皱区属中国东部环太平洋陆缘构造域，西秦岭褶带则属中国北部大陆及陆缘构造域。

二、构造演化历史

（一）扬子地台（陆块）上扬子凹陷

扬子地台为晋宁期固结的大陆地块。陆块的范围东起苏皖，向西经湘、鄂、渝、川抵云贵，横亘于中国南方的北部。陆块的边界均为断裂所限。西部边界为哀牢山—红河深断裂、丽江断裂、龙门山断裂；北部边界为城口—房县弧形断裂、襄樊断裂、信阳断裂、郯庐断裂、嘉山—响水断裂；东部及南部边界为绍兴—宜春断裂、邵阳—龙胜断裂。

扬子陆块划分为川中地块、大别隆起、康滇隆起、江南隆起、下扬子凹陷、北部台缘凹陷、上扬子凹陷等7个次级构造单元，宁乡式铁矿分布于上扬子凹陷区。上扬子凹陷包括鄂、渝、川、黔、滇东、湘北地区，大致以九江为界与下扬子凹陷为邻。

上扬子凹陷的构造演化经历了三个阶段：基底形成阶段、盖层形成阶段及大陆边缘活动阶段。

1. 基底形成阶段（2800～800Ma）

扬子陆块的基底具有三层构造。最古老的基底形成于新太古代及古元古代（2800～1800Ma），由高绿片岩相、角闪岩相、局部麻粒岩相的变质岩组成，以川南的康定群、滇中的哀牢山群、鄂西的东冲河群、水月寺群为代表，构成了扬子陆块的核心，分布于川中隆起、大别隆起和康滇隆起区。中层为四堡期（1800～1000Ma）形成的浅变质岩系，由边缘海、弧间海、岛弧海的泥质碳酸盐、碎屑泥质复理石及深海含火山物质泥质复理石沉积变质而成，以会理群、四堡群、梵净山群、冷家溪群为代表，分布于川南、桂北、黔东北、湘中一带。上层形成于晋宁期（1000～800Ma），由轻变质的白云质砾岩、粗砂岩、板岩夹火山岩组成，以马槽园组、丹洲群、板溪群为代表，分布于鄂西、桂北、湘中地区。

2. 盖层形成阶段（$Nh \sim T_2$）

（1）下构造层形成阶段（Nh～S）。南华系为起始盖层，由碎屑岩、冰碛岩及间冰期

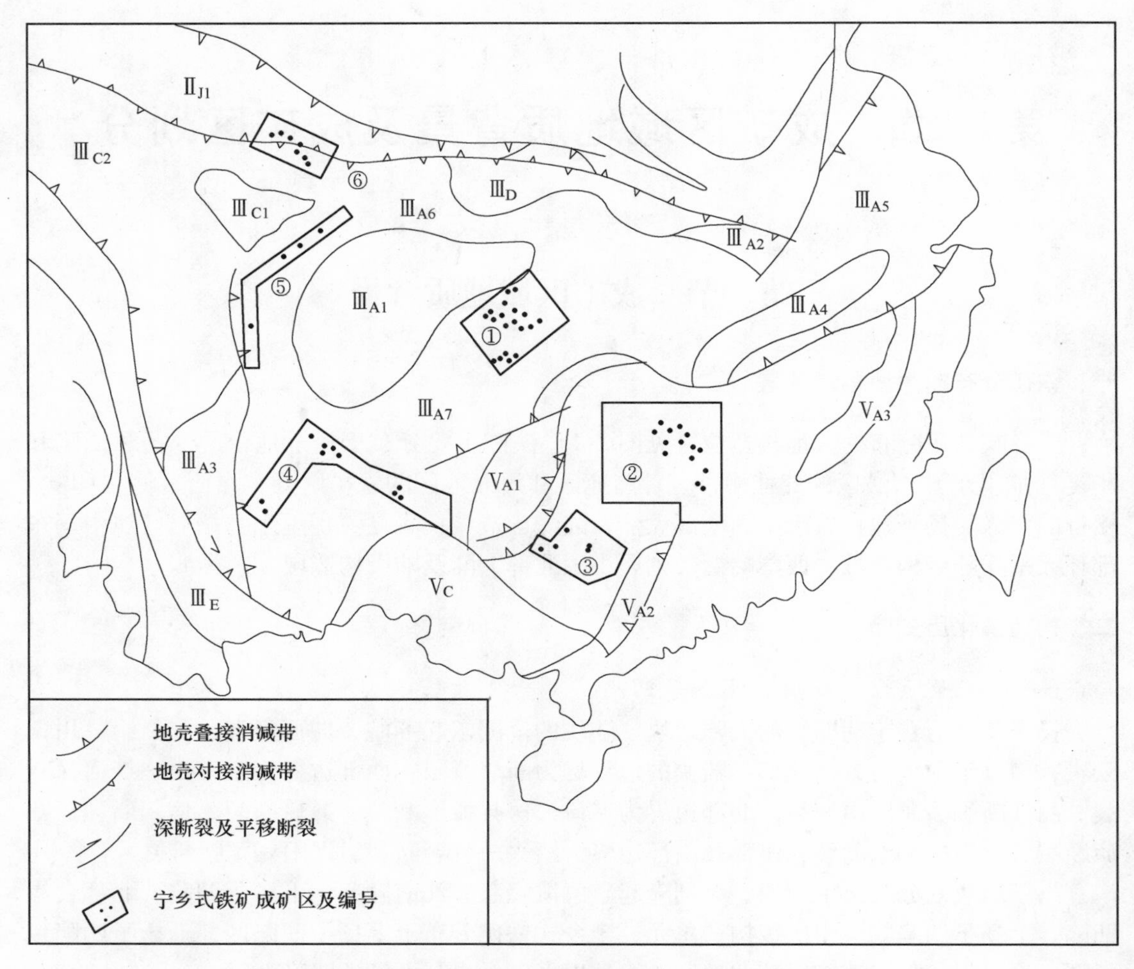

图 2-1 宁乡式铁矿分布的大地构造背景示意图（1:8000000）

（构造单元划分据王鸿桢等，1985）

构造单元：$Ⅱ_{J1}$—西秦岭（印支）褶带；$Ⅲ_{A}$—扬子地台；$Ⅲ_{A1}$—扬子地台川中地块；$Ⅲ_{A2}$—扬子地台大别隆起；$Ⅲ_{A3}$—扬子地台康滇隆起；$Ⅲ_{A4}$—扬子地台江南隆起；$Ⅲ_{A5}$—扬子地台下扬子凹陷；$Ⅲ_{A6}$—扬子地台北部台缘凹陷；$Ⅲ_{A7}$—扬子地台上扬子凹陷；$Ⅴ_{A}$—华夏加里东褶皱区；$Ⅴ_{A1}$—华夏褶皱区湘桂褶带；$Ⅴ_{A2}$—华夏褶皱区云开隆起；$Ⅴ_{A3}$—华夏褶皱区建瓯隆起；$Ⅴ_{C}$—右江印支褶皱带；$Ⅲ_{C}$—松潘甘孜褶皱区；$Ⅲ_{C1}$—松潘甘孜褶皱区松潘地块；$Ⅲ_{C2}$—巴颜喀喇沙鲁里褶皱带；$Ⅲ_{D}$—安康桐柏加里东褶皱带；$Ⅲ_{E}$—昌都思茅褶皱区

成矿区名称：①—鄂西—湘西北成矿区；②—湘中—赣西成矿区；③—桂东北成矿区；④—滇黔成矿区；⑤—川中成矿区；⑥—甘南—川北成矿区

含锰泥质岩组成，遍布于鄂西、湘、桂、黔东、渝等地区。其上，震旦系普遍由碳酸盐夹硅质岩、泥质岩组成，常含磷质岩。自寒武纪至志留纪，扬子陆块总体处于稳定浅海环境，形成了滨岸陆棚相和碳酸盐台地相沉积，沉积组合为砂页岩—碳酸盐—页岩砂页岩。

晚志留世发生了加里东运动，扬子陆块大部分上升为陆，剩下的海域仅有西侧的滇东北一带、东南侧的印江—石门一带及北侧的竹山—宁强一带。原“上扬子海”的区域变成了上扬子古陆，成为剥蚀区。

（2）上构造层形成阶段（$D\text{-}T_2$）。加里东运动之后，扬子陆块和华夏褶皱区已碰撞叠接形成了统一的南方板块，板内的裂谷活动导致了晚古生代华南和扬子区海陆变迁。扬子陆块上扬子地区仍保持很大面积的古陆。泥盆系海侵由桂南向北、东北推进，桂北、湘中泥盆系最为发育；至鄂西，下泥盆统缺失，仅发育了中上泥盆统。扬子陆块泥盆系宁乡式铁矿的赋矿层位由南而北逐渐抬升。广西为下泥盆统，湘南为上泥盆统下部，湘北和鄂西则为上泥盆统上部。

自石炭系至中三叠世扬子区的海侵不断扩大，二叠世茅口期，除康滇古陆、江南古陆而外整体成为上扬子浅海，及至早中三叠世又演变为上扬子蒸发海。整个上古生代扬子陆块的沉积物为碎屑岩泥质岩—碳酸盐—碎屑岩泥质岩硅质岩组合，含多层煤。早中三叠世上扬子蒸发海发育了灰岩、白云岩、白云质灰岩、盐溶角砾岩、含石膏的白云岩。整个上构造层沉积建造分为两种：泥盆系—石炭系，由陆屑建造—碳酸盐建造序列组成；二叠系—中三叠统由陆源硅质碳酸盐建造—内源蒸发式建造—陆屑蒸发式建造序列组成。

（3）大陆边缘活动阶段（$T_3\text{-}Q$）。晚三叠世中国东部发生了范围广泛、影响深远的印支运动，不但导致了扬子陆块整体抬升成陆，结束了海相沉积的历史，而且强烈的构造作用使前印支期盖层褶皱，形成了系列规模宏大的褶皱区、褶皱带或褶皱束。扬子陆块龙门山—康滇南北向构造以东地区开始了大陆边缘活动阶段。

该活动阶段形成了燕山—喜马拉雅构造层，并分为两个亚构造层：

第一亚构造层包括上三叠统、侏罗系，为灰色含煤复陆屑建造—杂色复陆屑建造。含煤复陆屑建造由双组分碎屑（长石、石英）的砂砾岩、砂岩、粉砂岩和砂质页岩组成，夹煤层（或煤线），局部见菱铁矿结核，岩石总体色调呈灰色。中上侏罗统则为杂色复陆屑建造，由紫红色、黄绿色、灰绿色、灰白色长石质、石英质砂岩、粉砂岩、粉砂质泥岩组成多韵律岩系。

第二亚构造层由白垩系、古近系、新近系构成，为红色复陆屑建造和陆屑蒸发式建造。前者由红色长石砂岩、岩屑砂岩、杂色砂岩组成；后者由红色或杂色富钙质砾岩、砂砾岩、砂岩及红蓝相间的粉砂岩、泥质岩组成，含岩盐层、石膏层，构成完整的淡化—咸化—淡化旋回和韵律。

（二）华夏（加里东）褶皱区湘桂褶带

华夏加里东褶皱区位于扬子陆块的东南面，包括绍兴—宜春断裂以南，邵阳—龙胜断裂及弥勒—师宗断裂以东的华南、华东广大地区。它是一个卷入了古、中元古代陆壳的加里东褶皱区。分布于浙南、闽北、云开、海南及东海陆架的一套中深变质杂岩，即为华夏古陆块的基底。据刘宝珺（1993）、任纪舜（1980、1990）、程裕淇（1994）、陈毓川（2007）等研究，华夏褶皱区自南华纪以来可分为扬子陆块东南侧加里东造山带区域和华夏地块西侧加里东造山带区域。这两个加里东造山带原是发育在陆壳基底上的裂陷海槽（华南海槽），曾被统称为加里东地槽。华夏褶皱区分为 3 个次级构造单元：湘桂褶带、云开隆起、建瓯隆起，宁乡式铁矿产于湘桂褶带。

湘桂褶带包括湘、桂东北、赣西地区，早古生代一直处于活动性强、沉降幅度大，以杂陆屑复理石建造为主的边缘海槽历史，其中湘中为次稳定型远硅质建造、笔石页岩建造、类复理石建造，湘南和桂北为活动型杂陆屑复理石建造。加里东运动后扬子陆块与华夏加里东褶皱区组成了统一的南方板块，构筑了华南—扬子地区晚古生代沉积的同一平台，使两个地区的海陆分布和演化趋势合二为一。湘桂褶带和上扬子凹陷接壤，开始接受上古生代沉积。湘桂褶带泥盆系地层只在黔桂地区完整，湘中南泥盆系下统下部缺失。下统上部（源口组）为陆相至滨海相沉积，中统下中部为滨海陆相沉积（跳马涧组）。自中泥盆统至上泥盆统，主要属浅海相碳酸盐沉积，由南向北碳酸盐沉积逐渐减少，泥砂碎屑相应增加，相变为滨海至陆棚碎屑沉积。安化—宁乡—浏阳一带的晚泥盆统，为一套灰白、灰绿、黄绿色中厚层或厚层石英砂岩、粉砂岩，夹砂质页岩及页岩，底部和下部常含紫红、紫灰色鲕状赤铁矿，是湘中地区宁乡式铁矿的主要含矿层位。石炭纪及二叠纪的沉积也都属于稳定型碳酸盐建造和单陆屑含煤建造，地层名称多与扬子陆块区相同。晚三叠纪以后该区属滨太平洋边缘活动带，印支—燕山期岩浆活动强烈，侵入岩和火山岩均十分发育。

（三）西秦岭（印支）褶带

西秦岭（印支）褶带为秦岭褶皱区的次级构造单元，位于徽（县）成（县）盆地以西的秦岭山脉和陇南山地。秦岭构造线为东西方向，但在甘肃南部“首先折向西南，然后急转向西北，在武都附近白龙江上游形成一些优美的曲线（武都弧），秦岭不走向西南入四川而偏转向西北，继续向昆仑山方向前进”（黄汲清）。西秦岭褶皱带主要由泥盆、石炭、二叠系所组成，造山运动发生在二叠纪晚期。秦岭褶皱区多年来一直被认为是华力西褶皱区，后在洮河上游和马楚河间，巨厚的近似地槽型的海相三叠系有广泛发育，它重叠在华力西褶皱带之上，因此是印支期褶皱区。

西秦岭褶带泥盆纪沉积发育齐全，迭部—武都地区泥盆系为浅海—潮坪相沉积，富含珊瑚、腕足类及牙形刺等化石，与上志留统的龙江群呈整合接触，下—中泥盆统当多组为浅海相砂岩及灰岩，含珊瑚及腕足类，为重要的含铁层位，甘南宁乡式铁矿主要分布在这一区域。中泥盆统及上泥盆统均为浅海相灰岩及粉砂岩，富含珊瑚及腕足类化石，其间呈平行不整合接触，与石炭系为整合接触。文县—康县地区下—中泥盆统也属浅海相含铁层位，也有宁乡式铁矿分布。

第二节 泥盆纪古构造格局

宁乡式铁矿含矿地层泥盆系是加里东运动后第一个沉积盖层，其沉积特点、含矿性受泥盆纪古构造格局的控制。

一、华力西阶段古构造

中国华力西阶段构造格局与加里东期相比发生了变化：西伯利亚—蒙古大陆南侧陆缘区与中国北部大陆北侧陆缘于华力西晚期对接拼合；特提斯洋及其相邻的大陆发生大规模的地裂运动。扬子陆块与华夏褶皱区叠接，形成华南板块，板内裂谷发育，形成一系列沉积盆地；扬子陆块与华北陆块发生第二次会聚造成秦岭海的消减，北秦岭发生造山作用，南秦岭通过志留纪末—泥盆纪初的短暂隆升后，开始新的拉张作用，再次演变为被动大陆边缘。

二、华南泥盆纪古构造

华南泥盆纪古构造见图2-2。华南泥盆纪古构造格局是在加里东旋回末期扬子陆块和华夏褶皱区叠接成华南板块的背景下形成的，在华力西旋回早期总体处于松弛拉张的环境。由图可知泥盆纪古构造单元分为3大类：

第一类为古隆起。康滇隆起、上扬子隆起、武陵隆起、九岭隆起、华夏隆起。第二类为被动陆缘断陷带。滇黔断陷带、右江断陷带、湘桂粤断陷带、鄂西断陷带、龙门山断陷带以及华南陆块北侧的甘南曲玛—陇南断陷带。第三类为内陆断陷带。下扬子断陷带。

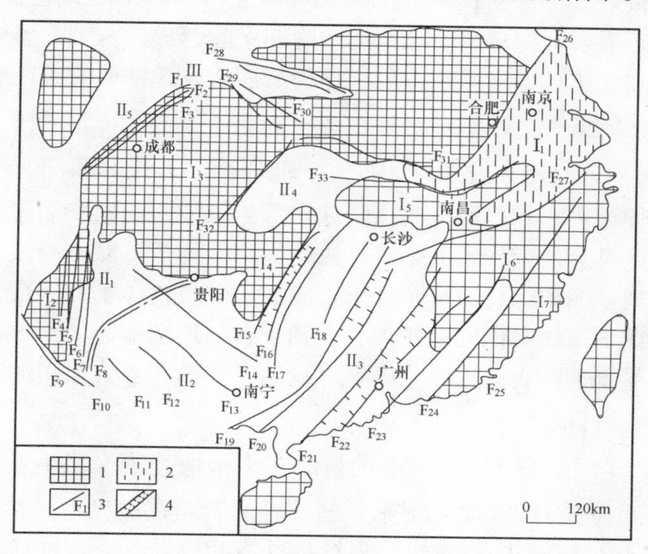

图2-2 华南泥盆纪古构造图

（据曾允孚，1993，修改）

图例：1—古隆起；2—内陆断陷带；3—断裂带及编号；4—拉张型裂谷

构造单元名称：$Ⅰ_1$—下扬子内陆断陷；$Ⅰ_2$—康滇隆起；$Ⅰ_3$—上扬子隆起；$Ⅰ_4$—武陵隆起；$Ⅰ_5$—九岭隆起；$Ⅰ_6$—武夷隆起；$Ⅰ_7$—华夏隆起；$Ⅱ_1$—滇黔断陷；$Ⅱ_2$—右江断陷；$Ⅱ_3$—湘桂粤断陷；$Ⅱ_4$—鄂西断陷；$Ⅱ_5$—龙门山断陷；Ⅲ—西秦岭曲玛陇南断陷

断裂带名称：F_1—青川—茂汶断裂带；F_2—北川—映秀断裂带；F_3—江油—灌县断裂带；F_4—绿汁江断裂带；F_5—安宁河断裂带；F_6—普渡河断裂带；F_7—小江断裂带；F_8—弥勒—师宗、开远—平塘断裂带；F_9—哀牢山断裂带；F_{10}—红河断裂带；F_{11}—文山断裂带；F_{12}—广南—靖西断裂带；F_{13}—隆林—百色断裂带；F_{14}—紫云—丹池断裂带；F_{15}—溆浦—四堡断裂带；F_{16}—三江断裂带；F_{17}—冷水江—龙胜断裂带；F_{18}—湘潭—零陵断裂带；F_{19}—衡阳—灵山断裂带；F_{20}—合浦—郴县断裂带；F_{21}—吴川—四会断裂带；F_{22}—阳江—广州断裂带；F_{23}—邵武—河源断裂带；F_{24}—丽水—海丰断裂带；F_{25}—长乐—诏安断裂带；F_{26}—嘉山—响水断裂带；F_{27}—江山—绍兴断裂带；F_{28}—丹风—商南断裂带；F_{29}—山阳—柞水断裂带；F_{30}—石泉—安康断裂带；F_{31}—襄樊—广济断裂；F_{32}—武陵断裂；F_{33}—江南断裂

现将与宁乡式铁矿成矿有关的古构造单元简述于下。

（一）古隆起

1. 九岭隆起（I_5）

九岭隆起和武陵隆起是由加里东期的江南隆起演变而来。加里东期江南隆起沿扬子陆块的东南缘自湘、黔、桂交界处向北东方向延伸，经湖南西南部，在安化发生转折，转向北东东方向经江西九岭山到怀玉山进入浙江境内，为一反S形长上千公里、宽百余公里的古构造隆起。至泥盆纪，江南隆起东段演变为九岭隆起，东与武夷隆起相接。九岭隆起有元古界双娇山群基底，以灰绿色厚层—巨厚层浅变质硬砂岩及凝灰岩为主，夹灰绿、灰黑色板岩及少量炭质板岩。下古生代震旦纪为九岭障公海岛，早寒武世被淹没为海底高地，接受泥质碳酸盐及碎屑岩沉积，直至志留纪中晚期又隆起成为古陆。整个泥盆纪均为古陆状态，且与华夏古陆相连，形成赣闽古陆，作为赣西宁乡式铁矿的源区。

2. 武陵隆起（I_4）

武陵隆起（I_4）位于慈利、大庸、古丈一线以南，安化、溆浦、黔阳一线以北的武陵山区，向西南延伸至贵州和广西境内。隆起东部为溆浦—四堡断裂带所限，西部与上扬子隆起相接。隆起区具有前南华系的基底，古生代为上扬子海域接受浅海碳酸盐和泥质碳酸盐沉积，晚期出现砂泥质组合。志留纪末，随扬子陆块整体上升，成为上扬子古陆的一部分。早泥盆世晚期华南海由南向北扩展，上扬子古陆逐渐缩小，而该区整个泥盆纪仍保持隆起状态，为接受剥蚀的古陆区，是湖北、湖南、广西宁乡式铁矿的源区。

3. 上扬子隆起（I_3）

上扬子隆起（I_3）由扬子陆块古老的核心川中地块经边缘增生发展而来。上扬子隆起有吕梁期、四堡期和晋宁期形成的基底，晋宁期后开始在边缘地区接受大陆冰川、冰海沉积（南华系）。自震旦至早中志留纪，连续接受海相碳酸盐、泥质碳酸盐及碎屑岩、泥质岩沉积，至中晚志留纪抬升成上扬子古陆。上扬子隆起面积很大，包括四川、重庆、贵州西北部及云南东北端。上扬子隆起整个泥盆纪均为古陆状态，遭受剥蚀，为湘、鄂、桂、黔、滇宁乡式铁矿的源区。

4. 康滇隆起（I_2）

康滇隆起（I_2）地处云南中部，自南而北由元江起，经楚雄向北至元谋进入四川南部盐边，直至天全南。其西界为箐河断裂和程海—宾州断裂，东界大致为普渡河断裂，西南界为红河断裂。整个隆起南北方向延长，向西凸出，形似一透镜。康滇隆起曾习称为“康滇地轴”，它总体为一宽广的背斜构造，是扬子陆块基底大面积出露的地区。经晋宁运动褶皱隆起后，长期处于隆起状态。盖层发育极差，整个古生代仅北缘及东部接受少许沉积。泥盆纪时处于古陆状态，接受剥蚀，为其东侧发育于云南和川中南的宁乡式铁矿提供物源。

（二）古断陷带

1. 滇黔断陷带（II_1）

滇黔断陷带（II_1）位于上扬子隆起之西南、康滇隆起之东、滇黔北东向断裂（F_{15}、F_{16}、F_{17}）之西，为康滇南北向断裂系（F_4、F_5、F_6、F_7）拉张兼走滑作用所控制的陆缘断陷带。断陷带基底岩系—中元古界昆阳群出露于东川、牛头山等地。晋宁运动表现明显，下古生代为陆块盖层砂泥质、碳酸盐沉积。泥盆纪古断陷带中发育以陆相和海陆交互相红层碎屑岩及浅海相砂页岩、灰岩、白云岩为主，局部夹膏岩或膏溶角砾白云岩。其中通海、昆明至昭通为砂岩页岩组合，夹鲕状赤铁矿，与下伏前泥盆纪地台型地层大多为假整合接触。

2. 湘桂粤断陷带（$Ⅱ_3$）

湘桂粤断陷带（$Ⅱ_3$）位于三江断裂带（F_{16}）和丽水—海丰断裂带（F_{24}）之间，西北东三面受武陵、九岭、武夷、华夏诸隆起环绕。断陷带有元古代—早古生代的基底。元古代为南华洋半深海碎屑泥质复理石建造及深海泥质复理石建造。下古生代为过渡型半深海砂泥质类复理石（夹少量碳酸盐）建造和非补偿边缘海富硅、碳质泥砂质建造。华力西期早期，从早泥盆世开始，随着古特提斯裂谷作用的产生和扩张，在该区形成3支北东向拉张型裂谷。其中东支（F_{21}吴川—四会断裂带和F_{22}阳江—广州断裂带之间），沿吴川—韶关进入广州至韶关一带，且与湘东南地区贯通；中支（F_{19}衡阳—灵山断裂和F_{20}合浦—郴县断裂之间）进入湘东南地区；西支（F_{15}溆浦—四堡断裂与F_{16}三江断裂之间）至湘中冷水江一带。古特提斯海水经由裂谷由南向北侵漫，至中泥盆世早期，海侵扩大，湘、粤、赣的广大区域被海水淹没，发育了滨海浅海相沉积，孕育了该地区的宁乡式铁矿。

3. 鄂西断陷带（$Ⅱ_4$）

鄂西断陷带（$Ⅱ_4$）位于鄂西、湘西北、渝东地区，东与下扬子内陆断陷带相连，西、北、南三面为古陆。断陷带四周以F_{32}武陵断裂、F_{33}江南断裂和F_{31}襄樊断裂为界，形成地形起伏不大的椭圆形的陆缘浅海盆地。断陷带的基底为下古生界稳定型沉积，中上泥盆统平行不整合其上。由于盆地四周皆为古陆，物源供给充分，盆地又为半封闭形，利于成矿物质的聚集及积累，因此该断陷为宁乡式铁矿最为发育的构造单元。

4. 龙门山断陷带（$Ⅱ_5$）

龙门山断陷带（$Ⅱ_5$）位于成都西北，沿天全、都江堰、江油作北东—南西向窄长条状分布。它属扬子陆块西北边缘的坳陷带，两侧为青川—茂汶断裂（F_1）和江油—灌县断裂（F_3）所限。断陷带内发育有同方向的北川—映秀断裂（F_2），造成断陷带内出现雁行排列的两凹两凸。在凸起上广泛出露前震旦纪基底，岩浆活动发育，盖层不发育；凹陷中则未出露基底，盖层相当发育。下古生代为稳定型滨浅海碳酸盐和碎屑岩建造。早泥盆世稍后，海水侵入龙门山前缘及攀枝花—西昌部分地区，中泥盆世断陷区发育稳定型生物碎屑灰岩夹白云质泥晶灰岩，下部夹泥岩、砂岩产鲕状赤铁矿。

5. 甘南曲玛—陇南断陷带（Ⅲ）

甘南曲玛—陇南断陷带（Ⅲ）分布于甘南扬子陆块北缘断裂带和石泉—安康断裂带以南的区域，为西秦岭褶皱带的次级构造单元。秦岭褶皱带是处于扬子陆块和华北陆块之间的历史复杂的褶皱带，其演化历史与扬子陆块和华北陆块的会聚和离散息息相关。扬子陆块和华北陆块在晋宁期发生第一次会聚，在加里东期即发生第一次离散，秦岭海和祁连洋的扩张（图2-3），形成秦岭海槽。西秦岭地区下古生代发育了一套海相活动型沉积—半深海碎屑泥质（含少量碳酸盐）复理石（夹火山岩）建造、半深海—深海泥质及碳硅质建造。加里东期末，西秦岭经短暂的隆升期后，自早泥盆世中期开始，继加里东期海槽迅速沉降，海水从西秦岭快速向东侵进，与华南海沟通。海槽南接若尔盖古陆，沿玛曲—迭部东西一线，可能有同沉积古断裂。早泥盆世中期末，曾有一度上升，出现短暂沉积间断。其后至中泥盆世，海槽北侧沉降迅速，形成达万米的陆缘海相碎屑岩；南侧比较稳定，有千余米的浅海碳酸盐夹泥质岩、碎屑岩沉积物，宁乡式铁矿即产于此。

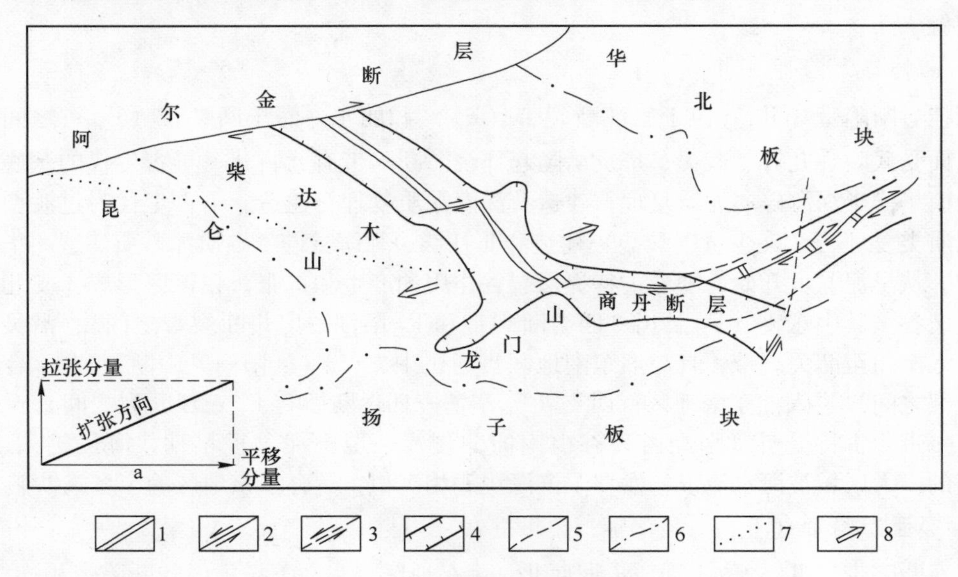

图2-3 加里东秦祁洋复原图

（据刘宝珺，1993）

1—扩张洋脊；2—转换断层；3—中、新生代郯庐断层；4—秦祁构造带的边界；5—按郯庐断裂平移复位的秦岭构造带边界；6—扩张的秦祁洋边界；7—柴达木地块和海西昆仑褶皱带的边界；8—扩张方向

第三节 成矿区划分

根据宁乡式铁矿产出的集中度、区域地质背景及成矿构造沉积环境，可划分为6个成矿区：鄂西—湘西北成矿区；湘中—赣西成矿区；桂东北成矿区；滇黔成矿区；川中成矿区；甘南—川北成矿区（表2-1、图2-4）。

表2-1 宁乡式铁矿成矿区

序号	成矿区名称	赋矿地层时代	大地构造位置	占宁乡式铁矿总资源量之比/%
1	鄂西—湘西北	晚泥盆世	扬子地台上扬子凹陷	59.08
2	湘中—赣西	晚泥盆世	华夏加里东褶皱区湘桂褶带	10.28
3	桂东北	早泥盆世	华夏加里东褶皱区湘桂褶带	4.02
4	滇黔	中泥盆世，个别为早泥盆世	扬子地台上扬子凹陷	11.91
5	川中	中泥盆世和晚泥盆世，个别为早泥盆世	扬子地台北部台缘凹陷	5.12
6	甘南—川北	中泥盆世	西秦岭印支褶带	9.43

注：据赵一鸣，2000，修改。

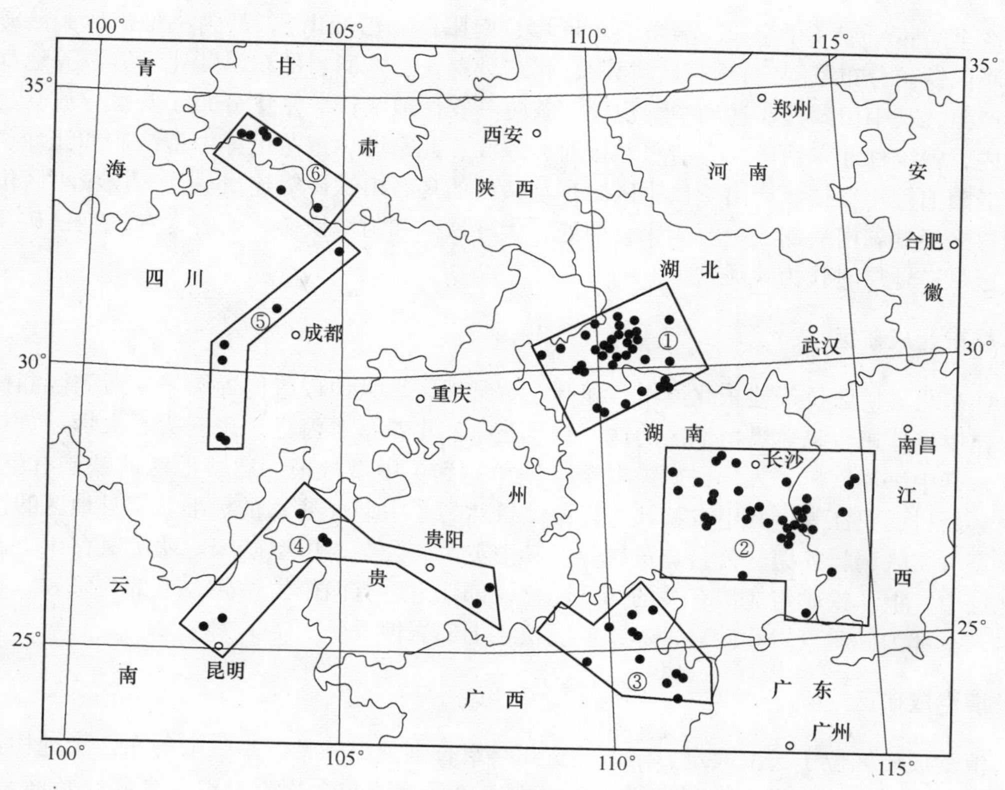

图 2-4　宁乡式铁矿成矿区示意图

（据赵一鸣，2000，修改）

①—鄂西—湘西北成矿区；②—湘中—赣西成矿区；③—桂东北成矿区；
④—滇黔成矿区；⑤—川中成矿区；⑥—甘南—川北成矿区

一、鄂西—湘西北成矿区

鄂西—湘西北成矿区位于鄂西宜昌、恩施地区及湘西北澧县、慈利、桑植、永顺一带，成矿区向西北延伸至重庆巫山境内，总面积为5万平方公里。区域构造属上扬子台褶带恩施台褶束和长阳台褶束。该成矿区是宁乡式铁矿最重要的成矿区，其资源量占宁乡式铁矿总资源量的59%。成矿区的中心部位在宣恩、恩施、建始、巴东、五峰、长阳一带，大中型铁矿沿褶皱构造作近东西向排布。从恩施红土到长阳火烧坪，连续有伍家河、官店、黑石板、龙角坝、火烧坪等大型铁矿产出。

二、湘中—赣西成矿区

湘中—赣西成矿区位于益阳—安化一线（相当于江南古陆的南界）以南的湘中广大地区和赣西靠近湖南的上高、萍乡、莲花、永新、上犹一带，大地构造属华夏加里东褶皱区湘桂褶带。湘中铁矿又可细分为宁乡—醴陵、涟源—邵阳、茶陵—安仁、汝城等4个成矿小区。

宁乡—醴陵小区的铁矿产于宁乡的周围（牛轭湾、铁矿坳、铁冲、陶家湾、南田坪）

及湘乡至醴陵一带（千金段、金坑、黄荆坪、南阳桥、雪峰山），都为小型矿床。涟源—邵阳小区铁矿分布范围广，洞口、祁阳、祁东、东安、隆回、邵东、新化、涟源等地都有铁矿产出，其中田湖铁矿达到中型规模。茶陵—安仁地区铁矿密集分布于安仁、攸县、茶陵境内，曾统称湘东铁矿，有清水、排前、凉江、九家坳、雷垄里等中型铁矿和江冲、西屏、老漕泊等小型铁矿产出。该小区向东与赣西的乌石山铁矿等连成一片。汝城小区位于湘赣粤交界处湖南一侧，主要矿床有两处：大坪铁矿和附城铁矿，前者为一大型铁矿。该成矿区赋矿地层时代为晚泥盆世。

三、桂东北成矿区

桂东北成矿区位于桂东北灵川、鹿寨、贺县地区，大地构造位置属华夏褶皱区湘桂褶带、桂中—桂东台陷。灵川地区的铁矿有老茶亭、小茶亭、海洋、思安头、大圩、黄村等铁矿，其中海洋铁矿、大圩铁矿、老茶亭铁矿达到了中型规模。鹿寨地区的铁矿有屯秋、古当、新村、龙江等，其中屯秋铁矿资源储量达到了中型（Ⅱ）的标准。贺县地区的铁矿有英家、文帐洞、莲塘、公会、黄姚等，其中英家、公会为中型矿床。铁矿赋存于下泥盆统地层中，屯秋铁矿与成矿有关的为下泥盆统郁江组，有两个岩性段，下部为砾岩、石英砂岩，上部为砂质页岩和砂岩，赤铁矿层位于上部岩性段。

四、滇黔成矿区

滇黔成矿区位于云南武定、昭通，贵州赫章直到独山一带，呈弧形展布。大地构造位置属于扬子地台上扬子凹陷西南段，次级构造单元为滇东台褶带、黔北台隆、黔南台陷。滇东有鱼子甸大型铁矿、寸田中型铁矿产出，呈北东向分布，昭通地区的铁矿与贵州赫章铁矿基本联成一片。成矿区在贵州部分分成东西两区，西区位于赫章一带，有菜园子、小河边、雄雄嘎等中型铁矿产出，且多与菱铁矿床相共生。受当时古地理格局控制，成矿区在安顺一带变窄，向东至独山又变宽，有平黄山、桑麻、蔡家山、营寨等铁矿产出，其中平黄山达到中型规模。川南越西地区宁乡式铁矿据沉积盆地和岩相古地理分析，也应属该成矿区。

滇东铁矿产于中泥盆统下部，主要岩性组成为灰岩、页岩及粉砂岩，铁矿产于粉砂岩之上。贵州的铁矿产于中泥盆统，铁矿赋存于中部砂岩、粉砂岩段中。

五、川中成矿区

川中成矿区位于四川中部江油、灌县一带，大地构造属扬子地台龙门山—大巴山台缘坳陷。整个成矿带围绕川中地块西缘作窄长带状分布。其北段江油地区的主要铁矿有梅花硐铁矿、广利寺铁矿和观雾山铁矿，统称江油铁矿，都为小型。向南灌县出现懒板凳铁矿，至天全有沙坪铁矿，也都是小型矿。

江油铁矿赋存于中泥盆统养马坝组中，鲕状赤铁矿产于灰、浅灰色生物碎屑岩夹白云质泥晶灰岩中。

六、甘南—川北成矿区

甘南—川北成矿区位于甘南靠近四川的迭部、文县一带，以及川北松潘地区，大地构造位置属西秦岭褶带玛曲—迭部—武都褶带。沿碌曲至文县，有一系列宁乡式铁矿产出，沿白龙江流域分布，延续200多公里，发现铁矿18处，其中中型矿区有4处。

铁矿产出层位为下—中泥盆统当多组。当多组下部为含磷酸盐段，上部为含铁碎屑岩段。在含铁碎屑岩段内有上下两层赤铁矿，其间有数十米含铁灰岩、页岩及钙质砂岩。当多组中的生物组合具有浓厚的华南型色彩，可与华南四排阶的中上部及应堂组的下部对比。

川北松潘地区中泥盆统底部也含铁矿层，但含锰高，为铁锰矿，似层状扁豆状产出，且经变质，矿石具条带状和千枚状构造。

第三章 含矿地层及含矿岩系

第一节 泥盆系地层概述

一、中国泥盆纪地层分区

泥盆系在中国分布广泛，除华北地区没有沉积外，其他各区均有展布，尤以华南地区最为发育。从沉积类型分析，中国泥盆系分布受阴山—天山和秦岭—昆仑山两大纬向构造带控制，可分成3个大区、4个地层区14个地层分区（图3-1）。

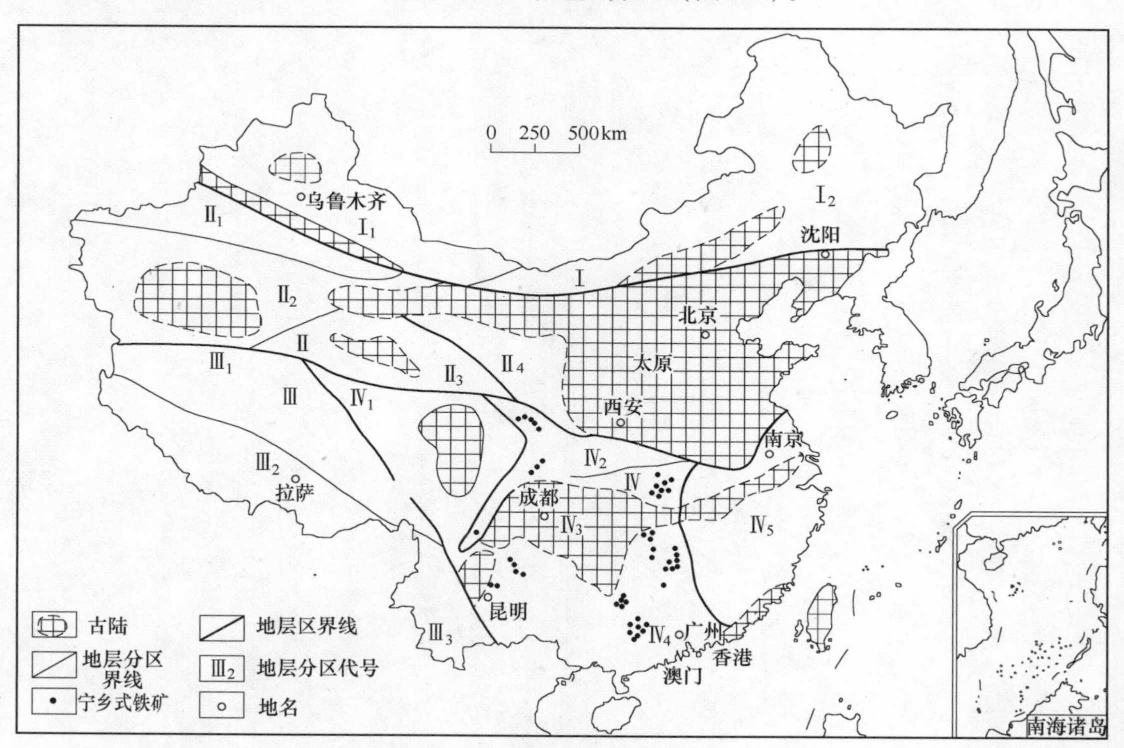

图3-1 中国泥盆纪地层区及宁乡式铁矿分布图

（地层分区据中国地层典泥盆系，2000）

Ⅰ—准噶尔—兴安地层区（$Ⅰ_1$—准噶尔—北山地层分区；$Ⅰ_2$—内蒙古—兴安地层分区）；Ⅱ—塔里木—华北地层区（$Ⅱ_1$—南天山地层分区；$Ⅱ_2$—塔里木地层分区；$Ⅱ_3$—柴达木地层分区；$Ⅱ_4$—祁连地层分区）；Ⅲ—西藏—滇西地层区（$Ⅲ_1$—羌塘地层分区；$Ⅲ_2$—喜马拉雅地层分区；$Ⅲ_3$—滇西地层分区）；Ⅳ—华南地层区（$Ⅳ_1$—甘孜地层分区；$Ⅳ_2$—秦岭—龙门山地层分区；$Ⅳ_3$—扬子地层分区；$Ⅳ_4$—华南地层分区；$Ⅳ_5$—东南地层分区）

北方区大致沿阴山—天山以北的广大地槽区展布，属地槽型浅海陆源碎屑和火山沉积建造。属该区的地层区为准噶尔—兴安地层区，包括准噶尔北山、内蒙古—兴安两个地层分区。

中部区即阴山—天山与秦岭—昆仑山之间的塔里木—中朝地台区，大部分为剥蚀区，两个地台之间的祁连山南、北坡和塔里木地台周缘发育以陆相红色建造为主的沉积。属该区的地层区为塔里木—华北地层区（包括南天山、塔里木、柴达木、祁连四个地层分区）。

南方区覆盖秦岭—昆仑山以南的整个中国南方。以龙门山—大雪山为界，大致可分为东西两部分。西部主要为地槽型浅海碳酸盐岩建造、复理石建造，局部遭受区域变质作用；东部即狭义的华南区，包括扬子地台和华南褶皱带，以典型的地台型沉积为特征。属该区的地层区有两个：西藏—滇西地层区（包括羌塘、喜马拉雅、滇西三个地层分区）、华南地层区（包括甘孜、秦岭—龙门山、扬子、华南、东南五个地层分区）。宁乡式铁矿分布于下列三个地层分区：IV_2秦岭—龙门山分区；IV_4华南地层分区和IV_3扬子地层分区。

秦岭—龙门山地层分区包括宝兴以东及二郎山等地。基本属近岸浅海型沉积，岩性、厚度变化较大，且局部地区变质强烈。生物群以珊瑚、腕足类等底栖生物为主。下泥盆统以巨厚的陆相砂岩为主，富产 *Polybranchiaspida*，基本属华南生物区，西秦岭发育连续的志留—泥盆系碳酸盐岩沉积。

扬子地层分区：秦岭以南、江南古陆以北地区，包括汉中地区和长江中下游地区，主要发育中—晚泥盆世地层，多属近岸碎屑沉积。

华南地层分区：包括湘、黔、滇、桂四省（区），是中国泥盆系发育的主要地区，各时代、各岩相均有代表，生物群丰度和分异度均极高。

二、南方泥盆纪地层分区及地层特点

20世纪80~90年代，国家曾组织对中国南方岩相古地理及沉积、层控矿产远景预测进行攻关研究，获得了许多重大成果。

根据南方泥盆系地层层序、生物组合区系、沉积类型及组合、古地理及古构造特点的研究，对中国南方泥盆系进行分区（图3-2）。中国南方泥盆系（不包括滇西—西藏地区）分为南秦岭、龙门山、黔滇、右江、金平、黔桂湘、湘赣粤、闽粤、鄂西、下扬子等10个分区，分布有宁乡式铁矿的地层分区有：鄂西分区、黔桂湘分区、黔滇分区、湘赣粤分区、龙门山分区和南秦岭分区。各区泥盆系基本特征如下：

（1）黔桂湘分区。包括广西中部、北部，贵州的中西部赫章、六盘水，贵州的东南部独山、都匀一带，以及湘中、湘南，还包括粤西部分。区内泥盆系下统下部缺失，下统中上部及中上统均发育完全，总厚度可达2000~5000m。早泥盆世为滨岸碎屑岩，横向变化大，旋回特征不明显，化石稀少，下部以产鱼类及植物化石为特征，间含少量腕足类化石，与下伏早古生代地层多为不整合接触。由于受物源区、古构造及海平面升降的影响，泥盆系中、上统的生物、岩相分异十分明显，形成不同的沉积类型：靠近古陆为滨岸碎屑岩类型，如湖南桃江、益阳、宁乡及浏阳一带；或为浅海陆棚的碳酸盐岩和碎屑岩的混合沉积，由砂岩、页岩、灰岩组成，夹鲕状赤铁矿。远离古陆边缘，下统下部是碎屑岩，中统上部及上统是碳酸盐岩沉积。受同沉积断裂控制的深水沉积地区以泥灰岩及硅质岩为主，分布于湖南城步—新化和兰山—株洲呈北东向的狭长条带。

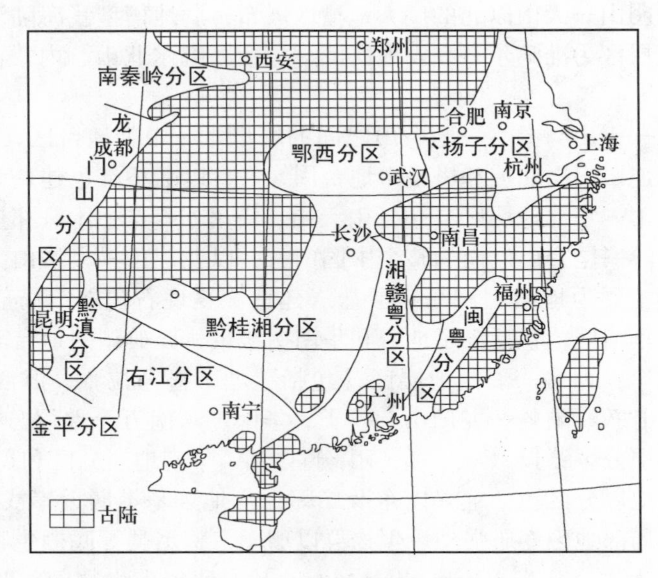

图 3-2 中国南方泥盆纪地层分区图
（据曾允孚等，1993）

（2）湘赣粤分区。指湖南兰山—株洲、浏阳一线以东，江西万安南康一线以西的地区，向南延伸至粤北粤中地区。泥盆系下统缺失，中统的下部为滨岸碎屑岩，中统上部及上统有明显的分异：一种以浅海碳酸盐岩为主，局部有深水硅质岩、硅质泥岩；另一种以滨岸碎屑岩为主，仅局部夹有浅海碳酸盐岩，以砂岩、页岩为主夹绿泥石岩和鲕状赤铁矿。还有一种为滨岸碎屑岩，且含有火山碎屑岩，以江西崇义稍坑剖面为代表。

（3）鄂西分区。包括鄂西、湘西北及渝东地区。缺失泥盆系下统及中统的中、下部；中统的上部及上统以滨岸和陆相碎屑沉积为主，上统上部为泥质岩夹碳酸盐岩。整个上泥盆统夹有多层鲕状赤铁矿。

（4）黔滇分区。指康滇地轴以东，开远、弥勒、赫章一线以西，包括滇东地区及四川普格、越西、甘洛等地。泥盆系上、中、下三统均有出露，由于受造陆运动影响，各地发育程度不一，早泥盆世地层多有缺失。全区下泥盆统为一套陆相—滨海相碎屑岩，含鱼类及植物化石；中泥盆统由粉砂质泥岩、砂岩及碳酸盐岩组成，下部碎屑岩夹鲕状赤铁矿。

（5）龙门山分区。位于川北龙门山地区，西南止于泸定、二郎山一带，东北终于广元朝天驿。区内泥盆系北东段发育齐全，中段只出露中、上统或部分上统地层；西南段仅见下统及部分中统地层。下统下部为一套碎屑岩沉积，下统中部至中统中部以碎屑岩与碳酸盐岩互层为特征夹鲕状赤铁矿；中统上部至上统全为碳酸盐岩。生物群以腕足、珊瑚为主。

（6）南秦岭分区。包括山阳—柞水一线以南的秦岭地区。泥盆系发育齐全，根据岩相及岩性的差异划为两个地层小区。迭部—武都小区的下泥盆统为浅海潮坪相沉积，富含珊瑚、腕足类及牙形刺等化石，与上志留统白龙江群呈整合接触；下—中泥盆统为浅海相砂岩及灰岩组合，为重要的含铁层位，与下泥盆统呈平行不整合接触；文县—康县小区下中泥盆统也为重要含铁层位。

第二节　矿层层位及含矿岩系

一、含矿层位及含矿岩系对比

各成矿区铁矿产出层位见表3-1，灰色背景为含矿层位。根据产出层位可以分为三类：产于下泥盆统，桂东北成矿区；产于中泥盆统，滇黔成矿区、川中成矿区和甘南川北成矿区；产于上泥盆统，鄂西—湘西北成矿区、湘中赣西成矿区。铁矿赋存层位的高低与泥盆纪海侵发生的时间有关。华力西初期南方陆板块的板内裂谷活动首先由西南缘金沙江—红河断裂的活动开始，板内裂谷系统与古特提斯洋沟通，古特提斯洋海水通过几条渠道向北推进：东路经广西、湖南到达湖北、江西；中路沿康滇隆起东侧深入到四川南部；西路通过昆仑海向秦岭侵进。先发生海侵的地域铁矿赋存的层位要低于后发生海侵的地域，因此桂东北成矿区中铁矿产出的层位最低，为下泥盆统；向北至湘中—赣西成矿区，赋存铁矿的层位逐步提高，湘中南大坪铁矿、湘中田湖铁矿和赣西乌石山、上株岭铁矿赋矿层位为上泥盆统下部佘田桥组；向北至湘西北和鄂西，矿层主要产于上泥盆统上部的写经寺组中。另一路经滇东至贵州西北部和四川南部，铁矿产出层位为中泥盆统下部至中上部。

表3-1　宁乡式铁矿含矿地层对比表

成矿区	鄂西—湘西北成矿区	湘中—赣西成矿区		桂东北成矿区	滇　黔		川中成矿区		甘南—川北成矿区
地层分区	鄂西分区	黔桂湘分区、湘赣粤分区		黔桂湘分区	黔滇分区、黔桂湘分区		龙门山分区		南秦岭分区
地区	宜昌、恩施、石门	涟源	莲花	柳州、桂林	武定	赫章、独山	越西	江油	迭部、若尔盖
上覆地层	C_1、C_2	C_1、C_2	C_1	C_1	C_1	C_1	P_1	C_1	C_1
上泥盆统（D_3）	写经寺组	锡矿山组	锡矿山组	五指山组		尧梭组	一打得组	茅坝组	铁山组
	黄家磴组	佘田桥组	佘田桥组	榴江组		望城坡组		沙窝子组	
中泥盆统（D_2）	云台观组	棋子桥组	棋子桥组	东岗岭组	曲靖组	独山组	华宁组	观务山组	下吾那组
		跳马涧组	跳马涧组	应堂组	上双河组	邦寨组		养马坝组	鲁热组
		半山组		四排组	鱼子甸组	龙洞水组	碧鸡山组	甘溪组	当多组
下泥盆统（D_1）		源口组		二塘组	边箐沟组	舒家坪组	坡脚组	平驿铺组	尕拉组
				郁江组	坡脚组	丹林组			上普通沟组
				那高岭组	坡松冲组		翠峰组		下普通沟组
				莲花山组					
下伏地层	S_3	$\in_2$	Pt_2	$\in$	$\in_{-0}$	S_1	S_2	S	S_3

根据含矿岩系的岩石组合，基本上可分成两种类型：页岩砂岩型和灰岩页岩砂岩型。前者含矿岩系由页岩、砂岩及铁矿层组成，不含碳酸盐岩层，如湘东赣西地区的排前、潞水、乌石山、豪溪等矿区及桂东的屯秋、黔北的雄雄嘎、滇东的鱼子甸、川中的碧鸡山、甘南的黑拉等矿区。后者含矿岩系中出现碳酸盐岩层（灰岩、白云岩、泥灰岩），含矿岩系由灰岩、页岩砂岩及铁矿层组成，如鄂西火烧坪、青岗坪、官店等矿区及湖南的大坪、

田湖，广西的海洋等矿区。

二、鄂西湘西北成矿区—黄家磴组、写经寺组

（一）含矿地层

该区含矿地层为上泥盆统黄家磴组与写经寺组，典型剖面见图3-3，综合剖面如下。

统	组	厚度/m 累计	厚度/m 分层	分层号	岩性柱状图	地层描述
中石崖统	黄龙组					石灰岩、白云岩
						平行不整合
上泥盆统	写经寺组		21.71	⑮		紫色、黄色页岩，夹石英砂岩，底部为透镜状鲕状赤铁矿和菱铁矿层透镜状 (Fe_4)
			3.34	⑭		黄灰色页岩
			3.50	⑬		泥灰岩
			4.18	⑫		页岩
			5.34	⑪		泥灰岩，产云南贝、中国石燕
			7.51	⑩		页岩夹 Fe_3 层；Fe_3 分上 Fe_3^3、中 Fe_3^2、下 Fe_3^1 三个分层；Fe_3^3 为主要工业矿层，顶部为砾状赤铁矿，中部为含铁介壳灰岩，下部为鲕状赤铁矿；Fe_3^1 厚 0.02～0.32m，Fe_3^2 厚 0.45～1.96m，Fe_3^3 厚 0.59～3.31m，产帐幕石燕
		53.26	7.68	⑨		灰至深灰色细粒砂岩，产舌形贝及植物化石
	黄家磴组		4.18	⑧		灰绿色页岩
			5.01	⑦		灰色泥灰岩
			5.01	⑥		泥质砂岩
			10.02	⑤		鲕状赤铁矿 (Fe_2)，厚 0.25～1.28m；页岩，产珊瑚
			4.18	④		石英砂岩，底部与泥质粉砂岩或砂质页岩互层，产植物化石
			7.52	③		页岩夹鲕状赤铁矿 (Fe_1)；Fe_1 扁豆状厚 0.03～0.8m，产腕足类化石
		42.60	6.68	②		灰黑色泥质砂岩，产植物化石
中泥盆统	云台观组	43.20	43.20	①		灰白色石英砂岩，偶夹泥质砂岩
						平行不整合
上志留统	纱帽组					黄绿色砂岩、页岩

图3-3 鄂西泥盆纪地层分层（火烧坪剖面）

（据中南冶勘607队，1996）

C_2　上覆地层：中石炭统黄龙组

——假整合——

C_3　写经寺组　厚度4.85～109.30m

上段：黄灰、灰绿、灰黑色炭质页岩、砂质页岩、石英砂岩夹粉砂岩、鲕绿泥石菱铁矿。富含植物化石：斜方薄片木（*Leptophloewm rhombicum*），基尔托克圆印木（*Cyclostigma kiltor kense*），*Hamatophyton verticillatum*，羊齿（*Sphenoteris recurva*），鳞孢叶（*Lepidodendropsis hirmeri*），奇异亚鳞木（*Swblepidodendron mirabile*）等；含孢子：*Verrucoretusispora magnifica*，*Hymenozonotriletes lepidophytus*，*Archaeoperisacus scobrata*，*Vallatisporites verrucosus* 等。

下段：灰、深灰色中至厚层状灰岩、泥质灰岩、泥灰岩为主，时夹页岩、钙质页岩，底部为砂页岩夹鲕状赤铁矿。富含腕足类：三褶准云南贝（*Yunnanellina triplicate lotiformis*），汉伯云南贝（*Y. cf. hanbury*），陡缘云南贝（*Yunnanella abrupta*）；帐幕石燕（*Tenticospirifer subgortani*），弓石燕（*Cyrtospirifer davidsoni*），王氏湖南石燕（*Hunanospirifer wangi*），零陵等小长身贝（*Productellana linglingensis*），半球中华小长身贝（*Sinoproductella homispherina*），葛登无窗贝（*Athyris gurdoni*）等；珊瑚和介形虫、双壳类、牙形石等。

D_{3h}　黄家磴组　厚度17.0～57.40m

黄绿、灰绿、褐黄、黄灰及紫红等杂色页岩、石英砂岩、粉砂岩为主，个别剖面见夹有少量泥灰岩、灰岩。

上下含两层鲕状赤铁矿。含腕足类：弓石燕（*Cyrtospirifer wangleighi*），似毕里查弓石燕（*Cyrtospirifer Dellizzariformis*），中华弓石燕（*Cyrtospirifer sinensis*），帐幕石燕属（*Tenticospirifer sp.*），小长生贝（*Productellana sp.*），*Camarotoechia sp.* 及珊瑚、鱼、植物化石。

D_{2y}　云台观组　厚度3.34～70m

灰白、浅灰色中厚层至块状石英岩状砂岩、石英细砂岩为主，时夹页岩、泥质粉砂岩或细砂岩，底部时见含砾石英砂岩及黏土质风化壳。

黄家磴组的中部和上部产出两层鲕状赤铁矿，但矿层厚度较小，且不很稳定。写经寺组下部出现厚大的鲕状赤铁矿层，是该区的主矿层。在写经寺组的上部还有一层由鲕状赤铁矿、鲕绿泥石及菱铁矿组成的矿层。

（二）含矿岩系

含矿岩系由砂岩、页岩、介壳灰岩及铁矿层组成，全区共有4层铁矿产出，自下而上命名为Fe_1、Fe_2、Fe_3、Fe_4。虽然每一层铁矿在不同地段柱状图上的上下位置有差异，但在总体上规律性强，每一层铁矿都可视为一个等时面。

1. 铁矿层产出层位

Fe_1矿层：赋存在上泥盆统黄家磴组中部或下部的页岩中，主要分布于恩施铁厂坝、建始太平口、十八格、巴东仙人岩、瓦屋场和秭归杨柳池一带，矿层薄而不稳定，厚度约0.7m，透镜状产出，主要由砂质鲕状赤铁矿石组成，横向上常相变成含铁砂岩。

Fe_2矿层：赋存在黄家磴组上部或靠近顶部的页岩夹砂岩或砂岩夹页岩中。主要分布于宜昌、长阳、巴东、秭归一带。矿体似层状或透镜状产出，厚1～2m，稳定性较Fe_1好，矿石主要由砂质鲕状赤铁矿组成。有的矿区有工业价值，如黑石板铁矿 Fe_2计算了工业储量。

Fe_3矿层：赋存在写经寺组下段，靠近底部，在多数情况下，底板为石英砂岩，顶板为页岩或泥灰岩。矿层遍布于全区大多数矿区，且属主矿层。矿层在一些大型铁矿床中呈层状分布，面积可达近百平方公里，厚度一般为1.0～3.0m，矿石主要为钙质鲕状赤铁矿或砂质鲕状赤铁矿，多数情况下含铁量随矿体厚度变大而递增，并常有富铁矿产出。

Fe_4矿层：赋存在写经寺组上段底部页岩夹灰岩中，主要分布在建始、巴东、长阳、五峰一带，在建始太平口、巴东仙人岩和瓦屋场、五峰龙角坝矿区，Fe_4属于主矿层。矿体大多数呈薄层状或透镜状，矿石主要由菱铁矿、鲕绿泥石和鲕状赤铁矿组成。

整个上泥盆统铁矿的层数和厚度变化较大，一般可见1～2层，完整的应为4层。Fe_1、Fe_2许多矿区见不到明显矿层，但仍有矿化反映：出现铁质砂岩，或很薄层的铁矿。自官店、伍家河铁矿向西南在矿层数及厚度上有渐减的趋势，至宣恩川箭河、咸丰白岩等地铁矿完全尖灭。

2. 主要矿层结构

主要矿层 Fe_3和 Fe_4的矿层结构见图3-4、图3-5。恩施地区和宜昌地区 Fe_3矿层的结构有所不同，分别以官店铁矿和火烧坪铁矿为代表。

火烧坪铁矿 Fe_3矿层可根据其中比较稳定的夹层将 Fe_3层分为 Fe_3^1、Fe_3^2、Fe_3^3 三个分层：

（1）Fe_3^1。扁豆状，厚0.03～0.8m，品位 TFe 20%～30%，无工业价值。

Fe_3^1 与 Fe_3^2 之间的夹层为灰色页岩，厚0.13～1.92m，一般厚0.5～0.8m。含 TFe 6.04%～8.7%，含磷0.098%～0.244%。

（2）Fe_3^2。层厚0.60～1.96m，一般1～1.5m，矿石主要由鲕状赤铁矿和砾状赤铁矿组成，砾状赤铁矿分布在顶部，鲕状赤铁矿分布在中下部，为主要矿石类型。

Fe_3^2 和 Fe_3^3 之间的夹层为灰色页岩，厚0.17～0.26m，一般厚度小于0.15m。含 TFe 5%～7%，含磷0.025%～0.622%。

（3）Fe_3^3。为主要工业矿层，厚0.23～3.31m，一般为1～1.5m，平均1.39m。顶部有砾状赤铁矿零星分布，并有含铁介壳灰岩产出（介壳灰岩含 TFe 7.50%～13.40%，含磷0.380%～0.623%）。中部为鲕状赤铁矿，底部见有含铁介壳灰岩。

官店铁矿 Fe_3矿层厚0.88～8.99m，是全区最厚的。矿体内有0～5层铁质页岩夹层，且产出位置变化较大，故 Fe_3不再分层。矿石以鲕状赤铁矿为主，顶部或上部出现砾状赤铁矿，下部或中部常夹粒状赤铁矿。

Fe_4矿层以龙角坝铁矿发育最完整，分上下两矿层，下矿层为鲕状赤铁矿磁铁矿石，厚0.8～3.5m。上矿层为菱铁矿鲕绿泥石矿层，厚0.42～4.7m，多已被氧化成褐铁矿矿石。

三、湘中赣西成矿区—佘田桥组、锡矿山组

湘中赣西各宁乡式铁矿含矿地层划分多有变动，本书仍以原地质勘探报告所述为准。

火烧坪铁矿

页岩

Fe

Fe_3^3 主要工业矿层一般厚 1～1.5m，平均 1.39m，最厚 3.31m。顶部为数厘米厚砾状赤铁矿、含铁介壳灰岩中部鲕状赤铁矿；底部含铁介壳灰岩

Fe　Fe

页岩夹层 0.17～0.26m，一般小于0.15m

Fe_3^2主要工业矿层，一般厚 1～1.5m，最厚 1.96m，鲕状赤铁矿，顶部有砾状赤铁矿

页岩夹层厚 0.13～1.92m，一般 0.5～0.8m

Fe_3^1 无工业价值，扁豆状，厚 0.03～0.8m，品位 20%～30%(TFe)

页岩

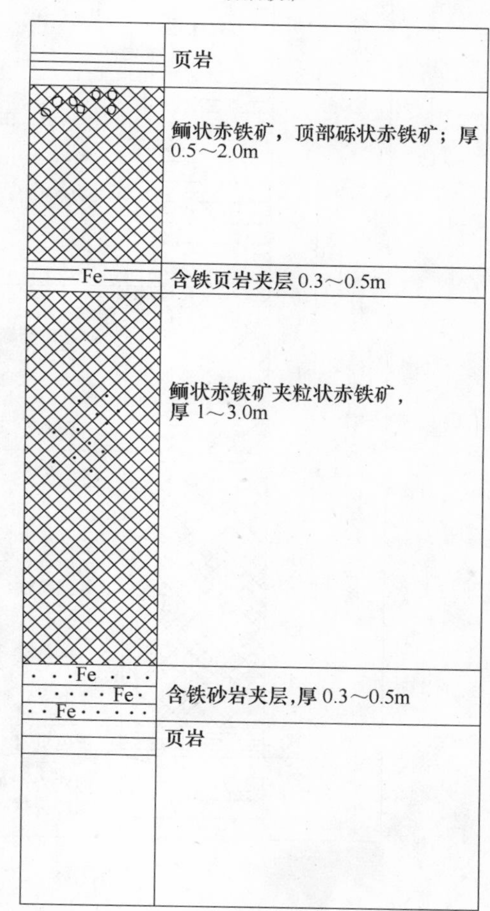

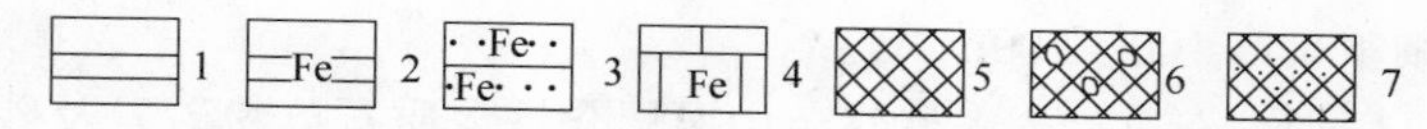

图 3-4　宜昌恩施地区 Fe_3 矿层结构示意图

1—页岩；2—含铁页岩；3—含铁砂岩；4—含铁介壳灰岩；5—鲕状赤铁矿；6—砾状赤铁矿；7—粒状赤铁矿

（一）湘中

1. 含矿地层

该区泥盆纪地层分上、中、下三统，中、上统完整，下统仅发育上组。地层剖面如下（自下而上）：

D_1　源口组　厚 110～289m

紫红色中厚层泥质石英粉砂岩、石英砂岩，下部夹页岩；靠近底部砂质砾岩，富含植物化石。

D_2^1　半山组　厚 100～200m

浅紫红色黄灰色厚层细粒石英砂岩，夹页岩；微粒石英砂岩夹页岩；底部中粗粒砂岩。

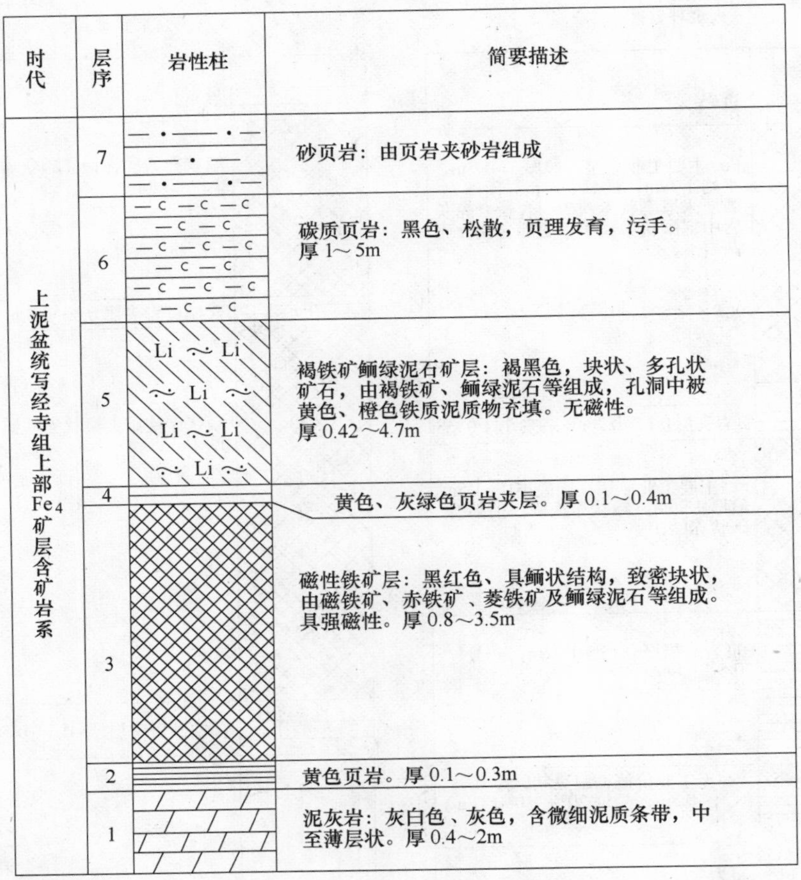

时代	层序	岩性柱	简要描述
上泥盆统写经寺组上部Fe_4矿层含矿岩系	7		砂页岩：由页岩夹砂岩组成
	6		碳质页岩：黑色、松散，页理发育，污手。厚1～5m
	5		褐铁矿鲕绿泥石矿层：褐黑色，块状、多孔状矿石，由褐铁矿、鲕绿泥石等组成，孔洞中被黄色、橙色铁质泥质物充填。无磁性。厚0.42～4.7m
	4		黄色、灰绿色页岩夹层。厚0.1～0.4m
	3		磁性铁矿层：黑红色、具鲕状结构，致密块状，由磁铁矿、赤铁矿、菱铁矿及鲕绿泥石等组成。具强磁性。厚0.8～3.5m
	2		黄色页岩。厚0.1～0.3m
	1		泥灰岩：灰白色、灰色，含微细泥质条带，中至薄层状。厚0.4～2m

图 3-5 Fe_4矿层结构图

D_2^2 跳马涧组 厚100～200m

灰白色中厚层细粒石英砂岩，紫红色中厚层含铁泥质石英粉砂岩及砂质页岩；灰色中厚层细粒石英砂岩；灰绿、黄灰色厚层细粒石英砂岩。靠近顶部夹一层厚0.7m紫灰、紫褐色豆状赤铁矿。

D_2^3 棋子桥组 厚47～295m

灰白—浅肉红色巨厚层状细粒结晶灰岩、浅灰—灰色厚层状隐晶至微晶灰岩；灰、深灰色巨厚层状白云质灰岩；灰、浅灰色中层状隐晶质灰岩与薄层泥质灰岩互层。含珊瑚、腕足类、层孔虫。

D_3^1 佘田桥组 厚900～1100m

灰黑、深灰色中层泥质灰岩，灰岩，夹薄层瘤状泥质灰岩；深灰、灰黑色片状泥灰岩。产腕足类 *Cyrtospirifer subextensus*，*Ptychomaletoechia hsinghuaensis*，*P. sp.*，*Spinatrypina douvillii* 等。灰黄、黄绿色薄层粉砂质灰岩或泥灰岩。产双壳类：*Buchiola retrostriata*，*B. gigantea* 等。灰黑色薄层状钙泥质硅质岩。产腕足类：*Leiorhynchus sp.*。底部砂岩、页岩，含鲕状赤铁矿2层，平均厚1.72m。

D_3^2 锡矿山组 厚53～1300m

上段：灰、灰黄色薄至中层铁泥质粉砂岩，产腕足类：*Palaeoneilo sp.*，*Paracyclas sp.*。灰黄色泥灰岩与泥质灰岩互层、深灰色白云质灰岩、中厚层泥质粉砂岩及石英粉砂岩。

下段：深灰色巨厚层白云质灰岩、含白云质灰岩夹灰岩；深灰色中至中厚层含生物碎屑灰岩、泥灰岩互层。产 *Tenticospirifer hayasakai*，*T. gortani*，*Productella sp.*，*Yunnanella synplicata*，*Athyris sp.*。生物碎屑白云质灰岩、灰质白云岩。含腕足类：*Ptychomaletoechia shetienchiaoensis*，*P. sublivoniciformis* 等。灰、深灰色厚层泥灰岩夹生物碎屑灰岩，产腕足类：*Ptychomaletoechia shetienchiaoensis*，*P. hsinghuaensis*，*P. hsikuangshanensis* 等，介形虫：*Cavellina sp.*。

新邵、涟源、新化等地，锡矿山组下段泥灰岩、页岩及泥质灰岩增加，新化锡矿山及涟源花庙一带，下段下部含鲕状赤铁矿 1 ~ 3 层。

由上述知，湘中地区宁乡式铁矿的含矿地层为上泥盆统的佘田桥组和锡矿山组。

2. 含矿岩系

含矿岩系构成见图 3-6。

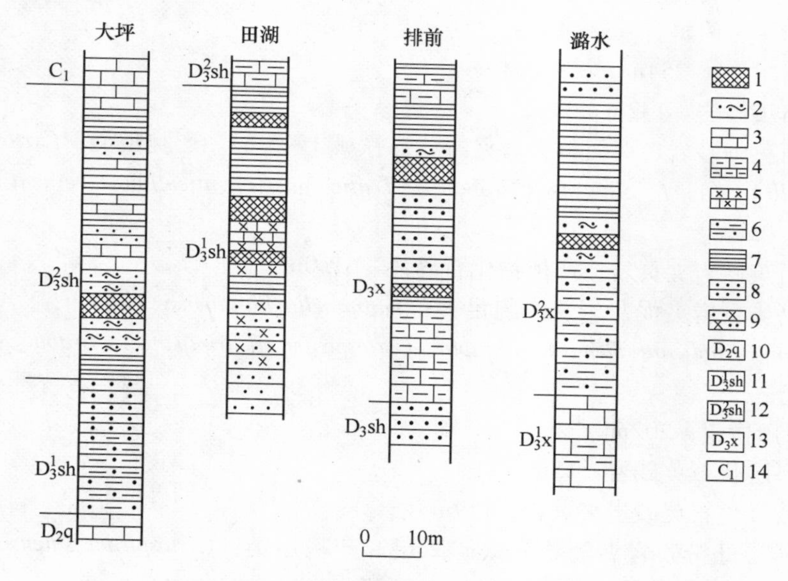

图 3-6　湘中宁乡式铁矿含矿岩系柱状图

（据湖南冶勘 206 队，1961；409 队，1965；214 队，1977）

1—铁矿层；2—绿泥石岩；3—灰岩；4—泥灰岩；5—含铁灰岩；6—粉砂岩；7—页岩；8—砂岩；9—含铁砂岩；10—中泥盆统棋子桥组；11—上泥盆统佘田桥组下段；12—上泥盆统佘田桥组上段；13—上泥盆统锡矿山组；14—下石炭统岩关组

位于湘南的大坪铁矿含矿岩系由上泥盆统佘田桥组碎屑岩、泥质岩及少量碳酸盐岩和鲕状赤铁矿构成。分为上下两个岩性段，下段为灰白色粉砂岩和砂岩，厚 20 ~ 40m；上段由砂岩、页岩、含铁绿泥石岩、赤铁矿层、薄层灰岩或钙质页岩互层组成，厚 50 ~ 80m。铁矿层上下为含铁绿泥石岩，绿泥石岩的底板为页岩，顶板为灰岩或铁矿层。铁矿层常见为一层，局部见 3 ~ 5 层。矿层走向稳定，厚 0.5 ~ 9.4m，最大厚度 12m。

位于湘中的田湖铁矿含矿岩系亦由佘田桥组碎屑岩、泥质岩、少量碳酸盐岩和鲕状赤铁矿层构成，同样分为上下两个岩性段，但铁矿产在下岩性段中。含矿岩系（自下而上）：

砂岩；含铁砂岩；页岩；含铁灰岩；第一铁矿层；含铁灰岩；第二铁矿层；页岩；第三铁矿层；页岩；砂岩。主矿层为第2矿层，厚0.34～4.82m，平均厚1.72m。矿层稳定，走向长8km，宽1～2km。

位于湘东的排前铁矿含矿岩系由上泥盆统上部锡矿山组泥灰岩、页岩、铁矿层、砂岩、绿泥石岩组成。可见两层铁矿，上层铁矿的顶板有一层含铁绿泥石岩。潞水铁矿含矿岩系由锡矿山组的砂岩、页岩、含绿泥石砂岩及粉砂岩组成，矿层平均厚1.44m，顶底板为含绿泥石砂岩，矿层位于锡矿山组上段中部，上部为页岩，下部为砂岩。

（二）赣西

1. 含矿地层

赣西的含矿地层亦为佘田桥组和锡矿山组，但矿层在剖面中的位置和含矿岩系构成与湘中地区有所差别。

佘田桥组与锡矿石组（萍乡麻山剖面）：

上覆地层：下石炭统岩关组

－－－－－－－假整合－－－－－－－

D_{3x} 锡矿山组 254m

灰白色石英砂岩 132m

灰黄色石英细砂岩、绿泥石页岩夹鲕状赤铁矿1～5层。产腕足类：*Cyrtospirifer subextensus*（*Martelli*），*C. cf. Sinensis*（*Grabau*），*Tenticospirifer tenticulum*（*Verneui*），*Camarotoechia sp.* 12.0m。

灰白色石英砂岩夹页岩，产植物化石碎片 61.0m

灰白色钙质页岩夹泥灰岩。产腕足类：*Yunnanella hunanensis Grabau*，*Y. cf. synplicata Grabau*，*Y. supersynplicata Tien*，*Y. abrupta*，*Cyrtospirifer cf. triplisinosus Graba* 49.0m。

——整合——

D_{3sh} 佘田桥组 202m

浅紫色厚层状石英砂岩 15m

灰白、紫红色石英砂岩夹页岩 159m

浅灰色绢云母粉砂岩夹鲕状赤铁矿2层。产腕足类：*Cyrtospirifer sinensis Grabau*，*C. cf. triplisinosus Grabau*，*Tenticospirifer sp.* 18.0m。

灰紫色绢云母砂质页岩，产腕足类：*Atrypa sp.*，*Cyrtospirifer spp.* 10m。

——整合——

下伏地层棋子桥组

与湘中比较，岩石组成发生明显变化，剖面主要由砂岩、页岩组成，碳酸盐岩岩层减少，总厚度明显减小，由上千米减少至数百米。

2. 含矿岩系

含矿岩系组成见图3-7。

乌石山铁矿含矿岩系由上泥盆统佘田桥组砂岩、页岩及赤铁矿层构成，其剖面为：

⑤深灰色或黑色页岩及砂岩 厚1.5～4m

④鲕状赤铁矿（上层矿） 厚1～4.7m

③绿色细砂岩 厚0.5～3.7m

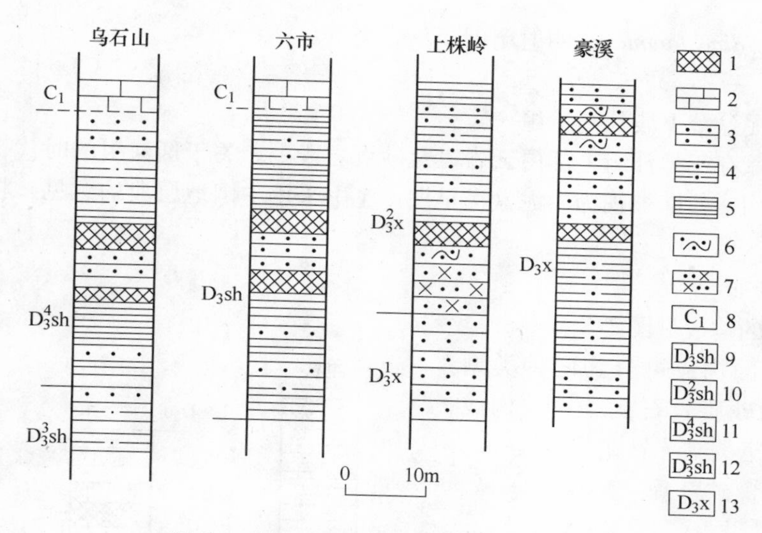

图 3-7　赣西宁乡式铁矿含矿岩系柱状图
（据中南地质局永新铁矿队，1954；江西地质 906 队，1961；901 队，1969）
1—矿层；2—灰岩；3—砂岩；4—粉砂岩；5—页岩；6—含绿泥石砂岩；7—含铁砂岩；8—下石炭统；
9—上泥盆统佘田桥组下岩性段；10—佘田桥组上岩性段；11—佘田桥组第 4 岩性段；
12—佘田桥组第 3 岩性段；13—上泥盆统锡矿山组

②鲕状赤铁矿层（下层矿）　厚 1.2 ~4m

①页岩

六市铁矿含矿岩系剖面（自下而上）：页岩夹砂岩；下矿层；绿色细砂岩；上矿层；黑色页岩及砂质页岩。矿层平均厚 0.96 ~1.80m。

上株岭铁矿的含矿岩系由锡矿山组砂岩、粉砂岩、页岩、赤铁矿层组成。含矿岩系剖面自下而上为：含铁绿泥石砂岩或铁质砂岩；铁矿层（厚 1.2 ~3m）；碳质页岩、粉砂岩夹砂质页岩和钙质砂岩。

豪溪含矿岩系与上株岭相同，由锡矿山组泥质岩、碎屑岩及铁矿层组成，自下而上的剖面为：细砂岩；石英细砂岩、页岩；鲕状赤铁矿层（下矿层）厚 0 ~2.7m；含绿泥石石英细砂岩；鲕状赤铁矿（上矿层）厚 0.35 ~5.60m；含绿泥石石英细砂岩，含绿泥石粉砂岩。

四、桂东北成矿区—郁江组

（一）含矿地层

含矿地层为下泥盆统中上组郁江组，剖面：

上覆：下泥盆统上段二塘组

——整合——

郁江组　厚 150 ~200m

上部：砂岩、页岩，泥岩夹紫红色灰岩，白云岩夹铁矿层；

下部：生物介壳泥质灰岩，泥岩，粉砂质泥岩，砂岩，页岩；

底部：泥灰岩，含腕足类 *Rostrospirifer tonkinensis Dicoelostrophia*，*Eosoph ragmophoria sinensis Parathyridina tanqnae*，四射珊瑚，双壳类等。

——整合——

下伏：下泥盆统下段那高岭组

赤铁矿层赋存于郁江组上部白云岩段及砂页岩段中。关于郁江组的时代，历来有不同认识，广西区测，长期被视为中泥盆世早期。本书采用中国地层典的意见，将其划为早泥盆世的晚期。

（二）含矿岩系

含矿岩系的构成见图 3-8。

含矿岩系的构成可分为两种类型：屯秋型，由泥砂质岩石夹赤铁矿构成；海洋型，由白云岩夹赤铁矿构成。

屯秋铁矿含矿岩系：

⑤砂岩，厚层状　厚 8 ~ 15m

④页岩，紫红色，上部过渡为泥质砂岩，含生物碎屑，产腕足类化石　厚 25 ~ 35m

③砂质页岩，夹薄层砂岩，含黄铁矿　厚 15 ~ 20m

②页岩，局部夹透镜状砂　厚 15 ~ 20m

①赤铁矿层，有两层矿，每层厚 1 ~ 8m，含铁砂岩夹层厚 1. 5m

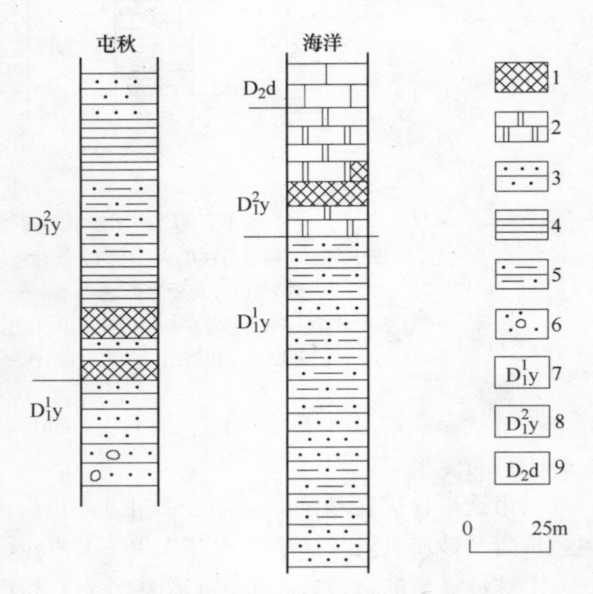

图 3-8　桂东宁乡式铁矿含矿岩系柱状图

（据广西地质屯秋队，1958；广西地质第一地质队，1973）

1—赤铁矿；2—白云岩；3—砂岩；4—页岩；

5—粉砂岩（砂质页岩）；6—砾岩；

7—郁江组下部；8—郁江组上部；9—东岗岭组

海洋铁矿含矿岩系：

⑦白云岩，灰白色白云岩　厚 10 ~ 20m

⑥铁矿层，菱铁矿赤铁矿矿层　厚 0. 7 ~ 2. 2m，平均 1. 44m

⑤白云岩，灰白色白云岩　厚 10 ~ 15m

④粉砂岩，灰白色、黄灰色粉砂岩　厚 10 ~ 15m

③细砂岩，灰白色、黄灰色细粒砂岩　厚 25 ~ 30m

②粉砂岩，夹黄灰色细砂岩，底部含铁质团块　厚 30 ~ 35m

①细砂岩，黄灰色、黄白色细粒砂岩　厚 25 ~ 30m

五、滇黔成矿区—鱼子甸组、邦寨组、独山组

（一）滇东

1. 含矿地层

滇东含矿地层为中泥盆统下组鱼子甸组，上覆中泥盆统中组上双河组，下伏下泥盆统上组边箐沟组。鱼子甸组剖面：

D_2^2 上双河组

——整合——

D_2^1 鱼子甸组

⑦灰岩夹薄层砂层 厚20~25m

⑥灰岩，灰色、灰白色灰岩 厚25~30m

⑤砂页岩，黄灰色、黄绿色砂岩夹页岩 厚10~15m

④上矿层，由1~4层中~厚层菱铁质鲕状赤铁矿层组成 厚1.32~6.41m

③砂页岩，黄灰色、灰白色砂岩夹页岩 厚20~25m

②下矿层，由2~4层薄~中厚层菱铁矿鲕绿泥石及赤铁矿构成 厚0.9~5.16m

①粉砂岩、灰色、黄灰色粉砂岩 厚10~15m

——整合——

D_1^3 边箐沟组

2. 含矿岩系

含矿岩系的构成见图3-9。

鱼子甸铁矿：鱼子甸组自上而下分为杨柳河组、棠梨树组及官地山组，每一组又分成多个岩性段，含矿岩系由官地山组的砂岩、页岩和上下两层鲕状赤铁矿层、鲕绿泥石菱铁矿赤铁矿层构成。上矿层为主矿层。棠梨树组为紫红、灰紫色薄—中层状泥灰岩、生物灰岩、泥岩互层。杨柳河组为黄绿色薄层粉砂岩，紫红色中层状泥岩。

寸田铁矿的含矿岩系由中泥盆统下组的页岩、砂岩、碳酸盐岩及铁矿层构成，铁矿层的厚度0.5~3.0m，由鲕状赤铁矿、鲕绿泥石、菱铁矿组成。上覆中泥盆统中组砂岩。

（二）黔西、黔东南

1. 黔西

（1）含矿地层。黔西赫章地区含矿地层为中泥盆统中组邦寨组，上覆中泥盆统上组独山组，下伏中泥盆统下组龙水洞组。地层剖面：

D_2^3 独山组

——整合——

D_2^2 邦寨组

浅灰色砂岩、灰黑色粉砂岩、泥岩组成韵律层，夹鲕状赤铁矿1~8层 厚0~140m

深灰色细晶白云岩，局部夹泥质灰岩，含珊瑚类化石 厚0~80m

——整合——

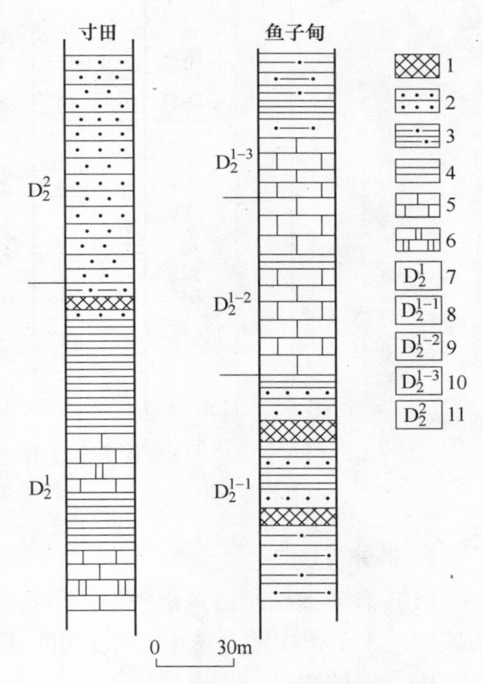

图3-9 滇东宁乡式铁矿含矿岩系柱状图
（据云南地矿10队，1960；8队，1960）
1—铁矿层；2—砂岩；3—粉砂岩；
4—页岩；5—灰岩；6—白云岩；
7—中泥盆统下组；8—中泥盆统下组第一段；
9—中泥盆统下组第二段；10—中泥盆统下组
第三段；11—中泥盆统中组

D_2^1　龙水洞组

（2）含矿岩系。菜园子铁矿的含矿岩系由邦寨组砂岩、粉砂岩、泥岩及铁矿层构成。铁矿产于邦寨组的中下部，经对比共有 8 层矿，其中主矿层为 B 矿层，呈稳定层状，在矿段内连续分布，厚度大（一般为 5 ~ 10m），组分均匀。B 层矿顶板为浅灰色微带绿色的细粒石英砂岩，厚 0. 5 ~ 3m。B 层矿下直接底板为厚度 5 ~ 10m 的一层深灰色黑色的细粒石英砂岩，上部含绿泥石，局部富集为厚度不大的透镜状铁矿层（A 矿层），距龙水洞组顶界 10 ~ 25m。雄雄嘎铁矿的含矿岩系由邦寨组粉砂岩、砂岩夹铁矿层组成（图 3-10）。

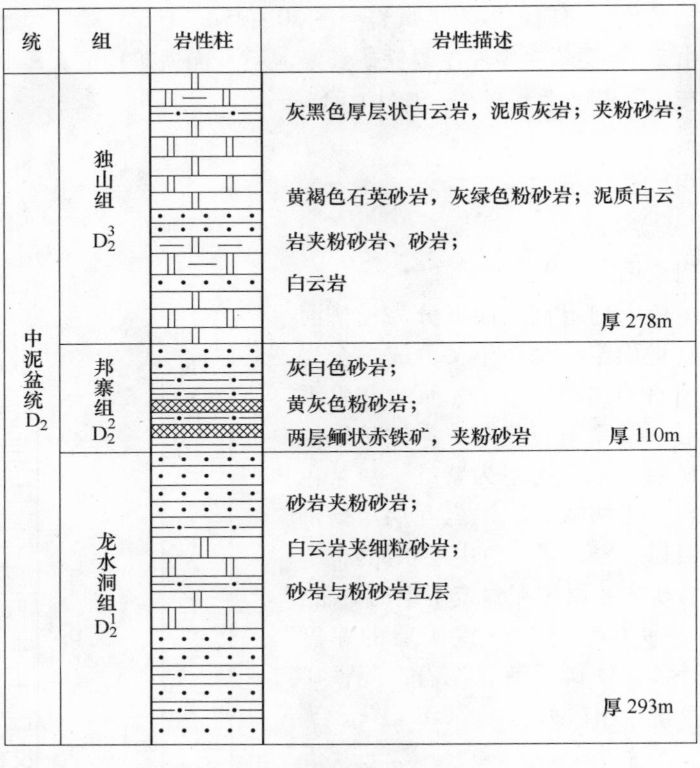

统	组	岩性柱	岩性描述
中泥盆统 D_2	独山组 D_2^3		灰黑色厚层状白云岩，泥质灰岩；夹粉砂岩； 黄褐色石英砂岩，灰绿色粉砂岩；泥质白云岩夹粉砂岩、砂岩； 白云岩 厚 278m
	邦寨组 D_2^2		灰白色砂岩； 黄灰色粉砂岩； 两层鲕状赤铁矿，夹粉砂岩　厚 110m
	龙水洞组 D_2^1		砂岩夹粉砂岩； 白云岩夹细粒砂岩； 砂岩与粉砂岩互层 厚 293m

图 3-10　雄雄嘎铁矿含矿岩系柱状图
（据贵州地质 107 队，1973）

2. 黔东南

（1）含矿地层。黔东南独山一带含矿地层为中泥盆统上组独山组。上覆上泥盆统下组望城坡组，下伏中泥盆统中组邦寨组。独山组剖面：

D_3^1　望城坡组

——整合——

D_2^3　独山组　厚 200 ~ 250m

鸡窝寨段　厚 50 ~ 100m

灰黑色厚层状白云质灰岩，泥质灰岩；

黑色碳质页岩，泥质团块生物灰岩，钙质泥岩。含腕足类 *Stringocephalus*，*Emanuella* 和珊瑚 *Stringophyllum*。

宋家桥段　50～100m

黄褐色薄层石英砂岩，灰绿色粉砂岩、页岩；

铁质石英砂岩、铁矿层。产腕足类 *Lazutkinia* 和植物碎片。

鸡泡段　100～150m

黄灰色砾状灰岩、厚层灰岩、夹石英细砂岩、铁矿层；

瘤状灰岩、石英细砂岩，产腕足类 *Stringocephalus*，*Bornhardtina* 等。

——整合——

D_2^2　邦寨组

（2）含矿岩系。平黄山铁矿含矿岩系主要由宋家桥组砂岩、灰岩和铁矿层组成。有A、B、C三层矿，其中A、B层有工业价值，A、B层矿总厚2.1～8.8m，一般4～6m。鸡泡段中的铁矿无工业价值。

六、川中成矿区—养马坝组、碧鸡山组

（一）含矿地层

川中地区宁乡式铁矿含矿地层北部江油地区为中泥盆统养马坝组，南部越西地区为碧鸡山组。

1. 养马坝组

养马坝组剖面：

上覆：D_2^3　观雾山组

——整合——

D_2^2　养马坝组

顶部：生物碎屑灰岩，厚100～130m

产腕足类：珊瑚、层孔虫等化石。

上部：深灰色薄至中层灰岩夹泥岩、生物碎屑灰岩及砂岩，厚106～510m

产腕足类：*Zdimir*，*Productella*，*Camarotoechia*，*Gypidula*，珊瑚 *Heliolites*，*Stringophyllum*，*Favosites*。

下部：灰、深灰色泥岩与砂岩、灰岩不等厚互层，含赤铁矿层，厚10～80m

——整合——

下伏：中泥盆统下组甘溪组

铁矿层产在养马坝组下部砂页岩和灰岩中。

2. 碧鸡山组

碧鸡山组剖面：

上覆：D_2^2　紫色泥岩组

——整合——

D_2^1　碧鸡山组　厚30～50m

⑥灰白色石英砂岩　厚10～15m

⑤深灰色石英砂岩　厚5～10m

④深灰色砂质泥岩，顶部菱铁矿及绿泥石层　厚2～3m

③鲕状赤铁矿层　厚2.63m

②深灰色硅质石英砂岩 厚10~15m

①灰白色硅质石英砂岩 厚5~10m

——整合——

下伏：D_1^2 暗色泥岩组

（二）含矿岩系

江油地区含矿岩系由养马坝组的页岩、灰白色细粒石英砂岩、生物碎屑灰岩及1~2层鲕状赤铁矿层组成，赤铁矿层厚0.3~1.88m，平均1.1m。

越西地区的含矿岩系由碧鸡山组中部的石英砂岩、泥岩、鲕状赤铁矿层、菱铁矿绿泥石矿层组成。赤铁矿层厚0.1~2.97m，平均1.28m（图3-11）。

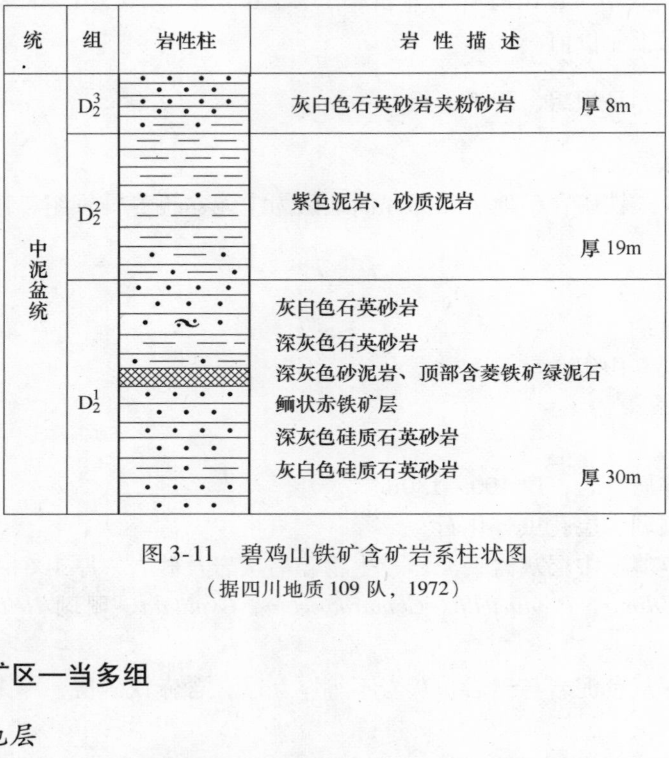

统	组	岩性柱	岩性描述
中泥盆统	D_2^3		灰白色石英砂岩夹粉砂岩 厚8m
	D_2^2		紫色泥岩、砂质泥岩 厚19m
	D_2^1		灰白色石英砂岩 深灰色石英砂岩 深灰色砂泥岩、顶部含菱铁矿绿泥石 鲕状赤铁矿层 深灰色硅质石英砂岩 灰白色硅质石英砂岩 厚30m

图3-11 碧鸡山铁矿含矿岩系柱状图

（据四川地质109队，1972）

七、甘南川北成矿区—当多组

（一）含矿地层

该区宁乡式铁矿含矿地层为当多组，剖面：

上覆：D_2^2 鲁热组

——整合——

当多组 D_2^1 85~180m

上段：灰绿、紫褐色中~厚层石英杂砂岩、铁质石英砂岩、粉砂岩夹生物碎屑灰岩、鲕绿泥石生物碎屑灰岩夹赤铁矿层，菱铁矿层。含腕足类 *Cymostrophia-Devonochonetes*, *Otospirifer*, *Euryspirifer-Rostrospirifer* 等。

下段：深灰色薄—中层微晶或亮晶粒屑灰岩、砂质页岩、泥质粉砂岩。

——假整合——

下伏：D_1^3 尕拉组

铁矿层产于当多组上部，碎屑岩和灰岩段。

（二）含矿岩系

含矿岩系组成以黑拉铁矿为例（图3-12）：

由粉砂岩、泥质岩、砂岩、板岩、灰岩相互交替组成，共有8个矿层，有较大工业价值的有2个矿层。矿层厚1.28～4.99m，最厚8.10m。矿层顶板为砂岩，底板为砂页岩。

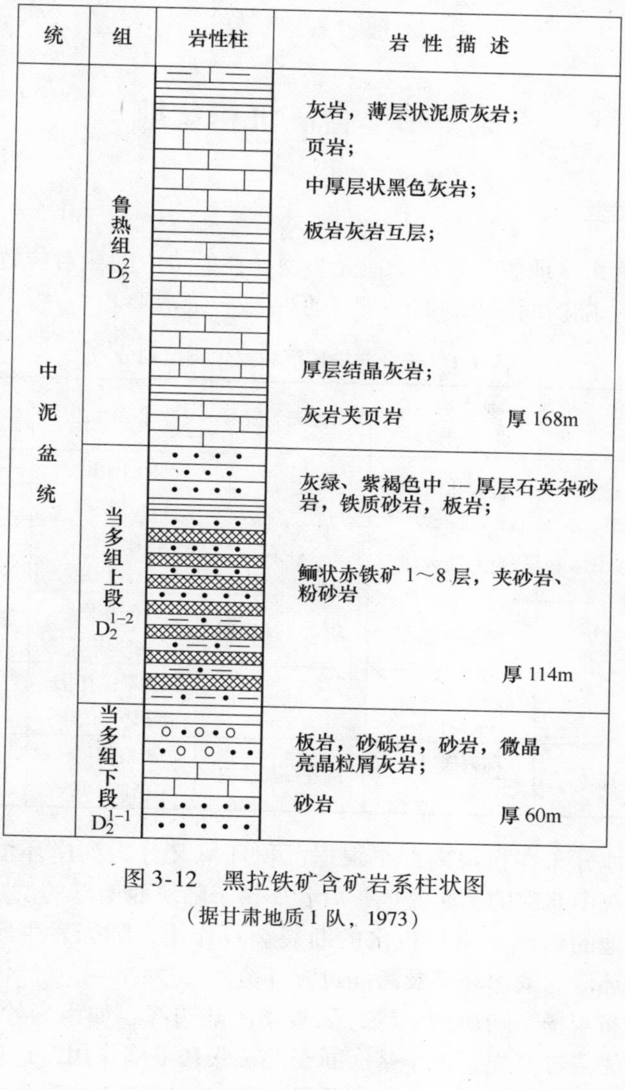

统	组	岩性柱	岩性描述
中泥盆统	鲁热组 D_2^2		灰岩，薄层状泥质灰岩； 页岩； 中厚层状黑色灰岩； 板岩灰岩互层； 厚层结晶灰岩； 灰岩夹页岩　厚168m
	当多组上段 D_2^{1-2}		灰绿、紫褐色中—厚层石英杂砂岩，铁质砂岩，板岩； 鲕状赤铁矿1～8层，夹砂岩、粉砂岩 厚114m
	当多组下段 D_2^{1-1}		板岩，砂砾岩，砂岩，微晶亮晶粒屑灰岩； 砂岩　厚60m

图3-12　黑拉铁矿含矿岩系柱状图
（据甘肃地质1队，1973）

第四章 含矿沉积盆地及沉积建造

第一节 含矿沉积盆地

一、含矿沉积盆地类型

宁乡式铁矿的沉积盆地按盆地基底地壳类型、在板块中的相对位置和形成的动力机制分成4类（表4-1）：陆内断陷型、断坳型、断块型、走滑型。

表4-1 宁乡式铁矿沉积盆地类型划分

沉积盆地类型	沉积环境	盆地大地构造位置	地壳类型	地球动力成因	地区
陆内断陷型	滨岸环境	陆板块内部	陆壳	断陷作用、拉伸作用	鄂西、湘西北、渝东
	过渡及滨岸环境	陆板块内部	陆壳	断陷作用、拉伸作用	滇东北、黔西、黔东南、川南
断坳型	海洋环境	陆板块边缘	陆壳—过渡壳	断陷作用、挠曲作用	甘南、川北
断块型	海洋环境	陆板块边缘	陆壳	拉伸断陷作用、沉积负荷作用	川中
走滑型	海洋环境	陆板块内—陆板块边缘	陆壳—过渡壳	走滑作用、拉伸作用	桂东、湘中、赣西、粤西

陆内断陷型盆地分布在板块内部，根据沉积环境又分为滨岸环境型和过渡滨岸环境型，前者如扬子陆块中北部的鄂西盆地，后者如扬子陆块西南部的滇黔盆地。两类盆地的基底都为陆壳。盆地的形成是由于板内的断裂裂谷作用，陆壳发生断陷和拉伸，形成凹陷。盆地内部沉积环境为滨岸环境及海陆过渡环境。

断坳型盆地分布于扬子陆块的北缘，属被动大陆边缘，如南秦岭被动陆缘断坳盆地。盆地基底地壳为陆壳或过渡壳，由于基底断裂的拉张和下陷作用，造成南秦岭被动大陆边缘盆地，以及盆地内部构造、沉积作用的差异。其沉积环境为海洋环境。

断块型盆地亦分布在板块的边缘，如龙门山断块型盆地位于扬子陆块的西北边缘，其基底地壳属陆壳类型。泥盆纪的基底一组雁行式断裂造成地垒地堑式分异。盆内沉积环境为海洋环境。

走滑型盆地分布在板内或板块被动大陆边缘，如湘桂粤走滑型盆地。盆地基底为陆壳或过渡壳。华力西早期的拉张、走滑作用，在华南板块的东南缘，沿前泥盆纪的基底断裂发生的右旋走滑兼拉张断裂作用，沿着断裂带形成深水走滑盆地，盆地间为浅水碳酸盐台地。盆地沉积环境为海洋环境。

二、含矿沉积盆地特征

（一）鄂西陆内断陷盆地

鄂西陆内断陷盆地位于鄂西、湘西北地区。盆地南界为江南断裂，北界为襄广断裂，西界为武陵断裂，为椭圆形地势平缓的陆内断陷盆地。在整个加里东—华力西阶段都属稳定的陆壳背景，泥盆系与下伏地层呈假整合接触。沉积厚度小，无深水沉积，无火山活动，无明显的同沉积断裂作用，沉积岩相分异不明显。中泥盆世晚期由于华南海侵向北扩大，海水绕过江南古陆，经过常德、安化、沙坪一带进入鄂西盆地，形成以碎屑岩为主的滨岸浅海环境。古地形由北向南缓倾斜，沉积厚度向南逐渐增加，晚泥盆世海侵继续向北东方向扩大，海水短暂达到下扬子巢湖一带。东北缘由于河流的注入在武汉一带形成三角洲沉积，其他地区仍为前滨—近滨沉积。鄂西湘西北宁乡式铁矿产于鄂西盆地中心靠西的部位，赋存于上泥盆统近滨和远滨相碎屑岩、泥质岩、碳酸盐岩的沉积中。

（二）滇黔陆内断陷盆地

滇黔陆内断陷盆地位于康滇古陆以东，上扬子古陆以南，开远—平塘断裂以北的滇、黔地区。区内晋宁期以来长期活动的南北向大断裂，安宁断裂、小江断裂、昭通断裂等，它们在泥盆纪的拉张裂陷活动，导致断陷盆地的形成。盆地内部具有地堑—地垒结构，南北向断裂的东西向拉张裂陷作用，形成了近南北向延伸的地堑式次级盆地，其间以隆起相隔。如受小江断裂和昭觉断裂控制形成越西—甘洛断陷盆地，中间被会泽隆起隔开。同沉积断裂活动对沉积作用控制十分明显。虽然盆内下、中泥盆系地层均有出露，但各地发育程度差异较大。武定、昭通、威宁地区泥盆系较为连续完整，仅缺失下统下部，而相邻的曲靖地区地层发育不全，其间存在许多沉积间断。

早泥盆世开始，沾益、华宁和大关、禄劝，沿安宁断裂带初始拉张断陷。在康滇古陆和牛首山古岛之间的华宁、宜良至寻田、曲靖一带形成断裂盆地，其东南缘被师宗—弥勒断裂所限。断陷盆地内以湖泊、河流、河口湾和湖成三角洲为特征，堆积厚度大，等厚线展布方向和边界断裂一致。中泥盆世，拉张断陷作用加剧，区域沉降作用增强，海侵扩大且差异性断陷活动显著。北段沿甘洛—昭觉一带的断陷海湾盆地形成碧鸡山含矿岩系；南段在康滇古陆和东川古岛、牛首山古岛之间的断陷盆地中心发育了陆棚碎屑岩和碳酸盐岩混积沉积，西缘为碎屑岩滨岸带，形成鱼子甸含矿岩系。

贵州华力西早期由于北西向赫章—紫云丹寨—台江断裂和北东向安顺—镇远、丹寨—台江古断裂的张裂活动，形成了黔西赫章和黔东南平塘次级断陷盆地。自早泥盆世晚期开始，海水侵漫贵州省南半部，北半部仍为上扬子古陆的一部分。在岸线以南都匀至威宁一带，下部主要为石英砂岩，上部以碳酸盐岩为主。中泥盆世下部为碎屑岩组合夹碳酸盐岩。中泥盆世中晚期处于半局限台地环境，形成了宁乡式铁矿的含矿岩系。

（三）龙门山断块型陆缘盆地

华力西期由于古特提斯洋北支向东扩张，泥盆纪时龙门山地区处于扬子陆块西北缘的被动大陆边缘。泥盆纪基底断裂活动继承了早古生代的活动特征，多条北东向和北北东向的断裂组合形成雁行式断裂带。近乎平行的青川—茂汶断裂、北川—映秀断裂和江油—灌县断裂造成了盆地内隆起坳陷的分异，在彭灌—绵竹和桥子顶—雁门坝等地呈地垒地堑式，而在北川、桂溪至江油大康、马角坝一线呈半地堑式。早泥盆世，基底构造活动强烈；内部隆凹分异明显，宝兴、彭灌及桥子顶等地继续隆起遭受剥蚀，而南段天全、二郎山一带为幅度不大的坳陷，江油北川、平武平驿铺一带则形成强烈的坳陷中心。早泥盆世晚期到中泥盆世中期，基底断裂活动减弱，以间歇性活动为特点，形成了甘溪组、养马坝组、观雾山组下段的陆源碎屑岩和碳酸盐的混积沉积。其中养马坝组为泥岩与砂岩、粉砂岩夹生物碎屑灰岩组合，赋存有鲕状赤铁矿层。中泥盆世晚期至晚泥盆世早期，海侵扩大，向古岛及古陆边缘上超覆沉积。至晚泥盆世晚期，海平面相对下降，海水变浅，碳酸盐台地浅滩化，靠近古陆的边缘，形成了局限台地的白云岩。

（四）甘南被动陆缘断坳盆地

甘南被动陆缘断坳盆地位于扬子陆块的北部边界地带，地处石泉—安康断裂带以南的区域，南界为略阳—玛沁断裂。该区作为秦岭海槽的一部分，在泥盆纪继志留纪继续断陷沉降。早泥盆世中期为浅海相渐转潟湖海退相或滨海三角洲相沉积。海槽南接若尔盖古陆；沿玛曲—迭部东西一线，可能有同沉积古断裂。下普通沟组以浅海相灰色或黄绿色板岩、白云质泥灰岩为主，夹灰岩和石英砂岩产牙形刺、腕足类化石。上普通沟为浅海相—潮坪相白云岩和白云质灰岩夹泥灰岩、杂色砂岩和泥岩，产腕足类化石。尕拉组为潮坪相白云岩、角砾状泥质白云岩夹粉砂岩，产笔石、珊瑚等化石。此后地壳一度上升，出现短暂沉积间断，其后中泥盆统当多组平行不整合覆盖其上。铁矿层产于当多组上部，由石英砂岩、海绿石石英砂岩、砂质结晶灰岩、含铁灰岩夹赤铁矿层、菱铁矿层组成。

（五）湘桂粤被动陆缘右旋走滑盆地

湘桂粤被动陆缘右旋走滑盆地位于三江断裂以东、丽水—海丰断裂以西的区域，覆盖了桂东、湘中南、粤北、赣西广大的范围。该区在华力西早期，沿北东、北北东向的前泥盆纪的基底断裂发生了右旋走滑兼拉张断裂作用。冷水江—龙胜断裂、衡阳—灵山断裂、吴川—四会断裂、阳江—广州断裂及丽水—海丰断裂将该区分割为一系列线状深水走滑盆地和浅水碳酸盐台地，整体为华南洋的洋盆，其中包含多个次级盆地。由于走滑拉张与挤压相伴生，挤压抬升区形成孤立的岛状隆起或发育孤立的浅水碳酸盐台地，拉张区形成断陷深水盆地，特别是菱形断陷盆地。空间上形成盆—台交叉，盆中有台、台中有盆的复杂的古地理景观。走滑拉张盆地由南往北逐渐加强，海水由南向北推进。断裂带的南段深水盆地形成较早，北段较晚。地形上具有北端封闭，南西开放、南宽北窄、呈阶梯状分布等特点。与宁乡式铁矿有关的沉积盆地为长沙—邵阳、桂阳—攸县和桂林—罗县—贺县等次级盆地。

1. 长沙—邵阳盆地

长沙—邵阳盆地是由北东向衡阳—灵山断裂和合浦—郴县断裂拉张走滑形成的盆地，盆地范围北至长沙东南，南至邵阳，并向南延伸至粤北境内，是一个多相沉积盆地。该盆地的中心区域为深水台盆环境，形成了硅质岩和碳酸盐沉积。中心区域周围为浅海陆棚环境，形成浅海泥质碳酸盐沉积。由于宁乡式铁矿形成于浅海环境，因此铁矿分布围绕次深海硅质岩碳酸盐相：在湘潭—邵阳—永州深水沉积区的西侧有插花庙、颜家冲、茶铺、清水塘等铁矿，东侧有金坑、黄荆坪、南阳桥等铁矿。盆地自早泥盆世晚期开始接受沉积，形成陆相至滨海相碎屑岩相（源口组）；中泥盆世早中期海侵继续向北推进，范围不断扩大，形成了前滨砂砾岩相和近滨砂页岩相（半山组、跳马涧组）。中泥盆世晚期由于同沉积断裂活动而产生差异性升降，相对抬升的浅水区域转化碳酸盐台地及生物礁滩，而那些相对下沉的地方则逐渐过渡为较深水的台间盆地。中泥盆统上部棋子桥组，既有台地相的巨厚的碳酸盐岩系及生物礁滩，又有泥灰岩、泥岩、扁豆状灰岩、条带状泥晶灰岩、硅质灰岩和硅质岩组成的台盆相沉积。

泥盆世晚期盆地基底的隆凹继续保持，在凹地形成泥灰岩、硅质岩沉积，在水下隆起区北段靠近江南古陆部分发育砂岩和砂质页岩沉积，其余部分发育灰质白云岩。涟源、隆回、湘乡等地晚泥盆世早期形成一套砂岩、含铁砂岩、含铁灰岩和铁矿层，构成含矿岩系。

2. 桂阳—攸县盆地

桂阳—攸县盆地位于郴县至攸县北东方向分布的长条形地带，向南延伸到广东境内，向东北延伸至赣西地区。盆地受吴川—四会断裂和阳江—广州断裂的控制。盆地基底地形的变化与长沙—邵阳盆地相似，为隆凹相间分布的格局。凹陷区为水体较深的台盆或台沟，发育硅质岩碳酸盐岩系，隆起区为浅海台地发育浅海碎屑岩和碳酸盐岩系。同样，宁乡式铁矿赋存在浅海台地形成的砂岩、页岩、泥灰岩及含绿泥石砂岩组成的含矿岩系里。成矿时代与长沙—邵阳盆地基本一致，形成于晚泥盆世早期—佘田桥期或晚泥盆世晚期锡矿山期。汝县大坪铁矿、乌石山铁矿、上株林铁矿都赋存在佘田桥组中，六市铁矿、豪溪铁矿、排前铁矿则产于锡矿山组中。

3. 桂林—罗县—贺县盆地

桂林—罗县—贺县盆地位于桂林—罗城、贺县一带。受一系列北北东向断裂的控制（图 4-1），这些断裂都是自四堡期和雪峰期开始活动的古断裂，华力西期再次发生拉张走滑，形成断陷盆地。盆地西部断裂密集，为大型沉积凹陷区；东部断裂间距相对较宽，沉

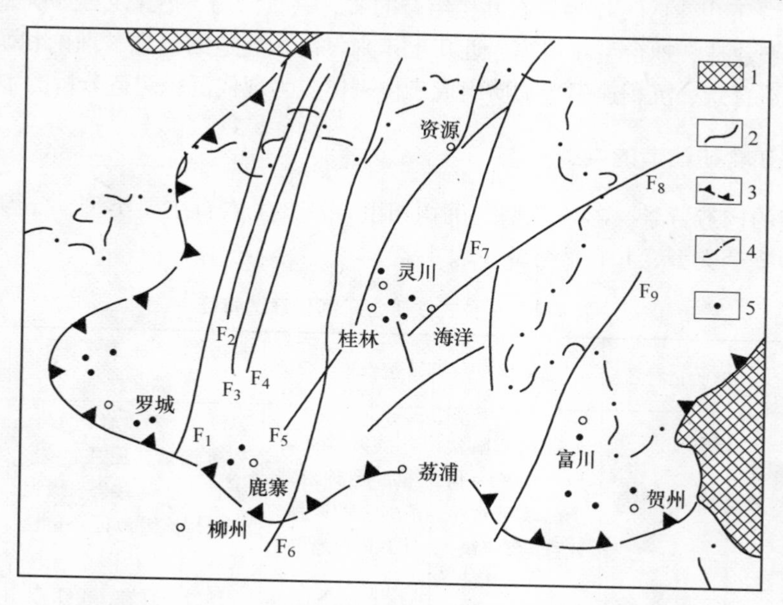

图 4-1　桂林—罗县—贺县泥盆纪沉积盆地构造示意图

图例：1—古陆；2—断裂；3—盆地边界；4—省界；5—铁矿

断裂名称：F_1—四堡断裂；F_2—平垌岭断裂；F_3—三江—融安断裂；F_4—寿城断裂；F_5—宜山—柳城断裂；F_6—龙胜—永福断裂；F_7—白石断裂；F_8—观音阁断裂；F_9—富川断裂

降幅度不大。该盆地的基底为早古生代地槽型类复理式、复理式建造，由暗色泥质岩及少许浊积杂砂岩、灰岩构成，系远离陆源区的半深海—深海沉积。广西运动该区形成坳褶带，并抬升成陆，成为滇黔桂古陆的一部分。早泥盆世早期凹陷并开始接受沉积。早泥盆世早期沉积紫红、灰绿色砂岩、页岩及粉砂岩、砂质泥岩，偶夹灰岩及白云岩，底部砾岩、砾状砂岩（莲花山组），稍后沉积灰绿、蓝灰色泥岩、页岩及粉砂岩，局部夹泥质灰岩或白云岩、含磷生物碎屑岩。早泥盆世中晚期形成的郁江组，底部为泥灰岩；中部为泥质灰岩、泥灰岩、泥岩、砂岩页岩；上部由砂岩、页岩、泥岩夹灰岩、白云岩组成，含铁矿层，组成了该区的含矿岩系。含矿岩系在南部鹿寨地区、中部桂林地区和东部昭平地区较为发育，形成了规模较大的铁矿，如屯秋、海洋、英家、公会等铁矿。

第二节 含矿建造

一、概述

有关宁乡式铁矿沉积建造研究的文献不多，散见于该类型铁矿成矿规律的论文中，多只简要提及。较为详细的研究成果为孟祥化1993年在其《沉积盆地与建造层序》的专著中对“南方泥盆纪铁矿”含矿建造的论述。他认为我国南方泥盆纪鲕状赤铁矿沉积具有稳定克拉通盆地单陆屑铁质建造的特征，形成于高能滨外浅滩环境，自古陆边缘至盆地中心分为：页岩相及紫红色砂岩相→砂质鲕状赤铁矿相→富钙鲕状赤铁矿相→菱铁质鲕绿泥石相→蓝灰色砂质岩相或铁质白云岩相。

长期以来“沉积建造”作为岩石共生组合的概念一直沿用，后来又赋予大地构造环境的内涵，如地槽型建造、地台型建造等。近几十年来，沉积建造的概念、理论和研究方法有了新的发展，构造背景、沉积速率、物质组成三位一体成为现代沉积建造分析的主要内容。

二、宁乡式铁矿含矿建造的类型

根据建造的构造背景、盆地类型、沉积相组合及共生岩石主要类型，宁乡式铁矿含矿建造可划分为2个类型、4个亚类型（表4-2）。

表4-2 宁乡式铁矿含矿沉积建造特征

类型	沉积建造亚类型	构造背景	盆地类型	沉积相组合	共生岩石主要类型及含矿性	分布
稳定型沉积建造	稳定型单陆屑含铁建造	陆板块内部	陆内断陷盆地，基底为扬子陆块下古生代稳定型沉积	滨海砂页岩相，近滨相潮间砂泥灰坪，半局限台地相	砂岩、粉砂岩、页岩、砂质泥岩、泥质砂岩、赤铁岩、菱铁岩、绿泥石岩；滇黔地区含矿性较好	滇东、川南、黔西、鄂西
	稳定型陆屑碳酸盐岩含铁建造	陆板块内部	陆内断陷盆地，基底为扬子陆块下古生代稳定型沉积	滨海相，半局限台地相，远滨砂页岩碳酸盐岩相	砂岩、页岩、粉砂岩、泥灰岩、灰岩、绿泥石岩、菱铁岩、赤铁岩；含矿性最好，形成一批大、中型矿床	滇东、黔东、鄂西

续表 4-2

类型	沉积建造亚类型	构造背景	盆地类型	沉积相组合	共生岩石主要类型及含矿性	分布
准稳定型沉积建造	准稳定型陆屑含铁建造	陆板块边缘	陆缘走滑型盆地、陆缘断块型盆地；基底为华南褶皱区过渡类型沉积	浅海砂页岩相、潮下台地相	砂岩、页岩、粉砂岩、砂质页岩、赤铁岩、菱铁岩、铁质砂岩、含铁绿泥石砂岩；含矿性中等，形成中小型矿床	赣西、甘南、桂东
	准稳定型陆屑碳酸盐含铁建造	陆板块边缘	陆缘走滑型盆地；基底为华南褶皱区过渡型沉积	浅海泥质碳酸盐相，滨海陆屑滩相	砂岩、页岩、泥质砂岩、薄层灰岩、泥灰岩、赤铁岩、钙质页岩；含矿性较好，矿床规模中至大型	桂东北、湘南、湘中

根据建造形成的构造环境宁乡式铁矿含矿建造分为稳定型和准稳定型两个建造类型，建造类型决定了建造沉积相组合、物质组成和含矿性的基本特征。每一类型再根据建造的岩石组合分为单陆屑含铁亚建造和陆屑碳酸盐含铁亚建造。

三、建造类型特征

（一）稳定型含铁沉积建造

该建造类型具有以下特点：

（1）构造背景为大陆板块的内部，沉积盆地为陆内断陷盆地，断陷拉张作用并不强烈。

（2）沉积环境为滨岸环境或海陆过渡环境，建造体延展广而厚度小，作大面积席状分布。

（3）共生岩石组合为滨浅海碎屑岩泥质岩和台地缓坡碳酸盐岩，本区和邻区均无台沟相深水沉积。

（4）含矿岩系形成时期构造运动微弱，地壳抬升和下降的幅度小，无火山岩浆活动，无同沉积断裂，建造体横向变化主要由盆地基地地形的波状起伏等因素造成。

（5）砂岩、粉砂岩、砂质泥岩、粉砂质泥岩中碎屑成分均以石英为主，次为少量白云母，长石几乎未见。碳酸盐岩主要为泥灰岩、泥晶灰岩、生物屑亮晶灰岩、介壳灰岩。

（6）由于铁矿沉积时能长时间保持稳定，有利于形成厚大矿体，矿床规模较大，矿石性质较稳定。

（二）准稳定型含铁沉积建造

准稳定型含铁沉积建造特征如下：

（1）构造背景为大陆板块边缘，被动大陆边缘环境。沉积盆地为陆缘断坳型、断块型或走滑型盆地。断裂拉张走滑较为强烈。

（2）沉积环境为海洋环境，建造体延展范围较小、厚度较大，且多变化。建造分布区域或邻近区域同沉积断裂发育，受同沉积断裂控制形成深水台沟相和浅水台地相，相间作带状分布。

(3) 共生岩石组合为滨浅海相碎屑岩、泥质岩和台地相碳酸盐岩，邻近区域有深水硅质岩、硅质泥质岩、硅质碳酸盐岩分布。

(4) 建造形成阶段构造运动较强，断陷走滑作用仍然存在，同沉积断裂发育；同时邻近区域存在火山活动（如赣西南）。

(5) 碳酸盐岩石种类复杂多样，形成于多种环境，既有台地相的亮晶生物屑灰岩、微晶灰岩，又有边缘陆棚相的扁豆状灰岩。

(6) 含矿性不及稳定型建造，矿体延长一般为数千米，个别可达万米以上，矿床规模以中小型为主。

四、建造亚类型特征

（一）稳定型单陆屑含铁亚建造

滇东、黔西、川南中泥盆世及鄂西地区晚泥盆世早期的含矿建造属此亚类型。建造的岩石组成为砂岩、粉砂岩、页岩、砂质泥岩、泥质砂岩，基本不含碳酸盐岩石。鄂西、湘西北晚泥盆世早期形成的黄家磴组含矿岩系，铁矿层产于砂岩或页岩之中，铁质岩为鲕状赤铁矿，形成于近滨环境，稳定性较差，常相变为铁质砂岩。滇黔地区的沉积相为滨海砂页岩相和半局限台地相，由于所处构造环境稳定，矿层延伸较大，由数千米至上万米，可形成中大型矿床。矿石组成中除鲕状赤铁矿外还含鲕绿泥石和菱铁矿，分别形成鲕状赤铁矿石（红矿）和鲕绿泥石菱铁矿石（绿矿）。

（二）稳定型陆屑碳酸盐岩含铁亚建造

滇东北、黔东及鄂西晚泥盆世晚期的含矿建造属此亚类型。

建造由碎屑岩、泥质岩和碳酸盐岩混合组成，其中碳酸盐岩是重要组成，一般占1/3～3/5，碳酸盐岩层上下都有铁矿层产出。如鄂西和湘西北写经寺组：下部5～20m为灰至深灰色细粒砂岩、紫红色页岩，产鲕状赤铁矿层（Fe_3矿层），矿层中夹含铁介壳灰岩；中部15～30m为泥灰岩、泥质灰岩夹页岩；上部10～15m又为紫色、黄色页岩，有鲕状赤铁矿层（Fe_4^1矿层）和绿泥石菱铁矿层（Fe_4^2矿层）产出。昭通寸田D_2^1含矿岩系中，下部为白云岩夹页岩、灰岩夹白云岩，上部为砂岩、粉砂岩夹铁矿层，铁矿由鲕状赤铁矿、鲕绿泥石和菱铁矿组成。黔东南平黄山铁矿则产于独山组中部宋家桥段中，由铁质砂岩和铁矿层组成，其上为白云质灰岩、钙质泥岩、生物灰岩，其下为瘤状灰岩、厚层灰岩。这一建造中的含矿岩系比较稳定，矿层延伸数千米至上万米，矿床规模也较大，可形成大型矿床。且因为矿石夹层中或顶底板为碳酸盐岩，矿石常为自熔性或碱性。

（三）准稳定型陆屑含铁亚建造

湘东南、赣西地区陆屑含铁亚建造形成于准稳定的构造环境。所谓准稳定就是该区上古生代总体处于加里东期新形成的华南陆块准稳定环境，由于板内断裂活动比较强烈，使之与晋宁期后长期处于稳定环境的扬子陆块相比有较大的活动性。这种活动性表现为区内或邻区发育有同沉积断裂和台沟相深水沉积，并有范围不大的间歇性海相火山活动。例如，赣西成矿区南部崇义、遂州中泥盆统中夹有凝灰岩和英安岩，崇义稍坑玄武岩夹于碳酸盐岩之中。泥盆纪地层由陆相向海陆交互相和海相转变时，升降运动频繁，扩张剧烈，以至中泥盆统棋子桥组底部，上泥盆统佘田桥组底部，锡矿山组底部和上部，均夹有一层至多层火山岩。赣西乌石山、六市、上株岭、豪溪等铁矿，含矿建造均由页岩、砂岩、含铁砂岩、粉砂岩及铁矿层组成，铁矿层延伸数百米至数千米，厚度变化大，矿床规模以中小型为主，矿石类型有赤铁矿石、赤铁矿菱铁矿石，由于成矿后的热变质作用，常有磁铁矿产出，有时数量比较多，形成磁赤铁矿石、磁赤铁菱铁矿石。

甘南含矿建造也属于这一亚类型，建造由石英杂砂岩、板岩、铁质砂岩、1~8层鲕状赤铁矿层组成，石英杂砂岩及铁矿层层数多反映了准稳定的构造环境。

(四) 准稳定型陆屑碳酸岩盐含铁亚建造

准稳定型陆屑碳酸盐岩含铁建造主要发育于湘中南、桂东地区。大坪铁矿的含矿建造的构成中除赤铁矿、含绿泥石砂岩、砂岩外，还有相当数量的灰岩。田湖铁矿矿层的夹层中出现含铁灰岩。海洋铁矿矿层直接产于白云岩层中。排前铁矿含矿建造的顶部与下部均为泥灰岩。与准稳定型陆屑含铁亚建造相比，这一建造矿层的稳定性较好，延长可由数千米至上万米，可以形成大型铁矿。铁矿石类型有赤铁矿石、菱铁矿石、磁铁赤铁矿石等，有较多的自熔性、碱性矿石产出。

第三节　鄂西成矿盆地与含矿建造分析

一、沉积盆地分析

沉积盆地分析即分析研究盆地的类型、构造位置、基底地壳类型、地球动力学成因、盆地空间形态、充填物沉积相和沉积相组合、地层格架、含矿性以及盆地演化历史。近年来作者对鄂西泥盆纪成矿沉积盆地和含矿建造进行过专项研究，其中盆地分析结果见表4-3。

表4-3　鄂西泥盆纪含矿沉积盆地分析结果

盆地名称	研究内容		主要特点
鄂西泥盆纪含矿沉积盆地	盆地类型		陆内断陷盆地
	构造分析	盆地构造位置	板块内部，扬子陆块中北部
		基底地壳类型	大陆壳，扬子陆块下古生代沉积盖层
		盆地地球动力学成因	拉伸断陷作用，沉积负荷作用
		盆地空间形态	四周分别为襄广断裂、江南断裂、武陵断裂所限；平面近似不对称椭圆形，西端宽大，东端窄小，自西向东收敛；西部较陡，东部浅而平缓，呈箕形；盆地底部总体平缓，分布有高差不大的潜丘和洼地
	盆内充填分析	沉积相及沉积相组合	东部：河流相；中部：三角洲前缘相、前三角洲相；西部自下而上为无障壁海岸前滨相、近滨相、远滨相，相互无间断叠置
		地层格架及层序地层	地层格架：中泥盆统云台观组，石英砂岩偶夹粉砂岩；上泥盆统下部黄家磴组，砂岩页岩组合；上泥盆统上部写经寺组，泥质岩、碳酸盐岩、碎屑岩组合。自云台观组至写经寺组顶部为海进—海退的沉积层序
		含矿性	铁质岩多次沉积，铁矿层多层产出，形成沉积铁矿矿集区
	演化历史		中泥盆世开始下陷接受沉积；晚泥盆世早期盆地坳陷逐渐加深，海平面上升；晚泥盆世晚期坳陷达到最深；晚泥盆世末期基底抬升，发生海退，盆地填平补齐，结束盆地历史

（一）盆地类型

根据盆地的构造位置、边界特征、动力学成因及周边环境，盆地类型应属陆内断陷盆地。前人曾认为是“陆内坳陷盆地”，坳陷是由于热沉降及沉积负荷作用引起（曾允孚等，1993）。作者注意到以下事实：盆地周缘被深大断裂控制，东北边界为襄广断裂，西北边界为武陵断裂，南部边界为江南断裂（图4-2）；断裂的外侧均为隆起区，泥盆纪时为古陆，断裂内侧为沉降区接受沉积。因此认为盆地的形成是由周边断裂断陷作用造成，可能属陆内断陷盆地。

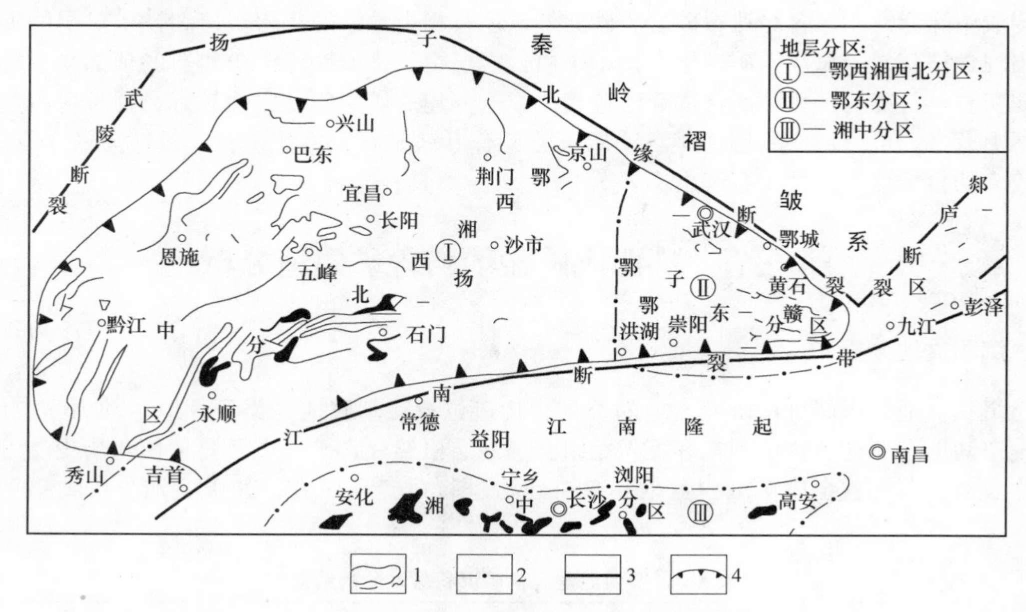

图4-2 鄂西泥盆纪沉积盆地构造及地层分区

（据徐安武，1992，修改）

1—泥盆系露头；2—地层分区；3—断层；4—沉积盆地边界

（二）构造分析

盆地的构造位置为加里东运动形成的南方板块的中北部，应是陆壳内部而不是陆壳边缘地带。鄂西盆地四周分别为武当淮阳古陆、上扬子古陆、江南古陆所包围，仅在盆地南侧江南古陆中段有一“海峡”式豁口，与华南海相通。因此鄂西盆地实际上是一个面积不大的（约3万平方公里）半封闭陆内海盆地。

盆地的基底为发育于扬子陆块基底上的下古生代稳定型沉积，由于加里东运动在该区为升降运动，并未使下古生代地层产状发生改变，因此盆地的盆底是志留系最上部的砂页岩层。在整个加里东—华力西阶段鄂西都处于稳定的陆壳背景之下，导致鄂西沉积盆地成为一个沉积厚度小，无深水沉积，无火山活动，无明显同沉积断裂作用的“三无”盆地。

盆地地理位置横跨湖北南部和湖南西北部，占据湖南永顺、石门，湖北的恩施、宜昌、荆州、武汉、黄石等地域，平面形态类似一个不对称的椭圆形：西端宽大，东端窄小，自西向东逐渐收敛。盆地的北部边界自西向东大致为万州、襄樊、京山、安陆、孝昌、浠水一线；东南边界自汉寿、岳阳至瑞昌；西南边界自重庆石柱至湖南花垣、吉首。

在剖面上盆地东西不对称，为一箕状盆地：西部坳陷较深，且边界比较陡峻，盆地中心靠近西部。自盆地中心向东，坳陷逐渐变浅，为一向东升高的缓坡。整个盆地底部地形平缓，有波状起伏，出现高差不大的潜丘和洼地。

（三）盆内充填分析

1. 盆地地层格架

根据沉积物岩性、地层接触关系、古生物化石特征，鄂西盆地泥盆系等的地层格架应分东西两区分别建立，两者相互关系见表4-4。

表4-4　沉积盆地地层格架

地层＼位置			盆地西部	盆地东部
石炭系			C_1或C_2	C_1
泥盆系D	上统D_3	上组	写经寺组D_3x	五通组D_3w
		下组	黄家磴组D_3h	
	中统D_2		云台观组D_2y	
	下统D_1			
志留系			纱帽组	

（1）盆地东部泥盆纪地层格架。东部地层分区位于京山、洪湖以东，安陆至黄梅一线以南地区。区内泥盆系仅发育有上统五通组，以武汉地区发育较为完整，代表性剖面为汉阳美娘山剖面：

上覆地层：高骊山组（C_1g）　杂色黏土岩

———平行不整合———

五通组（D_3w），厚117.52m

④浅黄色薄层状粉砂质细砂岩、杂色厚层状含粉砂黏土岩，夹灰白色中厚层状石英岩状砂岩。　45.99m

③米黄色页片状粉砂质黏土岩夹薄层状粉砂质细砂岩。含植物：斜方薄片木（*Leptophloeum rhombicum Dawson*），基尔托克圆印木（*Cyclostigma Kiltorkense Haughton*），亚鳞木（*Sublepidodendron wusihense*（*Sze*）），羊齿（*Sphenopteris recurva Dawson*），鳞孢穗（*Lepidostrobus Sp.*），*Aphyllopteris Sp.*，楔叶属（*Sphenophyllum Sp.*），*Astrocalamites sp.*　11.79m

②灰白、肉红色薄至厚层石英岩状砂岩夹含铁石英砂岩、泥质粉砂岩、粉砂质黏土岩。具楔形层理。顶部含植物：亚鳞木（*Sublepidodendron sp.*）　54.0m

①灰白色巨厚层状石英细砂岩。含少量植物茎化石　5.74m

———平行不整合———

下伏地层：坟头组（S_2f），黄绿色含粉砂泥岩

五通组的岩性大致可分为上下两段，上段以浅黄、灰白等杂色粉砂质细砂岩、粉砂质页岩、黏土岩为主，时夹石英岩状砂岩；下段以灰白、肉红色中至厚层或块状石英岩状砂岩、石英砂岩或含铁砂岩为特征，时夹细砂岩、粉砂岩、页岩或砂砾岩，底部常见0.3～8m石英砾岩或含砾石英砂岩。具楔形层理或交错层理。根据所含化石为我国晚泥盆世标

志分子或重要分子，将五通组的形成时代定为晚泥盆世。就汉阳美娘山的剖面而论，上部应属三角洲前缘相沉积，下部类似于前滨相沉积。

（2）盆地西部泥盆纪地层格架。盆地西部泥盆纪地层由中泥盆统云台观组（属中泥盆统上部）、上泥盆统下部黄家磴组和上部写经寺组组成。云台观组为一套石英砂岩，不含矿；上泥盆统黄家磴组为一套碎屑岩系，由砂岩、页岩、粉砂岩组成，上部和下部各含一层鲕状赤铁矿，分别为Fe_1矿层和Fe_2矿层；上泥盆统写经寺组为碎屑岩泥质岩和碳酸盐岩混合沉积，碳酸盐岩（灰岩、泥质灰岩、泥灰岩）位于中部，其下的砂岩页岩层中赋存Fe_3铁矿层，其上的页岩、砂岩层中有Fe_4铁矿层。写经寺组上覆中石炭统黄龙组灰岩和白云岩，中泥盆统云台观组的下伏地层为上志留统纱帽组的砂页岩。鄂西泥盆系地层上下接触关系均为平行不整合。

2. 沉积相及沉积相组合

沉积盆地东部和西部处于不同的古地理环境，东部为大河流沉积环境，西部为无障壁海岸沉积环境。东部大河流自东向西注入盆地，由于河流携带泥砂量大，分别形成河流相、三角洲前缘相、前三角洲相沉积。盆地西部为无障壁滨岸沉积环境，依次形成了前滨相、近滨相、远滨相（碳酸盐缓坡相）（表4-5、图4-3、图4-4）。

盆地东部黄石、大冶一带河流相沉积，上部由浅黄色薄层粉砂质细砂岩、粉砂岩、黏土岩类等构成，含植物化石及小个体双壳类化石。河流相的下部则以灰白、肉红色中至厚层或块状石英岩状砂岩、石英砂岩或含铁砂岩为特征。具有楔状层理和板状斜层理。

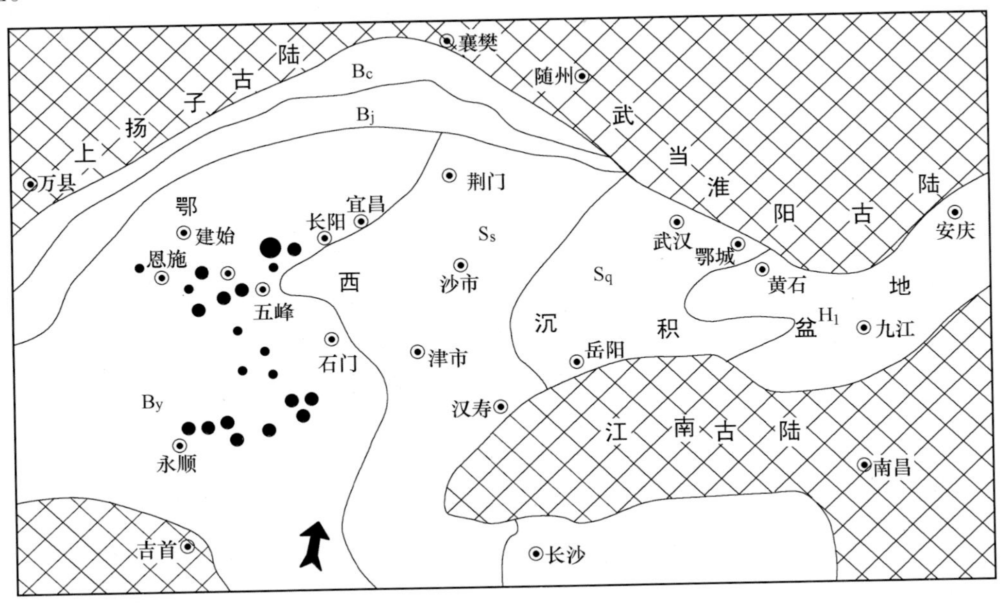

图4-3 鄂西盆地晚泥盆世晚期岩相古地理示意图

（据徐安武，1992，修改）

H_1—河流相；S_s—前三角洲相；S_q—三角洲前缘相；

B_y—远滨相；B_j—近滨相；B_c—前滨相；黑色圆点为铁矿产区

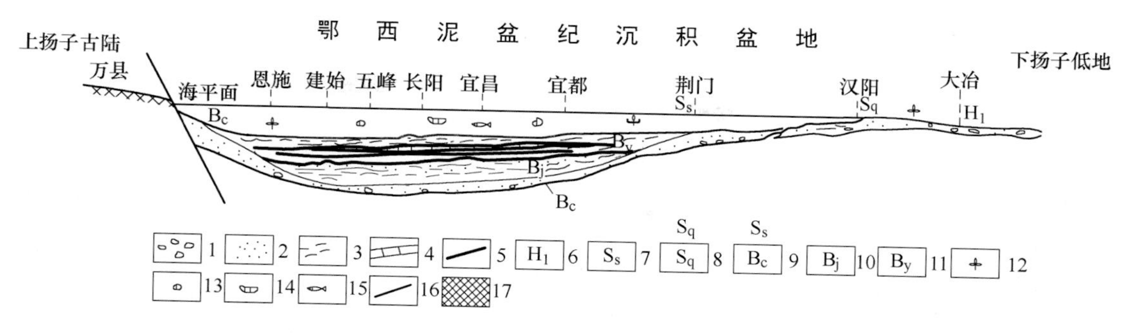

图 4-4 鄂西泥盆纪沉积盆地沉积相分布模式示意图

1—砾岩；2—砂岩；3—泥质岩；4—碳酸盐岩；5—铁矿层；6—河流相；7—三角洲前缘相；8—前三角洲相；9—前滨相；10—近滨相；11—远滨相；12—植物化石；13—腕足类化石；14—珊瑚化石；15—鱼化石；16—断层；17—古陆

表 4-5 鄂西盆地晚泥盆世岩相分布及特征

岩相	河流相	三角洲前缘相	前三角洲相	前滨相	近滨相	远滨相及碳酸盐缓坡相
分布	大冶、黄石一带	仙桃、孝感一带	荆门、沙市一带	南漳一带	宜城一带	宜昌、恩施一带
沉积特征	薄层粉砂质细砂岩、粉砂质页岩、黏土岩、粉砂岩、石英砂岩；含植物化石；具楔形、交错层理	粉砂质黏土岩、砂岩；具水平层理和交错层理	黏土岩、粉砂质黏土岩	砂岩、粉砂岩、砾岩；具冲刷层理；含介壳类化石	砂岩、粉砂岩；具纹层构造，交错层理和水平纹层发育	砂岩、粉砂岩、黏土岩、页岩、泥灰岩、灰岩；水平层理发育；含植物及双壳类化石
铁矿含矿性	不含矿	不含矿	不含矿	不含矿	含矿性差，矿层薄且不连续	铁矿集中产出，中心部位有富矿产出

河流相以西，自武汉美娘山至仙桃、孝感一带发育了三角洲前缘相，由粉砂质黏土岩、砂岩等组成，发育有水平层理和交错层理。在三角洲前缘相的外侧为前三角洲相分布区，位于荆门、沙市一带。前三角洲已属滨外沉积，水深大部分处于浪基面以下，由河流搬运来的最细黏土悬浮物质、细碎屑和胶体溶液沉积而成，由黏土岩、粉砂质黏土岩等组成，常常富含有机质，呈黑色，具细纹理。

盆地西部宜昌、恩施地区为无障壁滨岸沉积，随着盆地坳陷加剧，水体加深，依次形成前滨相、近滨相、远滨相及碳酸盐缓坡相。前滨相形成于中泥盆世晚期，主要由中厚层状中—细粒石英岩状砂岩组成，偶夹石英粉砂岩和水云母质石英砂岩。在岩比图上（图 4-5），投影点集中在碎屑岩端元，碎屑岩岩比都近似于 100%。前滨位于海滩下部平均高潮线和平均低潮线之间，地形较为平坦，是海滩下部逐渐向海倾斜的平缓斜坡地带。前滨带以波浪的冲洗为特征，岩石的成熟度高，碎屑物以石英为主，磨圆度和分选性都良好。

近滨相叠置在前滨相之上，近滨环境处于平均低潮线与正常浪基面之间，是海滩的水下部分。鄂西近滨相发育于晚泥盆世早期，主要由不同比例的页岩（泥岩）、砂岩、粉砂岩交替组成，除个别地区外基本上无碳酸盐岩出现（黄家磴组）。在岩比图上，投影点均

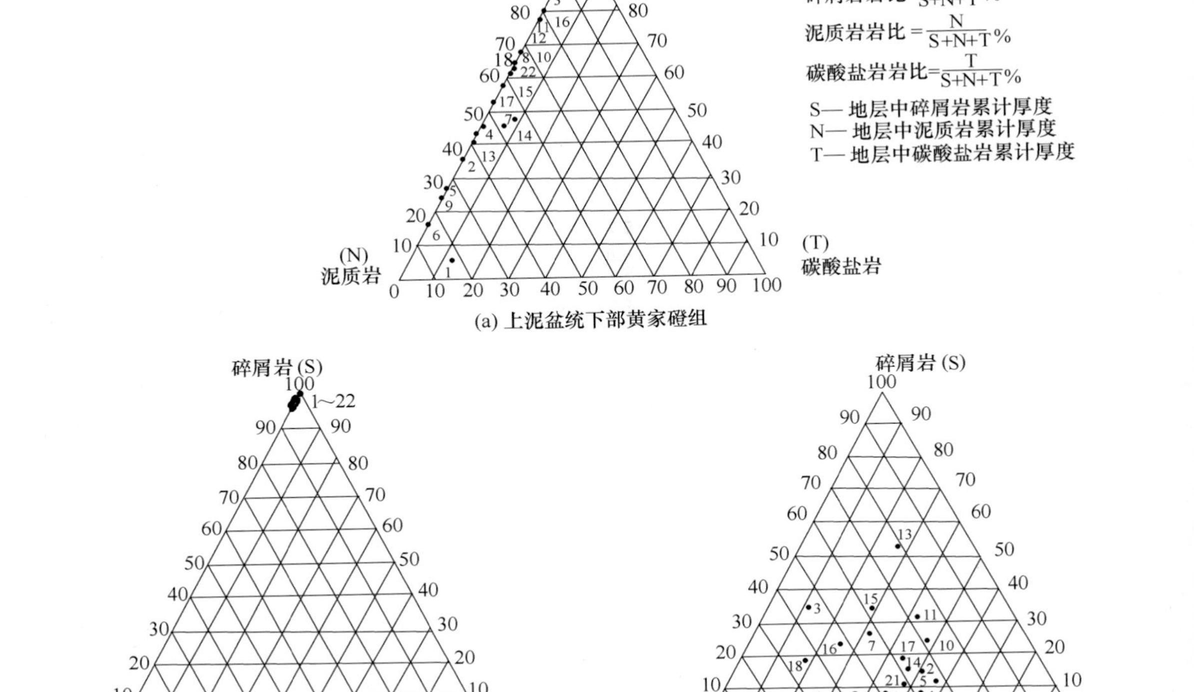

图 4-5　鄂西中上泥盆统地层各类岩石岩比图

落在碎屑岩和泥质岩这一边上。泥质岩和碎屑岩的比例变化很大，泥质岩/碎屑岩可由15:1至1:9。近滨带主要的水动力作用是波浪对海底的扰动，因此近滨带上部出现大型楔状或板状交错层理，下部以水平层理为主。

远滨相（碳酸盐缓坡相）连续叠置在近滨相之上，形成于晚泥盆世晚期（写经寺组）。当时水体加深至沉积区，已全部处于浪基面之下，实际为浅海陆棚与滨岸的过渡地带。发育了一套碎屑岩、泥质岩沉积。当海平面上升，陆源碎屑物供给量减少时，则处于碳酸盐缓坡的环境，形成了碳酸盐沉积。因此，写经寺组与黄家磴组相比，岩石组合中出现了碳酸盐岩，并成为岩比中的主要组成，是否有碳酸盐岩石出现是判别近滨相抑或远滨相的重要标志。

3. 层序地层

层序地层学是现代沉积地质研究的一个重要进展，20 世纪 70 年代后期到 80 年代，国际上维尔（P. R. Vail，1977，1984）和迈尔（A. D. Miall，1984，1990）的工作主要是向着层序地层学和沉积盆地分析的方向发展（王鸿桢，1993），使层序地层学成为国际地质界瞩目的研究领域。层序地层学创建人之一维尔给出层序和层序地层学的理念。

层序（由不整合面或与其对应的整合面所限定的一套相对整一的，具有成生联系的等时地层单元）是以沉降速率、物源输入量为自变量的三维函数。层序地层学即为研究这一函数关系的学科。

鄂西泥盆系地层为上下两个平行不整合面限定，因此是一个标准的层序地层学研究单位。

（1）层序界面。层序界面是不整合面或与之对应的等时整合面。沿着这个面存在陆上侵蚀的证据，或者存在明显的重要沉积间断。该区中泥盆统与上志留统之间的不整合面即为层序的下界面（时间 386Ma）。上泥盆统与石炭系之间的不整合面即为层序的上界面（时间为 354Ma）。下界面的依据是存在志留纪末期成陆，接受剥蚀的证据。下泥盆统地层缺失，中泥盆统云台观组底部见含砾石英状砂岩及黏土质风化壳。上界面的依据是多处可见石炭系下统地层缺失，中石炭统黄龙组与上泥盆统直接平行不整合接触，在黄龙组的底部见到底砾岩。

（2）海平面的升降与沉积层序。该区泥盆纪地层层序时限为 354～386Ma，历时 32Ma，相当于维尔划定的Ⅱ级旋回的时间。在这 32Ma 间本区海平面经历了上升—下降的过程（图 4-6）。

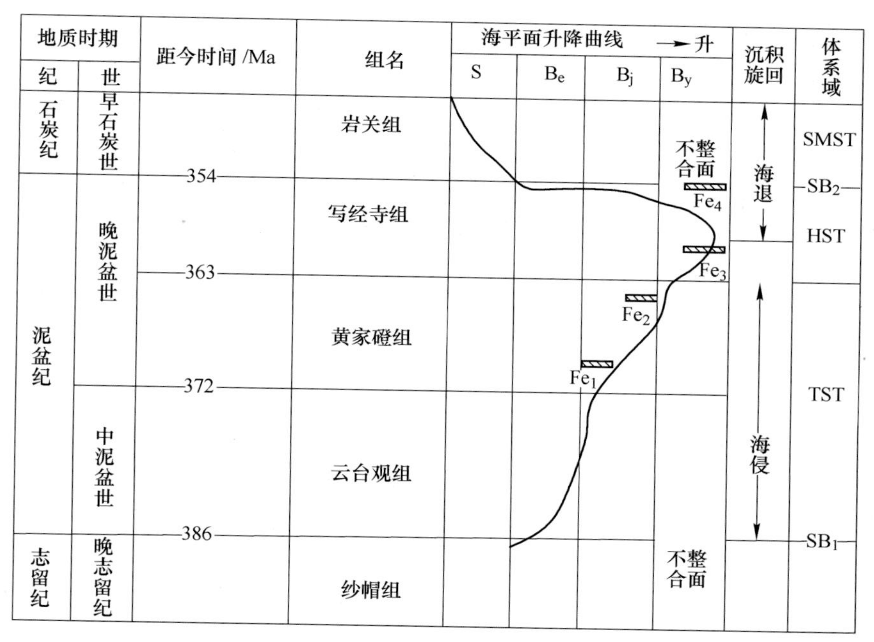

图 4-6　鄂西地区泥盆纪海平面升降示意图

S—三角洲相；B_e— 前滨相；B_j—近滨相；B_y—远滨相；Fe—铁矿产出层位；

TST—海侵体系域；HST—高水位体系域；SMST—陆架边缘体系域；

SB_1，SB_2—层序界面

自 386Ma 至 372Ma，海平面缓慢稳步上升，淹没鄂西地区使之成为沉积区，初期水体较浅形成前滨环境，形成稳定而单调的前滨相沉积；至 372Ma，海平面上升速率加快，迅速由前滨环境演变为近滨环境，沉积物岩性也发生明显改变，主要特征是泥质含量明显增加，沉积物颜色发生改变，导致云台观组与黄家磴组的界面十分清楚。云台观组与黄家磴组的沉积体系属海侵体系域（TST）。

363Ma 开始海平面继续上升，沉积区进而演变为远滨环境。大约在 358Ma 海平面上升到最高位置，由于碎屑物供应量的减少和生物繁盛，发育了一套碎屑岩与碳酸盐岩的混合堆积。而后，海平面下降，转入海退层序，晚泥盆世末期海退加速，以至出现三角洲环境，沉积碳质泥岩或砂页岩。写经寺期海平面经历了由相对上升转为相对下降的过程，因此沉积体系属高位体系域（HST）。

（3）沉积速率和物源输入量。鄂西盆地为相对封闭、面积不大、坳陷不深的陆内盆地，盆地周围为古陆所包围。古陆已经受了 24Ma 的剥蚀，积蓄了丰富的风化产物，并不断搬运入海，因此盆地中物源的输入量是充分的。沉积速率与地壳下陷速度相比各个时段不一。中泥盆统基底沉降速率略大于沉积速率，使盆中水体逐渐加深，自上泥盆统黄家磴期至写经寺期早阶段，盆地坳陷速率明显大于沉积充填速率，使水体不断加深。写经寺期晚阶段盆地坳陷速率变缓，趋于静止或转为抬升，沉积物充填速率超过基底沉降速率，盆地逐渐填平，水体深度不断减小。

4. 含矿性

盆地的构造环境、沉积相有利于铁矿的形成，在盆内充填过程中共发生四次铁质富集，形成工业矿层。这四次矿化分别发生在沉积层序的海侵体系域的中部和上部，以及高水位体系域的下部和上部。其中高水位体系域形成的铁矿规模最大，质量也最好。

（四）盆地演化

鄂西沉积盆地的演化历史短暂，仅经历中泥盆世至晚泥盆世约 32Ma。志留纪末该区尚为陆地，经受风化剥蚀 24Ma 后，在中泥盆世坳陷下沉成为盆地。盆地东部有大河流自东向西注入，形成河流冲积相（包括三角洲相）沉积。盆地西部为无障壁海岸，接受前滨相的沉积。至晚泥盆世早期坳陷加深，沉积区演变为近滨环境，形成了由碎屑岩和泥质岩组成的近滨相沉积，到晚泥盆世晚期坳陷进一步加深，沉积区又演变为远滨环境，沉积了一套陆源碎屑和碳酸盐混合沉积，由碎屑岩、泥质岩和碳酸盐岩相互交替组成。晚泥盆世末期盆地基底开始抬升，海水变浅，沉积物已逐渐将盆地“填平补齐”，有的部分已抬升成陆，盆地演化历史结束。早石炭世残留盆地一部分地区覆盖有海陆交互相沉积，其余地区抬升成陆致使早石炭世缺失，上泥盆统直接为中石炭统灰岩白云岩地层覆盖。

二、含矿建造分析

鄂西铁矿含矿建造分析从岩石组合、沉积物物源、沉积环境、能量平衡关系等方面进行。

（一）建造格架及地层层序

1. 建造格架

含矿建造由泥盆系碎屑岩、泥质岩、碳酸盐岩、铁质岩构成，上下界面为两个平行不整合面（图 4-7）。下界面为志留系与泥盆系的平行不整合面，缺失早泥盆世地层，志留系顶部见古风化壳，中泥盆统底部含底砾岩；上界面为泥盆系与石炭系的平行不整合面，中石炭统直接覆盖于泥盆系之上，缺失早石炭统。两个界面不间断地延伸数百公里，平

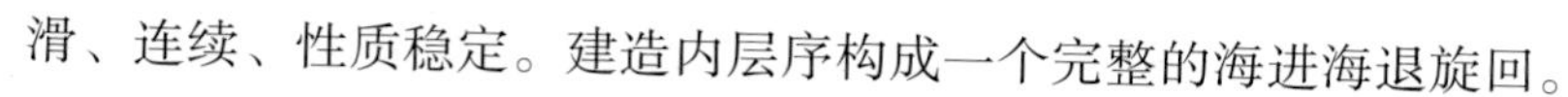

滑、连续、性质稳定。建造内层序构成一个完整的海进海退旋回。

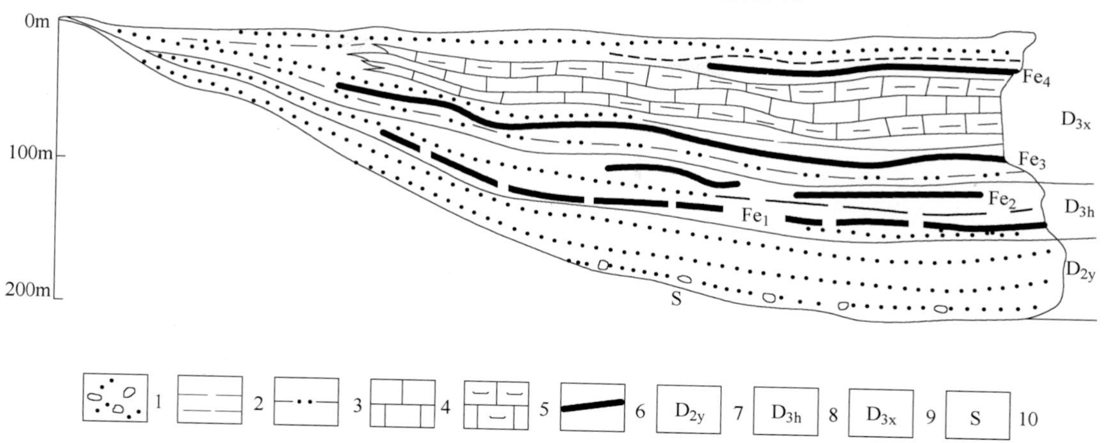

图 4-7 鄂西泥盆纪含矿沉积建造格架示意图

1—碎屑岩；2—泥质岩；3—含泥质碎屑岩；4—碳酸盐岩；5—含泥质碳酸盐岩；6—铁质岩；7—中泥盆统云台观组；8—上泥盆统黄家磴组；9—上泥盆统写经寺组；10—志留系

2. 共生岩石组合

含铁建造共生岩石组合见表 4-6、图 4-8。

表 4-6 鄂西沉积铁矿含矿建造岩石组合

岩石组合 / 地层	岩性比例/%			岩石种类
	碎屑岩	泥质岩	碳酸盐岩	
写经寺组	16.14	39.75	44.06	碎屑岩：砂岩、粉砂岩 泥质岩：页岩、粉砂质页岩、钙质页岩、碳质页岩 碳酸盐岩：灰岩、白云质灰岩、泥质灰岩、泥灰岩、介壳灰岩 铁质岩：鲕状赤铁岩、鲕绿泥石菱铁岩
黄家磴组	53.92	44.90	1.24	碎屑岩：中细粒石英砂岩、粉砂岩、泥质粉砂岩 泥质岩：页岩、粉砂质页岩、钙质页岩 碳酸盐岩：泥灰岩 铁质岩：砂质鲕状赤铁岩、砾状赤铁岩
云台观组	98.68	1.29	—	石英砂岩、含砾石英砂岩、石英岩状砂岩、含泥质砂岩

（1）云台观组岩石组合。由单一的厚层至中厚层的石英砂岩组成，个别剖面可见到少量砂质页岩或泥质砂岩。在长潭河、火烧坪、王儿荒、官庄等地在其底部见到石英砾石，粒径 0.2～5.0cm。砂岩的成熟度高，杂基含量很少，为净砂岩或纯砂岩（据官庄样品分析：含 SiO_2 98.06%，含 Al_2O_3 0.78%，含 CaO 0.065%～0.068%，含 P_2O_5 0.012%）。碎屑中石英含量大于 95%，未见长石碎屑。石英碎屑为次棱角状至次圆状，常见粒度 0.125～0.25mm，分选性良好。碎屑颗粒呈孔隙式或镶嵌式胶结，石英碎屑次生加大填满孔隙，使石英砂岩呈石英岩状。岩石中可见粒状海绿石以及锆英石、磷灰石等重砂物（图 4-8（a））。

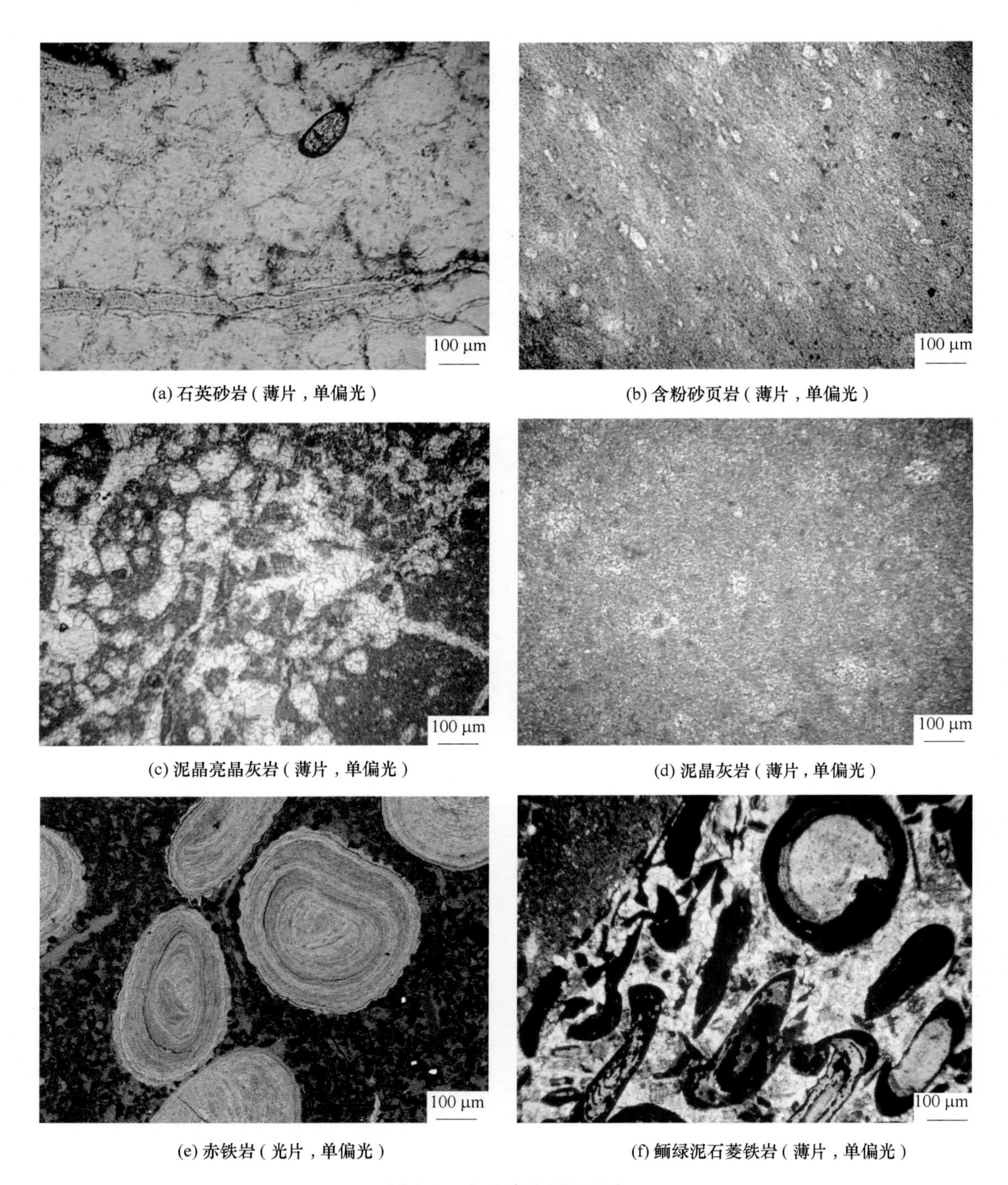

(a) 石英砂岩（薄片，单偏光）　(b) 含粉砂页岩（薄片，单偏光）

(c) 泥晶亮晶灰岩（薄片，单偏光）　(d) 泥晶灰岩（薄片，单偏光）

(e) 赤铁岩（光片，单偏光）　(f) 鲕绿泥石菱铁岩（薄片，单偏光）

图 4-8　含矿建造岩石组合

（2）黄家磴组岩石组合。黄家磴组的岩石组合以碎屑岩和泥质岩为主，两类岩石岩性比例分别为 53.92% 和 44.90%，仅在川箭河等地见到少量泥灰岩。碎屑岩的种类有中细粒石英砂岩、粉砂岩、泥质粉砂岩。岩石中杂基的含量较多，碎屑颗粒变细，常和泥质岩形成过渡。泥质岩有页岩、粉砂质泥岩，其中黏土矿物以高岭石为主，次为水白云母。

（3）写经寺组岩石组合。写经寺组岩石组合：碳酸盐岩占44.06%，泥质岩占39.75%，碎屑岩占16.14%，其特征是以碳酸盐岩为主，其次为泥质岩，碎屑岩已降为次要地位。

碳酸盐岩有泥晶灰岩、泥晶—亮晶灰岩、介壳灰岩、白云质灰岩、泥灰岩等（图4-8(c)、(d)）。

泥质岩多为水白云母页岩，微细鳞片状水白云母交错丛生，定向排列。泥质岩中有时含石英细碎屑，成为含粉砂页岩（图4-8（b））。

碎屑岩为细砂岩、粉砂岩，泥质、钙质、铁质胶结，含铁高时成为铁质砂岩。

（4）铁质岩岩性特征。铁质岩分为两类：鲕状赤铁岩和鲕绿泥石菱铁岩，前者由具有鲕状结构的赤铁矿和石英、玉髓、方解石、黏土矿物组成（图4-8（e）），后者由鲕绿泥石、粒状菱铁矿及脉石矿物组成（图4-8（f））。

以上岩石组合中的碎屑岩和泥质岩的特征符合稳定型沉积建造中CQ、SQ、MQ的岩石组合（孟祥化，1979），碳酸盐岩及铁质岩符合“稳定型内源建造”的岩石组合。

（二）沉积物物源

1. 岩石的矿物组成

通过对比该区岩石和周围古陆岩石的物质组成追索沉积建造物源。该区岩石的矿物组成见表4-7。

表4-7 鄂西泥盆系岩石矿物组成

	粒度>0.004mm碎屑物				粒度<0.004mm泥质
	轻矿物碎屑	重矿物碎屑	岩石碎屑	生物碎屑	
陆源碎屑物	石英、白云母	赤铁矿、磁铁矿、钛铁矿、榍石、白钛石、板钛矿、钙钛矿、电气石、金红石、铁铝榴石、锆英石、磷灰石	石英岩岩屑、硅质岩岩屑、板岩岩屑	介壳类生物碎屑、古植物碎屑	高岭石、水白云母
内源自生矿物	方解石、白云石、菱铁矿；鲕绿泥石、海绿石；赤铁矿、蛋白石、玉髓；胶磷矿				

表中的矿物组成可分成两大类，陆源矿物和内源自生矿物。陆源矿物据其粒度的大小又分为陆源碎屑物（$d>0.004$mm）和陆源泥质物（$d<0.004$mm）。陆源碎屑物中轻矿物主要为石英，有时可见白云母，经多片薄片观察未见长石，但可见少量硅质岩、石英岩或板岩的岩屑。重矿物有磁铁矿、钛铁矿、锆英石等10余种。生物碎屑常见的有古植物 *Lepidodendropsis cyclostigmatoides*、*Cyclostigma kiltorkense*、*Sublepidodendron mirabile* 等茎的残片，以及介壳碎片。

陆源泥质物主要为水白云母，其次是高岭石。

内源自生矿物是在沉积盆地内形成的，数量很大。方解石、白云石组成中层或厚层状灰岩、白云质灰岩，广为分布。赤铁矿、菱铁矿、鲕绿泥石、胶磷矿、蛋白石、玉髓、方解石构成规模巨大的铁矿层。

2. 周围古陆的岩石类型

鄂西铁矿沉积盆地为武当淮阳古陆、上扬子古陆及江南古陆所包围，这些古陆及古岛

（黄陵古岛）在泥盆纪时暴露于地表，接受风化剥蚀的地层及岩石类型见表4-8。其中出露面积最大的当为各类结晶片岩，其次为中基性至中酸性的岩浆岩及各种成分的浅变质岩。

表4-8　物源区泥盆纪暴露于地表岩石类型

位置	泥盆纪时出露地层及岩体	岩性组合	矿物岩石平均含铁量(TFe)/%
盆地北面古陆（武当淮阳古陆、上扬子古陆）	大别群	结晶片岩、片麻岩、混合岩、大理岩、铁质岩	橄榄石 27.45 黑云母 21.68 普通辉石 6.29 普通角闪石 10.90 超基性岩 9.43 基性岩 8.56 中性岩 3.61 酸性岩 1.42～2.96 砂岩 0.98 黏土岩 6.50 页岩 4.72 碳酸盐岩 0.38 砂岩+页岩 3.33 铁质岩 10～40 硬砂岩 4.76 长石砂岩 2.86 上陆壳丰度值 3.50
	桐柏群	结晶片岩、片麻岩、大理岩、石英岩、混合岩	
	红安群	片麻岩、片岩、千枚岩、灰岩、大理岩、磷锰岩	
	随县群	片岩、千枚岩、板岩、石英岩、变质砂岩、粉砂岩、大理岩	
	武当群	浅色片岩、变粒岩、片岩、石英岩、大理岩、变质砂岩	
	耀岭河群	绿色片岩、浅色片岩、变质砂岩、大理岩、铁质岩	
	崆岭群	结晶片岩、片麻岩、混合岩、大理岩、角闪岩、铁质岩	
	神农架群	白云岩、砂岩、砾岩、板岩、千枚岩、玄武质火山岩、铁质岩	
	前泥盆系盖层	砂岩、页岩、粉砂岩、灰岩、白云岩	
	前海西期岩浆岩	花岗岩、闪长岩、辉长岩、超基性岩	
盆地南面古陆（江南古陆）	冷家溪群	变质砾岩、变质砂岩、变质粉砂岩、板岩、千枚岩	
	板溪群	浅变质砾岩、砂砾岩、砂岩、粉砂岩、板岩	
	前泥盆系地层	砂岩、页岩、粉砂岩、灰岩、白云岩	
	前海西期岩浆岩	花岗岩、闪长岩	

注：岩石含铁量据 Turekian and Wedepohl，1969。

3. 陆源矿物的物源

（1）陆源碎屑矿物。陆源碎屑物与周围古陆岩石的矿物组成和矿物性质有明显的亲缘关系。石英碎屑洁净透明，大多数出现波状消光，常含副矿物和气液包裹体，具有结晶片岩和岩浆岩中石英的特征。白云母碎屑结晶也较完整，与结晶片岩和岩浆岩中的白云母相似。

当锆英石、磷灰石、榍石、磁铁矿、钛铁矿、金红石、电气石等重矿物被石英包裹时，结晶形态、颗粒大小与岩浆岩中的一致；当单独作为碎屑时，矿物性质没有改变，只是有不同程度的磨圆。部分含炭质包体的电气石、金红石、板钛矿及铁铝榴石则来自变质岩。

（2）陆源泥质物。含铁建造中泥质岩占的比例很大，在黄家磴组和写经寺组中泥质岩都是主要岩类，因此应有丰富的陆源泥质物的供给。古陆上变质岩和岩浆岩的主要组成为硅酸盐矿物和硅铝酸盐矿物，在风化作用中易分解成为黏土矿物，随着风化进程，大量水白云母（碱性阶段）和高岭石（酸性阶段）可源源不断地生成并输入该区。

4. 内源矿物的物源

内源矿物是在沉积盆地内通过不同方式沉淀形成的，最主要的内源矿物是构成灰岩、白云岩的方解石、白云石和构成铁质岩的铁的氧化物、铁的层状硅酸盐矿物及铁的碳酸盐。在该区，组成内源矿物的胶体颗粒、离子、络离子归根结底仍然来自古陆，因为在盆地中未发现火山活动，也不存在与深部沟通的同沉积断裂和热水喷溢活动。

根据刘宝珺（1993）发表的南方扬子区古纬度数据：取自湖南洞口（东经 110.53°、北纬 27.08°）中泥盆统跳马涧组紫红色砂岩的样品，测得的古纬度为 -12.70°，可以推算得宜昌泥盆纪时古纬度为 -9.20°，可见当时鄂西及周围的古陆都处于低纬度热带气候区。气候湿热，植物繁茂，进行着强烈的红土化作用。自志留纪末抬升成陆至云台观期开始接受沉积，古陆已经受了长达 24Ma 的风化剥蚀，红土化作用十分透彻。铝硅酸盐矿物被彻底分解，其中钾、钠、镁等碱金属和碱土金属全部游离，以可溶盐的形式带入海盆，最后在盆内形成碳酸盐岩。硅、铝、铁等稳定元素除残留在风化壳中的以外，有相当部分以胶体、离子、络离子的形式输入海盆，形成赤铁矿、菱铁矿、鲕绿泥石、海绿石、玉髓、蛋白石等，组成铁矿层。

鄂西沉积盆地面积较小，约 $3km^2$，而作为物源区的古陆面积约有 $15\times10^4km^2$。如果源区岩石中平均含铁（TFe）以 3.5% 计（上陆壳铁的丰度值——Taylor，1985），并且根据张丽萍等（2003）对长江三峡黄陵背斜段地质时期结晶岩风化剥蚀速度的研究，平均剥蚀速度为 16.97mm/ka，那么源区 $15\times10^4km^2$，24Ma 剥蚀产生的铁质约为 5.98×10^4 亿吨，只要其中有千分之一的铁质成矿，就能形成 59.8 亿吨铁矿，与本区铁矿远景资源量相当。

综上所述，含矿建造中的所有岩石，不论是“陆源”的抑或“内源”的，物质均来自周围古陆，属于广义“陆源”的。

（三）沉积环境

1. 构造环境

（1）大地构造环境。该区大地构造位置处于扬子陆块上扬子凹陷的东北部。铁矿成矿作用发生在加里东运动以后，当时扬子陆块与华夏褶皱区已碰撞叠接形成统一的南方板块。自泥盆纪开始，南方板块进入了板内活动阶段。根据泥盆纪古构造格局、断裂带分布及构造发育的差异，我国南方泥盆纪时期划分若干个构造单元，本区属“鄂西坳陷带”（曾允孚等，1993），实际上为一陆内浅海盆地。

（2）沉积盆地构造环境。该浅海盆地由陆内拉伸断陷作用形成，盆地四周分别为襄广断裂、江南断裂、武陵断裂所控制，属断陷盆地。盆地近似不对称椭圆形，西部宽大，东部窄小，由西向东逐渐收敛。盆地中心位于西部，较陡深，向东变浅而平缓。盆地底部地形起伏不大，总体平缓，分布有相对高差不大的水下高地和洼地。

盆地沉积中心与坳陷中心是一致的，坳陷幅度小，不超过 200m，盆内未见深水沉积。地层厚度稳定，岩相相变呈渐变式，未出现因同沉积断裂造成岩相突变的情况。

2. 古地理环境

鄂西铁矿集中分布于盆地西部，属无障壁海岸沉积。自中泥盆世开始，随着盆地坳陷加大，水体加深，鄂西地区沉积环境自泥盆世中期至晚期依次由前滨演变为近滨和远滨，云台观期、黄家磴期和写经寺期分别形成了前滨相、近滨相和远滨相沉积。铁矿赋存于近滨相和远滨相，尤以产在远滨相中的铁矿规模最大，质量最好。

（四）能量平衡关系

沉积建造分析中的能量平衡是指沉积堆积速率与地壳沉降速率两者之间的平衡关系、补偿状况和变化趋势，实质为内力和外力地质作用能量的平衡。沉积盆地海平面的升降综合体现了这一关系。

自云台观期开始至写经寺期结束的32Ma间，本区海平面经历了上升—下降的过程。自386Ma开始，海平面缓慢稳步上升。初期水体较浅，并且盆地沉降速率与沉积速率相近，因此在整个云台观期海平面上升速率很慢。至372Ma黄家磴期，坳陷速率超过沉积速率，使海平面上升。云台观组和黄家磴组构成了海侵体系域。写经寺期海平面继续上升，写经寺期中期海平面上升到最高位置，而后转为下降，构成了高水位体系域。总体上本区在能量平衡方面表现为地壳沉降速率和物源补偿速率两者的低速率共生模式。

（五）建造分析结论

（1）鄂西铁矿含矿沉积建造由泥盆系碎屑岩、泥质岩、碳酸盐岩及铁质岩组成，建造体在空间上为宽广薄的楔状体，建造界面不间断延展数百公里，平滑、连续、性质稳定。建造地层层序结构清楚，构成一个完整的海进—海退旋回。

（2）建造共生岩石组合具有明显的稳定型沉积特点：纯净的石英砂岩、高岭石及水白云母泥岩、泥晶灰岩、具有鲕状结构的铁质岩均产于构造稳定的陆块环境，相当于沉积建造分析中CQ、SQ、MQ岩石组合和“稳定型内源建造”中的岩石组合。

（3）建造内未发现火山沉积或热水沉积，建造物源均来自于周围古陆。湿热气候条件下长期“红土化”风化剥蚀作用，为建造提供了丰富的陆源碎屑物、陆源泥质物，以及生成碳酸盐岩、铁质岩的原料。

（4）建造形成过程中沉积盆地坳陷幅度小，沉积物厚度薄，为地壳沉降和物源补偿低速率共生模式。海平面升降和缓，盆底地形平坦，形成开阔滨海环境。岩相纵向变化旋回结构清楚，横向变化缓慢，呈渐变式，未见因同沉积断裂造成的岩相突变的情况。

（5）该区含矿建造形成于稳定陆块内部局限浅海盆地中，由陆源物质构成，因此宜将其称为：“稳定型陆源碎屑碳酸盐岩含铁建造”。曾有人将本区建造称为“单陆屑铁质建造”和“含铁碎屑（灰岩）建造”，前一名称没有反映建造中主要组成之一的碳酸盐岩的存在；后一名称注意到“灰岩”不可忽略，但未反映建造的性质，就建造术语的内涵而言，在名称中同时标名建造的构造和物源特性更好一些。

第五章　成矿期岩相古地理

第一节　岩相古地理特征

一、赋矿岩相类型

根据赋矿岩层岩石组合、结构构造、生物化石、自生矿物及地球化学等指相标志，确定宁乡式铁矿赋矿岩相属滨浅海相区，可分为2个相、4个亚相（表5-1）。

表5-1　宁乡式铁矿赋矿岩相类型

相区	相	亚相	岩相特征	分布地区
滨浅海相区	无障壁海岸相	近滨亚相	岩石组合以碎屑岩和泥质岩为主，偶尔出现泥灰岩薄层。下部碎屑岩居多，向上泥质增加，出现页岩和铁矿层。常见大型—小型交错层理、沙纹层理和水平层理。富含植物、腕足类、珊瑚、鱼类等化石。自生矿物有高岭石、水云母、胶磷矿、鲕绿泥石等。化学元素组合：Si（K）、Al、Fe、P	鄂西、湘北、滇东、甘南
		远滨亚相	岩石组合除碎屑岩和泥质岩外，出现较多的泥灰岩、白云岩、介壳灰岩，夹鲕绿泥石、菱铁岩、赤铁岩。常见水平层理、微波状水平层理、断续波状层理。富含腕足类、珊瑚、介形虫、头足类、牙形石、双壳类等化石，植物化石碎片也可见。自生矿物种类多、数量大，除赤铁矿、菱铁矿、胶磷矿、水白云母外，还有大量碳酸盐。元素组合：Ca、Mg、Si、Al（K）、Fe、P	鄂西、湘北、桂东北
	有障壁海岸相	潮下（缓坡）台坪亚相	岩石组合以粉砂岩为主，砂岩少量，泥质岩、灰岩局部出现，铁矿层夹于粉砂岩、绿泥石砂岩间。具缓坡状水平层理。含大量腕足类、珊瑚化石。自生矿物为赤铁矿、菱铁矿、鲕绿泥石、胶磷矿、水白云母、碳酸盐等。元素组合：Si、Al（K）、Ca、Fe、P	湘东南、赣西、黔西、黔东南
		潮间砂泥灰坪亚相	岩石组合为含铁石英砂岩、钙质砂岩、炭质页岩、砂质灰岩、炭质灰岩、生物礁灰岩，铁矿层产于底部含铁砂岩中。发育脉状、透镜状、楔形和大型交错层理。珊瑚、层孔虫组成层状礁体，腕足类局部富集成介壳层。自生矿物有水白云母、方解石、白云石、赤铁矿、胶磷矿等。元素组合：Si、Al（K）、Ca、C、Fe、P	川中

二、无障壁海岸相

（一）近滨亚相

岩石组合以碎屑岩和泥质岩为主，偶尔出现泥灰岩薄层。下部碎屑岩层多，向上泥质增加，出现页岩夹层和赤铁岩，应为近滨相下部靠近过渡带的沉积。不同岩性的岩石多次频繁互层，形成对称韵律。岩层颜色复杂，以黄绿色、黄白色为主，含铁岩石为紫红色，偶见灰黑色。

碎屑岩粒度以中细粒为主，碎屑为次棱角状，棱角状、杂基含量较多，多呈孔隙式胶结。呈块状、纹层状构造。碎屑岩多呈中厚层状，泥质岩为薄层状。常见大型—小型交错层理、沙纹层理和水平层理。生物化石丰富，有植物、腕足类、珊瑚、鱼类等，种属多样。

自生矿物复杂，有高岭石、水云母、胶磷矿、鲕绿泥石、赤铁矿等。元素地球化学为 Si、Al（K）、Fe、P 组合，SiO_2为最主要成分，其次为 Al_2O_3、K_2O 及 Fe、P。Ca、Mg 含量不高，主要含在钙质砂岩和页岩中。

（二）远滨亚相

远滨亚相分布在近滨亚相的靠海一侧，也可以是由于海侵导致海水加深，由近滨相演化而来，远滨相沉积无间断叠置在近滨相之上。远滨相的岩石组合与近滨相比趋于复杂。除碎屑岩泥质岩外还有泥灰岩、白云岩、介壳灰岩出现，同时夹鲕绿泥石岩、赤铁岩、菱铁矿，为碎屑岩与碳酸盐岩的混合沉积。岩石的颜色更杂，呈灰色、灰白色、黄灰色、黄绿色、紫红色、灰绿色、蓝灰色、青灰色、黑色等。

碳酸盐岩层为厚、中层构造。铁质岩具鲕状、豆状、砾状、砂状构造，层理明显，主要为水平层理和微波状层理，在风暴沉积上部可见断续波状层理，底部为无层理粗碎屑。

硬壳生物及遗迹化石均十分丰富，种类多样：腕足类、珊瑚类、介形虫、苔藓虫、头足类、牙形石、双壳类、腹足类、钙球及海百合茎等。遗迹化石除粗细不等的 *platnolites sp.* 外，还见根珊瑚迹、均分潜迹等；植物化石碎片也较常见。

自生矿物种类多，数量大，自生方解石、白云石形成灰岩层和白云质灰岩层，赤铁矿、菱铁矿、鲕绿泥石形成铁质岩。胶磷矿、蛋白石、玉髓、水白云母混杂于铁质岩中。自生水白云母等黏土矿物参加碎屑岩及泥质岩的组成。

元素地球化学组合较近滨相更为复杂，以 Ca、Mg 大量出现为特征，构成 Ca、Mg、Si、Al（K）、Fe、P 组合。

三、有障壁海岸相

（一）潮下缓坡（台坪）亚相

分布在有障壁海岸低潮线以下，为碎屑岩及碳酸盐岩混积。下部为砂质沉积，以紫红色为主，多有植物碎片及鱼化石；中上部为碳酸盐胶结的砂质或泥质细碎屑沉积，时夹白云岩及灰岩，产丰富腕足类化石，表示早时的潮坪环境变为晚时的碳酸盐台坪环境。层理类型有大型波状交错层理，脉状、波状、透镜状等复合层理。矿层夹于碎屑岩层中，顶底板有黑色页岩和砂质页岩。矿石具鲕状结构、豆状结构、砾状结构。自生矿物有赤铁矿、菱铁矿、鲕绿泥石、胶磷矿、水白云母、碳酸盐矿物等。元素组合为 Si、Al（K）、Ca、Fe、P。

（二）潮间砂泥灰坪亚相

岩石组合，底部为赤铁矿层、含铁石英砂岩，之上为石英砂岩、钙质砂岩、黑色炭质页岩与砂质灰岩、炭质灰岩、生物礁灰岩间互。脉状、透镜状、楔形和大型交错层理十分发育。珊瑚、层孔虫组成层状礁体，腕足类局部富集成介壳层。自生矿物有水白云母、方解石、白云石、赤铁矿、胶磷矿等。元素组合：Si、Al（K）、Ca、C、Fe、P。

第二节　滇黔桂中泥盆世岩相古地理

一、岩相古地理概况

该区中泥盆世岩相古地理概况见图5-1。其时，滇东、黔中南、桂大部处于康滇古陆及上扬子古陆之南的华南海域，华南海西部有一分支伸入到川南越西地区，东部向北伸入至鄂南。沿古陆边缘带沉积滨海碎屑岩相；至海洋区，大范围地沉积浅海泥质碳酸盐岩相和碳酸盐岩相；海洋深处则形成半深海硅质及碳酸盐岩相或半深海泥质岩相。宁乡式铁矿分布于滨海带的碎屑岩相及碎屑岩碳酸盐岩相中。

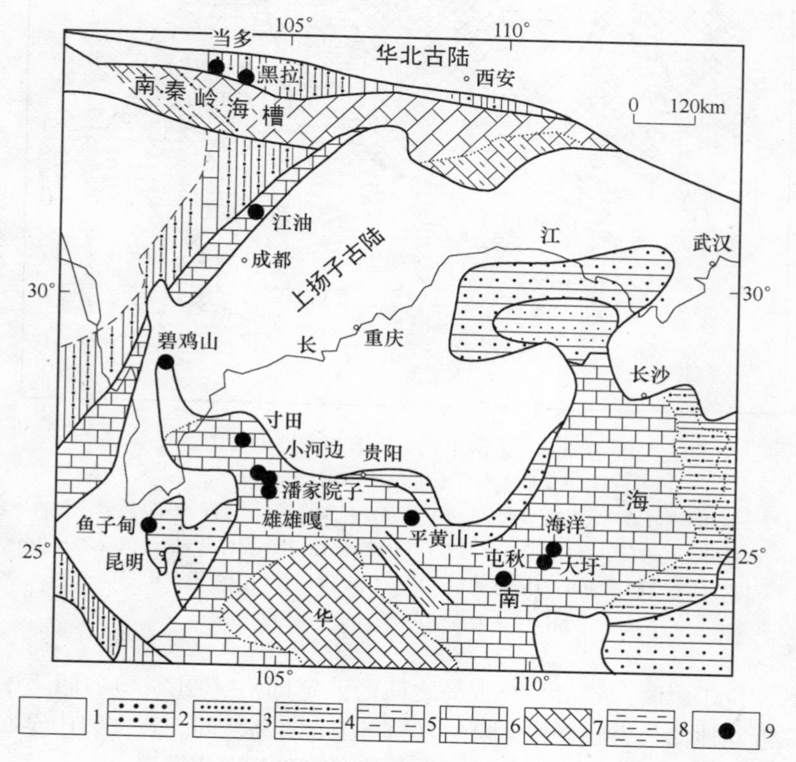

图5-1　华南中泥盆世古地理及沉积铁矿的分布

（据赵一鸣，2000；古地理图，据王鸿祯等，1985）

1—古陆；2—近海盆地碎屑组合；3—滨海碎屑组合；4—浅海泥砂质组合；5—浅海泥质碳酸盐组合；6—浅海碳酸盐组合；7—半深海硅质及碳酸盐组合；8—半深海泥质组合；9—沉积铁矿床（中型及大型）

二、滇东中泥盆世岩相古地理

早泥盆世早期，云南大部分地区沉降，海水由南向北漫浸，逐步扩大，形成大面积沉积区。中泥盆世岩相古地理见图5-2。位于康滇古陆以东的地区处于浅海和滨海的环境。北部昭通至巧家发育滨海—浅海碎屑岩碳酸盐相，东川、宣威一带发育滨海碎屑岩、泥质岩相；昆明西武定紧靠康滇古陆，发育滨海碳酸盐碎屑岩相。鱼子甸铁矿、寸田铁矿赋存于滨海碎屑岩和碳酸盐相中。

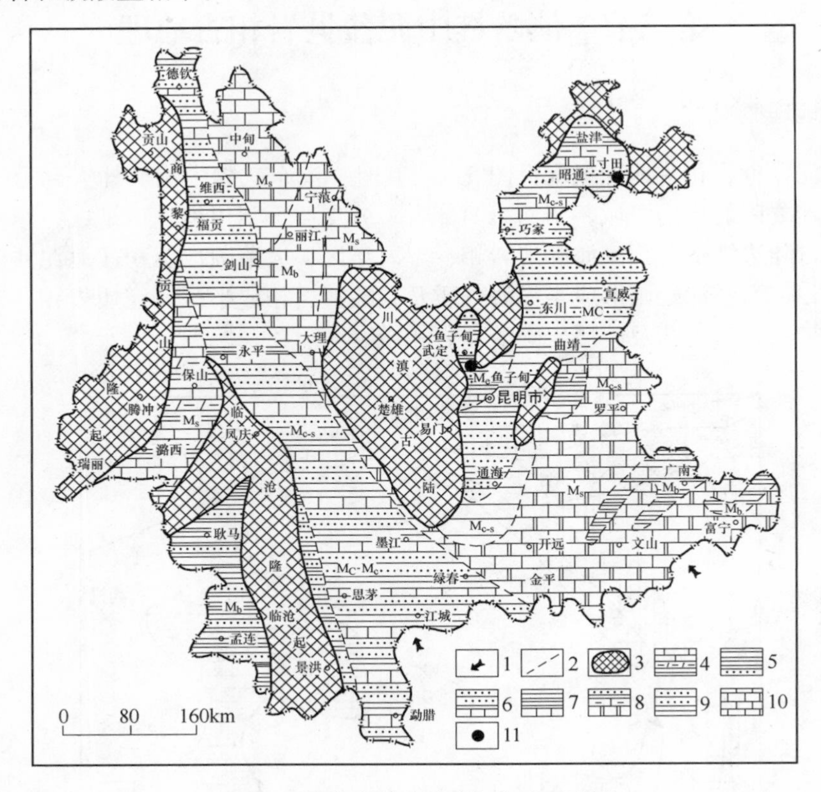

图 5-2 云南中泥盆世岩相古地理略图

（据云南省地质志，1990，修改）

1—海侵方向；2—岩相界线；3—古陆或隆起区；4—灰岩—泥灰岩—页岩组；5—硅质岩—页岩—岩屑砂岩组；6—砂岩—页岩—灰岩组；7—页岩—硅质岩—灰岩组；8—砂岩—页岩—泥质灰岩—白云岩组；9—砂岩—页岩组；10—灰岩—白云岩组；11—铁矿；MC—海陆过渡相；M_s—浅海相；M_c—滨海相；M_C-M_c—海陆过渡相—滨海相；M_{c-s}—滨海—浅海相；M_b—次深海相

鱼子甸铁矿位于康滇古陆与小仓古岛之间的武定凹陷（图 5-3）。凹陷中心沉积粉砂岩相，两边靠近陆地部分为砂岩相。粉砂岩相与小仓古岛之间，自文碧山至石板沟为铁矿相分布区，有一系列的铁矿分布。在凹陷的北部有碳酸盐岩相出现。

三、黔南中泥盆世岩相古地理

贵州加里东运动后隆起为陆，缺失早泥盆世早期沉积。早泥盆世中期海水浸没了贵州南半部，贵州北半部仍为陆地，是上扬子古陆的组成部分。在岸线以南的都匀至威宁一带，下部主要为石英砂岩，上部则以碳酸盐岩为主。平塘—关岭—盘县弧形线以南，主要为泥硅质及碳酸盐沉积，属滨外较深水环境。中晚泥盆世古地理轮廓见图 5-4。自北向南，依次为上扬子古陆—半局限台地相带—台地边缘礁滩带—台盆相带。宁乡式铁矿分布于半局限台地相带，在该相带碎屑岩与碳酸盐岩岩性变换时期形成铁矿。由于盘县—安顺—平塘向北凸出弧形边界的影响，使贵州省宁乡式铁矿分布区分成黔西和黔东两部分，虽然岩相带相连，但在安顺以北变窄，东、西两部分较为开阔，成为哑铃状。

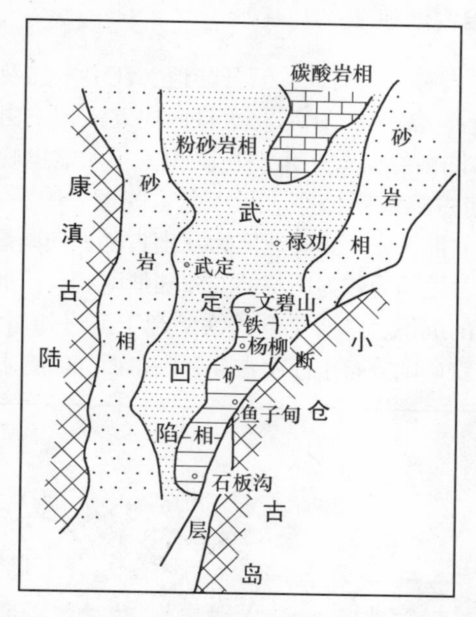

图 5-3　鱼子甸铁矿成矿期岩相古地理示意图
（据云南地矿 10 队，1960）

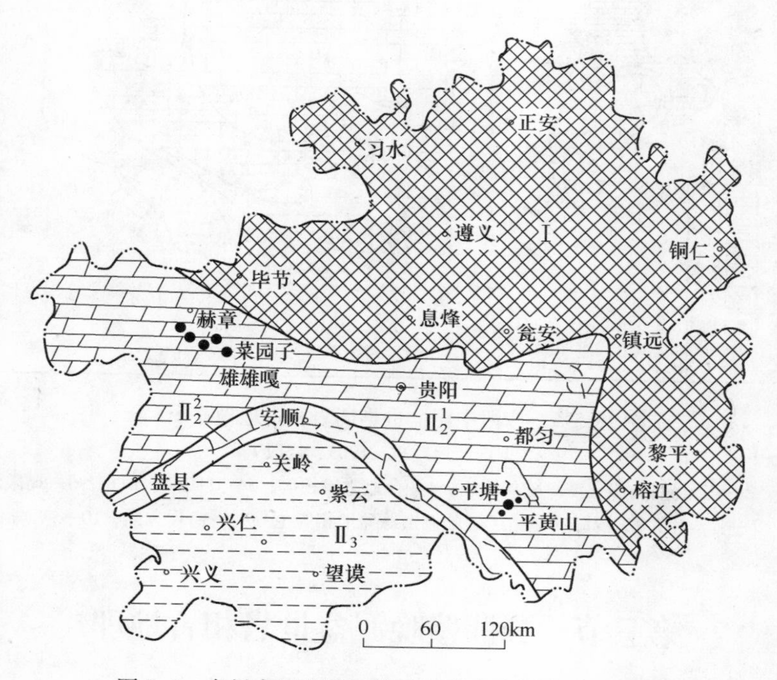

图 5-4　贵州中泥盆世至早石炭世岩关期古地理格局
（据贵州省地质志，1987，修改）
Ⅰ—陆地；$Ⅱ_2^1$—半局限台地相带；$Ⅱ_2^2$—台地边缘礁滩带；
$Ⅱ_3$—台盆相带；黑圆点表示铁矿

四、桂东北早中泥盆世岩相古地理

广西运动之后，广西境内有三块陆地：云开陆地、江南古陆及那坡陆地。泥盆世早期除南部钦防海槽外，广西全境并无沉积。尔后海水自南向北入侵，由于当时地势普遍较高，以滨海陆屑滩相为主，江南古陆南缘尚有三角洲相沉积。早泥盆世晚期，海域继续扩大，桂西那坡陆地被淹没，桂北江南古陆范围缩小。早泥盆世晚期—中泥盆世早期，海水总体加深，其岩相古地理轮廓为：桂东北部三江、龙胜地区为江南古陆；向南融安至桂林西为三角洲；向东南桂林、宜山、平南、贺县之间为较为广阔的滨海陆屑滩相。广西中西部大面积分布开阔海台地相，发育以碳酸盐为主的沉积。广西宁乡式铁矿产于滨海陆屑滩相，围绕江南古陆分布。东部贺县、平乐、富川带的铁矿则分布于江南古陆和广东西部的鹰阳关岛陆之间（图5-5）。

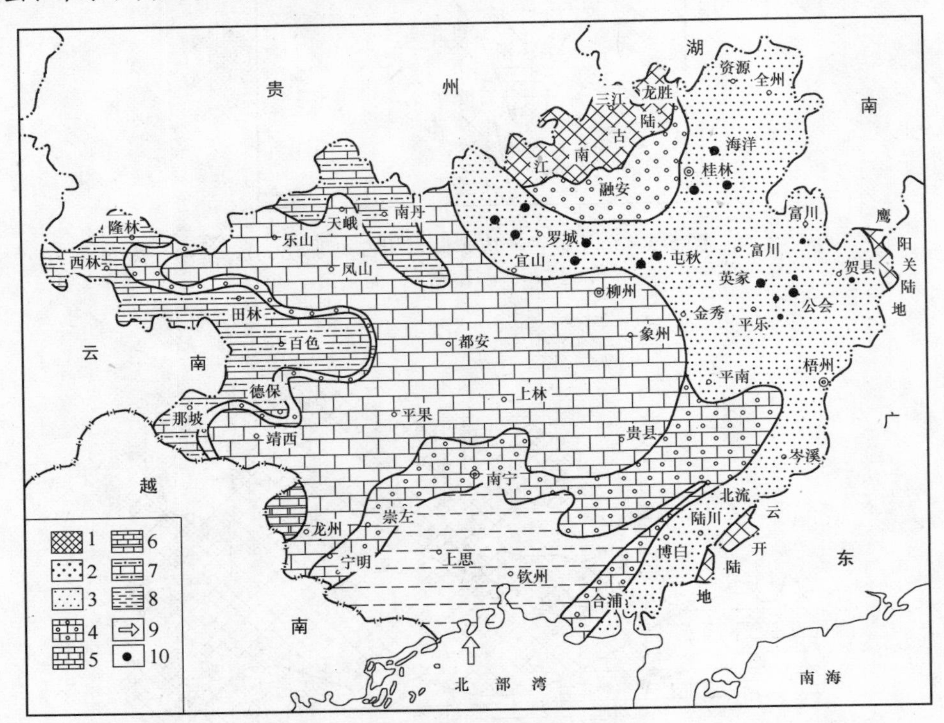

图5-5 广西中泥盆世早期岩相古地理略图

（据广西地质志，1985，修改）

1—剥蚀区；2—三角洲相；3—滨海陆屑滩相；4—台地边缘相区；5—开阔海台地相；6—局限海台地相；7—台沟相；8—浅海盆地相区（陆棚边缘盆地相为主）；9—海侵方向；10—铁矿

第三节 鄂湘赣晚泥盆世岩相古地理

一、岩相古地理概况

该区晚泥盆世岩相古地理概况见图5-6。晚泥盆世处于华南海的东部，北部为上扬子古陆、东部为东南山地（赣闽古陆）。中部由于江南古陆的分隔，在鄂西地区形成一个半封闭的盆地。海湾地区形成滨浅海碎屑岩及碳酸盐岩相。南部广海区分布浅海泥质碳酸盐岩相，南北向分布的同沉积断裂形成的裂陷槽区域则沉积了深浅海硅质碳酸盐岩组合。

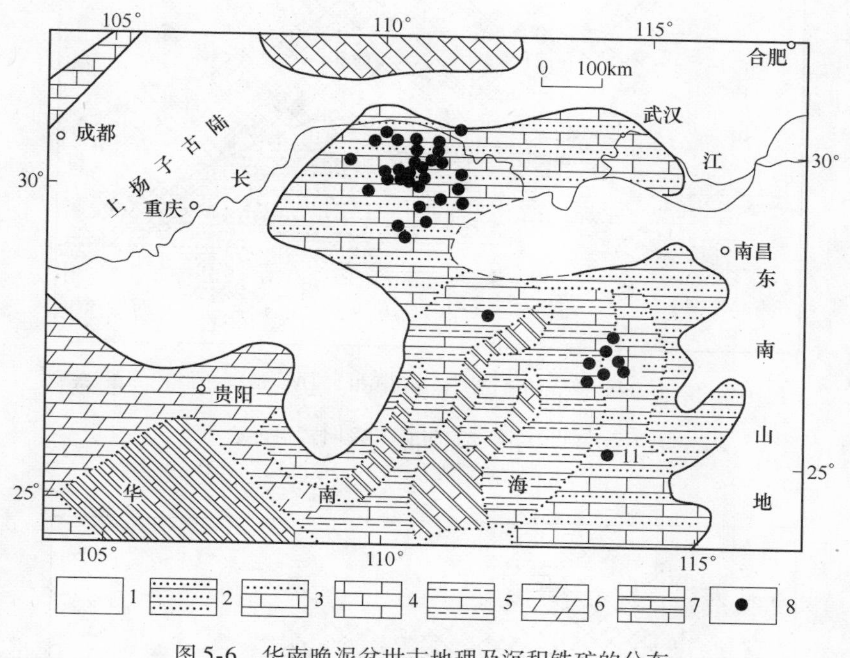

图 5-6　华南晚泥盆世古地理及沉积铁矿的分布

（据赵一鸣，2000）

1—古陆；2—海陆交互相碎屑岩组合；3—滨浅海碎屑及碳酸盐组合；4—浅海碳酸盐组合；5—浅海泥质碳酸盐组合；6—浅海镁质碳酸盐组合；7—深浅海硅质碳酸盐组合；8—沉积铁矿床（中型及大型）

二、鄂西晚泥盆世岩相古地理

鄂西早泥盆世和中泥盆世早期处于古陆状态，没有接受沉积。海侵自早泥盆世晚期开始，形成了一套以厚层状石英砂岩为主的前滨相沉积。进入晚泥盆世以后，随着海侵扩大海水加深，全区转变为近滨环境，晚泥盆世早期接受了一套泥沙质沉积，其中部和上部夹有鲕状赤铁矿层（图 5-7），但矿层不稳定，相变明显。至晚泥盆世晚期（图 5-8），海侵达到最大范围，海平面也上升到最高位置，随后又下降，形成了一套上下碎屑岩泥质岩、中间碳酸盐岩的远滨相沉积。在上下碎屑岩泥质岩中均发育有赤铁矿层，尤以下碎屑岩泥质岩中的矿层稳定、厚大，品位也较高。上碎屑岩、泥质岩中的铁矿层含有较多的鲕绿泥石、菱铁矿，出现鲕绿泥石菱铁矿矿层。

三、湘中东晚泥盆世岩相古地理

晚泥盆世湖南古地理概貌：全省除西部芷江、靖县一带及东北部岳阳、益江、平江一带为古陆以外，均为华南海海域。以溆浦、安化、宁乡为界，其北部的湘西北地区属鄂西半封闭盆地、南部则为陆表广海。在陆表广海区，由于同沉积断裂的作用形成一些长条形分布的台沟，海水较深，台沟间为台地（图 5-9）。湘中地区大面积发育滨浅海碎屑及碳

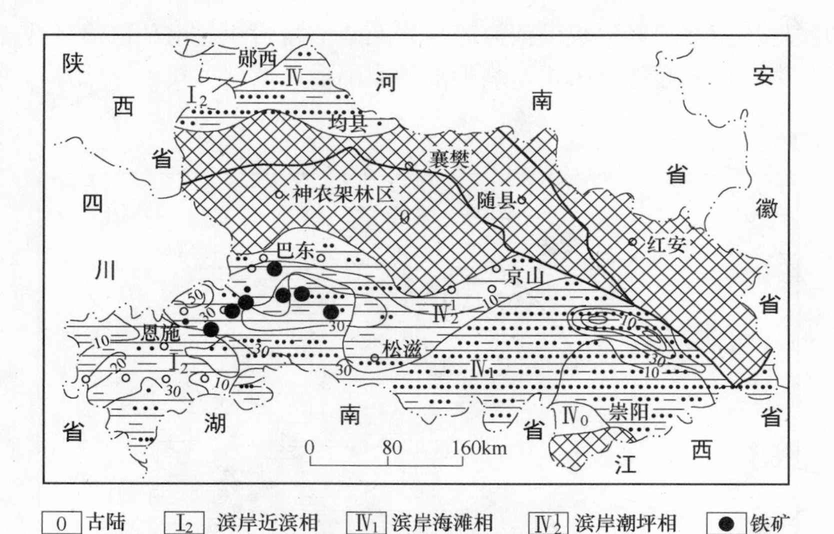

图 5-7 湖北省晚泥盆世黄家磴期岩相古地理图
（据湖北省地质志，1990，修改）

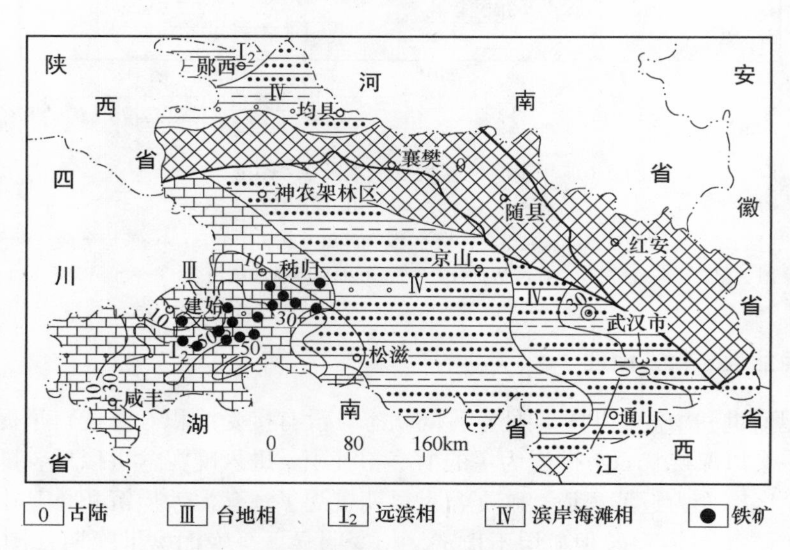

图 5-8 湖北晚泥盆世写经寺期岩相古地理图
（据湖北省地质志，1990，修改）

酸盐岩相，台沟部分为深浅海硅质碳酸盐岩相。晚泥盆世早期，宁乡、桃江、浏阳一带靠近江南古陆，为滨岸陆屑沉积和三角洲相沉积。佘田桥期地壳上升，周围古陆剥蚀作用加强，陆屑供应量增加，此时新邵、涟源、衡山、茶陵一带是以陆源碎屑沉积为主的滨岸带，普遍发生铁质岩沉积。

晚泥盆世锡矿山期海陆分布变化不大，湘中南地区发育了滨岸陆屑沉积相和局限台地碳酸盐相。滨岸陆屑相分布于靠近江南古陆的宁乡长沙等地；局限台地碳酸盐相分布在该带之南。宁乡周围的铁矿分布于滨岸陆屑相中。新邵、涟源、新化等地的铁矿分布于局限台地碳酸盐相中，岩石类型有泥晶生物屑灰岩、泥质粉砂质灰岩、泥灰岩、含生物碎屑鲕状赤铁矿层、生物碎屑铁质灰岩等，底部夹白云质中至细粒砂岩和粉砂岩。常见波痕、交错层理和波状层理，含腕足类、牙形刺、双壳类、角石、苔藓虫、介形虫及少量植物碎片。

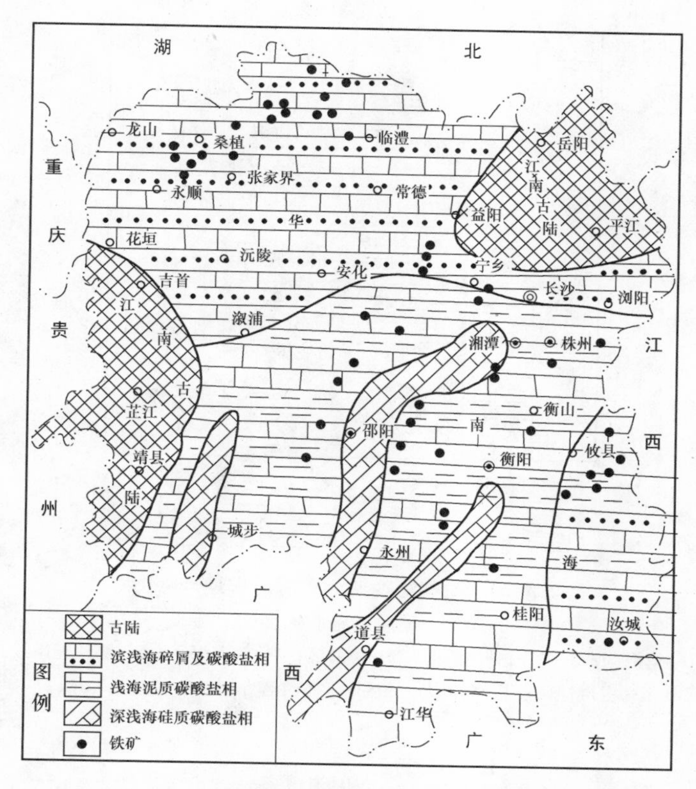

图5-9　湖南晚泥盆世岩相古地理及铁矿分布
（据湖南省地质志，1988，修改）

湘东茶陵—攸县一带的“湘东铁矿”，包括雷垄里、清水、潞水等矿床及50多个矿点。晚泥盆世该区处于湘东半岛和万洋山岛之间的半封闭的湘东海湾中，内有太和仙岛，出口处有云阳岛阻隔（图5-10）。

成矿期处于局限台地环境，形成了碎屑岩、泥质岩及碳酸盐岩的混合沉积，产铁矿层1~5层，局部达7层，具工业意义的1~2层（图5-11）。

四、赣西晚泥盆世岩相古地理

赣西泥盆世岩相古地理见图5-12。晚泥盆世江西全境古地理面貌以上高、上寨、武阳一线为界，可成东北和西南两部分，东北部为赣闽古陆，除了在瑞昌一带发育山前冲积平原和在清溪发育山间盆地砾岩、砂岩沉积外，均为剥蚀区。西南部为华南海的一部分，靠近古陆的地带发育了潟湖潮坪相、滨滩相及潮坪相，离岸较远处则为潮下台坪相（莲花—崇义潮下台坪）。佘田桥期莲花—萍乡一带几乎全部为陆源泥砂质碎屑沉积，夹鲕状赤铁矿，盛产腕足类化石，沉积环境与崇义地区类似。锡矿山期，这一带早期主要沉积为石英砂岩、砂岩、页岩及钙质页岩和灰岩、泥灰岩，并夹鲕状赤铁矿层，产 *Yunnanella* 等腕足

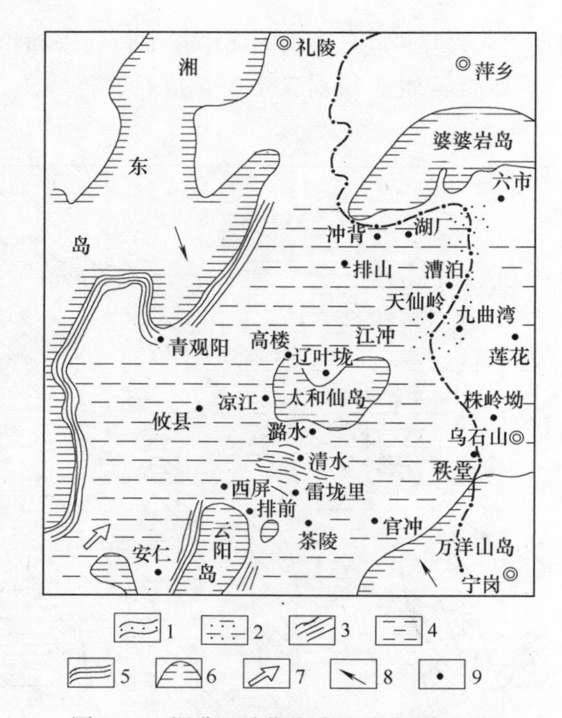

图 5-10 泥盆纪晚期湘东海湾古地理略图

（据 416 地质队）

1—滨海区；2—滨海—浅海区；3—浅海区；4—较深海区；5—陡峻海岸线；6—古侵蚀区；7—海侵方向；8—碎屑搬运方向；9—铁矿床（点）

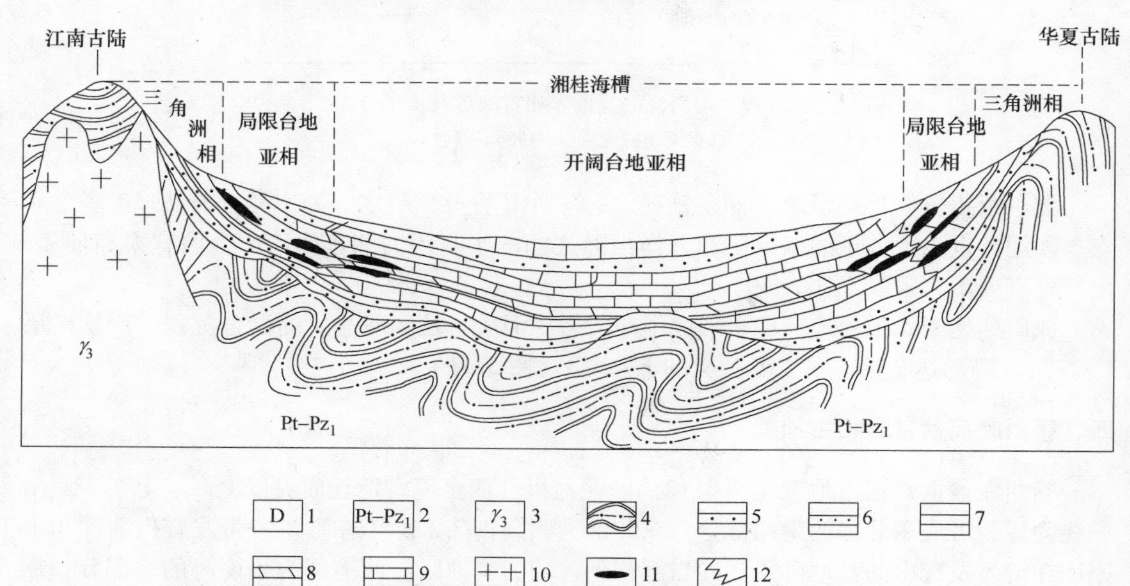

图 5-11 湘东宁乡式铁矿成矿岩相模式图

（据韩仁萍，2010）

1—泥盆纪地层；2—元古宙—早古生代地层；3—加里东期花岗岩；4—元古宙—早古生代褶皱基底；5—砂砾岩；6—砂岩；7—页岩；8—泥灰岩；9—灰岩；10—花岗岩；11—铁矿体；12—岩相变化界线

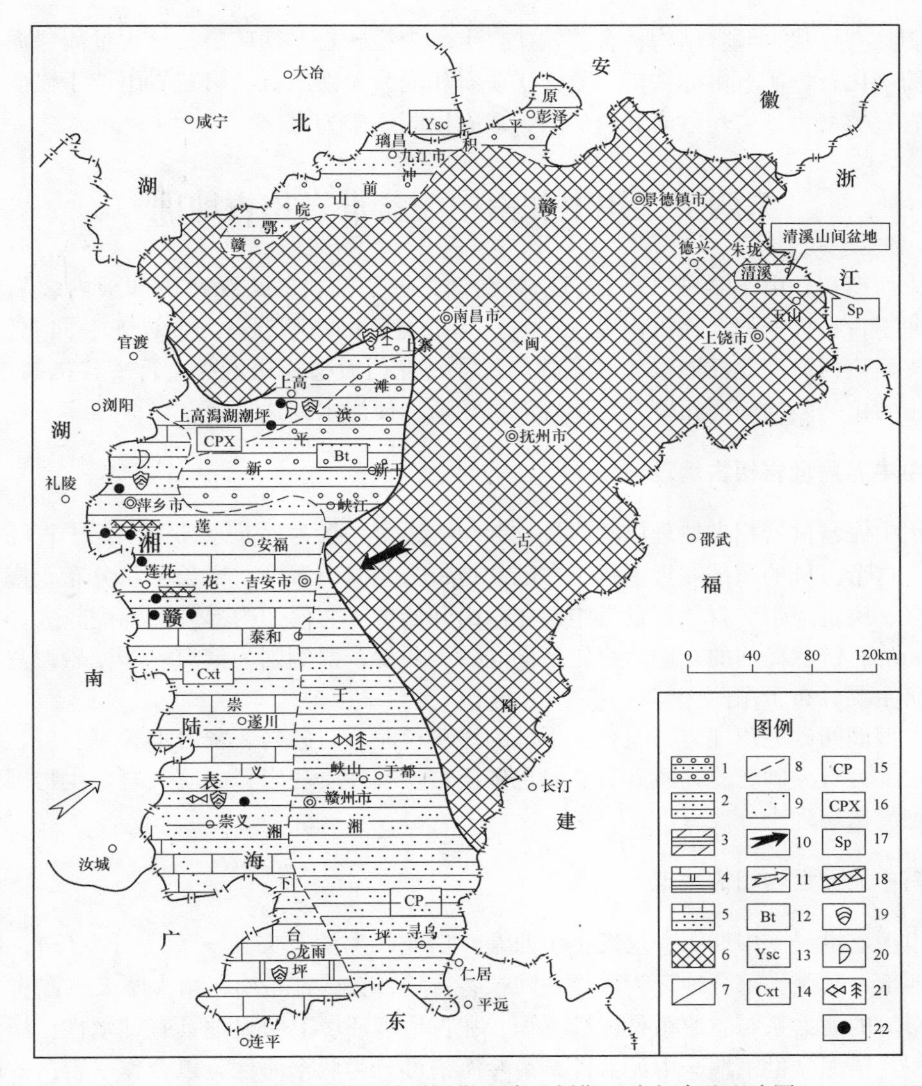

图 5-12　江西省泥盆纪晚世早期（佘田桥期）岩相古地理略图

（据江西省地质志，1984，修改）

1—砾岩—砂岩组；2—砂岩—粉砂岩组；3—泥灰岩—页岩组；4—灰岩—白云岩—页岩组；5—灰岩—粉砂岩—砂岩组；6—古陆；7—海陆界线；8—相界；9—岩组界线；10—陆源碎屑搬运方向；11—海侵方向；12—滨滩相；13—山前冲积平原相；14—湖下台坪相；15—潮坪相；16—潟湖潮坪相；17—山间盆地相；18—铁矿层；19—腕足类；20—珊瑚；21—鱼类、植物化石；22—铁矿区

动物化石，仍属潮下浅水沉积环境。从其沉积物粒度细、色态深、并产底栖介壳动物化石等特点，应为潮下低能环境。

赣西晚泥盆世含铁岩相可分为三个岩组：第一岩组位于佘田桥组麻石岭下段，分布于婆婆岩水下隆起西端北侧。自下而上的岩石类型为：角砾状泥岩或石英砂岩—粉砂岩—鲕状赤铁矿—粉砂岩—菱铁鲕状赤铁矿—粉砂岩。第二岩组位于锡矿山组的翻下段，广泛分布于赣西，婆婆岩水下隆起西段的南北两侧，及井冈山水下隆起的北侧。岩石类型下部为砂岩、粉砂岩、绿泥石砂岩、铁矿层。具有水平和缓波状层理。中部为绿泥石砂岩及铁矿层，铁矿具有豆状、鲕状结构，含菱铁矿。上部为粉砂岩、铁矿层，含大量鲕绿泥石及腕足类和珊瑚化石，矿石由赤铁矿—菱铁矿矿石相变为菱铁矿石。第三岩组位于锡矿山组荒塘段，岩石类型为砂岩粉砂岩和铁矿层，矿石以菱铁矿为主。

第四节 川中甘南中泥盆世岩相古地理

华力西期初，由于金沙江—红河断裂活动，扬子陆块的边缘离散和板内裂陷开始发生，沟通了古特提斯海，除沿南盘江—右江形成宽阔的海域，并不断向东、向北侵进外，另有一支经滇西海向北插向汉源、石棉与玉龙—龙门海槽连通。在左行平移机制作用下，使龙门山后山裂陷槽向西拓宽并与秦岭海域相通，使海水到达甘南。

一、川中中泥盆世岩相古地理

四川中泥盆世岩相古地理以剑门关、彭州、康定一线为界，东部为上扬子古陆，西部为海域。这个海域的东部靠近上扬子古陆的地带为龙门山海湾，窄长条状分布于广元、北川、宝兴、康定一带。自早泥盆世中期龙门山开始遭受海侵，内部升降幅度较大，中间出现链状岛屿。链状岛屿的东侧为稳定型潮间砂泥灰坪；西侧则为滨海—陆棚砂泥灰坪。宁乡式铁矿主要分布于东侧。

稳定型潮间砂泥灰坪岩石组合：下部为深灰色泥岩与砂岩、灰岩不等厚互层、夹赤铁矿层，之上为石英砂岩、钙质砂岩、黑色碳质页岩和砂质灰岩、碳质灰岩、生物礁灰岩间互，大型交错层理十分发育。

二、甘南中泥盆世岩相古地理

甘肃泥盆世早—中期沉积仅发生于西秦岭白龙江上游及文县一带（图5-13），属秦岭海槽的西部；其余大部分地区为敦煌—阿拉善古陆，在武都东南一角为摩天岭古陆。

西秦岭的泥盆系与志留系是连续沉积，在古地理环境上明显地具有继承性。属浅海—潮坪沉积。早泥盆世末期—中泥盆世，秦岭海槽可分为两个海区，以合作—宕昌—两当一线为界，其南为白龙江浅海，以北为礼县陆缘海。前者以碳酸盐岩为主，后者以碎屑岩为主。白龙江浅海与泥盆世早—中期相比，沿迭部、武都及徽县一带发生了缓慢隆起，致使若尔盖古陆的范围向北扩大了数十公里，而在武都以东则形成与摩天岭古陆北缘大致平行的近东西向的武都半岛（或为岛链）。海侵可能来自两个方向，由西向东侵漫及由南向北侵漫。中泥盆世早期铁矿产于若尔盖古陆和摩天岭古陆北缘的浅海中。含铁岩系为一套碎屑岩和泥质岩组合，沉积韵律性很强，砂岩中见有斜层理和波痕。鲕状赤铁矿往往富集于两个小韵律之间或沉积韵律的下部，相变比较剧烈，表明铁矿沉积时水动力条件比较动荡，因此应为近滨相沉积。当多组上部含铁碎屑岩段生物群以腕足类为主。甘南地区泥盆纪生物群很繁盛，以珊瑚及腕足类等浅海底栖生物为主，伴有少量的竹节石、三叶虫、头足类及笔石等。海相动物化石的面貌与四川龙门山、云南、贵州及两广地区泥盆纪的生物群基本一致，同属我国南方型生物区系。上述古生物群特征及对比为我国甘、川、滇、桂等地宁乡式铁矿形成时海域是相连通的提供了重要证据。

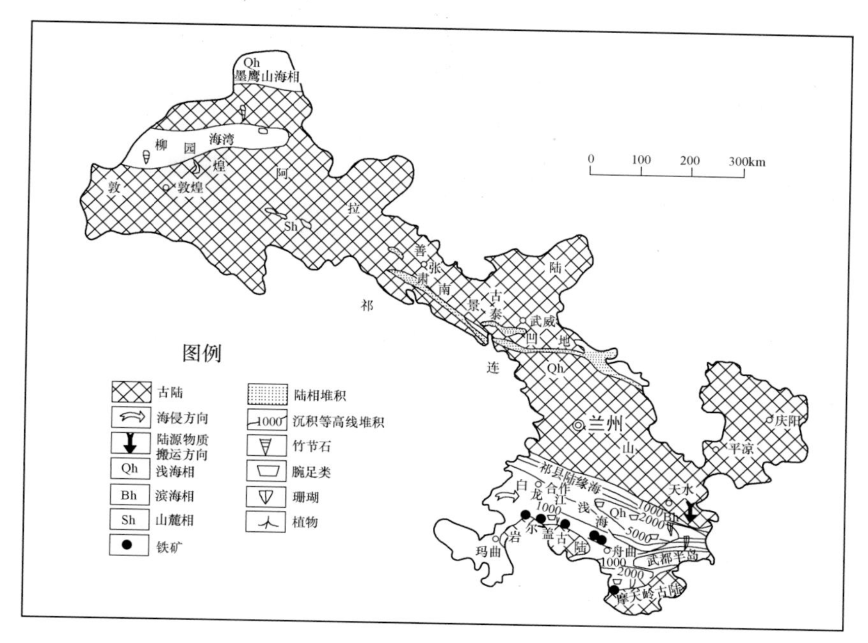

图 5-13　甘肃省早泥盆世末期—中泥盆世岩相古地理略图
（据甘肃省区域地质志，1989，修改）

第五节　鄂西泥盆纪岩相古地理分析

对鄂西宁乡式铁矿岩相古地理做过工作的主要研究者，早期有廖士范（1964）、傅家谟（1961）；20 世纪 90 年代有徐安武（1992）、曾允孚（1993）、胡宁（1998）；近期有湖北省地质调查院（2011）。通过以上工作确定：铁矿含矿岩系为上泥盆统黄家磴组（Fe_1、Fe_2）和写经寺组（Fe_3、Fe_4），区内绝大多数宁乡式铁矿均赋存在写经寺组中，其成矿环境为滨海远滨带。自 2012 年以来作者通过对 33 个沉积相柱状剖面的地层层序、岩石组合、沉积构造、生物化石、自生矿物和微量元素的研究，划分了各岩相次级地貌单元，圈定了沉积微相，对铁矿成矿的岩相古地理条件作了进一步分析。

一、云台观期沉积相与古地理

（一）沉积相

根据岩相识别标志，可确定中泥盆世云台观期（D_2y）沉积属前滨亚相，主要特征如下。

1. 沉积相岩石组合及厚度变化

该区中泥盆世云台观期沉积基本上由单一的厚层至中层的石英砂岩组成，除了在太平口、铁厂坝、龙角坝、谢家坪、官庄等剖面见少量的砂质页岩或泥质砂岩外，清一色的为石英砂岩，岩相总厚度 3. 34 ~70m，平均 35. 57m。整个沉积相体为一西薄东厚的楔状体，根据云台观组厚度等值线图（图 5-14），岩相厚度变化规律明显：南北方向厚度变化不大，

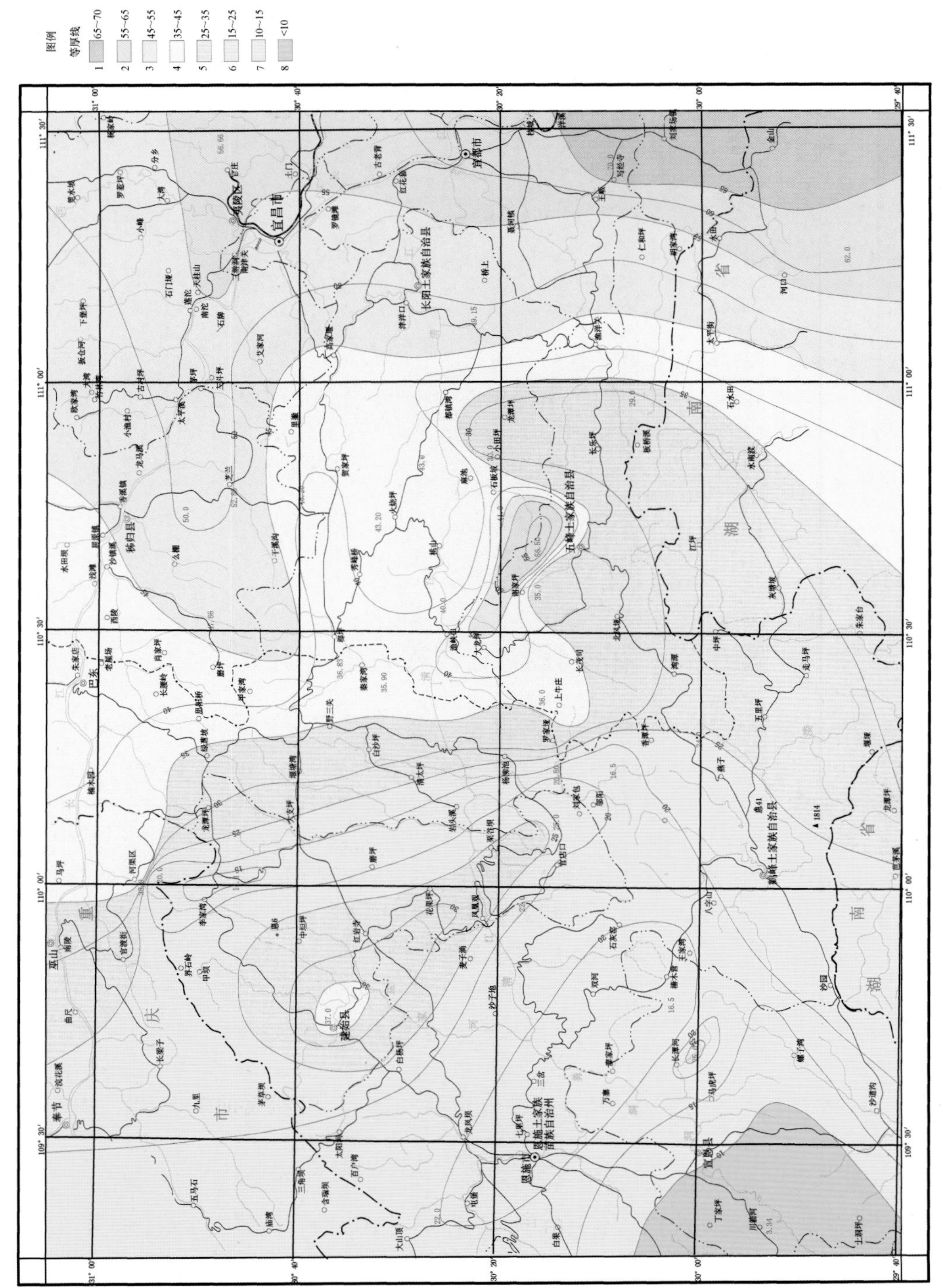

图5-14 湖北省恩施—宜昌地区中泥盆统云台观组等厚线图

东西方向自西向东厚度分为三个台阶。大支坪、香潭坪以西为一级台阶，厚度为0～25m，向东至南沱、聂河为第二台阶厚度25～55m，再向东则为第三台阶，厚度为55～70m。此种变化特征反映当时西部地势较高，坳陷较小、水体较浅，向东坳陷变大，地势逐渐降低，水体变深。

2. 沉积相岩性特征及结构构造

（1）岩石化学成分。据官庄云台观石英砂岩样品分析，其化学成分为：SiO_2 98.06%，Al_2O_3 0.78%，CaO 0.065%～0.068%，P_2O_5含量为0.012%，岩石几乎全由SiO_2组成，SiO_2含量最高处可达99%以上。微量的Al_2O_3则是由于泥质物混杂所至，其他组分的含量属于微量级别。某些地段云台观组含微量铁，使岩石稍带肉红色。

（2）矿物组成。岩石矿物组成简单，石英碎屑的含量大于95%，偶见白云母碎屑和硅质岩岩屑，未见长石碎屑。碎屑以等轴次棱角状为主，粒度常见为0.125～0.25mm。碎屑颗粒相互接触，呈孔隙式或镶嵌式胶结，石英碎屑的次生加大填满了孔隙，使岩石呈石英岩状。微量黏土矿物产于石英颗粒之间，有时可见到鳞片状微晶。偶然见到粒状海绿石，及锆英石、磷灰石等重矿物经磨圆的碎屑（图5-15、图5-16）。

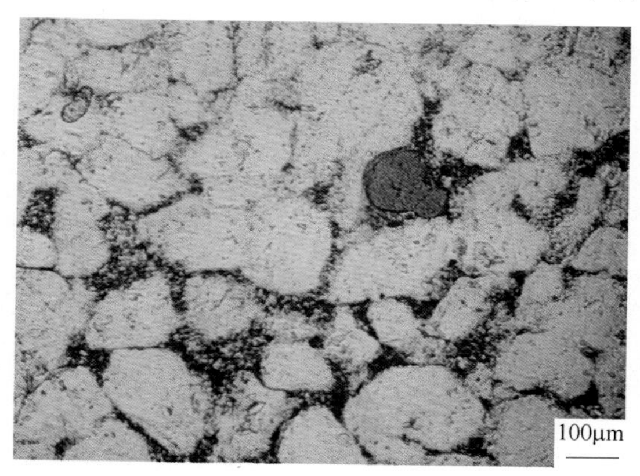

图5-15　前滨相石英砂岩（薄片，单偏光）

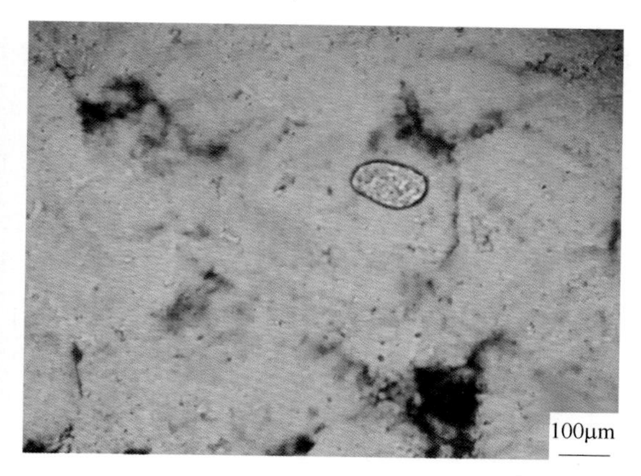

图5-16　前滨相石英砂岩（薄片，单偏光）

（3）结构构造。岩石具碎屑结构、块状构造。

据长阳火烧坪云台观组砂岩薄片的统计，碎屑颗粒的磨圆度和分选性均较好，火烧坪样品砂岩粒度概率统计曲线见图5-17，其中跳跃总体的含量达95%，T截点（牵引总体与跳跃总体截点）的φ值为1～1.2，S截点（跳跃总体与悬浮总体截点）的φ值为3.3～3.7，符合前滨相沉积物粒度分布特点。

云台观组中出现的层理类型有大型板状斜层理、楔形交错层理、槽状层理和逆转斜层理。

大型板状斜层理：见于宜昌官庄云台观组第4层。岩层界面相互平行，呈板状，每一板状层内部的层理相互平行并与板状界面作低角度斜交（图5-18（a））。

楔形交错层理：岩层界面也呈平面状，但相互之间不平行，使单层成楔形，单层内层理与界面斜交。

冲洗层理：见于长阳火烧坪云台观组中部（图5-18（b））。特征是细层和层理界线平直，层系底部界限完整，上部被冲刷切割，相邻层系只有极小的交角，这是前滨带常出现

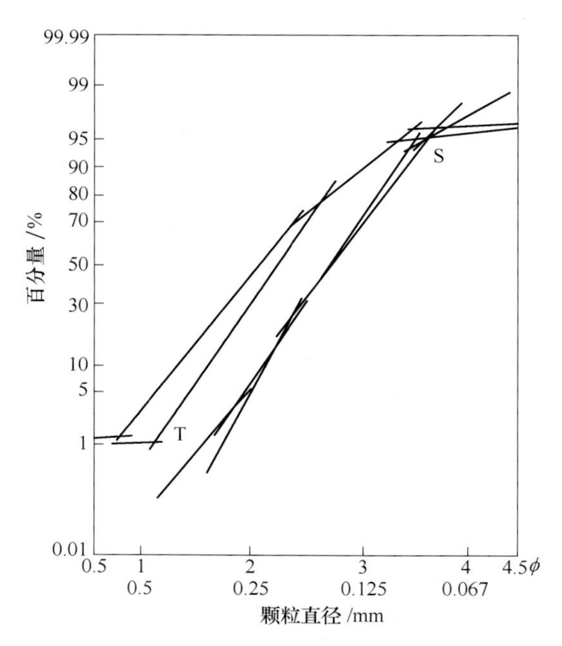

图 5-17 长阳火烧坪前滨相砂岩粒度概率曲线
（据徐安武等，1992）

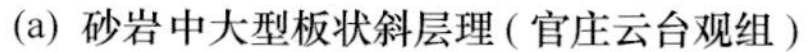
(a) 砂岩中大型板状斜层理（官庄云台观组） (b) 砂岩中冲洗层理（火烧坪云台观组）

图 5-18 前滨相层理类型
（据徐安武等，1992）

的一种层理。

云台观组的层理类型均显示了前滨带波浪和潮汐作用的水动力特点。

3. 古生物化石

该区与邻区云台观组中发现的化石见表 5-2。

生物化石经鉴定为孢子、植物和遗迹化石。植物主要为裸蕨类和鳞木类，均为早中泥盆世最为繁盛的原始陆生高等植物群，多分布于温暖气候下的滨海沼泽或河边湿地，在盆地周围的古陆上生长旺盛。

表 5-2　云台观组中发现的生物化石

孢　子		植物化石		动物遗迹化石	
种属	产地	种属	产地	种属	产地
Ancurospora gregersii	松滋刘家场	原始蕨属（*Protopteridium sp.*）	长阳石板坡	塔斯曼迹（*Tasmandia sp.*）	宜都松木坪
Geminospara parvia silaris	松滋刘家场	原始蕨（*Protopteridium minutum*）	湖南澧县	躺迹（*Rusophycus*）	湖南石门
Cymbosporites farmosus	松滋刘家场	夏丽安原始鳞木（*Protolepidodendron scharyanum*）	湖南澧县	*Planolites sp*	
Geminospora basilaris		*Barrandcina dusliana*	湖南澧县	针管迹（*Skolithoos sp.*）	
		拟裸蕨属（*Psilophytites sp.*）	湖南澧县		
		Eolepidoenendron sp.	兴山大峡口		
		鳞木属 *Lepidodendron sp.*	建始十八格		

注：化石鉴定据湖北省地质科学研究所。

已发现的遗迹化石有塔斯曼迹、针管迹等。塔斯曼迹发现于宜都松木坪（图 5-19），其形态为排状排列的印迹，为生物活动的非连续性足迹，分布在层面上。躺迹见于湖南石门，为双袋状遗迹，分布于层面。针管迹呈直管形，管与层面垂直。这些遗迹化石是当时生物活动的物质记录，并能在一定程度上反映生物的生活环境。据克里姆（Crimes，1975）、赛拉赫（Seilacher，1964，1967）研究，针管迹分布于滨海潮间带，温度、盐度变化大，波浪或潮汐作用强烈，沉积和侵蚀作用迅速，底栖生物形成直管形居住迹，这与本区云台观期处于潮间带的环境完全吻合。

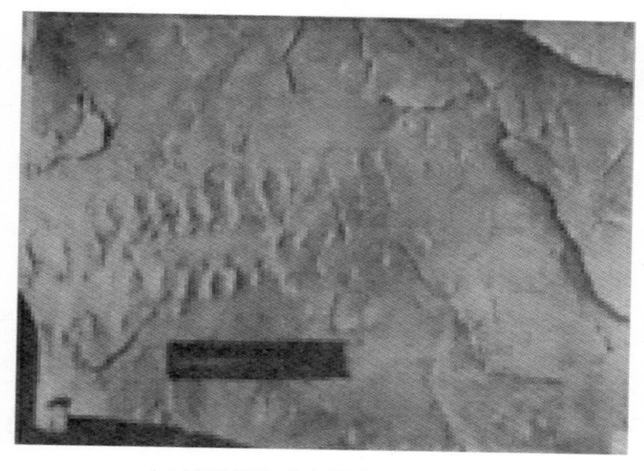

(a) 塔斯曼迹 宜都松木坪云台观组

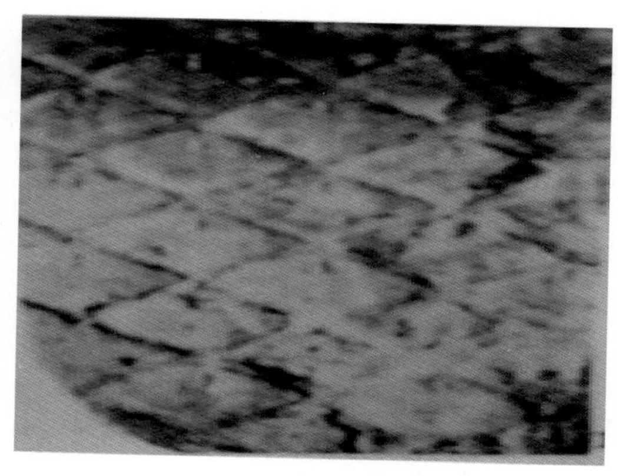

(b) 斜方薄皮木 长阳黄家磴组

(c) 中国岩珊瑚 长潭河黄家磴组

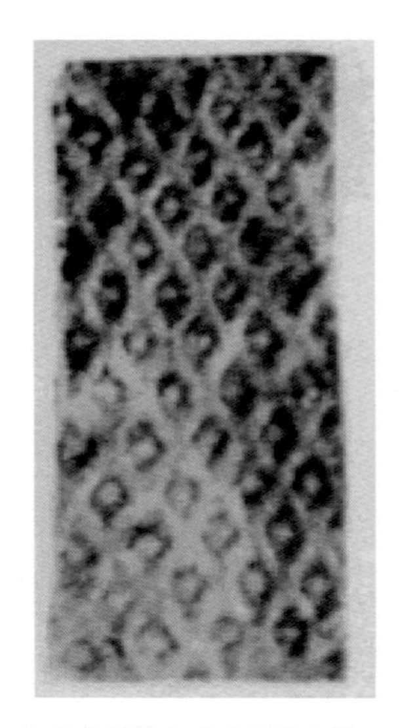

(d) 官庄拟鳞木 官庄写经寺组

(e) 五峰鳞孢穗 五峰茅庄写经寺组

(f) 宜都楔叶 毛湖埫写经寺组

图 5-19 鄂西泥盆纪地层中化石

4. 微相的划分

云台观组前滨亚相划分为两个微相：一为单石英砂岩微相（QS），二为含泥质石英砂岩微相（QSN）。单石英砂岩微相遍及全区，含泥质石英砂岩微相零星分布于瓦屋场、龙角坝、谢家坪、锯齿岩、官庄等地区。

（二）鄂西云台观期古地理概貌

总体地貌为自西向东缓慢倾斜的海滩，倾斜的角度很小。川箭河以西已到古陆边缘，川箭河一带的水深为0m至数米，向东至大支坪、香潭坪一带水体稍有加深，其中太平口、长潭河一带分别有一个水深略大一点的低洼地。

自大支坪、香潭坪一线向东至南沱、河口一线水体加深，在黄粮坪一带有一个相对的洼地。再向东即为水最深处，但仍处于潮间带，最大水深不会超过10m。由于盆地基底的下坳，使沉积物的厚度不断增加，累计坳陷最大可达数十米，且东部坳陷的幅度大于西部。由于沉积速率与坳陷速率相近，因此海水深度在整个云台观期无明显变化。

二、黄家磴期岩相古地理

（一）沉积相

晚泥盆世早期黄家磴期（D_3h）沉积无间断叠复于云台观组之上，但岩相古地理面貌已发生了明显的改变，根据黄家磴期的沉积特征，判定其属于近滨亚相沉积。

1. 沉积相岩石组合和厚度变化

黄家磴期的沉积为一套砂岩页岩组合，并夹有薄层铁质岩，只在局部地区出现少量的碳酸盐岩石。岩石组合以砂岩为主，平均占53.92%，次为页岩占44.9%，灰岩仅占1.24%。各地岩相剖面中砂岩和页岩的比例相差很大，但在总体上两者的数量相当。

黄家磴组的总厚度不大，最小只有10.20m，最厚为57.40m，平均29.91m。鄂西地区黄家磴组厚度分布形似一巨大透镜体（图5-20），中间厚，边缘薄。中间厚的部分又有南北两个中心，北部白庙岭一带厚度可达57.40m，南部红莲池一带则厚51.79m。自中心向边缘逐渐减薄。东北金竹山、白沙驿、马鞍山一线外侧黄家磴组厚度由30m减少到不足20m。西部30m等厚线在龙潭坪、大支坪、上牛庄一带，南部在中坪、胡家湾一线，30m线的外侧厚度均逐渐变薄。厚度的分布及变化反映了当时鄂西盆地基底坳陷程度的不均衡，中部坳陷深，边缘坳陷浅，并出现洼地、坡地、坪地等近滨带次一级地貌单元，这种情况始于黄家磴期，一直延续到写经寺期。

2. 沉积相岩性特征及结构构造

黄家磴组的岩性种类较云台观组复杂很多，有中细粒石英砂岩、粉砂岩、泥质粉砂岩、粉砂质泥岩、泥灰岩、赤铁岩、鲕绿泥石岩等。上述岩石在剖面上多次频繁互层，形成韵律，反映了水深和物源的周期性变化。

碎屑岩与云台观组不同的是碎屑含量降低，粒度变细且不均匀，杂基含量增加。泥质岩中常有粉砂夹杂，成为粉砂质泥岩。铁质岩夹于黄家磴组中部和上部，多呈透镜状、似层状产出，一般不稳定，厚度小而多，不具工业价值。铁质岩顶底板多为砂岩，或粉砂岩在横向上常相变为铁质砂岩或含铁砂岩。

岩石中自生矿物含量种类增多，数量增加。主要自生矿物有高岭石、水白云母、玉髓、赤铁矿、胶磷矿、鲕绿泥石、黄铁矿等。水白云母除构成黏土岩外，常在砂岩中作为杂基与高岭石混生。赤铁矿多与玉髓、鲕绿泥石组成鲕粒。胶磷矿除参与组成鲕粒外，常成凝块状散布于鲕粒间。自生矿物既有酸性介质形成的高岭石，又有中—弱碱性介质中形成的水云母，还有典型浅水海生的鲕绿泥石。这种自生矿物混生组合指示沉积物形成于近

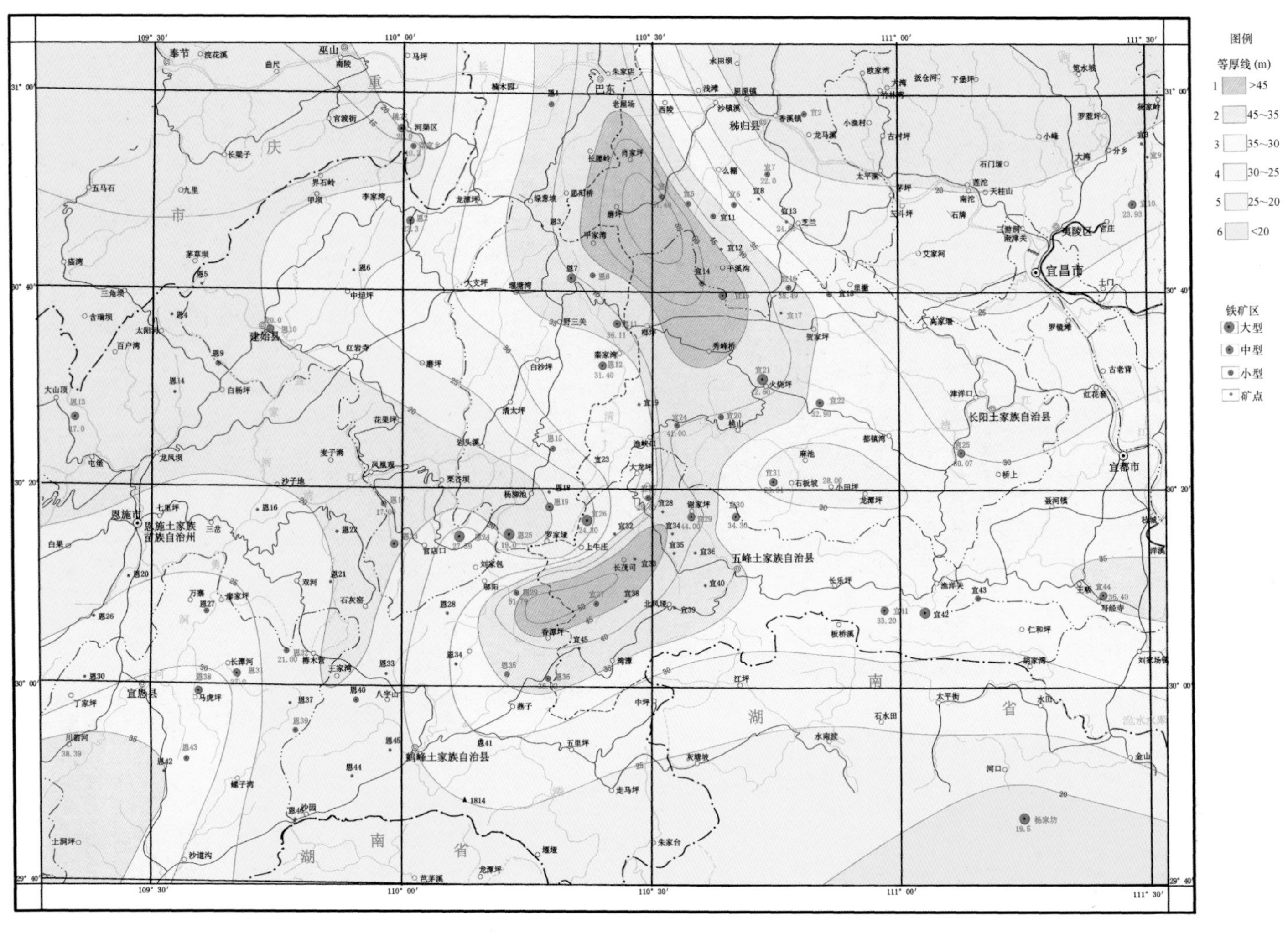

图5-20 湖北省恩施—宜昌地区上泥盆统黄家磴组等厚线图

岸淡化环境。

岩层中出现的层理类型常见有大型—小型交错层理、沙纹层理和水平层理。交错层理见于细砂岩中，沙纹层理见于粉砂岩中，有时在较厚的砂质岩层中，底部和顶部为沙纹层理，中部为交错层理。在砂岩层面上常见浪成波痕。与前滨相相比，出现了水平层理。近滨带位于低潮线之下，始终处于水下环境，位于沉积基准面之下，当风浪较小并持续一段时间可形成水平层理；近滨相又形成于浪基面之上，受波浪的影响仍然明显，出现浪成交错层理和沙纹层理，在层面上可发育浪成波痕。

3. 生物化石

黄家磴组中产出的化石见表5-3。

表5-3 鄂西黄家磴组所含化石

植物		腕足类		珊瑚		鱼类	
种属	产地	种属	产地	种属	产地	种属	产地
斜方薄片木 *Leptophloeum rhombicum*	长阳	弓石燕 *Cyrtospirifer wangleighi*		中国岩珊瑚 *Petrozium Zhongguaense*	宣恩长潭河	湖北长阳鱼 *Changyanophoton hupeiensis*	长阳马鞍山
基尔托克圆印木 *Cyclostigma kiltorkense*	长阳	似毕里查弓石燕 *Cyrtospirifer pellizzariformis*					
葛氏鳞孢穗 *Lepidostrobus grabaui*		中华弓石燕 *Cyrtospirifer sinensis*	建始太平口、巴东黑石板、秭归白燕山、长阳石板坡				
古羊齿 *Archaeopteris macilenta*	长阳	帐幕石燕属 *Tenticospirifer sp.*	长阳石板坡				
羊齿 *Sphenopteris recarva*		网格长身贝 *Dictyoclostus sp.*					
鳞木属 *Lepidodendron sp.*	建始十八格	*Camarotoechia sp.*					
		小长身贝属 *Productellana sp.*					
		云南贝属 *Yunnanella sp.*	建始十八格				

注：化石鉴定据湖北省地质科学研究所。

与云台观组相比，产出化石种类和数量增加，除植物化石外产出多种动物化石。

植物化石斜方薄皮木产于长阳黄家磴组中（图5-19（b）），图示为斜方薄皮木茎的印痕及细小的叶痕。斜方薄皮木属石松植物鳞木类，为晚泥盆世的标准化石。

基尔托克圆印木产于长阳，茎表面平滑，叶痕细小，卵形或近圆形，排列成规则菱形。

动物化石腕足类种类多，主要为石燕属和长身贝属，此类动物发育于晚泥盆世，壳较厚，生活在滨浅海带，是近滨相底栖生物的标志之一。

珊瑚化石见于宣恩长潭河，属中国岩珊瑚（图 5-19（c））。丛状群体，个体圆锥形，排列成链状。其生态属性：浅水、底栖、喜暖、正常盐度，是滨岸环境常见生物属种。

鱼化石见于长阳马鞍山。

4. 元素地球化学特征

据宜昌官庄近滨亚相粉砂质水云母黏土岩的样品及武昌鼓架山产 *Rusophycus sp.* 的近滨亚相黏土岩分析结果：$Sr=(42\sim65)\times10^{-6}$，$Ba=(280\sim400)\times10^{-6}$，$B=(74\sim88)\times10^{-6}$，$Ga=(18\sim17)\times10^{-6}$，$Al_2O_3=12.90\%\sim15.23\%$，$TiO_2=0.84\%\sim0.92\%$，反映沉积时水体为半咸水。石门新关 Fe_2 层及官庄 Fe_1 层鲕赤铁矿的样品，其中 $Sr=(320\sim700)\times10^{-6}$，$Ba=(37\sim71)\times10^{-6}$，$MnO_2=0.021\%\sim0.037\%$，$Ba/Sr=8.4\sim21.2$，反映了形成于正常盐度的海水。近滨带由于海水受波浪影响较大，盐度变化应属常态。

5. 微相的划分

微相划分的依据是岩性组合，全区各剖面黄家磴组近滨亚相岩性组合见表 5-4、图 5-21。根据岩性组合划分 3 个微相（图 5-22）。

表 5-4　鄂西黄家磴组各剖面厚度和岩性比例

剖面位置	厚度/m	岩比/%			剖面位置	厚度/m	岩比/%		
		碎屑岩	泥质岩	碳酸盐岩			碎屑岩	泥质岩	碳酸盐岩
铁厂坝	17.0	90.00	10.00	—	茅坪	41.00	51.21	48.78	—
太平口	20.0	35.29	64.71	—	谢家坪	44.00	47.72	43.18	9.00
十八格	23.30	80.00	20.00	—	黄粮坪	34.30	41.80	59.20	5.65
邓家乡	10.20	1.00	99.00	—	火烧坪	42.60	43.07	51.27	—
桃花	20.0	90.00	10.00	—	青岗坪	32.90	65.35	34.65	—
川箭河	38.39	5.20	79.01	15.89	石板坡	29.91	37.55	62.45	—
长潭河	27.0	40.00	60.00	—	小田坪	28.0	26.78	73.21	—
火烧堡	21.0	65.00	35.00	—	马鞍山	30.07	79.58	21.42	—
尹家村	17.0	88.24	11.76	—	白庙岭	57.40	47.74	52.26	—
官店	27.59	47.50	52.50	—	白燕山	22.0	71.78	28.23	—
黑石板	19.0	72.23	27.77	—	锯齿岩	24.65	44.41	55.59	—
瓦屋场	31.40	63.32	33.16	3.52	王儿荒	38.49	79.20	20.80	—
仙人岩	36.11	54.84	45.16	—	官庄	23.93	72.01	27.99	—
清水湄	38.92	52.54	40.52	6.94	阮家河	33.20	59.63	40.37	—
红莲池	51.79	41.64	58.36	—	松木坪	36.40	60.56	39.44	—
龙角坝	24.30	63.43	36.56	—	杨家坪	19.50	44.87	55.13	—
付家堰	25.60	15.85	84.15	—	平均	29.91	53.92	44.90	1.24

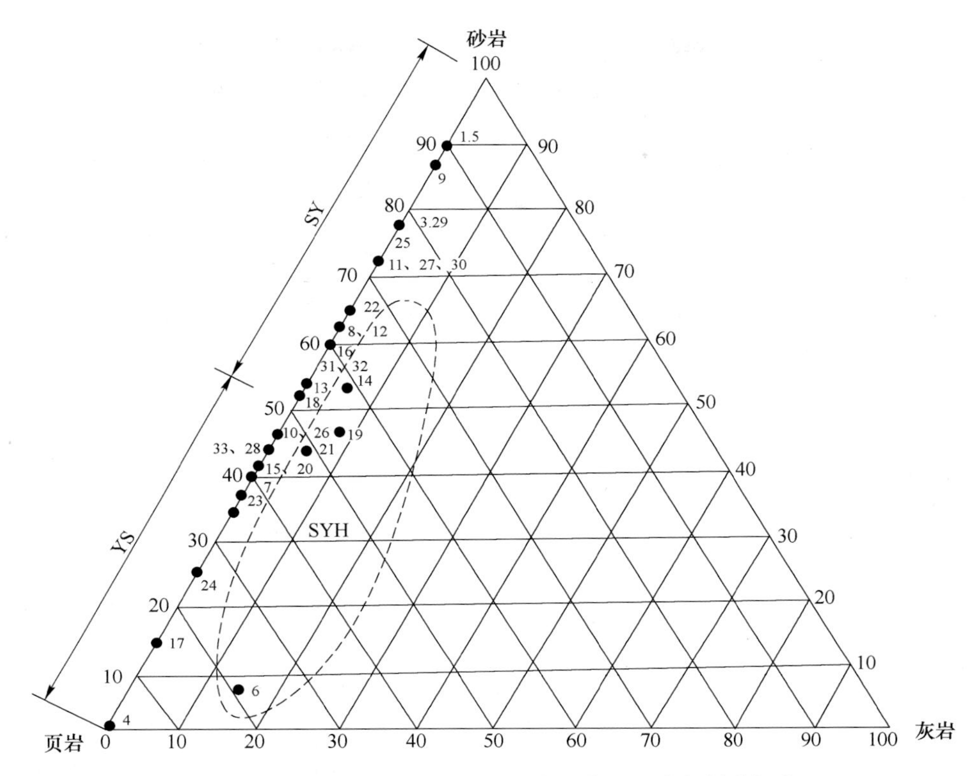

图 5-21 黄家磴组各剖面岩性比例三角图及微相划分标准

SY—砂岩页岩微相；YS—页岩砂岩微相；SYH—砂岩页岩夹灰岩微相

（1）砂岩夹页岩微相（SY）。以砂岩为主（砂岩岩比不小于 50%），夹页岩，不含碳酸盐岩，是分布最广的微相，几乎遍及全区。

（2）页岩夹砂岩微相（YS）。以页岩为主（页岩岩比不小于 50%），夹砂岩，不含碳酸盐岩。分布范围小，主要分布于 5 个地区：白庙岭、樊家湾、杨柳池地区；石板坡、黄粮坪、铜鼓包地区；蒋家湾、长潭河地区；太平口地区；官店、傅家堰地区。页岩夹砂岩微相出现在近滨洼地，也可出现在近滨坡地和近滨坪地，周围为砂岩夹页岩微相。

（3）砂岩页岩夹灰岩微相（SYH）。特征是含少量的碳酸盐岩（3. 52%~15. 89%），砂岩和页岩的比例不等，有的以页岩为主，有的以砂岩为主。该微相分布于火烧坪、谢家坪、清水湄一带，呈北东方向展布，形成于近滨洼地和近滨坡地。

（二）古地理

黄家磴期古地貌可分为 4 种单元：

（1）近滨高地。近滨带中相对隆起的水下高地，水体较浅，沉积厚度小，主要分布砂岩夹页岩微相。属于近滨高地的地貌单元有香溪—小峰高地、白杨坪—花果坪高地、澧县高地，分布于盆地四周。

（2）近滨洼地。近滨带中相对低洼的地段，盆地坳陷较深，沉积厚度大，水体也较深，但深度仍小于浪基面，据徐安武（1992）推测，最大水深约 60m。洼地的中心部分分布页岩夹砂岩微相或砂岩页岩夹灰岩微相。属于近滨洼地的地貌单元有杨柳洼地、长茂司

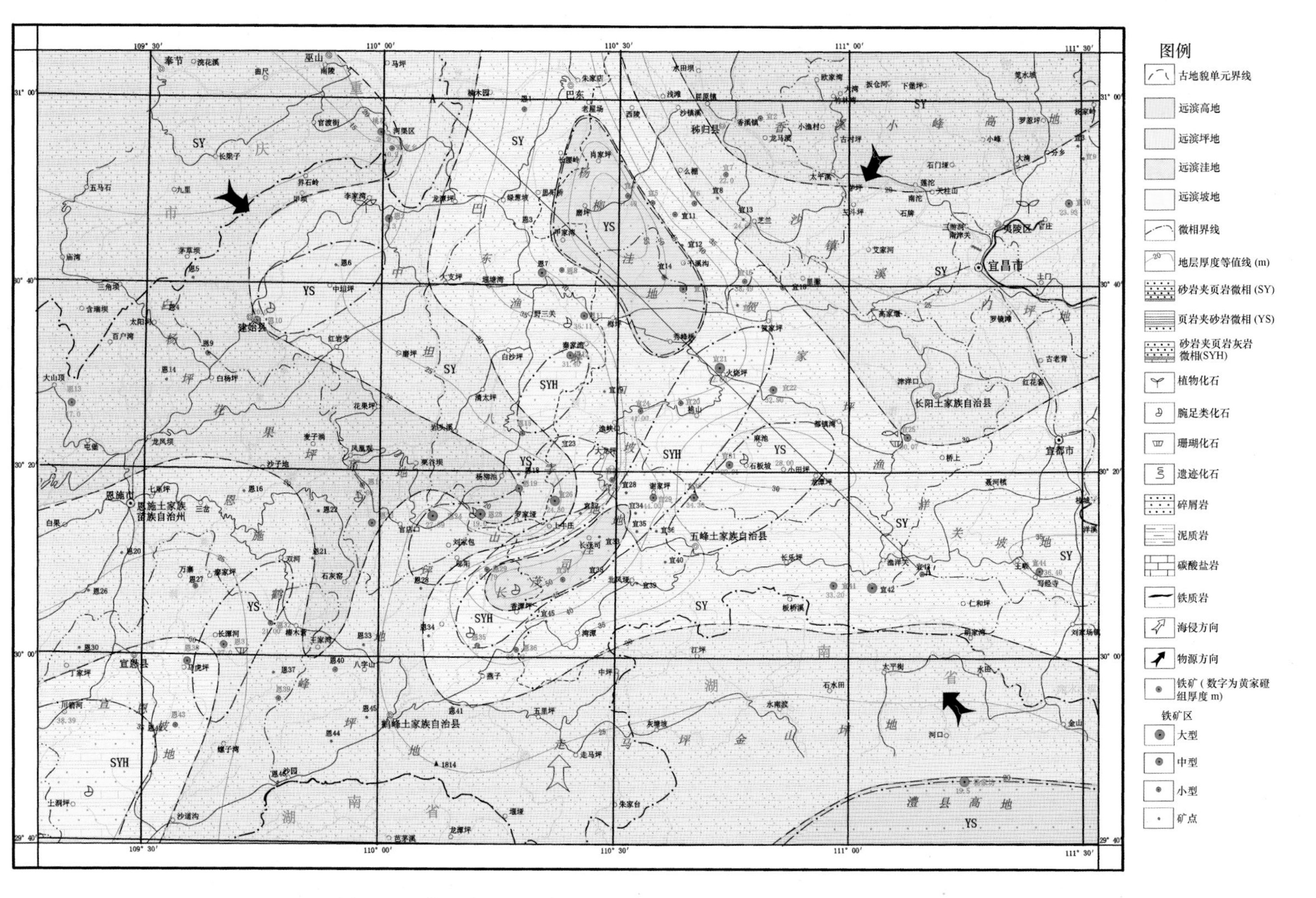

图 5-22 湖北省恩施—宜昌地区晚泥盆世早期黄家磴期岩相古地理图

洼地，位于盆地中心。

（3）近滨坡地。近滨洼地四周向洼地倾斜的平缓坡地，范围比较宽阔，上述洼地的西边为巴东—渔峡口坡地，东边为贺家坪—渔洋关坡地。坡地沉积仍以砂岩夹页岩为主，在瓦屋场、石板坡一带出现页岩夹砂岩微相，火烧坪至谢家坪一带出现砂岩页岩夹灰岩微相。

（4）近滨坪地。在近滨坡地和近滨高地之间的地势平坦的区域，沉积厚度变化不大，为砂岩夹页岩微相分布区。属于近滨坪地的单元有中坦—八字山坪地、恩施—鹤峰坪地、走马坪—金山坪地及沙镇溪—土门坪地，分布于靠近盆地边缘的地区。

黄家磴期的古水深根据沉积物中泥质含量高，有鲕绿泥石、鲕状赤铁矿产出，砂岩中发育有楔形交错层理和浪成波痕，粉砂岩中常见砂纹层理，生物化石具有海陆混生的特点，推测应为10～40m，最深不超过60m。黄家磴期是一个海平面上升的时期，盆地基底下陷速度大于沉积速率，水体深度不断增加，在初期水深应与云台观期最深处相似（10m），逐步加深到40～60m。

黄家磴期海水的盐度据微量元素特征，应处于半咸水或正常盐度之间的动荡变化状态。

三、写经寺期岩相古地理

晚泥盆世晚期写经寺组覆盖于黄家磴组之上，两者为整合关系。

（一）岩相

1. 沉积相岩石组合和厚度变化

写经寺组沉积岩石组合较黄家磴期的更为复杂，主要区别在于发育大量的碳酸盐岩，碎屑岩由主要组成退居为次要组成。三类岩石的平均比例为：碎屑岩16.14%、泥质岩39.75%、碳酸盐岩44.06%。

写经寺组的厚度大于黄家磴组，全区平均为61.29m，最厚处可超过百米，最薄处不足10m。写经寺组厚度分布特征与黄家磴组有相似性，中部厚、四周薄（图5-23）。最厚有南北两处：北部白庙岭、西古地、仙人岩一带；南部龙角坝、五峰、板桥溪一带，厚度均在90m以上。最薄处在罗惹坪、官庄及十八格、邓家乡一带，厚度均小于20m，全区厚度变化特征反映了写经寺期盆地基底坳陷隆起格局既继承了黄家磴期的特征，又有新的变化。

2. 沉积相岩性特征及结构构造

组成写经寺组的岩性有砂岩、粉砂岩、页岩、泥岩、钙质页岩、碳质页岩、粉砂质页岩、白云岩、泥质灰岩、灰岩、介壳灰岩、鲕绿泥石铁质岩、鲕绿泥石菱铁岩等。岩石的颜色更趋复杂，有灰白色、深灰色、黄灰色、黄绿色、黄褐色、蓝绿色、紫红色、灰黑色、灰褐色等，反映了岩石化学组成及形成条件的多样性。

泥质岩多为水白云母泥岩，微细鳞片状水白云母交错丛生，具定向排列（图5-24）。有时含石英碎屑，构成粉砂质泥岩。砂岩含铁较高时变成铁质砂岩，铁质作为石英碎屑的胶结物或形成细小鲕粒与石英碎屑交生（图5-25）。灰岩常见泥晶灰岩、泥晶亮晶灰岩。铁质岩分别产于碳酸盐岩的下方或上方的页岩中，前者多为赤铁岩，后者多为鲕绿泥石菱铁岩。赤铁岩具鲕状结构，由赤铁矿、玉髓、鲕绿泥石同心层组成鲕粒，并与硅质岩、泥

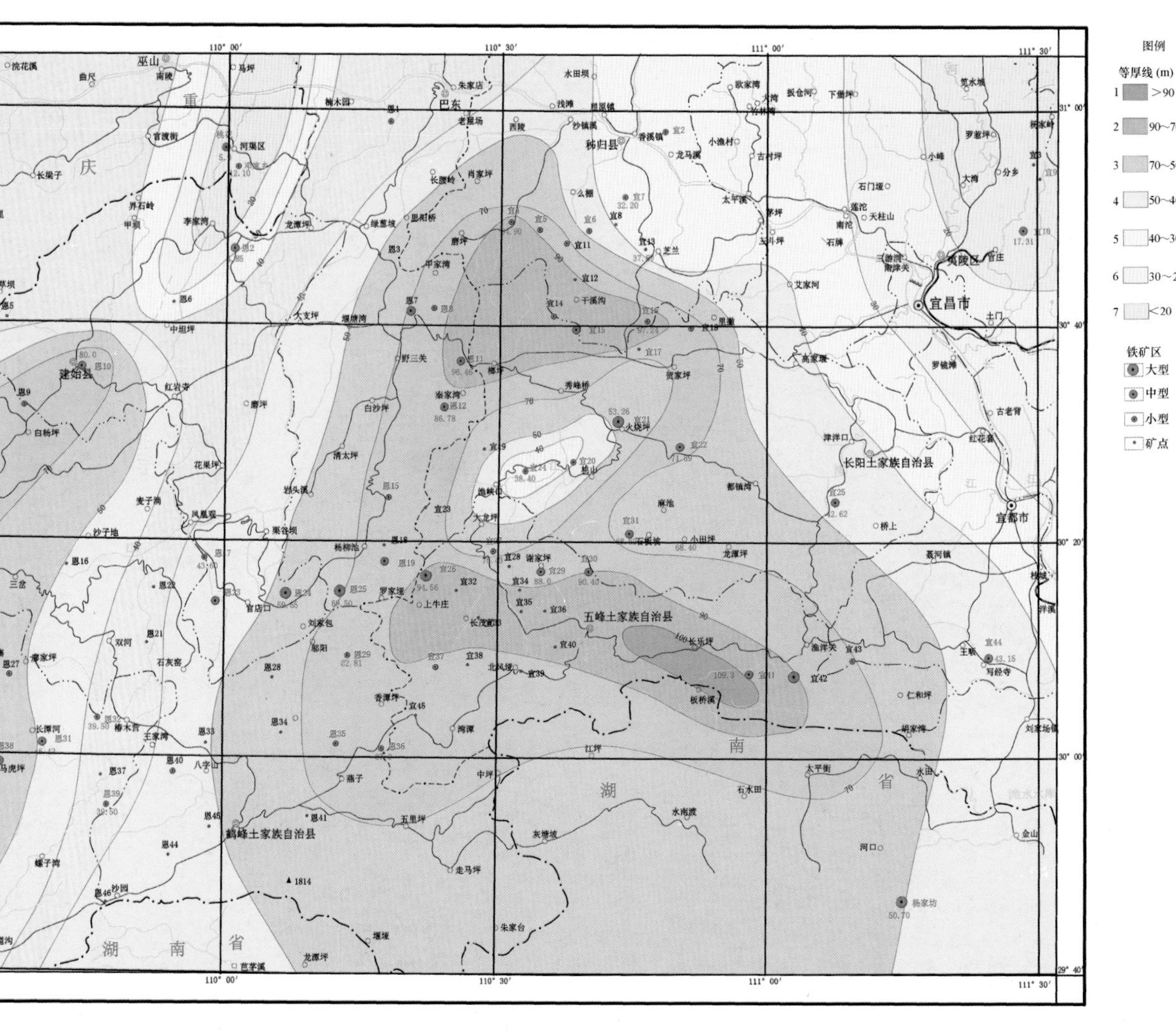

图 5-23 湖北省恩施—宜昌地区上泥盆统写经寺组等厚线图

质岩、砂岩的岩屑和石英碎屑共同组成砾屑和砂屑结构，被硅质、铁质胶结。鲕绿泥石菱铁岩中鲕绿泥石形成鲕粒，菱铁矿为细粒结晶结构，绿泥石鲕粒间常为方解石充填。

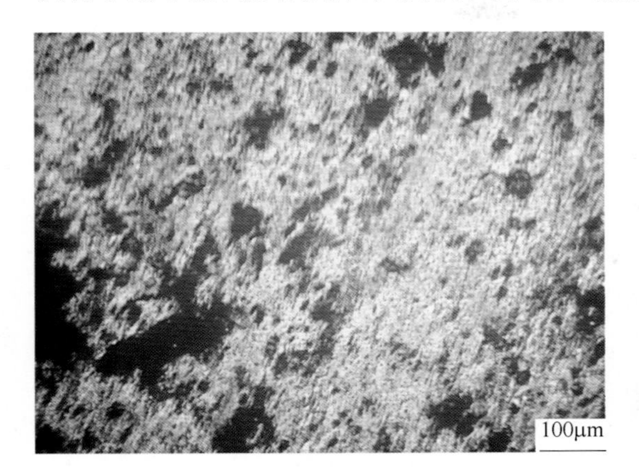

图 5-24　远滨相页岩（薄片，左正交偏光；右单偏光）
（主要由鳞片状水白云母组成，夹杂有石英粉砂，水白云母相互交织定向排列）

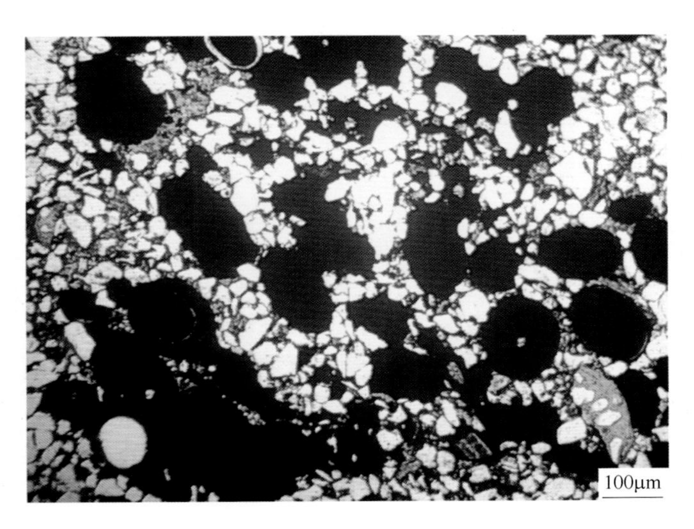

图 5-25　远滨相铁质砂岩（薄片，单偏光）
（岩石由次棱角状石英碎屑及赤铁矿的鲕粒组成）

岩石中自生矿物有水白云母、方解石、白云石、菱铁矿、赤铁矿、鲕绿泥石、胶磷矿等。与近滨相不同的是碳酸盐矿物大量聚集，形成灰岩、白云岩，作为沉积相的主要岩石组成。

岩石层理类型：由于远滨相位于正常浪基面以下，因此层理类型在泥岩中主要为水平层理和微波水平层理，灰岩中层理不明显。在铁质岩中粗细不同颗粒组成的水平层理或波状水平层理，具纹层状或条带状构造。

3. 生物化石

写经寺组中产出的化石见表 5-5。

表 5-5 鄂西写经寺组所含化石

孢子		植物	
种属	产地	种属	产地
Verrucoretusispora magnifica		*Hamatophyton Vericillatum*	
Hymenozonotriletes lepidopytus		*Sphenoteris recurva*	
Archaeoperisacus scobrata		鳞孢叶 *Lepidodendropis hirmeri*	
Vallatisporites		奇异亚鳞木 *Sublepidodendron mirabile*	
		圆印木型拟鳞木 *Lepidodendropsis cyclostigmatoides*	夷陵区官庄
		基尔托克圆印木 *Cyclostigma kiltorkense*	夷陵区官庄
遗迹		五峰鳞孢穗 *Lepidostrobus Wufenggensis*	五峰茅庄
种属	产地	官庄拟鳞木 *Lepidodendropis guanzhuangensis*	夷陵区官庄
根珊瑚迹 *Rhizocorallium sp.*	宣恩川箭河	宜都楔叶 *Sphenophyllum Yiduense*	宜都毛湖埫
均分潜迹 *Chondrites sp.*	宣恩川箭河	脐根座 *Stigmaria ficoides*	五峰茅庄
平面迹 *Planolites*		宜昌亚鳞木 *Sublepidodendron Yichangense*	夷陵区官庄
		松滋亚鳞木 *Sublepidodendron Songzienese*	宜都毛湖埫
		湖南圆印木 *Cyclostigma hunanense*	夷陵区官庄
		斜方薄片木 *Leptophloeum rhombicum*	
腕足类		珊瑚	
种属	产地	种属	产地
三褶准云南贝 *Yunnanllina triplicota lotiformis*	建始十八格	弯曲假内沟珊瑚 *Pseudozaphretis curuvata*	
汉伯云南贝 *Yunnanella hanburyi*	巴东黑石板	粗糙假内沟珊瑚 *Pseudozaphretis cf. difficile*	
陡缘云南贝 *Yunnanella abrupta*	长阳青岗坪、巴东黑石板、建始官店	菲利浦星珊瑚 *Phillipsastraea Hannahi*	
帐幕石燕 *Tenticospirifer subgortam*	长阳火烧坪	比林星珊瑚 *Billingsastraea sp.*	
弓石燕 *Cyrtospirifer davidoni*	建始十八格	朗士德珊瑚 *Lonsleia sp.*	建始官店
王氏湖南石燕 *Hunanospirifer Wangi*		分珊瑚 *Disphyllum sp.*	巴东黑石板 建始官店
零陵等小长身贝 *Productellana Linglinggensis*	巴东黑石板	介形虫	
半球中华小长身贝 *Sinoproductella homispherina*	长阳火烧坪	种属	产地
葛登无窗贝 *Afhyris gurdoni*		*Cavellina hupehensis*	
舌形贝 *Lingula sp.*	长阳火烧坪	*Mennerella sp.*	
中华石燕 *Sinoproductella*	长阳火烧坪	*Kinoxiella sp.*	
裂线贝 *Schizophoria*	巴东黑石板	*Mennerites hupehensis*	
中国石燕 *Sinospirifer sp.*	建始官店、巴东瓦屋场、长阳青岗坪	*Perimarginia tuberrosa*	

注：化石鉴定据湖北省地质科学研究所。

写经寺组含化石丰富，有孢子、植物、腕足类、珊瑚、迹遗化石及双壳类、牙形石、腕足类、钙球及海百合茎等。官庄产出的植物化石有以下5种：圆印木型拟鳞木、基尔托克圆印木、官庄拟鳞木（图5-19（d））、宜昌亚鳞木、湖南圆印木。

五峰茅庄发现的植物化石有五峰鳞孢穗（图5-19（e））、脐根座。

宜都毛湖埫发现的化石有宜都楔叶（图5-19（f））、松滋亚鳞木。

这些植物是晚泥盆世生长在古陆上的典型种属，死亡后植物残片随波浪潮汐搬运至远滨带沉积，出现在写经寺组上段的砂页岩中。

腕足动物以云南贝—准云南贝动物群为代表，共生有大量长身贝、石燕类为特征。珊瑚化石主要为单带型珊瑚（假内沟珊瑚、星珊瑚），生活在水深100m左右，温暖、清澈的滨浅海地区。

遗迹化石发现于宣恩川箭河剖面写经寺组泥晶灰岩的层面上，一种为根珊瑚迹，另一种为均分潜迹。根珊瑚迹呈长条舌形，均分潜迹则为树枝状，这两种遗迹均为浅海环境的产物（Crimes，1975）。

写经寺组生物化石较黄家磴组种类和数量均明显增加，且生物属种生态表明前者产出水深要大于后者。

4. 元素地球化学特征

写经寺期远滨亚相沉积物主要元素组合为Ca、Mg、Si、Al、Fe，其次有K、P。较黄家磴期近滨亚相沉积有明显的差别：出现大量Ca、Mg，并作为主要组成。这与远滨亚相发育过程中有一阶段处于碳酸盐缓坡环境、形成灰岩、泥质灰岩、白云质灰岩组合有关。

微量元素特征见表5-6，据表可获得如下认识：

（1）表中泥质岩的数据与深海黏土相比差别很大，特别是B和Ba的含量，深海黏土B的含量为230×10^{-6}，Ba的含量为2300×10^{-6}（据涂里千和魏德波尔，1961），与本区迥然不同，因此本区泥质岩不属深海沉积。

（2）灰岩和铁质岩Sr/Ba分别为1.56和5.79，属海相范畴；泥质岩Sr/Ba小于1，B含量接近滨岸相煤系沉积中黏土的B含量，表明写经寺组为浅海滨岸相沉积。

（3）实验证明，溶液中硼的浓度是盐度的线性函数，吴必豪（1977）认为，黏土矿物中的B含量可很好地反映海水盐度的相对变化。同济大学1980年列举古生代至新生代5个地层黏土中硼含量，海相一般超过100×10^{-6}，过渡相为$(70\sim140)\times10^{-6}$，陆相一般为$(15\sim60)\times10^{-6}$。本区海水盐度相当于过渡相的盐度。此外Sr/Ba比值、Ba/Ga比值也反映沉积介质的盐度，对照某些学者提出的例证（Лебедев，1967；煤炭地质勘探所，1979）推测本区盐度结果与前述一致。

表5-6　写经寺组微量元素特征

样品名称	样数	Sr $/10^{-6}$	Ba $/10^{-6}$	B $/10^{-6}$	Ga $/10^{-6}$	Fe_2O_3 /%	MnO_2 /%	Sr/Ba	B/Ga	Fe/Mn	P_2O_5 /%	CaO /%	Al_2O_3 /%	TiO_2 /%
灰岩	4	258.25	165.25	27.3	5.9	2.87	0.442	1.56	4.66	8.46				
铁质岩	6	120	24.17			76.61	0.157	5.79		486.26	2.56	6.28		
泥质岩	5	166	404	77	26			0.41	2.96				16.28	0.775

注：据徐安武等，1992。

5. 微相划分

全区各剖面写经寺组远滨亚相岩石组合见表5-7、图5-26、图5-27。

表5-7 鄂西各剖面写经寺组厚度及岩性比例

剖面位置	厚度/m	岩比/%			剖面位置	厚度/m	岩比/%		
		碎屑岩	泥质岩	碳酸盐岩			碎屑岩	泥质岩	碳酸盐岩
铁厂坝	74.73	6.80	40.82	52.38	茅坪	38.40	19.27	39.06	41.67
太平口	80.0	17.91	31.34	50.74	谢家坪	88.00	14.77	38.64	46.59
十八格	4.85	35.00	55.00	10.00	黄粮坪	90.40	51.72	21.84	26.43
邓家乡	12.10	—	33.33	66.67	火烧坪	53.26	28.16	41.30	30.54
桃花	5.0	—	100	—	青岗坪	71.59	21.88	28.56	49.56
川箭河	60.12	—	26.70	74.30	石板坡	68.62	3.0	59.56	36.53
长潭河	46.42	2.50	15.50	82.00	小田坪	68.40	3.16	47.86	48.98
火烧堡	39.50	16.00	41.33	42.67	马鞍山	42.62	30.23	27.91	41.86
尹家村	43.60	10.58	40.0	49.41	白庙岭	94.90	56.10	41.94	1.06
官店	59.65	9.15	37.33	53.55	白燕山	32.20	3.3	85.12	11.57
黑石板	69.50	10.74	31.40	57.80	锯齿岩	37.89	2.81	51.50	46.43
瓦屋场	86.78	10.59	18.31	71.01	王儿荒	97.24	21.43	52.25	26.32
仙人岩	96.46	24.33	16.91	58.76	官庄	17.31	9.78	63.00	27.20
清水湄	87.0	17.74	19.18	63.10	阮家河	109.30	32.21	38.43	28.36
红莲池	82.81	12.23	7.29	80.48	松木坪	43.15	18.37	63.25	18.37
龙角坝	94.56	6.02	40.96	53.01	杨家坪	50.70	28.57	7.7	63.74
付家堰	75.43	8.30	48.73	42.95	平均	61.29	16.14	39.75	44.06

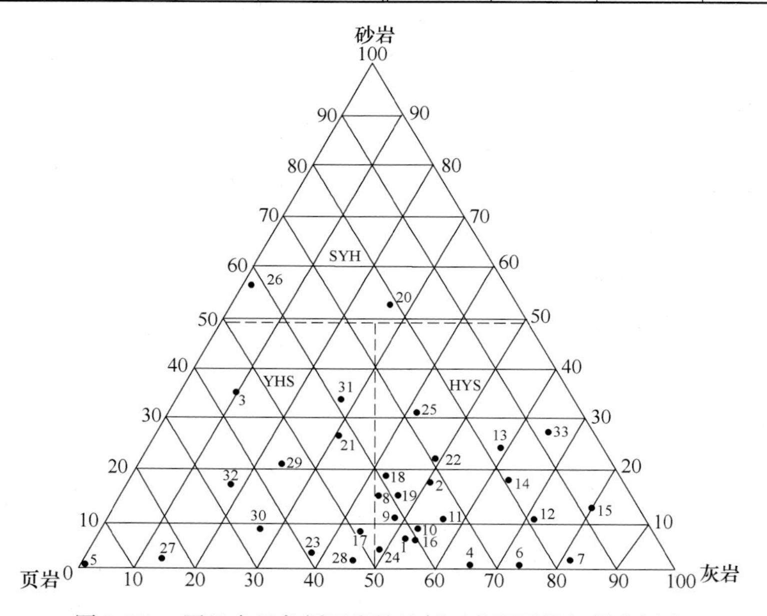

图5-26 写经寺组各剖面岩性比例三角图及微相划分标准

SYH—砂岩夹页岩灰岩微相；YHS—页岩夹灰岩砂岩微相；HYS—灰岩夹页岩砂岩微相

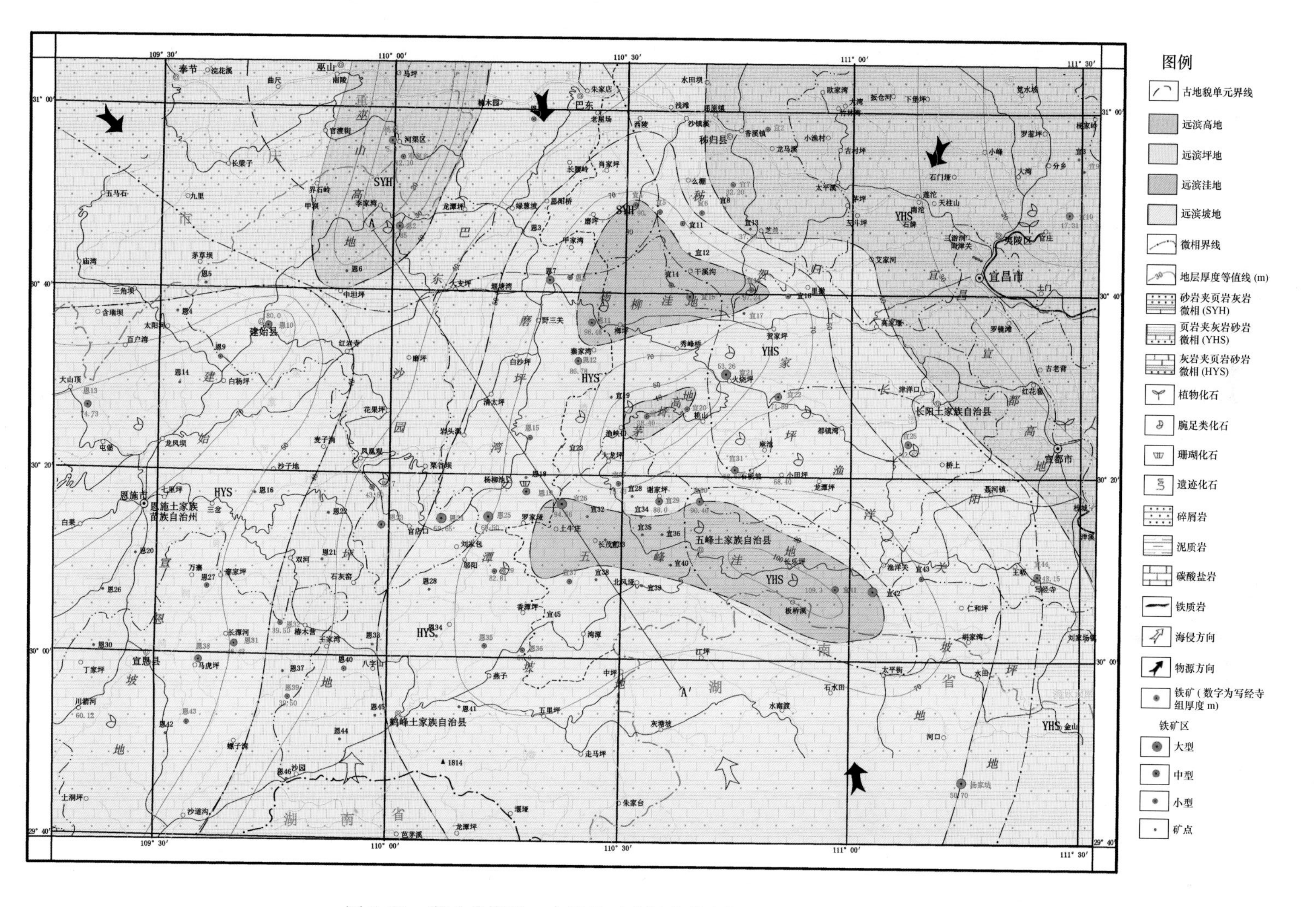

图 5-27　湖北省恩施—宜昌地区晚泥盆世晚期写经寺期岩相古地理图

根据岩石组合的差异划分3个微相：

(1) 砂岩夹页岩灰岩微相（SYH）（图5-26）。以砂岩为主的微相，夹页岩及少量灰岩，岩比三角形投影靠近砂岩端。砂岩的含量大于50%，页岩的含量20%~50%，灰岩的含量可达20%。主要分布在西部十八格、绿葱坡、野花坪一带，为当时的水下高地或坪地区。

(2) 页岩夹灰岩砂岩微相（YHS）。岩比三角图投影点靠近页岩端元，页岩含量占主要地位，一般40%~80%，次为灰岩，含量一般为10%~40%，再次为砂岩，含量一般为0~30%，页岩岩比大于灰岩岩比。主要分布于东北部及东部的广大区域，分布于当时的水下高地和坪地区。

(3) 灰岩夹页岩砂岩微相区（HYS）。岩比三角图投影点靠近灰岩端元，灰岩含量占主要地位，含量一般为40%~80%，次为页岩，一般含量10%~40%，再次为砂岩，一般含量0~30%。微相分布于中部及西部的广大地区，分布于当时的洼地和坡地。

（二）古地理

1. 古地貌

该区写经寺期古地貌总体处于较为平坦的远滨带，但存在着相对的水下隆坳，因此可以进一步划分为4个地貌单元。

远滨高地：远滨带中相对隆起的水下高地；

远滨洼地：远滨带中相对坳陷的洼地；

远滨坡地：远滨带中向洼地倾斜的坡地；

远滨坪地：在远滨高地与远滨坡地之间的开阔平坦地带。

远滨洼地有南北两处，北边在白庙岭、仙人岩、西古地一带；南边的位于上牛庄、五峰、板桥溪一带，近东西向分布。两个洼地之间夹一小的高地（茅坪高地）。洼地坳陷深，沉积厚度可达90m以上，水体也相对较深。

洼地四周为远滨坡地，宽度很大（10~40km），坡度缓，沉积物厚度向洼地方向逐渐加大，50~90m。洼地西边的坡地为磨坪—湾潭坡地，东边的为贺家坪渔洋关坡地。此外，在西南部还有一个建始—宣恩坡地。

西北部十八格及至重庆巫山桃花一带及东北部官庄、宜都一带为远滨高地区，处于相对隆起，沉积物的厚度小于40m，最薄处只有几米。

在远滨高地和远滨坡地之间有一平坦的过渡地带为远滨坪地，沉积物厚度变化小，介于高地和洼地之间，一般为40~50m。西部为巴东—沙园坪地，东部为秭归—长阳坪地。

2. 海水深度、盐度、E_h-pH

海水深度：根据沉积物主要为碳酸盐岩、泥质岩，碎屑岩居次要地位；岩层具水平层理和波状水平层理；遗迹化石及滨浅海的腕足类、珊瑚繁盛；自生赤铁矿、鲕绿泥石、胶磷矿发育，推测应为数十米至100m左右。另外，本区泥质岩中B和Ba的含量与深海黏土迥然相异，排除了深海沉积的可能。

海水盐度：据黏土岩中硼的含量（$(27.3\sim77)\times10^{-6}$）、铁质岩和碳酸盐岩中Sr/Ba = 1.56~5.79，推测应属正常盐度。海水pH值：根据自生矿物形成的酸碱条件进行判断，伊利石（水白云母）形成中性至弱碱性环境，白云石、铁白云石形成于弱碱性环境，方解石形成于碱性环境，因此海水 pH 值应为 7～9。海水 E_h 值：本区主要铁矿物为赤铁矿，据铁的 E_h－pH 相图，Fe_2O_3稳定场 pH＝8 时，E_h＝－0.1～0.7V。

3. 古气候

据刘宝珺（1993）发表的南方扬子区古地磁测量数据，湖南洞口一带（东经 110.53°，北纬 27.08°）及常宁一带（东经 112.18°，北纬 27.37°）中泥盆系（D_2跳马涧组）样品测得的古纬度分别为－12.70°和－15.22°。以此推断宜昌中泥盆世的古纬度为－9.20°和－15.22°，即南纬 9.20°～15.22°之间，处于低纬度的气候带。其周围古陆同样处于热带环境，进行强烈的红土化作用，K_2O、CaO、MgO 大量流失入海，Al_2O_3、Fe_2O_3、SiO_2从矿物中分离出来，除部分残留外，很大部分以胶体形式带入海盆，参与了成矿作用。

写经寺组中鲕绿泥石岩多层产出，泰勒（Taylor，1967）认为，鲕绿泥石形成于较大范围的浅海海域内，其水温超过 20℃。

地层中盛产腕足类、珊瑚、介形虫及鳞木等植物化石，反映湿热气候条件下生物种群的特征。

四、Fe_3成矿期微相分布

（一）概述

上述岩相古地理分析是以“期”（时限 9～12Ma）为单元，已分别分析了云台观期、黄家磴期及写经寺期的岩相古地理特征，并作了相应的岩相古地理图。但是，这种成图形式是以平面上的岩相综合体来反映它的三维或四维空间的变化，难以表现沿纵向序列跨越多种相环境的客观性。因此，有必要进一步缩小作图单元的时限，以写经寺期 Fe_3成矿期（1～2Ma）作为作图单元，相当于以 Fe_3矿层作为“等时面”，反映“瞬时”的岩相分布特征，以便更精细地阐明成矿期岩相古地理条件。

Fe_3成矿期岩相划分的依据是 Fe_3矿层及其直接顶底板及夹层的岩石组合体，总厚度不超过 10m。

（二）Fe_3成矿期微相划分

区内各剖面 Fe_3矿层岩性组合及微相划分见表 5-8、图 5-28。

表 5-8　Fe_3矿层岩性组合及微相划分

剖面位置	岩性组合	微相	剖面位置	岩性组合	微相
铁厂坝	铁质岩、页岩夹砂岩	TYS	茅坪	铁质岩、页岩、介壳灰岩	TYH
太平口	铁质岩、页岩（砂岩）	TYS	谢家坪	铁质岩、页岩夹介壳灰岩	TYH
十八格	铁质岩、页岩夹砂岩	TYS	黄粮坪	铁质岩、页岩夹介壳灰岩	TYH
邓家乡	铁质岩、页岩夹砂岩	TYS	火烧坪	铁质岩、页岩夹介壳灰岩	TYH
桃花	铁质岩、页岩夹砂岩	TYS	青岗坪	铁质岩、页岩夹介壳灰岩	TYH
川箭河	未见矿		石板坡	铁质岩、钙质页岩含腕足类化石	TYH
长潭河	铁质岩、页岩夹砂岩	TYS	小田坪	铁质岩、钙质页岩	TYH
烧巴岩	铁质岩、页岩夹砂岩	TYS	马鞍山	铁质岩、钙质页岩夹灰岩	TYH

续表 5-8

剖面位置	岩性组合	微相	剖面位置	岩性组合	微相
尹家村	铁质岩、页岩夹砂岩	TYS	白庙岭	铁质岩、砂岩	TS
官店	铁质岩、页岩夹砂岩	TYS	白燕山	铁质岩、页岩夹砂岩	TYS
黑石板	铁质岩、页岩夹砂岩	TYS	锯齿岩	铁质岩、砂岩	TS
瓦屋场	铁质岩、页岩夹砂岩	TYS	王儿荒	铁质岩、页岩夹灰岩	TYH
仙人岩	铁质岩、钙质页岩含腕足类化石	TYH	官庄	铁质岩、页岩（砂岩）、泥灰岩	TYH
清水湄	铁质岩、砂岩	TS	阮家河	铁质岩、砂岩夹页岩	TSY
红莲池	铁质岩、砂岩	TS	松木坪	铁质岩、页岩夹灰岩	TYH
龙角坝	铁质岩、砂页夹页岩	TSY	杨家坊	铁质岩、砂岩夹页岩	TSY
付家堰	铁质岩、页岩夹介壳灰岩	TYH			

根据岩性组合划分 4 个微相：

（1）铁质岩砂岩微相（TS）。铁质岩的直接顶底板和夹层为砂岩，如清水湄、红莲池、白庙岭等地。

（2）铁质岩砂岩夹页岩微相（TSY）。铁质岩的直接顶底板和夹层以砂岩为主，夹页岩，如龙角坝、阮家河、杨家坊等地。

（3）铁质岩页岩夹砂岩微相（TYS）。矿层的直接顶底板和夹层以页岩为主，夹砂岩，如长潭河、官店等地，矿层中可见到多量石英碎屑和玉髓、蛋白石等硅质物（图 5-29）。

（4）铁质岩页岩夹灰岩微相（TYH）。矿层的直接顶底板和夹层以页岩为主，夹灰岩。灰岩常见为介壳灰岩，或为泥灰岩、白云质灰岩。铁矿层中也可见到贝壳化石（图 5-30）。有的剖面为含化石的钙质页岩，也划归这一微相。青岗坪、火烧坪、石板坡等地均属这一微相。

（三）微相分布

（1）铁质岩页岩夹砂岩微相（TYS）。分布于西部恩施、建始、巴东地区，包含了铁厂坝、太平口、长潭河、官店、黑石板等一批矿区。岩相形成其时，地处建始—宣恩远滨坡地、巴东沙园远滨坪地及磨坪—湾潭远滨坡地的西部。

（2）铁质岩页岩夹灰岩微相（TYH）。分布于东部宜昌地区，包括长阳及兴山、秭归的南部、宜都北部，包含了火烧坪、青岗坪、田家坪、官庄、马鞍山、松木坪等一批矿区。岩相形成其时，地处贺家坪—渔洋关远滨坡地、秭归—长阳远滨坪地及宜昌—宜都高地的一部分。

（3）铁质岩砂岩夹页岩微相（TSY）。分布于南部五峰地区，包含了龙角坝铁矿、阮家湾铁矿。成矿时地处五峰远滨洼地和洼地南的远滨坡地。

（4）铁质岩砂岩微相（TS）。分布于鹤峰背塔荒、分水岭、走马坪一带，包含红莲池、清水湄等矿区。微相形成时地处磨坪—湾潭远滨坡地南部。

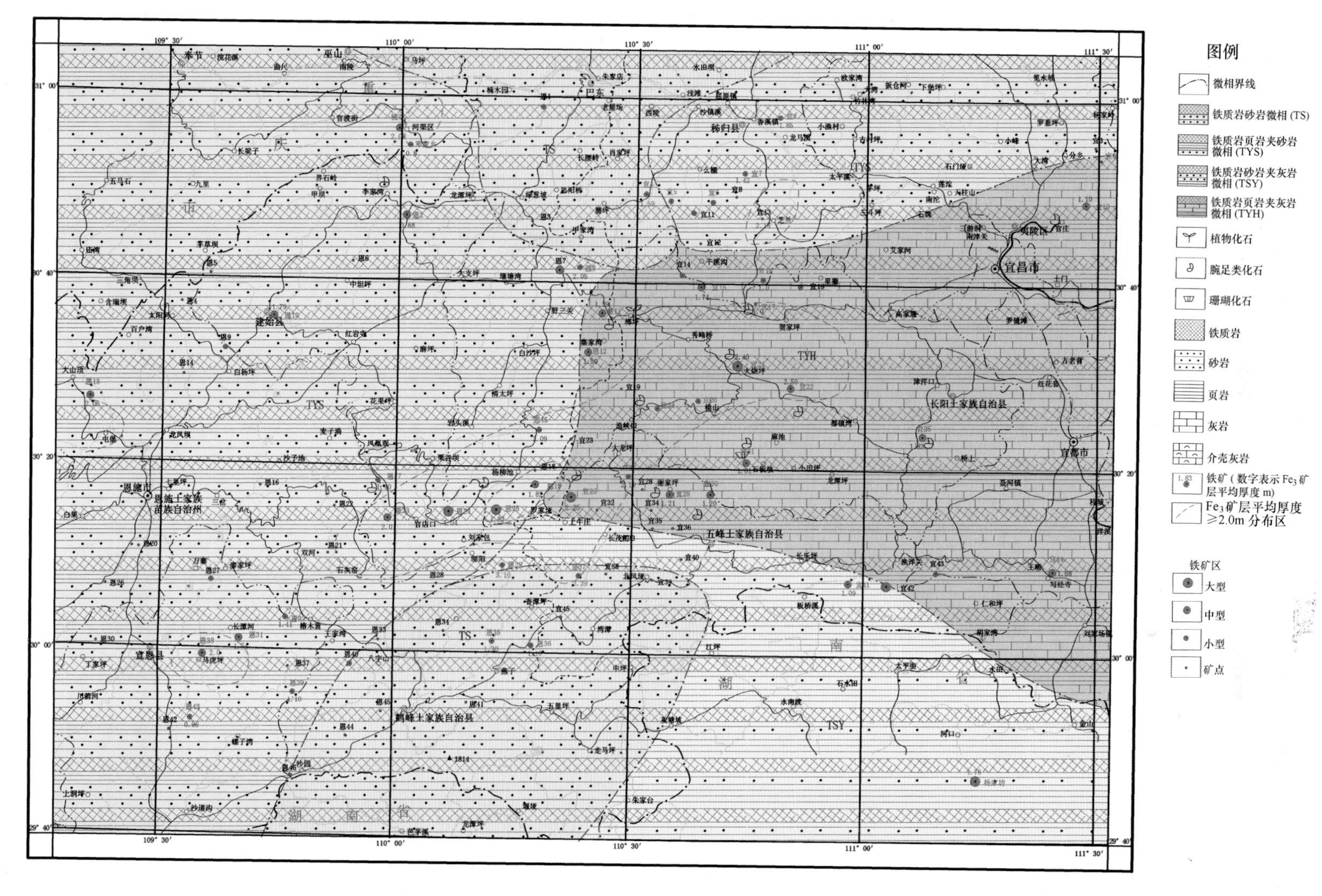

图5-28　湖北省恩施—宜昌地区晚泥盆世 Fe_3 成矿期岩相分布图

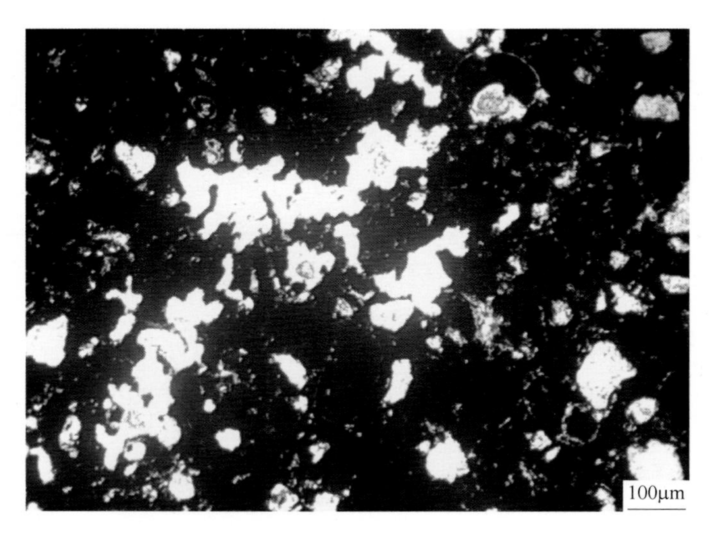

图 5-29 TYS 微相赤铁矿中含黏土矿物及石英碎屑（薄片，单偏光）

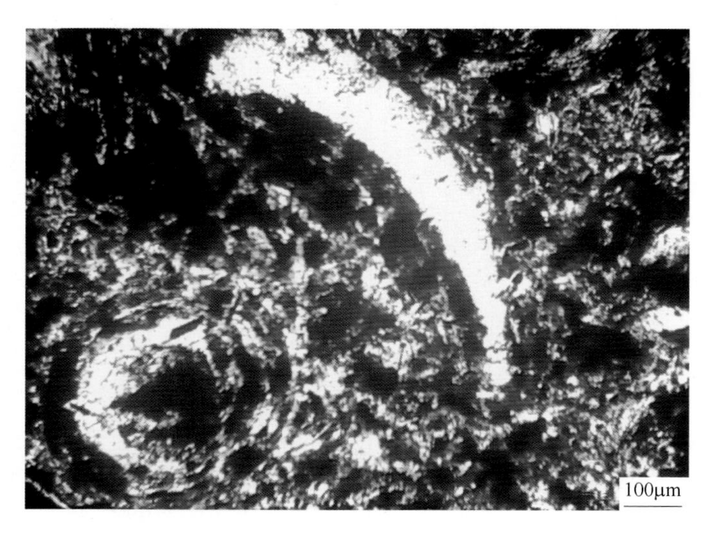

图 5-30 TYH 微相铁质岩中的贝壳化石，贝壳断面为弧形（薄片，单偏光）

五、铁矿与岩相古地理的关系

（一）湿热气候、封闭环境、稳定的构造条件为铁矿形成提供了必需的古地理条件

1. 湿热气候红土化风化作用使物源中铁质析离

鄂西泥盆纪时地处低纬度带，气候湿热，周围古陆植物繁茂，化学风化和生物化学风化作用强烈，风化作用已经入红土化阶段。分布于古陆区的老地层（大别群、桐柏群、红安群、随县群、武当群、耀岭河群、崆岭群、冷家溪群、板溪群）中的变质岩及火成岩和下古生界沉积岩经过长期风化，铁铝硅酸盐矿物完全分解，其中的铁被游离出来，一部分以氧化物形式沉淀，另有相当一部分呈氢氧化物胶体被地表水带入盆地，逐步聚集。前泥盆纪形成的铁矿、黏土岩、碳酸盐、碎屑岩中的铁质也被淋滤，其中铁元素发生再次

迁移。

鄂西泥盆纪沉积盆地面积较小，约3万平方公里，而周围古陆面积大，达十数万平方公里，接受风化的时间又长，带入盆地铁质的数量巨大，为本区铁矿形成提供了基本物质来源。

2. 封闭环境促使铁质聚集

鄂西盆地周围为武当淮阳古陆、上扬子古陆、江南古陆所包围，仅南部有一海峡式豁口与华南海相连。但当时海侵方向是由华南海向鄂西海盆，因此海水主要由外向内推进。这种封闭的古地理环境，使得四周古陆带入盆地的铁质可长期在海水中保存、积聚，当浓度超过铁溶解度的地球化学临界值时，集中发生沉淀，形成铁质岩层。铁质沉淀后海水中铁的浓度降低，代之以沉积脉石夹层。当铁质再次聚集，发生第二次沉淀，形成新的矿层。

3. 稳定的构造环境为矿层发育提供良好条件

加里东运动后本区处于稳定的构造环境，整个泥盆纪并未遭受什么构造运动，只是在泥盆纪末由于柳江运动造成上泥盆统与中石炭统的不整合接触。自中泥盆世至晚泥盆世，构造活动只是盆地基底的缓慢的、幅度不大的升降。盆内没有出现同沉积断裂，没有形成断陷槽和深海沉积区，无火山活动。铁矿沉积时前滨带、远滨带在很长一段时间保持稳定，为铁矿层持续发育提供了良好的条件，使矿层的厚度、延长都可达到相当大的规模，形成厚大矿体。

（二）近滨带和远滨带都可有铁矿形成，规模大、质量好的铁矿则形成于远滨带

云台观期处于前滨带，无铁矿形成。黄家磴期处于近滨带，有铁矿层形成，在黄家磴组的中部和上部分别有 Fe_1 及 Fe_2 两层铁矿产出，但矿层多不稳定，易相变成铁质砂岩，工业价值小，查明资源量分别占全区的0.4%和0.13%。写经寺期处于远滨带，形成 Fe_3 矿层，规模大、品位高。据该区已查明铁矿资源量统计占87.52%。

（三）产于远滨带的铁矿大部分形成于远滨坡地，次为远滨洼地；少部分铁矿产于远滨坪地和远滨高地

写经寺期岩相古地理图反映了铁矿分布与沉积环境的关系（表5-9），铁矿定位对沉积环境的选择性明显。

表5-9　写经寺期古地理环境与铁矿分布关系

古地理环境	分　布　矿　区	占资源量比例/%
远滨高地	官庄、十八格	5.55
远滨坪地	尹家村、红土溪、伍家河、二冲、冷水溪、分水岭、马鞍山、松木坪	8.12
远滨坡地	太平口、铁厂坝、蒋家湾、长潭河、中坪、东门关、马虎坪、烧巴岩、西坪、火烧堡、咸池、野花坪、古楼山、瓦屋场、铁厂湾、龙坪、官店、黑石板、傅家堰、火烧坪、青岗坪、石板坡、谢家坪	74.10
远滨洼地	白庙岭、仙人岩、杨柳池、黄粮坪、石崖坪、西古池、阮家河、龙角坝	12.24

有74.10%的铁矿分布于远滨坡地区，该区最主要的大中型铁矿——官店铁矿、黑石板铁矿、火烧坪铁矿、青岗坪铁矿、长潭河铁矿、铁厂坝铁矿等均分布于该地区，集中了

鄂西宁乡式铁矿的精华。这表明远滨坡地是最有利于铁质聚集和沉积定位的古地理环境。远滨坡地有两块，分别分布于西部恩施—宣恩地区和中部地区（包括巴东东南部、秭归西南部、长阳、五峰中部），其中又以中部坡地控矿最为明显，瓦屋场、龙坪、官店、黑石板等铁矿及火烧坪、青岗坪、石板坡等铁矿分别位于磨坪湾潭坡地和贺家坪渔洋关坡地。

有12.14%的铁矿分布于远滨洼地中，分布在北边杨柳洼地的铁矿有仙人岩、白庙岭、杨柳池等铁矿，分布于南边五峰洼地的铁矿有龙角坝、阮家河、黄粮坪、石崖坪等矿区。

分布于远滨坪地区的铁矿只占8.12%，主要矿区有伍家河、松木坪、马鞍山等，其成矿有利性不及远滨坡地和洼地。

分布于远滨高地中的铁矿只有个别（5.55%），如官庄铁矿、十八格铁矿，虽然成矿条件比其他环境差，但不是空白区，不能将其排除在找矿范围之外。

（四）灰岩夹页岩砂岩微相（HYS）是最主要的成矿微相，次为页岩夹灰岩砂岩微相（表5-10）

表5-10 铁矿与沉积微相关系

微相名称	主 要 矿 区	占资源量比例/%
砂岩夹页岩灰岩微相（SYH）	十八格、白庙岭	1.19
页岩夹灰岩砂岩微相（YHS）	官庄、火烧坪、石板坡、松木坪	16.60
灰岩夹页岩砂岩微相（HYS）	太平口、铁厂坝、长潭河、马虎坪、烧巴岩、仙人岩、瓦屋场、龙坪、铁厂湾、黑石板、官店、傅家堰、龙角坝、石崖坪、谢家坪、黄粮坪、阮家湾	82.21

灰岩夹页岩砂岩微相（HYS）分布面积最广，占据了整个鄂西地区的中部和西部，微相分布区主要为当时的远滨洼地和坡地区，是成矿最有利的微相，按资源储量计算，有82.21%的铁矿分布于这一微相区。

页岩夹灰岩砂岩微相（YHS）分布在东北部，面积约为HYS微相的1/2，微相横跨当时的洼地、坡地、坪地及高地区。有许多重要的铁矿产出，如火烧坪、青岗坪、石板坡、松木坪等矿区，占资源总量16.60%。

砂岩夹页岩灰岩微相（SYH）分布于西北部，面积较小，当时主要为高地和坪地环境。铁矿分布少，规模也小，有十八格、白庙岭等铁矿产出，占资源总量1.19%。

（五）Fe_3期微相与铁矿品位和酸碱度密切相关

Fe_3期微相与铁矿品位及酸碱性的关系见表5-11。

表5-11 Fe_3成矿期微相与矿石品级及酸碱性关系

微相	铁质岩页岩夹砂岩微相（TYS）	铁质岩页岩夹灰岩微相（TYH）	铁质岩砂岩夹页岩微相（TSY）	铁质岩夹砂岩微相（TS）
主要分布区	巴东、建始、宣恩、恩施	长阳、五峰、宜昌、宜都	五峰	秭归、鹤峰
矿石成分一般特征	矿石含铁较高，含Si、Al较高，含钙偏低，有大量酸性富矿产出	矿石含Si较低，含Al中等，含Ca较高，有大量自熔性富矿产出	矿石含Fe中等，含Si、Al中等，有部分富矿产出	含Fe一般较低，含Si很高

续表 5-11

微相	铁质岩页岩夹砂岩微相（TYS）	铁质岩页岩夹灰岩微相（TYH）	铁质岩砂岩夹页岩微相（TSY）	铁质岩夹砂岩微相（TS）
主要矿区矿石品级及酸碱性	铁厂坝　TFe 42.83% 酸性矿石 伍家河　TFe 40.11% 酸性矿石 官店　TFe 45.11% 酸性矿石 龙坪　TFe 43.40% 酸性矿石 长潭河　TFe 41.95% 酸性矿石	松木坪　TFe 45.95% 自熔性矿石 官庄　TFe 38.72% 碱性矿石 田家坪　TFe 37.8% 碱性矿石 火烧坪　TFe 37.85% 自熔性矿石 青岗坪　TFe 43.70% 自熔性矿石	龙角坝　TFe 40.95% 酸性矿石 阮家河　TFe 43.19% 酸性矿石	白庙岭　TFe 33.13% 酸性矿石

Fe_3期微相与矿石酸碱性的关系密切，规律性强：铁质岩页岩夹砂岩中的诸多铁矿均为酸性矿石，无一例外；铁质岩页岩夹灰岩微相中的铁矿均以自熔性矿石、碱性矿石为主，也几无例外。其原因是铁质岩页岩夹砂岩微相中铁矿夹石和直接顶底板为砂岩或页岩，铁质岩中多有石英碎屑混入，矿石中硅的含量自然高，而含钙一般较低，因此酸碱度均小于0.5，为酸性矿石。铁质岩页岩夹灰岩微相中铁矿直接顶底板和夹层除页岩外还有灰岩，特别是介壳灰岩常常夹有几层，导致钙含量较高而硅含量相对较低；矿石中脉石也常常以方解石为主，致使成为自熔性或碱性矿石。

其他两个微相中因无灰岩出现，所以也为酸性矿石，尤其是铁质岩砂岩微相，SiO_2含量很高，如白庙岭铁矿含 SiO_2 31.49%。

Fe_3期微相与矿石品级也有一定的关系，本区主要富矿都产在铁质岩页岩夹砂岩微相和铁质岩页岩夹灰岩微相中，并且前者为酸性富矿，后者为自熔性富矿。

第六章 矿床地质特征及开采技术条件

第一节 矿床地质特征

宁乡式铁矿典型矿床的地质特征见表6-1。

表6-1 宁乡式铁矿地质特征简表

矿区名称	构造	地层	岩浆岩	主矿体规模形态产状	主要矿石类型及品位（TFe）
火烧坪	长阳台褶束，渔峡口向斜；三组断裂，多属高角度斜交正断层，破坏矿体	志留系、泥盆系、石炭系、三叠系、二叠系；含矿地层上泥盆统写经寺组	无	长12800m，厚2.4m，倾角20°~30°；层状、似层状；大型	自熔性、碱性，赤铁矿石；平均品位37.85%
官店	恩施台褶束，长岭背斜，大庄向斜；北北东向断层	志留系、泥盆系、石炭系、二叠系、三叠系；含矿地层上泥盆统写经寺组	无	长11000m，厚0.88~7.20m，倾角14°~60°；层状、似层状；大型	酸性，赤铁矿石；TFe 22.39%~52.11%
龙角坝	长阳台褶束，九里坪背斜；北东向正断层、逆断层	志留系、泥盆系、石炭系、二叠系、三叠系；含矿地层上泥盆统写经寺组	无	长18000m，厚1.05~3.99m，倾角24°~34°；似层状；大型	酸性，赤铁矿石；40.95%
官庄	长阳台褶束，黄陵背斜东翼；近东西、北西两组断裂，正断层，少数逆冲断层	志留系、泥盆系、石炭系、二叠系、三叠系、第三系；含矿地层上泥盆统写经寺组	无	长4000m，厚1.10m，倾角10°~30°；层状、似层状；中型	碱性，赤铁矿石；38.72%
杨家坊	湘西北陷折束之东，公渡复向斜杨家坊向斜北翼	寒武系至第三系；含矿地层上泥盆统写经寺组	无	长11000m，厚0.26~6.70m；层状、似层状；中型	酸性，赤铁矿石；33.59%~47.72%
田湖	甘溪复式背斜；北北西—北西、南北、东西三组断层	泥盆系；含矿地层为上泥盆统佘田桥组	无	长1400m，厚0.25~2.57m，倾角25°~55°；似层状；中型	自熔性，赤铁矿石；20%~40%
大坪	大平复式向斜；北北东—北东、北西两组断裂，逆冲断层、平移正断层	前泥盆系、泥盆系、石炭系；含矿地层上泥盆统佘田桥组	通天庙花岗岩位于矿区西南部	长19000m，厚0.5~9.4m；层状、似层状；大型	酸性，赤铁矿石、磁铁矿石；37.32%~38.78%

续表 6-1

矿区名称	构造	地层	岩浆岩	主矿体规模形态产状	主要矿石类型及品位（TFe）
清水	清水复式向斜西北翼；北东—北北东向断裂发育	下古生界、泥盆系、石炭系、二叠系、三叠系；含矿地层上泥盆统锡矿山组	邓阜仙花岗岩、锡田花岗岩外接触带	长 3000m，厚 1.48m，缓倾角；似层状；中型	酸性，磁铁矿石、磁铁赤铁矿石、赤铁矿石；37.55%
乌石山	赣西南坳陷、复式向斜，近东西方向褶皱断裂	泥盆系、石炭系、第三系；含矿地层上泥盆统佘田桥组	燕山期黑云母花岗岩位于矿区以南	长 2000m，厚 1～4.7m；似层状；中型	酸性，磁铁赤铁矿石；28.20%～52.22%
上株岭	江南台隆，北东向复式向斜；北东向正断裂，北西西向、北东东向切剪断裂	石炭系、泥盆系；含矿地层上泥盆统锡矿山组	无	长 2000m，厚 1.2～3.0m，倾角 30°～60°；似层状；小型	酸性，赤铁矿石；38.28%～52.03%
屯秋	桂中桂东台隆，矿区为单斜构造，断裂北北东、北东、东西向，压扭性冲断层	寒武系、泥盆系、石炭系；含矿地层下泥盆统郁江组	无	长 4800m，厚 2.45～8.19m，倾角 10°；似层状；中型	酸性，赤铁矿石；20%～58.20%
海洋	桂东北凹陷海洋山断褶带，海洋复式向斜；北东、北西向、近南北向冲断层	石炭系、泥盆系；含矿地层下泥盆统郁江组	无	长 5000m，厚 0.7～2.2m；似层状；中型	自熔性，菱铁赤铁矿石；29.47%
莱园子	黔北台隆六盘水断陷	志留系、泥盆系、石炭系、二叠系；含矿地层中泥盆统邦寨组	无	长 4900m，厚 40～10m；似层状；中型	酸性，赤铁矿石、鲕绿泥石菱铁矿石；29.81%～37.23%
鱼子甸	滇东台褶带，武定向斜	元古界、震旦系、寒武系、奥陶系、泥盆系、侏罗系；含矿地层中泥盆统鱼子甸组	辉绿岩沿断裂侵入	长 18000m，厚 1.32～6.41m，倾角 4°～13°；似层状；大型	酸性，赤铁矿石、鲕绿泥石菱铁矿石；37.89%
寸田	滇东台褶带北端，孔坝复式背斜南西翼	寒武系、奥陶系、志留系、泥盆系；含矿地层中泥盆统	无	长 2000m，厚 1～3m，倾角 7°～19°；中型	酸性，赤铁菱铁混合矿石；40.07%～44.80%

续表 6-1

矿区名称	构 造	地 层	岩浆岩	主矿体规模形态产状	主要矿石类型及品位（TFe）
碧鸡山	上扬子台坳碧鸡—宁南褶断束，碧鸡山向斜	震旦纪、寒武系、奥陶系、泥盆系、石炭系、二叠系、三叠系；含矿地层中泥盆统碧鸡山组	无	长 10000m，厚 1.28m；似层状；中型	酸性，赤铁菱铁绿泥石混合矿石；29.59%~49.97%
当多	白龙江下古生代复背斜北部	志留系、泥盆系、石炭系、二叠系；含矿地层中泥盆统当多组	无	长 4100m，厚 1.2 ~ 2.3m，似层状；中型	酸性，赤铁矿石、菱铁赤铁矿石、磁铁赤铁矿石；32.51% ~ 36.22%
黑拉	白龙江下古生代复背斜北部	志留系、泥盆系、石炭系、二叠系；含矿地层中泥盆统当多组	无	长 2650m，厚 1.28 ~ 4.99m，倾角 70°；似层状；中型	酸性，赤铁矿石；28.78%~43.68%
桃花	万县凹陷束东北部	泥盆系、石炭系、二叠系；含矿地层上泥盆统	无	长 1500m，厚 1.90 ~ 2.96m；似层状；中型	酸性，赤铁矿石；27.37%~45.94%

一、构造地层岩浆岩

（一）矿床构造

矿床所在区域构造位置多为台褶束、台坳、台隆、断陷、断拱区。例如，鄂西铁矿位于长阳台褶束和恩施台褶束，赣西铁矿位于江南台隆和赣西南凹陷，桂东铁矿位于桂东桂中台隆，黔北铁矿位于遵义断拱和六盘水断陷，滇东铁矿位于滇东台褶带，川中铁矿位于盐源—丽江台缘坳陷和上扬子台坳，渝东铁矿位于川东陷褶束。

矿床控矿构造为复式褶皱及次级褶皱，无论是背斜或向斜均有铁矿产出，泥盆系含矿层组成褶皱的翼部，随褶皱曲折蜿蜒，褶皱控制矿体的形态和产状。一般褶皱的两翼均可有铁矿产出，但其中一翼的矿比较好。例如官店铁矿产于大庄向斜北翼的厚度大、品位高、矿层稳定，大庄向斜南翼矿少且质差。火烧坪铁矿位于渔峡口向斜的北翼，青岗坪铁矿位于长岭背斜南翼。杨家坊铁矿位于公渡杨家坊向斜北翼。有的矿区则褶皱两翼的矿都较好，例如，田湖铁矿控矿褶皱为甘溪复式背斜，茶亭矿段位于背斜的西翼，土地排、梅石山和畔边冲矿段位于背斜东翼，赵家冲矿段位于次一级向斜构造中。鱼子甸铁矿控矿构造为武定向斜，鱼子甸—棠梨矿段产于西北翼，长 8km，杨柳河—文碧山矿段产于南东翼，长 9km。

矿区都有发育程度不一的多方向断裂构造，这些断裂构造破坏褶皱也破坏矿体的完整性。断层方向由当地构造运动应力作用方向所决定，一个矿区有一组到两组主要的断裂构造。例如，官庄铁矿有近东西向、北西向两组断层，切断北北东走向的矿层；龙角坝铁矿有北东方向一组正断层，错断矿层和含矿岩系；田湖铁矿发育有两组断裂构造，多属平移正断层，破坏矿体；大坪铁矿有两组断裂构造，走向北北东—北东组属逆冲断层，走向北西组多属横向平移断层，均破坏矿层连续性。上株岭铁矿发育北东向区域性正断层，使矿区褶皱和矿层作阶梯式下降，北北东向和北西西向剪切断层也较发育，破坏矿层在走向和倾向上的连续性。

总体上矿床范围内断层规模不大，长数百米至上千米，断距数米、数十米至上百米。

（二）矿区地层

矿区出露地层与矿区褶皱构造有关。产于背斜翼部的矿区常出露有下古生代地层，寒武系、奥陶系、志留系。近矿地层为上古生代的泥盆系、石炭系、二叠系；产于向斜翼部的矿区除有泥盆纪、石炭系、二叠系地层分布外，常有三叠系出露。

（三）岩浆岩

大多数宁乡式铁矿矿区范围及外围均无岩浆岩分布，少数矿区有岩浆岩出露。如大坪铁矿，通天庙花岗岩位于矿区西南部，它侵入到前泥盆系和泥盆系中。含矿岩系和矿层经接触变质矿石成分、结构构造均发生变化，出现磁铁矿矿石和磁铁矿赤铁矿混合矿石。湘东地区铁矿和赣西地区的铁矿在矿区外围也多有印支—燕山期花岗岩分布。湘东地区的侵入岩分布在东部，主要有邓阜花岗岩和锡田花岗岩体，对铁矿的矿物成分和结构构造产生重大影响。滇东鱼子甸铁矿，有辉绿岩侵入。

（四）区域变质作用

除了甘南—川北位于西秦岭印支褶带的铁矿外，其余地区的宁乡式铁矿均未接受过后期的区域变质作用。甘南—川北地区受印支期区域变质影响，泥盆统—三叠系出现变质砂岩、板岩和千枚岩。在含矿岩系中常有板岩夹层，矿石中出现变质形成磁铁矿，还发现有极少量的角闪石。

二、矿体形态产状规模

（一）矿体形态

由表6-1知，矿体形态几乎均为层状、似层状，具有典型的“广延伸、薄厚度”的特征。大型矿床矿体伸展面积大、厚度稳定，为层状、似层状；中型矿床，矿体延伸也在千米以上，厚度较稳定，多为似层状；小型矿体，矿体延伸数百米，向边界尖灭较快，为透镜状。宁乡式铁矿矿体边界清楚，完整，少有锯齿状、分层复合等现象。

在一个矿区范围内，主矿体厚度一般都较稳定，沿走向和倾向变化不大。例如，官店凉水井4号纵剖面，在2400m范围内厚度变化系数为23.46%（图6-1），8号勘探线2000m范围内厚度变化系数为24.23%（图6-2），均属厚度变化较小的类型。

（二）矿体产状

矿体产状取决于矿层产出的褶皱构造的产状，完全受褶皱翼部产状的控制。因此，在一个矿区内矿体有多种产状，陡倾斜或缓倾斜。例如，官店铁矿靠近长岭背斜顶部的矿层产状几乎是水平的，向北、向南矿层又相向而倾，倾角逐步增大，最大可达60°。但是，根据矿区中主矿层的产状仍可分出缓倾斜的矿区和陡倾斜的矿区。属于缓倾斜（倾角0°~30°）的矿区有火烧坪、官店、龙角坝、官庄、屯秋、鱼子甸、寸田、松木坪、田家坪、青岗坪、石板坡、阮家河、铁厂坝、太平口、十八格、瓦屋场、乌石山、菜园子等，属于陡倾斜的（>40°）矿区有黑拉、上株岭、大坪、田湖、仙人岩等。总体上矿层产状以缓倾型为多。

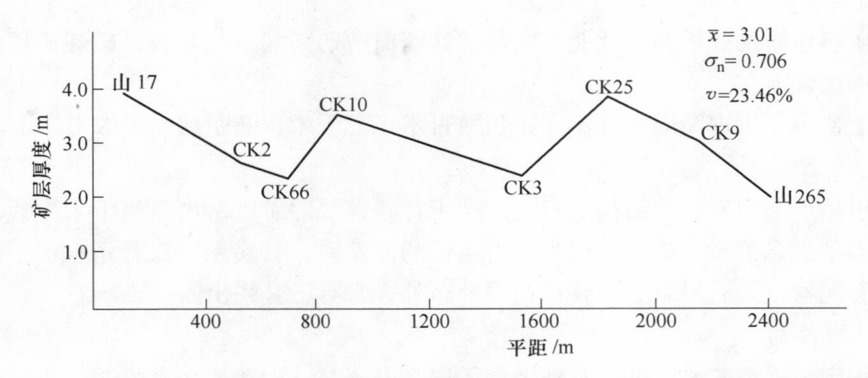

图6-1 官店凉水井矿区4号纵剖面矿层厚度变化曲线

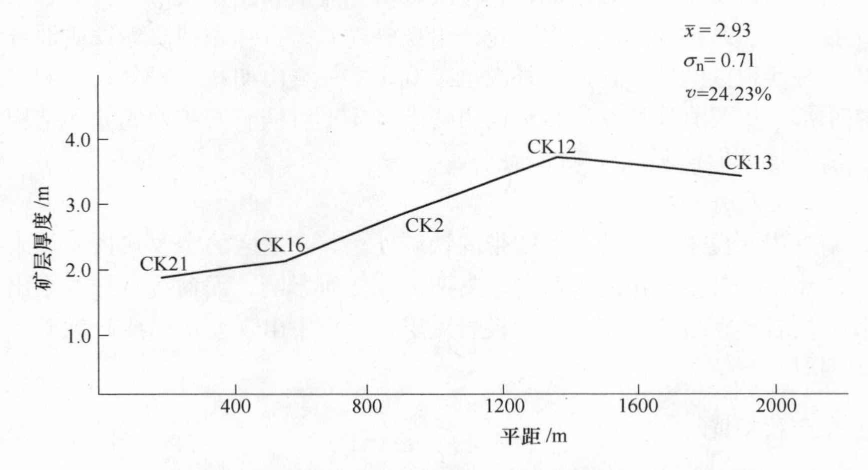

图6-2 官店凉水井矿区8号线矿层厚度变化曲线

（三）矿体规模

矿床中矿体数目不是很多，一般1～3个，在甘南、黔北地区矿层数量可多达5～8层，但主矿体也只有1～2个。矿体的规模可以很大，单个矿体的矿石量可达亿吨以上。例如，龙角坝铁矿主矿体长18000m，厚1.05～3.99m，矿石量为1.208亿吨。官店铁矿主矿体长11000m，厚0.88～7.20m，矿石量达4.215亿吨，规模之大非常可观。中型的矿体，如伍家河铁矿主矿体长10400m，厚1.43～2.60m，矿石量0.973亿吨；铁厂坝铁矿主矿体长6700m，厚2.06m，矿石量0.693亿吨；长潭河铁矿主矿体长4500m，厚0.52～2.55m，矿石量0.902亿吨；青岗坪铁矿主矿体长12300m，厚2.20～2.80m，矿石量0.712亿吨。其他中型铁矿主矿体长600～4000m，厚0.5～2.50m，矿石量0.15亿～0.40亿吨。小型矿床主矿体的矿石量也可达数百万吨。

据上述，宁乡式铁矿与我国其他类型的沉积铁矿（宣龙式、山西式、綦江式、涪陵式）相比，矿床和矿体的规模都是最大的。

三、矿石类型及品级

（一）矿石类型

1. 矿石自然类型

根据组成矿石的主要铁矿物划分矿石自然类型，宁乡式铁矿矿石的自然类型基本上可分为四类：鲕状赤铁矿矿石、鲕状绿泥石菱铁矿矿石、磁铁矿石及混合矿石（表6-2）。

表6-2　宁乡式铁矿矿石自然类型

矿区名称	矿石类型	矿区名称	矿石类型
官店	鲕状赤铁矿石、砾状赤铁矿石	田湖	鲕状赤铁矿石
火烧坪	鲕状赤铁矿石、砾状赤铁矿石	大坪	磁铁矿石、赤铁矿石、混合矿石
龙角坝	鲕状赤铁矿石、磁铁赤铁矿石、褐铁鲕绿泥石矿石	杨家坊	鲕状赤铁矿石
官庄	鲕状赤铁矿石、砾状赤铁矿石	清水	鲕状赤铁矿石、磁铁矿石、混合矿石
松木坪	钙质鲕状赤铁矿石、鲕状赤铁矿石、绿泥菱铁赤铁矿石	利泌溪	块状赤铁矿石、鲕状赤铁矿石
杨柳池	鲕状赤铁矿石、鲕状赤铁褐铁矿石、褐铁矿石	乌石山	鲕状赤铁矿石、磁铁赤铁矿石
长潭河	含绿泥石菱铁矿石、含绿泥石鲕状赤铁矿石、含砂砾质鲕状赤铁矿石	六市	磁（赤）铁菱铁矿石、菱铁矿石
马虎坪	鲕状赤铁矿石	上株岭	鲕状赤铁矿石、鲕绿泥石赤铁矿石
田家坪	鲕状赤铁矿石	濠溪	鲕状赤铁矿石、磁铁菱铁赤铁矿石
青岗坪	鲕状砾状赤铁矿石、赤铁菱铁矿石	老茶亭	鲕状赤铁矿石
马鞍山	鲕状赤铁矿石、砾状赤铁矿石	屯秋	鲕状赤铁矿石、砾状赤铁矿石
石板坡	鲕状赤铁矿石、砾状赤铁矿石、钙质鲕状赤铁矿石	海洋	菱铁赤铁矿石
谢家坪	鲕状赤铁矿石、砂质鲕状赤铁矿石	英家	鲕状赤铁矿石
阮家河	砂质鲕状赤铁矿、菱铁矿鲕状绿泥石矿石	鱼子甸	鲕状赤铁矿石、鲕绿泥石菱铁矿石、混合矿石
黄粮坪	鲕状赤铁矿石、砾状赤铁矿石、砂质赤铁矿石	寸田	赤铁菱铁混合矿石、菱铁矿石
铁厂坝	鲕状赤铁矿石、砂泥质鲕状赤铁矿、含绿泥石砂质鲕状赤铁矿石	菜园子	鲕状赤铁矿石、鲕绿泥石菱铁矿石
伍家河	鲕状及砾状赤铁矿石	梅花洞	鲕状赤铁矿石
太平口	鲕绿泥石菱铁矿石、鲕状赤铁矿石、混合矿石	碧鸡山	鲕绿泥石赤铁菱铁矿石
十八格	鲕状赤铁矿石	当多	鲕状赤铁矿石、菱铁赤铁混合矿石
黑石板	鲕状赤铁矿石、砾状赤铁矿	黑拉	硅质铁矿石（砂质赤铁矿石、砂质鲕状赤铁矿石）
仙人岩	鲕绿泥石菱铁矿石	邓家乡	鲕状赤铁矿石
瓦屋场	鲕状赤铁矿石	桃花	鲕状赤铁矿石
龙坪	鲕状赤铁矿石	潞水	磁铁矿石、磁铁赤铁矿石、赤铁矿石

鲕状赤铁矿矿石：铁矿物以赤铁矿为主，鲕绿泥石和菱铁矿占很次要的地位。根据矿石构造又可有砾状赤铁矿、豆状赤铁矿、粒状赤铁矿等变种。有的矿区根据矿石中方解石

的含量和石英碎屑、岩屑等含量分出钙质鲕状赤铁矿和砂质鲕状赤铁矿。大多数的宁乡式铁矿以这种矿石类型为主。

鲕绿泥石菱铁矿矿石：铁矿物以鲕绿泥石、菱铁矿或铁白云石为主，赤铁矿含量少或很少。矿石具鲕状结构或粒状结构，风化后转变为褐铁鲕绿泥石矿石或褐铁矿矿石，如龙角坝的褐铁鲕绿泥石矿石。

磁铁矿石：磁铁矿、磁赤铁矿为主要铁矿物，其他矿物有赤铁矿、褐铁矿、绿泥石、石英、方解石等。磁赤铁矿常保持鲕状结构，磁铁矿多具粒状结构、交代结构。这一类型的矿石主要产出在湘东赣西的铁矿中，由接触变质形成。此外在鄂西 Fe_4 矿层中也有这一类型矿石分布，但为同生成因，形成于成岩阶段。

混合矿石：有两种以上的铁矿物作为主要的矿石矿物，根据相对含量的多少，分别称为鲕状赤铁矿菱铁矿矿石、鲕状绿泥石菱铁矿赤铁矿矿石、磁铁赤铁矿石等。如松木坪铁矿的鲕绿泥菱铁赤铁矿石，龙角坝铁矿的磁铁赤铁矿石。

不同类型矿石形成的地质和地球化学条件不一，赤铁矿石是在氧化环境下形成，鲕绿泥石菱铁矿石形成于还原环境，磁铁矿石形成于过渡环境。根据矿床形成时的古地理环境，有的矿床以鲕状赤铁矿石为主，有的则以鲕绿泥石菱铁矿矿石为主（如太平口矿区、仙人岩矿区）。在一个矿区的范围内，可能经历了几期不同条件的成矿作用，出现几种矿石类型，相互存在过渡关系。

2. *矿石工业类型*

根据《铁、锰、铬地质勘查规范》（DZ/T 0200—2002）铁矿石工业类型划分标准如下：

炼钢用铁矿石：含 TFe≥56%、有害杂质含量及块度均符合直接入炉炼钢质量标准的铁矿石。

炼铁用铁矿石：含 TFe≥50%（褐铁矿石、菱铁矿石扣除烧损后 TFe≥50%），有害杂质含量及块度均符合直接入炉炼铁质量标准的铁矿石。

需选铁矿石：铁含量较低的铁矿石，或含铁量高但有害杂质含量超过规定、含伴生有用组分不符合入炉冶炼要求的一般富矿统称为需选矿石。需选矿石又据其中磁性铁（mFe）对全铁（TFe）的占有率，将其划分为磁性铁矿石（占有率大等于 85%）和弱磁性铁矿石（占有率小于 85%）。

根据以上标准，宁乡式铁矿的工业类型基本都属于需选矿的弱磁性矿石。某些矿区可划分出 TFe≥50% 的炼铁矿石，少数矿区有磁性铁矿石产出。

宁乡式铁矿用作炼铁，还必须根据矿石中造渣组分的比值划分为碱性矿石、自熔性矿石、半自熔性矿石和酸性矿石（表 6-3）。

表 6-3　矿石酸碱性类型划分标准

矿　石　类　型	酸碱度 $(CaO+MgO)/(SiO_2+Al_2O_3)$
碱性矿石	>1.2
自熔性矿石	1.2～0.8
半自熔性矿石	<0.8～0.5
酸性矿石	<0.5

注：当 MgO、Al_2O_3 含量都很低时，也可采用 CaO/SiO_2 确定酸碱度。

根据上述标准各矿区矿石酸碱性类型见表6-4。

表6-4　宁乡式铁矿矿石酸碱度类型（括号内的数字为酸碱度）

以酸性矿石为主的矿区	以半自熔性矿石为主的矿区	以自熔性和碱性矿石为主的矿区
谢家坪（0.38）碧鸡山（0.12）	石板坡（0.67）	官庄（1.33~2.15）
阮家河（0.2）杨家坊（0.09）	大石桥（0.71）	火烧坪（1.31）
铁厂坝（0.3）排前（0.35）	青岗坪（0.59）	田家坪
伍家河（0.42）利泌溪（0.18）	雷垄里（0.5）	田湖（1.0）
老茶亭（0.213）清水（0.16）		海洋（1.02）
大坪　英家（0.04）		松木坪（0.86）
十八格（0.12）黄村（0.1）		平黄山（0.82）
官店（0.37）乌石山（0.09）		黑拉（0.913）
黑石板（0.32）小河边（0.10）		梅花硐（0.96~2.63）
仙人岩（0.23）菜园子（0.18）		
龙坪（0.22）濠溪（0.065）		
长潭河（0.41）六市（0.27）		
屯秋（0.13）桃花（0.25）		
当多（0.2）邓家乡（0.40）		

宁乡式铁矿各种酸碱性类型的矿石都有产出，总体以酸性矿石为主，酸性矿石资源总量占全部矿石的85%以上。多数矿区均以酸性矿石为主，且酸碱度小（0.1~0.4），少部分矿区，如火烧坪、石板坡、田湖、松木坪、海洋矿区自熔性矿石占主要地位，个别矿区，如官庄则全部为碱性矿石。在一个矿区中，不同酸碱类型的矿石可同时产出，如火烧坪铁矿半自熔性矿石占21.47%，自熔性矿石占45.07%，碱性矿石占33.47%。

3. 矿石含磷类型

宁乡式铁矿以含磷高为特征，各矿区含磷总平均为0.646%，根据矿床的含磷特点及工业对矿石含磷量的要求，将矿石含磷类型分为三类：P≥0.6%为高磷矿石；P 0.60%~0.25%为中磷矿石；P≤0.25%为低磷矿石。各含磷类型的主要矿区见表6-5。

表6-5　宁乡式铁矿主要矿区含磷类型

高磷铁矿床 P≥0.6%	中磷铁矿床 P0.60%~0.25%	低磷铁矿床 P≤0.25%
白庙岭、杨柳池、白燕山、野狼坪、锯齿岩、马鞍山、茅坪、田家坪、火烧坪、青岗坪、傅家堰、石板坡、阮家河、石崖坪、黄粮坪、龙角坝、松木坪、尹家村、太平口、官店、十八格、黑石板、龙坪、仙人岩、瓦屋场、铁厂湾、中坪、马虎坪、长潭河、火烧堡、烧巴岩、红莲池、朝阳坪、清水湄、杨家坪、老茶亭、屯秋、公会、鱼子甸、碧鸡山、邓家乡	官庄、谢家坪、铁厂坝、伍家河、太清山、新关、小溪峪、麦地坪、卧云界、利泌溪、田湖、大坪、清水、排前、海洋、英家、黄村、思安头、六市、上株岭、乌石山、小河边、菜园子、寸田、桃花、黑拉	喻家咀、桃子溪、槟榔坪、西界、当多

其中高磷矿床占56.94%，中磷矿床占36.11%，低磷矿床占6.90%。值得注意的是在普遍含磷高的宁乡式铁矿中还可以出现含磷低的矿床，如喻家咀铁矿含磷0.10%，桃子

溪铁矿含磷0.084%，槟榔坪铁矿含磷0.065%。低磷型铁矿集中分布在湘西北永顺、张家界地区，是宁乡式铁矿的一个特例。

高磷型铁矿主要分布在鄂西、滇东、川南；中磷型铁矿分布于湘西、湘东、赣西及黔北。

（二）矿石品级

宁乡式铁矿各矿区矿石品级划分指标是在地质勘探阶段由地质勘查部门提出，经矿山设计部门对开发技术经济条件进行比较的基础上，按隶属关系报请主管领导机关批准确定。由于各矿区勘查单位和委托矿山设计单位不同，矿区的地质特征有差别，各个矿区各自提出工业指标，并无全国统一的标准，但各矿区划分矿石品级标准是相似的；酸性富矿边界品位为40%，块段平均为45%；自熔性富矿边界品位为30%，块段平均35%。显然，标准中“富矿”的概念与一般所谓的铁矿富矿概念不同，其含铁量较低，这是根据我国铁矿总体平均品位低和宁乡式铁矿矿石品位特征决定的。部分宁乡式铁矿富矿资源储量见表6-6。各矿区富矿所占比例相差很大，可以从没有富矿到整个矿区都为富矿。总体上全国宁乡式铁矿中富矿约占资源总量的1/5，其余4/5则为平均品位30%~40%的贫矿。

表6-6 某些宁乡式铁矿富矿资源储量

矿区名称	富矿量/万吨	占比/%	矿区名称	富矿量/万吨	占比/%
官店	23860.4	56.60	太平口	95.4	6.18
黑石板	6888.7	17.94	鱼子甸	9818	36.29
伍家河	2648.9	27.23	寸田	2796	39.33
青岗坪	7479.8	100.0	上株岭	413.28	40.0
官庄	3068.8	35.68	乌石山	1504	48.34
松木坪	1047.9	95.96	六市	1821	95.0
谢家坪	485	24.08	杨家坊	817.94	24.03
傅家堰	310	40.61	清水	1077	48.8
石崖坪	449	46.63	利泌溪	596	24.0
龙角坝	2648.9	19.11	海洋	915.43	36.87
铁厂坝	3104.7	42.59	当多	315	11.31
十八格	1523	100			

第二节 矿床开采技术条件

矿床开采技术条件包括被采矿体埋藏空间位置和几何形态特征、水文地质条件、工程地质条件和环境地质条件，它决定了采矿方式、开拓类型和采矿方法的选择。由于宁乡式铁矿多数未开采利用，故对矿床开采技术条件的分析和评述是以地质勘查阶段的资料作为基础，并以少数几个已建矿山的实例作为参考。

宁乡式铁矿主要矿区的开采技术条件见表6-7。

表6-7 宁乡式铁矿开采技术条件

矿区	主矿体特征					水文地质条件	工程地质条件	环境地质条件
	长度/m	厚度/m	倾角/(°)	埋深/m	形态			
官店	11000	0.88~7.20	14~60	0~590	层状	简单	顶底板尚稳定	中等
黑石板	12200	0.83~4.76	20~70	0~585	层状	简单	简单	中等
火烧坪	12800	2.4	20~30	0~700	层状	简单	稳定	中等
龙角坝	18000	1.05~3.99	24~34	0~500	似层状	简单	简单	简单
青岗坪	12300	2.2~2.8	25~35	0~600	层状	简单	构造影响大	中等
伍家河	10400	1.43~2.60	3~87	0~350	层状	简单	构造简单	中等
铁厂坝	6700	2.06	12~18	0~400	似层状	简单	顶底板不坚固	中等
长潭河	4500	0.52~2.55	9~49	0~730	层状	简单	中等	中等
官庄	4000	1.10	10~30	0~280	似层状	简单	顶底板岩石较稳定	复杂
杨柳池	4650	1.51~1.97	29~32	0~760	似层状	简单	中等稳定	中等
马鞍山	4350	0.4~3.25	20~35	0~600	似层状	简单	不稳定	复杂
田家坪	5000	0.78~1.5	10	400~450	层状	简单	简单	中等
石板坡	8060	1.61	20~72	0~870	层状	简单	上下盘围岩易碎	中等
谢家坪	3000	0.99~1.43	16~35	0~320	似层状	简单	顶板易碎	中等
阮家河	4000	0.93~1.25	5~25	0~400	似层状	简单	围岩稳定	简单
黄粮坪	4300	1.2	10~45	0~400	层状矿体	简单	简单	简单
松木坪	650	1.68	11~13	0~140	似层状	简单	断裂破坏矿层，顶底板需支护	复杂
太平口	5000	1.10~2.48	19	0~320	似层状	中等	顶底板稳定，构造复杂	中等
龙坪	18000	0.68~2.95	16~60	0~540	层状	简单	构造复杂	中等
仙人岩	12770	0.43~2.35	20~80	0~780	层状	简单	构造复杂	中等
瓦屋场	5950	1.99~3.35	10~29	0~50	层状	简单	简单	中等
十八格	1872	0.65~1.10	5~22	0~200	层状	简单	简单	中等
马虎坪	7500	0.75~3.16	22~38		似层状	简单	中等	中等
大坪	19000	0.5~9.4	40	400~800	层状	中等—复杂	顶板稳定	复杂
田湖	1400	0.34~4.82	25~55	0~514	层状	简单—中等	稳定性尚好	中等
杨家坊	11000	0.26~6.7		0~500	似层状	简单	简单	简单
排前	6000	1~3		0~400	似层状	复杂	矿床构造复杂	复杂
乌石山	2000	4~8	10~20	0~250	似层状	简单—中等	中等	复杂
六市	6000	0.1~8.61		0~300	似层状	简单—中等	中等	中等
上株岭	2000	1.2~3.0	30~60	0~400	似层状	简单—中等	复杂	简单
屯秋	4800	2.45~8.19	10	0~117	层状	简单	页岩顶板不稳	简单
海洋	5000	0.7~2.2		0~300	似层状	简单—中等	中等	中等
鱼子甸	18000	1.32~6.41	4~13	0~300	似层状	简单	中等	中等

续表 6-7

矿区	主矿体特征					水文地质条件	工程地质条件	环境地质条件
	长度/m	厚度/m	倾角/(°)	埋深/m	形态			
寸田	2000	1~3	7~19	0~250	似层状	简单—中等	中等	中等
莱园子	4900	4~10		0~400	似层状	简单—中等	中等	中等
平黄山	1000	2.41	3~10	0~250	透镜状	简单—中等	中等	中等
碧鸡山	10000	0.1~2.97		0~400	似层状	简单—中等	中等	中等
广利寺	900	1.10		0~200	透镜状	简单—中等	中等	中等
当多	4100	1.2~2.3		0~200	似层状	简单—中等	中等	复杂
黑拉	2650	1.28~4.99	30	0~200	似层状	简单—中等	中等	复杂
桃花	1500	1.9~2.96		0~200	似层状	简单—中等	中等	中等
梅花硐	2000	0.8~1.5		0~200	似层状	简单—中等	中等	中等

一、矿体产状及矿体几何参数

（一）矿体埋深条件

宁乡式铁矿除个别矿区外，在地表都有出露，并多出露于山地，地形切割较深，矿体埋深0至数百米。由于矿体薄，采剥比大，其主体只能采用地下开采方式进行开采，根据每一个矿区矿体赋存条件决定地下开拓类型。官店、火烧坪、伍家河、长潭河等铁矿宜用平硐开拓，十八格等中小型铁矿可用斜井开拓。已开采的田湖铁矿赵家冲矿段，矿体长1000m，延深202m，倾角40°，矿体厚1.69m，采用下盘平硐开拓，并设辅助斜井。土地排矿段矿体斜长358m，倾角30°，采用斜井开拓。大坪铁矿地表平缓，矿体多被农田覆盖，需用竖井开拓。有的矿区有些地段矿体产状与地形坡度一致，并且矿体上部覆盖很浅，也可采用露天采矿的方法进行开采。如官店、伍家河矿区，局部有大量矿体出露于山脚，矿体出露区域满足露天开采的技术要求，具备露天矿山产前期剥离量小，生产工艺简单，基建工程量小，投产、达产时间较短的特点。官庄铁矿也有部分矿体出露地表正在露天开采。屯秋铁矿地处山区，矿体埋深0~117m，倾角10°，在龙骨岭一带大面积出露，近区矿体埋深也仅20m，1/3的储量宜露天开采，剥离系数3.26。

据表6-7所列矿体埋深，宁乡式铁矿开采深度应为200~800m，与我国多数地下开拓矿山的开采深度的范围相当。

（二）矿体几何参数

1. 矿体长度

宁乡式铁矿矿体几何参数的特征是“大延长、薄厚度、缓倾斜”。矿体延长一般都为数公里，大型、大中型矿床则延长10km以上。火烧坪铁矿延长12800m、青岗坪延长12300m、龙角坝18000m、伍家河10400m、黑石板12200m、龙坪18000m、仙人岩12770m、大坪19000m。矿体延长大、储量多，又是整装型，为规模开采创造了有利条件。这类矿区应根据构造、地形、储量分布划分若干个井田（井区、采区）分区开采。

2. 矿体厚度

宁乡式铁矿的厚度普遍较小，除官店、火烧坪、黑石板、屯秋、鱼子甸等矿区的某些地段厚度可大于4m，一般矿区矿体的厚度只有0.6～3.0m，属极薄矿体和薄矿体。矿体厚度影响采矿方法、落矿方法的选择和采场布置。极薄矿体需考虑削壁，薄层矿和极薄层矿不能采用中深孔落矿，采场只能沿走向布置。

3. 矿体的倾角

由表6-7可知，宁乡式铁矿多数矿区矿层倾角较小（10°～30°），属于缓倾斜矿体。由于铁矿体赋存形式受褶皱构造控制，一般单斜层矿区，矿体倾角较小且稳定，大型矿床的铁矿层往往在褶皱构造两翼都有产出，使得矿层倾角倾向均有很大的变化。例如，官店矿区，矿层分布在长岭背斜两翼，矿体产状可由陡倾到缓倾，在背斜顶部甚至出现水平矿层。矿体倾角影响采矿场内矿石运输方式，陡倾斜矿体可利用矿石自重运搬，倾斜矿体可采用爆力加机械搬运，缓倾斜矿体则需采用电耙等设备进行运搬。

矿体的厚度和倾角决定了采矿方法的选择，根据上述宁乡式铁矿的矿体几何参数宜采用的采矿方法见表6-8。

表6-8　适合于宁乡式铁矿开采技术条件的采矿方法

厚　度	水平矿体（0°～3°）	缓倾斜矿体（3°～30°）	倾斜矿体（30°～50°）	急倾斜矿体（＞50°）
极薄矿体 ＜0.8m	壁式削壁充填法	壁式削壁充填法	倾斜削壁充填法	留矿法、分层削壁充填法
薄矿体 0.8～4m	全面法、房柱法、壁式崩落法、壁式充填法	全面法、房柱法、壁式崩落法、壁式充填法、进路充填法等	爆力运矿采矿法、分层崩落法、上向进路充填法等	分段法、留矿法、分层崩落法、水平分层充填法、留矿采矿嗣后充填法等
中厚矿体 4～10m	房柱法、壁式充填法等	房柱法，分段法，分层崩落法，上向、下向充填法，倾斜分层充填法	爆力运矿采矿法，分段法，分层、分段崩落法，分层、分段充填法等	分段法，留矿法，分层、分段崩落法，分层充填法，分段充填法，留矿采矿嗣后充填法等

二、工程地质条件

（一）*矿石和围岩力学性质*

宁乡式铁矿赋存层位稳定，顶底板岩性组合相似，一般底板为石英砂岩，铁矿产于石英砂岩上面的页岩中，顶板为泥质或硅质灰岩。铁矿石本身为致密块状，比较坚固，但直接顶底板为页岩，或砂岩夹页岩，稳固性差。铁矿层以上的泥岩和硅质灰岩稳固性也不是很好。宁乡式铁矿各种岩矿力学性质测试资料见表6-9。不同矿区矿层实测机械强度差别较大。官店铁矿鲕状赤铁矿的抗压强度为654～775kg/cm^2，而太平口铁矿为103.22kg/cm^2。围岩中石英砂岩的强度最大，其次为灰岩、泥灰岩、白云岩、绿泥石岩。页岩垂直层面的抗压强度较大，平行层面方向强度要小得多。各类岩矿石的抗拉强度普遍要比抗压强度小很多。矿石和围岩的稳固性影响采矿结构尺寸、地压管理及采场落矿方法。总体上宁乡式铁矿矿石和围岩的机械强度较大，尤其以砂岩、石英砂岩、绿泥石岩、灰岩作为顶底板的，力学性质比较稳固。部分以页岩作为顶底板的力学稳固性则较差。

表 6-9 某些宁乡式铁矿岩矿石力学性质

矿区	项目	岩性	平行层面方向	垂直层面方向
官店铁矿	实测机械强度/kg · cm^{-2}	鲕状赤铁矿石（含砾）	645（抗压）	470（抗压）
		鲕状赤铁矿石	775（抗压）	545（抗压）
		铁质砂岩	545（抗压）	525（抗压）
	其他力学性质	矿石体重/t · m^{-3}	4.00	
		矿石假体重/t · m^{-3}	2.5 ~ 2.7	
		矿石松散系数/t · m^{-3}	1.5 ~ 1.6	
		矿石块度	200 ~ 500mm 占 40% ~ 60%	
		矿石平均安全角/(°)	36 ~ 37	
		开采坑道顶底板稳定性/kg · cm^{-2}	开采坑道矿山压力	
太平口铁矿	实测机械强度/kg · cm^{-2}	矿层	103.22（抗压） 13.04 ~ 19.95（抗拉）	80 ~ 227.32（抗压）
		顶板含菱铁矿粉砂岩	214.7 ~ 244.1（抗压） 5.05（抗拉）	235.7 ~ 1382.4（抗压）
		底板页岩	8.8（抗拉）	453.3（抗压），14.5（抗拉）
	其他力学性质	体重/t · m^{-3}	菱铁矿石 2.72，菱铁赤铁矿石 3.278	
		矿石松散系数	1.6 ~ 1.75	
		矿石自然倾角/(°)	13 ~ 50	

矿区	项目	岩性	抗压强度/kg · cm^{-2}	抗拉强度/kg · cm^{-2}	抗剪强度/kg · cm^{-2}	普氏系数	内摩擦角	岩石硬度系数
杨家坊铁矿	围岩力学性质	灰岩	705 ~ 922			7 ~ 9	81°52′ ~ 83°4′	Ⅲa ~ Ⅳ
		泥灰岩	200	10 ~ 28.6		2	63°26′	Ⅳ
		砂质泥灰岩	72 ~ 309	11.2	106.4	0.7 ~ 3	71°33′ ~ 61°52′	Ⅲ ~ Ⅴa
		石英砂岩	1374			14	85°55′	

矿区	岩性	比重/g · cm^{-3}	容重/g · cm^{-3}	抗压强度/kg · cm^{-2} 干燥	抗压强度/kg · cm^{-2} 吸水	抗拉强度/kg · cm^{-2}	普氏系数
海洋铁矿	燧石灰岩	2.88	2.82	1231.04	956.49	150.83	12
	结晶灰岩	2.82	2.79	834 ~ 1726	—	49 ~ 87	8 ~ 17
	炭质泥质灰岩	2.77	2.72	487 ~ 864	—	24 ~ 43	4 ~ 8
	炭质泥质灰岩	2.74	2.71	659.42	553.36	34.84	6
	白云岩	2.99		757.47	—	42.84	7
	白云岩	2.94	2.85	1065.85	—	67.53	10

续表 6-9

	岩 性	抗压强度/kg · cm^{-2}	硬度系数
潞水铁矿	顶板绿泥岩	230	2
	底板绿泥岩	419	4
	顶板页岩	384	4
雷垄里铁矿	自熔性富矿	1200～1304（体重 3.83g/cm^3）	12～13
	自熔性贫矿	800～1192（体重 3.45g/cm^3）	8～12
	顶板绿泥石岩	596～926	6～9
	顶板钙质页岩	700～952	7～10
	顶板灰岩	688～974	7～10
	底板绿泥砂岩	812～990	8～10
	底板绢绿砂岩	456～660	4～7
	底板石英砂岩	1740～1840	17～18
寸田铁矿	鲕状赤铁矿	875	9
	石英砂质菱铁矿	736	7
	鲕绿泥石菱铁矿	612	6
	菱铁质鲕绿泥石岩	1380	13
	石英砂岩	2160	21

因此宁乡式铁矿比较适宜的采矿方法为崩落法，也可考虑使用房柱法。已开采的田湖铁矿采用房柱采矿法进行开采，江西乌石山铁矿采用进路房柱法开采。

（二）断裂破碎带发育程度

宁乡式铁矿各矿区成矿后断裂构造破坏普遍存在，有的矿区还相当强烈。

官店铁矿有破坏矿层的断层 24 条，其中最大的凉水井正断层长 9km，垂直断距 170～450m。龙角坝铁矿有龙角坝正断层，长 6400m，水平断距 120～160m，错断含矿岩系和矿层。火烧坪铁矿有规模较大的断层 22 条，垂直断距 12～40m，最大断距 118m，破坏了矿层的连续性。官庄铁矿有断裂 20 条，断距在 20m 左右，均切过矿体。大坪铁矿发育有北北东—北东的和北西向两组断裂，断距几米至 200m，破坏矿体。田湖铁矿南北向平移正断层破坏赵家冲矿段矿体。屯秋铁矿规模较大的断裂有 5 条，断距 5～10m，对矿体均有破坏作用。

以上实例说明宁乡式铁矿后期断裂构造破坏对开采技术条件的影响不可忽视，断层错断矿层，破坏矿体的连续性和矿块的稳定性，造成极不稳固的破碎带，并且沟通含水层或地表水体，造成严重安全隐患，因此必须加强这方面的勘查评价。

三、水文地质条件

宁乡式铁矿多数矿区水文地质属简单类型，部分属中等—复杂类型。每个矿区水文地质条件不相同，必须根据实际情况分别评述，现将几个典型矿区水文地质条件简况列于表 6-10。官店、火烧坪、青岗坪、石板坡等矿区矿体都埋藏在当地侵蚀基准面以上，水文地质条件简单，最大涌水量在每日 $n \times 10^2 \sim 1.2 \times 10^5 m^3$ 范围内，可以排水疏干。田湖矿区水文地质条件简单至中等，赵家冲矿段最大涌水量20378m³/d，其他矿段涌水量均在7200m³/d以下。赵家冲矿段已经开采，采取措施解决了水文地质问题。

表6-10 宁乡式铁矿若干矿区水文地质条件

矿区	水文地质条件
田家坪	水文地质条件简单，最大涌水量12148m³/d
火烧坪	水文地质条件简单，地下水为溶洞裂隙水，田家坪1400m标高运输平巷最大涌水量124485m³/d
青岗坪	水文地质条件简单，最大涌水量5337m³/d
石板坡	水文地质条件简单，最大涌水量2219m³/d
谢家坪	水文地质条件简单，最大涌水量30492m³/d
松木坪	水文地质条件简单，最大涌水量1962m³/d
官店	水文地质条件简单，最大涌水量659m³/d
仙人岩	水文地质条件简单，最大涌水量354m³/d
官庄	水文地质条件较复杂，最大涌水量83676m³/d，附近有水库，有水力联系
大坪	矿区水系发育，对开采有一定影响。灰岩岩溶发育，标高500m以上为裂隙溶洞水，涌水量为2.76~1693.4m³/d，最大涌水量为57203m³/d。矿区水文地质属中—复杂类型
田湖	水文地质条件简单至中等，近地表为风化裂隙水，深部为裂隙溶洞水，最大涌水量20378m³/d（赵家冲），其他矿段涌水量均在7200m³/d以下
屯秋	水文地质条件简单，最大涌水量5950m³/d
杨家坊	构造简单，无主要地表水补给，没有大断层破坏使区域地下水和矿区沟通，涌水量604m³/d
乌石山	矿区地下水最大流量45m³/d，矿体底板的岩层为含水层，矿层上部为大节湖灰岩，多蓄水洞穴
上株岭	水文地质条件简单—中等，开采区最大涌水量2000m³/d
清水	水文地质条件简单—中等，岩溶发育，地下水丰富，110m标高涌水量31056m³/d

大坪铁矿矿区地形平坦，矿体多为农田覆盖。矿体呈层状、倾角陡，大部分埋藏在侵蚀基准面之下。矿区地表水系发育，对开采有一定影响。含矿岩系及上覆地层岩溶发育，在标高500m以上为裂隙溶洞水，涌水量为2.76~1693.4m³/d，最大涌水量为57203m³/d，矿区水文属中—复杂类型。

总体看，地质勘查对矿区水文地质的研究比较简单，对矿区各含水层和隔水层的岩性、厚度、分布、产状、埋藏条件及含水层的富水性、各含水层的水力联系等问题的调查欠深入，叙述过于简单。官店这样大的矿区未进行规范的抽水试验，所以最大涌水量数据可靠性有待进一步验证。湖南排前铁矿设计规模60万吨/年，后因地质构造和水文地质条件复杂，勘探程度不足而被迫下马。

宁乡式铁矿主要分布区湘、鄂、桂、黔、滇等区是我国岩溶地质作用最为强烈的地区。宁乡式铁矿产于泥盆系地层中，其上下有大量碳酸盐类岩石分布，加之气候和水文条件适宜，岩溶构造十分发育。不仅造成了溶沟、溶斗、溶丘、峰丛、垄脊等岩溶地貌，同时在岩溶岩层中还赋存了岩溶水，有可能给采矿带来严重的影响。因此调查并掌握各矿区岩溶水的特点，是矿区水文地质调查中一项至关重要的任务。

四、环境地质条件

宁乡式铁矿地质勘查多完成于20世纪70年代前，均未做过环境地质条件评价。根据国家近年来颁布的有关环境保护和矿山环境地质评价规范（DD 2014—05）的法律法规，结合宁乡式铁矿的环境特征作简要评述。

矿床环境地质条件指矿床及其矿业活动影响到的岩石圈部分（岩石、矿石、土壤、地下水及地质作用和地质现象），以及与大气、水、生物圈之间的相互联系（物质交换）和能量流动所组成的相对独立的环境系统。矿山环境地质条件根据以下标准进行评估：

（1）崩塌、滑坡、泥石流等环境地质问题的类型、发育程度和危害性。

（2）地貌类型、地形起伏变化、相对高差；自然排水条件、年降水量、降水量集中程度、气温温差。

（3）地质构造复杂程度，新构造活动程度，构造破碎带发育程度；矿层（体）和围岩产状变化，地层岩性复杂性，松软弱岩层厚度和分布。

（4）主要矿层（体）埋深相对当地侵蚀基准面位置，充水含水层和构造破坏带富水性、补给条件、水压，与区域强含水层或地表水体沟通情况，水文地质边界特征。

（5）矿体围岩岩体结构、破碎程度；岩石风化、岩溶发育程度，接触蚀变作用强度；是否存在饱水软弱岩层或松散软弱岩层、含水砂层。

（6）矿石、废石（土）和矿坑水有害组分含量、溶解度，对水土资源环境污染和人体健康的影响。

（7）开采是否合理、规范，有无破坏矿山地质环境的人类工程经济活动。

（8）矿区及其周围是否涉及环境敏感地区：自然保护区、森林公园、风景名胜、饮用水源地、居民集中区、高速公路、铁路输气管等工程、区域主干河流、重要湖泊水库湿地等。

（9）是否位于地震带或强烈地震分布区。

根据以上9个方面的优劣程度，进行环境地质条件评估，分为复杂、中等和简单三种类型。主要宁乡式铁矿环境地质条件评估结果见表6-7。

马鞍山、松木坪等铁矿矿层和围岩不稳定，当地采矿活动引起地面塌陷等问题严重，大坪铁矿矿体大部分埋藏在侵蚀基准面之下，矿区地表水系发育、岩溶发育，因此被划为环境地质条件复杂类型。官庄铁矿地形、地貌、工程地质条件尚好，但地表靠近水库，又为宜昌市饮用水水源地，划为复杂类型。官店、火烧坪、青岗坪、龙角坝等矿区，虽有崩塌、滑坡等环境地质问题，但发育程度和危害都为中等；主要矿层又位于当地侵蚀基准面之上，矿床围岩岩石风化不强，岩溶发育中等，矿区周围无环境敏感区，因此评为中等类型。鱼子甸铁矿一般环境地质条件较为简单，但位于滇东地震带内，考虑到未有强烈地震记录，仍评估为中等类型。

太平口铁矿和十八格铁矿涉及风景名胜区，太平口铁矿位于“朝阳观”景区外围，十八格铁矿附近也有一个小的风景点，两处铁矿距风景名胜点尚有一定距离，其他环境地质条件尚好，评估为中等类型。

尚有部分矿区环境地质问题类型单一，危害小；地貌类型单一，地形简单，较平缓，有利于自然排水；地层岩性单一，构造简单、断裂不发育；矿体围岩体以块状、厚层状结构为主，风化程度低，岩溶不发育，岩石强度高，稳固性好，评估为简单类型。

第七章 矿石物质成分

第一节 矿石的化学组成

根据各矿区化学分析结果确定宁乡式铁矿矿石的化学组成：主要元素有铁、磷、硫、钙、镁、硅、铝、钾、钠；微量元素有锰、铜、铅、锌、钡、锶、钛、钒、镍、镓等。和其他类型铁矿相比，宁乡式铁矿的化学组成特点是贫铁、高磷、低硫。主要化学成分统计分析结果见表7-1，主要矿区化学分析结果见表7-2。

表7-1 宁乡式铁矿主要化学成分统计分析结果

统计值 \ 成分	TFe	P	S	CaO	MgO	SiO_2	Al_2O_3
平均值	38.58	0.646	0.146	5.36	1.56	17.96	6.87
样本标准差 $x\sigma_{n-1}$	4.82	0.314	0.184	4.40	1.07	6.84	2.04
总体标准差 $x\sigma_n$	4.79	0.312	0.183	4.34	1.05	6.74	2.01
变化系数 ν/%	12.43	48.30	125.0	80.97	68.58	37.53	29.26
数据数 n	78	78	78	34	34	34	34

表7-2 主要矿区化学分析结果

矿区名称	化学成分/%						
	TFe	P	S	SiO_2	CaO	Al_2O_3	MgO
湖北宜都松木坪	45.95	0.99	0.03	13.95	5.51	8.87	1.07
湖北宜昌官庄	38.72	0.42	0.11	11.62	22.39	5.30	0.99
湖北秭归杨柳池	38.32	0.94	0.043	22.72	4.54	5.0	0.75
湖北长阳田家坪	37.80	0.77	0.18	13.40			
湖北长阳火烧坪	37.85	0.90	0.069	9.12	14.26	4.62	2.19
湖北长阳青岗坪	43.70	0.85	0.026	10.83	9.85	4.51	0.85
湖北长阳马鞍山	39.44	1.44	0.047	17.78	6.03	7.84	0.88
湖北长阳石板坡	40.61	0.82	0.081	15.10	7.96	7.01	1.18
湖北五峰谢家坪	37.77	0.56	0.067	17.66	5.03	10.89	1.09
湖北五峰阮家河	43.19	0.80	0.035				
湖北五峰黄粮坪	47.53	0.66					
湖北五峰龙角坝	40.95	0.80	0.14	12.26			
湖北恩施铁厂坝	42.83	0.50	0.025	13.50	3.50	4.36	0.50

续表 7-2

矿区名称	化学成分/%						
	TFe	P	S	SiO_2	CaO	Al_2O_3	MgO
湖北建始伍家河	40.11	0.57	0.02	17.31	12.50	10.0	1.50
湖北建始太平口	41.33	0.82	0.22	16.46			
湖北建始十八格	45.26	0.76	0.053	12.09	2.21	10.47	1.34
湖北建始官店	45.11	0.93	0.026	12.44	7.0	6.67	1.35
湖北巴东黑石板	38.37	0.94	0.014	15.31	3.94	8.01	1.10
湖北巴东仙人岩	39.84	0.79	0.25	17.60	3.76	5.19	1.10
湖北巴东瓦屋场	38.17	0.75	0.13	22.06	1.93	8.46	1.09
湖北巴东龙坪	43.40	0.87	0.043	20.19	5.0	7.0	0.85
湖北宣恩长潭河	41.95	1.10	0.04	13.49	6.89	6.99	1.52
湖南石门太清山	37.06	0.41	0.16				
湖南石门杨家坊	40.66	1.04	0.12	23.56	2.46	7.86	0.39
湖南石门新关	38.29	0.35	0.00				
湖南慈利小溪峪	45.20	0.40	0.11				
湖南慈利喻家咀	32.77	0.10	0.022				
湖南永顺桃子溪	37.99	0.084	0.05				
湖南张家界槟榔坪	35.91	0.065	0.25				
湖南桑植麦地坪	43.0	0.5	<0.1				
湖南桑植卧云界	41.43	0.408	0.096				
湖南桑植西界	36.39	0.063	0.36				
湖南桑植利泌溪	44.96	0.504	0.23	13.40	2.03	10.60	2.31
湖南娄底田湖	33.21	0.60	0.045	14.10	15.70	3.08	1.50
湖南汝城大坪	38.78	0.53	0.088	18.60		7.0	
湖南茶陵清水	48.52	0.52		13.08	2.54	6.51	0.77
湖南茶陵排前	39.80	0.17	0.086	11.23	4.89	7.67	1.64
湖南茶陵雷垄里	31.33	0.52	0.22	17.53	9.22	6.40	2.80
广西龙胜老茶亭	41.86	0.72	0.22	13.86	2.60	6.72	1.79
广西鹿寨屯秋	44.05	0.78	0.12	21.65	1.80	6.21	0.06
广西灵川海洋	29.47	0.59	0.95	10.18	10.09	4.70	4.89
广西昭平英家	33.35	0.50	0.05	33.36	1.17	6.66	0.54
广西贺县公会	34.00	1.39	0.02	34.79		8.18	0.30
广西桂林黄村	34.15	0.33		27.54	2.62	10.76	1.24
广西灵川思安头	39.46	0.574	0.181	26.82			
江西莲花六市	45.15	0.48	0.43	8.91	1.52	5.26	
江西萍乡上株岭	39.20	0.39	0.03	30.62			
江西永新乌石山	40.21	0.486	0.104	22.47	2.05	5.99	0.571

续表 7-2

矿区名称	化学成分/%						
	TFe	P	S	SiO_2	CaO	Al_2O_3	MgO
贵州赫章小河边	37.30	0.53	0.41	18.00	1.84	7.0	
贵州赫章菜园子	37.23	0.52	0.54	18.10	2.44	8.30	2.40
贵州赫章雄雄嘎	35.95						
贵州独山平黄山	25.64	0.4	0.25	20.54	14.93	8.0	4.0
云南彝良寸田	34.96	0.713	0.875	19.95	3.31	6.43	2.89
云南武定鱼子甸	37.89	0.80	0.05	14.07	2.92	5.64	4.50
四川越西碧鸡山	37.81	0.61	0.19	24.07	2.13	5.38	1.28
四川江油梅花硐	33.03	0.18		7.10	17.02	0.00	1.71
重庆巫山桃花	35.61	0.33	0.05	20.20	5.64	8.30	1.56
重庆巫山邓家乡	37.61	1.23	0.17	20.90	8.97	6.35	2.72
甘肃迭部当多沟	34.35	0.1	0.02	24.53	7.96	8.34	1.16
甘肃武都黑拉	34.12	0.51	0.015	30.48	0.85	5.41	1.34

一、主要化学成分含量特征

（一）全铁（TFe）含量

据 78 个矿区平均品位统计，含铁最低的矿区为 25.21%，最高的矿区为 48.52%，宁乡式铁矿总平均含铁 38.58%。矿区铁品位频率分布见图 7-1，频率分布相对集中，变化系数为 12.43%。最常见的频率出现在 TFe 35%~40% 这一段，占 34.62%；其次为 40%~45% 这一区间，为 28.21%，这两部分之和为 62.83%，即大多数铁矿区 TFe 平均品位界于 35%~45% 之间，表明宁乡式铁矿 TFe 平均品位特征明显，属于低品位矿石。换言之，只要属于宁乡式铁矿，矿区铁的品位就不会太高。

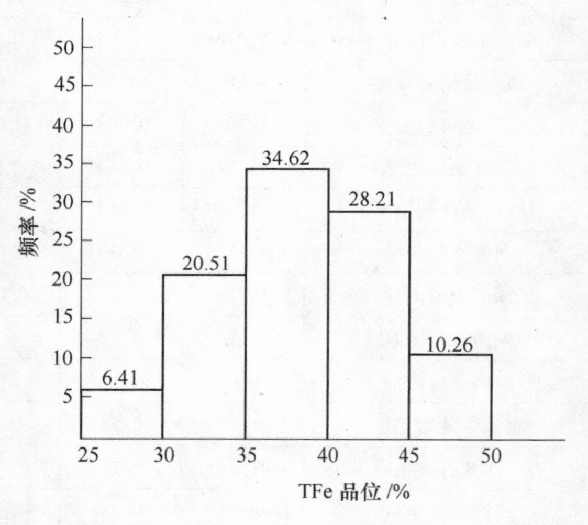

图 7-1 各矿区 TFe 平均品位频率分布

矿区平均品位较高的大中型铁矿有官庄、长潭河、青岗坪、黄粮坪、松木坪、龙坪、利泌溪、潞水、漕泊、上株岭、乌石山等，出现在鄂西成矿区和湘东赣西成矿区，这与成矿区的成矿条件较好，成矿强度较大有关。

在一个矿区的范围内，多数矿区可区分出一般富矿（TFe≥45%）和一般贫矿（TFe<45%）两种矿石类型，富矿和贫矿所占比例相差很大。官店矿区富矿占 56.60%，官庄矿区富矿占 34.67%，而十八格铁矿则全矿区均为富矿。有的矿区又都是贫矿，如田湖铁矿。矿区中单样或单工程平均品位最高可达到 55% 以上，50% 以上的矿石可形成块段。

（二）磷的含量

各矿区磷的平均含量最高为1.44%，最低为0.065%，总平均0.646%。矿区磷含量频率分布见图7-2，呈集中分布形式，含量变化系数为48.30%。频率最高的区间为0.4%~0.6%，占34.62%，其次为0.6%~0.8%区间，占19.23%。尚有部分矿区平均含磷低于0.2%，甚至0.1%，但高含磷量的矿区（大于0.40%）仍然占绝大多数。因此，宁乡式铁矿的高磷特征也非常鲜明，只要是宁乡式铁矿，矿石中磷的含量一般不可能低，都超出炼铁矿石的工业要求。含磷高于1.0%的矿区，如白燕山、白庙岭、锯齿岩、马鞍山、长潭河、马虎坪等矿区主要分布在鄂西地区，同一地区的官庄、谢家坪、铁厂坝、伍家河等含磷相对较低。磷在该区的分布发生的分异，造成各矿区含磷量的明显差异，含量高的矿区的含磷量可以是含磷量低的矿区2倍以上。磷元素这种自然分异现象对成矿作用或矿石的工业利用研究都是有重要价值的课题。

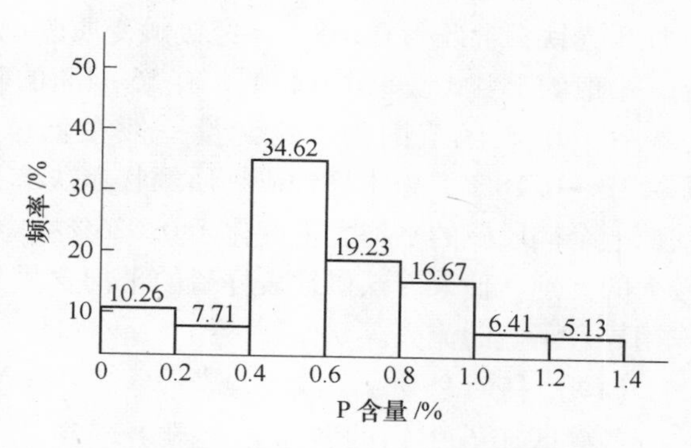

图7-2　各矿区磷平均含量频率分布

湖南宁乡式铁矿含磷量据肖读钢研究，桑植、永顺、张家界地区位于湘北海陆交替相沉积区，使铁矿层呈透镜状不稳定，时而被炭质页岩和铝质页岩所替代，矿石中磷含量低；利泌溪、西界、桃子溪、槟榔坪等矿区，含磷最高0.35%，最低0.062%，平均0.158%。另外，甘南当多沟和当多中沟铁矿中含磷也较低。

在一个矿区范围内，各样品中磷的含量在较高的水平上振荡变化，如松木坪铁矿钙质鲕状赤铁矿、鲕状赤铁矿和绿泥菱铁赤铁矿三种矿石类型中磷含量的变化范围分别为：0.5%~1.82%，0.73%~2.08%，0.43%~2.84%。

必须指出，宁乡式铁矿中的磷是一种应该并且可以回收的资源。据宜昌、恩施两地大中型铁矿中伴生磷的量的计算结果，其所含的P_2O_5为2811万吨，如果折合成P_2O_5 30%的富矿石，则有9370万吨之多，相当于两个大型磷矿的资源储量。

（三）硫的含量

各矿区含硫量频率分布见图7-3。含硫量最低的矿区平均含硫小于0.01%，含硫最高的矿区含硫0.947%，宁乡式铁矿总平均含硫0.146%。

硫的频率分布比较分散，含量变化系数大（125%），出现两个峰值：0.02%~0.04%区间出现频率16.67%的较低峰值，0.1%~0.3%的区间出现频率为32.05%的较高峰值，代表有一部分矿区含硫较高，这部分矿区含硫高的原因有两个方面：一是成矿时，由于沉积环境有利于硫的沉积，属于同生硫，如官庄、龙角坝、太平口、仙人

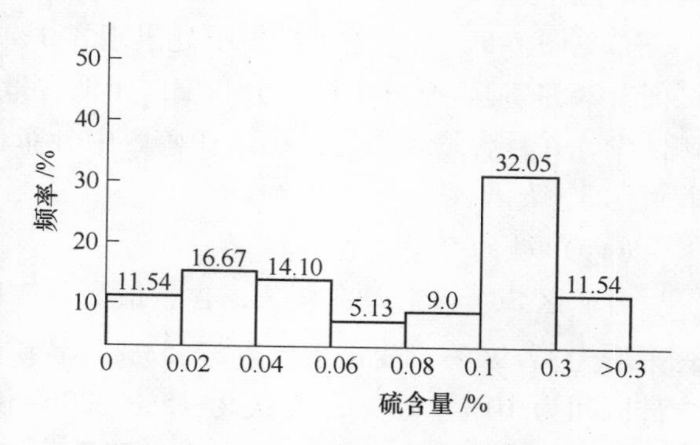

图7-3　各矿区硫平均含量频率分布

岩等矿区；二是后期变质和热液改造作用所致，如海洋等矿区，含硫量可高达1%。大坪矿区原生赤铁石含硫为0.088%，经接触变质改造而成的磁铁矿石含硫为0.178%，高出了1倍。一般的宁乡式铁矿含硫较低，有56.41%的矿区含硫量低于0.1%，属于低硫矿石。

在一个矿区范围内，硫含量一般在低位波动，如屯秋矿区矿石样品中硫含量为0.027%~0.18%，松木坪铁矿钙质鲕状赤铁矿石样品中硫含量为0.017%~0.104%，田湖铁矿七个矿段硫的平均含量变化于0.026%~0.095%之间。地表和地下样品含硫量往往有较大的差别，仙人岩铁矿地表样硫的平均含量为0.083%，地下样则为0.43%，地表风化作用导致了硫的流失。

（四）钙的含量

各矿区矿石中钙的含量相差显著，含钙最低的矿区CaO含量为0.85%，含钙最高的矿区含氧化钙15.7%，总平均为5.36%，变化系数为80.97%。

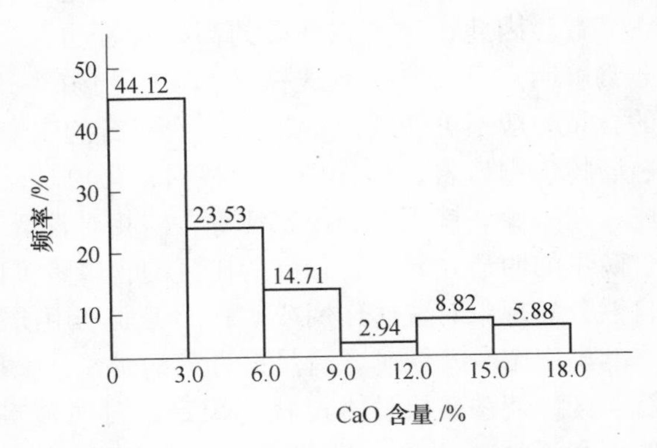

图7-4 各矿区氧化钙平均含量频率分布

各矿区氧化钙平均含量频率分布见图7-4。氧化钙的频率分布有两个特点：（1）低含量频率高，随含量区间增高，频率呈指数函数形式逐次降低；（2）在含量区间12.0%~15.0%出现一个小峰值，说明有一部分矿区含CaO较高。这与宁乡式铁矿大多数矿区为酸性矿石的特征相吻合，同时也反映了有少部分矿区如火烧坪、田湖等为自熔性矿石。

同一个矿区内CaO含量变化可以很大，1%~2%到20%以上都有出现，形成不同类型矿石。如火烧坪铁矿，自熔性矿石占45.67%，碱性矿石占33.89%，酸性矿石占20.44%。

（五）镁的含量

宁乡式铁矿中镁的含量均较低，含量最低的矿区矿石平均含氧化镁仅0.06%，含量最高的矿区不过4.89%，总平均含量为1.56%，变化系数为68.58%。各矿区氧化镁含量频率分布见图7-5，频率分布最集中处出现在1%~2%区间，为52.94%，其次为0~1.0%区间（26.4%），总体上频率分布偏向于低含量区间，即含镁低的矿区较多，含镁较高的矿区少，并且含量越高越少。镁在矿区中分布也不均匀，同一矿区不同样品MgO含量相差可达3~7倍。

（六）硅的含量

各矿区SiO_2含量差别显著，含量最高的矿区为34.80%，含量最低的矿区为8.91%，总平均为17.96%，变化系数为37.53%。各矿区含硅量的频率分布见图7-6。频率最高的含硅区间为10%~15%，其次为15%~20%和20%~25%这两个区间，频率值分别为38.24%、20.59%及20.59%。处于这三部分的矿区数占矿区总数的79.42%。大型、大中型铁矿，如官店、黑石板、龙角坝、大坪、伍家河、长潭河、龙坪、仙人岩、铁厂坝等含SiO_2都较高。与各矿区CaO含量相比，除火烧坪、田湖、海洋、大石桥等矿区两者相差不大外，一般矿区 SiO_2 含量要高出 CaO 含量 10～15 个百分点。

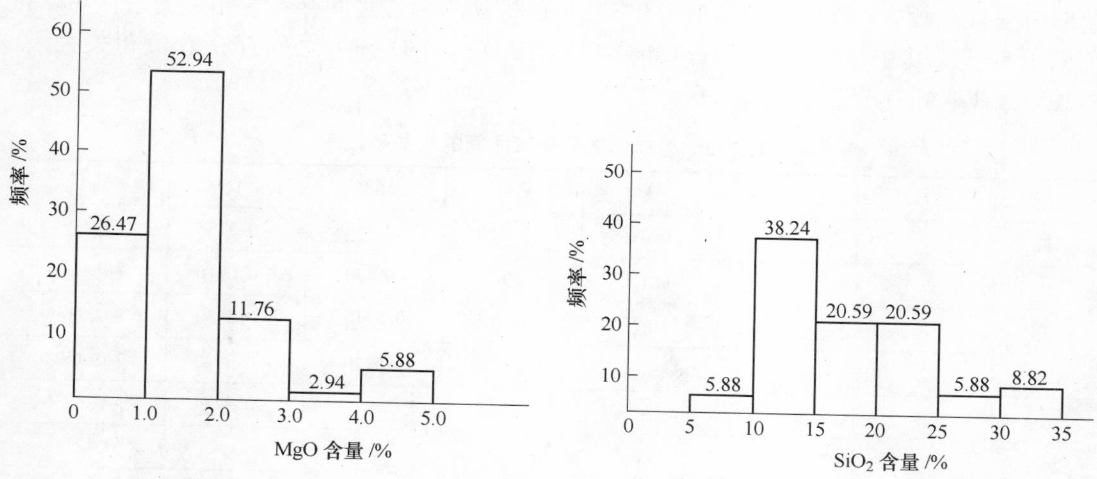

图 7-5　矿区 MgO 含量频率分布

图 7-6　各矿区 SiO_2 含量频率分布

在一个矿区范围内，硅的含量可能有很大的波动，如屯秋铁矿的样品含 SiO_2 最低为 5.86%，最高达 66.13%，平均为 21.65%。松木坪铁矿 SiO_2 的含量也于 4.23%～13.50% 之间波动。此外，据仙人岩铁矿地表样和地下样 SiO_2 含量对比，地表样要高出地下样 3.13 个百分点。

（七）铝的含量

含铝最低的矿区矿石 Al_2O_3 平均含量为 1.57%，含铝最高矿区矿石中 Al_2O_3 平均含量为 10.76%，各矿区 Al_2O_3 的总平均含量为 6.87%，变化系数为 29.26%。矿区 Al_2O_3 含量的频率分布见图 7-7。频率最高的含量区间为 5.0%～7.0%（占 44.12%），其次为 7.0%～9.0% 的区间（占 32.35%），Al_2O_3 含量低于 5% 及高于 9% 的相对比较少见，个别矿区如湖南槟榔坪、西界和喻家咀等矿区 Al_2O_3 的含量可高达 12%～21%。

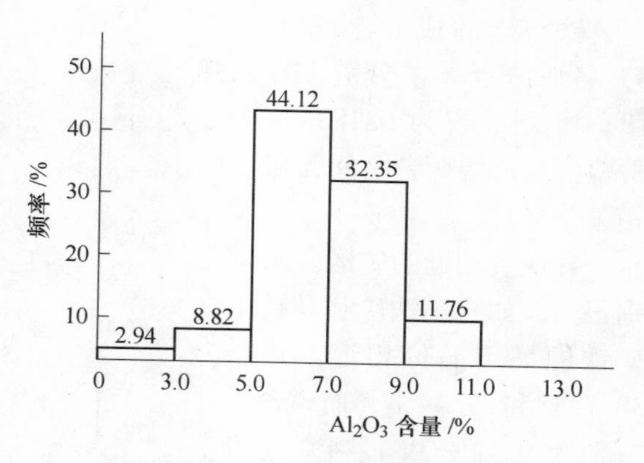

图 7-7　各矿区 Al_2O_3 含量频率分布

矿区中 Al_2O_3 的含量一般要低于 SiO_2 的含量，只有 SiO_2 含量的 1/2～1/3。

在一个矿区范围内，Al_2O_3 的含量可有较大的波动，如屯秋铁矿各样品中 Al_2O_3 的含量变化为 2.66%～8.90%，松木坪铁矿 Al_2O_3 的含量最低为 2.72%，最高为 13.50%，石板坡铁矿为 4.08%～13.12%，十八格铁矿为 5.09%～15.84%。据仙人岩铁矿资料，矿石中 Al_2O_3 含量地表样低于地下样，分别为 3.33% 和 7.04%。

二、主要化学组成之间的关系

为了研究宁乡式铁矿主要化学组成之间的关系，分别计算了 TFe、P、S、CaO、MgO、

SiO_2、Al_2O_3两两之间的相关系数，结果见表 7-3。凡相关系数在显著水平 $\alpha = 0.05$ 时大于检验值（样品数 $n = 35$ 时，检验值为 0.325）的即认为两者之间存在着相关关系，并计算回归方程式。其中 TFe-CaO、TFe-MgO、CaO-SiO_2、MgO-SiO_2之间存在着负相关关系，S-MgO、TFe-Al_2O_3存在着正相关关系。

表 7-3 各矿区主要元素之间的相关系数

元素	TFe	P	S	CaO	MgO	SiO_2	Al_2O_3
TFe	1	0.1805	-0.0865	-0.436	-0.3888	-0.3388	0.349
P		1	-0.1726	0.1021	-0.1393	-0.0116	-0.0614
S			1	-0.0095	0.5315	-0.2530	-0.1146
CaO				1	0.3120	-0.3426	-0.1594
MgO					1	-0.4484	-0.3036
SiO_2						1	0.1214
Al_2O_3							1

注：下加横线表示相关系数大于检验值。

（一）铁与其他元素的相关关系

据相关系数，与 TFe 有正相关的元素有 Al_2O_3，负相关的有 CaO、MgO、SiO_2，但相关系数均不大，说明关系不密切。TFe 与磷、硫不存在相关关系。

1. 铁磷关系

铁与磷的成分点群（图 7-8）各成分点非常分散，且无规律。相关系数为 0.1805，小于检验值，说明两者之间无可信的相关关系。

含铁量相近的矿区含磷量差别很大，如官庄铁矿和马鞍山铁矿铁的平均品位相近，分别为 38.72% 和 39.44%，而磷含量则分别为 0.42% 和 1.44%，相差数倍。反之含磷量 0.7% 左右的矿区铁的品位从 32% 到 46% 均有。因此，不能根据铁含量推断矿区的磷含量，反之亦然。对于铁磷含量的关系的研究，应从成矿区带、矿区及矿石中的铁磷的空间分布关系入手，分析两者的聚散特征，揭示控制其含量的层位、岩相古地理、地球化学条件，获得具有实际意义的规律性的认识，鄂西地区已做了这方面的工作（见第七章第三节）。当多沟、喻家咀、桃子溪、槟榔坪等含磷低（P≤0.1%）的矿区是宁乡式铁矿的特例，应对其低磷的原因作专门的分析研究。

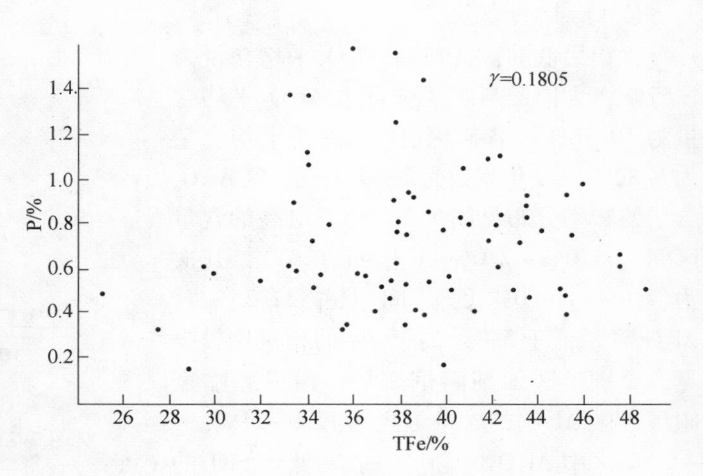

图 7-8 TFe-P 相关关系点群图

2. 铁硫关系

铁与硫的相关系数为 -0.0865，TFe-S 点群图中，投影点非常分数，说明两者不存在相关关系。

3. 铁与镁的关系

铁与镁的相关系数为 -0.3888（检验值为 0.325），两者存在着不明显的负相关关系，成分相关点群图上点的分布有一定的趋势，其相关回归方程为：

$$MgO = 4.908 - 0.0857 \times TFe$$

铁镁负相关的可能原因是：矿石中镁主要含在白云石、菱铁矿及鲕绿泥石中，当矿石中菱铁矿鲕绿泥石含量增加时镁含量随之增加，会导致铁品位的下降。

4. 铁钙关系

铁与钙的相关系数为 -0.463，两者存在着负相关关系。成分点群图呈现不很明显的互为消长的趋势（图 7-9）。

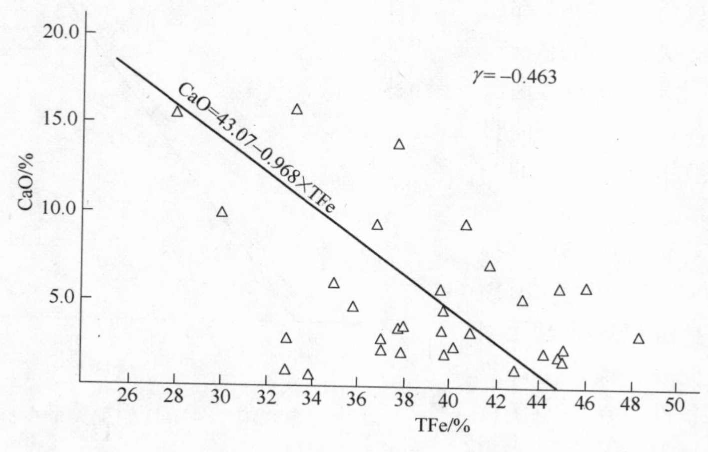

图 7-9　TFe-CaO 相关关系点群图

含 CaO 高的矿区，如火烧坪、伍家河、田湖、大石桥、海洋等铁的品位都不高，含钙低的矿区如松木坪、十八格、龙坪等铁的品位较高，当然也存在着不少例外（谢家评、碧鸡山）。应注意到含铁低含钙高的矿区是碱性矿石和自熔性矿石的产区，钙高弥补了铁低，使其工业应用价值与品位较高的酸性矿石不相上下。

5. 铁硅关系

TFe 和 SiO_2 的相关系数为 -0.3388，接近于检验值 0.325，因此很难说两者存在相关关系。成分点群图中各成分是无规律分散，几乎布满图面，说明铁硅含量关系的随意性。在总体上，不论铁的品位高低，SiO_2 的含量都比较高，一般不小于 10%，多数在 12% 以上，这决定了宁乡式铁矿以高硅酸性矿石为主的特点。

6. 铁铝关系

铁铝的相关系数为 0.349%，超过了检验值，从点群图看，呈现不明显的正相关的趋势。含 Al_2O_3 较高的矿区，如十八格、松木坪、官店、龙坪、长潭河等铁的品位一般也较高，田湖、火烧坪、海洋等矿区含铝低，含铁的品位也较低。

据宁乡式铁矿矿物组成研究，Al_2O_3 主要含在黏土矿物中，铁铝的正相关趋势暗示铁与黏土矿的沉积存在着某种成因上的联系，或者说，有利于铁富集的沉积环境，在某种程度上，有利于铝的沉积。

Bubenicek（1968）研究了中欧地区鲕状赤铁矿含 Al_2O_3较高的特征，认为从陆地分离出来的红土中的铁参与了沉积成矿作用。

当然这种关系只限定于铁的成矿作用阶段，越出了这一时限，则铁铝就会呈现出另一种关系。

（二）其他元素之间的关系

各元素相关系数矩阵表明，除上述与铁有相关关系的元素外，MgO 与 SiO_2、CaO 与 SiO_2表现为负相关关系，S 与 MgO 表现为正相关性。

钙与硅的相关系数为 -0.3426，镁与硅的相关系数为 -0.4484 都超过了检验值。这反映了矿石中石英（玉髓）等硅质矿物与方解石、白云石等碳酸盐矿物含量间的互为消长的关系，符合沉积相成分变化的一般规律。

镁硫的相关系数为 0.5315，提示两者的相关程度较高（图 7-10）。

这种相关性是沉积环境对元素组合影响的一种反映，硫含量高表明环境趋于还原条件，在还原条件下含镁较高的鲕绿泥石及白云质也易沉淀。

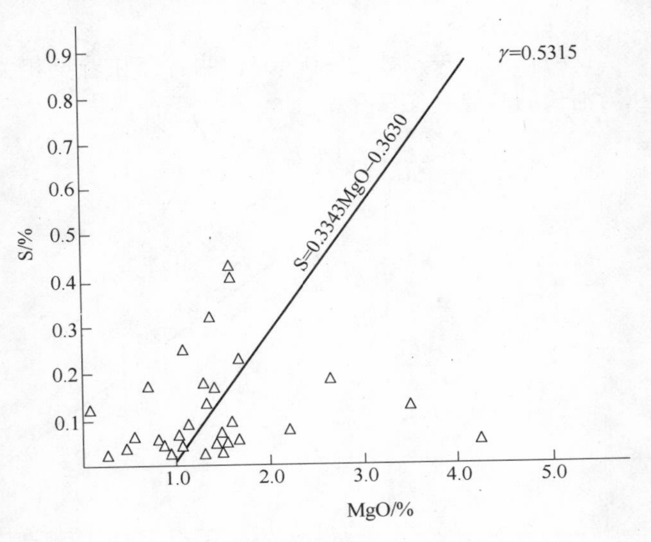

图 7-10　S-MgO 相关关系点群图

三、矿石中其他成分的含量

各矿区除上述主要元素外，其他元素分析资料少，且零散，综合于表 7-4。

K_2O、Na_2O 是矿石中普遍含有的成分，含量低，一般均小于 1%。

锰、钛、钒、铬是矿石中的有益伴生元素，多个矿区有检出，含量不高，锰、钛的含量一般为 $n\times10^{-3}$，钒的含量为 $n\times10^{-4}$，铬的含量为 $n\times10^{-4}\sim n\times10^{-5}$。

稀散元素镓在火烧坪、杨家坊、海洋、鱼子甸、菜园子等矿区检出，含量在 10^{-5} 数量级。

有色金属 Cu、Pb、Zn 的含量均很低，处于 $n\times10^{-4}$ 水平，Co、Ni、Mo、Sn 在有的矿区检出，Co、Ni 含量在 $n\times10^{-4}\sim n\times10^{-5}$ 水平，Mo、Sn 则含量更低。个别矿区测定了 U_2O_5，含量为 0.085%。

中南冶金地质研究所在火烧坪选矿试验样中检出 Nb、Ta、Ag（光谱分析结果），应用化学分析法予以检查。

各矿区烧失量比较大，是矿石的主要组成部分，烧失量由水（结晶水、结构水）、CO_2、S 等构成。不同矿石类型烧失量差别很大，碱性矿石和自熔性矿石的烧失量一般在 10% 以上，酸性矿石的烧失量一般为 5% 左右。

表 7-4　宁乡式铁矿其他成分含量表

（%）

成分	矿区	含量
K_2O	火烧坪	0.53
	英　家	0.03
	公　会	0.46
	利泌溪	0.28
Na_2O	火烧坪	0.20
	利泌溪	0.18
	英家	0.04
	公会	0.24
Mn	火烧坪	0.23
	马鞍山	0.52
	石板坡	0.327
	仙人岩	0.25
	铁厂坝	0.13
	乌石山	0.298
	六市	0.239
	濠溪	0.077
	菜园子	0.40
	小河边	0.17
	鱼子甸	0.44
	寸田	0.52
	大石桥	0.50
	清水	0.287
	雷垄里	0.50
	英家	0.50
	公会	0.05
	梅花硐	0.11
	桃花	0.198
	当多	0.12
	黑拉	0.85
TiO_2	石板坡	0.265
	仙人岩	1.19
	火烧坪	0.17
	龙角坝	0.05
	杨家坊	0.34
	清水	0.37
	乌石山	0.29
	六市	0.55
	利泌溪	0.14
	雷垄里	0.073
	鱼子甸	0.25
	寸田	0.23
	海洋	0.133
	英家	0.30
	公会	0.44
	小河边	0.31
	菜园子	0.37
	碧鸡山	0.348
	黑拉	0.30
V	火烧坪	0.03
	铁厂坝	0.016
	六市	0.054
	杨家坊	0.051
	海洋	0.04
	鱼子甸	0.015
	乌石山	0.035
	公会	0.01
	雷垄里	0.045
	豪溪	0.044
	黑拉	0.006
Ba	官庄	0.0024
	火烧坪	0.18
	杨家坊	0.001
	海洋	<0.01
Sr	官庄	0.012
	杨家坊	0.00
	火烧坪	0.05
	海洋	<0.01
Ga	火烧坪	<0.001
	杨家坊	0.001
	海洋	<0.003
	鱼子甸	0.0015
	寸田	0.0009
	菜园子	0.0016
	雷垄里	0.004
	广利寺	0.0016
	桃花	0.009
Cu	六市	0.0017
	火烧坪	<0.001
	长潭河	0.025
	铁厂坝	0.011
	杨家坊	0.01
	菜园子	0.009
	鱼子甸	0.008
	雷垄里	0.0047
	黑拉	0.02
Pb	铁厂坝	0.005
	长潭河	0.0027
	濠溪	0.045
	鱼子甸	0.001
	利泌溪	0.00
	杨家坊	0.024
	黑拉	0.003
Zn	铁厂坝	0.06
	长潭河	0.033
	杨家坊	0.01
	公会	0.03
	六市	0.0046
	濠溪	0.014
	海洋	0.04
	利泌溪	0.01
	鱼子甸	<0.01
	雷垄里	0.027
	黑拉	0.03
Co	铁厂坝	0.013
	六市	0.0012
	海洋	0.002
	鱼子甸	0.001
	利泌溪	0.004
	杨家坊	0.01
	豪溪	0.0013
	黑拉	0.004
Ni	铁厂坝	0.005
	火烧坪	0.18
	杨家坊	0.01
	海洋	0.01
	濠溪	0.00
	鱼子甸	0.01
	大石桥	0.005
	黑拉	0.007
Cr	铁厂坝	0.004
	乌石山	0.011
	清水	0.007
	六市	0.003
	海洋	0.005
	黑拉	0.005
Mo	六市	0.00043
	杨家坊	0.00
Sn	铁厂坝	<0.001
	六市	0.00056
As	乌石山	0.00048
	六市	0.01
	濠溪	0.00
	利泌溪	0.02
Nb	火烧坪	0.05
Ta	火烧坪	0.005
Ag	火烧坪	0.1（光谱分析）
烧失	仙人岩	6.73
	火烧坪	12.82
	碧鸡山	12.18
	海洋	18.86
	大石桥	12.69
	英家	5.71
	公会	4.04
	鱼子甸	5.59
	寸田	13.95
	菜园子	13.83
	小河边	9.0
	清水	5.60
	排前	7.10
	利泌溪	8.96
As	雷垄里	0.09
Ge	寸田	0.0002
	鱼子甸	0.0008
U_2O_5	小河边	0.085
F	黑拉	0.10

第二节 矿石矿物组成及结构构造

一、矿物组成

宁乡式铁矿的矿物组成见表7-5。组成矿石的矿物有20余种，最常见为赤铁矿、菱铁矿、鲕绿泥石、磁铁矿、针铁矿及石英、方解石、水白云母、高岭石、胶磷矿等。

表7-5 宁乡式铁矿矿物组成

主要矿物	赤铁矿、针铁矿、水针铁矿、菱铁矿、磁铁矿、鲕绿泥石、方解石、白云石、水白云母、高岭石、石英
次要矿物	磁赤铁矿、铁白云石、叶绿泥石、胶磷矿、玉髓、蛋白石、绢云母、黄铁矿、白云母
少见矿物	镁铁矿、蓝铁矿、磷灰石、硫磷铝锶矿、电气石、绿帘石、海绿石、锆石、斜长石、金红石、石榴石、黄铜矿、硬锰矿、菱锰矿、斑铜矿

矿石矿物组成采用岩矿鉴定和化学物相分析方法确定，不同类型矿石常见的矿物组成岩矿鉴定结果见表7-6，某些矿区的化学物相分析结果见表7-7。

表7-6 不同类型矿石矿物组成

矿石类型	矿物组成/%
酸性鲕状赤铁矿	赤铁矿55～65，针铁矿1～3，磁铁矿<1，菱铁矿1～3，鲕绿泥石5～10，水白云母4～7，高岭石4～7，石英7～12，玉髓1～3，方解石3～5，白云石3～5，胶磷矿2～5，黄铁矿<1
自熔性鲕状赤铁矿	赤铁矿50～60，针铁矿1～3，磁铁矿<1，菱铁矿1～3，鲕绿泥石3～5，水白云母3～5，高岭石3～5，石英3～8，方解石10～15，白云石6～8，胶磷矿2～5，黄铁矿<1
鲕状磁铁赤铁矿石	赤铁矿35～50，针铁矿1～3，磁铁矿14～30，菱铁矿3～10，鲕绿泥石10～25，水白云母5～8，高岭石3～5，石英3～5，方解石3～5，白云石1～3，胶磷矿2～5，黄铁矿<1
鲕绿泥菱铁矿矿石	赤铁矿5～10，菱铁矿40～66，针铁矿0～7，鲕绿泥石5～40，叶绿泥石5～30，黏土矿物3～5，石英1～10，白云石0～5，方解石0～8，有机质0～8，黄铁矿0.2～3

表7-7 某些矿区铁矿化学物相分析结果

矿区名称	矿物相	赤褐铁矿	磁性铁	硅酸铁	碳酸铁	硫化铁	总计
官 店	含量/%	36.60	0.05	3.87	0.22	0.02	40.76
	占有率/%	87.93	0.12	11.39	0.51	0.05	100.0
雷垄里	含量/%	18.80～26	0～0.78	0～3.88	0～0.91	0～0.56	31.33
	占有率/%	60～83	0～2.5	0～12.4	0～2.9	0～1.8	100.0
火烧坪	含量/%	40.11	0.1	1.36	0.83	0.01	42.41
	占有率/%	94.58	0.24	3.21	1.95	0.02	100.0
海 洋	含量/%	6.36	2.23	0.12	19.86	0.90	29.47
	占有率/%	21.58	7.95	0.41	67.39	3.05	100.0
龙角坝	含量/%	22.30	0.44	13.33	0.21	0.20	36.63
	占有率/%	60.88	1.20	36.39	0.57	0.54	100.0

续表 7-7

矿区名称	矿物相	赤褐铁矿	磁性铁	硅酸铁	碳酸铁	硫化铁	总计
西湍红矿	含量/%	34.35	12.10	7.57	0.12	0.075	54.30
	占有率/%	63.26	22.28	13.94	0.22	0.14	100.0
西湍黑矿	含量/%	1.10	26.27	4.50	14.58	0.68	47.15
	占有率/%	2.33	55.72	9.54	30.92	14.42	100.0
土坪	含量/%	10.59	9.00	3.05	0.42	0.092	23.3
	占有率/%	45.45	38.63	13.09	1.80	0.40	100.0

矿区名称	TFe/%	SFe/%	SFe/TFe	FeO/%	测试单位	备　注
火烧坪	43.10	42.43	98.45	4.26	选矿研究院	SFe 表示可溶铁
火烧坪	29.99	29.44	98.16	4.22	峨眉所	
火烧坪	42.12	42.00	99.72	3.95	中南所	
仙人岩	41.89	40.77	99.14			
碧鸡山	37.81	Fe_2O_3 33.14		18.16	四川地质局	
海　洋	29.47	28.35	96.20	32.72	广西地质局	
鱼子甸	37.89	38.01		31.78	云南地矿厅	
当多沟	36.22	36.60			甘肃地质局	
上株岭	34.00	34.00			江西地质局	
菜园子（红矿）	37.23	36.89		32.44	贵州地质局	
菜园子（绿矿）	29.81	29.27		34.52	贵州地质局	
梅花硐	33.03	33.02		20.62	四川地质局	
利泌溪	44.96	44.96			湖南地质局	
排　前	34.20	34.15		16.83	湖南地质局	
清　水		Fe_2O_3 74.22		0.36		

注：表上部是按 1975 年以后提出的铁物相分析方法测定的结果，海洋铁矿样品由广西地质局分析，其余为中南冶金地质研究所分析；表下部是按 1975 年以前铁矿物相分析方法测定的结果。

（一）铁矿物

宁乡式铁矿的铁矿物组成并不简单，具有多个含铁矿物相。其中最主要的是赤铁矿，其次是菱铁矿、鲕绿泥石和由原生铁矿物风化而成的褐铁矿；有的矿区含有较多的磁铁矿和磁赤铁矿，另有一些矿区以铁白云石为主。

（1）赤铁矿：理论含铁量为 69.94%，实测为 66.15%~68.61%。根据矿石含铁量，结合岩矿鉴定和物相分析结果，确定其在鲕状赤铁矿矿石中的含量为 40%~80%，其中贫矿中的含量为 40%~60%，富矿中含量为 60%~80%。赤铁矿的结晶非常细小，单个针状晶体一般长 1~3μm，宽小于 1μm，彼此交织成絮状小鳞片，鳞片一般长为 7~14μm，宽 1~4μm。这些小鳞片又互相连接而成为鲕粒的环带。据中南冶金地质研究所研究，产于鲕粒之间胶结物中的赤铁矿晶体增大呈羽毛状、纤维状及细条板状，并与玉髓、黏土矿物交织成扇形、束状集合体。官店铁矿和龙角坝铁矿的电子探针分析结果见图 7-11、图 7-12、图 7-13、表 7-8。

表 7-8 赤铁矿成分电子探针分析结果

样品产地	Fe/%（wt）	Fe/%（at）	Si/%（wt）	Si/%（at）	Al/%（wt）	Al/%（at）	O/%（wt）	O/%（at）	Fe/O（at）
（1）官店铁矿	67. 11	38. 10	2. 07	2. 34	1. 86	2. 19	28. 95	57. 36	0. 664
（2）官店铁矿	67. 68	38. 85	1. 92	2. 20	1. 66	1. 98	28. 16	56. 42	0. 689
（3）龙角坝铁矿	68. 61	39. 32	1. 24	1. 41	0. 87	1. 04	28. 89	57. 80	0. 680
（4）龙角坝铁矿	66. 15	37. 42	2. 46	2. 76	1. 88	2. 20	28. 70	56. 67	0. 660

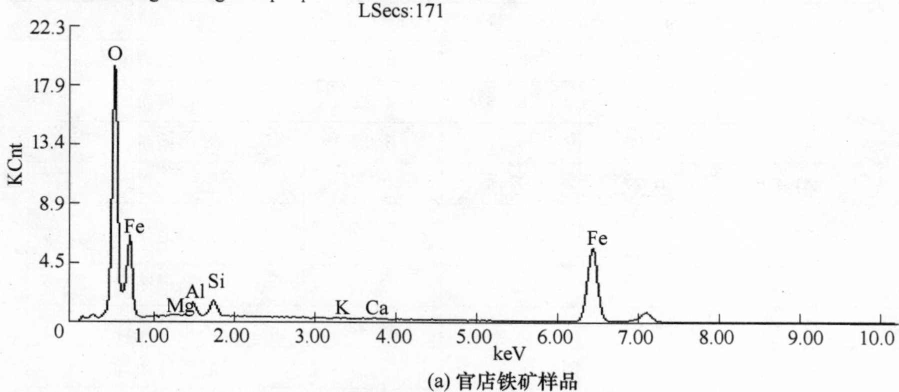

(a) 官店铁矿样品

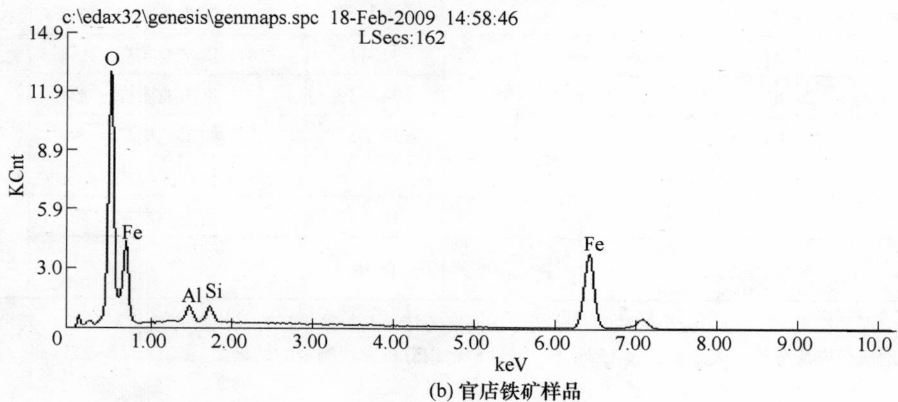

(b) 官店铁矿样品

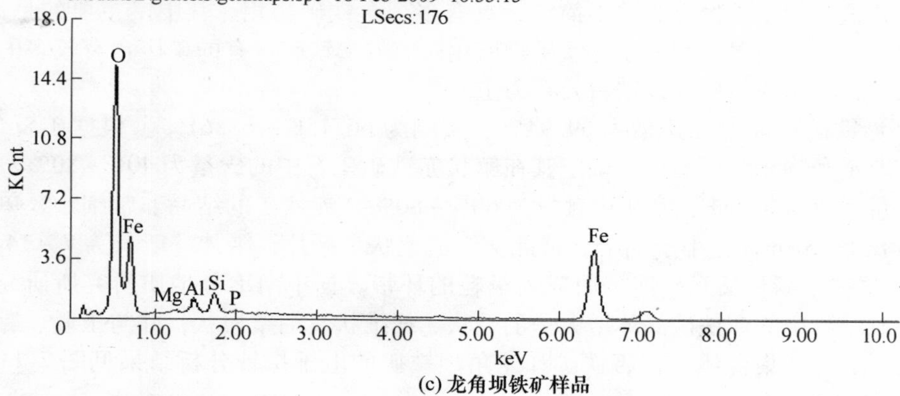

(c) 龙角坝铁矿样品

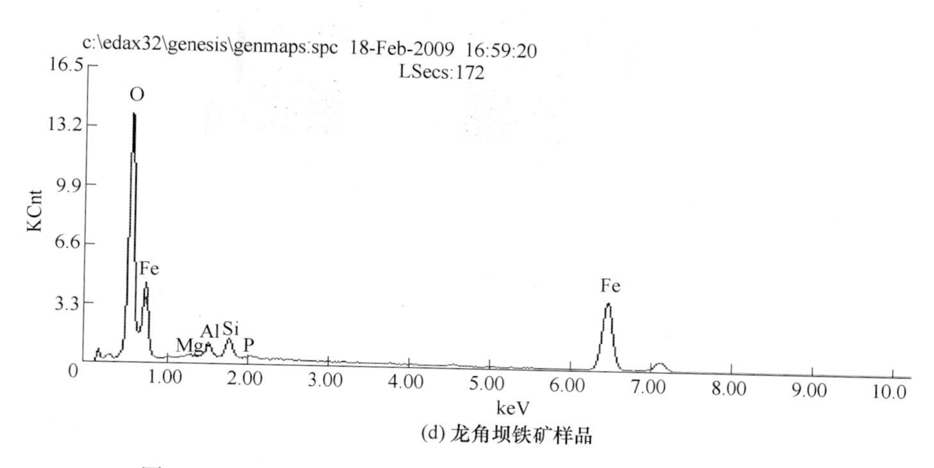

(d) 龙角坝铁矿样品

图 7-11　官店铁矿和龙角坝铁矿中赤铁矿电子探针分析能谱图

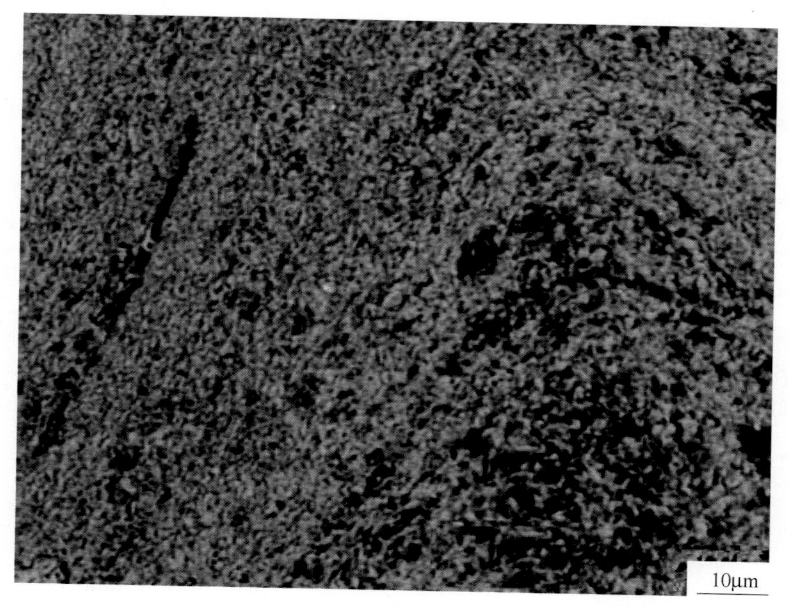

图 7-12　建始官店铁矿（电子探针分析照相）

（电子探针背散射成分像，其中最亮白点区代表赤铁矿，呈数微米的板状、片状、针状晶形产出，相互交织）

在鲕绿泥石菱铁矿类型的矿石中赤铁矿的含量可在 10% 以下，在鲕泥石菱铁矿赤铁矿混合矿石中赤铁矿的含量一般在 10%~30%。

（2）褐铁矿。宁乡式铁矿中的褐铁矿主要由含铁碳酸盐、鲕绿泥石及赤铁矿风化而成。褐铁矿理论含铁最高为 62.9%。据官店样品扫描电镜实测其成分为：Fe 55.94%；H_2O 13.77%；Al_2O_3 1.78%；SiO_2 2.43%；P_2O_5 2.12%；CaO 0.03%；MnO 0.04%。褐铁矿分布于铁矿的近地表氧化带，特别是鲕绿泥石铁矿类型的铁矿，呈松散土状、多孔状集合体产出，单个晶体细小，为隐晶质，褐铁矿是风化铁矿石中铁的主要矿物相。

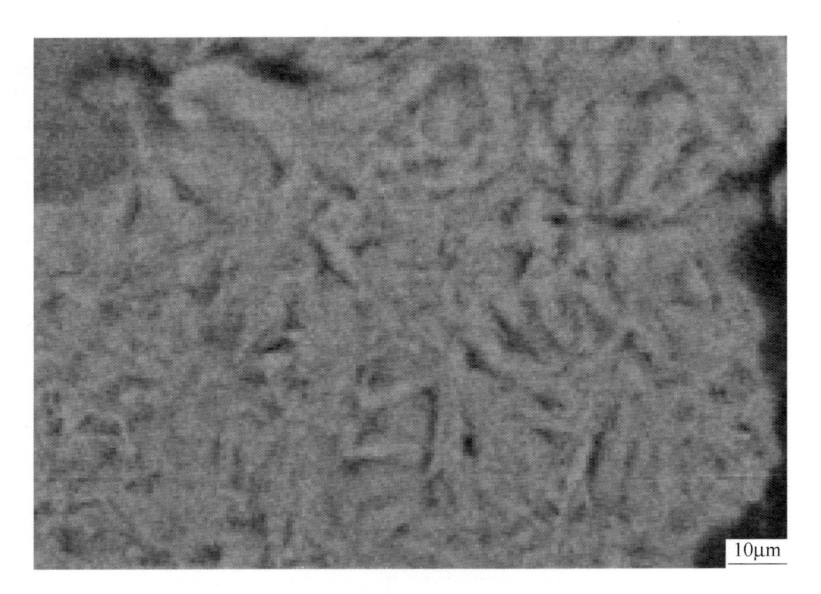

图 7-13　扫描电镜所见赤铁矿结晶鳞片状、页片状形貌

（3）菱铁矿：分布广泛，多以细粒集合体的形式产出，团块状、条带状分布于赤铁矿、方解石、鲕绿泥石间（图 7-14）。菱铁矿本身含铁不高，但以菱铁矿为主的矿石经风化变成褐铁矿石后品位可提高到 50% 以上。菱铁矿经焙烧变成氧化铁后含铁可达 60% 以上，因此是工业上可利用的铁矿物。在鲕状赤铁矿石中菱铁矿的含量一般不高，一般为 2%~8%，但在鲕绿泥石菱铁矿石中含量可达 30%~50%，是主要的含铁矿物。

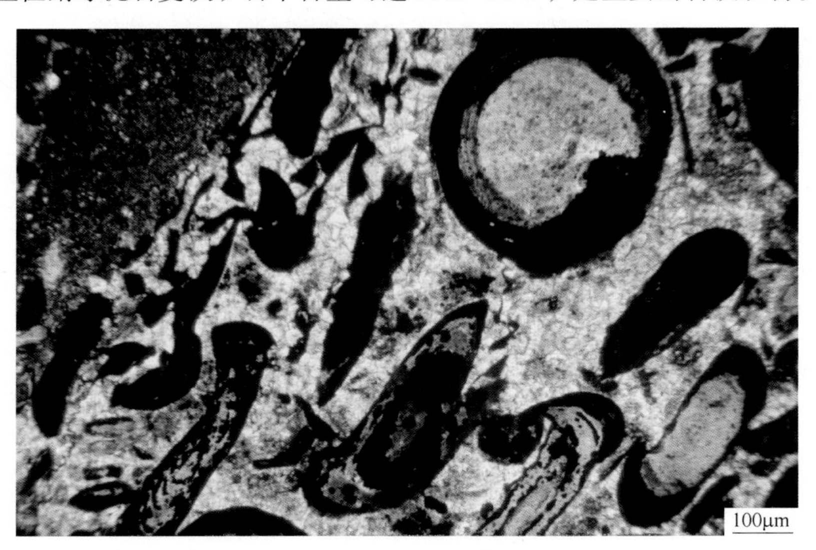

图 7-14　宜昌五峰西淌铁矿　鲕绿泥石菱铁矿矿石（薄片，单偏光）
（照片左上角为菱铁矿，鲕粒中绿色者为鲕绿泥石）

此外，方解石、白云石等碳酸盐矿物也含铁，化学物相将这一部分铁连同菱铁矿归为“碳酸铁”。

（4）磁铁矿和磁赤铁矿。这两种矿物在一般的宁乡式铁矿中含量很少，但在受到变质作用影响的矿区会大量出现，可形成独立的矿石类型。如湖南大坪铁矿，出现了大量由赤铁矿还原而成的磁铁矿。磁铁矿矿石多为粒状结构，颗粒粗大且均匀。磁赤铁矿既有鲕状结构，又有粒状结构，形成了磁铁矿矿石和赤铁矿矿石两种矿石类型。宁乡式铁矿中磁铁矿有两种成因，一种是同生的，在成岩期形成（西淌铁矿），另一种是变质作用形成（潞水），见图 7-15。

(a) 五峰西淌铁矿（光片，单偏光）

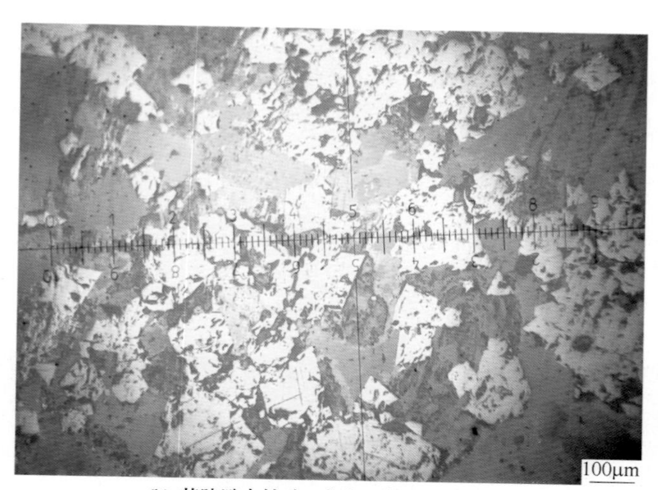

(b) 茶陵潞水铁矿（光片，单偏光）

图 7-15　矿石中自形半自形磁铁矿

（5）鲕绿泥石：$(Fe、Mg)_4 \cdot Al(AlSi_3O_{10})(OH)_6 \cdot nH_2O$，属于含铁大于含镁的一种绿泥石，理论最高含铁量为 35.16%，电子探针实测为：Fe 32.28%~33.68%，Si 13.17%~14.34%，Al 12.02%~10.20%，Mg 2.52%~3.29%，O 39.02%~38.90%。鲕绿泥石扫描电镜能谱图及薄片显微照相见图 7-16、图 7-17。鲕绿泥石在我国尚未作为一种铁的工业利用矿物，在国外鲕绿泥石中的铁在冶炼过程中回收。宁乡式铁矿中鲕绿泥石分布非常广泛，在鲕状赤铁矿矿石中含量少，一般不超过 5%，在鲕绿石菱铁矿矿石中含量可达 20%~35%。由于鲕绿泥石与菱铁矿含铁较低，因此鲕绿泥石菱铁矿型的矿石品位也不会高。

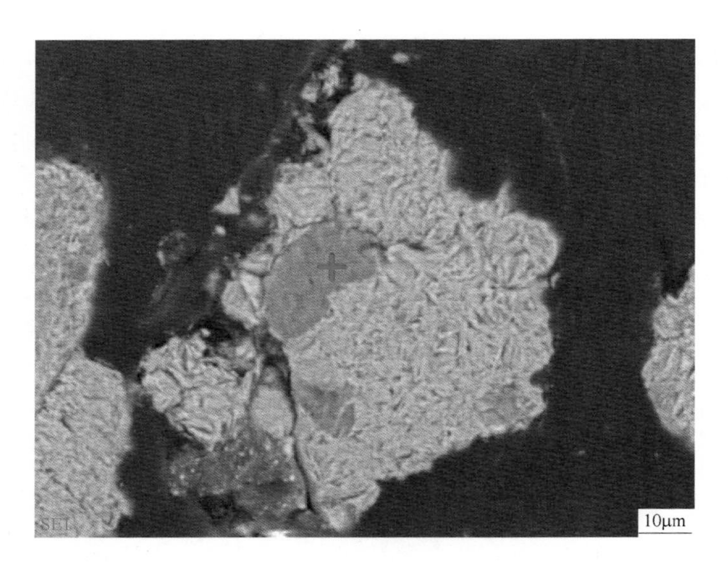

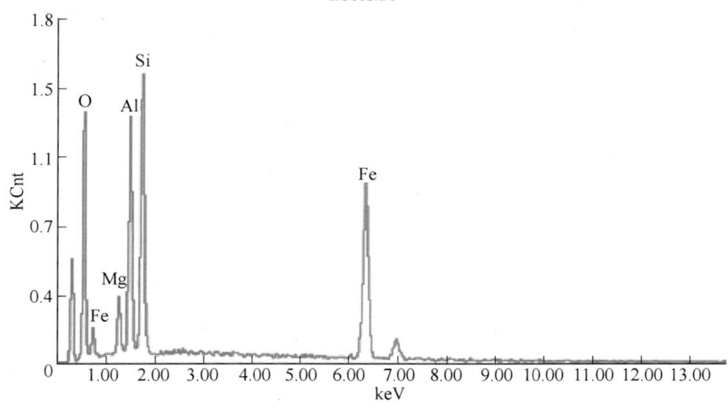

图 7-16 鲕绿泥石扫描电镜能谱图

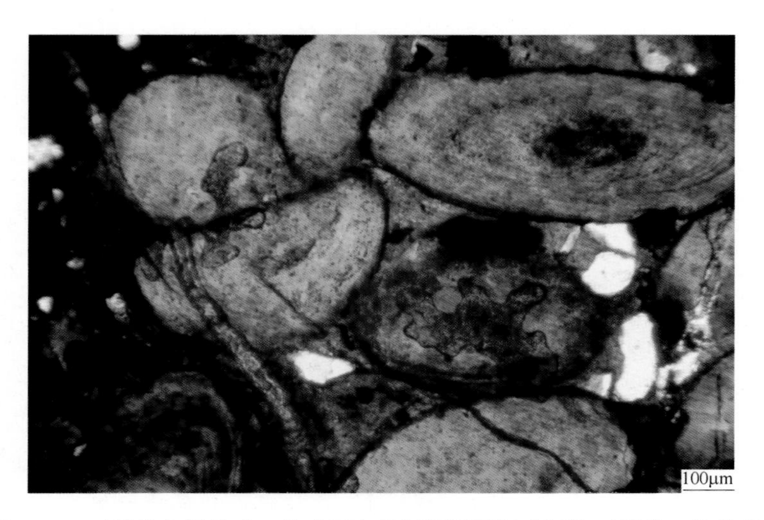

图 7-17 五峰龙角坝铁矿 铁矿石中的鲕绿泥石组成鲕粒（薄片，单偏光）

（二）磷矿物

已发现两种磷矿物：细晶磷灰石和胶磷矿，两者成分均为$Ca_5(PO_4)_3(F,Cl,OH)$，理论含磷18%左右。扫描电镜能谱分析结果：P 18.51%；Ca 37.29%；F 4.2%；O 38.79%。官店铁矿胶磷矿扫描电镜能谱图见图7-18。中国地质大学2005年研究湖北白燕山铁矿的磷灰石时发现其中还含稀土元素。黑拉铁矿中磷灰石粒径可达0.1mm。鱼子甸铁矿进一步鉴定磷灰石，确认属碳磷灰石。

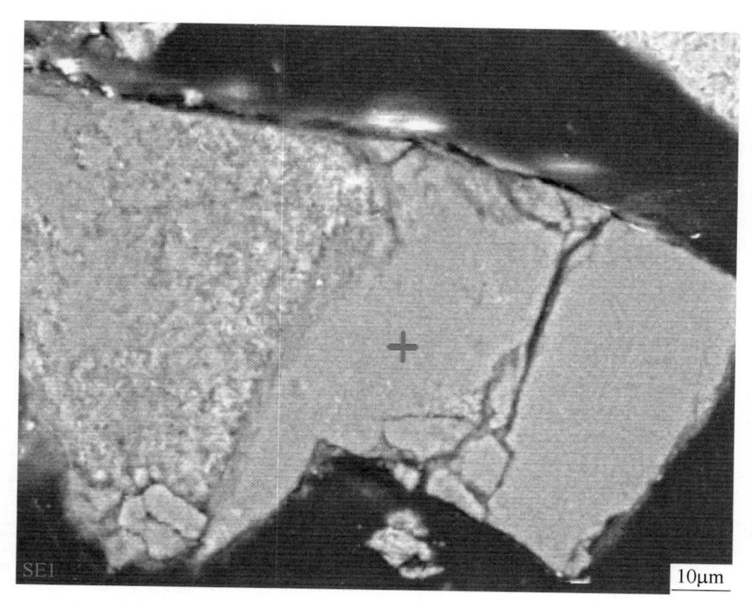

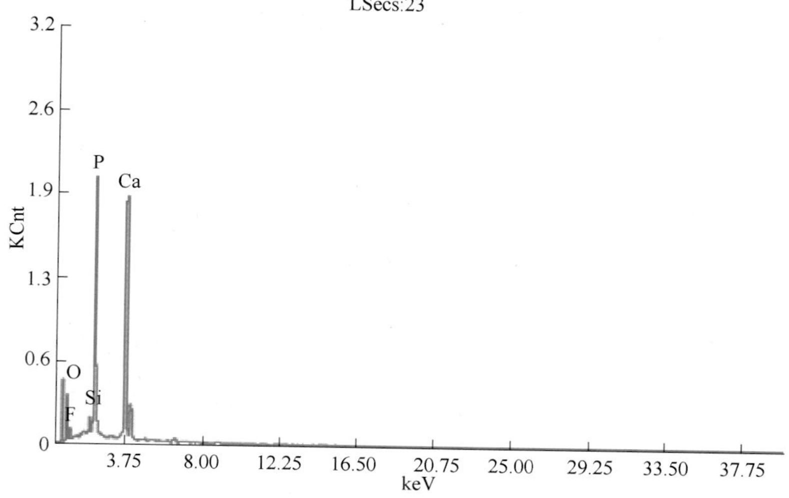

图7-18　胶磷矿扫描电镜能谱图

矿石中胶磷矿呈以下几种形式产出（图7-19）：（1）成胶凝块，凝块尺度为0.05～0.1mm，最大可达0.3mm，大部分与脉石连生，少部分与赤铁矿连生，但界线清楚；（2）在鲕状赤铁矿边缘出现，与鲕状赤铁矿形成边缘结构，边缘带宽0.01～0.05mm；（3）与赤铁矿形成同心圆状结构，胶磷矿带宽 0.001 ~0.01mm。有部分胶磷矿充填在微细的赤铁矿晶体之间，或作为鲕粒结构的核心。形状各异的胶磷矿还常成为碎屑被其他矿物胶结。

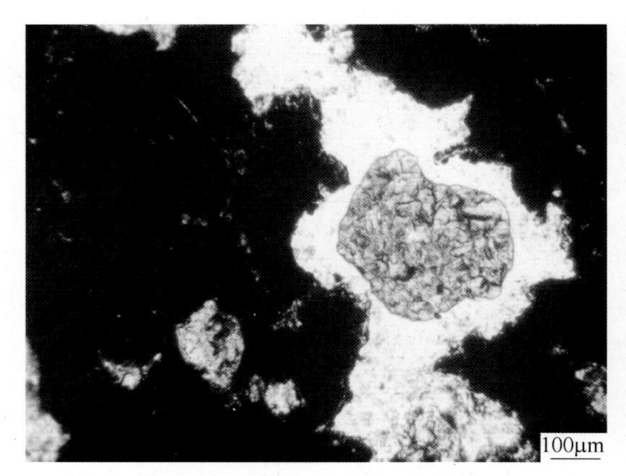

(a) 湖北建始官店铁矿 铁矿石中的胶磷矿团块（薄片，单偏光）

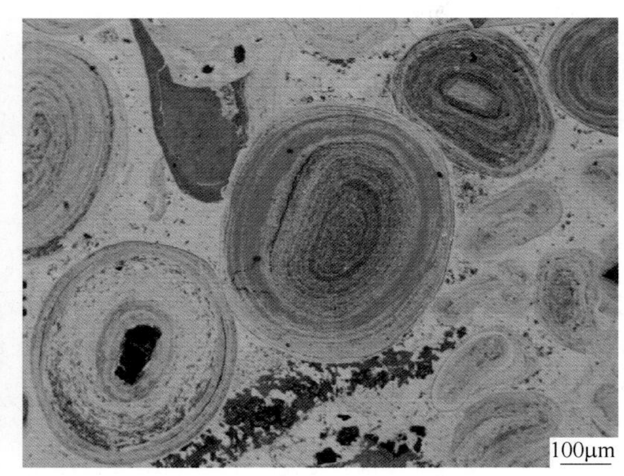

(b) 建始官店铁矿 电子探针分析照相

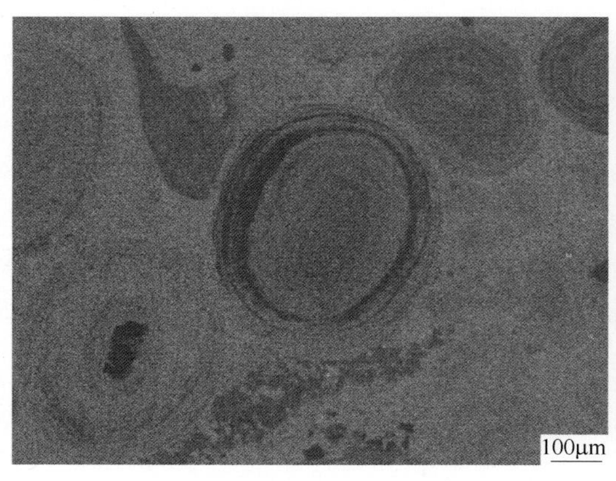

(c) 建始官店铁矿 电子探针分析照相 铁元素（绿色）浓度分布像

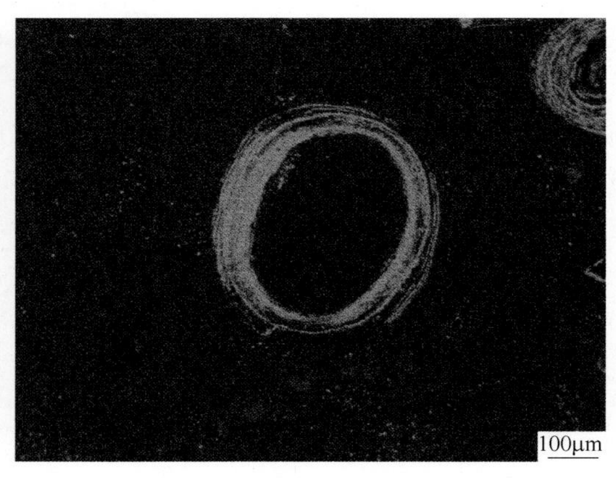

(d) 建始官店铁矿 电子探针分析照相 磷元素（红色）浓度分布像

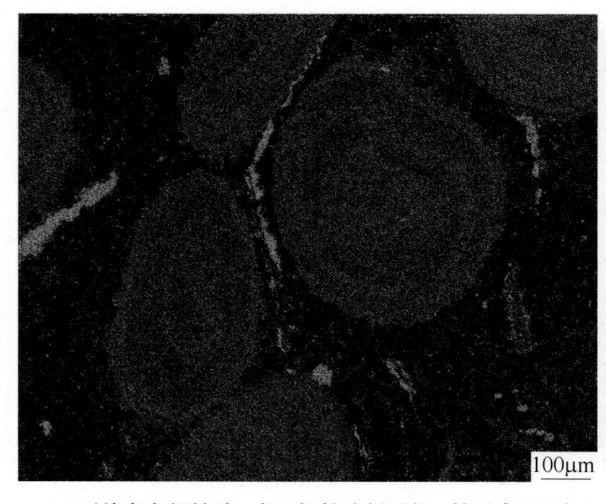

(e) 五峰龙角坝铁矿 电子探针分析照相 铁元素（红色）和磷元素（粉红色）的浓度分布像

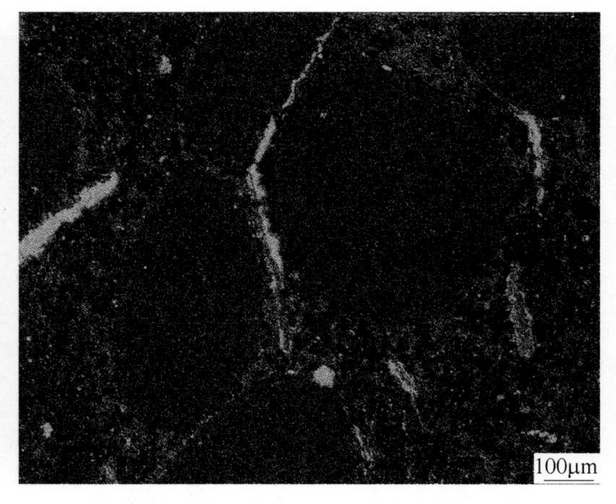

(f) 五峰龙角坝铁矿 电子探针分析照片 磷元素（粉红色）和钙元素（亮蓝色）的浓度分布像

图 7-19 胶磷矿产状

中国地质大学确定白燕山矿区中的磷有三种存在形式：重结晶磷灰石颗粒、磷灰石内碎屑、鲕粒中的凝胶状磷灰石。65%以上的磷灰石粒径小于20μm。

（三）硫矿物

目前已发现的硫矿物为黄铁矿，微细粒（0.05～0.01mm）呈星点状分布。受变质或热液改造的宁乡式铁矿则出现中粗粒的黄铁矿，如雷垄里铁矿。

（四）脉石矿物

脉石矿物主要有方解石、白云石、石英、玉髓和黏土矿物，特征如下：

（1）方解石。在酸性矿石中的含量一般为5%～10%，在自熔性和碱性矿石中的含量为15%～20%。方解石一方面与赤铁矿、玉髓、胶磷矿等组成鲕粒的同心层，另一方面经重结晶成为较粗的他形颗粒作为鲕粒的胶结物。

（2）白云石。在矿石中的含量一般为5%～15%，与方解石密切共生，呈自形半自形结晶作为亮晶胶结物。

（3）石英。在矿石中的含量为5%～15%，有几种产出形式：与方解石、赤铁矿、玉髓、胶磷矿等组成鲕粒同心层；形成粒度0.01～0.1mm的棱角状碎屑；作为砂岩、粉砂岩碎屑的主要成分。

（4）玉髓。微细粒或隐晶质，在矿石中与石英并存，含量5%～10%。主要产出形式：作为硅质岩岩屑的主要成分；参与鲕粒同心层的组成；在基质中与方解石相互交织；微细粒充填于赤铁矿晶体间隙中。

（5）黏土矿物。在矿石中的含量应为5%～15%或更多。主要黏土矿物有两种：水白云母和高岭石。由于黏土矿物结晶微细又混杂于其他矿物间，因此岩矿鉴定难以进行准确定量。根据矿石的含铝量推测，以往的鉴定结果黏土矿物的含量估计偏低，有的矿区甚至漏检。黏土矿物的产出形式有：呈极微细颗粒充填于赤铁矿微晶的晶隙或空隙中；与方解石、白云石、玉髓等混杂作为鲕粒胶结物。

二、矿石结构构造

（一）矿石的结构

1. 按形态划分的结构

根据铁矿物的形态特征，宁乡式铁矿具有下列结构：赤铁矿针状结构、粒状结构、纤维状结构、鳞片状结构、条板状结构；菱铁矿自形粒状结构、半自形粒状结构；鲕绿泥石鳞片结构、不规则粒状结构；磁铁矿半自形粒状结构；褐铁矿针状结构等。

其他矿物的结构：石英碎屑结构、方解石他形粒状结构、白云石自形半自形粒状结构、黏土矿物泥质结构、玉髓纤维状结构等；胶磷矿凝胶状结构，黄铁矿半自形、他形粒状结构。

生物碎屑结构：矿石中有各种形态的生物碎屑，现已被方解石、铁白云石、菱铁矿、赤铁矿等交代，保持生物碎屑的形态（图7-20）。

2. 按颗粒大小划分的结构

矿物颗粒大小直接影响矿物的可选性及单体解离的难易，在此采用“六分法”（表7-9）界定宁乡式铁矿的颗粒结构。

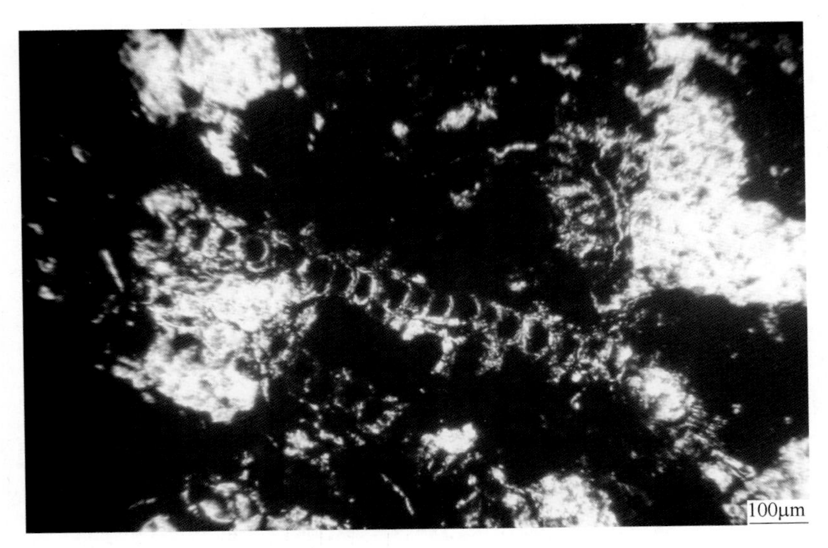

图 7-20 广西鹿寨屯秋铁矿 铁矿石中生物碎屑（薄片，单偏光）

表 7-9 粒度结构划分标准

粒度范围 d/mm	>20	20～2	2～0.2	0.2～0.02	0.02～0.002	≤0.002
名　称	极粗粒	粗粒	中粒	细粒	微粒	极微粒隐晶质

赤铁矿单晶体为微粒和极微粒结构，集合体颗粒相当于细粒至微粒结构；菱铁矿为细粒至微粒结构；绿泥石单晶体为微粒至极微粒结构，集合体为细粒至微粒结构；褐铁矿单晶体为极微粒结构，集合体为细粒微粒结构；磁铁矿为细粒结构，个别为中粒结构。

胶磷矿单晶体为极微粒结构，集合体为微细粒结构。磷灰石为细粒结构，黄铁矿为微粒至极微粒结构。

石英为细粒结构。方解石、白云石为细粒至微粒结构。黏土矿物单晶体为极微粒结构，集合体为微粒结构，玉髓单晶体为极微粒结构，集合体为细粒、微粒结构。

3. 按矿物镶嵌关系划分的结构

宁乡式铁矿主要镶嵌结构如下：

（1）嵌生结构。赤铁矿、菱铁矿、鲕绿泥石与其他矿物相互嵌生，嵌生边界一般较为平直，部分为锯齿状、港湾状。

（2）交织结构。针状、条状赤铁矿晶体不同方向相互交错，在其晶体骨架空隙中充填有玉髓、胶磷矿等。

（3）包含结构。粗粒自形白云石包含有较小的赤铁矿、黏土、玉髓等矿物。

（4）交代结构。赤铁矿被针铁矿沿周边及裂隙交代，形成两者不规则状的连生，交代强烈时，赤铁矿在针铁矿中呈弧岛状、星点状残留。赤铁矿被磁铁矿交代，保持赤铁矿假象。

（二）矿石构造

宁乡式铁矿的构造有：鲕状构造、砾状构造、豆状构造、粒状构造、块状构造、纹层状构造、多孔状构造等，其中鲕状构造最为典型，也是判别是否宁乡式铁矿的重要标志之一（图 7-21、图 7-22）。

(a) 湖北宜昌官庄铁矿

(b) 湖北长阳火烧坪铁矿

(c) 云南武定鱼子甸铁矿

(d) 湖北建始官店铁矿

(e) 广西鹿寨屯秋铁矿

(f) 湖南茶陵清水铁矿

图 7-21　矿石的鲕状结构

（1）鲕状构造。由赤铁矿、鲕绿泥石、玉髓、方解石、胶磷矿、黏土矿物组成同心层，层层环状包裹形成鲕粒。鲕粒大小（d）0.1～1.0mm，最常见的为0.3～0.5mm。鲕粒的形状有圆球状、椭球状、枕状、拉长状等。鲕粒有时有核心矿物。据火烧坪铁矿统计，石英核心占54.5%，胶磷矿核心占26.8%，方解石占18.7%，核心直径一般在0.075mm以下。多数鲕粒核心不明显，与组成鲕粒的其他成分一致。

鲕粒的环带数不一，少则10余环，多的达50多环。各环厚度不一，疏密相间。赤铁矿环带一般较厚，36～72μm，方解石、胶磷矿的环带稍薄，黏土矿物和玉髓的环带最薄，一般只有几微米宽。赤铁矿的环带由核心向鲕粒外层有密集的趋向。

鲕粒中赤铁矿的环带本身并非纯净的赤铁矿，而是由赤铁矿的极微细的针状晶体（一般长1～3μm，宽小于1μm）交织成絮状小鳞片（长14～7μm，宽4～1μm），再相互连接成为环带。在赤铁矿的晶体之间，鳞片的孔隙中又充填黏土矿物、玉髓及少量胶磷矿。

鲕粒之间由微细粒状的赤铁矿、细粒的碳酸盐及黏土矿物、玉髓等充填。

（2）砾状构造。基本矿物组成与鲕状构造相似，赤铁矿集合体常成$d>2$mm的棱角状砾屑，或次棱角状、次圆状砾屑产出，是先期形成的尚未硬结的铁质沉积，受波浪动力作用破碎后形成，其间为后期沉积的铁质、泥质、硅质和重结晶的碳酸盐矿物所充填。

（3）豆状构造。与鲕状构造性质相似，但同心层组成的颗粒粗大（>2mm），形成“豆粒”。鲕粒和豆粒可混杂出现，相互过渡。

（4）粒状构造。由棱角状、次棱角状铁矿，石英、胶磷矿碎屑，砂岩、粉砂岩、硅质岩岩屑等组成的构造，与鲕状赤铁矿混杂时常被称作“砂质鲕状赤铁矿”。

（5）纹层状构造。不同厚度的赤铁矿纹层与脉石矿物的纹层相间形成的构造。

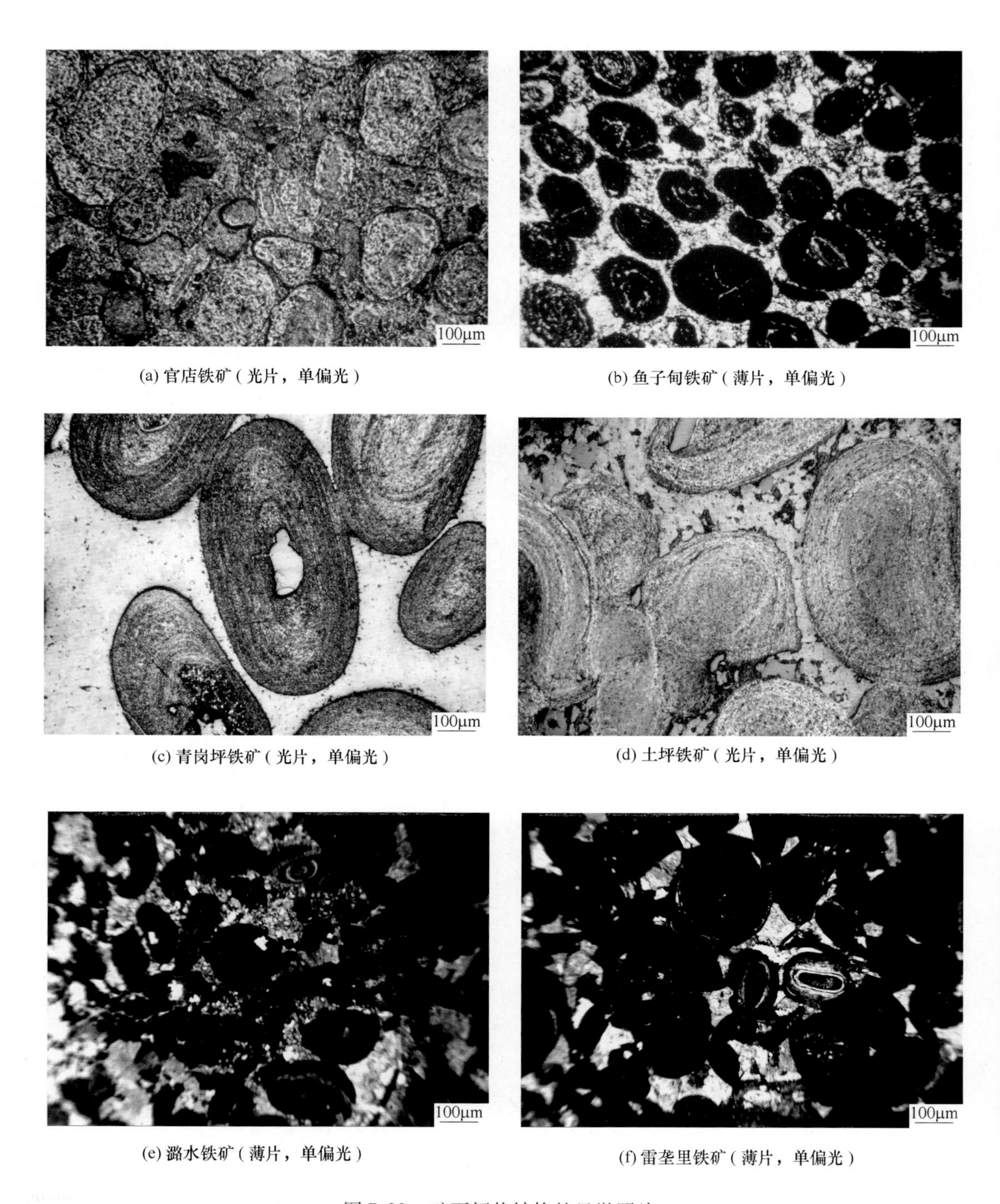

(a) 官店铁矿（光片，单偏光）

(b) 鱼子甸铁矿（薄片，单偏光）

(c) 青岗坪铁矿（光片，单偏光）

(d) 土坪铁矿（光片，单偏光）

(e) 潞水铁矿（薄片，单偏光）

(f) 雷垄里铁矿（薄片，单偏光）

图 7-22　矿石鲕状结构的显微照片

（6）块状构造。铁矿物含量高，无方向性排列，遍布整块矿石。

（7）多孔状构造。鲕绿泥石菱铁矿矿石经风化形成褐铁矿，矿石松散且布满大小不同的孔穴（图 7-23）。

图 7-23　湖北宜昌五峰龙角坝铁矿　由鲕绿泥石菱铁矿石氧化而成的褐铁矿石

第三节　鄂西铁矿成矿元素与主要伴生元素分布规律

鄂西泥盆纪沉积铁矿虽然量大，但因矿石品质以贫铁、高磷、酸性为主，所以在铁矿供给市场中处于劣势，影响了铁矿的规模开发。为了在区内寻找富矿、中磷铁矿和自熔性矿，作者研究了该区铁矿主要成矿元素 Fe 和主要伴生元素 P、S、Ca、Mg、Si、Al 等的分布规律。对这一规律的探求，不仅能为地质勘查提供指导，而且能加深对这类矿床地球化学特征的认知。

一、铁

（一）铁在鄂西成矿区不同矿区中的含量

鄂西成矿区不同铁矿中 TFe 含量分布图（图 7-24）表明，成矿元素铁在区内铁矿中含量高低分布具如下的规律性：

（1）不同矿区中铁的平均含量虽在总体上较为接近，但仍然存在着贫和富的差异：平均含铁最高的矿区（47.65%）和最低的矿区（29.34%）相差 18.31 个百分点，差距为 0.6 倍。

（2）以 TFe >44% 为界，可圈定出十八格、铁厂湾—官店、黄粮坪、松木坪等 4 个富铁区域；以小于 34% 为界，可圈出白庙岭、尹家村—马虎坪、朝阳坪等 3 个贫铁区域，富铁区域和贫铁区域相间分布。

（3）以富铁区为中心向外，矿区中铁的含量逐步下降，以贫铁区为中心向外，矿区铁的含量逐步升高，两者之间存在较为宽阔的过渡区，过渡区铁矿的铁含量在 38% 左右。

（4）富铁区域大多位于写经寺期岩相古地理的远滨坡地带，产于页岩夹灰岩砂岩微相（YHS）和灰岩夹页岩砂岩微相（HYS）中。贫铁区主要位于沉积盆地南北边缘地带的远滨高地带和远滨坪地带，赋矿岩相主要为砂岩夹页岩灰岩微相（SYH）。

（二）铁在不同矿层中的含量

全区 Fe_1、Fe_2、Fe_3、Fe_4 四个铁矿层铁的平均含量见表 7-10、图 7-25。自 Fe_1、Fe_2 至 Fe_3 层，铁的平均含量由 32.36% 提高到 42.16%，至 Fe_4 层铁的平均含量又降低为

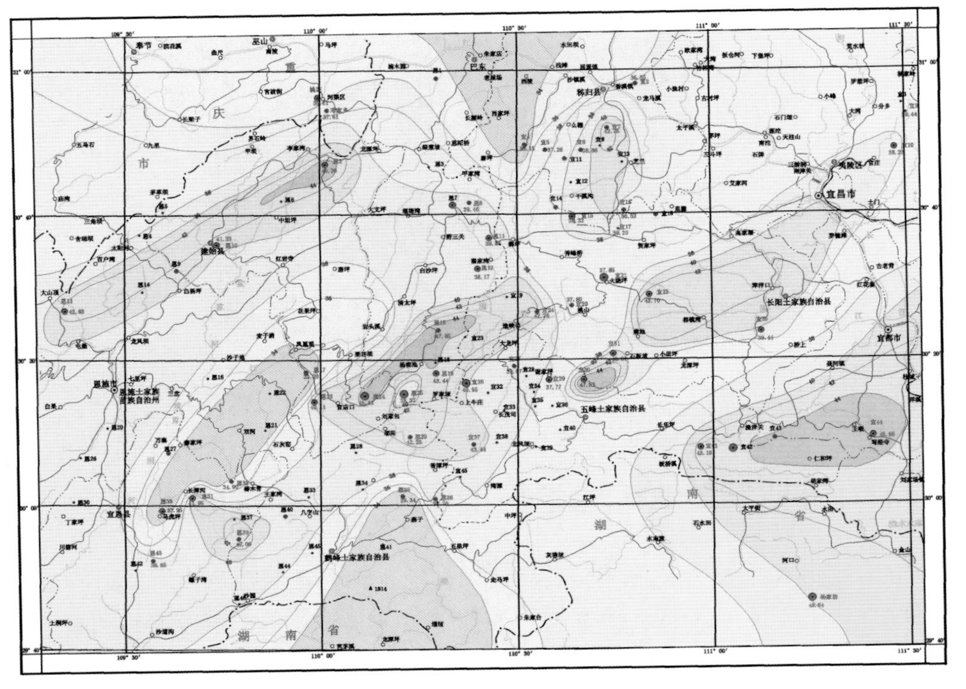

图 7-24 TFe 含量分布图

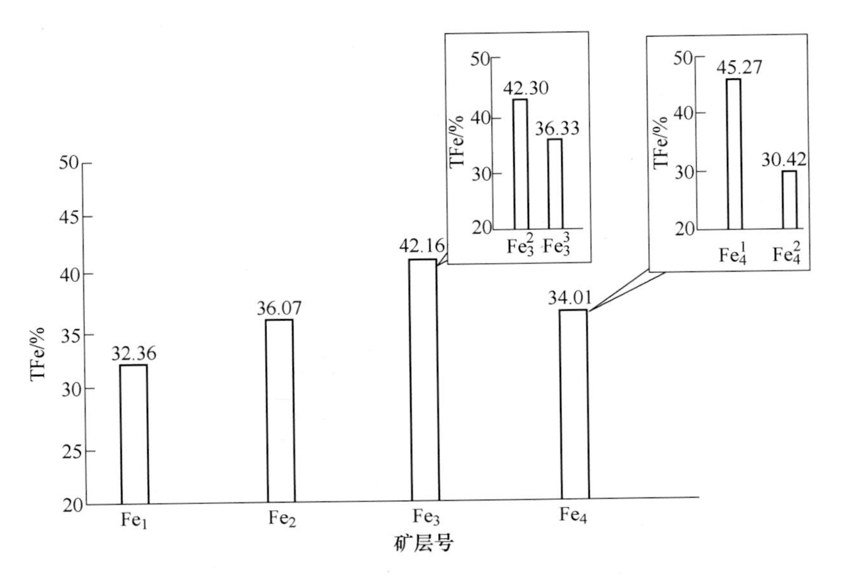

图 7-25 不同矿层 TFe 平均品位

34.01%，代表成矿区各矿层铁的富集程度经历了由弱变强又转弱的过程。进一步分析同一矿层中不同亚层的含铁量：火烧坪铁矿 Fe_3层由 3 个单层赤铁矿矿层组成，标记为 Fe_3^1、Fe_3^2、Fe_3^3。Fe_3^1 无工业意义；Fe_3^2 含铁 39.07%；Fe_3^3 含铁 36.66%，略低于 Fe_3^2。黑石板、龙角坝、铁厂湾一带的 Fe_4矿层，分为 Fe_4^1 和 Fe_4^2 两个亚层，不同亚层 TFe 含量的差别显著，下亚层 Fe_4^1 铁平均含量为 45.27%，上亚层 Fe_4^2 铁平均含量只有 30.42%。

表 7-10 不同矿层铁平均品位对比

（%）

<table>
<tr><th rowspan="2">矿区名称</th><th rowspan="2">Fe_1</th><th rowspan="2">Fe_2</th><th colspan="2">Fe_3</th><th colspan="2">Fe_4</th></tr>
<tr><th>Fe_3^2</th><th>Fe_3^3</th><th>Fe_4^1</th><th>Fe_4^2</th></tr>
<tr><td rowspan="2">火烧坪</td><td rowspan="2">24.70</td><td rowspan="2">34.29</td><td>39.07</td><td>36.66</td><td rowspan="2" colspan="2"></td></tr>
<tr><td colspan="2">37.87</td></tr>
<tr><td>黑石板</td><td></td><td>46.36</td><td colspan="2">45.35</td><td></td><td>34.69</td></tr>
<tr><td>官庄</td><td>40.36</td><td>36.51</td><td colspan="2">43.13</td><td></td><td>16.21</td></tr>
<tr><td>松木坪</td><td></td><td></td><td colspan="2">45.91</td><td colspan="2">29.23</td></tr>
<tr><td>烧巴岩</td><td></td><td></td><td colspan="2"></td><td>42.06</td><td></td></tr>
<tr><td>杨柳池</td><td></td><td>40.07</td><td colspan="2">43.82</td><td colspan="2">24.55</td></tr>
<tr><td rowspan="2">龙角坝</td><td rowspan="2"></td><td rowspan="2">37.25</td><td rowspan="2" colspan="2">34.11</td><td>47.0</td><td>38.37</td></tr>
<tr><td colspan="2">42.89</td></tr>
<tr><td>谢家坪</td><td></td><td>37.08</td><td colspan="2">38.70</td><td colspan="2"></td></tr>
<tr><td>朝阳坪</td><td>34.38</td><td>36.22</td><td colspan="2"></td><td colspan="2"></td></tr>
<tr><td>仙人岩</td><td></td><td></td><td colspan="2"></td><td colspan="2">39.84</td></tr>
<tr><td>瓦屋场</td><td></td><td></td><td colspan="2"></td><td colspan="2">38.17</td></tr>
<tr><td>太平口</td><td></td><td></td><td colspan="2"></td><td colspan="2">41.33</td></tr>
<tr><td rowspan="2">龙坪</td><td rowspan="2">30.0</td><td rowspan="2">30.0</td><td>45.52</td><td>36.0</td><td rowspan="2" colspan="2">27.50</td></tr>
<tr><td colspan="2">40.76</td></tr>
<tr><td rowspan="2">铁厂湾</td><td rowspan="2"></td><td rowspan="2"></td><td rowspan="2" colspan="2"></td><td>47.83</td><td>24.16</td></tr>
<tr><td colspan="2">37.17</td></tr>
<tr><td>锯齿岩</td><td></td><td>33.61</td><td colspan="2"></td><td colspan="2"></td></tr>
<tr><td>马鞍山</td><td></td><td>33.25</td><td colspan="2">39.44</td><td colspan="2">32.5</td></tr>
<tr><td rowspan="2">青岗坪</td><td rowspan="2"></td><td rowspan="2"></td><td rowspan="2" colspan="2">43.48</td><td>44.20</td><td>35.0</td></tr>
<tr><td colspan="2">36.00</td></tr>
<tr><td>茅坪</td><td></td><td></td><td colspan="2"></td><td colspan="2">42.26</td></tr>
<tr><td>黄粮坪</td><td></td><td>35.89</td><td colspan="2">47.53</td><td colspan="2"></td></tr>
<tr><td>阮家河</td><td></td><td>40.0</td><td colspan="2">43.19</td><td colspan="2">32.5</td></tr>
<tr><td>石板坡</td><td></td><td>28.32</td><td colspan="2">45.58</td><td colspan="2">34.32</td></tr>
<tr><td>平均 $\bar{X}$</td><td>32.36</td><td>36.07</td><td colspan="2">42.16</td><td colspan="2">34.01</td></tr>
</table>

由表 7-10 知，全区铁的富集程度最高的为 Fe_3^2 亚层（平均 42.30%）和 Fe_4^1 亚层（平均 45.27%），这两个亚矿层是本区富矿产出的主要层位。

（三）铁在同一矿层中含量

同一矿层在全区范围内含铁量高低有差异，产生了上述贫富分区现象。在一个矿区范围内，同一矿层含铁量沿走向、倾向和厚度方向均有一些变化，但变化的幅度均不大。

据凉水井—大庄、黑石板详勘终结地质报告提交的 44 个钻孔资料，Fe_3 矿层在走向和倾向方向品位稳定。在厚度方向的变化见图 7-26、表 7-11。据 CK1 钻孔顶部至矿层底部连续取的 10 个样统计，品位变化系数 $v=9.23\%$，属于变化很小的类型。

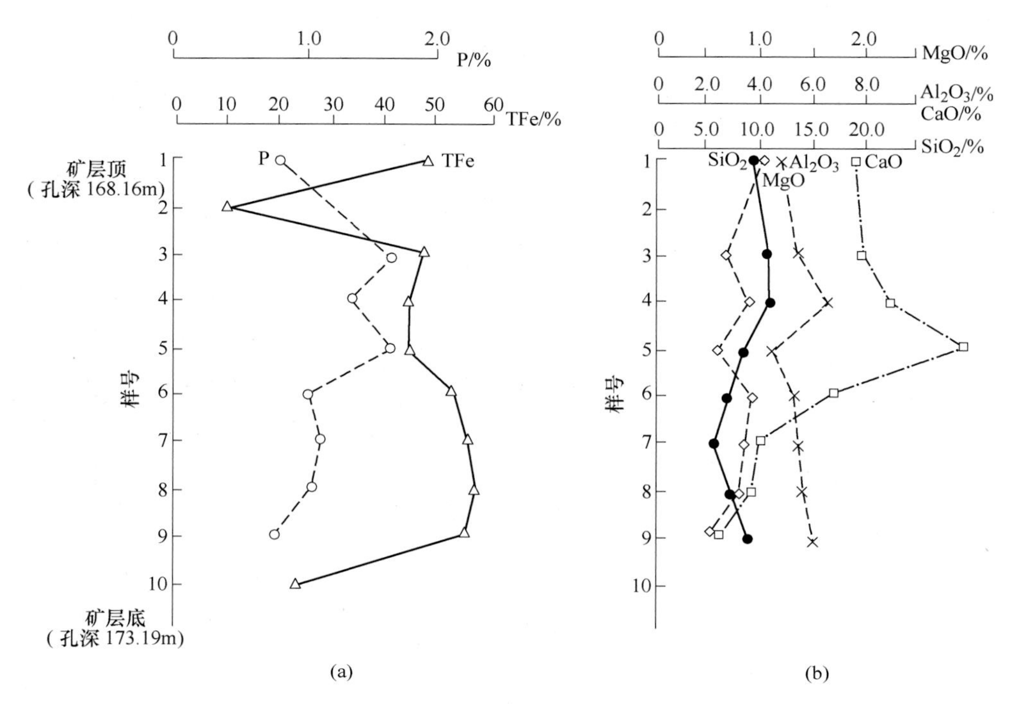

图 7-26 官店铁矿 Fe_3 矿层顶部至底部化学成分变化（CK1 钻孔）

表 7-11 官店铁矿区 Fe_3 矿层顶部至底部化学分析结果 （%）

样号	名称	TFe	SiO_2	S	P	CaO	Al_2O_3	MgO
	顶板页岩	未采样						
1	赤铁矿石	48. 38	9. 31	0. 028	0. 789	7. 60	4. 776	0. 979
2	铁质页岩	9. 05	未测	未测	未测	未测	未测	未测
3	砾状铁矿石	47. 66	10. 36	微量	1. 64	7. 88	5. 409	0. 669
4	赤铁矿石	44. 43	10. 77	微量	1. 377	8. 79	6. 649	0. 867
5	砾状铁矿石	44. 28	8. 12	0. 035	1. 629	11. 68	4. 418	0. 594
6	赤铁矿石	52. 79	6. 92	0. 028	1. 074	6. 44	5. 148	0. 882
7	赤铁矿石	55. 65	5. 74	0. 022	1. 117	3. 96	5. 623	0. 842
8	赤铁矿石	56. 18	7. 42	微量	1. 004	3. 63	5. 630	0. 744
9	赤铁矿石	55. 20	8. 31	0. 025	0. 761	2. 39	5. 932	0. 559
10	含铁砂岩	22. 80	42. 05	未测	未测	未测	未测	
	底板页岩	未采样						
	X	50. 57	8. 37	0. 026	1. 17	6. 55	5. 49	0. 767
	σ_n	4. 67	1. 60	0. 002	0. 321	2. 89	0. 65	0. 14
	ν	9. 23	19. 11	7. 70	27. 43	44. 12	11. 84	18. 25

落雁山矿区铁矿 Fe_3 矿层化学成分沿走向变化见表 7-12、图 7-27，沿倾向的变化见表 7-13、图 7-28。

表 7-12 落雁山铁矿 Fe_3 矿层沿走向化学成分变化 (%)

工程号	TFe	SiO_2	Al_2O_3	CaO	MgO	S	P	Mn
K90（西）	45.20	15.33	7.52	4.26	0.66	0.036	1.51	0.44
K88	40.26							
K86	37.00							
K84	39.65	10.19	6.44	5.67	0.99			
K82	48.34							
K80	37.48	12.86	8.12	4.53	0.95			
K78	46.98	10.04	6.07	2.94	0.85			
K76	49.95	15.20	6.54	3.97	0.51	0.08	1.22	0.55
K74	32.63	21.90	8.73	3.27	0.97			
K72	28.18	20.25	7.93	3.96	0.56			
K70	34.87	22.87	8.34	5.12	1.09	0.059	1.23	0.49
K64	34.86	23.68	8.69	4.40	0.88	0.041	1.12	0.81
K62	45.25	17.33	7.18	3.75	0.60			
K60	39.92	16.41	7.77	2.90	0.50			
K58	37.94							
K56	36.30	19.37	7.88	6.13	0.75	0.030	1.10	0.51
K54	34.71	17.07	7.28	3.71	0.64			
K50（东）	35.68	22.26	7.73	5.64	0.86	0.042	1.47	0.46
X	39.18	17.48	7.59	4.30	0.77	0.048	1.28	0.56
σ_n	5.71	4.33	0.78	0.98	0.19	0.017	0.16	0.13
ν	14.57	24.77	9.81	22.79	24.68	35.42	12.50	23.21

表 7-13 落雁山铁矿 Fe_3 矿层化学成分沿倾向变化 (%)

工程号	TFe	SiO_2	Al_2O_3	CaO	MgO	S	P	Mn
K29	39.71	14.88	9.14	2.47	0.471	0.076	0.972	0.306
CK29	36.06	23.29		6.24		0.23	1.46	
CK28	36.78							
CK27	39.23	12.45						
K34	31.82	17.02	6.79	12.00	0.630			
X	36.72	16.91		6.90	0.55	0.153	1.22	
σ_n	2.82	4.02		3.92	0.08	0.077	0.244	
ν	7.68	23.77		56.8	14.54	50.32	20.0	

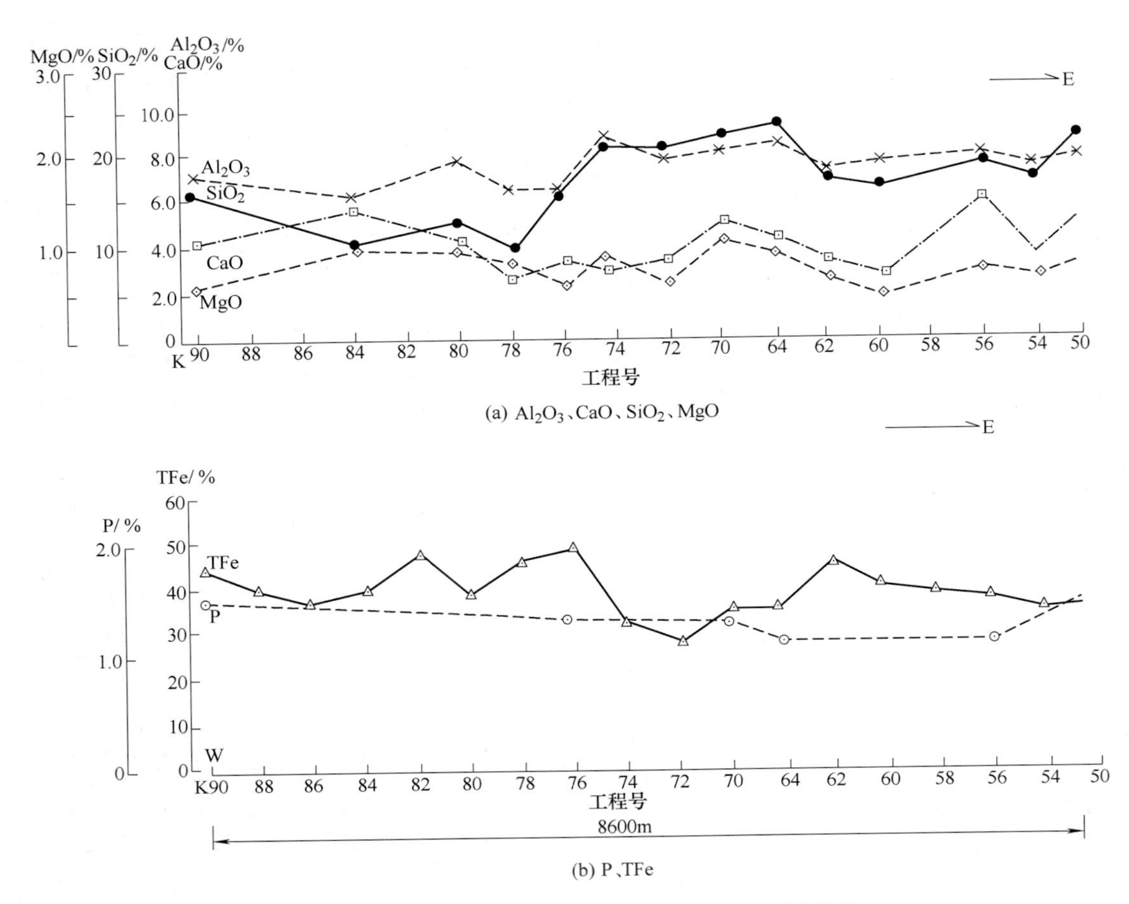

图 7-27 落雁山铁矿 Fe_3矿层沿走向化学成分变化曲线

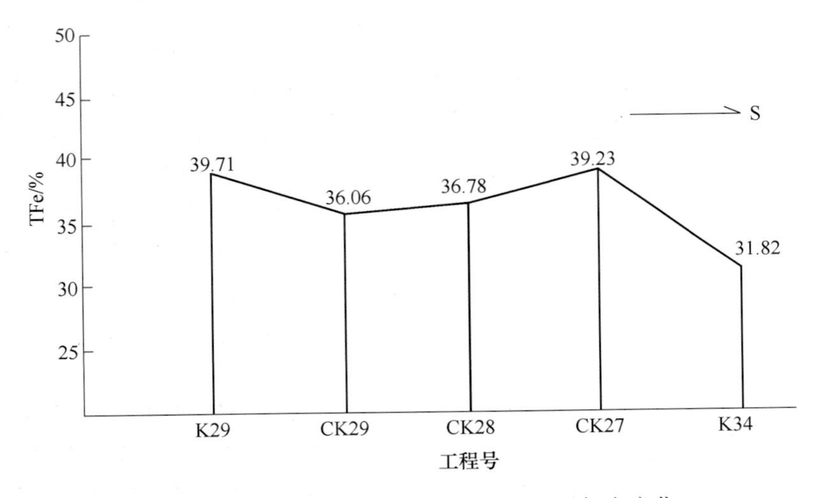

图 7-28 落雁山铁矿 Fe_3矿层 TFe 含量沿倾向变化

Fe_3矿层沿走向 8600m 范围内，据 18 个工程的分析结果统计，TFe 变化系数为 14.57%；据ⅩⅤ号线沿倾向 2550m 距离内 5 个工程的分析数据统计，品位变化系数仅为

7.68%。可见铁的品位沿走向和沿倾向都相当稳定。

综上所述，铁在 Fe_3 矿层中分布均匀，到矿层边部时随着矿层厚度的变小品位也随之降低。

（四）铁在地表样和深部样中的含量变化

为研究地表风化作用对矿石品位的影响，对部分矿区地表样和深部样的铁含量进行了比较（表7-14）。由表7-14知，仙人岩、谢家坪、太平口、石板坡4个矿区地表样的品位无一例外地高于深部样，变化率 +1.79%～ +29.16%，说明表生氧化作用对鄂西宁乡式铁矿矿石品位的影响是存在的，有一定的富集作用。其中最为明显的是太平口铁矿，地表样TFe含量为40.62%，明显高于地下样（31.45%）。表生氧化作用对矿石质量的影响与矿石类型有一定的关系，鲕绿泥石菱铁矿矿石存在比较明显的表生富集作用，赤铁矿石则作用不明显。

表7-14 地表和深部样品成分比较 （%）

矿区	样品	TFe	S	P	SiO_2	Al_2O_3	CaO	MgO	TiO_2	Mn	烧失	备注
仙人岩铁矿	地表样	42.64	0.083	0.821	17.69	3.33	3.15	1.05	2.21	0.28	5.78	Fe_4 矿层
	深部样	41.89	0.43	0.67	14.56	7.04	4.37	1.15	0.16	0.22	7.67	
	地表样 - 深部样	0.75	-0.347	0.151	3.13	-3.71	-1.22	-0.1	+2.05	0.06	-1.89	
	变化率	+1.79	-80.70	+22.54	+21.50	-52.70	-27.92	-8.70	+12.81	+27.27	-24.38	
谢家坪铁矿	地表样	40.03	0.024		31.65	14.48	3.33	0.74				Fe_2 矿层
	深部样	34.13	0.085		37.37	11.36	9.56	1.10				
	地表样 - 深部样	5.90	-0.061		-5.72	3.12	-6.23	-0.36				
	变化率	+17.29	-71.76		-15.30	+27.46	-65.17	-32.73				
	地表样	41.76	0.015		28.16	6.45	1.67	0.63				Fe_3 矿层
	深部样	35.63	0.11		27.84	11.29	5.58	1.55				
	地表样 - 深部样	6.13	-0.095		0.32	-4.84	-3.91	-0.92				
	变化率	+17.20	-86.36		+1.15	-42.87	-70.07	-59.35				
太平口铁矿	地表样	40.62										Fe_4 矿层
	深部样	31.45										
	地表样 - 深部样	9.17										
	变化率	+29.16										
石板坡铁矿	地表样	47.27										Fe_3 矿层
	深部样	43.92										
	地表样 - 深部样	3.35										
	变化率	+7.63										

二、磷

（一）磷在不同矿区中的含量

恩施—宜昌高磷赤铁矿以含磷高为特征，但是各矿区的含磷量并非“铁板一块”都很高，而是存在着高低差异，最大差距可达 2.39 倍。不同矿区磷含量的变化系数要大于铁含量的变化系数，磷铁的相关系数也很低（$r=-0.202$），表明磷元素的集散不完全与铁同步，磷的集散有其独立性。

全区不同矿区中磷含量的分布图（图 7-29）表明磷含量存在贫富差异现象：含磷高的矿区和含磷相对较低的矿区分别聚集，形成高磷区和低磷区。以 P＞1.3% 为界，可圈出白庙岭和马鞍山两个高磷区，以 P＜0.6% 为界可圈出官庄、谢家坪、伍家河等 5 个低磷区。由高磷区中心向外，磷含量依次降低为 1.2%、1.1% 和 1.0%；由低磷区中心向外，磷含量依次升高为 0.7%、0.8%。在低磷区与高磷区之间，有着较为宽阔的过渡区，分布在该区的铁矿磷的含量为 0.8%~1.0%。对比矿区磷含量与其产出的古地理条件，发现了高磷区一般分布在古水深 40~60m 的区域，矿石中古生物化石较为丰富；低磷区分布在水深小于 40m 或大于 60m 的区域，矿石中古生物化石相对较少。

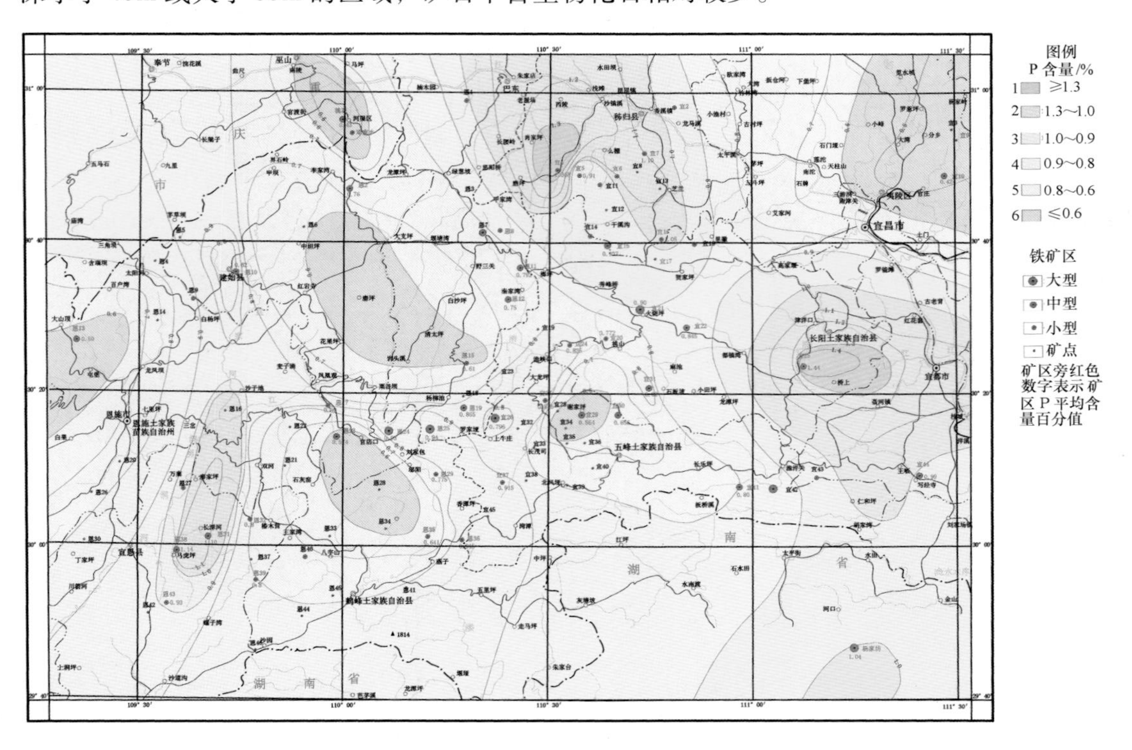

图 7-29　P 含量分布图

（二）磷在不同矿层中含量

据不完全统计，P 在 Fe_1、Fe_2、Fe_3、Fe_4 四个不同矿层中的平均含量分别为 1.10%、0.845%、0.857%、0.795%。以 Fe_1 矿层含磷量最高，Fe_2、Fe_3 矿层含磷量近似，Fe_4 矿层含磷量最低。

（三）磷在同一矿层中含量

同一矿层在不同矿区含磷量有高低差异，例如同为 Fe_3 矿层有的矿区含磷高达 1.44%，有的矿区含磷 0.424%，这是由于上述贫富分异造成的。在一个矿区的范围内同一矿层沿走向、倾向和厚度方向含量也有变化。如官店矿区 CK1 钻孔从 Fe_3 矿层顶部至底部所采的 10 个样中（表 7-11、图 7-26），含磷最高为 1.64%，最低为 0.761%，相差 1.16 倍，变化系数为 27.43%。落雁山矿区 Fe_3 矿层含磷沿走向变化较小，沿倾向变化较大（表 7-13）。矿层中磷含量的变化较 TFe 含量变化大。

（四）磷在地表样和深部样中含量变化

磷在地表样和深部样中含量的变化见仙人岩矿区的统计结果：140 个地表样磷平均含量为 0.821%；11 个深部样磷平均含量为 0.67%，地表样含磷较深部样高，变化率为 +22.54%。本区磷以胶磷矿形式存在，胶磷矿在表生风化作用中性质比较稳定。据测定，磷酸钙在 20℃ 水中的溶解度仅 $2\times10^{-3}\sim3\times10^{-3}$ g/100g，属于基本不溶。随着铁矿层中易溶组分的流失，磷相对富集。磷在氧化带中富集的现象在磷块岩型磷矿床中常见，风化作用可使 P_2O_5 的含量提高 5～10 个百分点。本区铁矿中磷含量的变化也符合磷在表生作用中的地球化学性质。

三、硫

（一）硫在不同矿区中的含量

各矿区含硫量分布图（图 7-30）表明，矿石中总体含硫很低，大多在 10^{-4} 这一数量级，但是出现 4 个含量高的区域（官庄、仙人岩、太平口、龙角坝），在这些区域中矿区硫的含量超过 0.1%，最高达 0.738%。高硫区域以外，硫的含量均很低，为 0.02%～0.06%，其中尹家村—黑石板、铁厂湾地区含硫最低（$S<0.02\%$）。

（二）硫在不同矿层中的含量

硫在不同矿层中的平均含量见图 7-31。由图知，Fe_1、Fe_2、Fe_3 矿层含硫量相近，分别为 0.04%、0.02%、0.05%，处在 10^{-4} 数量级，而 Fe_4 矿层硫含量为 0.325%，明显高于其他矿层，且要高出一个数量级。

（三）硫在同一矿层中的含量

据官店铁矿及落雁山铁矿研究（表 7-11、表 7-12、表 7-13）硫含量在 Fe_3 矿层中沿走向、倾向和厚度方向都有所变化，变化系数为 7.70%～35.42%。大多数样品硫的含量一般不会超过 0.1%，因此总体上分布比较均匀。

（四）硫在地表样和地下样中的含量

据仙人岩、谢家坪两个铁矿统计，地表样硫的含量明显低于地下样（表 7-14）。仙人岩矿区 144 个地表样含硫平均 0.083%，深部 5 个样含硫平均 0.439%，地表样相对于地下样硫含量的变化率为 −80.70%。谢家坪铁矿 Fe_2 矿层地表样含硫 0.024%，地下样含硫 0.085%，地表样相对于地下样硫含量的变化率为 −71.76%；Fe_3 矿层地表样含硫 0.015%，地下样含硫 0.11%，地表样相对地下样硫的变化率为 −86.36%。由此可见，该区铁矿地表样因风化作用造成硫的流失现象是普遍且明显的存在，硫的流失率为 −71.76%～−86.36%。

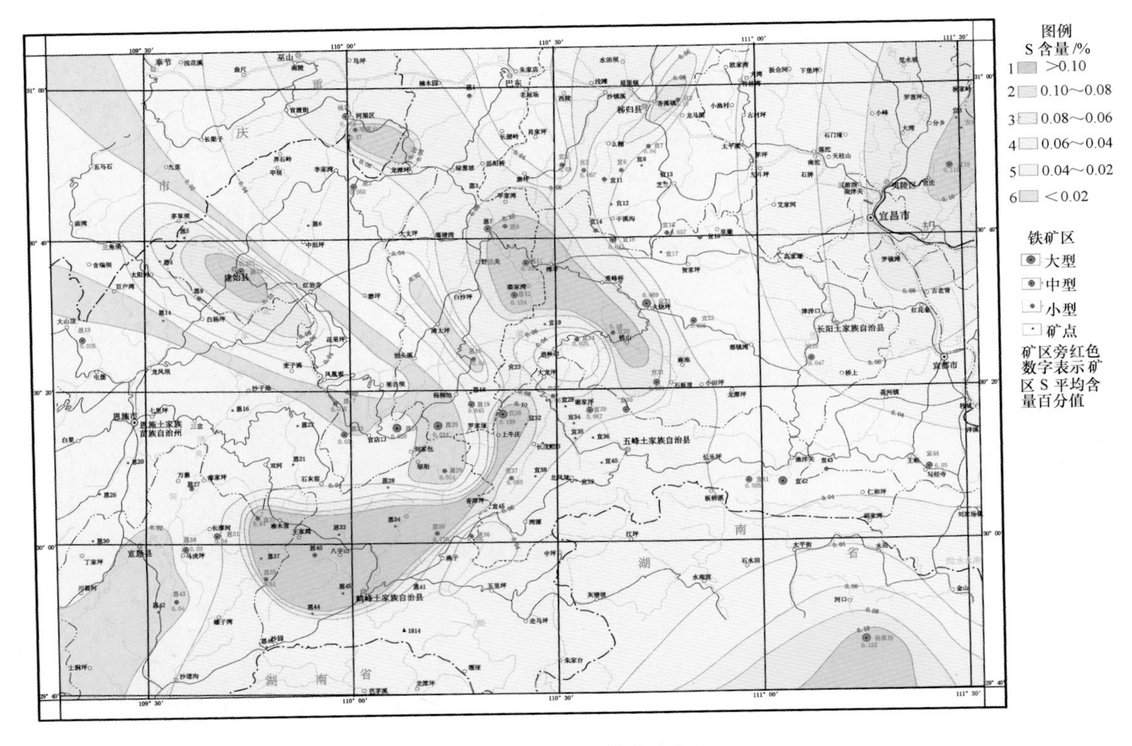

图 7-30 S 含量分布图

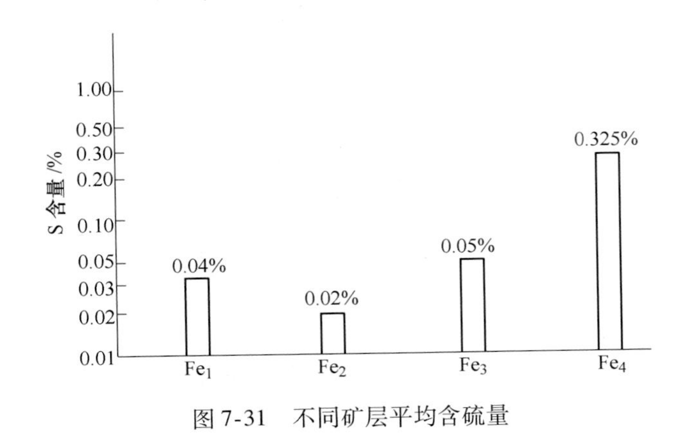

图 7-31 不同矿层平均含硫量

四、钙与镁

（一）钙

全区钙的含量分布图（图 7-32）表明，钙的分布有比较明显的规律：高钙区（CaO > 8%）主要分布在东部宜昌地区，火烧坪、青岗坪、官庄、松木坪一带，西部恩施地区除尹家村、伍家河、火烧堡一带含钙较高外，其余地区含钙都不高，属中钙区（CaO 8%～2%）。而南部清水湄、朝阳坪、杨家坊一带含钙低，属于低钙区（CaO < 2%）。对照 Fe_3

成矿期岩相分布图，本区钙的含量分布与微相区的分布基本吻合。高钙区位于铁质岩—页岩—灰岩微相区，中钙区位于铁质岩—页岩—砂岩微相区，或铁质岩—砂岩—页岩微相区，而低钙区位于铁质岩—砂岩微相区。

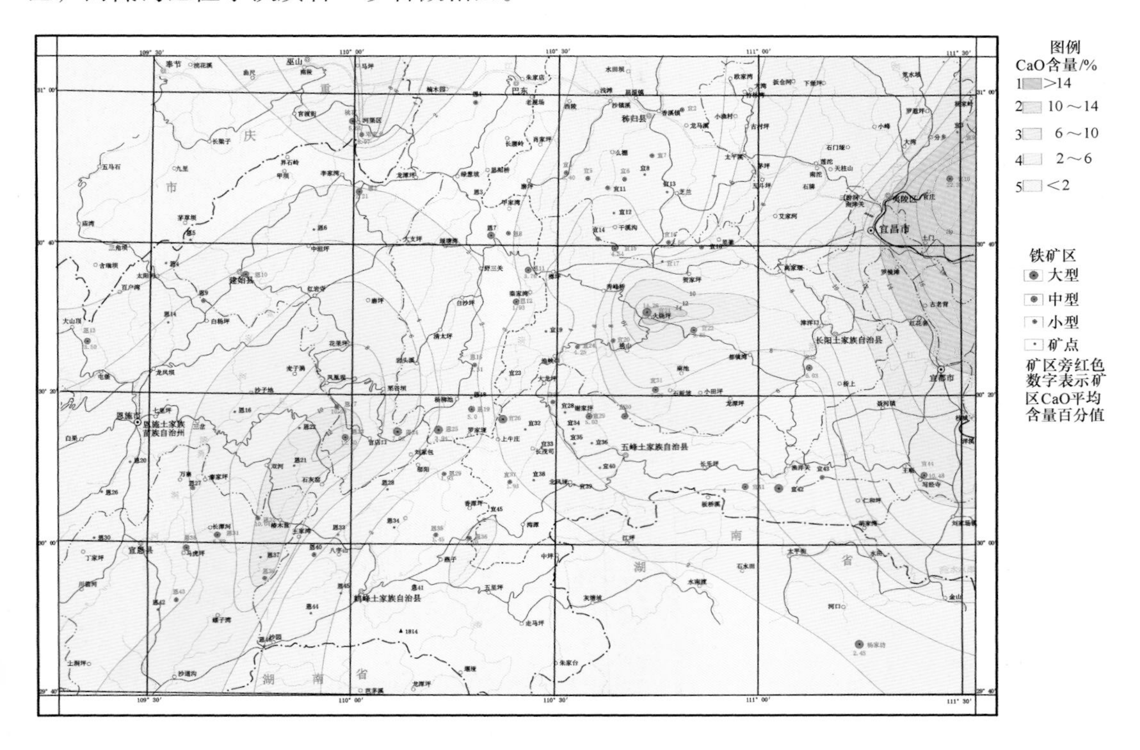

图 7-32 CaO 含量分布图

CaO 在不同矿层中的平均含量：Fe_1 矿层（缺数据），Fe_2 矿层 2.02%，Fe_3 矿层 7.91%，Fe_4矿层 4.66%，以 Fe_3矿层含钙最高，这与 Fe_3成矿期有较多碳酸盐沉积有关。在一个矿区内钙在同一矿层中分布不很均匀，官庄矿区 Fe_3矿层自顶部到底部 CaO 的含量变化介于 2.39%~8.79%，变化系数为 44.12%。落雁山矿区沿走向 CaO 的含量变化较小，为 2.90%~6.13%，变化系数 22.79%；沿倾向变化较大（2.47%~12.00%），变化系数达 86.28%。

据仙人岩、谢家坪铁矿研究，矿石 CaO 含量地表样和地下样有差别，地表样 CaO 的含量普遍低于地下样，地表样对地下样 CaO 含量的变化率为 -27.92%~ -70.07%。造成这种情况的原因是矿石中含钙碳酸盐（方解石、白云石、菱铁矿）在风化作用中易分解使钙流失。与硫相比，钙的流失作用较弱，地表样中钙仍保持一定的含量。

（二）镁

该区铁矿 MgO 分布见图 7-33。铁矿中含 MgO 普遍较低，最常见的含量为 1.0%~2.0%，在区域上仍可分出含镁高的地区和含镁低的地区。含镁高的地区（MgO >2.0%）出现在火烧坪、松木坪一带，含镁低的地区（MgO <0.4%）出现在白庙岭一带。含镁高的地区位于 Fe_3 成矿期铁质岩—页岩—灰岩微相区，含镁低的地区位于铁质岩—砂岩微相区。

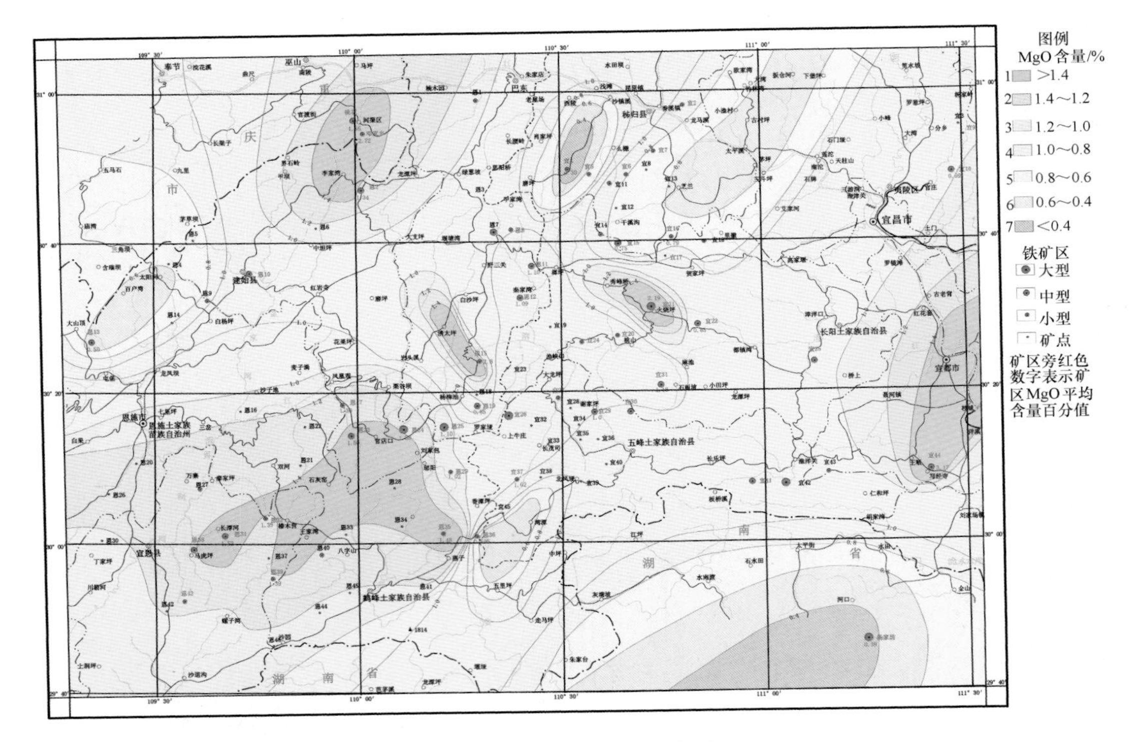

图 7-33　MgO 含量分布图

镁在不同矿层中的含量：Fe_1矿层（缺数据），Fe_2矿层 1.04%，Fe_3矿层 1.24%，Fe_4矿层 1.60%，自 Fe_2至 Fe_4矿层，镁的含量逐步增多。一个矿区范围内同一矿层中镁的分布比较均匀，据官店矿区和落雁山矿区的资料，MgO 含量沿矿层不同方向的变化系数为 18.25%~24.68%。

据仙人岩矿区资料，MgO 也存在地表流失的现象，流失率 -8.70%~ -59.35%。

五、硅与铝

（一）硅

全区 SiO_2含量分布图（图 7-34）表明，不同矿区硅含量差别明显，含硅最高的矿区 SiO_2含量 36.06%，与含硅最低的矿区 SiO_2含量 9.12% 相差 2.95 倍。含硅高的矿区和含硅低的矿区分别聚集，形成高硅区和低硅区，高硅区有两个：北部的位于白庙岭、锯齿岩一带，南部的位于朝阳坪、清水湄一带，两区含 SiO_2均大于 25%；低硅区位于东部火烧坪、官庄、松木坪矿区所在的面积较大的区域，以及中部龙角坝、石崖坪、官店一带。两区 SiO_2的含量均小于 13%。在高硅区与低硅区之间的矿区含硅一般在 15%~21%。

该区 SiO_2与 CaO 分布似有互补关系，SiO_2含量高的区域一般含 CaO 较低，如白庙岭、锯齿岩、朝阳坪、清水湄等矿区；反之，含 CaO 高的矿区 SiO_2含量较低，如火烧坪、官庄、青岗坪、松木坪等矿区。

硅的分布受 Fe_3期沉积微相控制，分布于铁质岩—页岩—碳酸盐微相区的矿区含 SiO_2较低，分布于铁质岩—砂岩微相区的矿区含硅很高，分布于铁质岩—页岩—砂岩微相和铁质岩—砂岩—页岩微相的矿区含硅量中等。

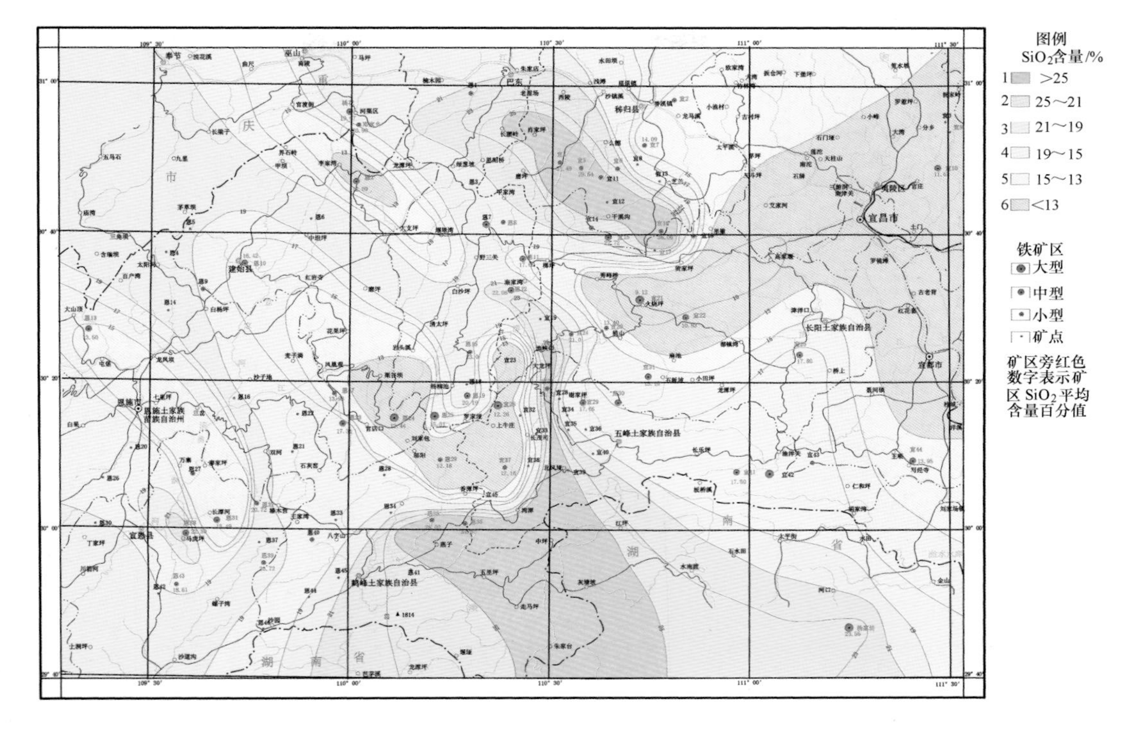

图 7-34 SiO_2 含量分布图

不同矿层中硅的平均含量如下：Fe_1 矿层 14.09%，Fe_2 矿层 29.84%，Fe_3 矿层 15.99%，Fe_4矿层 18.72%。Fe_2矿层多产于砂岩夹页岩岩层中，矿石中石英碎屑甚多，因此含 SiO_2特别高。Fe_3矿层形成时沉积相较为复杂，不同微相含 SiO_2高低差别较大，全层平均，处于中等水平。Fe_4矿层形成时，钙质碳酸盐沉积阶段已经基本结束，取而代之的是铁质碳酸盐沉积和鲕绿泥石沉积，因此含 SiO_2相对也较多。

一个矿区范围内同一矿层中，SiO_2沿走向、倾向、厚度方向的变化一般比较小，SiO_2的变化系数为 19.11%~24.77%。对比地表样和地下样 SiO_2的含量，未发现明显的规律性，有的矿区地表样高于地下样，有的矿区则相反。

（二）铝

区域矿区中 Al_2O_3含量的分布图（图 7-35）表明，在铁厂湾、谢家坪一带存在一个高铝区（Al_2O_3含量超过 10%），白庙岭一带存在一个低铝区，Al_2O_3含量小于 4%。其他区域中的矿区含 Al_2O_3 4%~10%。铝的分布与 Fe_3成矿期沉积微相分布有关，高铝区分布于铁质岩—页岩—砂岩微相区，低铝区分布于铁质岩—砂岩—页岩微相区和铁质岩—砂岩微相区。铁质岩—页岩—灰岩微相区含铝也较低。

不同矿层中 Al_2O_3的含量：Fe_1矿层（缺数据）、Fe_2矿层 7.81%，Fe_3矿层 6.80%，Fe_4矿层 8.41%。Fe_3层矿石中常含较多钙质矿物，黏土矿物含量相对较少，使其含 Al_2O_3最低。Fe_2层中少钙质碳酸盐而多黏土矿物，故含铝量高于 Fe_3层，Fe_4层中的铝除含在黏土矿物中外，还含在鲕绿泥石中，由于鲕绿泥石的量大，使 Fe_4层含铝最高。

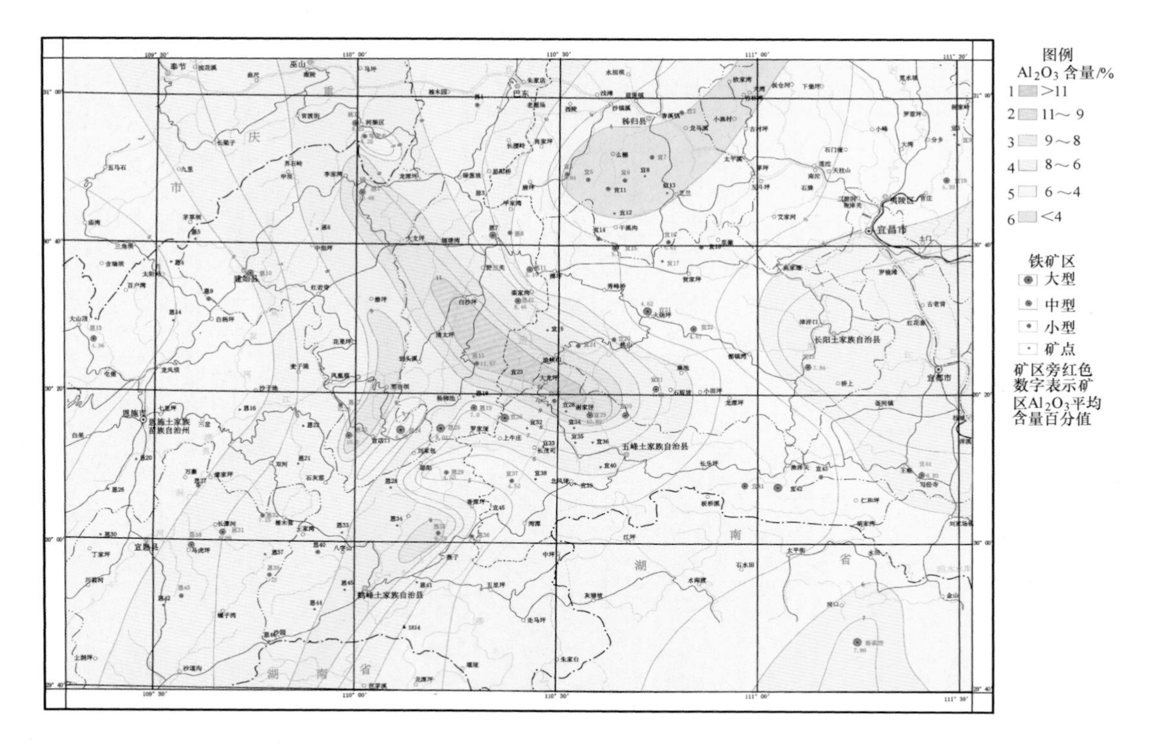

图 7-35 Al_2O_3 含量分布图

铝在地表样和地下样中的含量对比没有显示出明显的规律，有的矿区地表样含铝高于地下样，有的矿区则相反。

六、影响元素分布的因素

综上所述，将本区铁矿中成矿元素和主要伴生元素的分布特征及主要控制因素列于表7-15。

表 7-15 元素的分布特征和控制因素

元素	平均含量/%	变化系数/%	不同矿区分布		不同矿层含量/%	同一矿层内变化	含量主要控制因素
			富集区	贫化区			
TFe	39.85	10.75	十八格 铁厂湾—官店 黄粮坪 松木坪	白庙岭 尹家村—马虎坪 朝阳坪	Fe_1：32.36 Fe_2：36.07 Fe_3：42.16 Fe_4：34.01	均匀	古地貌沉积微相
P	0.855	23.86	白庙岭 马鞍山	官庄 谢家坪 伍家河 铁厂坝	Fe_1：1.10 Fe_2：0.845 Fe_3：0.857 Fe_4：0.795	较均匀	古水深、古生物作用
S	0.080	154.0	官庄 仙人岩 太平口 龙角坝	尹家村—黑石板 铁厂湾	Fe_1：0.04 Fe_2：0.02 Fe_3：0.05 Fe_4：0.325	不均匀	沉积时氧化还原条件

续表 7-15

元素	平均含量/%	变化系数/%	不同矿区分布		不同矿层含量/%	同一矿层内变化	含量主要控制因素
			富集区	贫化区			
CaO	6.29	17.24	官庄 火烧坪 松木坪	清水湄 朝阳坪	Fe_1：缺数据 Fe_2：2.02 Fe_3：7.91 Fe_4：4.66	不均匀	Fe_3成矿期沉积微相
MgO	1.24	50.0	火烧坪 松木坪	清水湄	Fe_1：缺数据 Fe_2：1.04 Fe_3：1.24 Fe_4：1.60	较均匀	Fe_3成矿期沉积微相
SiO_2	18.16	36.01	白庙岭 朝阳坪	火烧坪 官庄 松木坪	Fe_1：14.09 Fe_2：29.84 Fe_3：15.99 Fe_4：18.72	较均匀	Fe_3成矿期沉积微相
Al_2O_3	6.84	31.73	铁厂湾 谢家坪	白庙岭	Fe_1：缺数据 Fe_2：7.81 Fe_3：6.80 Fe_4：8.41	较均匀	Fe_3成矿期沉积微相

元素的分布受元素本身的地球化学性质及铁矿形成时沉积环境的控制。不同的沉积环境古水深、水能量、水介质的 E_h-pH、元素活度、生物繁衍程度都有差别，造成了元素的沉积分异。本区元素的分布主要受古地貌、沉积微相、氧化还原条件及生物作用的控制。

（1）铁富集于写经寺期远滨坡地环境。周围古陆带入的铁质，经远滨高地和远滨坪地到达远滨坡地带聚集并沉积，主要铁矿和高品位铁矿都分布在这一地带。赋铁岩相为灰岩夹页岩砂岩微相和页岩夹灰岩砂岩微相。

（2）磷的分布受成矿期生物作用强弱的控制，在水深 40 ~ 60m 的远滨坪地环境中生物繁衍最旺盛，富磷作用明显，造成矿石中含磷高。水较浅的远滨高地（20 ~ 40m）区域，和水较深的远滨洼地（60 ~ 100m）区域，因生物繁盛强度相对较弱，导致矿石中含磷较低。

（3）硫的分布受沉积时氧化还原条件的控制，Fe_1、Fe_2形成于近滨氧化环境，Fe_3矿层形成于远滨氧化环境，铁矿物以赤铁矿为主，硫含量普遍较低，Fe_4矿层形成于远滨弱氧化至弱还原环境，铁矿物除赤铁矿外，出现大量鲕绿泥石、菱铁矿，表明沉积环境 E_h = 0.2 ~ 0.3V，硫易以 FeS_2形式沉淀，导致矿石含硫量高。凡是以 Fe_4为主矿层的矿区，硫的平均含量都明显的高。

（4）CaO、MgO、SiO_2、Al_2O_3的分布受 Fe_3成矿期沉积微相的控制：产于铁质岩—页岩—碳酸盐微相中的铁矿含 CaO 和 MgO 含量较高，含 Al_2O_3中等，含 SiO_2较低；产于铁质岩—砂岩微相中的铁矿含硅很高，Al_2O_3、CaO、MgO 的含量均低；产于铁质岩—页岩—砂岩微相和铁质岩—砂岩—页岩微相中的铁矿含铝较高，钙、镁含量较低，硅含量中等至偏高。

第八章 成矿作用和成矿模式

第一节 成矿作用

宁乡式铁矿的成矿作用为沉积成矿作用，矿床为沉积成因，这一点早已毋庸置疑。尽管如此，研究仍在不断深入。作者认为：铁矿的成矿作用应详细分为沉积期成矿作用、成岩期成矿作用和后期改造作用三个阶段，沉积阶段表现为机械沉积作用、胶体沉积作用、化学沉积作用、生物沉积作用；成岩阶段表现为固结作用、重结晶作用和新生矿物充填交代作用；成矿后改造作用表现为接触交代及区域变质作用（表 8-1）。

表 8-1 宁乡式铁矿成矿作用

成矿阶段		成矿作用分类	成矿作用产物
沉积成矿作用	沉积期成矿作用	机械沉积作用	石英、白云母碎屑；硅质岩、石英岩、板岩碎屑；电气石、磷灰石、锆英石碎屑；水白云母、高岭石；生物碎屑。风暴作用形成砾状赤铁矿
		胶体沉积作用	赤铁矿，形成鲕粒同心环带；赤铁矿在鲕粒间凝块状产出；鲕绿泥石与赤铁矿相间形成鲕环；伊利石、高岭石形成鲕环或充填于鲕环间；玉髓形成鲕环；胶磷矿形鲕环或凝块
		化学沉积作用	方解石、白云石、菱铁矿，产于鲕粒间，常具亮晶结构
		生物沉积作用	生物遗体堆积成介壳灰岩夹层 生物有机体分解析出磷酸盐形成胶磷矿 赤铁矿叠层石
	成岩期成矿作用	固结作用 重结晶作用 新生矿物形成和充填交代作用	胶体矿物结晶 新生自形半自形磁铁矿 磁铁矿交代赤铁矿 方解石脉状产出 碎屑石英次生加大
成矿后改造作用	接触变质作用	同质多象相变作用 接触交代作用 热液充填交代作用	赤铁矿相变为磁赤铁矿 赤铁矿被磁铁矿交代 黄铁矿方解石石英脉穿插充填
	区域变质作用	动热变质作用 变质热液交代作用 变质矿物生成作用	围岩变为板岩、千枚岩 赤铁矿被磁铁矿交代 变质磁铁矿形成

一、沉积期成矿作用

成矿物质的富集、沉淀发生在沉积期，包括成矿物质在源区的解析、搬运、聚沉等过程。

（一）机械沉积作用

机械沉积是铁矿形成的重要成矿作用，矿石中石英碎屑、白云母碎屑、硅质岩等岩石碎屑，以及副矿物碎屑、生物碎屑和部分黏土矿物都是通过机械沉积方式形成，成为矿石的主要组分（图 8-1）。机械沉积作用产物的粒度可反映成矿时的水动力环境，铁矿中的石英碎屑粒度多为细砂级或粉砂级的，说明铁矿沉积时水动力不是很强。但是这种环境并不是自始至终的，矿层中多处出现砾状矿石，砾石为棱角状的铁矿碎屑及形态各异的岩石碎屑，代表了海底强烈扰动的风暴沉积。

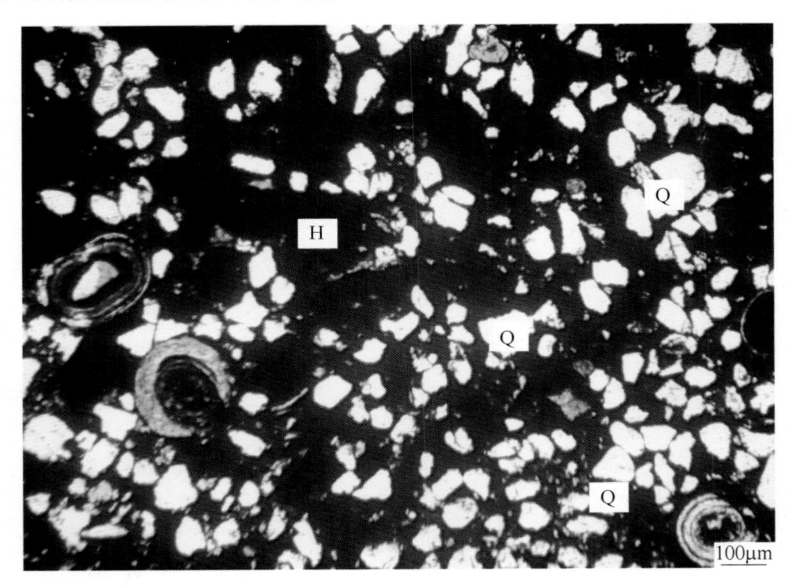

图 8-1　石英（Q）呈碎屑状颗粒散布于赤铁矿（H）间（薄片，单偏光）

（二）胶体沉积作用

胶体沉积作用是铁矿形成的最主要的沉积作用，赤铁矿、鲕绿泥石、伊利石、高岭石、玉髓、胶磷矿都是通过胶体沉积作用形成。为了强调胶体成矿作用，有不少研究者将宁乡式铁矿称为胶体化学沉积矿床。

（1）赤铁矿。源区岩石中的铁质解析出来后形成氢氧化铁胶体，氢氧化铁的胶体胶核为 $Fe(OH)_3$，因吸附一层 FeO^+ 成为带正电的胶团。这种氢氧化铁的胶体有相当的稳定性，并受到腐殖质的保护，可长距离搬运至沉积区。在沉积区由于氢氧化铁胶体的不断积聚，介质中电解质浓度（Ca^{2+}、Mg^{2+}、Na^+、Cl^-、K^+）的增大，以及遇到二氧化硅胶体、泥质胶体等带负电胶体，使之发生凝聚沉淀。凝聚物的颗粒极细，多为隐晶质，并形成鲕状构造。对于宁乡式铁矿中鲕状构造成因有不同的解释，但是仍以胶体化学实验时形成的“李寿根环”现象较有说服力。氢氧化铁胶体凝聚作用易围绕碎屑矿物进行，形成有核心矿物的鲕粒，也能以最初聚凝的胶体物质为中心，不断向外扩展，形成无矿物核心的鲕粒。

氢氧化铁的胶凝成矿作用至少发生过两期：早期形成鲕粒，晚期凝块状充填在鲕粒间。

（2）鲕绿泥石。鲕绿泥石为胶体沉积的主要依据有：矿物颗粒极细，为隐晶质；与赤铁矿的环带相间组成鲕粒，或单独形成鲕粒。但鲕绿泥石胶体产生机制与赤铁矿不同，鲕绿泥石胶体是氢氧化铝溶胶、氧化硅溶胶和氢氧化铁溶胶发生反应后形成。

（3）伊利石与高岭石。以三种方式形成，一是源区黏土矿物颗粒中较粗的部分，以悬浮的机械沉积方式搬运沉淀；二是源区黏土矿物中较细部分（$<0.1\mu m$），以带负电的泥质胶体形式搬运、沉积；三是源区风化产生的氧化铝正胶体及氧化硅负胶体在水盆地中相遇，由于电荷中和发生"相互聚沉"形成高岭石凝胶。黏土矿物胶体聚沉可发生在铁质胶体聚沉的同时，导致两者交互生长；也可发生在铁质胶体聚沉之后，与石英等充填在赤铁矿鲕粒间。

（4）玉髓。以二氧化硅溶胶（$SiO_2 \cdot nH_2O$）的形式搬运、沉淀，形成蛋白石，脱水后则成为玉髓。矿石中玉髓分散于赤铁矿粒间，或形成鲕环。

（5）胶磷矿。矿石中所见胶磷体几乎都为隐晶质，少部分可见极细的颗粒。胶磷矿常参与鲕粒的组成，胶磷矿环带与赤铁矿环带交互生长。电子探针和扫描电镜能谱分析表明，胶磷矿的环带常不含铁，可见胶磷矿胶体沉淀与赤铁矿胶体沉淀各自发生。

（三）化学沉积作用

矿石中碳酸盐均以真溶液形式搬运、沉积。方解石、白云石和菱铁矿常以亮晶（淀晶）胶结物的形式充填在赤铁矿的鲕粒之间，特别是自熔性矿石和碱性矿石生中，结晶较为完好，具有一定粒度、颗粒洁净的方解石镶嵌状胶结赤铁矿鲕粒（图 8-2）。

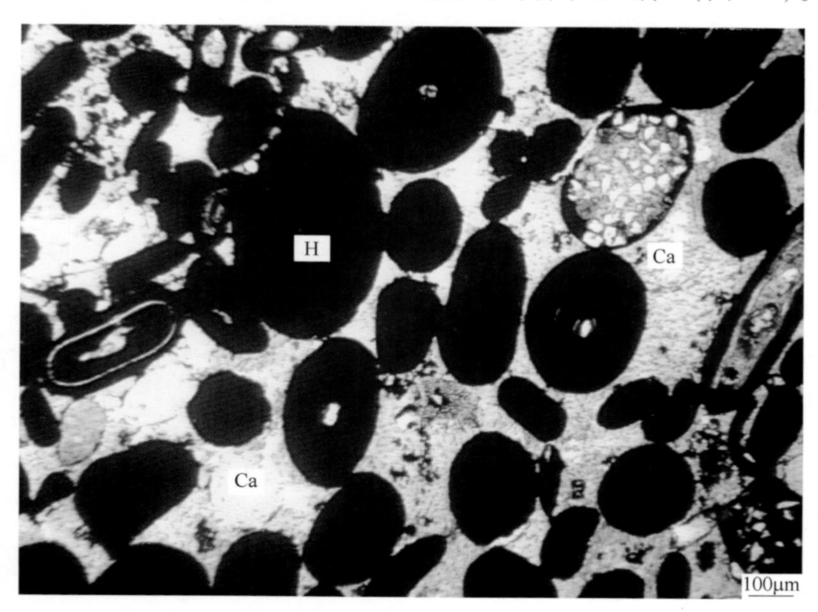

图 8-2 自熔性矿石（薄片，单偏光）
（结晶方解石（Ca）充填在赤铁矿（H）鲕粒间）

（四）生物沉积作用

生物沉积成矿作用有几种表现形式：

（1）生物遗体直接作为沉积物质。铁矿层中常有介壳灰岩的夹层，就是由介壳生物遗体堆积而成（图 8-3）。

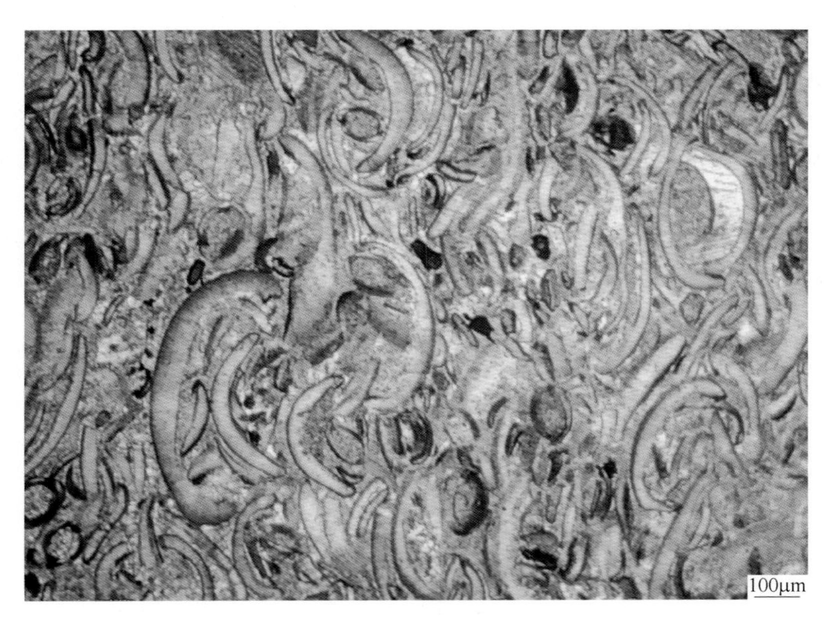

图 8-3　介壳灰岩（薄片，单偏光）
（铁矿层夹层或顶板中的介壳灰岩）

（2）据胡宁、徐安武（1998）研究，长阳青岗坪一带发育有十分独特的赤铁矿叠层石，类型以波状、柱状、锥状叠层石为主，大体呈层状、似层状产出，厚度从 5 ~40cm 不等，横向上与鲕状赤铁矿常呈相变关系。剖面中所谓的结核状、肾状赤铁矿，经显微镜下详细研究认为是赤铁矿藻鲕和藻核形石，其间普遍含有丝状、球状蓝绿藻，与华北宣龙式铁矿中发现的蓝绿藻如出一辙。

（3）生物在生长的过程中吸收介质中的磷，构成细胞的磷脂、核苷酸、三磷酸腺苷以及硬壳、骨骼、牙齿等，发生生物聚磷作用。生物体中磷的含量可高出水体中的磷含量数十倍至数百倍。生物死亡后体内所含磷分解出来，在碱性的条件下，形成磷酸钙沉淀。该区铁矿中的磷矿物就是以生物化学沉积的方式形成的，含量分布与岩相古地理环境密切相关，在生物特别繁盛的区域形成的铁矿中，磷的含量高，在生物繁盛程度较低的区域形成的铁矿中磷的含量较低。

二、成岩期成矿作用

成岩期成矿作用指发生在成岩期，即由沉积物转变为固结的矿层阶段的成矿作用，包括压固、胶结、重结晶、新生矿物的形成等作用。成岩期成矿作用对矿石物质成分产生重要影响，是磁性铁矿石形成的主要成矿作用之一。

（一）重结晶作用

沉积的氢氧化铁胶体脱水转变为赤铁矿，并且发生结晶作用，形成微细的针状、片状结晶，局部见到晶体增大呈羽毛状、纤维状及细板条状，并与玉髓、黏土矿物交织成扇形、束状集合体。

鲕绿泥石、玉髓结晶形成扇形、放射状集合体。

（二）新生矿物的形成

成岩期生成的新生矿物最重要的是磁铁矿。

赤铁矿层沉积形成后，矿层所处地球化学环境由氧化环境转变为弱氧化至弱还原环境，致使矿层孔隙溶液溶解部分赤铁矿，后又以磁铁矿的形式结晶出来。由于磁铁矿的结晶能力强，新生磁铁矿多为自形半自形。随着磁铁矿晶出作用的增强，磁铁矿沿赤铁矿的鲕粒进行交代，形成环状、串珠状交代结构，有的鲕粒整体被磁铁矿交代，成为鲕状假象磁铁矿，鄂西 Fe_4 矿层中的磁铁矿就是以这种方式形成（图 8-4、图 8-5）。与接触变质改造形成的磁铁矿不同的是这种磁铁矿沿矿层分布，且无热液作用的迹象。

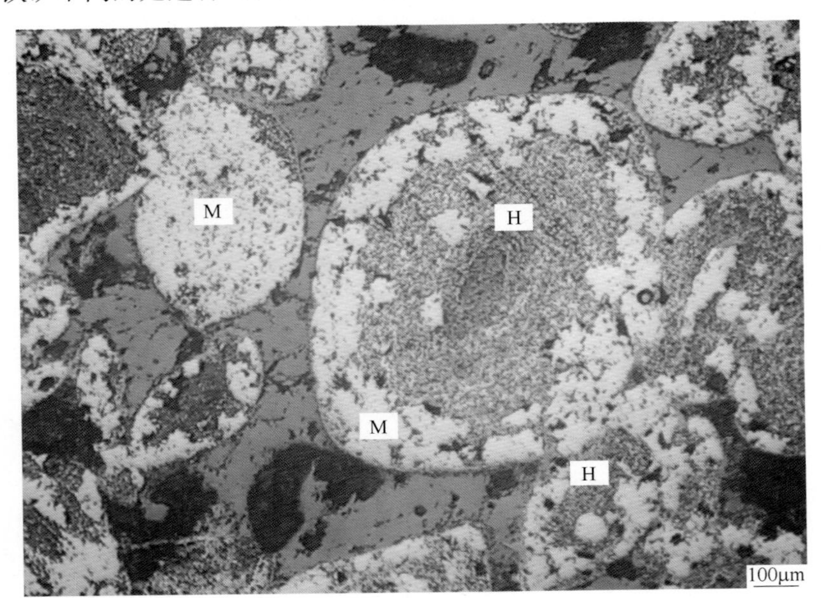

图 8-4 磁性富矿（光片，单偏光）
（磁铁矿（M）沿赤铁矿（H）鲕粒进行交代，形成环状交代结构，
左上角有一鲕粒已完全被磁铁矿交代）

矿石中其他新生矿物形成现象还有石英碎屑的次生加大，新生方解石沿细脉充填等。

三、成矿后改造作用

（1）接触变质作用。铁矿形成后受印支燕山期岩浆活动影响，发生接触变质改造作用。改造作用发生在岩体的外接触带，矿层中的赤铁矿发生相变，变成了磁赤铁矿，或被磁铁矿交代。交代强烈时赤铁矿石整体转变为磁铁矿石，交代不完全则形成磁铁赤铁混合矿石，尚有相当一部分仍保持为鲕状赤铁矿。矿石多被岩浆期后热液细脉穿插，细脉中有大量粗粒自形黄铁矿及粗晶方解石产出。经接触变质作用矿石品位增高，硫、磷等有害杂质的含量也增高。

（2）区域变质作用。大多数地区的宁乡式铁矿形成后，未再经受明显的区域变质作用。例外的是甘南的宁乡式铁矿。该区铁矿产于南秦岭印支褶皱带，经受了印支期区域动热变质作用。受区域变质作用影响，矿层中的泥质岩变为板岩、千枚岩，赤铁矿被磁铁矿交代，出现磁铁赤铁矿石。

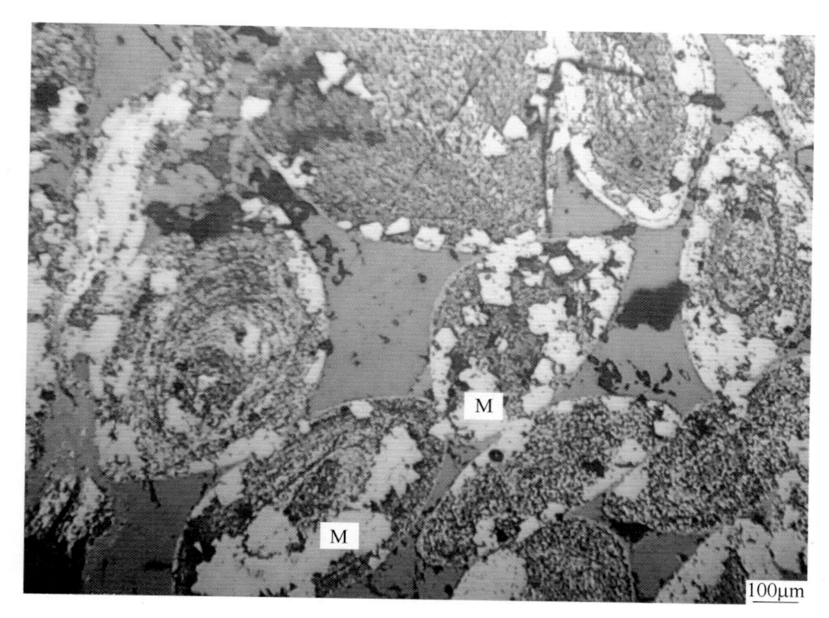

图 8-5　磁性富矿（光片，单偏光）
（磁铁矿（M）主要分布于鲕粒周边，鲕粒间少见磁铁矿）

第二节　矿床形成的地质地球化学条件

一、地质条件

矿床形成的地质条件见图 8-6。

（一）空间条件

加里东运动后，南方板块进入了板内活动时期。由于板内断裂的形成和活动，形成一系列断陷盆地，为铁矿的孕育、聚积、容纳提供了空间条件。

（二）物源条件

各断陷盆地四周为古陆所包围，含铁的岩浆岩、变质岩、前泥盆纪沉积岩和先期形成的铁矿层大面积出露经受风化剥蚀作用。由于处于湿热气候条件，风化作用强烈，进入了红土化阶段，源岩中铁、铝、硅、钙、镁、磷等元素源源不断地解析出来，进入地表水流，以碎屑物、泥质物、胶体及离子络离子等形式搬运至海盆中。

（三）沉积环境条件

宁乡式铁矿均形成于滨浅海环境，在无障壁的滨浅海条件下，主要沉积在近滨带和远滨带，尤以远滨带中形成的矿较好。在有障壁的海岸带，潮下台坪和潮间带均可成矿，以潮下台坪带有利形成规模较大、品质较好的矿。

（四）矿床定位条件

产于无障壁海岸的铁矿由古陆输入的成矿物质进入水盆地以后，并没有立即发生沉

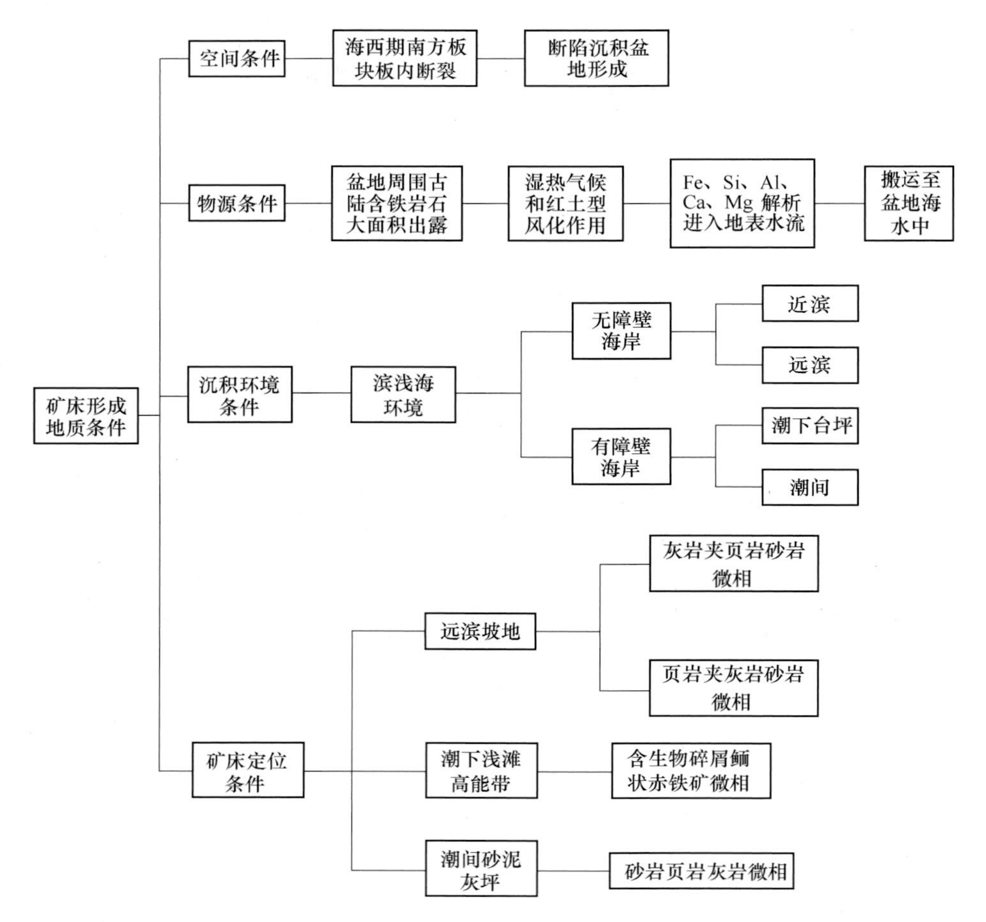

图 8-6 矿床形成地质条件示意框图

积，而是通过远滨高地、远滨坪地向远滨坡地和远滨洼地运移，在经过远滨高地和远滨坪地时有少部分铁质沉淀，也可形成矿床，但数量较少。成矿物质的大规模沉淀发生在远滨坡地。因为远滨坡地是古地貌的转换地带，海水明显加深，海水地球化学性质发生突变，造成铁质胶体大量聚沉。及至远滨洼地，成矿作用已为强弩之末，剩余的铁质形成的矿床就数量和规模已远不及远滨坡地区。

矿床定位对沉积微相有明显的选择作用，大部分矿床定位于灰岩夹页岩砂岩微相，少部分定位于页岩夹灰岩砂岩微相，只有个别产于砂岩夹页岩灰岩微相中。

产于有障壁海岸的铁矿，矿床定位于潮下浅滩高能带，潮下台地边缘浅滩、砂丘障壁沙坝、潮汐入口及通道处，或定位于潮间砂泥灰坪带。

二、地球化学条件

（一）沉积水体氧化还原（E_h）和酸碱性（pH）条件

海相沉积铁矿，铁元素的富集沉淀服从铁在沉积作用中地球化学性质。在海水中，铁呈 Fe^{2+}、$Fe(OH)^{+}$、$Fe(OH)^{2+}$ 等离子形式存在，并能形成 $Fe(OH)_3$ 胶体。Fe^{2+}、Fe^{3+} 的溶解度随溶液的酸度增大和 E_h 值降低而增大。铁的沉淀和形成的矿物组合则取决于 pH 值、E_h 值、溶质本身的浓度和 CO_2 及 S 的逸度等因素，这些因素互相影响和相互制约，确定了矿物沉淀的稳定域（图 8-7、图 8-8）。

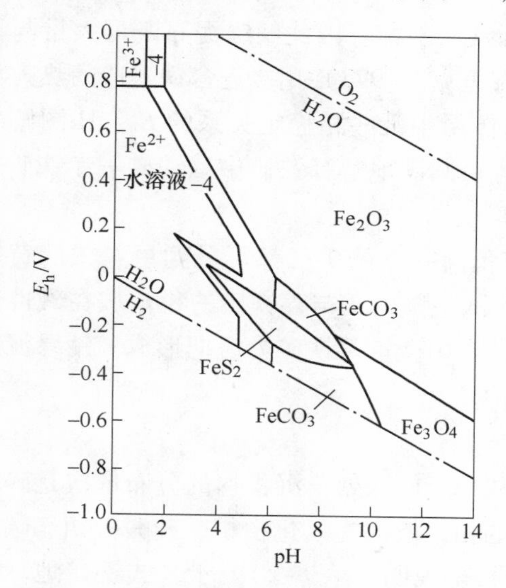

图 8-7　铁的氧化物、硫化物和碳酸盐（在 25℃和 1 个大气压的条件下）的水中稳定场关系
（据加勒尔斯，1960）
（溶解的总硫量 $=10^{-6}$M；溶解的总 $CO_2=10^0$M；非晶质 SiO_2 不存在；数字 −4 为铁的活度对数值，用来表示溶解度的变化率）

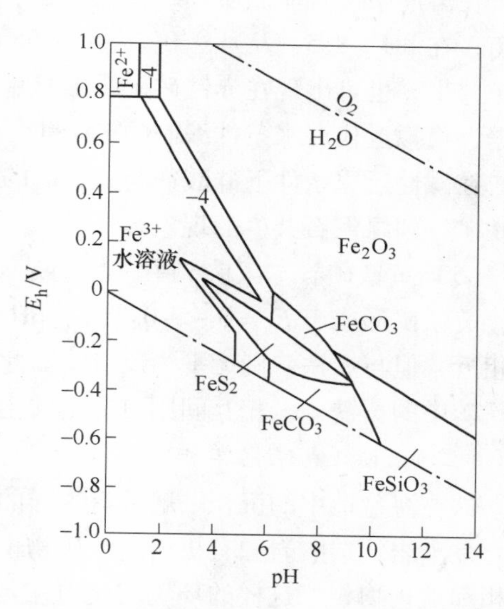

图 8-8　铁的氧化物硫化物、碳酸盐和硅酸盐在水中稳定场的关系（有非晶质 SiO_2 存在）
（据加勒尔斯，1960）（条件同图 8-7）

宁乡式铁矿中出现赤铁矿（Fe_2O_3）、磁铁矿（Fe_3O_4）、菱铁矿（$FeCO_3$）和鲕绿泥石（硅酸铁矿物）及黄铁矿五种铁矿物相，其产出的物理化学条件各不相同：

（1）赤铁矿。赤铁矿的稳定域最大，在氧化条件下只要 pH > 2 即可形成沉淀。在碱性条件下即使 E_h 为负值也能出现，和菱铁矿、磁铁矿或鲕绿泥石达到相平衡。因此赤铁矿是本区铁矿中分布最广的铁矿物，不但在鲕状赤铁矿中大量出现，也可在鲕绿泥石菱铁矿矿石或磁铁菱铁矿石中出现，构成混合矿石。

（2）菱铁矿。菱铁矿的稳定域比较狭，它产出条件 $E_h=0\sim-0.6$V，pH $=6.3\sim10.2$，因此可以根据菱铁矿的存在判断沉积环境为碱性还原环境。本区无论是鲕绿泥石菱铁矿矿石，抑或赤铁菱铁混合矿石均为碱性还原条件下铁沉积的产物。

（3）磁铁矿。据以往对宁乡式铁矿矿物相的研究，磁铁矿仅出现在经受过变质的矿床中，如湖南大坪铁矿、茶陵铁矿，江西的乌石山铁矿等。磁铁矿在变质过程中交代原生的沉积赤铁矿或自生结晶而成。作者近年来发现鄂西地区的某些宁乡式铁矿中也有磁铁矿，这些矿床并未经受过区域变质或接触变质，因此磁铁矿是原生的，对其产出条件的地球化学解释见图 8-7。该图表示的是 25℃和 1 个大气压条件下铁的氧化物、硫化物和碳酸盐在水中的稳定关系。当 $E_h=-0.35\sim-0.6$V，pH $=9\sim10.5$ 时，菱铁矿和磁铁矿达到平衡，宁乡式铁矿中菱铁矿和磁铁矿的组合正好代表了这一平衡。较为常见的磁铁矿与赤铁矿组合，代表了该相图中 $E_h=-2.5\sim-5.5V$，$pH>8.5$，$Fe_2O_3\sim Fe_3O_4$的平衡区域。

（4）鲕绿泥石。为硅酸铁矿物，其稳定场据图 8-8 为 $E_h=-0.2\sim-0.6V$，$pH>8.5$，并且在溶液中要有非晶质 SiO_2存在，在 $pH=8.5\sim10.5$，$E_h=-0.2\sim-0.6V$ 时与菱铁矿平衡，在 $pH>8.5$，$E_h=-0.2\sim-0.55V$ 时与赤铁矿平衡。因此鲕绿泥石既可大量与菱铁矿共生，也可出现在赤铁矿矿石中。克莱恩和布里克（1977）用接近含铁建造的热力学数据，模拟近代海水条件编制的 $Fe\text{-}SiO_2\text{-}O_2\text{-}H_2O$ 体系中某些相稳定关系的 E_h-pH 图解表明：在碱性还原条件下硅酸铁与磁铁矿的平衡线，可圆满地解释铁矿中磁铁矿—赤铁矿—菱铁矿—鲕绿泥石共生的现象。

（5）黄铁矿。本区铁矿中，特别是某些含硫稍高一点的矿区都可见到星点状的黄铁矿，黄铁矿形成于 $E_h=0\sim-0.35V$，$pH=4\sim9.5$ 的范围内，与菱铁矿的稳定域在碱性部分相近，但与赤铁矿则无平衡反应，因此本区赤铁矿中微量黄铁矿为后期形成。鲕绿泥石菱铁矿中的黄铁矿，相互间则可能是共生关系。

（二）沉积地球化学相

铁在海盆地中的沉积一般具有这样的规律，从边缘向深处，沉积物的分布依次是碎屑岩、黏土岩、碳酸岩和有机岩，铁矿物也呈不同的相，依次为氧化物相、硅酸盐相、碳酸盐相和硫化物相。这样的环境变化可用地球化学相来说明（表 8-2）。宁乡式铁矿地球化学相的演变不但表现在横向上，更大范围和更大层次是表现在纵向上，即表现在随时间推移在不同层序中铁的地球化学相的变化。例如鄂西 $Fe_1\sim Fe_4$四层矿，形成时间由早到晚，沉积的地球化学环境和矿物相也相应地发生演变（表 8-3），体现了瓦尔特沉积相率叠合原则。

表 8-2 铁的沉积地球化学相

沉积相	铁离子	主要铁矿物	沉积岩	有机质	E_h/V	pH
氧化相	Fe^{3+}	赤铁矿 褐铁矿 （磁铁矿）	砂质粉砂质碎屑岩，有少量硅质和钙质结核	无	>0.2	7.2~8.5
过渡相	$Fe^{3+}>Fe^{2+}$ 到 $Fe^{2+}>Fe^{3+}$	海绿石 鳞绿泥石 （磁铁矿）	粉砂质、砂质碎屑岩硅藻土和磷块岩	少	0.2~0.1	
弱还原相	Fe^{2+}	菱铁矿、鲕绿泥石	泥质沉积	多	0.0~-0.3	7.1~7.8
		铁白云石	白云岩和石灰岩			>7.8
强还原相		黄铁矿、白铁矿	有机质黏土黑色页岩、有机岩	很多	-0.3~-0.5	7.2~9.0

注：据黎彤，1979。

表 8-3　鄂西各矿层铁沉积地球化学相

矿层		地球化学相	主要铁矿物	其他沉积物	E_h/V	pH	与富矿的关系
Fe_4	上矿层	弱还原相	鲕绿泥石、菱铁矿	石英、玉髓、方解石、白云石、黏土矿物、胶磷矿	0.0～-0.3	>7.8	少有富矿产出
	下矿层	过渡相	磁铁矿、菱铁矿、赤铁矿	石英、玉髓、白云石、方解石、黏土矿物、胶磷矿	0.2～0.1	>7.8	有富矿产出
Fe_3		氧化相	赤铁矿	石英、方解石、白云石、蛋白石、黏土矿物、胶磷矿	>0.2	7.2～8.5	主要富矿产出矿层
Fe_2		氧化相	赤铁矿	方解石、白云石、石英、玉髓、黏土矿物	>0.2	7.2～8.5	有富铁矿产出，规模不大
Fe_1		氧化相	赤铁矿	方解石、白云石、石英、玉髓、黏土矿物、胶磷矿	>0.2	7.2～8.5	少有富矿产出

第三节　成矿模式

根据宁乡式铁矿的成矿作用、形成条件及矿床地质特征，总结成矿模式见图 8-9。

一、成矿准备

加里东运动之后，扬子陆块与华夏褶皱区碰撞叠接成统一的南方板块，板内的断裂活动形成 3 支北东向拉张型裂谷，古特提斯海海水经由裂谷由南向北侵漫，形成了华南海。在华南海域内，由于同沉积断裂的活动，形成一系列各种类型的断陷盆地，为宁乡式铁矿的沉积提供了成矿空间。盆地中最早的沉积，一般为碎屑岩，为铁矿层的形成铺垫了底板。

二、晚泥盆世早期成矿

晚泥盆世盆地坳陷加剧，海水加深，铁矿沉积区转变成近滨环境，或潮间、潮下台坪环境。从古陆输入的铁质积聚成为饱和溶液，并以氢氧化铁胶体的形式凝聚沉淀。但当时成矿环境尚不稳定，形成矿层薄而不稳定，矿石品位低，横向上常相变为含铁砂岩。在铁质大量沉淀后，海水中铁的浓度又降低至不饱和状态，铁质停止沉积，其上覆盖了泥质岩、碎屑岩及碳酸盐岩。

三、晚泥盆世晚期成矿

晚泥盆世早期成矿后，沉积盆地坳陷进一步加深。无障壁海岸由近滨相演变为远滨相，沉积区处于浪基面以下，沉积环境进一步趋向稳定。有障壁海岸海水加深，沉积微环境差异减小。此时海水中铁质浓度再次达到饱和，并大规模发生沉淀，形成了规模宏大的铁矿层，铁矿层的厚度可达到 6～8m，延伸可达十数公里，成为宁乡式铁矿的主体。晚泥盆世晚期，由于盆地坳陷作用停滞，沉积速率仍然较大，盆地逐步被填平补齐，沉积成矿作用结束。

四、成矿后改造

宁乡式铁矿成矿作用结束后，仍处于海环境，石炭系、二叠系、下三叠系的碳酸盐、

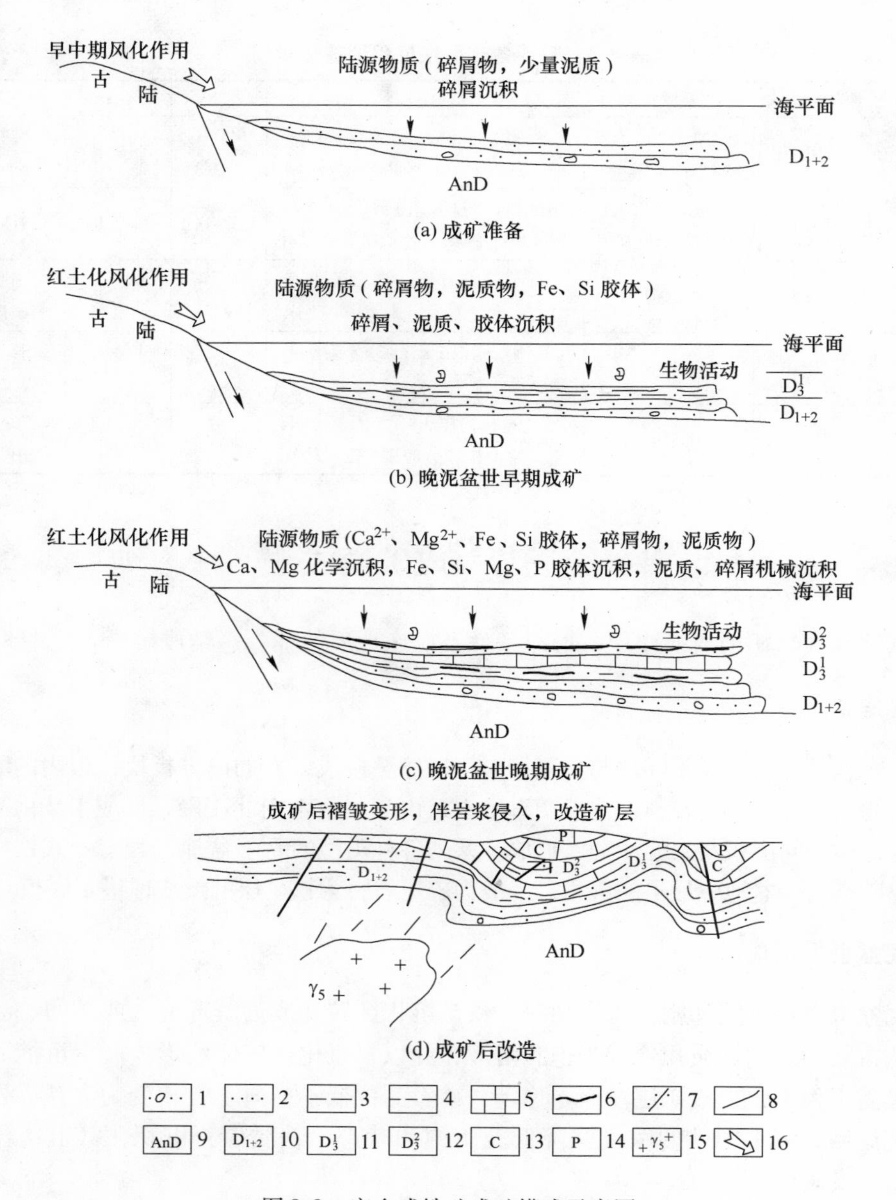

图 8-9 宁乡式铁矿成矿模式示意图

1—含砾砂岩；2—砂岩；3—粉砂岩；4—泥质岩；5—碳酸盐岩；6—铁矿层；7—成矿后改造；8—断层；9—前泥盆系；10—泥盆系中、下统；11—上泥盆统下部；12—上泥盆统上部；13—石炭系；14—二叠系；15—印支燕山期花岗岩；16—物源输入方向

碎屑岩、泥质岩沉积覆盖其上；直到印支期，发生了强烈的构造运动，前印支期的地层发生强烈褶皱，形成了一系列线状褶皱，铁矿层的形态、产状均随褶皱发生变化，断裂活动又破坏了矿层的连续性。印支燕山期的岩浆活动，使附近的铁矿层发生接触变质，改造了沉积矿层，使其化学成分、矿物共生组合都发生了重大改变。甘南地区的铁矿由于印支期的区域变质作用，也发生了变质改造。成矿后改造无论是接触变质抑或区域变质，均未改变宁乡式铁矿的基本形貌。

第九章　各省区市主要宁乡式铁矿

第一节　湖　北　省

湖北省是我国宁乡式铁矿最主要的产区，全省该类型的铁矿集中分布在恩施自治州和宜昌市境内（图9-1），产于恩施台褶束和长阳台褶束两个构造单元内。

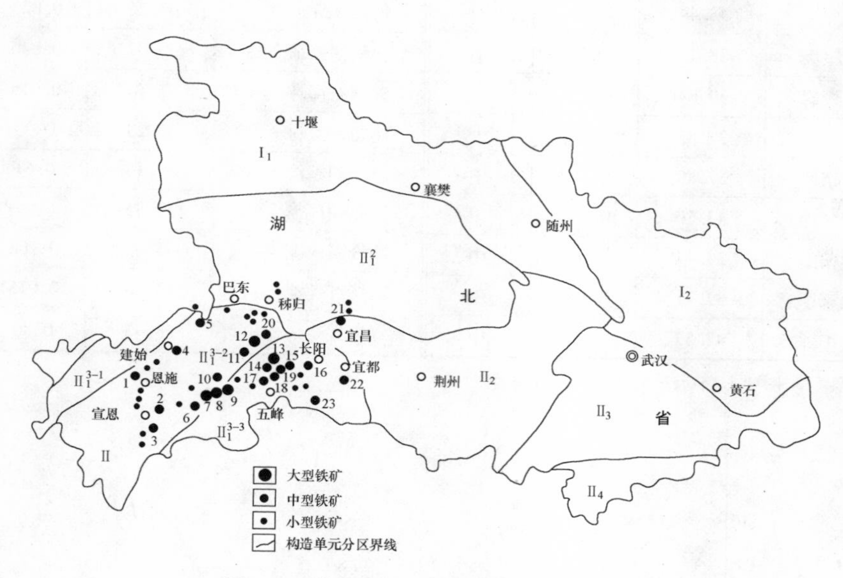

图9-1　湖北省宁乡式铁矿分布示意图

构造单元名称：I_1—南秦岭冒地槽褶皱带；I_2—桐柏大别中间隆起；II_1^2—鄂中褶断区；
II_1^{3-1}—利川台褶束；II_1^{3-2}—恩施台褶束；II_1^{3-3}—长阳台褶束；
II_2—两湖断坳；II_3—下扬子台坪；II_4—幕阜台坳

中大型矿区名称：1—铁厂坝；2—长潭河；3—马虎坪；4—太平口；5—十八格；6—伍家河；7—官店；
8—黑石板；9—龙角坝；10—龙坪；11—瓦屋场；12—仙人岩；13—火烧坪；14—田家坪；
15—青岗坪；16—马鞍山；17—谢家坪；18—黄粮坪；19—石板坡；20—杨柳池；
21—官庄；22—松木坪；23—阮家河

截至2013年底，省内共发现宁乡式铁矿产地93处，其中经地质勘查资源储量上平衡表的有44处，未上表的49处，共计查明铁矿资源储量20.00亿吨，占湖北省铁矿资源储量的68.20%。主要铁矿品位、含磷量及矿床规模见表9-1。宁乡式铁矿的储量在各县级行政区中的分布见图9-2。铁矿资源储量最多的县依次是建始、巴东、长阳、五峰、宣恩，资源量都在亿吨以上。

表 9-1　湖北省宁乡式铁矿主要矿床

矿床名称	平均 TFe/%	平均 P/%	矿床规模	矿床名称	平均 TFe/%	平均 P/%	矿床规模
1. 恩施铁厂坝	42.83	0.5	中	19. 长阳石板坡	40.61	0.82	中
2. 宣恩长潭河	41.95	1.1	中	20. 秭归杨柳池	38.32	0.937	中
3. 宣恩马虎坪	36.30	1.04	中	21. 宜昌官庄	38.72	0.424	中
4. 建始太平口	41.33	0.82	中	22. 宜都松木坪	45.95	0.99	中
5. 建始十八格	45.26	0.76	中	23. 五峰阮家河	43.19	0.8	中
6. 建始伍家河	40.11	0.574	中	杨林新村及峡口锯齿岩	36.53	1.064	小
7. 建始官店	45.11	0.93	大				
8. 巴东黑石板	38.37	0.94	大	秭归白庙岭	33.13	1.368	小
9. 五峰龙角坝	40.95	0.79	大	秭归白燕山	42.25	1.1	小
10. 巴东龙坪	43.44	0.865	中	长阳茅坪	42.26	0.825	小
11. 巴东瓦屋场	38.17	0.75	中	长阳傅家堰	39.07	0.846	小
12. 巴东仙人岩	39.84	0.792	中	五峰石崖坪	43.44	0.915	小
13. 长阳火烧坪	37.85	0.90	大	建始尹家村	33.23	0.90	小
14. 长阳田家坪	37.80	0.772	中	巴东刘家湾	39.46	0.61	小
15. 长阳青岗坪	43.70	0.845	中	巴东铁厂湾	47.65		小
16. 长阳马鞍山	39.44	1.11	中	鹤峰清水湄	34.02	0.708	小
17. 五峰谢家坪	37.77	0.564	中	鹤峰红莲池	42.25	0.915	小
18. 五峰黄粮坪	47.53		中	宣恩大烧堡	38.48	0.80	小

注：矿床编号与图 9-1 相对应，小型矿床未编号。

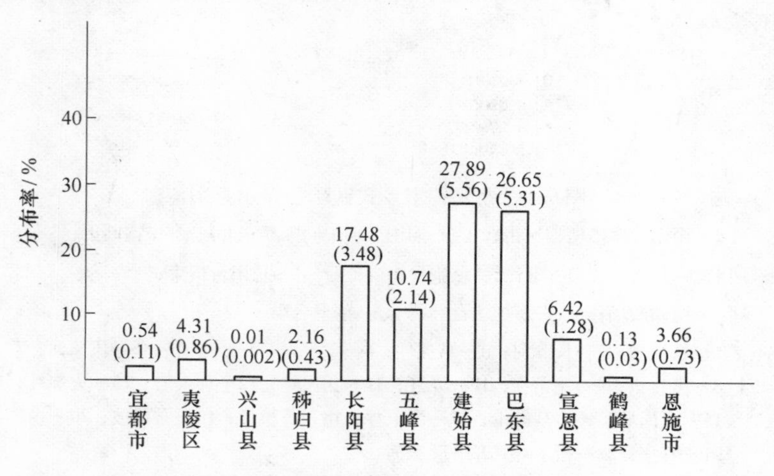

图 9-2　湖北省宁乡式铁矿资源储量分布
（括号内数字为资源量，单位：亿吨）

湖北省宁乡式铁矿规模大，资源集中度高。有大型铁矿 4 处，总资源量 11.0 亿吨，占全省宁乡式铁矿总产量的 55.49%，其中官店铁矿资源储量 4.21 亿吨，列于湖北省铁矿之首，也是我国规模最大的宁乡式铁矿。有中型铁矿 19 处，总资源量 8.18 亿吨，占全省宁乡式铁矿总量的41.05%。有小型矿61处，总资源量0.69亿吨，占全省宁乡式铁矿的3.46%（图9-3）。

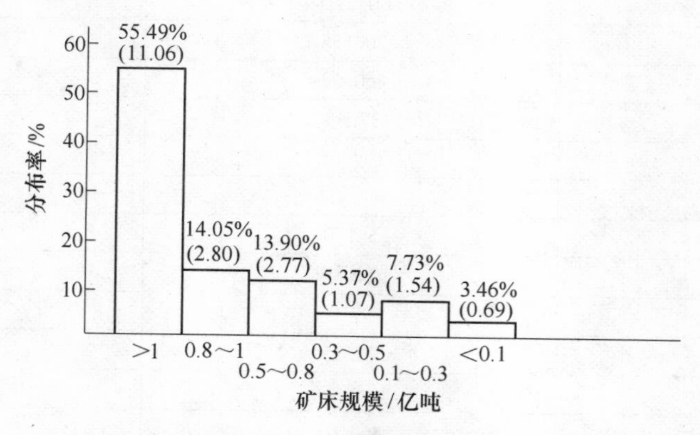

图9-3　湖北省宁乡式铁矿矿床规模分布
（括号内数字为资源量，单位：亿吨）

各矿区全铁平均品位47.5%~33.95%，全区铁矿平均品位按资源量加权平均值为41.54%，全省宁乡式铁矿中铁的总金属量为7.99亿吨。各矿区铁矿平均品位分布见图9-4。

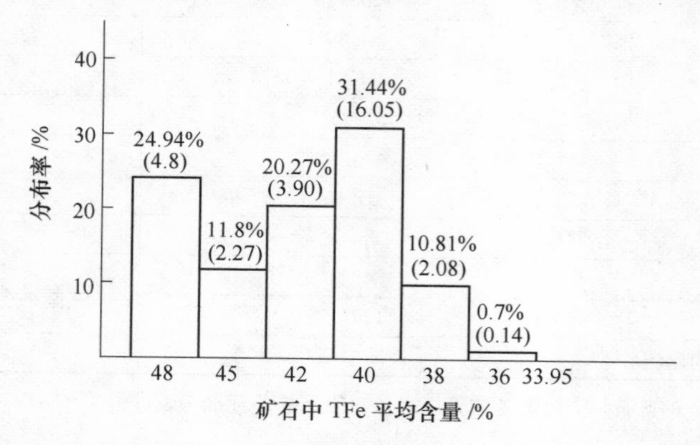

图9-4　湖北省宁乡式铁矿大中型矿床TFe平均含量分布
（括号内数字为资源量，单位：亿吨）

品位分布出现两个峰值，最大峰值在TFe 38%~40%组，第二个峰值在TFe 45%~48%组。后一峰值的出现说明有相当数量的富矿（TFe>45%）产出。各矿区富矿石的量见表9-2。官店、黑石板、长潭河、铁厂坝、官庄、仙人岩、龙角坝等铁矿中富矿量都在2000万吨以上，全区富矿资源量为82779.51万吨，占资源总量的41.41%（图9-5）。

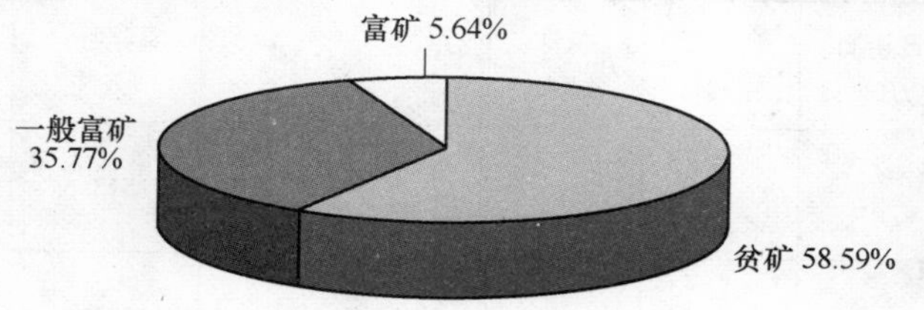

图9-5　湖北省宁乡式铁矿品级构成

表 9-2 湖北省宁乡式铁矿富矿资源量

矿 区 名 称	富矿/万吨	一般富矿/万吨
松木坪	209.58	838.32
官庄	460.32	2608.48
田家坪	37.65	715.25
石板坡	167.01	3173.19
火烧坪	608.02	11552.4
青岗坪	561.0	5048.85
傅家堰	62.0	248
谢家坪	97.0	388
石崖坪	74.85	374.15
龙角坝	1059.56	1589.34
铁厂坝	465.63	2638.57
伍家河	177.15	1003.85
太平口	164.25	810.75
十八格	228.45	1294.55
官店	4555.74	25815.86
黑石板	1208.88	6850.32
仙人岩	54.89	311.01
瓦屋场	74.81	423.89
龙坪	529.65	3001.35
长潭河	420.75	2384.25
铁厂湾	25.16	142.54
烧巴岩	28.08	252.72
红莲池	4.34	39.1
总计	11274.77	71504.74
占铁矿资源总量的比例	5.64%	35.77%

注：富矿指 TFe≥50% 的矿石，资源量为估算结果；一般富矿的标准为，酸性富矿 TFe 45%~50%，自熔性富矿 TFe>35%。

各矿区不同酸碱性的矿石量见表9-3。全区酸性矿石15.95亿吨，占83.46%，自熔性矿石1.63亿吨，占8.51%，碱性矿石1.54亿吨，占8.03%。恩施地区的铁矿均为酸性矿石，宜昌地区铁矿中出现半自熔性、自熔性和碱性矿石。一些大中型铁矿中，自熔性矿石和碱性矿石占的比例可达到75%~100%，如火烧坪铁矿、官庄铁矿、田家坪铁矿。

表 9-3 湖北省宁乡式铁矿大中型矿床矿石酸碱性

矿区名称	酸性矿石/万吨	自熔性矿石	碱性矿石	矿区名称	酸性矿石/万吨	自熔性矿石	碱性矿石
夷陵区官庄铁矿			8488.7	建始太平口铁矿	1543.5		
秭归杨柳池铁矿	2387.9			建始十八格铁矿	1523.0		

续表 9-3

矿区名称	酸性矿石/万吨	自熔性矿石	碱性矿石	矿区名称	酸性矿石/万吨	自熔性矿石	碱性矿石
长阳马鞍山铁矿	3200			建始伍家河铁矿	9729.4		
长阳火烧坪铁矿	3110.4	6947.0	5154.8	建始官店铁矿	42149.5		
长阳田家坪铁矿	359.38	529.80	1524.9	巴东黑石板铁矿	38379.4		
长阳青岗坪铁矿	1869.95	5609.85		巴东龙坪铁矿	6643.3		
长阳石板坡铁矿	1460.4	2558.5	165.7	巴东仙人岩铁矿	6321.1		
五峰谢家坪铁矿	2014.0			巴东瓦屋场铁矿	1593.8		
五峰阮家河铁矿	1260.4			宣恩马虎坪铁矿	1383.5		
五峰黄粮坪铁矿	3300			宣恩长潭河铁矿	9715.5		
五峰龙角坝铁矿	13862.5			总计	159533.93	16277.55	15356
宜都松木坪铁矿	436.9	632.4	21.90	占有率/%	83.46	8.51	8.03
恩施铁厂坝铁矿	7290.1						

各矿区中磷的平均含量见表9-4，磷平均含量的分布见图9-6。矿区中磷的平均含量为0.424%~1.44%，差别显著。磷含量全区总平均为0.865%。铁矿中伴生磷的总量为1664万吨，折合成含 P_2O_5 30%的矿石为9370万吨，相当于2个大型磷矿的资源量。矿石中其他伴生元素有锰、钒、钛、镓等，含量均不高。

表 9-4 湖北省宁乡式铁矿大中型矿床矿石中磷平均含量排序

序号	矿区名称	P/%	序号	矿区名称	P/%	序号	矿区名称	P/%
1	长阳马鞍山铁矿	1.44	9	巴东龙坪铁矿	0.865	17	建始十八格铁矿	0.76
2	宣恩马虎坪铁矿	1.14	10	长阳青岗坪铁矿	0.845	18	巴东瓦屋场铁矿	0.75
3	宣恩长潭河铁矿	1.1	11	建始太平口铁矿	0.82	19	五峰黄粮坪铁矿	0.656
4	宜都松木坪铁矿	0.99	12	长阳石板坡铁矿	0.82	20	建始伍家河铁矿	0.574
5	巴东黑石板铁矿	0.94	13	五峰阮家河铁矿	0.80	21	五峰谢家坪铁矿	0.564
6	秭归杨柳池铁矿	0.937	14	五峰龙角坝铁矿	0.796	22	恩施铁厂坝铁矿	0.5
7	建始官店凉水井—大庄铁矿	0.93	15	巴东仙人岩铁矿	0.792	23	宜昌官庄铁矿	0.424
8	长阳火烧坪铁矿	0.90	16	长阳田家坪铁矿	0.772			

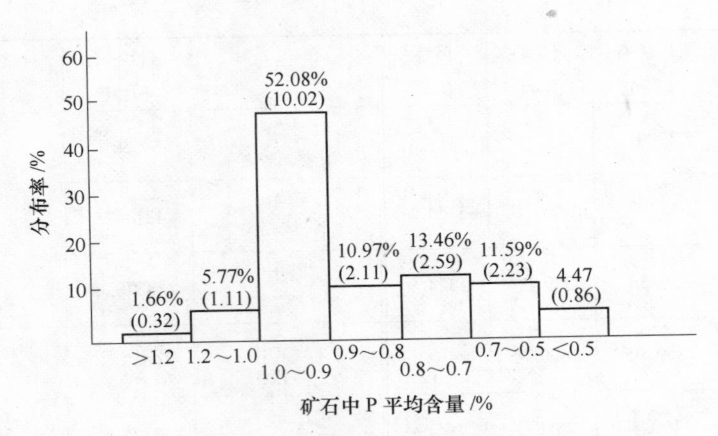

图 9-6 湖北省宁乡式铁矿大中型矿床 P 平均含量分布

（括号内数字为资源量，单位：亿吨）

一、宜昌市宜都市松木坪铁矿（图 9-1，22 号矿）

（一）位置及交通

矿区位于宜都 179°直距 27km 处，矿区距枝柳支线松木坪站 1km（运距），通铁路。

（二）矿区地质概况

矿区位于长乐坪背斜南翼和仁和坪向斜北翼东端。出露志留系至二叠系地层，铁矿产于上泥盆统写经寺组和黄家磴组地层中。

（三）矿体形态规模产状

矿区出现 4 个矿层（Fe_1、Fe_2、Fe_3、Fe_4），只有 Fe_3具有工业价值，共分 3 个块段 10 个矿体。其中 8 号矿体为主要矿体，长 650m，宽 560 ~ 860m，平均厚 1. 68m。倾向 225° ~ 210°∠10° ~ 23°，似层状产出，埋深 0 ~ 140m，资源量占全矿的 27. 53%。

（四）矿石类型及物质组成

按矿物组成和结构构造，分成三种矿石类型：

（1）钙质鲕状赤铁矿矿石。赤铁矿占 70% ~ 80%，白云石及其他碳酸盐矿物 10% ~ 15%，胶磷矿 5%，磷石灰 1%，石英 3%，绿泥石少量。具鲕状构造。

（2）鲕状赤铁矿矿石。赤铁矿 80% ~ 90%，胶磷矿 5%，石英 3%，玉髓 5% ~ 7%，海绿石、鲕绿泥石少量，碳酸盐少见。具鲕状构造。

（3）绿泥菱铁赤铁矿矿石。由赤铁矿、菱铁矿、绿泥石、石英及岩石碎屑组成。

各矿石类型化学组成见表 9-5。

（五）矿石质量及储量

地质勘查提交储量：酸性富矿 403. 65 万吨，自熔性富矿 628. 29 万吨，碱性富矿 15. 96 万吨；酸性贫矿 33. 61 万吨，碱性贫矿 5. 87 万吨；总计 1089. 38 万吨，平均品位 45. 95%，含 P 0. 99%，含 S 0. 03%，酸碱度 0. 86。

湖北省储委 1975 年 1 月批准储量：表内储量 A + B 级 144. 7 万吨，A + B + C 级 645. 5 万吨，D 级 445. 7 万吨；总计 1091. 2 万吠。

表 9-5　不同类型矿石化学组成

矿石类型	化学组成/%							酸碱度
	TFe	SiO_2	Al_2O_3	CaO	MgO	S	P	
钙质鲕状赤铁矿石	24.00 ~ 50.82	5.52 ~ 12.96	2.72 ~ 7.38	5.42 ~ 22.60	1.68 ~ 6.75	0.042 ~ 0.104	0.50 ~ 1.82	0.8 ~ 2.3
鲕状赤铁矿石	37.80 ~ 55.16	5.24 ~ 22.65	4.23 ~ 13.50	0.30 ~ 10.72	0.53 ~ 1.60	0.017 ~ 0.597	0.73 ~ 2.08	0.1 ~ 0.77
绿泥菱铁赤铁矿石	13.60 ~ 44.86	9.60 ~ 50.34	4.50 ~ 8.67	2.50 ~ 21.35	1.08 ~ 7.38		0.43 ~ 2.84	0.3 ~ 1.28
平　均	45.95						0.99	0.86

资源储量套改后确定：

探明的预可研边际经济基础储量（2M21）144.7 万吨；

控制的预可研边际经济基础储量（2M22）：946.5 万吨；

总计资源储量为 1091.2 万吨。截至 2004 年度保有资源储量 1082.8 万吨。

（六）勘查程度和资源远景

中南冶勘 607 队 1974 年 5 月提交《湖北省宜都松木坪矿区补充地质勘探报告书》。矿区资源远景不明。

（七）开采技术条件

矿体为似层状，较稳定。产状平缓，倾角小。埋深 0 ~ 140m，需地下开采。水文地质条件简单，最大涌水量为 $1962m^3/d$。距矿区 1km 处的陈家河可作水源地，但供水程度不能满足需要。

主矿体的顶板为白云质灰岩夹钙质页岩，下部灰绿色页岩与铁矿直接接触，矿层底板为页岩夹砂岩薄层或砂质页岩，岩层稳定性较差，需支护。

矿区内有横断层发育，对矿体的连续性有破坏作用。

（八）选冶和加工技术条件

矿石可选性经实验室重选试验结果为：

入选铁矿品位 TFe 35.58%，精矿品位 49.68%，尾矿品位 14.03%，回收率 85%。

（九）开发利用状况

为开采矿区，共消耗资源储量 8.4 万吨。

二、宜昌市夷陵区官庄铁矿（图 9-1，21 号矿）

（一）位置交通

矿区位于宜昌市城区 68°直距 15km 处，矿区距焦枝线官庄站 3km（运距）。距宜昌市区 20km，通公路。

（二）矿区地质概况

矿区包括宋家冲、锅厂、雷家湾、王家冲等地段。南北长 11km，东西宽 1.6 ~ 2km，面积19.8km² (图9-7)。

矿区分布有志留系、泥盆系、石炭系、二叠系和三叠系地层，第三系东湖砂岩不整合于上述地层之上。与成矿有关的地层为泥盆系上统黄家磴组和写经寺组。

矿区位于黄陵背斜东翼，属单斜构造，地层走向北北东，倾向南东东，倾角10°~20°。矿区局部有小褶皱。

成矿后的断层已发现20条，多属正断层，少数为逆冲断层。断层走向有近东西、北西两组，走向长300~1000m，倾角均较陡，断距在20m左右，断层破坏了矿层的连续性。

（三）*矿体规模、形态与产状*

区内共有4层矿铁，分别赋存在泥盆系上统黄家磴与写经寺组内，以Fe_3矿为最大（图9-8）。

Fe_1矿层：赋存在黄家磴组下部，夹层多、厚度小、变化大，局部有工业意义。

Fe_2矿层：赋存在黄家磴组上部，矿体底板为砂质页岩，顶板为页岩。矿体呈扁豆状，有11个，扁豆体长400~1100m，宽260~530m，厚0.85~2.88m，平均厚1.65m，矿体埋藏在170m标高之上。

Fe_3矿层：赋存在写经寺组下部，矿体底板为石英砂岩，顶板为白云质泥灰岩，矿体呈层状，走向长11km，宽1.6~2km，平均厚1.4m，层位稳定，分布连续。矿体中有铁质砂岩、页岩或白云岩夹层，矿体产状与围岩一致，倾角平缓，埋藏在-50m标高以上，储量占矿床总储量96.82%（图9-9）。

Fe_4矿层：赋存在写经寺组上部，底板为钙质页岩，顶板为黏土质页岩，呈扁豆状，厚0.15~1.93m，平均厚0.3m。矿石以鲕绿泥石为主，TFe 20%左右，相变大，不稳定，无工业价值。

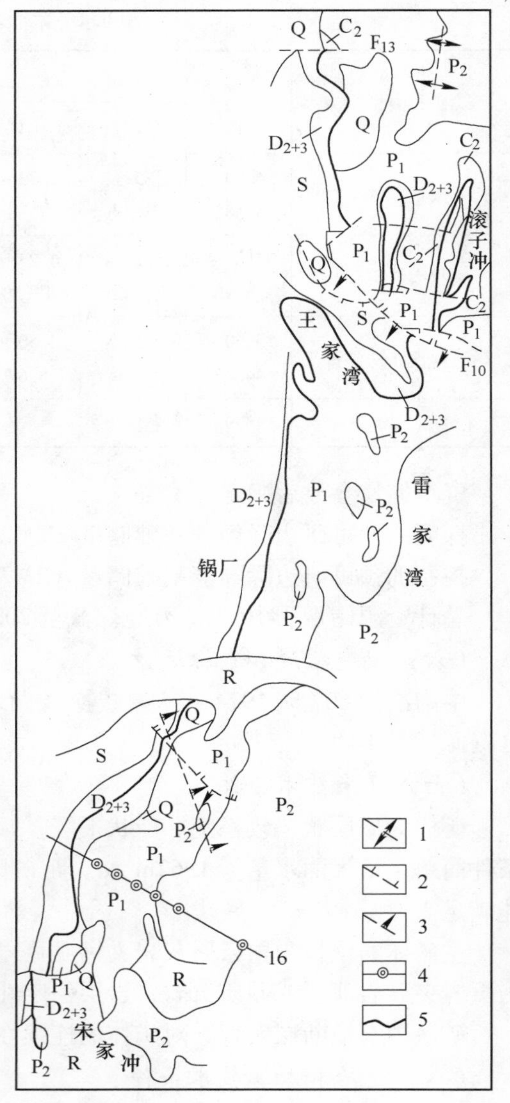

图9-7 官庄铁矿地质图
（据中南冶勘607队，1971）
Q—第四系；R—第三系；P_2—二叠系上统；
P_1—二叠系下统；C_2—石炭系中统；
D_{2+3}—泥盆系中、上统；S—志留系；
1—背斜；2—正断层；3—逆断层；
4—勘探线及钻孔；5—铁矿层

（四）*矿石类型及物质组成*

矿石由赤铁矿、方解石、白云石、石英、绿泥石、胶磷矿、黄铁矿等矿物组成。具鲕状、粒状、块状、砾状构造。

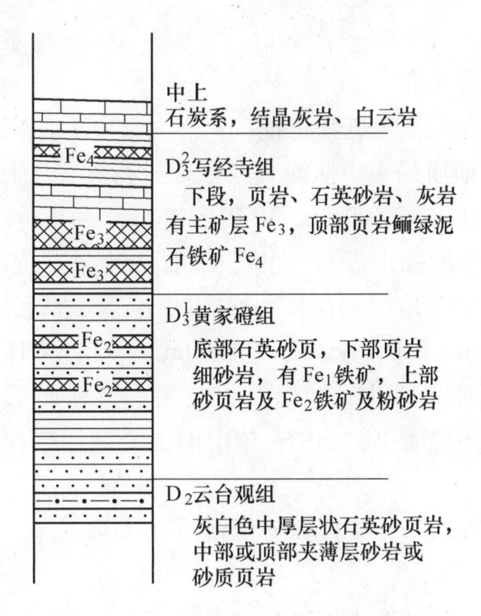

图 9-8　官庄铁矿含矿层柱状图

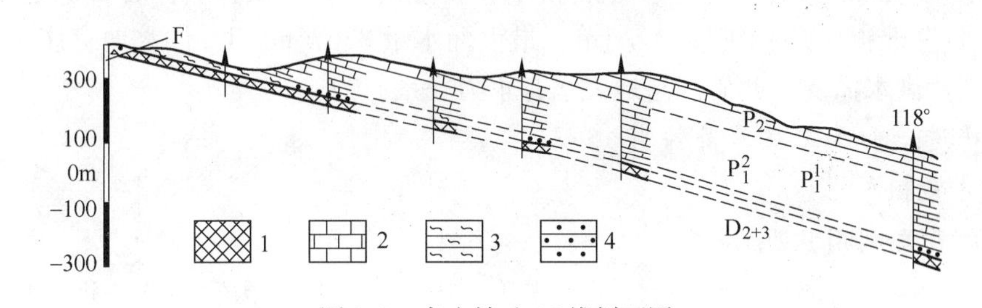

图 9-9　官庄铁矿 16 线剖面图

（据中南冶勘 607 队，1971）

P_2—二叠系上统；P_1—二叠系下统；D_{2+3}—泥盆系中、上统；

1—铁矿层；2—灰岩；3—炭质页岩；4—砂岩

矿石自然类型有鲕状赤铁矿石和砾状赤铁矿石两种。

（五）*矿石质量和资源储量*

赤铁矿矿石品位 TFe 38. 72%，SiO_2 11. 62%，S 0. 112%，P 0. 424%，为高磷赤铁矿矿石。

全区探明及保有储量均为 8849. 9 万吨，其中 B + C 级 2468. 8 万吨，D 级 6360. 2 万吨。一般富矿储量 3068. 8 万吨，TFe 品位 46. 35%；贫矿储量 5781. 1 万吨，TFe 33. 57%。按酸碱度划分，主要为碱性矿石，其矿石储量为 8623 万吨，TFe 品位 38. 72%；酸碱度为 1. 33 ~2. 15。

矿区还探明共生矿产石灰岩 D 级储量 2697. 9 万吨，白云石 D 级储量 1071. 3 万吨。

经资源储量套改后确定：

控制的预可研经济基础储量（122b）：112. 4 万吨。

控制的预可研次边际经济资源量（2S22）：8488. 7 万吨。

总计探明资源储量 8601. 1 万吨。截至 2004 年底，保有资源储量 8591. 7 万吨，已消耗资源储量9.4万吨。

（六）勘查程度和资源远景

新中国成立前铁矿已有民采，炼铁铸锅。

1956—1957年，湖北地质局401队对官庄铁矿进行详查工作。

1958—1960年，鄂西矿务局609队，对矿区进行详勘工作，1970年提交了《湖北省宜昌县官庄矿区铁矿床地质勘探报告》，经湖北省储委审批，提出需补做工作。

1970—1971年，中南冶金地质勘探公司607队在矿区进行了补勘工作，勘探网度采取400m×400m求B级，800m×800m求C级，1600m×800m求D级储量。累计投入钻探78个孔13981m，1:1万地质测量140km^2，以及相应的水文地质工作，提交了《湖北省宜昌县官庄矿区铁矿床补充勘探说明书》，1973年中南冶金地质勘探公司审批，批准铁矿储量8849.9万吨。

据成矿地质条件和勘查结果，矿区铁矿资源有扩大远景。

（七）开采技术条件

该铁矿部分出露地表，现已在露天开采。

主矿体为似层状矿体，稳定。厚度较小、缓倾斜，矿体顶、底板岩石稳定性能尚好，主矿体宜平巷开采。矿区构造比较简单，最大涌水量83676m^3/d。供水地官庄水库离矿区2km，可满足供水需要。此矿区与地表水有水力联系。

（八）选冶和加工技术条件

无技术资料。

（九）开发利用状况

该矿在1949年前就曾有群众开采过铁矿。1986—1990年由宜昌八一钢铁厂筹建鄂西“宁乡式”高磷铁矿开发利用工业性试验基地，其冶炼试验厂可行性研究报告已经国家计委批准，由原料、烧结（24m^{3}烧结机）、炼铁（120m^{3}高炉）、炼钢（6t转炉）等4个车间和相应的辅助动力供应设施组成。预计年产高磷生铁6.4万吨，钢锭6万吨，钢渣磷肥1万吨。

该试验基地建成后，如果冶炼试验成功并获较好的经济效益，湖北省规划在宜昌市建设一个年产30万吨规模的钢铁厂，年需铁矿石120万矿，所需铁矿石全部由官庄铁矿供给。后因宜昌八一钢厂下马计划终止。

近期有黄花乡背马山铁矿在开采（彩图9-10、彩图9-11）。

由于三峡送电线路从矿区通过，压覆赤铁矿B+C+D约589.8万吨。

三、宜昌市秭归县杨柳池铁矿（图9-1，20号矿）

（一）位置交通

矿区位于秭归城区188°直距39km处，距宜恩路沙坪站4km（运距），矿区地处长阳秭归两县边界，跨榔坪、杨林两乡镇。

（二）矿区地质概况

矿区位于长岭背斜北翼，次级向斜构造构成矿区构造主体。出露有志留系到三叠系的地层。铁矿产在上泥盆统黄家磴组和写经寺组地层中。

（三）矿体规模形态产状

矿体数2个，主要矿体名称Ⅰ、Ⅱ块段。主矿体产于写经寺组页岩及砂岩中，似层状，被一层页岩夹砂岩分为两个单层Fe_3^1和Fe_3^2。

主矿体长4650m，宽740～800m，厚1.51～1.97m。矿体倾角29°～32°，埋深0～760m，主矿体占总资源储量的82.04%。

（四）矿石类型及物质组成

矿石类型有鲕状赤铁矿石、鲕状赤铁矿褐铁矿石、褐铁矿石等三种，以鲕状赤铁矿为主，占95%。

鲕状赤铁矿石由赤铁矿、菱铁矿、绿泥石、石英、白云石等组成，含少量绿泥石、云母及胶磷矿。矿石具鲕状构造。

（五）矿石质量和储量

勘查提交贫矿储量2387.9万吨，铁品位38.32%，含磷0.937%，含硫0.0431%，含SiO_2 22.72%，省储委批准铁矿表内储量D级2387.9万吨。

经资源储量套改后确定：

控制的预可研次边际经济资源量（2S22）：2387.9万吨。

（六）勘查程度和资源远景

湖北省地质局鄂西地质队1959年12月提交《湖北秭归长阳边境杨柳池铁矿床地质勘探报告》，矿区资源有扩大远景，已交地质储量106万吨。

（七）开采技术条件

主矿体为似层状，稳定。矿层厚度较小，倾角缓到中等。矿层顶底板岩石稳定程度中等。水文地质条件简单。适合平硐开采。

（八）选矿和技术加工条件

无技术资料。

（九）开发利用状况

未开发利用。

四、宜昌市长阳县田家坪铁矿（图9-1，14号矿）

（一）位置交通

矿区位于长阳县城270°直距47km处，矿区距长火路火烧坪站5km（运距），通公路。

（二）矿区地质概况

矿区位于渔峡口向斜的次级褶皱中，出露有志留系至三叠系地层，铁矿赋存于上泥盆统黄家磴组和写经寺组地层中。

（三）矿体规模形态产状

矿体数1个，矿体名称Fe_3，长5000m，宽1200～1800m，厚0.78～1.50m，层状矿体，产状平缓，倾角10°。矿体埋深400～450m。

（四）矿石类型及物质组成

鲕状赤铁矿由赤铁矿、方解石、白云石、石英等组成。具鲕状结构。

（五）矿石质量与储量

地质勘查提交矿石储量2594.1万吨，矿石品位TFe 37.8%、含磷0.772%，含S 0.18%，含SiO_2 13.4%，碱性、自熔性、酸性矿石。1993年全国储委批准储量：铁矿表外D级2594.1万吨。

资源储量套改确定：

控制的预可研次边际经济资源量（2S22）：2594.1万吨。

（六）勘查程度和资源远景

1961年9月，中南冶勘601队提交《湖北长阳火烧坪矿区补充地质勘探总结报告书》。

资源远景不明。

（七）开采技术条件

为一隐伏矿区，矿体埋深400～450m，需平硐开采。层状矿体，倾角平缓；矿层薄，围岩稳定性尚好。

水文地质条件简单，最大涌水量12148m^3/d。

（八）选冶和加工技术条件

无技术资料。

（九）开发利用状况

未开发利用。

五、宜昌市长阳县火烧坪铁矿（图9-1，13号矿）

（一）位置交通

矿区位于长阳县城276°直距45km处，矿区距长火路火烧坪站1km（运距），通公路。矿区南10km有清江，由资丘经长阳、宜都注入长江，全程105km，可通航。

（二）矿区地质概况

矿区包括罗家冲、流沙口、蒋家坡、火烧坪、打磨场、小峰垭等地段，东西长14km，南北宽1.5km，面积20km^2（图9-12）。

矿区出露地层有志留系上统，泥盆系中、上统，石炭系中统，三叠系和二叠系下统。与铁矿有关的为泥盆系中、上统，由老到新分述如下：

泥盆系中统云台观组（D_2y）：由厚层石英砂岩构成，偶见底砾岩，与志留系纱帽群假整合接触。

泥盆系上统黄家磴组（D_3h）：由石英砂岩与页岩互层构成，下部页岩中夹有赤铁矿矿层（Fe_1）。底部石英砂岩与云台观组整合接触，上部砂页岩中夹有赤铁矿层Fe_2。

泥盆系上统写经寺组（D_3x）：有两个岩性段，上部由页岩、石英砂岩夹赤铁矿矿层或鲕状绿泥石菱铁矿矿层（Fe_4）构成；下部为页岩夹泥灰岩（或灰岩）和赤铁矿矿层（Fe_3），底部石英砂岩与黄家磴组整合接触，厚30～80m。

渔峡口向斜是矿区的主要构造。向斜两翼由志留系、石炭系构成，两翼不对称，倾角北缓南陡。北翼发育次一级褶皱，有打磨场背斜和向斜，向斜轴部由二叠系、三叠系构成，轴向近东西，并向西侧伏（图9-13）。

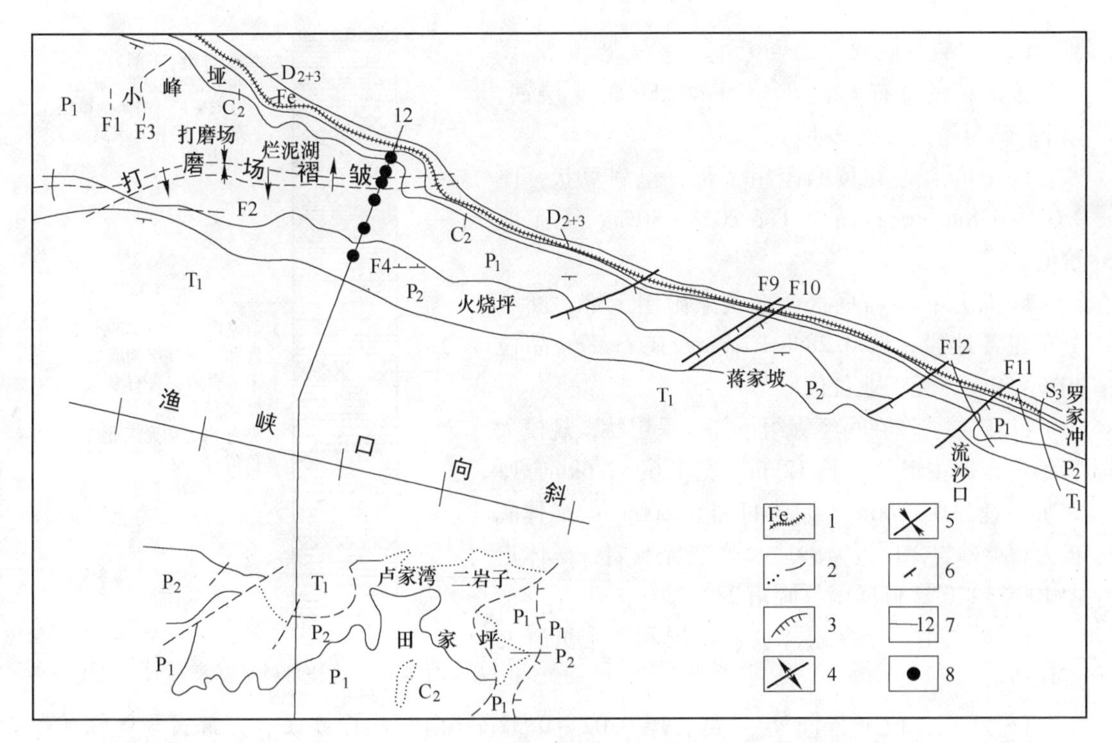

图 9-12　火烧坪铁矿地质图

（据中南冶勘 607 队，1966）

T_1—三叠系下统；P_2—二叠系上统；P_1—二叠系下统；C_2—石炭系中统；D_{2+3}—泥盆系中、上统；S_3—志留系上统；1—铁矿层；2—地质界线；3—断层；4—背斜；5—向斜；6—地质产状；7—勘探线；8—钻孔

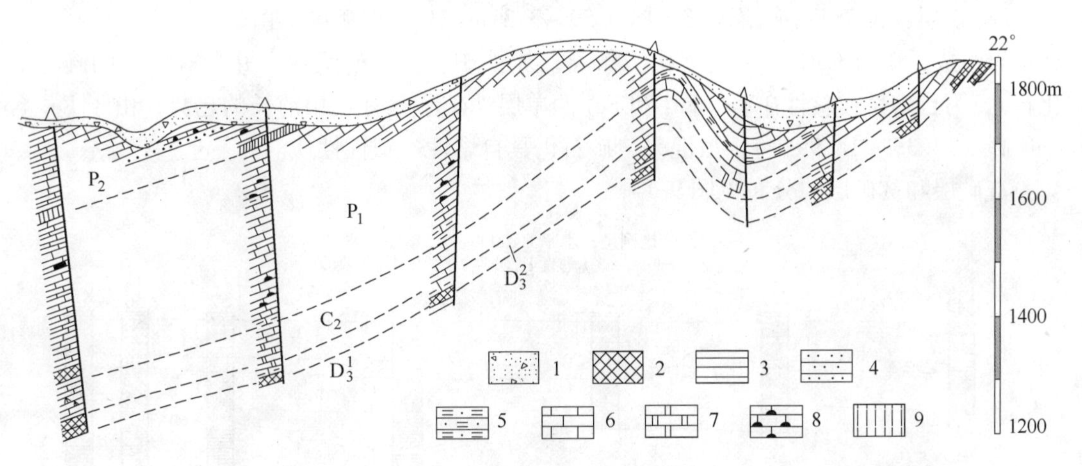

图 9-13　火烧坪铁矿 12 线剖面图

（据中南冶勘 607 队，1966）

P_2—二叠系上统；P_1—二叠系下统；C_2—石炭系中统；D_3—泥盆系上统；

1—坡积层；2—赤铁矿；3—页岩；4—砂岩；5—石英砂岩；6—灰岩；7—白云岩；8—燧石灰岩；9—燧石层

断裂构造有北东、南北—北北西、东西向 3 组，其中以北东向断裂最为发育。区内规模大的断层有 22 条，多属高角度斜交正断层，垂直断距 12～40m，最大断距 118m，破坏了矿层的连续性。

（三）矿体规模形态与产状

该矿床发育有 Fe_1、Fe_2、Fe_3、Fe_4 等 4 层铁，以 Fe_3 矿为最大（图 9-14）。

Fe_1 矿层：产在黄家磴组下部，呈扁豆状，厚 0.03～0.8m，矿石品位 TFe 20%～30%，无工业价值。

Fe_2 矿层：呈扁豆状产在黄家磴组上部，断续分布在各地段，厚 0.28～1.28m，矿石 TFe 品位 30%～50%，无工业价值。

Fe_3 矿层：产在写经寺组下部，呈层状，规模大且稳定，是主矿体，长 12km，宽 1.6～2.6km，厚 2.4m，埋深 0～700m（标高 1100～1800m）。矿体底板为石英砂岩，顶板为砂质页岩或泥灰岩，矿体走向 100°～110°，倾向南，倾角 27°～30°。

Fe_3 矿层由 3 个单层赤铁矿矿层和 2 个页岩夹层构成。

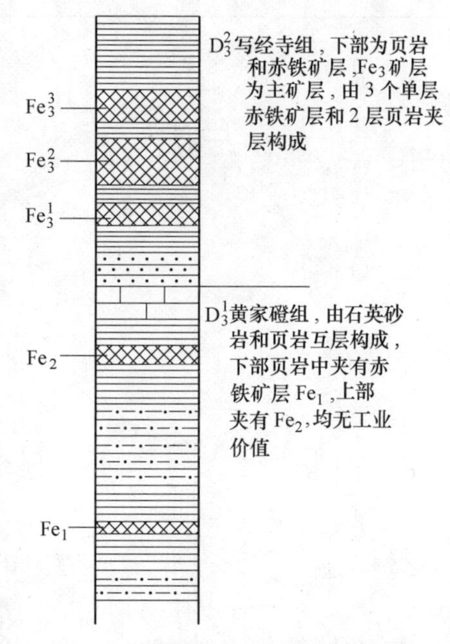

图 9-14 火烧坪铁矿矿层柱状示意图

Fe_3^1 矿层：位于 Fe_3 矿层底部，厚 0.02～0.32m，由鲕状赤铁矿、方解石与菱铁矿组成，顶板有厚 0.5～0.8m 的钙质页岩将 Fe_3^1 与 Fe_3^2 分开，该层铁矿单采困难。

Fe_3^2 矿层：位于 Fe_3 矿层中部，厚 0.45～1.96m，分布全矿区，由砾状或鲕状赤铁矿矿石组成，其顶板有厚 0.15～0.17m 的钙质页岩将 Fe_3^2 和 Fe_3^3 分开，可混采，但增加了矿石的贫化率。

Fe_3^3 矿层：位于 Fe_3 矿层顶部，厚 0.59～3.31m，分布全矿区，由砾状赤铁矿矿石与含铁灰岩组成，矿石 CaO 含量高（由方解石、赤铁矿、菱铁矿组成，并含有较多的腕足类化石），为自熔性或碱性矿石。Fe_3^3 和 Fe_3^2 两单层铁矿厚度有互相消长的趋势，由于 Fe_3^3 含 CaO 高（14.3%～18.99%），虽混采，矿石仍具自熔性—碱性性质。

富矿层和贫矿层的分布见图 9-15。

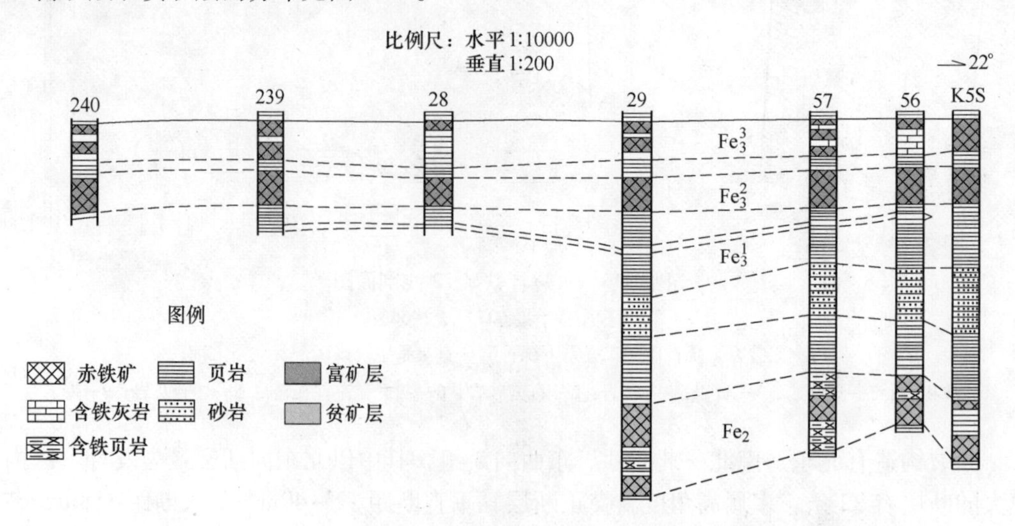

图 9-15 长阳火烧坪铁矿 12 勘探线富矿层和贫矿层的分布

(四) 矿石类型及物质组成

矿石由赤铁矿、菱铁矿、方解石、白云石、绿泥石、胶磷矿、黄铁矿、黏土矿物和石英等组成。具鲕状结构和粒状结构，赤铁矿的粒径0.4~0.5mm，砾状构造和块状构造。

矿石的自然类型有砾状赤铁矿矿石和鲕状赤铁矿矿石。矿区西北部以砾状矿石为主，东南部以鲕状矿石为主。

各矿层主要组成见表9-6。

表9-6 各矿层化学组成平均值 (%)

矿层	TFe	SiO_2	Al_2O_3	CaO	MgO	P	S	Mn	酸碱度
Fe_1	24.70	24.98	11.39	10.49	6.45	0.51	0.005		
Fe_2	34.29	29.95	11.23	8.43	3.24	0.783	0.101		
Fe_3^2	39.07	9.23	4.08	14.19	1.57	1.226	0.090	0.286	1.25
Fe_3^3	36.66	10.15	5.15	14.32	2.80	0.72	0.063	0.269	1.16

(五) 矿石质量和储量

赤铁矿矿石品位TFe 37.85%，SiO_2 9.12%，S 0.069%，P 0.9%，属高磷、低硫矿石。

截至1990年底，共探明及保有储量均为15212.2万吨，其中，A+B+C级9715.9万吨，D级5496.3万吨。自熔性矿石6947万吨，其中A+B+C级2749.7万吨，矿石品位TFe 38.71%，酸碱度1.03。碱性矿石储量5154.8万吨，其中A+B+C级4767.7万吨，TFe品位38.88%，酸碱度1.31。酸性矿石储量3110.4万吨，其中A+B+C级2198.5万吨，TFe品位35.26%，酸碱度0.55。

1993年1月全国储委根据历年的勘查结果，批准铁矿表外储量，A+B级1642.3万吨，A+B+C级10058.6万吨，D级61263万吨。

资源储量套改后确定，探明的预可研次边际经济资源量（2S21）1642.3万吨，控制的预可研次边际经济资源量（2S22）14542.6万吨，总计16184.9万吨。

(六) 勘查程度和资源远景

1937年，许杰、吴燕生等地质学家在矿区进行调查，著有《湖北矿产调查（鄂西部分)》一文，指出“龙潭和小峰垭两地铁矿储量丰富，构造简单，且可露天开采，有较大远景”。

1951年和1954年，杨敬之、穆恩之研究鄂西地层，在矿区进行调查。

1955年8月，武汉地质勘探公司鄂西普查队在矿区进行普查，填制1:5万地质图875km²。

1955—1957年，冶金部四川地质分局第5普查队，鄂西矿务局604队、601队在矿区及外围开展普查、详查工作。完成1:5万地质测量9816km²；1:2.5万地质测量100km²，1:1万地质测量88km²。发现铁矿产地103处，其中可供详查和勘探的矿区有10余处。

1956—1961年，鄂西矿务局601队在矿区进行详查和勘探工作，施工钻孔96个，共34853m；探槽68条，共4580m³；探井16个，206m。以800m×800m的勘探网度求C级储量。到 1963 年，601 队先后 4 次提交勘探总结报告、储量计算补充说明、补充勘探总结报告和储量重算说明。经全国储委 3 次审批，于 1963 年 2 月下达复审决议书第 255 号文，批准为初勘报告，矿山设计前需补勘。

1965—1966 年，中南冶金地质勘探公司 607 队再次进行补勘工作，勘探网度采用 800m × 400m 求 C 级储量，400m × 200m 求 B 级储量，详勘面积 $20km^2$，累计施工 99 个钻孔，共 46516m。1966 年 7 月，607 队提交《长阳火烧坪铁矿区补充勘探报告》，中南冶金地质勘探公司审查，下达（73）冶勘革地矿字 27 号文，将打磨场 D 级 1116.1 万吨升为 C 级。共批准铁矿石储量 15212.2 万吨，其中，A + B + C 级 9715.9 万吨。

（七）开采技术条件

该铁矿位于高山区（标高 1800m），矿体呈层状，埋藏在矿区侵蚀基准面之上，矿区构造简单，矿石和围岩稳定性能好，适宜平硐开采。

矿区水文地质条件简单，地下水为溶洞裂隙水。田家坪 1400m 标高运输平巷最大涌水量 $12485m^3/d$，可用自然排水方法疏干。

（八）选冶和加工技术条件

赤铁矿矿石属难选矿石，冶金部矿冶研究院（1960）采用浮选流程试验，入选矿石 TFe 品位 43.10%、含 P 1.00%，铁精矿 TFe 品位 52.94%、含 P 0.13%，尾矿 TFe 品位 24.2%、含 P 2.67%，回收率 80.79%。

1959 年，冶金部钢铁研究院在重钢 2 号高炉进行炼铁实验，赤铁矿矿石不经选块、选矿、烧结等流程，直接入炉冶炼，生产托马斯生铁（含 P 2.1%），经转炉炼钢去磷，回收钢渣磷肥。

1973—1979 年，地质部矿产综合利用研究所对碱性矿石采用强磁选流程，入选矿石品位 TFe 29.99%，P 0.794%，铁精矿品位 TFe 49.89%，P 0.438%，回收率 67.62%。

2006 年首钢在宜昌设立新首钢资源控股公司，重新试验开发火烧坪铁矿，取得了重大进展。对自熔性矿石进行高梯度磁选—浮选脱磷脱硅工业化试验。入选原矿 TFe 37.82%、P 0.975%，获得铁精矿 TFe 55.13%、P 0.193%，回收率 57.21%。铁精矿达到了赤铁矿精矿 H55 质量标准。

（九）开采利用状况

新中国成立前，矿区西部打磨场至打火坑曾采过矿，有废弃旧坑多处。

1958 年民采，年产铁矿石 300t。

1959 年，武汉钢铁公司鄂西矿务局，结合勘探，施工田家坪平巷。

1965 年，规划建设长阳钢铁厂，开发利用火烧坪铁矿，规划矿山规模 250 万吨/年，需掘进采准坑道 80km，到 1973 年，仅掘进坑道 1400m。后因建设难度大，矿石选矿效果不佳而停建。

2011 年新首钢控股公司建成 50 万吨/年工业化试验选厂（彩图 9-16）。

六、宜昌市长阳县青岗坪铁矿（图 9-1，15 号矿）

（一）位置交通

矿区位于长阳县城 270°直距 31km 处。矿区距长火路青岗坪站 1km（运距），通公路。

（二）矿区地质概况

矿区位于长岭背斜南翼，渔峡口向斜之东延部分。出露自志留系到三叠系的地层，铁矿赋存于上泥盆统黄家磴组与写经寺组的地层中（图9-17）。

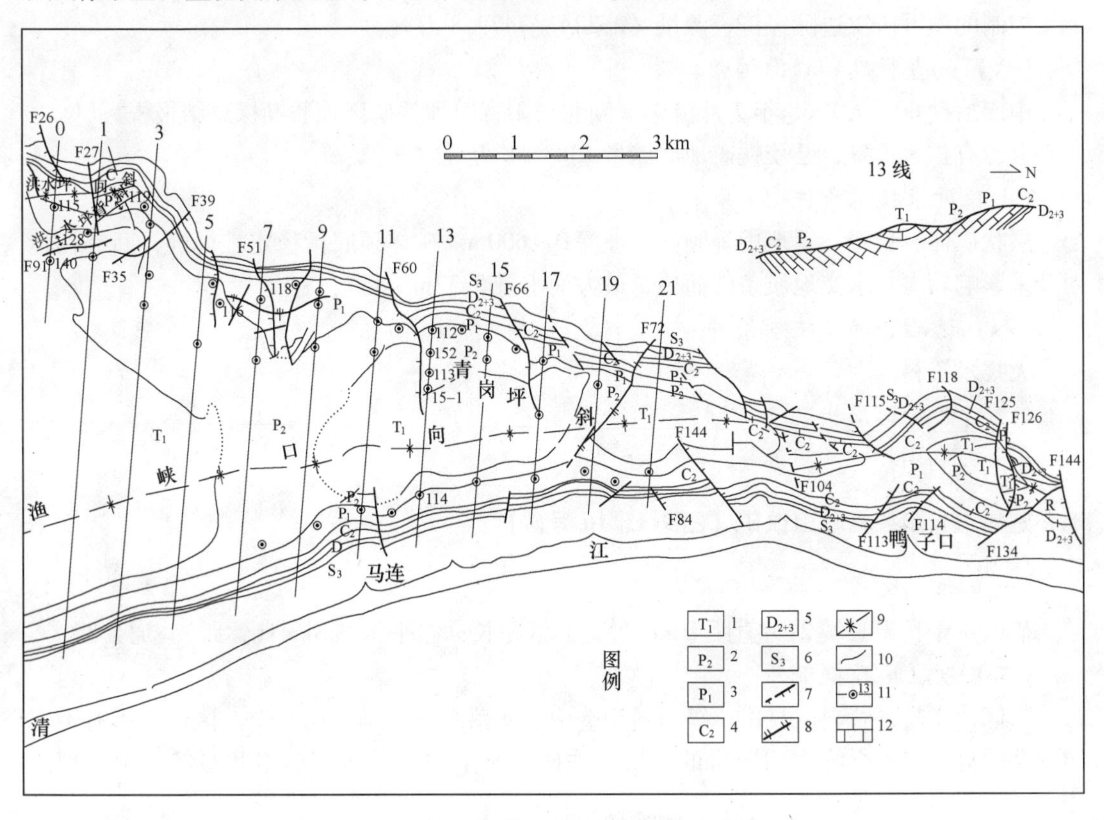

图9-17　湖北省长阳青岗坪铁矿地质图

（据中南冶勘607队，1968）

1—下三叠统；2—上二叠统；3—下二叠统；4—中石炭统；5—中上泥盆统；6—上志留统；7—正断层；8—逆断层；9—向斜轴；10—铁矿层；11—钻孔位置及勘探线编号；12—灰岩

（三）矿体规模形态产状

矿体数2个。主要矿体名称：Fe_3，占总量的93.82%，长12300m，宽500～1800m，厚2.20～2.80m。层状矿体，埋深0～600m，倾角25°～35°。

Fe_3矿层自下而上分为Fe_3^1、Fe_3^2、Fe_3^3三个亚层，Fe_3^1、Fe_3^2不具工业价值，Fe_3^3平均厚1.42m，均由鲕状赤铁矿组成，平均品位43.61%，平均酸碱比0.8。

（四）矿石类型及物质组成

划分为两种矿石类型：鲕状（砾状）赤铁矿石和赤铁矿菱铁矿石。

（五）矿石质量和资源储量

矿石品级为赤铁矿一般富矿石，TFe品位43.7%，含磷0.845%，含S 0.026%，含SiO_2 10.83%，酸碱度0.74，为半自熔性矿石。

地质勘查提交：鲕状赤铁矿工业储量6644.4万吨，远景储量983.3万吨，地质储量13835.8万吨；赤铁菱铁矿工业储量983.3万吨。

省冶金局 1993 年 1 月批准储量，铁矿表外储量 A + B + C 级 742.3 万吨，D 级 6737.5 万吨。

资源储量套改确定：

控制的预可研次边际经济资源量（2S22）：7479.8 万吨。

（六）勘查程度和资源远景

中南冶勘 607 队 1968 年 7 月提交《湖北长阳青岗坪铁矿区地质勘探总结报告》。

资源有扩大远景，已获铁矿地质储量 13835.8 万吨。

（七）开采技术条件

层状矿体、稳定。缓至中等倾斜，埋深 0～600m。矿体顶底板稳定性尚好，断裂构造对开采影响较大。水文地质条件简单，最大涌水量 $5337m^3/d$。

（八）选冶和加工技术条件

无技术资料。

（九）开发利用状况

未开发利用。

七、宜昌市长阳县马鞍山铁矿（图 9-1，16 号矿）

（一）位置交通

矿区位于长阳县城 210°直距 10km 处。矿区距长火路平洛站 3km（运距），通公路。

（二）矿区地质概况

矿区位于长岭背斜南翼次一级向斜构造中，属落雁山和马鞍山向斜。区内出露有上志留统纱帽群至下三叠统大冶灰岩的地层，铁矿产于上泥盆统黄家磴组和写经寺组的地层中。区内断裂构造发育。

（三）矿体规模形态产状

有矿体两个，主矿体名称为东部矿体，占总量的 80.19%，主矿体长 4350m，宽 550～1850m，厚 0.40～3.25m。层状，倾角 20°～55°，埋深 0～600m。

（四）矿石类型及物质组成

矿石类型为鲕状赤铁矿石和粒状赤铁矿石，由赤铁矿、方解石、白云石、石英、黏土矿物等组成，具鲕状结构和粒状结构。鲕状赤铁矿化学组成见表 9-7。

表 9-7 鲕状赤铁矿石化学组成 （%）

成分	TFe	SiO_2	Al_2O_3	CaO	MgO	S	P	Mn
最低	22.44	6.02	4.38	1.85	0.25	0.018	0.924	0.076
最高	55.40	32.64	11.54	16.53	8.48	0.112	4.89	1.26
平均	39.44	17.18	7.84	6.03	0.88	0.047	1.395	0.52

（五）矿石质量和储量

地质勘查提交远景储量 3200 万吨，共生煤 436.5 万吨，铁矿平均品位 TFe 39.44%，含磷 1.44%，含 S 0.047%，酸碱度 0.28。湖北省储委 1962 年 1 月批准铁矿表内储量 D

级3200万吨。

资源储量套改后确定：

控制的预可研次边际经济资源量（2S22）：3200万吨。

（六）勘查程度和资源远景

中南冶勘609队1961年3月提交《湖北省长阳马鞍山矿区地质勘探最终报告书》。

矿区资源远景不明。

（七）开采技术条件

层状矿体、稳定，中等倾斜。顶底板岩石物理机械性能对开采不利，断层对矿体有破坏。水文地质条件简单，水源地平洛河距矿区3km，可满足供水需要。

（八）选冶和加工技术条件

无技术资料。

（九）开发利用状况

未开发利用。

八、宜昌市长阳县石板坡铁矿（图9-1，19号矿）

（一）位置交通

矿区位于长阳县城255°直距41km处。距长渔路资丘站12km（运距）。

（二）矿区地质概况

矿区位于长阳背斜与长乐坪背斜间的复式向斜中，隶属于扑岭—剪刀山向斜中段之北翼。区内出露志留系至二叠系的地层，铁矿产于上泥盆统黄家磴组和写经寺组的地层中。

（三）矿体规模形态产状

矿体数1个。矿体名称Fe_3，长8060m，宽550～1420m，厚1.61m。矿体为层状，近东西走向，倾向南，倾角20°～72°，埋深0～870m。

（四）矿石类型及物质组成

矿石有三种类型：

鲕状赤铁矿：钢灰色、风化后为暗红色。具鲕状结构，由赤铁矿、方解石、白云石、石英、胶磷矿、鲕绿泥石等组成。

钙质鲕状赤铁矿：暗红色至钢灰色，含大量生物介壳、化石碎片。由赤铁矿、方解石、黏土矿物、白云石等组成。

砾状赤铁矿：暗红色，风化后破碎，呈土状，具砾状、鲕状结构。

矿石化学组成见表9-8。

表9-8　矿石化学组成　（%）

矿层	TFe	SiO_2	CaO	MgO	Al_2O_3	Mn	TiO_2	P	S	酸碱度
最低	34.20	8.38	1.08	0.49	4.08	0.063	0.24	0.52	0.009	0.06
最高	49.33	29.76	20.85	1.90	13.12	0.90	0.32	1.18	20.37	1.67
平均	40.61	15.10	7.96	1.18	7.01	0.327	0.265	0.82	0.081	0.81

（五）矿石质量与储量

地质勘查提交 B + C + D 级富矿 + 贫矿 4184.6 万吨。其中半自熔性矿石占 51%，酸碱度 0.67；自熔性矿石占 43%，酸碱度 0.95；碱性矿石占 6%，酸碱度 1.54。

湖北省储委 1977 年 1 月批准：铁矿表内储量 A + B 级 193.3 万吨，A + B + C 级 2216.2 万吨，D 级 1968.4 万吨。

资源储量套改后确定：

探明的预可研次边际经济资源量（2S21）：193.3 万吨。

控制的预可研次边际经济资源量（2S22）：3991.3 万吨。

总资源量 4184.6 万吨。

（六）勘查程度和资源远景

1975 年 3 月中南冶勘 607 队提交《湖北省长阳县石板坡铁矿地质勘探报告》。

矿区资源有扩大前景。

（七）开采技术条件

层状矿体、稳定。矿层薄，缓倾斜至陡倾斜。矿体上下盘围岩节理发育，岩性易碎，不宜作主要运输巷道。

矿区水文地质条件简单，最大涌水量 2219m^3/d。水源地丛溪河，距矿区 2km，供水量满足需要。

（八）选冶和加工技术条件

无技术资料。

（九）开发利用状况

未开发利用。

九、宜昌市五峰县谢家坪铁矿（图 9-1，17 号矿）

（一）位置交通

矿区位于长阳县城 323°直距 22km 处。矿区距五白路白溢站 1km（运距），通公路。

（二）矿区地质概况

矿区位于扑岭—傅家堰向斜与白溢坪向斜间的次级褶皱猫子山向斜范围内。区内出露自奥陶系至三叠系地层，铁矿产于上泥盆统黄家磴组与写经寺组的地层中。

（三）矿体规模形态产状

有两个矿层：Fe_2产于黄家磴组顶部，以砂质鲕状赤铁矿为主，由 3 ~ 4 个单层组成，其中第三层最好，延长 4000m，平均厚 1.48m。

Fe_3为主矿体，产于写经寺组底部紫红色页岩中，矿石以鲕状赤铁矿为主，为主矿体，占总量的 54.97%，矿体长 3000m，宽 600 ~ 1240m，厚 0.99 ~ 1.43m，似层状矿体，倾角 16° ~ 35°，埋深 0 ~ 320m。

（四）矿石类型及物质组成

矿石类型如下：

鲕状赤铁矿：由赤铁矿、石英、黏土矿物、白云石、方解石等构成，具鲕状结构。

砂质鲕状赤铁矿：由赤铁矿、石英等砂屑及黏土矿物、碳酸盐矿物等构成。矿石化学组成见表9-9。

表9-9 矿石化学组成 （%）

成分		TFe	SiO_2	Al_2O_3	CaO	MgO	S	P	酸碱度
Fe_2	地表	30.16~49.90	15.30~48.00	3.45~25.51	0.69~5.97	0.31~1.17	0.013~0.035		
	深部	24.00~44.26	16.00~58.74	1.90~20.81	2.35~16.76	0.72~1.47	0.03~0.139		
Fe_3富矿	地表	29.22~54.30	10.18~46.14	3.93~8.97	0.35~2.98	0.18~1.08	0.008~0.022		
	深部	20.20~51.06	9.50~46.18	4.64~17.93	1.85~9.30	0.97~2.12	0.027~0.20		
Fe_3贫矿		30.60							
平均		37.77					0.067	0.564	

（五）矿石质量和储量

1972年地质勘查提交铁矿工业储量4210.18万吨，远景储量198.4万吨。后经审批意见，于1973年10月重算后提交D级储量2014.0万吨。批准储量D级2014.0万吨。矿石平均品位TFe 37.77%，含磷0.564%，含硫0.067%，划分为一般富矿和贫矿两个品级。

资源储量套改后确定：

控制的预可研次边际经济资源量（2S22）：2014.0万吨。

（六）勘查程度和资源远景

中南冶勘607队1972年4月提交《湖北省五峰县谢家坪铁矿区地质勘查总结报告》，1973年10月提交《湖北五峰谢家坪矿区铁矿储量重新计算说明书》。

资源无扩大远景。

（七）开采技术条件

似层状矿体，基本稳定。矿层较薄，缓倾斜至中等倾斜。矿层顶板易破碎。埋深0~320m，可平硐开采。

水文地质条件简单，最大涌水量30492m^3/d，水源地白炭河距矿区1km，供水可满足需要。

（八）选冶及技术加工条件

无技术资料。

（九）开发利用状况

未开发利用。

十、宜昌市五峰县阮家河铁矿（图9-1，23号矿）

（一）位置交通

矿区位于长阳县城102°直距33km处。矿区距宜五路杨家河站6km（运距），通公路。

（二）矿区地质概况

矿区位于仁和平向斜北翼，区内出露有奥陶系至第三系的地层。铁矿产于上泥盆统黄家磴组和写经寺组的地层中。

（三）矿体规模形态产状

矿体数1个，矿体名称Fe_2^3。主矿体长4000m，宽1750m，厚0.93~1.25m，倾角5°~

25°，层状矿体。

（四）矿石类型及物质组成

矿石类型如下：

砂质鲕状赤铁矿石：赤铁矿占45%~50%，鲕粒径 $d=0.1\sim0.5$mm，鲕核由石英、绿泥石组成。绿泥石含量20%，石英30%，褐铁矿15%~20%。

菱铁矿质鲕绿泥石矿石：地表风化为褐铁矿石，含褐铁矿50%~80%，石英5%~40%，硬锰矿10%~15%，残留绿泥石10%。

（五）矿石质量及储量

地质勘查提交工业储量和远景储量1264万吨，矿石品位TFe 43.19%，含磷0.8%，含硫0.035%，酸碱度0.2。批准铁矿储量D级1264.0万吨。

资源储量套改后认定：

控制的预可研次边际经济资源量（2S22）：1264万吨。

（六）勘查程度和资源远景

中南冶勘607队1969年7月提交《湖北五峰阮家河铁矿床详查地质报告》。

资源远景：已提交地质储量1831万吨。

（七）开采技术条件

层状矿体，稳定。薄层、缓倾斜。矿层顶底板岩层稳定性好。

水源地为矿区附近的阮家河。

（八）选冶和加工技术条件

无技术资料。

（九）开发利用状况

未开发利用。

十一、宜昌市五峰县黄粮坪铁矿（图9-1，18号矿）

（一）位置交通

矿区位于五峰县城359°直距10km处。矿区距宜五路五峰站12km（运距）。

（二）矿区地质概况

矿区位于扑岭—傅家堰向斜与雪山坪—白溢坪向斜之间的次级褶皱两翼。矿区出露自志留系至石炭系地层，铁矿产于上泥盆统黄家磴组和写经寺组地层中。共出现4层矿，其中 Fe_3 具有工业价值，Fe_2 局部有工业价值。

（三）矿体规模形态产状

矿体数2个，主矿体名称：黄粮坪矿体占总量的66.67%；主矿体长3400m，宽1750~2900m，厚1.20m。层状矿体，倾角10°~45°。

（四）矿石类型及物质组成

矿石类型有鲕状赤铁矿石、砾状赤铁矿石和砂质鲕状赤铁矿石。均由赤铁矿、石英、碳酸盐矿物、黏土矿物等组成，分别具鲕状结构及砾状结构。

（五）矿石质量及储量

地质勘查提交远景储量4977万吨，矿石品位TFe 47.5%，含P 0.656%。

批准储量：表内储量D级3300万吨。

资源储量套改后认定：

控制的预可研次边际经济资源量（2S22）：3300万吨。

（六）勘查程度和资源远景

中南冶勘607队1979年3月提交《湖北五峰黄粮坪铁矿区地质普查简报》。

资源远景不明。

（七）开采技术条件

层状矿体，稳定。薄层矿，缓倾斜至中等倾斜。

（八）选冶和加工技术条件

无技术资料。

（九）开发利用状况

未开发利用。

十二、宜昌市五峰县龙角坝铁矿（图9-1，9号矿）

（一）位置交通

矿区位于五峰县城288°直距31km处。矿区距五牛路牛庄站3km（直距）。

（二）矿区地质概况

矿区包括灯草坝、龙角坝、九里坪、罗强岩等地段，东西长18km，南北宽1.4～6.4km，面积50km^2（图9-18）。

矿区出露志留系、泥盆系、石炭系、二叠系和三叠系等地层。泥盆系上统黄家磴组和写经寺组为含矿地层。

黄家磴组由砂质页岩与石英砂岩互层构成，蓝灰色页岩中夹有鲕状赤铁矿矿层，厚0.1～0.8m。

写经寺组厚99.23m，下部由厚层石英砂岩与页岩构成，页岩中夹有赤铁矿矿层；上部为泥质灰岩、页岩和粉砂岩，页岩中夹有鲕绿泥石岩、鲕绿泥石赤铁矿矿层。

九里坪背斜、赵家磴向斜与灯草坝背斜构成矿区构造的主体，控制矿层的展布。

九里坪背斜：轴向北东60°～70°，北翼倾向北北西，倾角40°～50°；南翼倾向南南东，倾角20°～25°，核部出露志留系。

灯草坝背斜：轴向由北东转东西，北翼地层倾角25°，南翼倾角40°～80°，背斜轴部出现志留系。

两背斜之间有赵家磴向斜，轴向北东70°，轴部出现三叠系大冶群。

矿区主要断层为龙角坝正断层（F_{30}），长6400m，走向北东，倾向314°，倾角57°，水平断距120～160m，错断含矿岩系和矿层。还有长河坪（F_{28}）、锅厂（F_{29}）、周家河（F_{31}）等正断层和金山坪、罗强岩等逆断层。

（三）矿体规模形态产状

矿区有铁矿4层，分别产在泥盆系上统黄家磴与写经寺组中，其中Fe_4是主矿层。

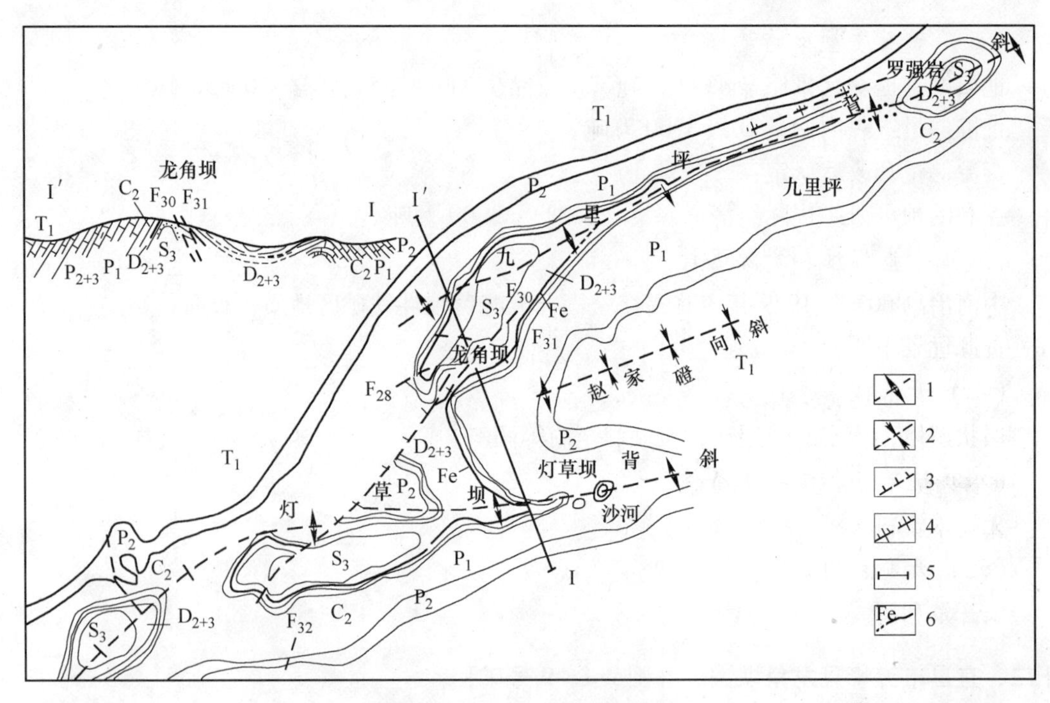

图 9-18 龙角坝铁矿地质图

（据武钢鄂西矿务局 604 队，1960）

T_1—三叠系下统；P_2—二叠系上统；P_1—二叠系下统；C_2—石炭系中统；

D_{2+3}—泥盆系中、上统；S_3—志留系上统；

1—背斜；2—向斜；3—正断层；4—逆断层；5—剖面位置；6—铁矿层

Fe_2矿层：赋存在黄家磴组上部，矿层底板为石英砂岩，顶板为页岩，矿层呈扁豆状，不连续、产状与围岩产状一致。扁豆体长数十米至数百米，厚 0.3 ~ 0.7m，最大厚度 1.41m。由于矿层不稳定，工业意义小。

Fe_3矿层：赋存在写经寺组下部，矿层底板为石英砂岩，顶板为页岩，矿体呈小扁豆状，不连续、规模小，产状与围岩一致。Fe_3仅在罗强岩、九里坪等地段发育较好，矿厚 1.55 ~ 2.95m，局部有工业价值。

Fe_4矿层：是主矿层，占总量的 87.14%，赋存在写经寺组上部，矿层底板为泥灰岩，顶板为炭质页岩或泥质砂岩。含矿岩系厚 5 ~ 11.25m，由上矿层和下矿层构成。矿层沿九里坪背斜和灯草坝背斜呈带状分布，走向长 18km，上矿层由褐铁矿和鲕绿泥石构成，厚 0.42 ~ 4.7m，下矿层由豆状或鲕状赤铁磁铁矿石构成（彩图 9-19），不连续，厚 0 ~ 6m。

层状矿体，倾角 24° ~ 34°。

（四）矿石类型及物质组成

矿石由赤铁矿、磁铁矿、褐铁矿、水针铁矿、绿泥石、黄铁矿、石英、白云母、电气石和黏土矿物等组成。赤铁矿粒径 0.1 ~ 1.1mm，具鲕状结构和粒状结构，豆状构造与块状构造。

矿石自然类型有鲕状赤铁矿石、磁铁—赤铁矿石、褐铁矿—鲕绿泥石矿石。鲕绿泥石铁矿含 V_2O_5 0.01% ~ 0.1%。

（五）矿石质量及储量

鲕状赤铁矿矿石品位 TFe 40.95%，SiO_2 12.26%，S 0.139%，P 0.796%。截至 1990 年底，共探明及保有 D 级储量 13178.8 万吨。

按矿石品级可分为贫矿与一般富矿两类，赤铁矿贫矿 TFe 品位 37.85%，D 级储量 10529.9 万吨；一般富矿 TFe 品位 53.29%，D 级储量 2648.9 万吨。

批准储量：铁矿表内储量 D 级 13178.8 万吨。表外储量 D 级 683.7 万吨。

资源储量套改后确定：

控制的预可研次边际经济资源量（2S22）：13862.5 万吨。

（六）勘查程度和资源远景

1959 年，武汉钢铁公司鄂西矿务局 604 队在矿区进行详查工作，测制 1∶1 万地形地质图 50km^2，以 200～400m 间距槽探追索圈定地表矿体，发现了龙角坝铁矿。

1960 年，604 队提交了《湖北官店铁矿区详勘区及外围详查区 1959 年度地质报告》。

资源有扩大远景。

（七）开采技术条件

层状矿体，稳定。中等倾斜。

水文地质条件简单。

（八）选冶和加工技术条件

无技术资料。

（九）开发利用状况

民采。

十三、恩施市铁厂坝（屯堡）铁矿（图 9-1，1 号矿）

（一）位置交通

矿区位于恩施市区 320°直距 21km 处。矿区距恩沐路铁厂坝站 1km（运距），通公路。

（二）矿区地质概况

矿区位于屯堡背斜西翼。区内出露志留系至三叠系地层，铁矿产于上泥盆统黄家磴组和写经寺组地层中。

（三）矿体规模形态产状

矿体数 2 个，主要铁矿层 Fe_3 产于写经寺组下部，分南北两矿段。主矿体为南矿体，长 6700m，宽 2000m，厚 2.06m，似层状矿体，倾角 12°～18°，埋深 0～400m，占总量的 95.04%。

（四）矿石类型及物质组成

矿石类型以致密鲕状赤铁矿石为主，其次为砂质泥质鲕状赤铁矿石、含鲕绿泥石砂质鲕状赤铁矿石。

（五）矿石质量及储量

地质勘查提交富矿工业储量 1100.8 万吨，远景储量 2003.8 万吨；贫矿工业储量 714.9 万吨，远景储量 3097.6 万吨；表外矿石 373 万吨。铁矿平均品位 TFe 42.83%，含磷0.5%，含硫0.025%，含 SiO_2 22.62%，酸碱度0.3，为酸性矿石。

提交 P_2 共生黄铁矿储量1631.6万吨。

湖北省储委1973年1月批准铁矿表内储量：A+B+C级1139.6万吨，D级5777.5万吨；表外储量：D级373.0万吨。

资源储量套改后确定：

控制的预可研次边际经济资源量（2S22）：7290.10万吨。

（六）勘查程度和资源远景

湖北省地质局11地质队1970年8月提交《恩施铁厂坝铁矿区铁矿详查报告》。

资源有扩大远景。

（七）开采技术条件

似层状矿体，稳定。缓倾斜。构造简单，利用割切陡坡，宜平硐开采，顶板岩石坚固性差。

水文地质条件简单，水源地清江离矿区10km，供水量充足。

（八）选冶和加工技术条件

无技术资料。

（九）开发利用状况

未开发利用。

十四、恩施州建始县伍家河铁矿（图9-1，6号矿）

（一）位置交通

矿区位于建始县城150°直距47km处。矿区距建官路官店站6km（直距）。

（二）矿区地质概况

矿区位于长岭背斜轴部，出露自志留系至三叠系地层，铁矿产于上泥盆统写经寺组地层中（图9-20）。

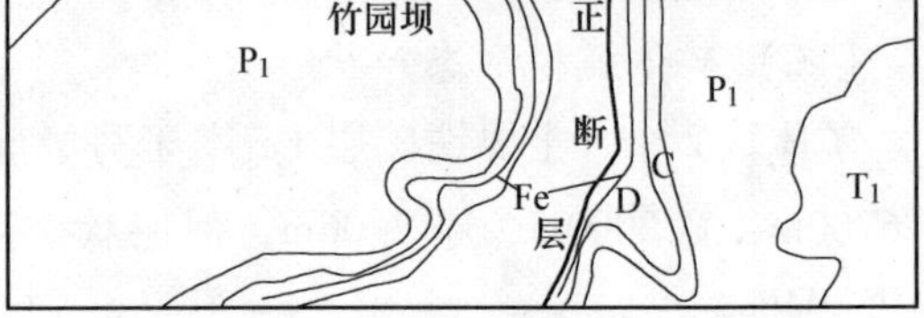

（三）矿体规模形态产状

矿体数1个，矿体名称 Fe_3，长10400m，厚1.43～2.60m。层状矿体，倾角3°～87°，埋深0～350m。

（四）矿石类型及物质组成

矿石类型有鲕状及砾状赤铁矿石，由赤铁矿、碳酸盐、黏土矿物、石英等组成，具鲕状或砾状构造。化学组成为：TFe 35%～40%，SiO_2 12%～13%，Al_2O_3 10%，CaO 5%～18%，MgO 1%～2%，P～0.5%，S 0.02%，酸碱度0.42。

图9-20 伍家河铁矿地质示意图

（据武钢鄂西矿务局604队，1960）

1—志留系；2—泥盆系；3—石炭系；4—二叠系下统；5—三叠系下统；6—铁矿层示意；7—正断层

（五）矿石质量及储量

地质勘查提交富矿远景储量1181.0万吨，贫矿工业储量311.1万吨、远景储量

8257.3万吨。

湖北省储委1962年1月批准铁矿表内储量：A+B+C级311.1万吨，D级9418.3万吨。

矿石品级为一般富矿、贫矿，平均铁品位TFe 40.11%，含磷0.574%，含硫0.02%，酸性矿石。

资源储量套改后认定：

控制的预可研次边际经济资源量（2S22）：9729.4万吨。

（六）勘查程度和资源远景

鄂西矿务局604队1958年12月提交《湖北建始店官铁矿区58年详勘区及外围详查区地质报告》。

矿区资源有扩大远景。

（七）开采技术条件

层状矿体，稳定。矿层倾角变化大。构造简单，宜平硐开采。

水文地质条件简单，水源地伍家河离矿区2km，供水量能基本满足要求。

（八）选冶和加工技术条件

无技术资料。

（九）开发利用状况

民采（彩图9-21）。

十五、恩施州建始县太平口（烟灯山）铁矿（图9-1，4号矿）

（一）位置交通

矿区位于建始县城102°直距1km处。矿区距恩巴路建始站1km（运距），通公路。

（二）矿区地质概况

矿区位于屯堡背斜南东翼之次一级褶皱——建始背斜的一翼，区内为单斜构造。矿区出露有志留系至三叠系地层，铁矿赋存于上泥盆统黄家磴组和写经寺组地层中（图9-22）。

（三）矿体规模形态产状

矿体数1个，矿体名称Fe_4，长5000m，宽600m，厚1.10~2.48m。似层状矿体，倾角19°，埋深0~320m。

（四）矿石类型及物质组成

矿石类型以鲕绿泥石菱铁矿石为主，次有鲕状赤铁矿和混合矿石。由绿泥石、菱铁矿、赤铁矿、碳酸盐矿物、黏土矿物、石英等构成，具鲕状构造。

（五）矿石质量及储量

地质勘查提交贫矿远景储量（C_2）级1543.5万吨。

湖北省储委1962年1月批准铁矿表内储量D级1543.5万吨。矿石品级为一般富矿和一般贫矿，平均铁矿品位TFe 41.33%，含P 0.82%，含S 0.221%，含SiO_2 16.42%。

资源储量套改后认定：

控制的预可研次边际经济资源量（2S22）：1543.5万吨。

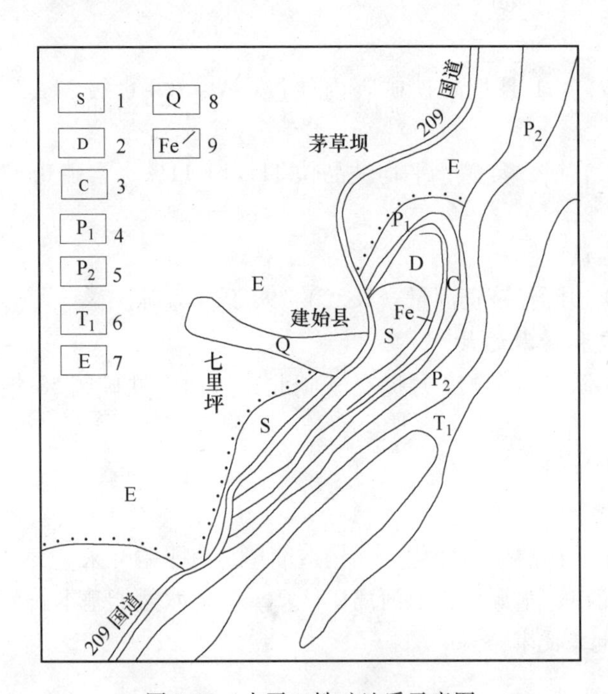

图 9-22 太平口铁矿地质示意图

（据湖北省鄂西地质队，1959）

1—志留系；2—泥盆系；3—石炭系；4—二叠系下统；5—二叠系上统；6—三叠系下统；7—第三系；8—第四系；9—铁矿层示意

（六）勘查程度和资源远景

湖北省地质局鄂西地质队 1959 年 11 月提交《湖北建始太平口铁矿区地质勘探报告》。资源无扩大远景。

（七）开采技术条件

似层状矿体，稳定。缓倾斜，顶底板岩石稳定。有断层发育，影响矿层连续性。水文地质条件中等，水源地盆家河离矿区 1km，可满足供水要求。

（八）选冶和加工技术条件

无技术资料。

（九）开发利用状况

除 1958 年曾采出赤铁矿一般富矿 1.3 万吨外，未开发利用。

十六、恩施州建始县十八格铁矿（图 9-1，5 号矿）

（一）位置交通

矿区位于建始县城 58°直距 35km 处。矿区距恩巴路渣树坪站 3km（运距），通公路。

（二）矿区地质概况

矿区位于花果坪复向斜北翼，区内出露志留系至三叠系地层，铁矿产于上泥盆统写经寺组地层中（图 9-23）。

（三）矿体规模形态产状

矿体数 1 个，矿体名称 Fe_3。矿体长 1872m，厚 0.65 ~ 1.10m。层状矿体，倾角 5° ~ 22°。

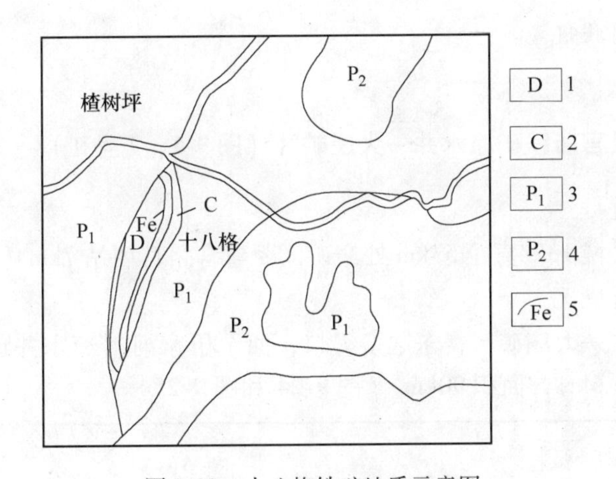

图 9-23　十八格铁矿地质示意图

（据湖北省地质局 11 地质队，1966）

1—泥盆系；2—石炭系；3—二叠系下统；4—二叠系上统；5—铁矿层示意

（四）矿石类型及物质组成

矿石类型：鲕状赤铁矿石，由赤铁矿、碳酸盐矿物、石英、黏土矿物等组成，具鲕状构造。化学组成见表 9-10。

表 9-10　鲕状赤铁矿石主要化学组成　（%）

成分	TFe	SiO_2	Al_2O_3	CaO	MgO	P	S	酸碱度
最低	30.07	11.57	5.09	1.16	1.01	0.45	0.02	0.13
最高	50.55	29.45	15.84	3.26	1.67	0.84	0.03	0.11
平均	45.26	12.09				0.76	0.053	

（五）矿石质量及储量

地质勘查提交 C_2级富矿 1523.0 万吨，C_2级贫矿 829.0 万吨。

省地质局 1973 年 1 月批准铁矿表内储量 D 级 1523.0 万吨。矿石品级为一般富矿，平均品位 TFe 45.26%，含 P 0.76%，含 S 0.053%，含 SiO_2 12.09%。

资源储量套改后认定：

控制的预可研次边际经济资源量（2S22）：1523.0 万吨。

（六）勘查程度和资源远景

湖北省地质局 11 地质队 1966 年 9 月提交《湖北建始十八格铁矿详查报告》。

有铁矿地质储量 830 万吨。

（七）开采技术条件

层状矿体，稳定。薄层矿体，缓倾斜，构造简单，宜斜井开采。

水文地质条件简单，无较大地表水体，对矿床影响不大。水源地车河距矿区 3km。

（八）选冶和加工技术条件

无技术资料。

（九）开发利用状况

未开发利用。

十七、恩施州建始县官店铁矿凉水井—大庄矿区（图9-1，7号矿）

（一）位置交通

矿区位于建始县城137°直距53km处。矿区距建官路官店站7km（运距），通公路。

（二）矿区地质概况

官店铁矿凉水井—大庄矿区，东起蛮刀口，西至伍家河（凉水井正断层西侧），东西长16km，南北宽4~6km，面积90km^2（图9-24和图9-25）。

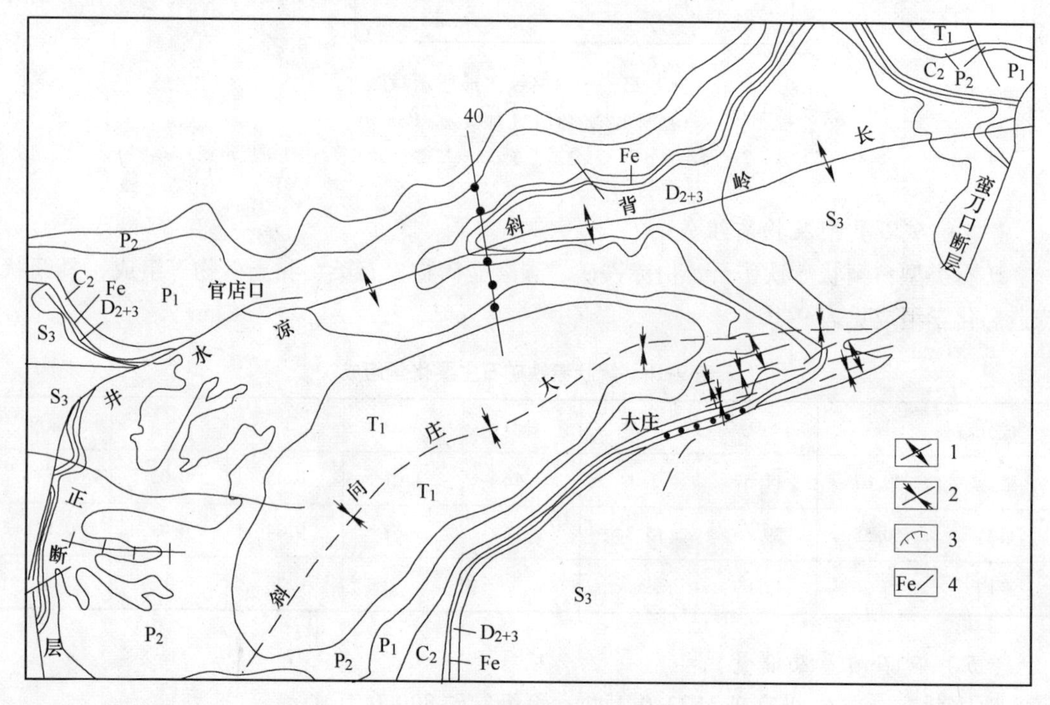

图9-24 官店铁矿地质示意图

（据武钢鄂西矿务局604队，1959）

T_1—三叠系下统；P—二叠系；C_2—石炭系中统；D_{2+3}—泥盆系中、上统；S_3—志留系上统；

1—背斜；2—向斜；3—正断层；4—矿层

矿区出露地层有志留系、泥盆系、石炭系、二叠系和三叠系下统，其中缺失泥盆系下统与石炭系下统。与成矿有关的为泥盆系上统写经寺组，可分两个岩性段。

下段：由石英砂岩、钙质页岩、厚层灰岩和泥灰岩构成，厚30m，在钙质页岩中夹有鲕状赤铁矿矿层。

上段：由页岩、石英砂岩、鲕绿泥石赤铁矿矿层或鲕绿泥石菱铁矿矿层构成。

长岭背斜与大庄向斜构成矿区主体构造，控制矿层的产状与展布。

长岭背斜：位于矿区北部，轴向北东东，北翼地层倾角40°~60°，局部直立、倒转；南翼倾角20°~30°，核部有志留系出露。

大庄向斜：位于矿区南部，轴向北东东，两翼对称，地层倾角14°~35°，向斜核部出

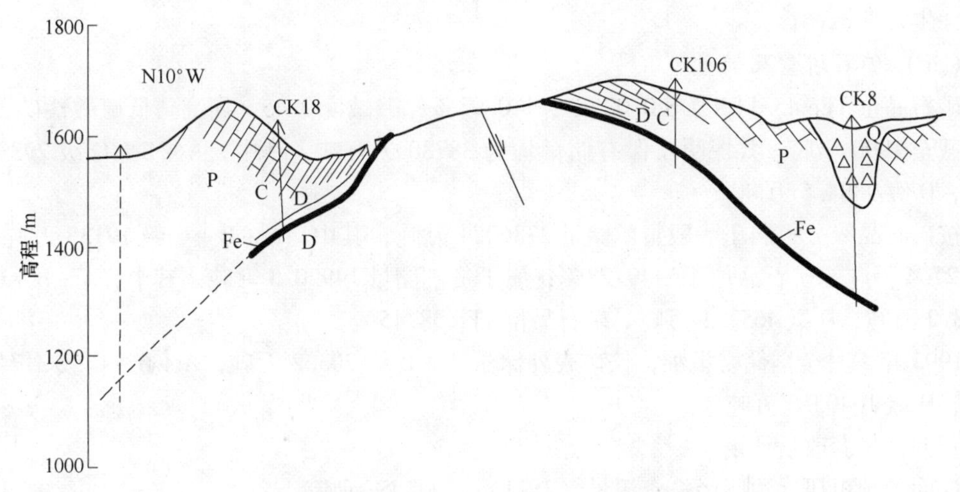

图 9-25 官店铁矿 40 号勘探线剖面示意图

（据武钢鄂西矿务局 604 队，1959）

D—泥盆系；C—石炭系；P—二叠系；Fe—铁矿层；CK18—钻孔及编号；Q—堆积层

露三叠系。

矿区发育高角度正断层，有 24 条，其中以凉水井正断层最大，走向北北东转北东东，长 9km，倾向南东，倾角大于 60°，垂直断距 170 ~ 450m，破坏矿层的连续性。

（三）矿体规模形态产状

主要有一层铁矿体，即 Fe_3，赋存在泥盆系上统写经寺组下部。矿体底板为石英砂岩，顶板为页岩或泥灰岩（彩图 9-26 ~ 彩图 9-28）。

矿体呈层状，层位稳定，长 11km，宽 4 ~ 6km，厚 0.88 ~ 8.99m，出露标高 780 ~ 1800m，埋深 0 ~ 590m，倾角 14° ~ 60°，矿体内有 0 ~ 5 层铁质页岩夹层，单层厚 0.3 ~ 0.5m。

矿体的厚度、品位在走向上的变化趋势是，西富东贫。40 线以西，长 7km，厚 3 ~ 4m，最大厚度 8.99m，矿石品位 TFe 40% ~ 50%，局部达 58.63%，40 线以东，长 3.5km，厚 1.5 ~ 3.45m，矿石品位 TFe 22.39% ~ 52.11%。

矿体的厚度、品位在倾向上也有变化，大庄向斜背翼及其轴部，矿体厚度较大，厚 3 ~ 7.2m，矿石品位 TFe 43% ~ 55.24%；向斜南翼矿层薄、夹层多、品位低，达不到工业要求。

（四）矿石类型及物质组成

矿石由赤铁矿、褐铁矿、水针铁矿、菱铁矿、菱锰矿、绿泥石、黄铁矿、石英、方解石、白云石、胶磷矿、白云母、电气石、锆石与黏土矿物等构成。具鲕状结构、粒状结构、砾状构造和块状构造。

矿石的自然类型有鲕状赤铁矿石与砾状赤铁矿石两种。矿石化学组成见表 9-11。

表 9-11 矿石化学组成 （%）

成分	TFe	CaO	MgO	SiO_2	Al_2O_3	P	S	酸碱度
富矿	49.28	5.22	1.09	9.98	6.34	0.99	0.026	0.37
贫矿	38.45	8.81	1.67	14.90	7.16	0.83	0.025	0.59

伴生元素钒、镓。

（五）矿石质量及储量

矿石品位 TFe 45.11%，S 0.026%，P 0.93%，酸碱度 0.45。属高磷低硫酸性矿石。

截至 1990 年底，共探明及保有储量均为 38780.7 万吨，其中，A + B + C 级 29396.2 万吨，D 级 9384.5 万吨。

按矿石品级分，属于一般富矿储量 23860.4 万吨，其中，A + B + C 级 19133 万吨，D 级 4727.4 万吨，矿石品位 TFe 49.28%；属于贫矿储量 14920.3 万吨，其中，A + B + C 级 10263.2 万吨，D 级 4657.1 万吨，矿石品位 TFe 38.45%。

1993 年 1 月全国储委批准：铁矿表外储量 A + B 级 303.2 万吨，A + B + C 级 31744.2 万吨，D 级 10405.3 万吨。

资源储量套改后认定：

探明的预可研次边际经济资源量（2S21）：3008.5 万吨。

控制的预可研次边际经济资源量（2S22）：39141.0 万吨。

总资源量 42149.5 万吨。

（六）勘查程度和资源远景

1955—1956 年，四川冶金地质分局第 5 调查队在矿区进行普查工作，发现了铁矿，著有《湖北建始县官店口铁矿普查简报》，指出铁矿有经济价值。

1956—1957 年，武汉钢铁公司鄂西矿务局 601 队、604 队在矿区进行详查工作，并提交了详查报告。

1958—1959 年，鄂西矿务局 604 队在矿区进行详细勘探工作，将矿区定为第一勘探类型，以钻探为主要手段，勘探网度采用 1600m × 800m 求 C 级储量，800m × 400m 求 B 级储量，400m × 400m 求 A_2 级储量。1959 年 5 月，604 队提交了《湖北官店铁矿区凉水井—大庄和黑石板详勘终结地质报告》。经全国储委审批，指出大部分储量达不到相应储量级别要求，需进行补充勘探。

1960—1961 年，鄂西矿务局 604 队在矿区进行补充勘探工作，勘探网度采用 400m × 400m 求 B 级储量，800m × 400m 求 C 级储量。勘探面积 $60km^2$，勘探最大深度 590m，累计施工钻孔 133 个，共进尺 71560m，探明 B + C 级储量 29396.2 万吨，D 级储量 9384.5 万吨。1961 年 6 月，提交了详细勘探区终结地质报告，经全国储委复审，于 1963 年 2 月下达第 241 号复审决议书，将详细勘探降为初步勘探，批准 A + B + C 级储量 29396.2 万吨。D 级储量 9384.5 万吨。

矿区资源有扩大远景。

（七）开采技术条件

矿区位于高山区，标高 1500 ~ 2000m，矿体呈层状，倾角 14° ~ 60°，矿体埋藏在当地侵蚀基准面（标高 300 ~ 400m）之上。矿体顶、底板岩性稳定性能好，宜平硐开拓，长壁陷落法开采。

矿区水文地质条件简单，最大涌水量 $659m^3/d$。由伍家河取水，供水量 $42844m^3/d$。

（八）选冶和加工技术条件

矿石属难选高磷赤铁矿矿石。1960 年，冶金部选矿研究院采用浮选流程，入选品位

TFe 48.09%，P 1.06%，铁精铁品位 TFe 52.815%，P 0.17%，回收率 84.14%，尾矿品位 TFe 32.6%，P 3.95%。实验表明矿石难选。1977 年峨眉综合利用研究所进行了还原焙烧磁选和浮选—金属化焙烧—磁选试验，可分别获得 TFe 56.55%、P 0.83%、回收率 79.66% 和 TFe 92.86%、P 0.55%、回收率 91.35% 的精矿。2007—2010 年由武汉钢铁（集团）公司负责组织实施国家“十一五”科技支撑计划重点项目“鄂西典型高磷赤铁矿选矿关键技术与装备”课题，对该区铁矿选冶技术再次进行攻关，取得了一系列进展。对 TFe 43.11% 的原矿进行焙烧—弱磁—阴离子反浮选全流程闭路试验，可获得铁精矿产率 58.74%、品位 TFe 60.17%、P 0.24%，回收率 81.99% 的结果。湖北朝阳矿业公司自 2004 年起一直在矿区进行试验性开发利用。

（九）开发利用状况

尚在试验性开发。

十八、恩施州巴东县官店铁矿黑石板矿区（图 9-1，8 号矿）

（一）位置交通

矿区位于巴东县城 192°直距 83km 处。矿区距建官路官店站 18km（运距）。

（二）矿区地质概况

矿区位于长岭背斜南翼，东连龙坪铁矿，西临官店铁矿，东西长 10km，南北宽 6km，面积 60km^2，矿层呈北东向分布。区内出露志留系至三叠系地层，铁矿产于上泥盆统黄家磴组和写经寺组的地层中（图 9-29）。

（三）矿体规模形态产状

矿体有三层，第一层 Fe_2 产于黄家磴组顶部，为鲕状赤铁矿石，工业矿层长 1500m，最厚 1.77m，一般 0.8 ~ 1.20m。第二矿层 Fe_3 为主矿层，长 12200m，厚 0.83 ~ 4.76m，倾角 20° ~ 70°，埋深 0 ~ 585m，层状矿体，占总量的 65.3%。第三矿层 Fe_4，产于写经寺组顶部，主要矿石类型为鲕状绿泥石矿石和鲕状赤铁矿矿石，个别地段有工业价值。

（四）矿石类型及物质组成

矿石主要工业类型为鲕状赤铁矿石，次为砾状赤铁矿矿石。由赤铁矿、方解石、白云石、石英、黏土矿物、胶磷矿等组成，具有鲕状或砾状构造。

（五）矿石质量及储量

地质勘查提交：工业储量 9680.9 万吨，其中一般富矿 6888.7 万吨；远景储量 5736.8 万吨，其中一般富矿 1385.8 万吨。矿石平均品位 TFe 38.37%，酸碱度 0.32，含 P 0.94%，含 S 0.014%。

1993 年 1 月全国储委批准：铁矿表外储量 A + B + C 级 9748.8 万吨，D 级 28630.6 万吨。

资源储量套改后认定：

探明的预可研次边际经济资源量（2S21）：1362.2 万吨。

控制的预可研次边际经济资源量（2S22）：37017.2 万吨。

总资源量 38379.4 万吨。

（六）勘查程度和资源远景

武钢鄂西矿务局 604 队 1959 年 5 月提交《湖北官店铁矿区凉水井—大庄和黑石板详

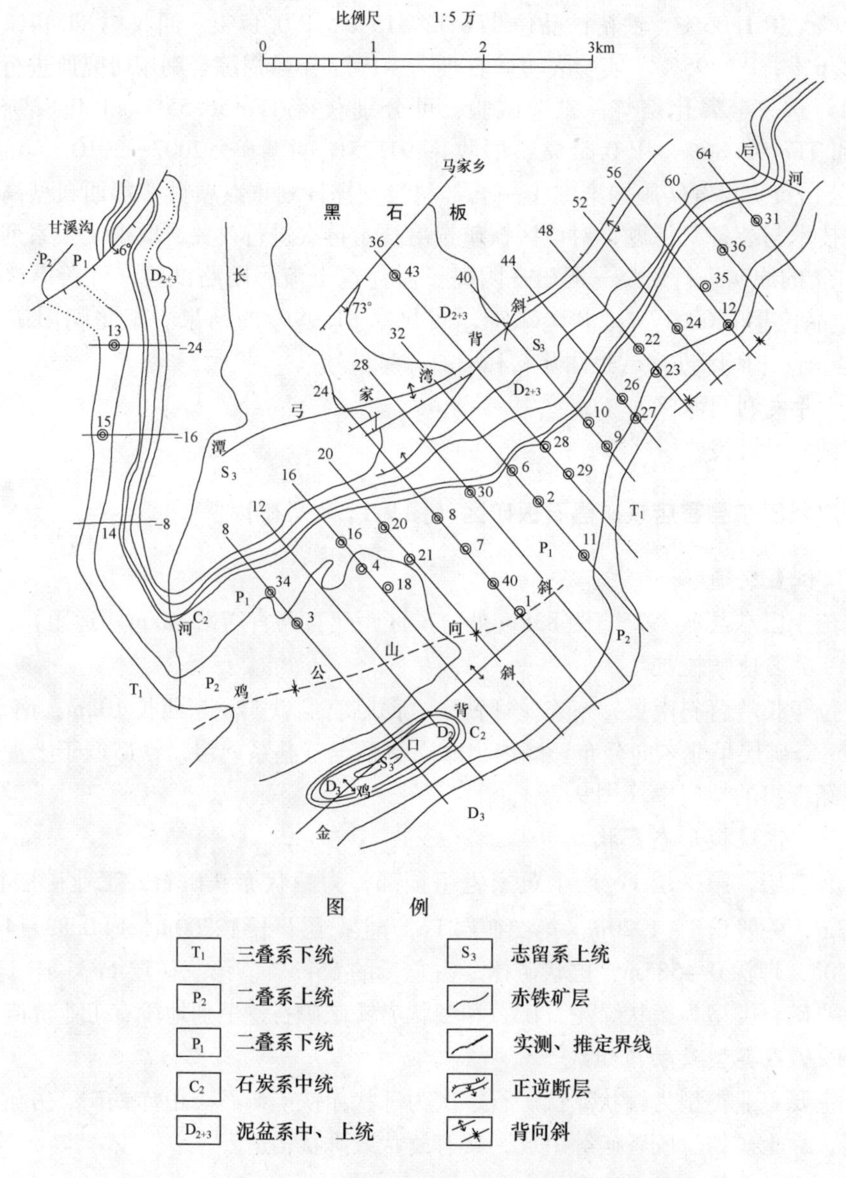

图 9-29　湖北巴东黑石板铁矿地质图

（据武钢鄂西矿务局 604 队，1959）

查终结地质报告》。

矿区资源有扩大远景。

（七）开采技术条件

层状矿体，稳定。倾角变化大。地下开采，矿层顶底板基本不会发生冒顶和底鼓。水文地质条件简单，供水量可满足要求。

（八）选冶和加工技术条件

参照官店铁矿凉水井—大庄矿区。

（九）开发利用状况

未开发利用。

十九、恩施州巴东县仙人岩铁矿（图9-1，12号矿）

（一）位置交通

矿区位于巴东县城178°直距46km处。矿区距宜恩路椰坪站7km（直距）。

（二）矿区地质概况

矿区位于椰坪背斜西翼，出露有志留系至三叠系地层，铁矿产于上泥盆统黄家磴组和写经寺组地层中。

（三）矿体规模形态产状

矿体数3个，主矿体名称 Fe_4，长12770m，宽320～1060m，层状矿体，倾角20°～80°，埋深0～780m，占总量的95.94%。

（四）矿石类型及物质组成

矿石类型有鲕状赤铁矿石，由赤铁矿、方解石、白云石、黏土矿物、胶磷矿等组成，具有鲕状构造。

鲕绿泥石菱铁矿石由鲕绿泥石、菱铁矿、方解石、白云石、黏土矿物、石英、胶磷矿等构成，具鲕状构造。

矿石化学组成见表9-12。

表9-12　矿石化学组成　（%）

成分	TFe	SFe/TFe	SiO_2	S	P	FeO	CaO	MgO	Al_2O_3	TiO_2	Mn	烧失
地表样	42.64	98.42	17.69	0.083	0.821	2.88	3.15	1.05	3.33	2.21	0.28	5.78
样数	149	14	142	144	140	16	11	11	11	8	63	17
地下样	41.89	99.14	14.56	0.43	0.67	15.97	4.37	1.15	7.04	0.16	0.22	7.67
样数	17	8	11	5	11	7	8	8	8	2	5	2

（五）矿石质量及储量

地质勘查提交表内储量 $B+C_1+C_2$ 级5340.37万吨。矿石平均品位TFe 39.84%，含P 0.792%，含S 0.254%，含 SiO_2 17.6%。

湖北省储委1962年1月批准铁矿表内储量A+B+C级582.0万吨，D级5197.2万吨。

资源储量套改后认定：

控制的预可研次边际经济资源量（2S22）：6321.1万吨。

提交冶金辅料硅石地质储量429.3万吨，白云石储量607万吨。

（六）勘查程度和资源远景

1959年12月湖北省地质局鄂西地质队提交《湖北巴东长阳边境仙人岩铁矿床地质勘探报告》。

矿区资源有扩大远景。

（七）开采技术条件

层状矿体，稳定。倾角变化大，直立倒转频繁，平硐开采。

水文地质条件简单，最大涌水量354m³/d。水源地泗渡河，供水基本满足需要。

（八）选冶和加工技术条件

菱铁矿实验室磁选结果：TFe入选品位39.35%，精矿品位53.55%，尾矿品位

23.18%，回收率71%。

（九）开发利用状况

未开发利用。

二十、恩施州巴东县瓦屋场铁矿（图9-1，11号矿）

（一）位置交通

矿区位于巴东县城181°直距55km处。矿区距宜恩路野山关站10km（直距）。

（二）矿区地质概况

矿区位于榔坪背斜西翼，出露有志留系至三叠系地层，铁矿产于上泥盆统黄家磴组和写经寺组地层中。

（三）矿体规模形态产状

矿体数2个，主矿体名称：Ⅰ号矿体。主矿体长5950m，厚1.99～3.35m，层状矿体，倾角10°～29°，埋深0～50m，占总量的81.4%。

（四）矿石类型及物质组成

矿石类型有鲕状赤铁矿石，由赤铁矿、方解石、白云石、石英、黏土矿物、胶磷矿等组成，具有鲕状构造。

鲕绿泥石菱铁矿石由鲕绿泥石、菱铁矿、方解石、白云石、黏土矿物、石英等构成，具鲕状构造。

（五）矿石质量及储量

地质勘查提交并经湖北省地质局1974年1月批准：铁矿表内储量D级1593.8万吨，矿石平均品位TFe 38.17%，含磷0.75%，含硫0.134%，含 SiO_2 22.06%。

资源储量套改后认定：

控制的预可研次边际经济资源量（2S22）：1593.8万吨。

（六）勘查程度和资源远景

1974年2月湖北省第二地质大队提交《湖北巴东县瓦屋场铁矿初步普查报告》。

矿区资源有扩大远景。

（七）开采技术条件

层状矿体，稳定，缓倾斜，埋深不大。宜平硐开采。

水文地质条件简单，水源地甘平河距矿区6km。

（八）选冶和加工技术条件

无技术资料。

（九）开发利用状况

未开发利用。

二十一、恩施州巴东县龙坪铁矿（图9-1，10号矿）

（一）位置交通

矿区位于巴东县城188°直距82km处。矿区距巴杨路杨柳池站8km（直距）。

（二）矿区地质概况

矿区位于长岭背斜西翼，出露有志留系至三叠系地层，铁矿产于上泥盆统黄家磴组和写经寺组地层中。

（三）矿体规模形态产状

矿体数1个，矿体名称Fe_3，长18000m，宽400m，厚0.68~2.95m。层状矿体，倾角16°~60°，埋深0~540m。

（四）矿石类型及物质组成

矿石类型为鲕状赤铁矿石，由赤铁矿、方解石、白云石、石英、黏土矿物、胶磷矿等组成，具有鲕状构造。

主要化学成分：TFe 40%~45%，SiO_2 14%~20%，Al_2O_3 6%~8%，CaO 4%~6%，MgO 0.7%~1%，P 0.87%，S 0.2%~0.3%。

（五）矿石质量及储量

地质勘查提交工业储量2971万吨，远景储量5297万吨，共计8268万吨。

中南冶勘1978年1月批准铁矿表内储量D级5050.1万吨，表外储量D级1593.2万吨，共计6643.3万吨。矿石品位为一般富矿、贫矿，平均品位TFe 43.44%，含磷0.865%，含S 0.043%，含SiO_2 20.19%。

资源储量套改后确定：

控制的预可研次边际经济资源量（2S22）：6643.3万吨。

（六）勘查程度和资源远景

中南冶勘608队1971年1月提交《湖北省巴东县龙坪铁矿区详查评价说明书》。

矿区资源有扩大远景。

（七）开采技术条件

层状矿体，稳定。构造较复杂，矿体倾角变化大。宜平硐开采。

矿区水文地质条件简单。

（八）选冶和加工技术条件

无技术资料。

（九）开发利用状况

未开发利用。

二十二、恩施州宣恩县长潭河铁矿（图9-1，2号矿）

（一）位置交通

矿区位于宣恩县城81°直距20km处。矿区距宣长路长潭河站5km（直距），通公路。

（二）矿区地质概况

矿区位于长潭河向斜东翼，出露有志留系至三叠系地层，铁矿产于上泥盆统黄家磴组和写经寺组地层中。

（三）矿体规模形态产状

矿体数2个，主矿体名称：后河矿体。主矿体长4500m，宽1750m，厚0.52~2.55m。层状矿体，倾角9°~49°，埋深0~730m。

（四）矿石类型及物质组成

矿石类型有：

（1）含鲕绿泥石菱铁矿石：由菱铁矿、水云母、鲕绿泥石和石英等组成。

（2）含鲕绿泥石鲕状赤铁矿石：由赤铁矿、绿泥石、黏土矿物等组成，具鲕状构造。

（3）含砂砾质鲕状赤铁矿石：由赤铁矿、绿泥石、黏土矿物、石英等组成。具鲕状构造。

富矿平均品位 TFe 48.73%，贫矿平均品位 TFe 39.05%；其他化学成分：P 1.1%，S 0.04%，SiO_2 13.49%，Al_2O_3 6.99%，CaO 6.89%，MgO 1.52%，Cu 0.025%，Pb 0.0027%，Zn 0.033%。

（五）矿石质量及储量

地质勘查提交工业储量6486万吨。远景储量5217.2万吨。湖北省储委1973年1月批准铁矿表内储量D级9704.7万吨。矿石品级为一般富矿、贫矿，矿石平均品位TFe 41.95%，含P 1.1%，含S 0.04%，含 SiO_2 13.49%，酸碱度0.41。

资源储量套改后认定：

控制的预可研经济基础资源量（122b）：5.4万吨。

控制的预可研次边际经济资源量（2S22）：9715.5万吨。

总计资源储量9715.5万吨。

（六）勘查程度和资源远景

湖北省第11地质队1971年4月提交《宣恩长潭河铁矿详查评价报告》。

矿区已提交铁矿地质储量1998.7万吨。

（七）开采技术条件

层状矿体，稳定。但倾角变化大，宜用平巷、斜井分段开采。

水文地质条件简单，但河床地段有横切断层。水源地长潭河离矿区3km。

（八）选冶和加工技术条件

无技术资料。

（九）开发利用状况

宣恩县后河口王单元铁矿采矿厂开采，截至2004年底，共消耗铁矿资源量1.8万吨。

二十三、恩施州宣恩县马虎坪铁矿马虎坪矿段（图9-1，3号矿）

（一）位置交通

矿区位于宣恩县城92°直距11km处。矿区距宣长路新四桥站3km（直距）。

（二）矿区地质概况

矿区位于长潭河向斜南端，出露有志留系至三叠系地层，铁矿产于上泥盆统黄家磴组和写经寺组地层中。

（三）矿体规模形态产状

矿体数1个，矿体名称：马虎坪矿体，矿体长7500m，宽400～500m，厚0.75～3.16m，似层状矿体，倾角22°～38°。

（四）矿石类型及物质组成

矿石类型为鲕状赤铁矿石，由赤铁矿、方解石、白云石、黏土矿物、石英、胶磷矿等组成，具鲕状构造。

（五）矿石质量及储量

地质勘查提交并经湖北省地质局批准储量为：铁矿表内储量 D 级 1383.5 万吨，矿石品位为贫矿，平均品位 TFe 33.95%，含 P 1.14%，含硫 0.03%，含 SiO_2 22.3%。

资源储量套改后认定：

控制的预可研次边际经济资源量（2S22）：1383.5 万吨。

（六）勘查程度和资源远景

湖北省第 11 地质队 1972 年 12 月提交《湖北宣恩马虎坪铁矿区初查报告》。

矿区资源远景不清。

（七）开采技术条件

似层状矿体，稳定，需地下开采。

水文地质条件简单，水源地鱼泉河距矿区 3km。

（八）选冶加工技术条件

矿石难选冶。

（九）开发利用状况

未利用。

第二节　湖　南　省

湖南省是我国宁乡式铁矿主要产区之一，矿产地数和资源储量数仅次于湖北，居第二位。全省共有矿产地 51 处，其中大型 1 处，中型 15 处，小型 35 处，探明资源储量 6.92 亿吨，占宁乡式铁矿总资源储量的 18.66%（表 9-13、图 9-30）。

表 9-13　湖南省主要宁乡式铁矿床品位、含磷量及资源储量

序号	矿床名称	平均 TFe /%	平均 P/%	矿床规模
1	石门太清山	34.02	0.41	中
2	石门杨家坊	38.96	1.04	中
3	石门新关	38.29	0.35	中
4	慈利小溪峪	44.13	0.40	中
5	桑植麦地坪	39.02	0.50	中
6	慈利喻家咀	32.77	0.10	中
7	永顺桃子溪	37.99	0.084	中
8	桑植利泌溪	42.98	0.50	中
9	张家界槟榔坪	东翼 29.33 西翼 35.91	0.065	中
10	涟源插花庙（田湖）	30.85	0.60	中

续表 9-13

序号	矿床名称	平均 TFe /%	平均 P/%	矿床规模
11	攸县凉江铁矿	40.92		中
12	茶陵清水	37.55	0.52	中
13	茶陵雷垄里	37.89		中
14	茶陵排前	35.48	0.17	中
15	安仁九家坳	25.19		中
16	汝城大坪	43.20	0.52	大
	益阳七里冲	35.76	1.05	小
	桃江笛楼坪	34.09		小
	桑植西界	37.70	0.063	小
	慈利何家峪	40.47	0.51	小
	桑植卧云界	41.04	0.41	小
	双峰钟岭	27.06		小
	茶陵潞水	43.70		小
	攸县辽叶垅铁矿	42.7		小
	攸县江冲铁矿	42.0		小
	攸县滴玉石铁矿	36.71		小
	攸县漕泊	55.0		小

注：表中矿床序号与图 9-30 对应，小型矿床未编号。

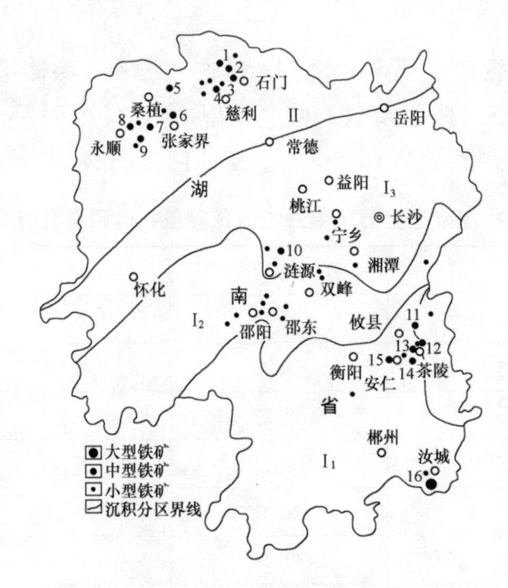

图 9-30　湖南省宁乡式铁矿分布示意图

晚泥盆世早期沉积分区：Ⅰ—湘中湘南分区；$Ⅰ_1$—江永—耒阳小区；$Ⅰ_2$—邵阳—醴陵小区；$Ⅰ_3$—安化—浏阳小区；Ⅱ—湘西北区

中大型矿区名称：1—太清山；2—杨家坊；3—新关；4—小溪峪；5—麦地坪；6—喻家咀；7—桃子溪；8—利泌溪；9—槟榔坪；10—田湖；11—凉江；12—清水；13—雷垄里；14—排前；15—九家坳；16—大坪

省内宁乡式铁矿分布广泛，15 个县市有该类型铁矿产出，其中宁乡县是宁乡式铁矿名称的起源地。全省铁矿比较集中分布的有 3 个区域：一是湘西北区，包括石门、慈利、桑植、张家界、永顺等县市；二是湘中区，包括宁乡、湘潭、涟源、新化、邵阳等县市；三是湘东区，包括攸县、茶陵、安仁等县市。在湘南出现了一个大型铁矿（大坪铁矿）。

湖南省宁乡式铁矿以中型规模为主，只有一个大型矿床。中型矿床中以资源储量排序前 8 位依次是：排前、杨家坊、小溪峪、九家坳、田湖、凉江、清水、太清山，每个矿区资源储量都大于 2000 万吨。

各矿区铁平均品位 25.19%~55%，总平均 38.20%，低于湖北省 3 个百分点。个别矿区品位高，如攸县漕泊铁矿。湘东和湘南的铁矿由于遭受轻度变质，磁铁矿含量增加，出现磁铁矿石，与典型的宁乡式铁矿有所差别，曾被称作茶陵式铁矿。

各矿区的平均含磷量见表 9-13。含磷差别很大（0.063%~1.04%），总平均为 0.47%，比湖北省低了将近一半。湖南宁乡式铁矿特点之一是出现低磷矿区，主要分布在湘西北、桑植西界、张家界槟榔坪、永顺桃子溪、慈利喻家咀等矿区，含磷平均都在 0.1% 以下。

矿石酸碱性类型多属酸性矿石，田湖铁矿为自熔性矿石。

一、涟源市田湖铁矿（图 9-30，10 号矿）

（一）位置交通

矿区位于涟源县北东 35km，有公路相通。并有娄底—插花庙铁路支线与湘—黔铁路接轨。

（二）矿区地质概况

矿区包括大茶园、赵家冲、土地排、梅石山、畔边冲、大山里和张家冲等 7 个矿段，面积 16km^2（图 9-31）。

1. 地层

出露地层有泥盆系上统龙口冲组（D_3sh_1）、佘田桥组（D_3sh_2）、锡矿山组（D_3x）和岳麓山组（D_3y）。

与成矿有关的地层是佘田桥组，可分为 2 个岩性段：下段为砂岩、页岩；上段为泥质灰岩。铁矿产在下段砂、页岩中。

矿层厚度和品位均与含矿岩系的厚度成正比，含矿岩系厚度增大，矿层厚度增大，品位也增高。

矿层品位也受岩相控制，向深部变成含铁灰岩，铁矿石品位变贫。

2. 构造

区内有甘溪复式背斜，轴向北东。茶亭矿段位于该背斜的西翼，地层和矿层倾向北西；土地排、梅石山和畔边冲矿段位于背斜构造东翼，其地层和矿层的倾向为南东。赵家冲矿段位于次一级的向斜构造中，轴向北北东，向南倾伏。

断裂构造发育，有 3 组：（1）走向北北西—北西组；（2）走向南北组；（3）走向东西组。走向南北的断层多属平移正断层，破坏矿体，如 F_{13} 将矿层错开 930m，F_{11} 倾向东，倾角 80°，长 1200m，破坏赵家冲矿段矿体，使之向南延伸。

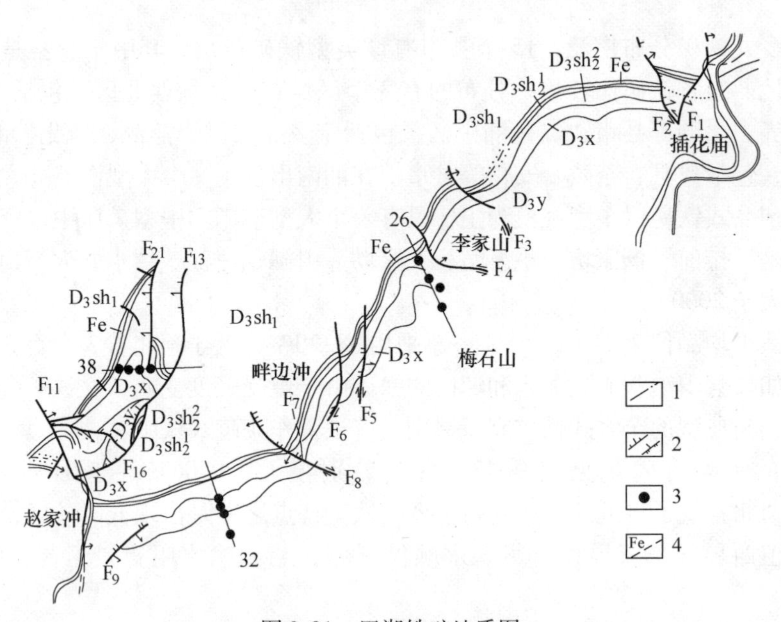

图 9-31 田湖铁矿地质图

（据湖南省地质局409队，1965）

上泥盆统：D_3y—岳麓山组；D_3x—锡矿山组；$D_3sh_2^2$—佘田桥组上段泥质灰岩；$D_3sh_2^1$—佘田桥组下段含矿岩系；D_3sh_1—龙口冲组；1—地质界线；2—断层；3—钻孔；4—矿层

（三）矿体规模形态产状

矿体呈层状产于佘田桥组底部的砂岩、页岩中（图 9-32），有 2 层矿，第 2 层为主矿

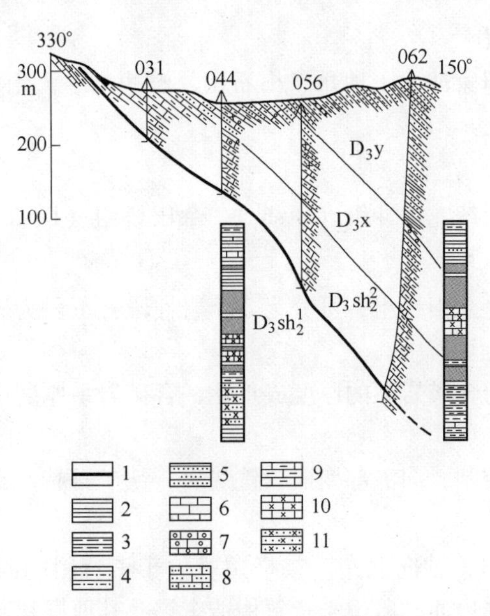

图 9-32 田湖铁矿 26 剖面图

（据湖南省地质局409队，1965）

上泥盆统：D_3y—岳麓山组；D_3x—锡矿山组；$D_3sh_2^2$—佘田桥组上段；$D_3sh_2^1$—佘田桥组下段；1—铁矿层；2—钙质页岩；3—紫红色页岩；4—砂质页岩；5—石英砂岩；6—灰岩；7—砂质灰岩；8—燧石灰岩；9—泥质灰岩；10—含铁灰岩；11—含铁砂岩

层。矿层展布达8km，宽1～2km，厚0.34～4.82m，平均厚1.72m。矿体在各矿段的形态和规模见表9-14。

表9-14　矿体形态、规模统计表

矿段名称	矿体形态	主矿体走向长/m	主矿体走向宽/m	厚度/m	埋藏标高/m	产　状
大茶园	层状	1600	250～460	1.65	50～450	倾向南东∠55°
赵家冲	层状	1300	80～240	1.7	0～330	倾角25°～40°
土地排	似层状	650	110～430	1.79	0～350	倾角38°～45°
梅石山	似层状	1000	600	1.94	18～514	倾角38°～48°
畔边冲	似层状	1000	120～600	0.25～2.57	0～220	倾角40°～55°
大山里	层状	1400	350～500	1.57	0～488	倾角38°～44°
张家冲	似层状	540	170	0.94	0～200	倾角36°～45°

（四）矿石类型及物质组成

矿石物质成分较简单，金属矿物主要是赤铁矿，非金属矿物有方解石、石英、绿泥石等，具有鲕状结构和块状构造。自然类型为赤铁矿石。

（五）矿石质量及储量

赤铁矿石品位TFe 20%～40%，含S 0.045%，P 0.5%～0.7%，CaO 15.7%，MgO 1.5%，SiO_2 14.1%，Al_2O_3 3.08%，酸碱度为1，属低硫高磷自熔性贫矿石。

截至1990年底，全区共探明储量2063.8万吨，其中，A+B+C级1503.3万吨，A+B级416.6万吨，D级560.5万吨；保有储量1587.7万吨，其中，A+B+C级1047.4万吨，A+B级147.7万吨，D级540.3万吨。各矿段储量见表9-15。

表9-15　各矿段储量统计

矿段名称	探明储量/万吨		保有储量/万吨		矿石品位/%		
	总计	A+B+C	总计	A+B+C	TFe	S	P
大茶园	515	427.9	232.5	164	33.64	0.026	0.563
赵家冲	276.6	189.2	138.4	51	36.89		0.649
土地排	103.3	60.2	47.9	6.4	28.74	0.095	0.618
梅石山	523.3	428	523.3	428	33.89	0.049	0.57
畔边冲	408	263.2	408	263.2	34.25	0.053	0.596
大山里	201.5	134.8	201.5	134.8	33.39	0.071	0.72
张家冲	36.1		36.1		31.68	0.066	0.75

（六）勘查程度和资源远景

该矿自1956年开始勘探，延续到1963年结束。以钻探为主，配合生产坑道圈定矿体。勘探网度为200m×100m、400m×200m。共施工钻探21567m，坑探412m。矿床地质构造，矿体形态、产状、规模，矿石物质成分和选冶性能，矿区开采技术条件等已基本查明。

1965年9月，湖南省地质局409队提交了《插花庙铁矿地质勘探总结报告》，经湖南省储委审查，1965年下达第89号决议书，批准报告作为设计依据。批准铁矿石储量515万吨，其中，A+B+C级储量427.9万吨。

1966年12月，湖南省地质局468队提交了《插花庙铁矿赵家冲——土地排矿段补充勘探报告》，经湖南省储委审查，下达了（67）湘储字04号审查意见书，批准该报告可作为矿山远景规划的依据。

1973年9月，湖南省地质局468队提交了《大山里矿段地质勘探报告》和《张家冲矿段普查报告》，经湖南省储委审查，下达（1980）储革字第027号审查意见书，批准《大山里地质勘探报告》作为边采边探的依据。

1979年10月，湖南省地质局468队提交了《畔边冲矿段地质勘探报告》，经湖南省储委审查，下达（79）湘革储办字第21号审查意见书，指出该报告需补做工作。

（七）开采技术条件

矿体呈层状、似层状，矿体薄，倾角30°~50°，矿体顶、底板岩石稳定性能较好，适宜坑采。

矿床水文地质条件简单至中等。近地表为风化裂隙水，深部为裂隙溶洞水，最大涌水量为20378m^3/d（赵家冲），其他矿段涌水量均在7200m^3/d以下。

（八）选冶和加工技术条件

赤铁矿矿石可选性能较差。采用焙烧磁选流程试验，原矿品位TFe 31.1%，铁精矿TFe 47.7%，回收率为86.9%，试验未达到降磷目的，且破坏了矿石的自熔性。

1970年田湖铁矿、长沙黑色矿山设计院、长沙矿冶研究院报告：采用单室筛下隔膜跳汰机，对含铁为26.51%的原矿经跳汰分选后可获得含铁为39.31%的铁精矿，回收率80.39%。

（九）开发利用状况

田湖铁矿为涟源钢铁厂的主要矿石基地（彩图9-33）。7个矿段中已有3个矿段进行地下采矿。1953—1963年，1969—1989年两个时期共生产铁矿石359.59万吨，平均年产矿石11.98万吨。

大茶园矿段进行坑采，1970年投产，设计规模20万吨/年，实际生产能力17万吨/年，1990年已停采。

赵家冲矿段：1970年投产坑采，设计规模10万吨/年，实际生产能力为8万吨/年。1990年采矿石3.2万吨，损失矿石1万吨。

土地排矿段，1974年投产坑采，设计规模5万吨/年，实际生产能力达5万吨/年，经多年采矿后，现已停采。

梅石山、畔边冲和大山里等矿段推荐近期利用。

二、汝城县大坪铁矿（图9-30，16号矿）

（一）位置交通

矿区位于汝城县南14km处，距京广铁路线红岩站114km，有公路相通。

（二）矿区地质概况

1. 地层

由老至新有前泥盆系、泥盆系、石炭系和第四系（图9-34）。

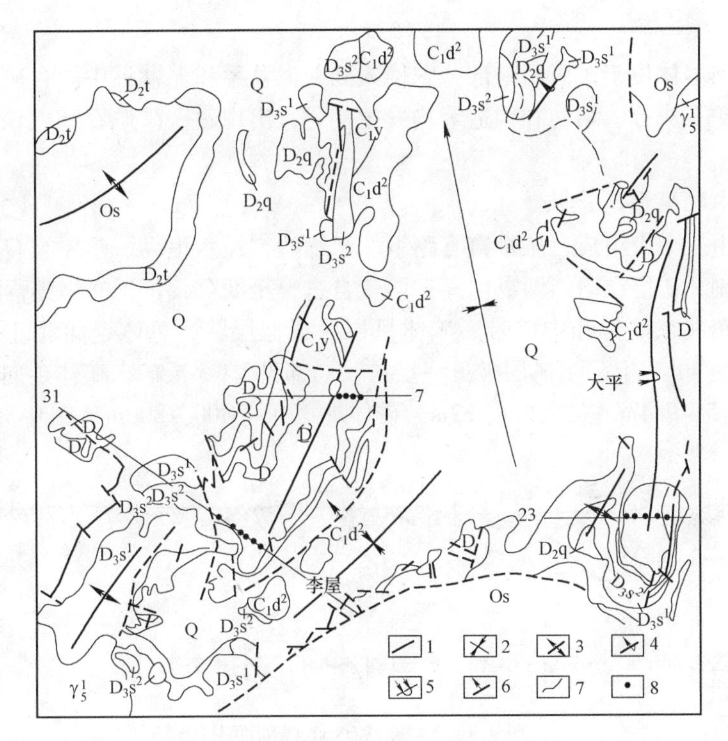

图9-34　大坪铁矿地质图

（据湖南冶勘206队，1961）

Q—第四系；C_1d^2—下石炭系测水组；C_1y—下石炭系岩关组；D_3s—上泥盆系佘田桥组；

D_2q—中泥盆系棋梓桥组；D_2t—中泥盆系跳马涧组；Os—前泥盆系；γ_5^1—花岗岩；

1—断层；2—向斜；3—背斜；4—倒转背斜；5—倒转向斜；6—产状；7—铁矿层；8—钻孔

与成矿有关的泥盆纪地层，可分为3组：

（1）泥盆系中统跳马涧组（D_2t）。不整合在前泥盆系变质岩系之上。由石英砂岩和泥质砂岩组成，厚100m，由于岩浆热液作用有强烈的硅化和黄铁矿化。

（2）泥盆系中统棋梓桥组（D_2q）。由深灰色中厚层至薄层灰岩及炭质较高的泥灰岩组成，向上过渡为泥质砂岩，厚350m。与跳马涧组呈整合接触。

（3）泥盆系上统佘田桥组（D_3s）。有2个岩性段，下段（D_3s^1）为灰白色泥质砂岩，厚20~40m；上段（D_3s^2）由砂岩、页岩、含铁绿泥岩、赤铁矿矿层、薄层灰岩或钙质页岩互层组成，厚50~80m。岩相变化明显，在矿床东南部和地表浅部以砂岩为主，在矿床西北部和深部以泥灰岩、灰岩为主。铁矿赋存在佘田桥组上段。

2. 构造

大平复式向斜构造，由次一次的岭脚排背斜、竹村倒转向斜、李屋向斜和圭岗倒转向斜组成。向斜轴向近南北，向北倾伏。含矿岩系和矿层经褶皱变形变位，在向斜两翼出露。

断裂构造有2组：（1）走向北北东—北东组，属逆冲断层，如风光寨和李屋南部断层；（2）走向北西组，多属横向平移正断层。两组断层的断距几米至200m，破坏矿体，影响矿层的连续性。

3. 岩浆岩

通天庙花岗岩体位于矿区西南部，它侵入到前泥盆系和泥盆系中。含矿岩系和矿层经接触变质作用矿石成分、结构和构造等均发生变化，出现磁铁矿矿石和磁铁矿、赤铁矿混合矿石。

（三）矿体规模形态产状

矿体露头由3个带组成。东带自官路下、米筛岭，经六里坳、李屋至鲁塘；中带受竹村倒转向斜控制，矿层在向斜两翼出露；西带自古曹至塘坑，位于岭脚排背斜西翼。

主矿体分布在东矿带和中矿带。矿体呈层状或似层状，总体走向北北东，倾向东或西，倾角陡，在40°以上。主矿层常见一层矿，局部见3~5层矿。矿体走向长，在东矿带达19km，厚0.5~9.4m，最大厚度12m，矿体埋藏标高400~800m（图9-35）。

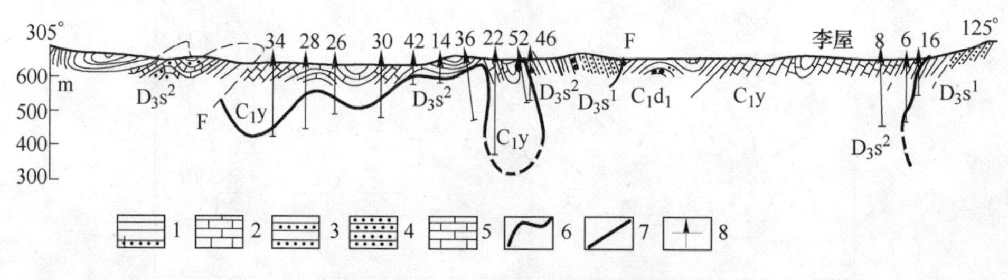

图9-35 大坪铁矿31线剖面图

（据湖南冶勘206队，1961）

1—下石炭统砂页岩（C_1d_1）；2—下石炭统灰岩（C_1y）；3—上泥盆统砂岩夹铁矿层（D_3s^1）；4—上泥盆统泥质砂岩（D_3s^2）；5—中泥盆统灰岩；6—铁矿层；7—断层；8—钻孔

矿体厚度基本稳定，由南向北有变薄的趋势。矿层之间有夹石，为钙质页岩，厚1.5m。

（四）矿石类型及物质组成

已发现矿物20余种。金属矿物主要有磁铁矿、赤铁矿、磁赤铁矿、褐铁矿等；非金属矿物有绿泥石、石英和方解石等。

赤铁矿矿石具鲕粒结构，鲕粒直径0.2~0.8mm。磁铁矿矿石多为粒状结构，粒粗大且均匀。磁赤铁矿既有鲕状结构，又有粒状结构。

矿石有磁铁矿矿石和赤铁矿矿石两种自然类型。

（五）矿石质量及储量

共探明及保有铁矿石储量12334.8万吨，其中：B+C级8878.8万吨，D级3456万吨；磁铁矿矿石储量6669.4万吨，其中，B+C级4762.5万吨，D级1906.9万吨；赤铁矿矿石储量5665.4万吨，其中，B+C级4116.3万吨，D级1549.1万吨。经储量套改后认定，资源储量为11312.7万吨。

磁铁矿矿石品位TFe 37.38%，S 0.178%，P 0.52%。赤铁矿矿石品位TFe 38.78%，S 0.088%，P 0.525%。两种矿石的SiO_2均为18.6%，局部达40%，Al_2O_3 2%~15%，平均7%，Ca、Mg含量均低，仅李屋地段含量较高，因此属酸性贫铁矿石。

（六）勘查程度和资源远景

1956年，湖南冶金地质勘探公司206队发现大坪铁矿。

1958—1961年，湖南冶金地质勘探公司206队对该矿进行详查和勘探工作。勘探地段有米筛岭、六里坳、李屋、风光寨和鱼背岭等。以200m×100m、200m×50m、100m×100m的勘探网度进行系统控制，共施工岩心钻探12万米，还相应做了水文地质工作和选矿试验。

1961年9月，湖南冶金地质勘探公司206队提交了《汝城铁矿大坪矿区地质勘探储量报告书》，经湖南省储委审查，以（74）湘审储字第18号决议书批准为初勘，不作矿山设计依据。

1978年6月，湖南冶金地质勘探公司238队提交了《大坪铁矿风光寨露采矿段勘探报告》，经湖南冶金地质勘探公司审查，以湘冶勘地字29号文批准B级储量16.8万吨，C级115.1万吨，D级79.9万吨，其中，富矿B级15.1万吨，C级77.7万吨，D级40.6万吨。

该区成矿条件有利，矿区及其外围还有多处磁异常未验证，如今后再勘查，预计铁矿储量有可能大幅度增长。

（七）开采技术条件

矿区地形平缓，矿体多为农田覆盖。矿体呈层状，倾角陡，大部分埋藏在侵蚀基准面之下。矿层顶板为钙质页岩，稳定性较好，适于地下坑采。

矿区地表水系发育，对开采有一定影响。含矿岩系及上覆地层灰岩岩溶发育，在标高500m以下为裂隙溶洞水，涌水量为0.032~19.6L/s，最大涌水量为57203m^3/d。矿区水文属中—复杂类型。

（八）选冶和加工技术条件

经试验，矿石可选。磁铁矿矿石采用焙烧磁选流程，原矿品位TFe 39.38%，铁精矿品位TFe 56.3%，回收率74.18%。磁赤铁矿矿石也采用焙烧磁选流程，原矿品位TFe 47.77%，铁精矿品位TFe 56.65%，回收率79.51%。赤铁矿矿石采用焙烧一段磁选流程，原矿品位TFe 36.1%，铁精矿品位TFe 46.25%，回收率70.02%。

（九）开发利用状况

未开发利用。

三、石门县杨家坊铁矿（图9-30，2号矿）

（一）位置交通

位于湖南省石门县北40km。石门县位于枝柳铁路线上。

（二）矿区地质概况

矿区位于湘西北陷折束之东部，公渡复向斜杨家坊向斜北翼。矿区分布有寒武系至第四系地层，铁矿产于上泥盆统写经寺组地层中。

（三）矿体规模形态产状

主矿层一层，局部分为两层，北东东走向，长11000m，控制垂深500m，厚0.26~6.70m，平均1.76m。

（四）矿石类型及物质组成

矿石类型为鲕状赤铁矿石，由赤铁矿、石英、泥质、胶磷矿、绿泥石等组成，含少量电气石。矿石化学组成见表 9-16。

表 9-16 杨家坊铁矿化学成分 (%)

项目	TFe	S	P	Mn	SiO_2	Al_2O_3	CaO	MgO	Pb	Co
富矿	47.72	0.072	1.27	0.11	15.02	7.16	2.70	0.35	0.025	0.01
贫矿	33.59	0.171	0.809	0.365	32.09	8.55	2.21	0.432	0.022	0.01
项目	TiO_2	Mo	Sr	Ba	Ga	Zn	Ni	Cu	V	
富矿	0.25	0	0	0.001	0.001	0.01	0.01	0.01	0.051	
贫矿	0.34	0	0	0.001	0.001	0.02	0.01	0.01	—	

（五）矿石质量及储量

矿石分一般富矿和一般贫矿两个品级。经勘探获 $B+C_1+C_2$ 级表内外储量 4444.81 万吨。

（六）勘查程度和资源远景

勘查程度：详勘。1965 年湖南省地矿 403 队提交详勘报告。根据第二勘探类型的要求（1958 年全国储委铁矿勘探网度草案）以 200m × 200m 的网度求 B 级储量，以 400m × 200m 的网度求 C_1 级储量。

（七）开采技术条件

层状埋藏于泥盆系弱含水层中，没有主要地表水体补给。构造简单，没有大断层破坏使区域地下水与矿区地下水沟通，对开采影响不大。涌水量 $21m^3/h$。矿区供水可由马家溪取水，其最大流量 $10.5m^3/s$，枯水期流量 $13.39m^3/h$，生产和生活用水可得到保证。

矿层围岩力学性质测定结果见表 9-17。

表 9-17 围岩力学性质测定结果

项 目	抗压强度 /kg · cm^{-2}	抗拉强度 /kg · cm^{-2}	抗剪强度 /kg · cm^{-2}	普氏系数	内摩擦角	岩石硬度等级
灰 岩	705 ~ 922	—	—	7 ~ 9	81°52′ ~ 83°4′	Ⅲa ~ Ⅳ
泥灰岩	200	10 ~ 28.6	—	2	63°26′	Ⅳ
砂质泥灰岩	72 ~ 309	11.2	106.4	0.7 ~ 3	71°33′ ~ 81°52′	Ⅲ ~ Ⅴa
石英砂岩	1374	—	—	14	85°55′	

矿体为大延长薄层矿，适合房柱法和崩落法开采。

（八）选冶和加工技术条件

矿石焙烧磁选结果如下：

原破碎成 -6.0mm，600℃还原焙烧 65min。焙烧后磁选得精矿：TFe 54.98%，含 SiO_2 12.55%，MgO 0.74%，CaO 2.7%，Al_2O_3 3.4%，P 0.24%，Mn 0.61%。回收率 83.50%。

（九）开发利用状况

未开发利用。

四、茶陵县清水铁矿（图 9-30，12 号矿）

为“湘东铁矿”中最重要的矿区之一。位于茶陵—攸县一带的湘东铁矿包括雷垄里、清水、潞水3个矿区和50多个矿点。清水铁矿的位置见图9-36。

（一）交通位置

矿区位于湖南省茶陵县东北15km，西北距株洲163km，有公路相通。

（二）矿区地质概况

矿区处于清水复式向斜西北翼，汉背正断层从矿区东部通过。矿区出露地层有震旦系、寒武系、奥陶系、志留系、泥盆系、石炭系、二叠系、三叠系，岩性以灰岩为主，次为砂岩、页岩等，仅局部见寒武系变质岩系。与矿有关的地层为上泥盆统锡矿山组。区内地质构造复杂，褶皱断裂发育，北东—北北东向断层对矿体赋存起破坏作用，含矿地层锡矿山组分为上部砂岩段、下部灰岩段，铁矿层产于砂岩段（厚15～88m）中部，下部为砂岩和粉砂岩，上部页岩夹砂岩。矿层顶底板均为绿泥石页岩或含铁绿泥石岩。

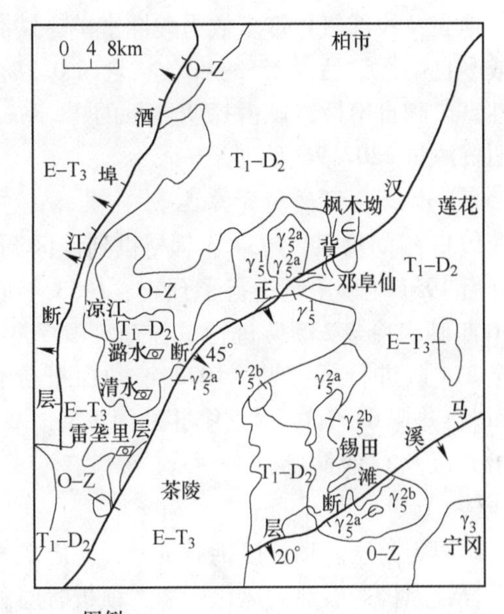

图9-36　湘东区域地质略图

（据黄德仁，1992）

1—正、逆断层；2—铁矿区；

$E\text{-}T_3$—早第三世-晚三叠世沉积岩区；

$T_1\text{-}D_2$—早三叠世-中泥盆世沉积岩区；

O-Z—奥陶纪-震旦纪沉积岩区；∈—寒武纪沉积区；

γ_5^{2b}—燕山早期补充期花岗岩；γ_5^{2a}—燕山早期主期花岗岩；

γ_5^2—燕山早期花岗岩；γ_5^1—印支期花岗岩；

γ_5—中生代花岗岩；γ_3—加里东期花岗岩

矿区位于印支—燕山期邓阜仙花岗岩体和锡田花岗岩体的外接触带，矿层受到不同程度的变质、改造。

（三）矿体规模形态产状

主矿体长3000m，厚1.2～1.8m，平均1.48m。似层状，多数缓倾斜，有的地段因受构造影响为陡倾斜。

（四）矿石类型及物质组成

矿石类型有赤铁矿石、磁铁矿石和磁赤铁混合矿石。

赤铁矿石矿物组成以赤铁矿为主，其次为褐铁矿，少量假象赤铁矿、菱铁矿、赤铁矿，矿物嵌布粒度细，一般为0.002～0.01mm，结构复杂，多呈鲕粒状。

磁铁矿石是由赤铁矿石经接触变质形成的，矿层中赤铁矿部分或全部还原为磁铁矿，矿石品位增高，S、P等有害杂质含量也增高。磁铁矿颗粒较粗，一般为0.02mm。

磁铁—赤铁混合矿石是赤铁矿石和磁铁矿石的过渡类型。

矿石化学组成见表9-18。

表9-18　清水铁矿矿石化学成分　（%）

成分	Fe_2O_3	FeO	P_2O_5	SiO_2	Al_2O_3	CaO	MgO	MnO	V_2O_5	TiO_2	Cr_2O_3	H_2O	烧失	酸不溶物
1	74.22	0.36	0.85	11.34	6.51	0.36	0.66	0.37	0.08	0.2	0.01	1.96	5.60	12.66
2	59.29	4.28	1.56	14.82	6.51	4.71	0.88	0.26	0.07	0.24	0.01	1.44	3.92	15.81

（五）矿石质量及资源量

地表及浅部氧化带多数为酸性富矿，铁品位45%～50%；深部为原生矿，多半为自熔性或半自熔性，品位25%～40%，含磷0.2%～0.6%，属中等品位，低硫中磷矿石。全区酸性富矿和自熔性富矿占探明储量的48.8%，全矿平均品位37.55%，平均含磷0.52%。探明资源量2207.96万吨。

（六）勘查程度和资源远景

1933年刘彝祖、1934年程裕祺到该区调查，以后有王晓青、徐瑞麟等踏勘。新中国成立后1951年廖士范进行了预查。1953年地质部中南地质局茶陵勘探队开展勘查工作。1956年湖南冶金235队进行了普查。1957年茶陵铁矿勘探队清水分队开始勘查。1972年冶金214队进行了详勘。1978年勘探报告获审批通过。共施工岩心钻探3900m，槽探975m^3，井探64.7m。根据第Ⅱ勘探类型以200mm×200mm及400mm×200mm的密度分别求出B级及C_1级储量。

（七）开采技术条件

矿层为薄层。顶板以钙质页岩，泥质灰岩为主，夹薄层细砂岩；底板为石英砂岩、砂质页岩，因构造破坏、风化影响，顶板岩层破碎、松软，工程地质条件不佳。巷道及采场均需支护。

矿区含水层、岩溶发育，地下水丰富。矿层下部灰岩为主要含水层，上部灰岩为次要含水层，两层有明显水力联系。地下水的补给是矿坑充水的主要因素，为矿床深部开采的主要问题，110m标高的涌水量为1294m^3/h。在基准侵蚀面以上，水文地质条件简单，矿床开拓坑道可自流排水，对开采影响不大。

（八）选冶和加工技术条件

1977—1978年湖南冶金地质研究所做了选矿试验，并委托湘钢做了冶炼试验，赤铁矿石为难选矿石。磁铁矿石易选，选矿试验指标较好，精矿品位可达60%以上。

（九）开发利用状况

据《茶陵州志》记载，200多年前已有开发活动。

1970年开始矿山建设。1974清水和潞水联合建成采矿规模65万吨，选矿规模80万吨的矿山。1974—1978年，累计生产原矿559.14万吨（包括潞水和雷垄里铁矿）。

第三节 江 西 省

江西省有宁乡式铁矿主要产地10处，其中中型矿床4处，小型矿床6处，查明资源储量0.84亿吨，占宁乡式铁矿总量的2.21%（表9-19）。

表9-19 江西省宁乡式铁矿简况

序号	矿床名称	地理位置	矿石品位/%	含P/%	矿床规模
1	查山	上高			小
2	松树脑	万载			小
3	上株岭	萍乡	50.50	0.39	小

续表 9-19

序号	矿床名称	地理位置	矿石品位/%	含 P/%	矿床规模
4	枧上	萍乡			小
5	九曲山	莲花	42.13		中
6	六市	莲花	45.61	0.48	中
7	株林坳	莲花	49.18		中
8	乌石山	永新	52.39	0.486	中
9	濠溪	永新	43.73	0.43	小
10	花麦土	上犹			小

注：矿床序号与图 9-37 相对应。

铁矿主要分布在西部湘赣边境，集中产出在萍乡、莲花、永新一带（图 9-37）。位于江南台隆与赣西南坳陷两个构造单元内。

江西萍乡一带是宁乡式铁矿最早被认知的地区，当时被称作萍乡式铁矿。新中国成立后乌石山等铁矿也是最早投入正式勘查的矿区，勘探报告完成于 1954 年。

江西宁乡式铁矿规模不大，但 TFe 品位高，上株岭、乌石山、株林坳等矿区有较多的品位大于 50% 的富矿产出。乌石山铁矿中富矿平均品位 52.22%，约占全矿区矿石总量的 50%，上株岭铁矿中部矿石平均品位 52.03%。各矿区平均含磷 0.39%～0.48%，较湖北的铁矿低，与湖南相近，各矿区矿石酸碱度低，多为酸性矿石。

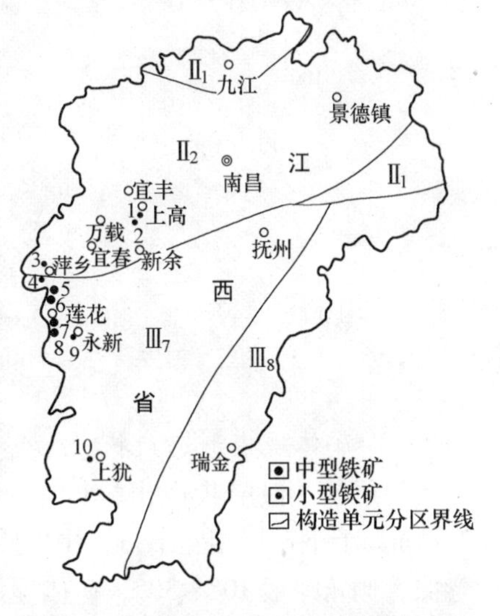

图 9-37 江西省宁乡式铁矿分布示意图

构造单元名称：$Ⅱ_1$—下扬子—钱塘台坳；$Ⅱ_2$—江南台隆；$Ⅲ_7$—赣西南坳陷；$Ⅲ_8$—武夷隆起

矿区名称：1—查山；2—松树脑；3—上株岭；4—枧上；5—九曲山；6—六市；7—株林坳；8—乌石山；9—濠溪；10—花麦土

一、永新县乌石山铁矿（图 9-37，8 号矿）

（一）位置交通

矿区位于永新县西 35km。永新有铁路北接浙赣铁路，有公路与吉安、萍乡相通。矿区通铁路、公路。

（二）矿区地质概况

矿区分布地层有中泥盆统棋子桥组（Dch）、上泥盆统佘田桥组（Dsh）、石炭系、第三系等。铁矿产于上泥盆统佘田桥组第四段（D_3sh_4）中，含矿岩系剖面（自老至新）如下：

（1）鲕状赤铁矿层（下层矿），厚 1.2～4m；

（2）绿色细砂岩，厚 0.5～3.7m；

（3）鲕状赤铁矿（上层矿），厚 1～4.7m；

（4）深灰色或黑色页岩及砂岩，厚 4～1.5m。

区域构造为一轴向北北东、南南西的复式向斜，在矿区范围内，上泥盆统佘田桥组受到南北方向的挤压，形成一系列近东西走向的褶皱和断裂。铁矿层产于这些褶皱的两翼，产状随褶皱而变化（图 9-38）。

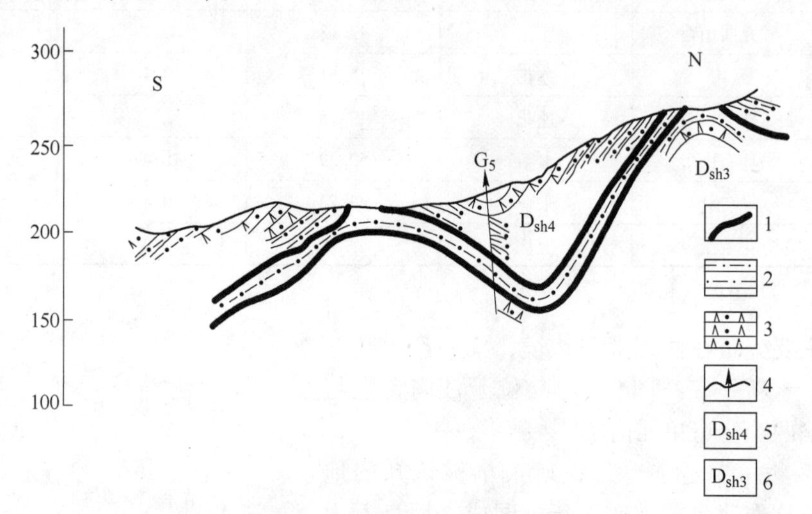

图 9-38 乌石山铁矿 G_5 剖面示意图

（据中南地质局永新铁矿勘探队，1954）

1—铁矿层；2—砂页岩、细砂岩；3—石英质砂岩；4—钻孔；5—Dsh_4 上泥盆统佘田桥组第四段；6—Dsh_3 上泥盆统佘田桥组第三段

（三）矿体规模形态产状

矿体层状、似层状产出，近东西走向，长数千米，上层矿厚 1 ~ 4.7m，下层矿厚 1.2 ~ 4m。上下矿层相互平行，中间隔 0.5 ~ 3.7m 细砂岩或砂质页岩。矿层产状随褶皱起伏弯曲，倾角一般 10° ~ 30°，矿体埋深 0 ~ 250m。

（四）矿石类型及物质组成

矿石属鲕状赤铁矿类型，由赤铁矿（65%）、磁铁矿（26%）、绿泥石（5%）、方解石（4%）、石英（0.2%）等组成，其他矿物有海绿石、电气石、褐铁矿、绢云母、高岭石、黄铁矿等。矿石具鲕状构造，鲕粒大小一般为 0.3mm × 0.4mm。矿石化学组成见表 9-20。

表 9-20 矿石化学组成 （%）

矿石品级	TFe	SiO_2	S	P	As	Al_2O_3	CaO	MgO	Cr_2O_3	Mn	TiO_2	V
富矿	52.22	8.03	0.103	0.747	—	5.67	2.38	0.508	0.0126	0.466	0.20	0.035
贫矿	28.20	36.91	0.104	0.225	0.00084	8.91	1.72	0.634	0.021	0.129	0.38	—

（五）矿石质量和储量

矿石分一般富矿和一般贫矿两个品级，富矿占 45.57%。矿石为高磷低硫赤铁矿石，矿石酸碱度 0.21，属酸性矿石。

矿石储量：表内矿 A_2 级 471.65 万吨（贫矿 48.96 万吨、富矿 422.69 万吨），B 级 1408.20 万吨（贫矿 413.5 万吨，富矿 994.7 万吨），C_1 级 1005.43 万吨，C_2 级 226.2 万

吨，共计3111.28万吨。表外矿560.15万吨。

（六）勘查程度和资源远景

1954年中南地质局永新铁矿勘探队完成矿区勘探，提交《江西永新乌石山铁矿地质勘探报告》。矿区属湘东赣西宁乡式铁矿成矿区，资源有扩大远景。根据第一勘探类型二级矿床的要求，以125m×125m求A_2级储量，以250m×250m求B级储量。

（七）开采技术条件

矿体似层状，较稳定。矿层薄、缓倾斜。局部可露采，主体宜平硐或斜井开拓，房柱法采矿。矿区地下水最大流量为0.521L/s，铁矿层底板的岩层为含水层，厚约30m，含水量大。铁矿层上部为大节湖灰岩，多洞穴蓄有大量水，开采时应谨防破碎带与其沟通，造成地下水涌入。

（八）选矿和技术加工条件

磁、重选恢复地质品位，作为配矿使用。

（九）开发利用状况

开采矿山，1970年建成投产，年产铁矿10万吨，至今仍在生产（彩图9-39、彩图9-40）。

二、莲花县六市铁矿（图9-37，6号矿）

（一）位置交通

矿区位于莲花县西北35km处，向北35km为萍乡市，可接浙赣铁路。

（二）矿区地质概况

矿区分布有泥盆系、石炭系、二叠系地层，铁矿产于上泥盆统佘田桥组中。含矿地层剖面自下而上为鲕状赤铁矿层（下矿层）、绿色细砂岩、鲕状赤铁矿（上矿层）、黑色页岩及砂质页岩。

（三）矿体规模形态产状

共有三层矿。第1层长6000m，厚0.1~8.61m，平均1.31m，延深200~2000m；第2层矿长1400m，厚0.2~1.55m，平均0.96m，延深70~160m；第3层矿长650m，厚0.3~1.40m，平均1.80m，延深100~130m。

（四）矿石类型及物质组成

矿石类型有磁（赤）菱铁矿石、含磁（赤）铁矿菱铁矿石、菱铁磁铁矿石、菱铁矿石、褐铁矿石，以磁（赤）铁菱铁矿石为主。

矿石平均铁矿物组成：菱铁矿58.86%，磁铁矿27.18%，赤铁矿12.49%，黄铁矿1.47%。脉石矿物有绿泥石、石英、碳酸盐等。

矿石化学成分：TFe 45.15%，V 0.054%，Ti 0.33%，Co 0.0012%，Cr 0.003%，Mo 0.00043%，Mn 0.239%，S 0.43%，P 0.48%，Zn 0.00%，CaO 1.52%，MgO 1.61%，Al_2O_3 5.26%，SiO_2 8.91%。

（五）矿石质量和储量

矿石品位以一般富矿为主（95%），少量贫矿。全区表内储量1844.25万吨，表外储量73.03万吨，合计1917.28万吨。

（六）勘查程度和资源远景

勘查程度：初步勘探。由江西省地矿局 901 队提交报告。资源有扩大远景。

（七）开采技术条件

大延长薄层矿，似层状产出，适合房柱法、崩落法开采。

（八）选矿和技术加工条件

江西省重工业局进行过可选性试验。结果为：绿泥石磁（赤）菱铁矿石原矿品位 TFe 40.20%，经 900℃焙烧 60min 后得产品含 TFe 50.25%，含 P 0.82%。

（九）开发利用状况

开采矿山。

三、萍乡市上株岭铁矿（图 9-37，3 号矿）

（一）位置交通

矿区位于萍乡市西北 30km 的排上乡大路里村，通铁路，与浙（杭州）—赣（萍乡）铁路峡山站相距 17km。

（二）矿区地质概况

1. 地层

铁矿赋存于上泥盆统锡矿山组。锡矿山组分为小崩坡层和上株岭层两个岩性段。矿层主要产于锡矿山组上岩段、上株岭层下部。上株岭层上部为炭质页岩、粉砂岩夹砂质页岩和钙质砂岩，下部为铁矿层，底板为含铁绿泥石砂岩或铁质砂岩。小崩坡层为石英砂岩。

2. 构造

矿区为一走向北东 30°～45°的复式向斜，轴面向南东倒转，向北西倾斜。向斜次级褶皱发育，并严格控制矿体的形态和产状。

矿区发育一组区域性走向正断层，走向北东 20°～40°，倾向北西 300°～320°，倾角 60°～80°，断距 30～100m。该断层组使矿区褶皱和矿层作阶梯式下降。其次，北东东向和北西西向剪切断层也较发育，并破坏了矿层在走向和倾向上的连续性，也使矿区构造愈趋复杂。

（三）矿体规模形态产状

主矿带长约 2000m，宽 200～500m，倾斜延伸 100～400m，厚 1.2～3m。主矿体一层，有相变；局部 1～3 层。受构造作用影响，矿层被切割成 29 个矿块。单个矿块一般长 20～50m。矿体在平面上呈层状、似层状或扁豆状；剖面上呈钩形（图 9-41）。

矿层走向北东 30°～60°，倾向北西，倾角 30°～60°，局部 80°，并由南向北倾伏。

（四）矿石类型及物质组成

矿石矿物以赤铁矿为主（占 80%），次为菱铁矿和次生褐铁矿。脉石矿物有绿泥石、石英、（铁）方解石、磷灰石、白云石、高岭石、锆石和电气石。

矿石以鲕状结构为主，球状、复鲕状结构次之。以块状、片状、胶状构造为主，条带状、角砾状及花斑状构造次之。

（五）矿石质量和储量

矿区中部为高品位的赤铁矿矿石，平均品位 TFe 52.03%，东、西两侧品位分别为 TFe

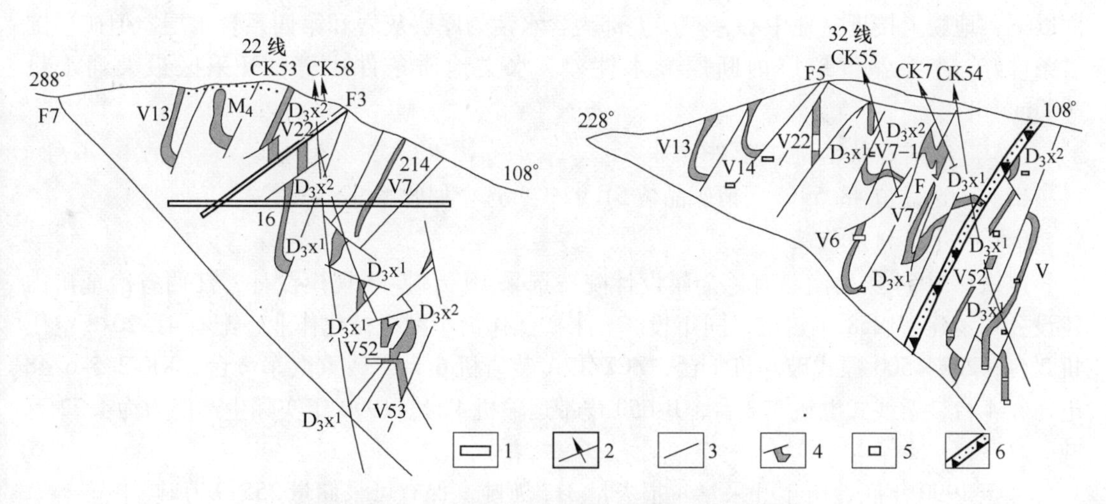

图9-41　上株岭禁山矿段22、32线地质剖面图
（据江西冶金地勘7队，1974）
D_3x^2—锡矿山组上株岭层；D_3x^1—锡矿山组小崩坡层；F—断层；
1—穿脉；2—钻孔；3—断层；4—矿体及编号；5—穿脉中段位置；6—破碎带

42%和38.28%。

伴生有益组分Mn、V、Ti、Co、Ni均未达到综合利用标准，有害组分除P（平均0.52%）外，均未超过最大允许范围，As、Pb、Zn含量甚微。

全区累计探明储量688.8万吨，其中，A+B+C级442.7万吨，D级246.1万吨；保有储量370.9万吨，其中：A+B+C级124.8万吨，D级246.1万吨。

储量中炼铁用矿石占60%，累计探明炼铁用矿石A+B+C+D级643.3万吨，保有储量333万吨；需选矿石占40%。

（六）勘查程度和资源远景

本矿区清朝末期即曾开采过。20世纪50年代先后有江西省冶金厅勘探队、地质部江西办事处萍乡地质队、萍乡钢铁厂勘探队等单位进行地质调查。1959—1961年，江西省地质局的906地质队4分队在矿区北部及大路里—河源冲进行地质勘探，获C级储量142.8万吨，D级125万吨。1961—1963年，原江西冶金地质勘探公司612队对上株岭Ⅱ—Ⅶ线地段进行补充勘探，提交《上株岭铁矿补充勘探报告书》。获得C级储量15.5万吨，D级4.9万吨。1967—1974年，原江西冶金地质勘探公司7队1分队对上株岭矿区禁山矿段和丰山矿段深部-200m标高做补充勘探，获C+D级储量559.1万吨，其中，D级247.3万吨。

（七）开采技术条件

矿体赋存形态复杂，在走向和倾向上不连续，倾向较陡，埋深0~400m，采用井下开采，采剥比1:1.1。

矿石易选。赤铁矿在矿石中单独构成鲕粒，少数与绿泥石、菱铁矿及钙质物组成同心鲕状，粒度均匀（0.4~0.5mm）。经人工手选，入选品位可达TFe 52%。

上株岭矿段矿层赋存于当地侵蚀基准面以上，多分布在山坡上，地形坡度较陡，自然降水渗入量不大，岩层含水性弱，水文地质条件简单。禁山矿段矿层赋存于当地侵蚀基准面以下，地貌上接近盆地中心，矿层上部为含水性的厚层灰岩和第四系含水层。但矿层围岩条件好，上泥盆世地层内断层导水性差。水文地质条件中等，开采区最大涌水量 $2000m^3/d$。

（八）选矿和技术加工条件

出矿入选品位48.59%，精矿品位51.92%，选矿回收率92.4%。

（九）开发利用状况

该铁矿1954年由南昌有色金属设计院按选采10万吨/年规模设计，江西省冶金矿山建设公司承建，1958年建成，同年投产。采矿工作为小型机械化作业，配有4L-20/8空压机2台，200×500颚式破碎机4台，ZCZ-17A装岩机6台，载重汽车7台，XK-2.5-6/48电瓶车4台，架线式电机车3台，B-650皮带运输机4台。1990年实际生产能力为4.72万吨。

截至1990年底，历年开采量+损失量317万吨。保有可采储量255.9万吨。

本矿床储量远景不明。按现在生产规模，保有生产年限为60多年。

第四节 广西壮族自治区

广西是宁乡式铁矿重要产区，主要矿产地有23处，查明资源储量1.53亿吨，占宁乡式铁矿总资源储量的4.02%。矿床规模不大，有中型矿床6处，余为小型矿床（表9-21、图9-42）。

表9-21 广西宁乡式铁矿简况

矿区名称	TFe品位/%	含P量/%	矿床规模
1. 龙胜老茶亭	41.86	0.72	中
2. 灵川海洋	29.47	0.59	中
3. 灵川大圩			中
4. 鹿寨屯秋	44.05	0.78	中
5. 昭平英家	33.35	0.50	中
6. 贺县公会	34.00	1.39	小
南丹铜坑			点
巴马弄王			点
环江平世			小
环江肯城			点
柳城古当			点
鹿寨龙江			小
鹿寨新村			点
灵川思安头			小

续表 9-21

矿区名称	TFe 品位/%	含 P 量/%	矿床规模
桂林黄村			小
富川羊中柳家			点
贺县莲塘			小
贺县文账洞			小
昭平黄姚			小
武富东风			点
上林延最			小
灵山石塘			小

注：矿区编号与图 9-42 相对应，小型矿未编号。

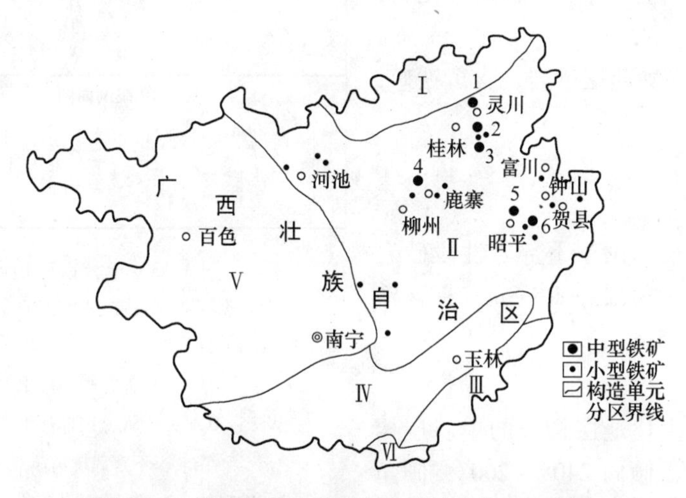

图 9-42　广西壮族自治区宁乡式铁矿分布示意图

构造单元名称：Ⅰ—桂北台隆；Ⅱ—桂中桂东台隆；Ⅲ—云开台隆；Ⅳ—钦州残余地槽；Ⅴ—右江再生地槽；Ⅵ—北部湾坳陷

中型矿区名称：1—老茶亭；2—海洋；3—大圩；4—屯秋；5—英家；6—公会

铁矿分布集中在桂东北灵川、鹿寨、贺县三角地区，产于桂中桂东台隆构造单元内。灵川海洋铁矿和鹿寨屯秋铁矿是广西两处较大的铁矿，资源储量都在 3000 万吨以上。

一、鹿寨县屯秋铁矿（图 9-42，4 号矿）

（一）位置交通

矿区位于鹿寨县北西，直距 39km，距柳州 85km，距湘（衡阳）—桂（南宁）铁路线鹿寨车站 55km，距洛埠车站 43km，均有公路相通。

（二）矿区地质概况

矿区南起龙骨沟，经孤山、大石山、老虎头，北至大榕屯，南北长 9km，东西宽

2km，面积18km²（图9-43）。

1. 地层

出露地层有寒武系下统清溪群，泥盆系中统郁江组、东岗岭组和上统融县组，石炭系下统岩关组和第四系。

与成矿有关的泥盆系中统郁江组，是赤铁矿层的赋存层位，厚110～130m，有两个岩性段，下段为砾岩、石英砂岩，厚15～30m；上部为砂质页岩和砂岩，可分为5层：

⑤砂岩：厚层状，厚8～15m。

④页岩：紫红色，上部过渡为泥质砂岩，有交错层理、生物碎屑、腕足类化石，厚25～35m。

③砂质页岩：夹薄层砂岩，含黄铁矿，厚15～20m。

②页岩：局部夹砂岩透镜状，厚10～20m。

①赤铁矿矿层：位于下部岩性段砂岩之上，有2层矿，每层厚1～8m，有含铁砂岩夹层，厚1～5m。

2. 构造

矿区为由古生代地层构成的单斜层构造，走向近南北，倾向240°～260°，倾角5°～15°。局部有小褶曲。

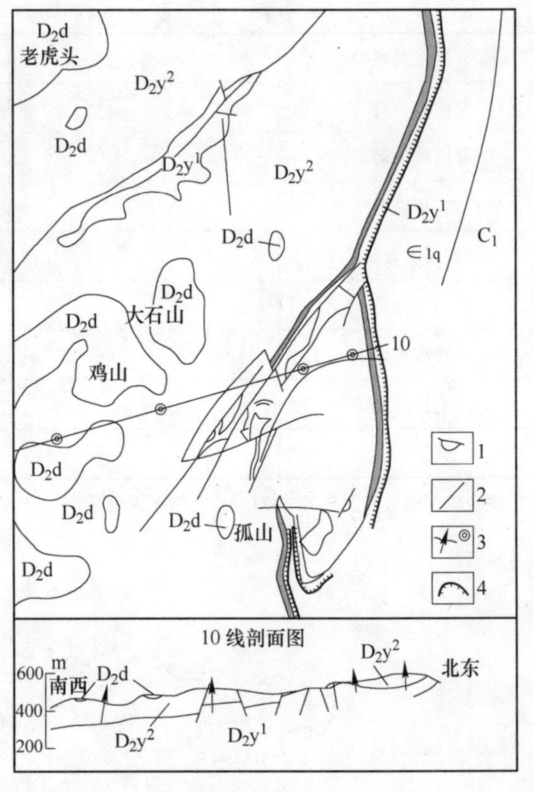

图9-43 屯秋铁矿地质图

（据广西地质局屯秋地质队，1958）

C_1—下石炭统；D_2d—中泥盆统东岗岭组；

D_2y^2—中泥盆统郁江组上部；

D_2y^1—中泥盆统郁江组下部；

$\in_{1q}$—下寒武统清溪亚群；

1—铁矿体；2—断层；3—钻孔；4—采空区

断裂构造有北北东、北东、东西向3组。北北东向断裂，位于矿区东部大陡坡一带，属压扭性冲断层，长20km，断距500m以上，倾向275°～285°，倾角30°～45°，使清溪组与石炭系岩关组直接接触，并切断矿层。

北东向断裂为张扭性正断层，一般倾向北西，倾角60°～70°。其中规模大的有5条，长2km，断距50～80m；其余长30～50m，断距5～10m，规模小，对矿体均有破坏作用。

（三）矿体规模形态产状

矿体呈层状产在泥盆系中统郁江组地层中，顶板为页岩，底板为铁质砂岩。有上下两层矿，上矿层为主矿层，长4800m，宽400～1500m，厚2.45～8.19m，平均厚4.6m，倾向西，倾角10°，埋深0～117m。龙骨岭及西边沟一带为富矿体，面积0.82km²，厚3～8.25m，平均厚4.7m，TFe品位38%～58%，平均48.95%。下矿层为鲕状赤铁矿矿石，仅局部可见，面积0.08km²，平均厚1.79m。两矿层之间夹有1～5m的铁质砂岩。

（四）矿石类型及物质组成

矿石的主要矿物为赤铁矿，次为石英、磷灰石、胶磷矿和黏土矿物，偶见菱铁矿和鲕绿泥石，近地表有褐铁矿。

矿石主要有鲕粒结构、碎屑结构，鲕粒直径0.1～0.2mm，具块状构造和角砾状构造。

矿石自然类型为赤铁矿矿石。

（五）矿石质量及储量

赤铁矿矿石品位TFe 20%～58.2%、平均44.05%，P 0.116%～1.956%、平均0.78%，S 0.027%～0.18%、平均0.12%，SiO_2 5.86%～66.13%、平均21.65%，Al_2O_3 2.66%～8.90%、平均6.21%，CaO 0.66%～3.38%、平均1.8%，MgO 0.01%～0.71%、平均0.06%。酸碱度为0.13，矿石为高磷低硫酸性贫矿石。

截至1990年底，累计探明赤铁矿矿石储量3563.7万吨，其中，A+B级1830.4万吨，A+B+C级3558.6万吨，D级5.1万吨；保有储量3447.6万吨，其中，A+B级1714.3万吨，A+B+C级3442.5万吨，D级5.1万吨。

（六）勘查程度和资源远景

1956年，农民杨永明和杨胜德向人民政府报矿，发现屯秋矿。

1957年4月，广西工业厅何子燧工程师作了矿区调查。

1957年5月，广西地质局公平地质队黄朝环工程师在矿区勘查7天，测绘1∶5万矿区地质图10km²，编有《广西鹿寨县屯秋等铁矿踏勘报告》。

1957年7月，地质局公平地质队在矿区开展普查工作，用探槽圈定矿体的形态、产状和规模，进一步查明了矿石的质量，估算储量4500万吨。

1957年11月—1958年7月，地质局屯秋地质队在矿区5.5km²范围内开展勘探工作，施工钻孔71个，5627m，浅井429m，槽探5922m³，斜坑65m，取样915件。采用100m×100m勘探网度求A_2级储量，200m×200m网度求B级储量，400m×400m网度求C_1级储量，并做了水文地质和矿石可选性试验。1958年9月，提交了《广西鹿寨县屯秋铁矿详细勘探报告》，1962年3月，广西储委审查，下达第10号决议书，批准为详勘，报告作为矿山设计的依据，批准表内铁矿储量3902.54万吨，其中，A+B+C级3711.6万吨。

1972年8月—1973年5月，广西冶金地质勘探公司270队在矿区进行补充勘探，施工钻孔51个，4544m，取样377件，主要对孤山、鸡山、小山、独山、东乡岭等矿段加密控制，除孤山和老虎头矿段变化较大，其他矿段比较稳定。采用200m×200m勘探网度求B级储量，400m×400m网度求C_1级储量。补充勘探前储量为2711.31万吨，其中，B级2411.62万吨，C_2级299.69万吨；补充勘探后储量为2285.98万吨，其中，B级779.65万吨，C_1级1491.86万吨，D级14.47万吨，储量减少15.69%。

1973年8月，广西冶金地质勘探公司270队提交了《广西鹿寨县屯秋铁矿山孤山—东山岭区补充勘探工作报告》，经广西冶金局1973年65号文批准。

（七）开采技术条件

矿区地处山区，标高400～620m，矿体呈层状，倾角10°，在龙骨岭一带，矿体大面积出露地表，近区矿体埋深也仅20m，1/3的储量宜露天开采，剥离系数3.26（彩图9-

44、彩图 9-45)。

其他矿段矿体埋深一般为 50~80m,局部达 117m,位于当地侵蚀基准面之上,采用平巷开拓是可能的。唯绿色页岩顶板不稳定,应采取安全预防措施。

矿床水文地质条件简单,最大涌水量 5950m^3/d,露采要有防暴雨的排水措施。

(八)选冶和加工技术条件

赤铁矿矿石经焙烧磁选半工业试验,入选矿石 TFe 品位 43.6%,铁精矿 TFe 49%,回收率 85%,属难选矿石。

1972 年冶金部矿冶研究院、柳钢、长沙黑色矿山设计院报告:

采用锥盘式强磁选机选别屯秋铁矿最后可获产率 56.87%,品位 54.55%,回收率 73.25% 的指标。

(九)开发利用状况

屯秋铁矿为柳钢的一个矿山,1958 年开始建设,1962 年一度下马,1966 年重建,1969 年基本建成,设计年产矿石 53.3 万吨。恢复生产后采矿石约 20 万吨,累计历年共采矿石 40 万吨。

1970 年铁矿停产扩建,设计年产矿石 120 万吨,实际年产 25 万吨。1990 年实采矿石 6.1 万吨,损失率 4.2%,回采率 95.7%,贫化率 1.9%。2007 年矿区仍在生产,矿石供柳钢作为配矿使用。

二、灵川县海洋铁矿(图 9-42,2 号矿)

(一)位置交通

位于灵川县海洋乡(镇)境内。灵川靠湘桂铁路。

(二)矿区地质概况

矿区地处桂东北凹陷海洋山断褶带中部。区内分布有石炭系、泥盆系地层,矿层产于中泥盆统郁江阶顶部的白云岩中。在白云岩下的砂岩中也有矿产出,但无工业意义。矿层分布于海洋复向斜的次级褶皱中(图 9-46)。

(三)矿体规模形态产状

矿体延长 5000m,宽 1400m,似层

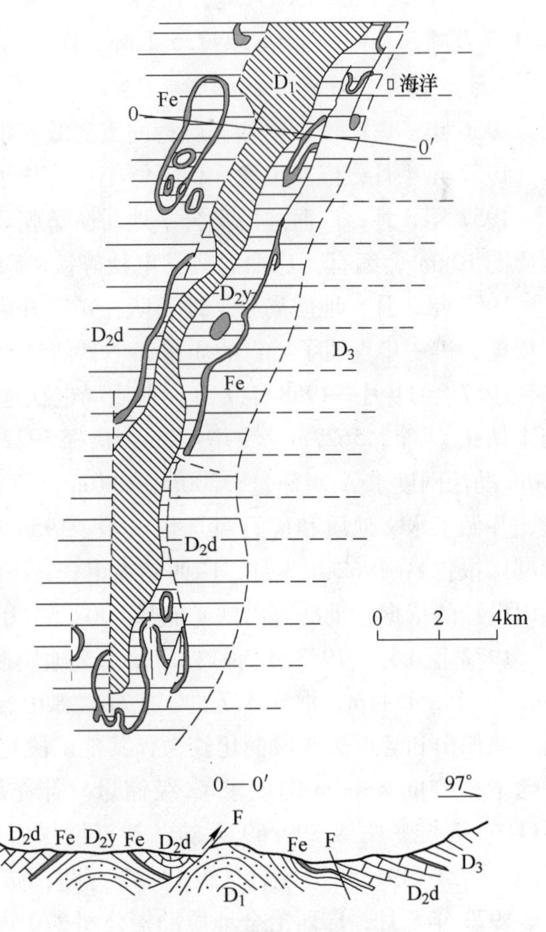

图 9-46 海洋铁矿地质简图

(据广西地质局一队,1973)

D_1—下泥盆统;D_2y—中泥盆统郁江组;

D_2d—中泥盆统东岗岭组;

D_3—上泥盆统;Fe—铁矿层

状产出，产状随褶皱波状起伏。矿层厚0.7～2.2m，平均1.44m。

（四）矿石类型及物质组成

矿石属菱铁赤铁矿石，主要矿物组成：菱铁矿、鲕状赤铁矿、磁铁矿、黄铁矿、褐铁矿、鲕绿泥石、铁白云石、白云石、方解石、泥质、石英等。含微量电气石、锆石、胶磷矿、磷灰石、金红石、黄铜矿。

矿石化学组成：TFe 29.47%，SFe 28.35%，P 0.587%，S 0.947%，CaO 10.09%，MgO 4.89%，SiO_2 10.18%，Al_2O_3 4.7%，FeO 32.72%，烧损18.86%。

铁矿物相分析结果见表9-22。

表9-22 海洋铁矿矿石物相分析结果 （%）

项 目	磁性铁中铁	黄铁矿中铁	碳酸铁	褐铁绿泥石	其他	TFe
含 量	2.23	0.90	19.86	6.36	0.12	29.47
分布率	7.59	3.05	67.39	21.58	0.41	100.00

（五）矿石质量和储量

矿石分为一般贫矿和一般富矿两个品级。

矿石工业储量2483.11万吨（其中富矿915.43万吨），远景储量1031.82万吨（其中富矿230.54万吨）。

（六）勘查程度和资源远景

勘查程度：勘探。1973年广西局一队完成。资源有扩大远景。勘探网度以200m×(70～100)m求B级储量，以200m×(150～200)m求C_1级储量。

（七）开采技术条件

似层状薄层矿，产状随褶皱波状起伏，变化大。矿区内断层发育，破坏矿体，影响开采。

（八）选冶和技术加工条件

广西区地质中心实验室1976年进行选矿试验，采用原矿浮选除磷铁精矿焙烧的方法获得产品：TFe 39.96%，SFe 39.30%，P 0.258%，S 0.049%，CaO 13.96%，MgO 7.13%，Al_2O_3 8.07%，SiO_2 15.87%，酸碱度0.88。

1980年又进行了贫矿直接还原—磁选除磷专题试验，获得两种精矿产品，精矿Ⅰ：TFe 97.20%，P 0.048%，mFe/TFe 95.77%，铁回收率56.44%，可作电炉原料；精矿Ⅱ：TFe 89.73%，P 0.115%，mFe/TFe 88.3%，铁回收率21.79%，可作高炉原料，精矿铁总回收率78.23%。

（九）开发利用状况

未开发利用。

第五节 贵 州 省

贵州省有宁乡式铁矿主要产地10处，其中中型6处、小型4处，共查明资源储量1.23亿吨，占宁乡式铁矿总量的3.23%，铁矿集中分布在黔西赫章地区和黔南独山地区（图9-47、表9-23），位于六盘水断陷、遵义断拱、黔南台陷三个构造单元内。

表 9-23　贵州省宁乡式铁矿简况

序号	矿区名称	地理位置	TFe/%	P/%	矿床规模
1	石门坎	赫章	36.02		中
2	潘家院子	赫章	36.35		中
3	小河边	赫章	37.51	0.53	中
4	菜园子	赫章	34.07	0.52	中
5	雄雄嘎	赫章	35.95		中
6	桑麻	独山	24.61		小
7	营寨	三都			小
8	平黄山	独山	25.35		中
9	蔡家山	独山			小
10	德禄讯	丹寨	30.64		小

注：矿区序号与图 9-47 相对应。

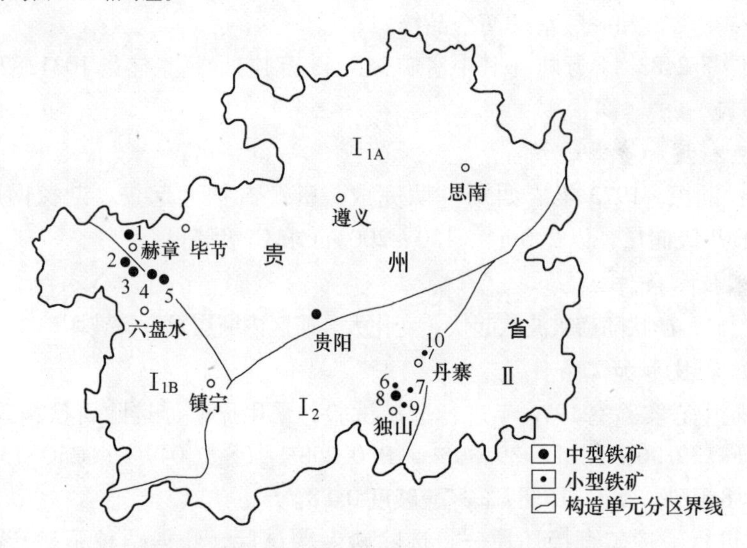

图 9-47　贵州省宁乡式铁矿分布示意图

构造单元名称：I_{1A}—遵义断拱；I_{1B}—六盘水断陷；I_2—黔南台陷；Ⅱ—华南褶皱带

矿区名称：1—石门坎；2—潘家院子；3—小河边；4—菜园子；5—雄雄嘎；6—桑麻；7—营寨；8—平黄山；9—蔡家山；10—德禄讯

赫章地区的铁矿位于赫章南部，自西北到南东依次有石门坎、潘家院子、小河边、菜园子、雄雄嘎等铁矿，延长 30km 以上，远景资源量 2.1 亿吨以上。黔南独山、丹寨、三都一带也是铁矿集中产区，但规模较小，只有平黄山一个中型矿，余为小型矿。

贵州铁矿品位较低，24.61%~37.51%，未出现平均品位超过 40% 的矿区。磷的含量在 0.5% 左右。赫章地区的铁矿为酸性矿石，独山平黄山铁矿含钙较高属自熔性、半自熔性矿石。

贵州宁乡式铁矿多与菱铁矿共生。

一、赫章县菜园子铁矿（图 9-47，4 号矿）

（一）位置交通

矿区位于赫章县南 30km，赫章有公路通滇黔铁路上的威宁站，相距 60km。

（二）矿区地质概况

矿区位于扬子准地台黔北台隆六盘水断陷的西北端，自北西天桥到南东的大山脚，总长 30km 的地带均有宁乡式铁矿分布，其中石门坎、小河边、潘家院子、菜园子、雄雄嘎、蟒洞等矿段进行了地质勘查。

菜园子铁矿区分布有志留系、泥盆系、石炭系、二叠系地层，铁矿产于中泥盆统帮寨组（D_2b）中。在鲕状赤铁矿上下各组地层中有层控型菱铁矿共生（图 9-48）。

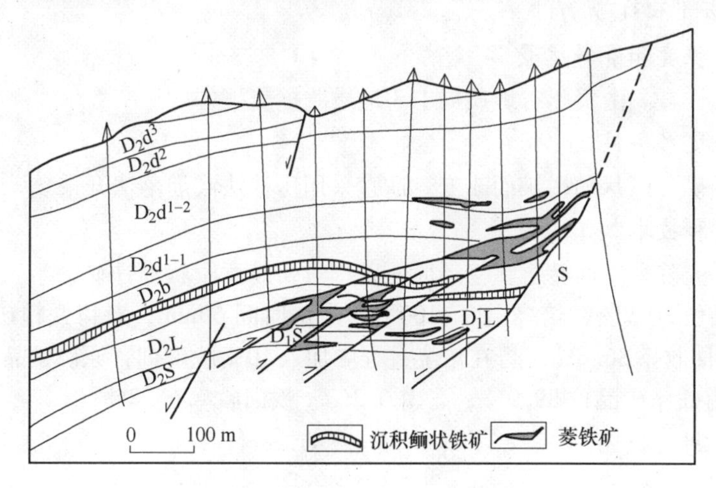

图 9-48　菜园子矿区 78 勘探线剖面图

（据贵州地质局 113 队，1985）

D_1S—舒家坪组；D_2L—龙水洞组；D_2b—帮寨组；D_2d—独山组

（三）矿体规模形态产状

矿体走向长 4400m，倾向宽 700 ~ 1700m，矿层厚 4 ~ 10m，似层矿产出，产状随褶皱变化。

（四）矿石类型及物质组成

主要矿石类型有两种：鲕状赤铁矿和鲕绿泥石菱铁矿。主要矿物组成见表 9-24。

表 9-24　菜园子铁矿矿石矿物组成　（%）

矿石类型	赤铁矿	菱铁矿	褐铁矿	鲕绿泥石	绿泥石	黏土	石英	白云石	方解石	有机质	黄铁矿	胶磷矿	磷灰石
鲕状赤铁矿	50 ~ 80	10 ~ 30	0 ~ 8	1 ~ 5	5	2	1 ~ 5	0.2	0.2	0.6	1	0.1 ~ 0.7	0.1 ~ 0.6
鲕绿泥石菱铁矿	5 ~ 15	40 ~ 66	0 ~ 7	5 ~ 40	5 ~ 30	0 ~ 27	1 ~ 10	0.5	0 ~ 8	0 ~ 8	0.2 ~ 3	0.5	0.6

在鲕绿泥石菱铁矿石中还见有蓝铁矿。

矿石化学组成见表 9-25。

表 9-25　菜园子铁矿矿石化学成分　（%）

矿石类型	TFe	SFe	FeO	Fe_2O_3	SiO_2	Al_2O_3	CaO	MgO
鲕状赤铁矿	37.23	36.89	32.44	17.14	18.10	8.30	2.44	2.42
鲕绿泥石菱铁矿	29.81	29.27	34.52	4.82	21.24	9.51	2.20	3.20
矿石类型	Cu	S	P	Mn	烧失	Ga	TiO_2	
鲕状赤铁矿	0.009	0.54	0.52	0.40	13.83	0.0016	0.33	
鲕绿泥石菱铁矿	0.009	0.84	0.49	0.48	17.66	0.0013	0.37	

（五）矿石质量和储量

矿石为一般贫矿，按矿石类型又分为鲕状赤铁矿石（红矿）和鲕绿泥石菱铁矿石（绿矿）。矿石储量 3431.7 万吨。

（六）勘查程度和资源远景

勘查程度：详查。由贵州省地质局 113 地质队提交报告。

（七）开采技术条件

大延长薄层矿，产状随褶皱而改变。适宜采用房柱法或崩落法开采。

（八）选矿和技术加工条件

长沙矿冶研究院采用回转窑直接还原—磁选贵州赫章鲕状赤铁矿，半工业试验条件及指标为：原矿品位 30.7%，焙烧温度 1100℃，焙烧时间 60min，获得铁精矿品位 81.8%，含磷 0.6%，铁回收率 86.6%。若在焙烧过程中加入 10% 脱磷剂，原矿铁品位 48.4%，含磷 0.58%，获得铁精矿品位 89.9%，含磷 0.2%，铁回收率 66.8%。

（九）开发利用状况

未开发利用。

二、独山县平黄山铁矿（图 9-47，8 号矿）

（一）位置交通

矿区位于独山县城东北 11km，面积 $3.6km^2$，交通方便。

（二）地质概况

矿区位于黔南台陷的东南部，王司倾没背斜南翼。区内出露地层有寒武系、中下奥陶系、志留系、泥盆系及石炭系等。铁矿产于中泥盆统帮寨砂岩顶部，鸡泡灰岩中上部，宋家桥砂岩底部，望城坡组中部。矿区为单斜构造，区内断裂构造发育，破坏矿体。

（三）矿体规模形态产状

工业矿层自下而上有 A、B、C 三层，以 A、B 矿层为主。A 层矿长 200～1000m，厚 0.6～4.7m；B 层矿体长 150～1200m，厚 0.65～3.7m。矿层似层状、透镜状，走向北东东—南西西，倾向北西，倾角 3°～10°。C 矿层为扁豆状，不连续，工业价值不大。

（四）矿石类型及物质组成

矿石类型为鲕状赤铁矿石，由赤铁矿、石英、方解石、白云石、黏土矿物等组成。赤铁矿具鲕状、砾状、胶状结构，以鲕状为主。鲕粒直径 0.4～0.7mm。A、B 矿层的化学组成见表 9-26。其他元素含量：Al_2O_3 4%～12%，MgO 1%～7%，S 0.005%～0.5%，P 0.2%～0.6%。

表 9-26　平黄山铁矿化学组成　（%）

矿　层	TFe	CaO	SiO_2	酸碱度
A 矿层	19.52～44.47 平均 25.64	0.33～37.02 平均 14.93	11.97～45.09 平均 20.54	0.02～1.73 平均 0.8
B 矿层	20.35～42.37 平均 26.20	0.4～24.29 平均 13.77	8.28～41.88 平均 18.70	0.06～2.17 平均 0.82

（五）矿石质量和储量

矿石为自熔性贫矿，经地质勘查，求得 C_1+C_2级储量 1839.7 万吨。

（六）勘查程度和资源远景

矿区由贵州黔南地质大队勘探，1959 年提交勘探报告。1969—1970 年贵州地质 104 队进行了补充勘探。

（七）开采技术条件

矿体呈层状、透镜状。矿体底板为灰岩，顶板为砂岩，稳定性尚好。水文地质条件简单，大气降水对矿坑涌水影响不大。

（八）选冶和加工技术条件

难选矿石，可作配矿使用。

（九）开发利用状况

为贵州水城钢铁厂位于独山县的矿石基地。

第六节　云　南　省

云南省宁乡式铁矿主要产地有 5 处。其中大型 1 处、中型 1 处、小型 3 处，总资源储量 3.30 亿吨，占全国宁乡式铁矿 8.67%，列第三位。

铁矿主要分布于滇中武定、富民地区和滇东北昭通、彝良地区（图 9-49、表 9-27），位于滇东褶带构造单元内。武定鱼子甸铁矿查明资源储量 2.418 亿吨，次于湖北官店、黑石板铁矿，居第三位。寸田铁矿的规模也较大，属中型（Ⅰ）类矿床。

各矿区铁矿平均品位 28.33%～44.80%，鱼子甸铁矿中富矿有 0.9818 亿吨，占全矿区的 36.29%，寸田铁矿有富矿 2796 万吨，占全矿区的 39.33%，矿石含磷 0.3%～0.9%，含 SiO_2高、含 CaO 低，属酸性矿石。

图 9-49　云南省主要宁乡式铁矿分布示意图

构造单元名称：Ⅰ—扬子准地台；I_1—丽江台缘褶皱带；I_2—川滇台背斜；I_3—滇东台褶带；Ⅱ—华南褶皱系；Ⅲ—三江褶皱系；Ⅳ—唐古拉—昌都—兰坪—思茅褶皱系；Ⅴ—冈底斯—念青唐古拉褶皱系

矿区名称：1—鱼子甸；2—寻甸；3—白沙；4—菁门；5—寸田

一、武定县鱼子甸铁矿（图9-49，1号矿）

（一）位置交通

矿区位于昆明西北60km，属武定县所辖。

表9-27 云南省宁乡式铁矿简表

矿床名称	TFe品位/%	含P量/%	矿床规模
1. 武定鱼子甸	37.89	0.80	大
2. 寻甸海戛			小
3. 昭通白沙			小
4. 彝良菁门			小
5. 彝良寸田	42.44	0.60	中

注：矿床编号与图9-49相对应。

（二）矿区地质概况

矿区地处康滇地轴与昆明坳陷间的武定凹陷南部，矿带南起长田，北至文碧山，长20km，宽3～5km，可分为长田官地山、鱼子甸、棠梨树盘磨山、杨柳河、文碧山等矿段。矿区分布有元古界、震旦系、寒武系、奥陶系、泥盆系及侏罗系地层，铁矿产于中泥盆统鱼子甸（D_2^2）官地山段（D_2^{2-1}）中。官地山段细分为5个岩心段，其中第4段为上矿层，由1～4层中厚层菱铁矿鲕状赤铁矿组成，占储量的3/4。第2段为下矿层，由2～4层薄—中厚层菱铁矿、鲕绿泥石及赤铁矿组成，占储量的1/4。

矿层赋存于武定向斜两翼：鱼子甸—棠梨矿段产于西北翼，倾角10°～20°，长8km；杨柳河—文碧山矿段产于南东翼，倾角10°～30°，长9km。

沿断裂有辉绿岩侵入，呈岩墙产出，长4～5km，宽60～200m。

（三）矿体规模形态产状

鱼子甸矿段上层铁矿似层状产出，长1.8km，宽1.4km，倾向南东，倾角4°～13°，厚1.32～6.41m，平均2.3m。下层矿长1.9km，宽1.4km，似层状产出，倾向南东、倾角7°～14°，矿体厚0.9～5.16m，平均2m。

（四）矿石类型及物质组成

矿石分为鲕状赤铁矿石、鲕绿泥石菱铁矿—鲕状赤铁矿石及鲕泥石菱铁矿赤铁矿混合矿石。主要矿物组成：赤铁矿、菱铁矿、褐铁矿、磁铁矿、鲕绿泥石、黄铁矿、黏土矿物、水云母、碳酸盐（方解石、白云石）、磷灰石、碳磷灰石等。还含微量绿泥石、电气石、锆英石、长石。辉绿岩墙上盘矿体受烘烤磁化，品位提高，硫磷含量也略有提高。

主要化学组成见表9-28。

表9-28 鱼子甸矿段铁矿石化学成分

成分	TFe	SFe	Fe_2O_3	FeO	CaO	MgO	SiO_2	Al_2O_3
含量/%	37.89	38.01	18.86	31.78	2.92	4.50	14.70	5.64
成分	S	P	烧失	Mn	Cu	Pb	Zn	TiO_2
含量/%	0.050	0.80	5.59	0.44	0.008	0.001	<0.01	0.25
成分	CO_2	钒	镓	锗	镍	钴	酸碱度	
含量/%	16.93	0.01～0.02	0.001～0.002	0.0008	0.01	0.001	0.36	

（五）矿石质量和储量

整个矿带各矿段 A_2+B+C_1 级储量 2.15566 亿吨，C_2 级储量 0.52390 亿吨。其中 A_2+B+C_1 级中有富矿 0.9191 亿吨，C_2 级中有富矿 0.0627 亿吨。据 2006 年云南省国土资源厅发布的矿产资源储量简表，资源储量为 2.418 亿吨。经储量套改认定，2S22 资源量 241965 千吨。

（六）勘查程度和资源远景

矿区 1958 年发现，勘查工作由云南地矿厅第 10 地质队完成，1960 年提交《云南武定铁矿储量计算报告书》。以网度（400～300）m×(400～300)m 求 B 级储量，以（800～600）m×(600～400)m 求 C_1 级储量。

（七）开采技术条件

矿体稳定，矿层薄，多为缓倾斜。适合房柱法、壁式崩落法等采矿方法进行开采。

（八）选矿和技术加工条件

1960 年昆明冶金研究所采用重浮、磁、低温焙烧等方法，焙烧磁选可获 TFe>50%，回收率大于 90% 的精矿，精矿含 S<0.3%，含 P>1.0%。1969 年马鞍山黑色冶金研究所重选试验可达到矿岩分离。近年武定县友联矿业有限责任公司采用弱磁选、强磁选、重选、浮选等单一方法或联合选矿法，确定较佳流程是二段弱磁选工艺流程，在磨细度 -200 目占 95% 的试验条件下，原矿品位 44.95%、含磷 0.92%，取得精矿品位为 55.07%，产率 31.70%，回收率 36.15%，铁精矿含磷 0.80% 的结果。

（九）开发利用状况

前些年武定友联矿业公司试验性采选，斜井开采，选厂日处理 100t。据称，采用焙烧、磁选（加脱磷剂）的技术路线，可使原矿 TFe 44%～45%，P 0.7%，选到精矿 TFe 64%，P 0.15%，回收率 80%（彩图 9-50、彩图 9-51）。

二、云南省彝良县寸田铁矿（图 9-49，5 号矿）

（一）位置交通

位于云南昭通北东 95km，彝良城南 77km，彝良县寸田坑一带。

（二）矿区地质概况

昭通一带下古生代完整，上古生界中泥盆统为含矿地层。矿层产于 D_2^{1-4} 层顶部，矿区东起碗厂、背阳坡一带，西至仙马、窄沟，东西长 20km，宽 3km。含矿层剖面自下而上为：灰岩夹白云岩、页岩、细砂岩、矿层、砂质页岩、细砂岩。

（三）矿体规模形态产状

克浦矿段矿体长 2000m，厚 1～3m，倾角 7°～19°。红岩沟、蜂子沟矿体长 1300m，厚 0.5～1.85m。

（四）矿石类型及物质组成

以赤铁矿—菱铁矿混合矿石及菱铁矿矿石为主。主要矿物成分有赤铁矿、鲕绿泥石、鳞绿泥石、菱铁矿、黄铁矿、胶磷矿、磁铁矿、石英、黏土矿物、方解石、白云石等。

矿石全铁含量 40.07%～44.80%，含磷 0.3%～0.9%，酸性矿石，酸碱度 0.1。

（五）矿石质量和储量

矿石有一般贫矿和一般富矿两个品级。经勘探获得 A_2+B+C_1 级表内储量 4240 万吨，其中富矿 2796 万吨；获 C_2 级储量 2703 万吨。另获 A_2+B+C_1 级表外储量 8.7 万吨，C_2 级表外储量 158 万吨。全矿区总计获得表内储量 6943 万吨，表外储量 166.7 万吨。据 2006 年云南省国土资源厅公布资源储量为 5197 万吨。经储量套改认定，2S22 资源量 51970 千吨。

（六）勘查程度和资源远景

由云南地质厅 8 地质队勘探，已达到勘探程度。1960 年提交《云南奕良寸田沉积铁矿中间性储量报告》，资源有扩大远景。勘探网度以 400m×200m 求 B 级，400m×400m 求 C_1 级。

（七）开采技术条件

似层状缓倾斜薄层矿，适合房柱法、崩落法进行开采。

（八）选矿和技术加工条件

无技术资料。

（九）开发利用状况

未开发利用。

第七节　四　川　省

四川省有宁乡式铁矿主要产地 10 处，其中中型 2 处，小型 8 处，查明资源量 1.95 亿吨，占全国宁乡式铁矿的 5.12%。

铁矿分布于平武至越西一线，由北而南依次出现四望堡、磨河坝、梅花硐、广利寺、观雾山、懒板凳、沙坪、碧鸡山、拉基玉珠等铁矿。铁矿规模小，除碧鸡山外都为小型矿床（图 9-52、表 9-29）。铁矿分布于秦岭地槽褶系、龙门山—大巴山台缘坳陷和上扬子台坳三个构造单元内。

图 9-52　四川省宁乡式铁矿分布示意图

构造单元名称：$Ⅰ_2$—秦岭地槽褶皱系；$Ⅰ_3$—松潘甘孜地槽褶皱系；$Ⅱ_1$—康滇地轴；$Ⅱ_2$—盐源—丽江台缘坳陷；$Ⅱ_3$—龙门山—大巴山台缘坳陷；$Ⅱ_4$—上扬子台坳；$Ⅱ_5$—四川台坳

矿区名称：1—松潘；2—梅花硐；3—广利寺；4—观雾山；5—懒板凳；6—紫山；7—沙坪；8—碧鸡山；9—拉基宝珠

表 9-29 四川省宁乡式铁矿简况

序号	名 称	地理位置	TFe/%	P/%	矿床规模	备注
1	松潘	松潘	31.5		小	
2	梅花硐	江油	28.96	0.16	小	
3	广利寺	江油			小	
4	观雾山	江油			小	
5	懒板凳	都江堰	29.22		小	菱铁矿
6	紫山	宝兴			小	
7	沙坪	天全	33.65		小	
8	碧鸡山	越西	38.31	0.61	中	
9	拉基宝珠	越西	31.89		小	

注：矿床序号与图 9-52 对应。

各矿区含铁平均品位低（29.22%～38.31%），碧鸡山铁矿有富铁矿产出；松潘平式一带铁矿含锰高，形成铁锰矿，懒板凳铁矿主要为菱铁矿。矿石中含磷 0.16%～0.61%。梅花硐铁矿含钙镁高，为自熔性矿石或碱性矿石，碧鸡山铁矿为酸性矿石。

一、越西县碧鸡山铁矿（图 9-52，8 号矿）

（一）位置交通

矿区位于越西县城东 16km，东面为甘洛县。矿区北起敏子洛木村，南迄普雄以东，西至拉布埂子乡，东抵鸡骨得山，南北长 18km，东西宽 6km，分布面积 110km^2，呈马蹄形。

（二）矿区地质概况

矿区位于上扬子台坳碧鸡—宁南凹褶断束中部，矿体产于碧鸡山向斜中段。矿区分布有震旦系至三叠系地层，铁矿产于中泥盆统碧鸡山组中。碧鸡山组的剖面自下而上为：灰白色硅质石英砂岩，深灰色硅质石英砂岩，鲕状赤铁矿，深灰色砂泥岩（顶部含菱铁矿及绿泥石），深灰色石英砂岩，灰白色石英砂岩。

（三）矿体规模形态产状

碧鸡山铁矿按构造分为 5 个矿区：碧鸡山、敏子洛木、切罗木、马期木、色达矿区。碧鸡山矿区又分为 8 个矿段。矿体长 10km 以上，最大厚度 2.97m，最小 0.1m，平均 1.28m。

（四）矿石类型及物质组成

主要矿石类型为赤铁矿、菱铁矿、褐铁矿、磁铁矿组成的混合矿石。取自敏子洛木的试样平均矿物组成列于表 9-30。

表 9-30 碧鸡山敏子洛木矿样矿物组成 （%）

编号	赤铁矿	菱铁矿	磁铁矿	褐铁矿	石英	绿泥石
47F	25～30	15～17	5～8	10～15	8～9	26～30
48F	2～3	21～24	<1	8～9	26～30	33～35

除表中所列矿物外，还有少量黄铁矿，微量磷灰石、锆石、电气石、白云母、斜长石、

水云母。

矿石为鲕状结构、块状构造。鲕粒大小一般为0.3~0.8mm，少部分为0.2~0.3mm，个别达1.0~1.2mm，大多数鲕粒的内部构造是铁矿物、绿泥石等组成的同心环带，且外环几乎全是由铁矿物组成。鲕粒一般无核，少数有核者，核由一粒或几粒石英组成。鲕粒间的胶结物主要是菱铁矿和绿泥石。

矿石的化学组成见表9-31。

表9-31 碧鸡山铁矿敏子洛木矿矿石化学成分 (%)

样号	TFe	Fe_2O_3	FeO	SiO_2	CaO	MgO	Al_2O_3	P_2O_5	S	TiO_2	H_2O	烧失
47F	49.97	40.06	17.69	18.35	2.29	1.12	5.83	1.24	0.068	0.328	1.04	11.21
48F	29.59	21.50	18.94	33.69	1.86	1.54	4.62	1.43	0.385	0.38	0.92	13.82
49F	37.81	33.14	18.16	24.07	2.13	1.28	5.38	1.31	0.187	0.348	0.995	12.18

注：49F为47F和48F的加权平均值，代表全层矿样。

（五）矿石质量和储量

矿石分为一般富矿和一般贫矿两个品级。碧鸡山铁矿储量为：C_1级1083万吨，C_2级4454万吨，合计5537万吨。

（六）勘查程度和资源远景

勘查程度：普查。地表以200m间距揭露铁矿，深部用600m×300m求C_1级，1200m×(400~600)m求C_2级。资源有扩大远景。

（七）开采技术条件

大延长薄层矿，产状随褶皱而变化。宜采用房柱法或崩落法开采。

（八）选矿和技术加工条件

1972年四川省地质局中心实验室提交可选性试验报告，通过焙烧—磁选获得产品的分析结果见表9-32。

表9-32 选矿产品化学成分 (%)

产品	TFe	SiO_2	Al_2O_3	CaO	MgO	S	P	TiO_2
精矿	51.48	15.20	5.15	2.51	1.56	0.179	0.668	0.33
中矿	32.36	36.88	6.99	3.40	1.68	0.190	0.89	0.35
尾矿	18.65	51.82	7.22	3.09	1.48	0.198	0.83	0.35

（九）开发利用状况

未开发利用。

二、江油市江油铁矿（图9-52，2、3号矿）

江油铁矿指产于江油市境内的宁乡式铁矿，由梅花硐、广利寺、观音山等一系列小型铁矿组成。现以梅花硐铁矿和广利寺铁矿为例予以说明。

（一）位置交通

梅花硐矿区位于江油青龙、六合两乡，交通方便。广利寺铁矿位于江油重华乡，交通方便。

（二）地质概况

梅花硐铁矿位于龙门山地槽中段，唐王寨向斜之东，仰天窝向斜西南端。广利寺铁矿产于唐王寨向斜两翼，以东南翼为主。矿区地层均以中泥盆统为主，次为下泥盆统。铁矿产于中泥盆统养马坝组中，由钙质石英砂岩、生物碎屑灰岩及砂质页岩组成，铁矿产于下部页岩中。

（三）矿体规模形态产状

梅花硐铁矿有含矿层 2 个，上矿层矿体较稳定，长 2000m，厚 0.8 ~ 1.5m，平均品位 29%。

广利寺铁矿露头长 3300m，由 3 个似层状、透镜状矿体组成，分上下两层矿。矿区分两个矿段：甘家坡矿段和大茅坡—钓鱼台矿段，矿体特征见表 9-33。

表 9-33 广利寺矿区矿体特征

矿 段	矿 层	长/m	厚/m	铁矿品位/%
甘家坡矿段	上矿层	600	0.3 ~ 1.0	25 ~ 35
	下矿层	500 ~ 600	1.10	27 ~ 33.80
大茅坡—钓鱼台矿段	上矿层	900	0.53 ~ 0.56	25
	下矿层	450	0.2 ~ 0.4	20 ~ 30

甘家坡矿段矿体地表厚 1.5 ~ 1.88m，品位 37.82% ~ 46.12%。

（四）矿石类型及物质组成

梅花硐铁矿矿石类型为钙质鲕状赤铁矿石，化学组成见表 9-34。

表 9-34 梅花硐铁矿化学组成 （%）

化学组成	TFe	SFe	FeO	Fe_2O_3	SiO_2	Al_2O_3	CaO	MgO	S	P	Mn
1	33.03	33.02	20.62	24.37	7.10	0.00	17.02	1.71	—	0.18	0.106
2	24.89	24.56	17.81	15.86	16.50	3.14	13.39	5.51	—	0.14	0.111

广利寺铁矿矿石类型为鲕状赤铁矿石，品位 25% ~ 35%，含磷 0.4% ~ 0.6%，含硫小于 0.1%。矿石中检出稀散元素铍、镓。镓在矿区中段富集，最高含量为 0.01%，一般为 0.0014% ~ 0.0018%，提交镓储量 6735 吨。矿石由赤铁矿、鲕绿泥石、碳酸盐矿物、石英及黏土矿物组成。

（五）矿石质量和储量

梅花硐铁矿提交贫矿 $C_1 + C_2$ 级储量 728.2 万吨，广利寺铁矿提交贫矿 $C_1 + C_2$ 级表内外储量 308.8 万吨。

（六）勘查程度和资源远景

梅花硐铁矿投入钻探 1220m，坑探 141m，槽探 2900m^3，地质勘查程度定为详查。1960 年 6 月四川省绵阳地质大队提交最终储量报告。广利寺铁矿最终储量报告由四川省绵阳地质队 1960 年 5 月提交，勘探程度定为详查。

（七）开采技术条件

矿体为似层状、透镜状，沿走向和倾向变化较大，并有断层破坏，但总体稳定完整，矿石围岩较致密，水文地质条件简单到中等，开采技术条件尚好。

（八）选矿和技术加工条件

做过选矿试验，为难选矿石。

（九）开发利用状况

未开发利用。

第八节 重 庆 市

重庆市有宁乡式铁矿主要产地两处，均为中型矿床，查明资源储量 0.91 亿吨，占宁乡式铁矿总量 2.39%。

铁矿分布在重庆东北端与湖北省毗邻的巫山县（图 9-53）。

铁矿品位 40% 左右，有富矿产出，含磷 0.33%~0.61%，含硅高，为酸性矿石。

图 9-53 重庆市宁乡式铁矿分布示意图

构造单元名称：Ⅰ$_2$—秦岭地槽褶皱系；Ⅲ$_{12}$—川东南陷褶束；Ⅲ$_{13}$—川中台拱

矿区名称：1—桃花；2—邓家乡

一、巫山县桃花铁矿（图 9-53，1 号矿）

（一）位置交通

矿区位于巫山县南东 23km 处。矿区长 8km、宽 4km，面积 26.5km^2。

（二）矿区地质概况

矿区位于万县凹陷束东北部，出露有泥盆系、石炭系、二叠系等地层，铁矿产于上泥盆统写经寺组上部紫色页岩中。

（三）矿体规模形态产状

根据产状及地质构造位置，矿体分南北两部分，北部矿体为主矿体。

矿体延长 1500m，厚 1.90 ~2.96m，最薄 0.38m，最厚 4.24m，平均 2.08m。单层似层状产出。

南矿体沿走向长 2500m，厚 0.5 ~2.74m，平均 1.81m。

（四）矿石类型及物质组成

矿石类型为鲕状、豆状赤铁矿。主要矿物组成有赤铁矿、鲕绿泥石、石英、方解石、菱铁矿、玉髓、褐铁矿、黄铁矿等。矿石化学组成见表 9-35。

表 9-35 桃花铁矿矿石化学成分 （%）

样号	TFe	SiO_2	S	P	CaO	MgO	Al_2O_3	MnO_2	酸碱度
Ⅰ	45.94	12.35	0.054	0.61	4.81	1.56	6.18	0.237	0.35
Ⅱ	35.61	20.20	0.05	0.33	5.64	2.56	8.30	0.255	0.29
Ⅲ	27.37	24.67	0.10	0.34	6.39	4.03	10.27	0.34	0.30

注：矿石含镓 0.0001% ~0.0017%。

（五）矿石质量和储量

矿石按其中TFe含量分Ⅰ、Ⅱ、Ⅲ级。矿石总储量C_1+C_2级1530万吨。近年来补勘，资源储量增加为0.66亿吨。

（六）勘查程度和资源远景

勘查程度：普查，四川省地质局万县地质队完成。资源有发展远景。按照第一勘探类型要求（1959年全国储委《固体矿产储量分类规范》），勘探网度400m×400m求B级储量，800m×400m求C_1级储量。

（七）开采技术条件

似矿层矿体薄层矿，适合房柱法、崩落法开采。

（八）选矿和技术加工条件

无技术资料。

（九）开发利用状况

未开发利用。

二、巫山县邓家乡铁矿（图9-53，2号矿）

（一）位置交通

矿区位于巫山县城东南90km处，属巫山池塘村管辖，面积$10km^2$，交通方便。

（二）矿区地质概况

矿区位于万县凹陷东北部，和尚头背斜翼部。出露有志留系、石炭系、二叠系地层，铁矿产于泥盆统写经寺组灰绿、紫红色页岩中。矿区断层对矿层有破坏作用。

（三）矿体规模形态产状

共有铁矿三层。上矿层产于硅质灰岩中，厚0.28~0.61m，品位低，无工业价值。中矿层为主矿层，长2.5km。沿倾斜出露4km，矿体厚度0.26~2.47m，平均1.81m。下矿层似层状，厚0~3.01m，平均1.23m，为次矿层。

（四）矿物类型及物质组成

矿石类型为鲕状、豆状赤铁矿石，主要由赤铁矿、鲕绿泥石、菱铁矿、褐铁矿、石英、方解石、黏土矿物组成。

中矿层矿石品位为30%~45%，下矿层矿石品位20%~35%。

（五）矿石质量和储量

矿石总体为高磷低硫贫铁矿，有部分富矿产出。1959年初勘提交资源储量，经1960年修改后确定并获批：表内铁矿储量C+D级1102万吨，其中C级596万吨。

（六）勘查程度和资源远景

1959年冶金部地质局四川分局604队共完成地质测量$9.7km^2$，槽探$936m^3$．井探$88m^3$，钻探550m，采样168个；提交《巫山县邓家乡铁矿1956年初勘地质报告书》。后勘查程度定位详查。1960年万县地质队对铁矿储量进行修改核实。

（七）开采技术条件

层状、似层状薄层矿，适合房柱法、崩落法开采。矿层围岩为页岩，强度较低。水文地质条件简单到中等。

（八）选矿和技术加工条件

无技术资料。

（九）开发利用状况

未开发利用。

第九节 甘 肃 省

甘肃省有宁乡式铁矿主要产地9处，其中中型矿4处、小型矿5处，查明资源储量1.31亿吨，占宁乡式铁矿总量的3.44%（图9-54、表9-36）。

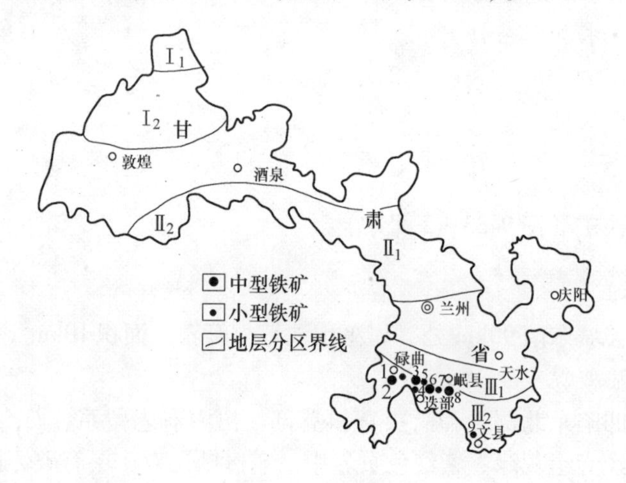

图9-54 甘肃省宁乡式铁矿分布示意图

泥盆纪地层分区名称：$Ⅰ_1$—黑鹰山分区；$Ⅰ_2$—红柳园分区；$Ⅱ_1$—北祁连山分区；$Ⅱ_2$—南祁连山分区；$Ⅲ_1$—北秦岭分区；$Ⅲ_2$—南秦岭分区

矿区名称：1—马尔则岔；2—花尔干；3—当多东部；4—当多；5—派利—牙列巴；6—尼洛沟—卓鲁克那；7—馒头山—帕热；8—黑拉；9—岷堡沟

表9-36 甘肃省宁乡式铁矿简况

序号	矿区名称	地理位置	TFe/%	P/%	矿床规模
1	马尔则岔	碌曲	33.12		中
2	花尔干	碌曲	33.00		小
3	当多东部	迭部	32.60		中
4	当多	迭部	35.50	0.15	小
5	派利—牙利巴	迭部	38.43		小
6	尼洛沟—卓鲁克那	迭部	35.38		中
7	馒头山—帕热	迭部	31.95		小
8	黑拉	迭部	34.56	0.57	中
9	岷堡沟	文县	33.03		小

注：矿区编号与图9-54相对应。

铁矿分布在甘南毗邻四川边境，自碌曲至文县形成北西南东向矿带，依次出现马尔则岔、花尔千、当多、派利—牙列巴、尼洛沟—卓鲁克那、馒头山—帕热、黑拉、西沟等铁矿。

各矿区铁矿平均品位 31.95%～35.38%，据当多、黑拉矿区资料，含磷 0.15%～0.57%。矿石含硅高，属高硅酸性矿石。

一、迭部县当多铁矿（图9-54，3号矿）

（一）位置交通

矿区位于甘南藏族自治州迭部县之西北，距迭部 30～40km。铁矿东起吾子，西至下吾那，长 60km。

（二）矿区地质概况

矿区位于白龙江下古生代复背斜北部，属中上古生代坳陷带边缘。分布有志留系、泥盆系、石炭系、二叠系地层，含矿层位为泥盆统 D_2^4，为一套碎屑岩及碳酸盐沉积。

（三）矿体规模形态产状

矿层可分为下部矿层（A 层）和上部矿层（B 层）。下矿层延长 2000～4100m，厚 1.2～2.3m，似层状，上矿层又分 3 小层，总厚 1～2m。

（四）矿石类型及物质组成

矿石类型为赤铁矿石、菱铁赤铁矿石和磁铁赤铁矿石。

赤铁矿石矿物组成：赤铁矿、石英、方解石、绿泥石、菱铁矿、黄铁矿，具鲕状结构，鲕径 0.2～0.4mm。

菱铁赤铁矿石，由赤铁矿、方解石、菱铁矿组成。磁铁赤铁矿石中除赤铁矿和方解石外，还有变质磁铁矿以及角闪石产出。

A 矿层为鲕状赤铁矿矿石，B 矿层为菱铁赤铁混合矿石。

矿石化学组成见表 9-37。

表 9-37 当多铁矿矿石化学成分 （%）

样号	TFe	SFe	SiO_2	Al_2O_3	S	P	CaO	MgO	Mn	FeO	酸碱度
当多沟	34.35		24.53	8.34	0.02	0.1	7.96	1.61	0.12	10.55	0.3
下吾那东沟	32.51		32.32	7.69	0.02	0.41	4.73	1.91	0.15	0.60	0.2
当多中沟	36.22	36.60	29.01	6.21	0.02	0.03	4.48	0.90	0.23		0.2

（五）矿石质量和储量

矿石品级分为一般贫矿与一般富矿。经普查获得 C_2 级表内储量 771 万吨，其中富矿 105 万吨；地质储量 1541.83 万吨，其中富矿 210 万吨；C_2 级表外储量 177 万吨，地质储量 353.9 万吨。总计资源储量 2783.7 万吨。

（六）勘查程度和资源远景

地质勘查程度：普查，甘肃地质局一地质队 1961 年提交普查报告。资源有扩大前景。

（七）开采技术条件

大延长薄层矿，适合房柱法、崩落法进行开采。

（八）选矿和技术加工条件

无技术资料。

（九）开发利用状况

未开发利用。

二、迭部县黑拉铁矿（图9-54，8号矿）

（一）位置交通

位于迭部县东南。

（二）矿区地质概况

矿区位于白龙江下古生代复背斜北部，属中上古生代坳陷带边缘。分布有志留系、泥盆系、石炭系、二叠系等地层，含矿层属中泥盆统。其剖面自下而上为：白云岩、砂砾岩、页岩、砂岩或粉砂岩夹铁矿层；砂岩、灰岩、板岩。

（三）矿体规模形态产状

矿体长2650m，厚1.28～4.99m，最厚可达8.1m，陡倾斜，倾角70°，似层状产出。

（四）矿石类型及物质组成

矿石类型属硅质铁矿石（砂质赤铁矿、砂质鲕状赤铁矿）。矿石主要由赤铁矿、磁铁矿、菱铁矿、鲕绿泥石、石英、方解石、白云石、黏土矿物等组成。化学组成见表9-38。

表9-38 黑拉铁矿矿石化学成分 （%）

样号	TFe	P	SiO_2	Al_2O_3	CaO	MgO	酸碱度
1	43.68	0.712	24.61	4.49	2.0	0.60	0.092
2	34.12	0.513	30.48	5.41	0.85	1.34	0.061
3	28.78	0.489	17.90	3.27	18.07	1.23	0.913

（五）矿石质量和储量

矿石以一般贫矿为主，90%以上属酸性矿石，自熔性矿石占0.89%，半自熔性矿石占4.4%，碱性矿石占0.95%，经普查获得表内贫矿5323万吨，表外矿石1464万吨，合计6787万吨。

（六）勘查程度和资源远景

勘查程度：普查，由甘肃地质局一地质队完成。资源有扩大前景。

（七）开采技术条件

为似层状陡倾斜薄层矿，适合分段法、留矿法、分层崩落法开采。

（八）选矿和技术加工条件

兰州地质中心实验室采用磁化焙烧—磁选—浮选联合流程，获得合格铁精矿。HS2号样：原矿品位TFe 37.4%、含磷0.613%，精矿品位55.25%，含磷0.231%，铁回收率62.80%；HS1号样：原矿品位TFe 42.69%、含磷0.724%，精矿品位55.89%，含磷0.240%，铁回收率75.73%。

（九）开发利用状况

未开发利用。

彩图 9-10 宜昌官庄铁矿露天采场矿层剥离面

彩图 9-11 宜昌官庄铁矿露天开采台阶（矿石用作水泥配料）

彩图 9-16 火烧坪铁矿新首钢工业化试验选厂

彩图 9-19 龙角坝磁性铁矿层

(a) 铁矿露头

(b) 当地村民炼铁小高炉

彩图 9-21　伍家河铁矿

彩图 9-26 官店铁矿矿体较厚处厚度可超过 8m，
且为富矿，可见矿石钢灰色新鲜断面

彩图 9-27 湖北建始官店铁矿出露在背斜构造顶部的矿层，产状非常平缓

彩图9-28　官店矿区正在采样准备进行选冶试验

彩图9-33　田湖铁矿外景

(a) 外景

(b) 矿层露头

彩图 9-39　乌石山铁矿

彩图 9-40　乌石山铁矿选厂

彩图9-44　屯秋铁矿矿层露头，顶板覆盖薄，可采用露采法开采

彩图9-45　屯秋铁矿露天采场

彩图 9-50 鱼子甸铁矿试验性开发正在安装设备

彩图 9-51 云南武定鱼子甸铁矿试验性开发坑道口

第二篇 地质勘查

本篇第十章至第十六章从勘查历史、勘查阶段、勘查工程和勘查网度，乃至采加化诸方面对宁乡式铁矿的地质勘查工作进行总结。宁乡式铁矿的地质工作已有百年历史。新中国成立前主要进行的是概略性的地质调查，正规的地质勘查始于新中国成立初期，鼎盛于20世纪50年代末期至70年代初期，共计勘查了数以百计的矿产地，查明大中型矿床60余处，在地质勘查实践中积累了丰富的、可供后人借鉴的经验。在本篇中进行对比、归纳和综合。同时，对当时地质勘查存在的问题按现行地质勘查规范要求进行评述。

第十七章论述了地球物理和地球化学方法在宁乡式铁矿勘查中的应用。作者研究了宁乡式铁矿产区的区域地球物理场背景和岩矿石物性参数，结合磁法、电法在某些矿区的应用效果，认为物化探方法在宁乡式铁矿找矿中不是无用武之地，而应积极进行尝试。

第十八章和第十九章介绍近年来在宁乡式铁矿勘查中采用遥感、资源潜力评价等新技术和新方法。

2015年鄂西宁乡式铁矿整装勘查中首次应用了遥感地质方法。根据该区实际情况，利用Landsat卫星EMT+数据、Terra卫星ASTER数据、GF-1卫星数据制作了三套遥感影像图，进行遥感地质解译。采用主成分分析法、比值法和光谱角法提取铁信息、确定铁异常。经野外查证，提出铁矿找矿有利地段。这部分内容安排在第十八章中。

应用“资源潜力评价技术”进行宁乡式铁矿资源潜力评价的单位有湖北省地质调查院及辽宁工程技术大学等单位。第十九章重点介绍湖北省地质调查局完成的鄂西宁乡式铁矿资源潜力评价的方法和结果，以及作者在此基础上结合自己的研究成果作出的富铁矿、中磷铁矿、自熔性铁矿的潜力评价。

第十章 地质勘查简史

宁乡式铁矿的发现及开发利用历史久远，最早可追溯到隋、唐时期，据史料记载，湖北省巴东县在隋、唐时代，建始县在宋、辽、金时代就有人开采利用。至晚清时代长阳、宜昌等地冶铁兴盛，铁厂工人近千人。《宜昌府志》记载："铁出长阳云台荒、火烧坪、旧有厂，乾隆五十五年（1790年）封禁。鹤峰、长乐（今五峰）均有铁。"《湖北通志》记载："施南府旧志云：建始县出铁。"《宋史·地理志》记载："施州清江郡县二为清江、建始；监一，广秋，绍圣三年（1096）置，铸铁钱，是施南府属之产铁，唯建始最久。"

产于泥盆系上统地层中的沉积型赤铁矿作为一种独特的矿床类型最早是瑞典地质学者丁格兰提出的，1923年他在《中国铁矿志》中将产于江西萍乡的沉积铁矿命名为"萍乡式铁矿"。1935年我国地质学者谢家荣、孙健初、程裕淇在《扬子江下游铁矿志》中将其正式更名为"宁乡式铁矿"，一直沿用至今。此后，我国地质工作者进行了一系列矿产地质调查和勘查工作，发现了一大批铁矿床，获得了丰富的铁矿资源。确立了宁乡式铁矿在铁矿工业类型中的独特地位。按地质勘查工作程度，大致可分为以下五个时期：

（1）1949年前概略地质调查期。

这一时期宁乡式铁矿的地质工作程度局限于地质矿产概略调查。

1923年，谢家荣、刘季辰调查湖北西南部泥盆系写经寺组赤铁矿产，著有《湖北西南之铁矿床调查报告》。其后，又在湖南攸县、宁乡、安化等地调查发现了同类铁矿。认为："这一类型铁矿分布范围广，矿床（点）多，资源量可观。"

1933年，刘彝祖调查宁乡黄村铁矿，在鸡子坡测得中上泥盆统地层剖面，确定上泥盆统锡矿山组含鲕状赤铁矿0.5～1.5m。

1933—1934年，刘彝祖、程裕淇对清水铁矿进行了调查，后有王晓青、徐瑞麟等踏勘。

1937年，许杰、吴燕山等对湖北长阳火烧坪铁矿区进行了调查，著有《湖北矿产调查（鄂西部分）》，指出："龙潭和小峰垭地域铁矿资源丰富，构造简单，具有较大找矿远景。"

1938年，王曰伦等对湖南宁乡式铁矿进行了较详细调查，测绘了地形地质图和剖面图，对铁矿分布、矿床地质特征及找矿前景进行了总结，对铁矿的开发利用问题进行了评估。这是这一时期关于宁乡式铁矿最详细的一份调查报告。

1938年，李陶等对四川巫山、奉节、云阳、万县等地铁矿进行了调查，著有《巫山、奉节、云阳、万县四县长江以南铁矿产调查》，在抱龙河、二墩子一带发现赤铁矿矿层，继而发现了桃花铁矿。

1939年，李毓尧、李捷等对湖北官店铁矿进行了调查，明确指出该矿区具有较大找矿远景。

据文献记载，新中国成立前中国地质工作者断续调查的宁乡式铁矿产区遍布湖北西南部、湖南、重庆市（原四川省）、江西西部。对以后的找矿勘查工作提供了有价值信息。

（2）1949—1957 年地质勘查起步期。

这一时期正值我国三年国民经济恢复和第一个五年计划时期，地质勘查队伍尚处于组建期，力量薄弱，地质勘查主要针对少数重点矿床，勘查程度局限于普查或详查。找矿方针主要是“就矿找矿”，以露头矿为主要勘查对象。找矿方法多采用地质填图、铁矿露头追索、古采矿遗迹调查、群众报矿检查，发现矿体后，通过轻型山地工程和深部钻探工程控制方法评价。找矿方法简单，地质勘查程度低。仅在 1954 年提交了江西乌石山地质勘探报告，全国多处开始进行宁乡式铁矿普查。

（3）1958—1975 年地质勘查鼎盛期。

伴随着国家对钢铁工业需求的快速增长，宁乡式铁矿的地质勘查工作相应进入了鼎盛期。相继对湖北的松木坪、官庄、杨柳池、田家坪、火烧坪、青岗坪、马鞍山、石板坡、官店铁矿区凉水井—大庄、黑石板、谢家坪、太平口、仙仁岩铁矿；湖南的大坪、田湖、杨家坊铁矿；广西的屯秋、海洋铁矿；江西的六市、上株岭铁矿；云南的鱼子甸、寸田铁矿进行了勘探或补充勘探。对湖北的茅坪、阮家河、铁厂坝、尹家村、伍家河、十八格、龙坪、长潭河铁矿进行了详查。对湖北的锯齿岩、白庙岭、白燕山、石崖坪、黄粮坪、瓦屋场、铁厂坝、中坪、马虎坪、烧巴岩、谢家坪、火烧堡、朝阳坪、清水湄、红莲池等铁矿，甘肃的当多、黑拉铁矿等进行了普查或初查。主要的宁乡式铁矿绝大多数矿床都是此期勘查的，共提交了 500 余份不同勘查阶段勘查报告，基本查明了这类铁矿床的分布、规模、地质特征、矿石质量和开采技术条件，获得了不同级别资源储量约 38 亿吨。勘查的矿床数量最多，获得的资源储量大幅度增长。

在地质勘查“遍地开花”的同时，针对宁乡式铁矿的地质研究和选（冶）试验也取得了重大进展，一大批研究成果相继问世。如程裕淇、边效曾等对鄂西宁乡式铁矿的成矿规律和成因进行了深入研究；廖士范对该类铁矿的岩相古地理条件和成矿规律进行了探讨；傅家谟在研究鄂西宁乡式铁矿时，对成矿物质来源、搬运方式、富集作用进行过深入研究，并著有《鄂西宁乡式铁矿相与成因》；叶连俊在沉积铁矿找矿问题研究中，对宁乡式铁矿的成因以及与 P_2O_5 含量关系进行了详细研究；姚培慧主编的《中国铁矿志》中，对湖北、湖南、江西、广西等省（自治区）重要宁乡式铁矿的地质特征及成矿规律进行了总结。这些研究成果对宁乡式铁矿的找矿勘查具有指导意义。北京矿冶研究院、长沙矿冶研究院、马鞍山矿山研究院、峨眉矿产综合利用研究所、湖北省地质局实验室等单位，对湖北的官店铁矿区凉水井—大庄、火烧坪、松木坪等铁矿的矿石进行了选矿试验，集成了多种选矿方法和工艺流程方案；湖南涟源钢铁厂、唐山钢厂、马鞍山钢铁公司对高中磷铁矿石进行了冶炼试验；宜昌八一钢厂曾购买法国转炉等相关设备投入试生产，取得了较好的冶炼效果。

（4）1976—2000 年地质勘查停顿期。

由于宁乡式铁矿矿层薄、品位低、含磷高、开采难度大、选矿成本高，当时还难于开发利用，同时又受到国际铁矿市场冲击，除个别铁矿床仍在继续进行少量地质勘查外，宁乡式铁矿地质勘查工作基本停顿。在此期间仅有少量宁乡式铁矿地质研究成果发表（徐安武，1992）。

（5）2000 年后地质勘查再度活跃期。

2000年以后，由于国内外钢铁需求强劲，铁矿石价格持续高涨，大型钢铁企业考虑到进口铁矿石的高昂成本，纷纷转向国内寻求铁矿资源，重新重视沉睡已久的宁乡式铁矿的开发利用。首钢、武钢、重钢、柳钢、德钢等钢铁企业委托地质勘查单位，对湖北的官店铁矿区凉水井—大庄、火烧坪铁矿，重庆市的桃花铁矿，广西的屯秋铁矿，云南的鱼子甸铁矿等进行了补充勘查工作，为开发利用作前期准备。一些宁乡式铁矿丰富的省份，为进一步查清铁矿资源，规划开发利用，设置了矿产资源调查或整装勘查项目。同时，许多民营企业为获得采矿权也投资探矿。

与此同时，针对宁乡式铁矿的地质科研和开发利用工作也再度活跃。2000年赵一鸣撰文《宁乡式沉积铁矿床的时空分布和演化》，对我国宁乡式铁矿作了一次较全面的总结。2006—2013年间中南冶金地质研究所先后承担完成了科技部、湖北省国土资源厅《我国宁乡式铁矿开发利用及其环境保护研究》、《鄂西南高磷铁矿用途与开发条件分类研究》、《鄂西宁乡式铁矿中的富矿和自熔性矿的评价》、《鄂西宁乡式铁矿资源现状及开发利用方向综合研究》、《鄂西高磷铁矿富矿工艺矿物学及开发利用集成研究》等。2006—2007年湖北省地质调查院编制了《鄂西铁矿补充地质勘查实施方案》、《湖北省鄂西宁乡式铁矿资源勘查开发利用规划（2006—2020年）》。2006年武汉钢铁集团设计研究院编制了《武钢恩施州铁矿资源开发规划》。2006年中南冶金地质研究所编制了《湖北省建始县铁矿产业发展规划》。2010年武汉钢铁集团对《鲕状高磷赤铁矿选矿关键技术与装备》进行了研究。2013年新首钢矿业有限公司实施了《湖北宜昌火烧坪高磷铁矿选矿工业化应用工程》。2012年中南冶金地质研究所承担了湖北省国土资源厅《湖北省恩施—宜昌地区高磷赤铁矿整装勘查》项目，这是国内这一时期唯一一个针对宁乡式铁矿的整装勘查项目。项目设置了1:5万铁矿调查、5个勘查区1:2.5万勘查区预查、综合研究、选冶集成等分项目，对该地区宁乡式铁进行了全面系统的总结和研究，分别提交了勘查和研究报告。新增可列为找矿潜力巨大的勘查区7处，新增铁矿预测资源量2亿多吨。对当前开发利用有重要价值的富矿、中磷矿、自熔性矿资源潜力进行了预测评价，获得富铁矿预测资源量7.8亿吨、中磷铁矿预测资源量6.2亿吨、自熔性铁矿预测资源量3.6亿吨。2011年湖北省国土资源厅委托湖北省地质调查院对湖北省铁矿资源潜力进行评价，该项目属于全国矿产资源潜力评价项目，按照全国矿产资源潜力评价的统一技术要求，在典型矿床和成矿规律研究的基础上，圈定了最小预测区，采用特征分析法对预测区进行了优选，用体积法对各预测区进行了预测区资源量估算，辅以德尔菲法资源量估算对比。其中针对宁乡式铁矿共优选预测区90处，预测资源量35亿吨。这些研究成果，对今后宁乡式铁矿的找矿勘查及其开发利用具有十分重要的价值。

第十一章 勘查阶段

第一节 矿床地质勘查遵循的基本原则

矿床地质勘查原则取决于勘查工作性质和实践经验积累。必须以地质科学技术为基础，以国民经济需要为前提，以找矿评价为目的，多快好省地查明和评价矿床，以满足国民经济建设对矿产资源和地质、技术经济的需要。这是勘查工作的根本指导思想，也是勘查工作必须遵循的原则。

一、从“实际出发”原则

从“实际出发”原则是勘查工作最基本的原则，这是由成矿作用复杂性的地质特点决定的。从矿床实际情况出发，按实际需要决定勘查各项工作，才能收到比较符合实际的地质经济效果。

二、“循序渐进”原则

这一原则反映了人们对矿床认识过程的客观规律。随着勘查工作的逐步开展，资料的不断积累，认识的不断深化，勘查工作依照“由粗到细、由表及里、由浅入深、由已知到未知，从预查—普查—详查—勘探循序渐进”的原则进行。但各勘查阶段并非僵化、不可逾越，要根据各矿床的具体特点灵活运用。

三、“全面研究”原则

这一原则是由矿床勘查目的决定的，它反映了对矿床进行地质、技术、经济全面评价的要求。勘查过程中必须对矿床地质条件，矿体形态、规模、数量、矿石质量，选冶加工技术条件，开采技术条件，可行性评价等内容全面进行研究，以便全面评价矿床的工业价值。

四、“综合评价”原则

对主要矿产勘查评价的同时，必须对伴生有益组分和共生、伴生矿产进行综合勘查评价，提高矿床的工业利用价值。

五、“经济合理”原则

矿床勘查工作是一项地质、技术、经济的综合性工作，它必然受国民经济规律的制约，贯彻经济合理的原则。基本要求是：了解分析国民经济建设的需要、市场供需动态趋势、近期和远期发展规划；加强矿床开发利用技术经济条件的分析研究，确定合理的工业指标和勘查程度；重视配套矿产的勘查评价等。在保证勘查程度的前提下，力求最合理勘查方法，取得最好的勘查成果。

上述勘查原则具有相辅相成的统一性，全面贯彻才能合理地实施勘查工作，收到速度快、质量高、投资少、效益好的勘查成果。

第二节 勘查阶段划分方案的沿革

勘查阶段的合理划分是找矿勘探学的基本问题之一，也是提高地质勘查效果和合理开发利用矿产资源的实际问题。它不仅是地质技术经济研究的重要内容，也是国家制定矿产资源开发利用政策的理论依据。

划分勘查阶段要体现各个勘查阶段的勘查目的、勘查程度、资源储量可靠程度及其对矿产资源开发利用的作用。既要符合勘查工作逐步开展深入过程，又要与国家经济建设相应的技术经济评价要求相适应，是一项地质、技术、经济的综合性工作，并有科研和生产双重性质。

宁乡式铁矿勘查阶段划分方案各个时期尚不统一：

1957 年前，沿用苏联划分方案，即普查、详查、勘探阶段。

1957 年，国家储委颁布了《固体矿产地质勘探总则》，仍采用苏联划分方案。

1962 年，冶金工业部《关于冶金地质工作技术管理若干要求》，将勘查阶段划分为：普查找矿（D 级）、矿区评价（C + D 级）、矿区勘探（B + C 级）阶段。

1965 年，地质部《矿产储量分类规范（总则）》，将勘查阶段划分为：初步普查（地质储量 + 部分 D 级）、详细普查（D + 部分 C 级）、初步勘探（C + D 级）、详细勘探（B + C 级）阶段。

1979 年，地质部对普查、详细普查、初步勘探、详细勘探四个勘查阶段方案予以重申。

1985 年，根据地质体制改革精神，冶金部和地质部将勘查阶段划分为：普查（D 级）、详查（B + C + D 级）、勘探（A + B + C + D 级）阶段，勘探阶段又细分为：初勘、详勘，最终勘探阶段。

同年，全国储委把矿产资源勘查工作划分为四个工作期，九个阶段。

1985 年，化工部勘查阶段划分方案为：初步普查（D 级）、详查 ~ 初勘（C + D 级）、详细勘探（B + C 级）；核工业部勘查阶段划分方案为：普查评价（D 级）、初步勘探（$C_1 + C_2$级）、详细勘探（C_1 + 部分 B 级）阶段。

1987 年，国家储委、经委、计委三部委《矿产勘查工作阶段划分的暂行规定》，将矿产勘查阶段划分为：普查（D + E 级）、详查（C + D 级）、勘探（B + C + D 级）阶段。

2002 年，国土资源部《铁、锰、铬矿地质勘查规范》，把铁矿勘查阶段划分为：预查（预测的资源量）、普查（推断的资源量）、详查（控制的资源储量）、勘探（探明的资源储量）阶段。

尽管各个时期铁矿勘查阶段划分方案尚不统一，但都基本上反映了地质勘查工作从区域到矿区、从矿床到矿体、从粗略到详细、从单一到综合的勘查理念。勘查工作过程自始至终遵循着地质工作程序，服从地质规律，形成完整体系。

宁乡式铁矿地质勘查工作多集中于五十年代至七十年代中期，跨越时期较长，当时执行的勘查阶段划分方案虽有不同，但大同小异。概括起来，大致经历了普查、详查、勘探三个阶段，有的将勘探阶段又细分为初勘、详勘（中间勘探）、最终勘探阶段。经评审，若达不到某一勘探阶段的勘查程度，须进行补充勘探。一个矿床特别是大中型矿床往往经历各个勘查阶段的全过程，分别提交勘查报告。勘探周期较长，勘查报告种类多，勘查程度不断提高，资源储量可靠程度也相应提升。

一般而言，预查和普查阶段的勘查程度仅能作为下一步地质勘查的依据，只有达到勘探阶段的勘查程度的矿床才能作为矿山设计、开发的依据。有的小型矿床不一定要达到勘探程度，达到最终详查阶段的勘查程度即可作为矿山总体规划和矿山项目建议依据。

第三节 各勘查阶段主要勘查内容及技术要求

宁乡式铁矿各勘查阶段的勘查工作内容及技术要求不同。据现行的国土资源部《铁、锰、铬矿地质勘查规范（DZ/T 0200—2002）》，铁矿各勘查阶段主要勘查内容及技术要求见表 11-1。

宁乡式铁矿当时各勘查阶段的勘查内容和技术要求，与现行铁矿勘查规范的要求相比较，有明显的差距。现行勘查规范突出了以下特点：

（1）勘查内容的广度和研究深度有明显提升，使铁矿地质勘查更加科学、合理。

（2）矿床开采技术条件，遵循水文地质、工程地质、环境地质相统一，突出重点的原则，在地质勘查过程中统一部署，强调了矿床开采可能引发的水文地质、工程地质、环境地质问题的预测及综合评价。将矿床开采技术条件类型划分为 3 类 9 型。

（3）需转入矿山开采建设的矿床，应进行矿床开发经济意义的可行性评价，明确了普查、详查、勘探阶段要分别进行概略研究、预可行性研究、可行性研究。

（4）详查和勘探阶段不强求高级储量所占比例要求，要求详查阶段“控制的资源储量应达到矿山服务年限”，勘探阶段“探明的资源储量应满足矿山还本付息所需的矿量要求”。

（5）根据矿床地质可靠性的控制程度和可行性研究程度所确定的经济意义，按照《固体矿产资源储量分类（GB/T 17766—1999）》，将矿产资源储量划分为储量、基础储量、资源量。预查阶段求预测的资源量，普查阶段求推断的资源量，详查阶段求控制的资源储量，勘探阶段求探明的资源储量。对原 A、B、C、D 级资源储量按新的矿产资源储量分类方案进行套改。

据此可见，宁乡式铁矿当时各勘查阶段的勘查工作内容和研究程度，绝大多数矿床都有勘查内容和研究程度达不到现行铁矿勘查规范技术要求的情况，需要进一步开展补充地质勘查工作。

表 11-1 宁乡式铁矿各勘查阶段主要勘查内容及技术要求

勘查内容		预查阶段	普查阶段	详查阶段	勘探阶段
勘查目的		达到预查阶段地质勘查程度，为普查必要性提供地质依据	达到普查阶段地质勘查程度，为详查必要性及矿山远景规划（小型矿）提供地质依据	达到详查阶段地质勘查程度，为勘探或矿山总体规划和项目建议（小型矿）提供地质依据	达到勘探阶段地质勘查程度，为矿山可行性研究、初步设计、建设提供地质依据
地质研究程度	矿床地质	了解区域地质特征，矿床分布范围及特征，对各类物、化、遥感异常，矿点（矿化点）进行评价，评价其找矿价值，选定找矿远景区	了解区域地质特征和找矿远景；大致查明地层、构造、含矿岩系特征；评价各类物、化、遥感异常及矿点、矿化点	基本查明地层，含矿岩系特征及沉积环境和岩相古地理特征；控制矿体构造性质、规模、产状、分布规律及相互关系	进一步研究矿床地质特征，矿床赋存层位，含矿岩系的岩性组合和岩相古地理环境；查明控制矿体构造性质、规模、产状、分布规律及相互关系
	矿体地质		大致查明矿体分布、数量、形态、规模、产状、矿石质量、厚度和品位变化及连续性	基本查明矿体分布、数量、形态、规模、矿石质量、产状、厚度和品位变化及连续性；矿体内夹石分布、规模和变化规律；成矿后构造对矿体的影响程度	详细查明矿体分布、数量、形态、规模、产状、厚度和品位变化及连续性、矿体内夹石分布、规模和变化规律；研究控矿构造及成矿后构造对矿体的影响程度；对首采地段主矿体进行详细控制
矿石质量研究		初步了解矿石类型、矿物和化学成分、主要元素含量	大致查明矿石类型、矿物和化学成分、结构构造、矿石品位；大致了解有益有害组分含量和分布，确定是否能工业利用	基本查明矿石类型及品级、矿物和化学成分、结构构造和有益有害元素种类、含量、赋存状态和分布规律	详细查明矿石类型及品级、矿物和化学成分、结构构造、有益和有害元素含量、赋存状态及分布规律

续表 11-1

勘查内容	预查阶段	普查阶段	详查阶段	勘探阶段
矿石选（冶）和加工技术条件	对已发现的矿体进行类比研究，做出是否可选的预测	进行选（冶）性能类比研究或可选性试验，做出是否可作为工业原料的评价	研究矿石选（冶）和加工技术条件，进行实验室扩大连续试验，做出工业利用评价	详细研究矿石选（冶）和加工技术条件，进行半工业试验，必要时应做工业试验，选择最佳工艺流程方案
矿床开采技术条件研究	对已发现矿体的矿产地收集水文地质、工程地质、环境地质条件资料，进行简要评价	大致了解水文地质、工程地质、环境地质条件，初步评价矿床开采技术条件	基本查明水文地质、工程地质、环境地质条件，预测可能发生的水文地质、工程地质、环境地质问题，提出防治措施和建议，对矿床开采技术条件进行综合评价	详细查明水文地质、工程地质、环境地质条件，预测评估可能发生的水文地质、工程地质、环境地质问题，提出防治措施和建议，对矿床开采技术条件进行综合评价
综合勘查评价	初步了解有无其他有益矿产	对具有工业利用价值的共生、伴生矿产，大致查明其含量和赋存特点，研究其综合利用可能性	对具有工业价值的共生、伴生矿产，基本查明其物质组分、含量、赋存状态和分布规律，评价其综合利用价值	对具有工业利用价值的共生、伴生矿产进行详细综合勘查评价，查明其物质组分、含量、赋存状态和分布规律，查明在不同矿物中分配率，加密工程，提高控制和研究程度
资源储量估算	估算预测的资源量	估算推断的资源量	估算控制的资源储量，查明的矿量应达到矿山服务年限要求	估算探明的资源储量，探明的可采储量应满足矿山还本付息要求
可行性评价		可行性概略研究	可行性概略研究或预可行性研究	可行性研究
勘查网度	极少量勘查工程验证	数量有限的勘查工程	采用各种勘查方法和手段，按各资源储量级别的勘查网度进行系统勘查工程控制	采用各种勘查方法和手段，按各资源储量级别的勘查网度，加密勘查工程，提高勘探和研究程度

注：按国土资源部《铁、锰、铬矿地质勘查规范》(DZ/T 0200—2002）内容综合整理。

第十二章　勘查类型

确定矿床勘查类型是地质勘查中十分重要的环节，其目的是合理选择勘查方案和勘查方法，确定合理的勘查网度，达到以最小的投入而取得最佳勘查效果。

第一节　勘查类型确定的原则

矿床勘查类型确定应遵循以下基本原则：

（1）追求最佳勘查效益的原则。勘查工程的布置要遵循矿床地质规律，从需要、可能、效益等多方面综合考虑，以最少的投入获取最大的勘查效益。

（2）从实际出发的原则。各个矿床都具有各自的地质特征，影响矿床勘查难易程度的4个主要地质变量因素（见下节）因矿床而异，当出现变化不均衡时，应以其中增大矿床勘查难度的主导因素为确定的主要依据。

（3）以主矿体为主的原则。一个矿床往往由多个矿体组成，划分为主矿体和次要矿体。其中主矿体也常由一个或几个矿体构成，其资源储量一般应占矿床总资源储量的70%以上。确定矿床勘查类型应以主矿体的4个主要地质变量因素来衡量。

（4）允许多个勘查类型及过渡类型存在的原则。宁乡式铁矿按简单、中等、复杂三个等级划分为Ⅰ、Ⅱ、Ⅲ三个勘查类型。由于地质因素变化的复杂性，允许其间有过渡类型以及比第Ⅲ勘查类型更复杂的类型存在。当矿床规模较大，其空间变化也较大时，可按不同地段或矿体的地质变量特征，分区（块）段或矿体确定勘查类型。

（5）在勘查实践中验证并及时修正的原则。对已确定的勘查类型，仍须在勘查实践中加以验证，如发现偏差，要及时研究予以修正。

第二节　勘查类型确定的主要地质依据

据《铁、锰、铬矿地质勘查规范》（DT/T 0200—2002），勘查类型主要依据以下四项地质变量因素确定。

一、主矿体规模

宁乡式铁矿主矿体规模划分为大型、中型、小型，依矿体的走向长度、倾向延深、连续展布面积来衡量。各类型主矿体规模见表12-1。

表12-1　主矿体规模

类　型	走向长度/m	倾向延深/m	连续展布面积/km^2
大型	>1000	>500	1.0
中型	500～1000	200～500	0.1～1.0
小型	<500	<200	<0.1

二、主矿体形态复杂程度

简单：矿体形态规则，呈层状、似层状，分枝复合少，夹石少见，厚度变化小（厚度变化系数 $V_m < 50\%$）。

中等：矿体形态较规则，以似层状、大透镜状为主，间有夹石，膨缩和分枝复合常见，厚度变化中等（厚度变化系数 $V_m = 50\% \sim 100\%$）。

复杂：矿体形态不规则或极不规则，呈透镜状、扁豆状及其他不规则形状断续产出，膨缩和分枝复合多且复杂，厚度变化大（厚度变化系数 $V_m > 100\%$）。

三、构造复杂程度

简单：矿体产状稳定，呈单斜或宽缓褶皱产出，一般没有较大断层或岩脉穿插破坏，局部可能有小断层或岩脉，但对矿体的稳定程度无明显影响。

中等：矿体产状较稳定，常呈波状褶皱产出，有少量具有一定规模的断层或岩脉穿插破坏，对矿体稳定程度有一定影响。

复杂：矿体产状不稳定，褶皱发育并变化复杂，断层多且断距大，岩脉穿插严重，矿体遭受到严重破坏，不连续或呈断块状产出。

四、有用组分分布均匀程度

均匀：矿化连续，没有无矿“天窗”，仅有少量夹石，品位分布均匀（品位变化系数 $V_c < 50\%$），品位变化曲线为平滑型（相邻品位绝对差值小于5%）。

较均匀：矿化基本连续，仅局部有无矿“天窗”，夹石较多，品位分布基本均匀（品位变化系数 V_c 50%~100%），品位变化曲线以波型（相邻品位绝对差值5%~7%）为主，兼有尖峰型（相邻品位绝对差值7%~11%）。

不均匀：矿化不连续或很不连续，无矿“天窗”和夹石多，品位分布不均匀或很不均匀（品位变化系数 $V_c > 100\%$），品位变化曲线为尖峰型或多峰型（相邻品位绝对差值大于11%）。

在当时宁乡式铁矿地质勘查中，确定矿床勘查类型的主要地质依据，与现行规范相比较，大同小异。当时确定矿床勘查类型还强调了以下几点：

（1）在矿床规模方面，强调Ⅰ、Ⅱ类型探明的资源储量在5000万吨以上，可采矿层展布面积分别大于 $1km^2$ 和 $0.5km^2$。

（2）重视矿层的连续性。Ⅰ类型可采矿层具高度连续性，要连续成片，可采矿层范围内没有不符合开采指标的矿层；Ⅱ类型可采矿层基本连续，可采矿层界线内仅有个别或少数工程所见矿层不符合开采指标。

（3）强调矿层内夹层的分布特征。Ⅰ类型夹层稳定，且分布有规律；Ⅱ类型夹层较稳定，分布较有规律。

（4）增加了矿石质量因素。Ⅰ类型矿石类型和品级稳定，贫、富矿分布有规律；Ⅱ类型矿石类型和品级较稳定，贫、富矿分布较有规律。

不能列入Ⅰ、Ⅱ类型的矿床属第Ⅲ类型，一般不需估算高级资源储量。

可以认为：宁乡式铁矿当时确定矿床勘查类型的地质依据相对更加全面细致，矿床勘查类型确定相对更加合理。

第三节　勘查类型的确定

依据确定矿床勘查类型的4个主要地质变量因素，将宁乡式铁矿勘查类型划分为3个类型：

第Ⅰ勘查类型（简单型）：主矿体规模为大型，矿体形态简单，展布面积广，厚度变化稳定，品位变化均匀，构造复杂程度简单。

第Ⅱ勘查类型（中等型）：主矿体规模中等，矿体形态较简单，展布面积较广，厚度变化较稳定，品位变化较均匀，构造复杂程度中等。

第Ⅲ勘查类型（复杂型）：主矿体规模小型，矿体形态复杂，厚度变化不稳定，品位变化不均匀，构造复杂程度复杂。

按照矿床勘查类型确定的原则，遵循确定勘查类型的主要地质依据，确定矿床的勘查类型。其中从实际出发的原则在矿床勘查类型确定中至关重要。由于各个矿床的地质变化特征不同，甚至同一矿床的不同区段、矿体的变化程度也有区别。大多数情况下，影响矿床勘查类型确定的多种地质变量因素的变化并不一定向着同一方向发展，以致其间出现多种形式组合。因此，矿床勘查类型确定一定要从实际出发，要全面研究分析各种因素的变化，以引起增大勘查难度最大的变量作为确定的主要依据，灵活运用。

另外，由于确定矿床勘查类型的各种变化因素相互关联，其中的定量标志并不能完全表征矿体空间变化规律，故必须在地质调查研究基础上综合衡量。确定矿床勘查类型并不是勘查工作的目的，而是研究矿床地质特征和勘查方法的手段。随着勘查工作的逐步深入和认识的不断深化，特别是对大量已勘查或建设矿床的调查研究，应进一步采用探采对比方法加以查证。

第四节　宁乡式铁矿的勘查类型

宁乡式铁矿主要大中型矿床的勘查类型见表12-2。

由表12-2可知：

（1）6个大型铁矿床的主要矿体除大坪铁矿为Ⅱ勘探类型外其他均为第Ⅰ勘查类型。它们的共同特点是：主矿层规模为大型，长约在10km以上，宽1km以上，连续展布面积1～$n$km^2；主矿体形态为层状、似层状，层位稳定连续，倾角较缓；矿层分布一般受宽缓褶皱控制，虽有断层破坏，但矿层基本连续成片，构造复杂程度简单；厚度变化稳定，品位变化均匀－较均匀，夹石分布稳定且有规律；贫、富矿分布规律明显；可采矿层内基本没有不符合工业指标的矿层存在。

（2）中、小型铁矿床除第Ⅰ勘查类型外，多为第Ⅱ、Ⅲ勘查类型。其主要地质因素是：主矿层规模相对较小，矿体形态多呈似层状或透镜状、扁豆状；断裂构造发育，往往破坏矿层的连续性，构造复杂程度中等—复杂；厚度变化稳定—不稳定，品位变化均匀—不均匀，夹石多且不连续；可采矿层范围内常存在不符合工业指标的矿层。

表 12-2 宁乡式铁矿主要大中型矿床勘查类型及勘查网度

矿床名称	矿床规模	确定矿床勘查类型主要地质依据				勘查类型	勘查网度
		主矿体规模	矿体形态	构造复杂程度	品位及厚度变化		
官店铁矿区凉水井—大庄铁矿	大型	主矿层 Fe_3，长 11.8km，宽 4~6km，大型	层状，层位稳定，倾角 30°左右，缓倾斜	矿层分布受长岭背斜和大庄向斜翼部控制，最大断层为凉水井断层，长 9km，倾角 >60°，断距 170~450m，破坏矿体连续性，构造复杂程度较简单	厚度变化系数 V_m < 30%，稳定；品位变化系数 V_c < 10%，均匀	Ⅰ	1600m×800m 或 800m×400m（C 级） 400m×400m（B 级）
官店铁矿区黑石板铁矿	大型	主矿层 Fe_2，长 12km，大型	层状，层位稳定，倾角变化大，倾角20°~70°	矿层分布受弓家湾背斜、鸡公山向斜、金鸡口背斜控制，断层少、断距小，矿层基本连续，构造复杂程度简单	厚度变化系数 V_m < 10%，稳定；品位变化系数 V_c < 30%，均匀	Ⅰ	800m×400m（C 级） 400m×400m（B 级）
火烧坪铁矿	大型	主矿层 Fe_3，长 12km，宽 1.6~2.6km，大型	层状，层位稳定，缓倾斜，倾角 20°~30°	矿层分布受渔峡口背斜北翼控制，单斜构造，断层发育，断距最大 118m，一般 12~40m，破坏矿体连续性，构造复杂程度较简单	厚度变化系数 V_m < 32%，稳定；品位变化系数 V_c < 10%，均匀	Ⅰ	800m×400m（C 级） 400m×200m（B 级）
龙角坝铁矿	大型	主矿层 Fe_4，长 18km，宽 1.4~6.4km，大型	层状，层位稳定，倾角 24°~34°，缓倾斜	矿层分布受九里坪背斜和灯草坝背斜控制；龙角坝和周家河正断层错断矿层，最大断距 120~160m，构造复杂程度较简单	厚度变化系数 V_m < 50%，稳定；品位变化系数 V_c < 50%，均匀。	Ⅰ	800m×400m（C 级） 400m×400m（B 级）
大坪铁矿	大型	由 3 个矿带组成，主矿层分布于东西矿带，长 19km，大型	层状、似层状，倾角 >40°	矿层分布受太平复式向斜翼部控制，两组断层，断距 12~200m，破坏矿体连续性，构造复杂程度中等	厚度变化较稳定，V_m < 100%，品位变化不大	主矿体Ⅱ，构造复杂程度不一，局部Ⅲ类	200m×100m（D 级） 200m×50m（C 级） 100m×100m（B 级）
鱼子甸铁矿	大型	上矿层Ⅱa 长 2~11km，宽 0.25~1.5km，Ⅱb 长 20km，宽 1~3km；下矿层长 1.9km，宽 1.4km，大型	层状、似层状，层位稳定，倾角 4°~13°，缓倾斜	矿层分布受武定向斜两翼控制，断层不发育，构造复杂程度简单	主矿体厚度变化稳定，品位变化均匀；次要矿体厚度变化较稳定—不稳定，品位变化较均匀—不均匀	主矿体Ⅰ，次要矿体Ⅱ-Ⅲ	(800~600)m×(600~400)m（C 级） (400~300)m×(400~300)m（B 级）

续表 12-2

矿床名称	矿床规模	确定矿床勘查类型主要地质依据				勘查类型	勘查网度
		主矿体规模	矿体形态	构造复杂程度	品位及厚度变化		
长潭河铁矿	中型	主矿层长 4.5km，宽 1.75km，大型	层状，层位稳定，倾角变化大，倾角 9°~49°	矿层分布受长潭河向斜东翼控制，断层不发育，构造复杂程度简单	厚度变化稳定，$V_m<50\%$；品位变化均匀，$V_c<50\%$	Ⅰ	工程控制基本间距<400m
松木坪铁矿	中型	主矿层 Fe_3，长 650m，宽 560~860m，中型	似层状，矿层较稳定，产状平缓，倾角 11°~13°	出露于仁和坪向斜北翼东端，横断层发育，破坏矿体连续性，构造复杂程度中等	厚度变化较稳定，$V_m<100\%$；品位变化较均匀，$V_c<100\%$	Ⅱ	400m×200m（B 级） 800m×400m（C 级） 200m×200m（A 级）
青岗坪铁矿	中型	主矿体 Fe_3，长 12.3km，宽 0.5~1.8km，大型	层状，层位稳定，倾角 25°~35°，缓倾斜	矿层分布受长岭向斜控制，断层发育。构造复杂程度中等	厚度变化较稳定，$V_m<100\%$；品位变化较均匀，$V_c<100\%$	Ⅱ	800m×600m（C 级） 800m×400m（B 级）
官庄铁矿	中型	主矿层 Fe_3，长 4km，宽 0.2~2.7km，大型	似层状，层位稳定，分布连续，缓倾斜，倾角 10°~30°	单斜构造，局部小型褶皱。发育成矿后断层，长 0.3~1km，断距 20m 左右，破坏矿体连续性，构造复杂程度中等	厚度变化较稳定，$V_m<100\%$；品位变化较均匀，$V_c<100\%$	Ⅱ	1600m×800m（D 级） 800m×800m（C 级） 400m×400m（B 级）
龙坪铁矿	中型	主矿层 Fe_3，长 18km，宽 0.4km，大型	层状，层位稳定，连续，倾角 10°~60°，产状变化较大	矿层分布受长岭背斜两翼控制，构造复杂，倾角变化大，构造复杂程度中等	厚度变化较稳定，$V_m<100\%$；品位变化较均匀，$V_c<100\%$	Ⅱ	800m×400m（C 级）
仙人岩铁矿	中型	主矿层 Fe_4，长 12.77km，宽 0.32~1.06km，大型	层状，层位稳定，倾角 20°~80°，变化大	矿层分布受椰坪背斜两翼控制，倾角变化大，直立或倒转可见。构造复杂程度中等	厚度变化系数 $V_m<100\%$，较稳定；品位变化系数 $V_c<100\%$，较均匀	Ⅱ	1600m×800m（C 级）
铁厂坝铁矿	中型	主矿体 Fe_3，分南北两矿段，主矿体为南矿段，长 6.7km，宽 2km，大型	似层状，层位稳定，缓倾斜，倾角 12°~18°	矿层分布受屯堡背斜西翼控制，断层不发育，矿层连续，构造复杂程度简单	厚度变化系数 $V_m<50\%$，稳定；品位变化系数 $V_c<50\%$，均匀	Ⅰ	800m×400m（C 级） 400m×400m 或 200m（B 级）

续表 12-2

矿床名称	矿床规模	确定矿床勘查类型主要地质依据				勘查类型	勘查网度
		主矿体规模	矿体形态	构造复杂程度	品位及厚度变化		
黄粮坪铁矿	中型	主矿层 Fe_3，长3.4km，宽 1.75 ~ 2.9km，大型	层状，层位稳定，倾角 10° ~ 45°，产状变化较大	矿层分布受十岭—付家堰向斜和雪山坪—白溢坪向斜控制，矿层连续，缓—中等倾斜。构造复杂程度简单	厚度变化系数 V_m < 50%，稳定；品位变化系数 V_c < 50%，均匀	Ⅰ	800m × 400m（C 级） 400m × 400m 或 200m（B 级）
石板坡铁矿	中型	主矿层 Fe_3，长8.06km，宽 0.55 ~ 1.42km，大型	层状，层位稳定，倾角 20° ~ 72°，产状变化较大	矿层分布受扑岭—剪刀山向斜中段控制，矿层连续，无断层破坏，缓至陡倾斜，构造复杂程度简单	厚度变化系数 V_m < 50%，稳定；品位变化系数 V_c < 50%，均匀	Ⅰ	800m × 400m（C 级） 400m × 400m 或 200m（B 级）
碧鸡山铁矿	中型	分为 8 个矿段，主矿层长 10km 以上	层状，层位稳定，产状随褶皱而变化	矿层分布受碧鸡山向斜中段控制。构造复杂程度简单	厚度变化稳定，V_m < 50%；品位变化均匀，V_c < 50%	Ⅰ	600m × 300m（C_1 级） 1200m ×（400 ~ 600）m（C_2 级）
当多铁矿	中型	分为上矿层和下矿层，下矿层长 2 ~ 4.1km，上矿层长 0.4 ~ 3.22km，大型	似层状或大透镜状，层位稳定，陡倾斜，倾角 < 70°	矿层分布受白龙江复背斜控制，构造复杂程度简单	厚度变化较稳定，品位变化均匀—较均匀	Ⅰ	C_2 级工程间距离 150 ~ 600m
菜园子铁矿	中型	主矿层长 4.4km，宽 0.7 ~ 1.7km，大型	似层状，层位稳定，产状随褶皱而变化	矿层分布受褶皱控制，断裂构造发育，矿层连续性差，构造复杂程度中等	厚度变化系数 V_m 43%，稳定；品位变化系数 V_c < 50%，均匀	Ⅱ	400m × 400m（C_1 级） 200m × 200m（B 级）
杨家坊铁矿	中型	主矿层长 11km，控制垂深 0.5km，大型	层状、似层状	矿层受杨家坊向斜北翼控制，呈单斜构造，褶皱、断裂不发育，构造复杂程度简单	厚度变化较稳定，V_m < 100%；品位变化较均匀，V_c < 100%	Ⅱ	(400 ~ 200) m × (200 ~ 400) m（C_1 级）、 400m × 800m（C_2 级）、 200m × 200m（B 级）

续表 12-2

矿床名称	矿床规模	确定矿床勘查类型主要地质依据				勘查类型	勘查网度
		主矿体规模	矿体形态	构造复杂程度	品位及厚度变化		
田湖铁矿	中型	主矿层长 8km，宽 1～2km，大型	层状、似层状，倾角 30°～50°，变化较大	矿层分布受甘溪复式褶皱控制，产状随褶皱变化，断裂构造发育，破坏矿层连续性。构造复杂程度中等至复杂	厚度变化较稳定—不稳定；品位变化较均匀—不均匀	赵家冲矿段Ⅱ，大山里矿段Ⅲ，畔边冲矿段Ⅱ-Ⅲ	赵家冲矿段： 400m×200m（C 级） 200m×100m（B 级） 大山里矿段： (170～250)m×(150～200)m(C 级) (120～130)m×(75～150)m(B 级) 畔边冲矿段： (200～400)m×200m(C 级) 200m×100m（B 级）
寸田铁矿	中型	克浦矿体：长 7.6km，宽 1.2km；次碗厂矿体：长 4km，宽 1.2km；蜂子沟矿体：长 7.2km，宽 1.3km；雨龙山矿体：长 3km，宽 1.5km。大型	层状，产状随褶皱而变化，倾角 5°～15°，缓倾斜	矿层分布受大以背斜南翼控制，呈单斜构造，具北西向断层破坏，构造复杂程度简单	厚度变化系数 V_m36.99%，稳定；品位变化系数 V_c18.84%，均匀	雨龙山和蜂子沟矿体Ⅱ，克浦和碗厂矿体Ⅰ	400m×400m（C 级） 400m×200m（B 级）
黑拉铁矿	中型	主矿层长 2.65km	似层状，陡倾斜，倾角＜70°	断层发育，破坏矿层连续性，构造复杂程度中等至复杂	厚度变化较稳定，V_m＜100%；品位变化较均匀，V_c＜100%	Ⅱ	
清水铁矿	中型	主矿层长 3km，中型	似层状，缓倾斜，局部陡倾斜	矿层分布受清水复式向斜西北翼控制，褶皱、断裂发育，破坏矿层连续性，构造复杂程度中等	厚度变化较稳定，V_m＜100%；品位变化均匀—较均匀	Ⅱ	400m×200m（C 级） 200m×200m（B 级）
潞水铁矿	小型	主矿层规模小型	似层状，透镜状	矿层分布受潞水向斜控制，断裂发育，构造复杂程度复杂	厚度变化不稳定，V_m＞100%；品位波状变化	Ⅲ	150m×150m（C 级） 150m×(75～100)m（B 级）

续表 12-2

矿床名称	矿床规模	确定矿床勘查类型主要地质依据				勘查类型	勘查网度
		主矿体规模	矿体形态	构造复杂程度	品位及厚度变化		
雷垄里铁矿	中型	主矿层规模中型	层状，透镜状	褶皱、断裂发育，破坏矿体连续性，构造复杂程度复杂	厚度变化不稳定，V_m >100%，品位变化不均匀，V_c >100%	Ⅲ	100m×100m（C_1级） 200m×50m（B级）
乌石山铁矿	中型	主矿层长数公里，中型	似层状，矿层稳定，缓倾斜，倾角10°~30°	矿层分布受近东西向褶皱控制，产状随褶皱而变化，构造复杂程度简单	品位变化系数 V_c 15%~80%，均匀—较均匀；厚度变化稳定，V_m <50%	Ⅰ	250m×250m（B级） 125m×125m（A_2级） 500m×500m（C级）
海洋铁矿	中型	主矿层长5km，宽1.4km，南主矿层长2.5km	似层状，矿层稳定，产状随褶皱起伏	矿层分布受海洋复向斜控制，断裂发育，矿层基本连续	厚度变化稳定—较稳定；品位变化均匀—较均匀	Ⅱ	200m×（150~200）m（C级） 200m×（70~100）m（B级）
桃花铁矿	中型	北主矿层长1.5km，南主矿体长2.5km	似层状	矿层分布受宽缓褶皱控制，断层不发育，构造复杂程度简单	厚度变化系数 V_m 44.5%，稳定；品位变化系数 V_c 19.2%，均匀	Ⅰ	800m×400m（C级） 400m×400m（B级）
屯秋铁矿	中型	分为上、下矿层，上矿层为主矿层，长4.8km，宽0.4~1.5km，大型	层状，倾角10°，缓倾斜	矿层呈单斜构造，局部小褶皱。断层发育，最大断层长20km，断距500m以上，次要断层长2km，断距50~80m，其他小断层长30~50m，断距50~10m，破坏矿层连续性，构造复杂程度中等	厚度变化较稳定，V_m <100%；品位变化均匀—较均匀	Ⅱ	400m×400m（C级） 200m×200m（B级） 100m×100m（A级）
上株岭铁矿	小型	主矿层长2km，宽200~500m，延深100~400m	似层状、扁豆状，倾角30°~60°，局部80°。产状变化大	矿层分布受北东向复式向斜控制，次级褶皱发育，局部倒转，北东向断层发育，断距30~100m，破坏矿层连续性，矿层呈阶梯状分布，构造复杂程度复杂	厚度变化不稳定，V_m >100%；品位变化较均匀—不均匀	Ⅲ	100m×100m或150m（C级）

（3）大多数矿床一般只有一种勘查类型，有的矿床由于各矿段（矿体）地质特征及确定矿床勘查类型的地质因素不同，包括几种勘查类型。如湖南的田湖铁矿，由大茶园、赵家冲、梅石山、畔边冲、大山里五个主要矿段组成，由于影响矿段最主要难易程度的构造复杂程度不同，各矿段勘查类型也有区别。其中梅石山、赵家冲矿段为第Ⅱ勘查类型，大山里、大茶园矿段为第Ⅲ勘查类型，畔边冲矿段为Ⅱ-Ⅲ勘查类型。

第十三章 勘查工程及勘查网度

第一节 勘查工程

根据宁乡式铁矿矿床地质特征及矿体产出特点，采用的勘查工程主要有：地表矿层用槽探（剥土）、浅井工程控制，深部以钻探工程控制为主，配合少数坑道工程。

槽探：是系统揭露地表矿体的主要工程，用于追索和圈定覆盖层下近地表的矿体或其他地质界线，适用于覆盖层厚度不超过3m。槽探规格视实际情况确定。为保证采样质量，需揭露至新鲜基岩，达到连续采样之目的。探槽一般垂直矿层走向或垂直平均走向布置。

按槽探的作用不同，可分为主干探槽和辅助探槽。主干探槽布置在矿床的主要地质剖面上，控制所有铁矿层，明确主要工业矿层；辅助探槽是加密于主干探槽之间的短槽，控制其中的主要工业矿层，它们可以平行或不平行。

浅井：当覆盖层较厚时，采用浅井（或浅钻）控制浅部矿体，断面形状一般为正方形或矩形，也有小圆井，深度一般5 ~ 10m。浅井布置依矿体产状不同而异，矿体产状缓时，垂直矿体走向沿其上盘布置追索矿体；当矿体较陡时，则采用在浅井下拉石门或沿脉较为合适。

钻探：是勘查深部矿体的主要工程。用于系统揭露勘查矿体深部地质特征，追索圈定矿体边界线，了解矿石质量等，在各勘查阶段均有应用。专门用于查明构造和水文地质情况者称为水文钻孔和构造钻孔。钻探工程质量要求参照《岩心钻探规程》执行。

坑探工程：在地形条件有利、经济合理情况下，勘探阶段也采用少数坑探工程。且以沿脉、穿脉水平坑道应用居多。主要用于矿体形态复杂、有用组分分布不均匀或极不均匀的情况，以检验钻探质量、求高级储量、采取工艺样品。坑探工程多布置于首采区或主要储量区，除用以探明矿体外，还考虑将来为矿山生产所利用。其质量要求参照《地质勘查坑探工程规程》（DZ/T 0141—94）执行。

矿床勘查时所采用的勘查工程，一般是几种勘查工程联合应用，即勘查工程系统。一个具体矿床应用哪一种勘查工程系统最合适，主要取决于矿体的形态产状、规模等因素。在达到地质要求的基础上，要选择技术、经济最合理的系统。

第二节 勘查工程布置

为了有效地对矿床进行勘查，勘查工程布置要遵循以下要求：

（1）各种勘查工程，按一定的间距系统而有规律地布置，并尽量使各相邻工程互相联系，以利用绘制勘探线剖面和获得矿体各种参数。

（2）勘查工程尽量垂直于矿体走向（或平均走向）、主要构造线方向布置，以保证勘查工程沿矿体厚度方向控制矿体或含矿构造带。

（3）坑探工程布置要考虑开采系统和技术要求相一致，尽可能为将来开采所利用。

（4）遵循对矿床的认识规律，勘查工程布置按照从已知到未知、由地表到地下、由稀至密的原则。

一组勘探工程应从地表到深部按一定间距布置在与矿体走向（或平均走向）垂直的勘探线剖面内，并在不同深度揭露或追索矿体，保证勘探线上的工程沿倾斜方向截穿矿体，构成勘探线。一般情况下，各勘探线应相互平行或近似平行，便于勘探线资料整理及资源储量估算。若矿体规模较大，产状变化明显时，可按具体情况划分若干地段，并采用不同方向各组平行勘探线布置。首批勘探线布置于矿体中部，然后再逐渐向外扩展布置。

不同勘查阶段勘查工程布置要求各不相同：

预查阶段：在最有可能见矿位置布置极少量验证工程。

普查阶段：地表系统槽探（浅井）工程揭露，深部先布置施工主干勘探线验证孔和远景孔，后布置施工主干勘探线两侧的稀疏控制孔，对主矿体达到求推断的资源量的控制程度。

详查阶段：按确定的勘查类型选择工程间距，布置施工系统控制工程。施工中根据工程见矿情况验证勘查类型，调整勘查工程布设。对主矿体达到求控制的资源储量控制程度。

勘探阶段：对首采区或主储量区视矿体稳定程度和矿山建设设计的需要加密勘查工程，提高勘探和研究程度，达到求探明的资源储量控制程度。

第三节　勘查工程间距

矿床勘查工程间距是指相邻勘查工程控制矿体的实际距离。它是由矿床地质勘探经验和矿山探采实际综合研究确立的。由于各个矿床地质特征不同，在矿床地质勘查中要选取合理的勘查工程间距。

确定矿床勘查工程间距的要求主要有：

（1）以矿床勘查类型为基础，根据矿床勘查类型和勘查阶段选取相应的工程间距。

（2）选取的工程间距应不漏掉一个具有工业价值的矿体，满足相邻勘探线剖面或勘查工程可以联系和对比。

（3）预查和普查阶段勘查工程较少，其工程间距不作具体要求，但要充分考虑与后续勘查工程的衔接；详查阶段工程间距是矿床勘查的基本工程间距，其工程间距要满足求控制的资源储量；勘探阶段工程间距原则上是在基本工程间距基础上加密，达到求探明的资源储量控制程度。

（4）第Ⅲ勘查类型矿床勘探阶段的工程间距是矿床勘查工程最密间距。规模小、矿体形态和矿石组分变化很大的矿床，采用工程间距仍难获得理想的勘查效果时，应转为“边采边探”方式，在今后的采掘过程中对矿床地质特征进一步调查。

（5）勘查工程间距可在一定范围内变化，以适应同一勘查类型不同矿床或同一矿床内各矿体（或矿段）的实际变化差异。主要矿体与次要矿体、浅部和深部、重点勘查地段与外围概略了解地段要区别对待，不能采用一成不变的工程间距。

（6）矿体出露地表时，圈定矿体的地表勘查工程，应比深部工程间距适当加密；矿体产状和矿石质量或构造复杂的地段可酌情加密。

（7）工程间距按由稀到密的次序进行，在勘查时要不断检验工程间距的合理性，并及时调整，使其更加合理。勘查类型一旦修正，其勘查工程间距也相应调整。

第四节 勘查网度

勘查网度是指截穿矿体的勘查工程所控制的面积，以勘查工程沿矿体走向与倾向的距离来表示。矿床勘查中要求合理的勘查网度，即能够获得的地质成果与实际情况的误差在允许范围之内的最稀勘查密度。

按照表12-2中列举的宁乡式铁矿主要大中型矿床的勘查网度，按照勘查类型归综为表13-1。

表13-1 宁乡式铁矿主要大中型矿床勘查网度归综表

勘查类型	按当时规范采用的勘查网度		现行规范勘查网度控制的资源储量
	C级	B级	
Ⅰ	1600m×800m或 800m×400m	400m×400m或 400m×200m	400m×(200~400)m
Ⅱ	400m×400m或 200m×200m	200m×200m或 200m×100m	200m×(100~200)m
Ⅲ	150m×150m或 100m×100m	150m×(150~100)m或 200m×50m	100m×(50~100)m

合理的勘查网度就是能够使获得的地质成果与真实情况之间的误差在允许范围内的最稀勘查网度。它取决于矿床的勘查类型、探明的资源储量的要求以及采用的勘探技术手段。一般情况，从第Ⅰ到第Ⅲ勘查类型，从控制的到探明的资源储量，勘查网度的密度依次加密。

铁矿勘查规范所确立的勘查网度并不完全适用于每个矿床，在实际地质勘查中要根据矿床的成矿地质特征，以地质调查认识为基础，以勘探和矿山开拓工程所查明的程度为依据，对勘查网度的合理性进行求证，选取合理的勘查网度。以下以官店铁矿区凉水井—大庄铁矿、茶陵潞水铁矿、寸田铁矿、青岗坪铁矿为例进行说明。

一、官店铁矿区凉水井—大庄铁矿

矿床规模为大型，第Ⅰ勘查类型。为了探讨合理的勘查网度，按不同的勘查网度比较其厚度、品位变化系数，用放宽方法估算资源储量，其结果见表13-2、表13-3。

表13-2　不同工程间距厚度和品位变化

勘查工程	工程间距/m	平均厚度/m	平均品位/%	厚度相差占百分比/%	品位相差占百分比/%
K3～K23	200 400	3.99 3.87	47.47 46.67	-3.01	-1.71
K195～K263	200 400	2.63 2.53	45.53 45.46	-3.8	-1.54
K265～K321	200 400	1.61 1.79	46.21 46.90	+11.13	+1.47

注：据唐瑞才，1959。

表13-3　不同勘查网度资源储量百分比

块段号	1600m×800m资源储量百分比（C_1级）/%	800m×400m资源储量百分比（B级）/%	400m×400m资源储量百分比（A_2级）/%
Ⅰ-A_2		100	104
Ⅰ-A_2、Ⅰ-B、Ⅱ-B_1、Ⅱ-B、Ⅳ-B	103.61	100	—
Ⅳ-B、Ⅷ-B	95.74	100	—
Ⅰ-A_2、Ⅱ-B、Ⅲ-B、Ⅳ-B、Ⅵ-B、Ⅷ-B、Ⅺ-B	95.31	100	—
Ⅴ-B	100.28	100	—
Ⅴ-B、Ⅵ-C_1	100.15	100	—

注：据唐瑞才，1959。

对比结果表明：

（1）施工的勘查工程达到了揭露矿层的目的，矿层分布面积与勘探面积之比相近，矿层厚度变化系数小于30%，连续稳定。200m与400m间距矿层厚度相差数所占百分比小于12%。

（2）矿石质量和品位变化均匀，品位变化系数小于10%。200m与400m间距品位相差数所占百分比小于4%。

按照全国储委《矿区地质勘探基本原则》规定的“B级储量误差20%和C_1级储量误差30%”要求，该矿床勘探网度放宽至1600m×800m（C_1级）、800m×400m（B级）、400m×400m（A_2级）是合理的。

二、茶陵潞水铁矿

矿床规模为小型，第Ⅲ勘探类型。矿床南区不同勘探网度所圈定的块段储量对比见表13-4。

表13-4 矿床南区不同勘查网度块段储量对比表

勘查网度/m	矿量/万吨	误差/%	各块段相对误差/%		
			最大	最小	平均
75×50	178.98	0	0	0	0
75×50	19.91	+0.52	11.3	0	2.9
75×150	178.81	-0.1	30.16	0.83	11.86
75×200	181.48	+1.39	34.87	6.65	18.67
150×50	197.84	+0.48			
150×75	108.050	+0.85	19.38	0	4.64
150×150	182.04	+1.70	24.94	1.47	9.25
150×200	182.52	+2.41	32.59	9.20	18.76

注：据湖南冶金214队，1975。

对比结果：

空间位置：75m×50m与75m×150m网度相比，后者位置在前者上下波动。

长度比：小于10m占91.4%，10～20m占6.8%，20～30m占1.2%，大于30m占0.6%。其中位移大于30m者系多条断层或倒转褶皱影响所致。

平均厚度、品位变化：150m×(100～150)m与150m×50m网度比较，平均厚度误差小于16%，平均相对误差3.81%；平均品位误差小于12%，平均相对误差2.2%。

块段面积：求C_1级储量的50m×(100～150)m与150m×50m网度块段面积基本相当。

据此，采用75m×50m（B级）、150m×(100～150)m（C级）的勘查网度符合矿床客观实际。

三、寸田铁矿

矿床规模为中型，Ⅰ-Ⅱ勘查类型。不同勘查网度块段资源储量对比见表13-5。

表13-5　不同勘查网度块段资源储量对比

块段号	勘查网度/m	平均厚度/m	平均品位/%	资源储量/万吨	资源储量级别
26	400×200	1.95	36.72	422.05	B级
	400×400	1.86	36.29	402.57	
	相对误差/%	4.62	0.9	4.62	
32~35	400×400	1.54	37.13	708.02	C_1级
	800×400	1.33	38.27	615.27	
	相对误差/%	13.64	2.98	13.18	

注：据云南地质厅8地质队，1960。

对比结果表明，采用400m×200m或400m×400m勘查网度求B级资源储量是可行的，而800m×400m勘查网度求C_1级资源储量误差较大，需要修正。

四、青岗坪铁矿

矿床规模中型，第Ⅱ勘查类型。C_1级资源储量不同勘查网度对比结果见表13-6。

表13-6　不同勘查网度资源储量对比结果

块段号	勘查网度/m	平均品位(TFe)/%	绝对误差	相对误差/%	平均厚度/m	绝对误差	相对误差/%	矿石量/万吨	绝对误差	相对误差/%
1	800×400	45.77	−0.78	1.67	1.39	+0.03	2.21	221.18	+4.78	2.21
	400×200	46.55			1.36			216.4		
2	800×400	46.11	+0.32	0.69	1.66	+0.03	1.84	314.74	+5.69	1.84
	400×200	45.79			1.63			309.05		
3	800×400	43.93	−0.36	0.79	1.21	+0.07	6.14	164.49	+9.52	6.14
	400×200	44.20			1.14			154.90		
平均		0.48	1.05						+6.66	3.36

注：据中南冶金607队，1968。

对比表知，采用 800m × 400m 和 400m × 200m 勘探网度平均品位绝对误差平均值 0.48，相对误差平均值 1.05%；平均厚度绝对误差平均值 0.04，相对误差平均值 3.36%；资源储量绝对误差平均值 6.66，相对误差平均值 3.36%，误差值均小，说明采用 800m × 400m 勘查网度求 C_1 级资源储量可行。

总体来看，矿层厚度越连续稳定、品位变化越均匀，勘探网度可以适当放稀；反之则需加密，达到与矿床勘查类型相匹配的合理勘查网度。

第十四章　地质勘查程度

第一节　宁乡式铁矿当时的地质勘查程度

矿床的地质勘查程度取决于勘查工程的控制程度和综合研究程度。表 14-1 列举了宁乡式铁矿部分矿床当时的地质勘查程度。

表 14-1　宁乡式铁矿部分矿床地质勘查程度

矿床名称	原勘查程度	现行规范勘查程度	矿床规模	提交报告时间	矿床名称	原勘查程度	现行规范勘查程度	矿床规模	提交报告时间
官店铁矿区凉水井—大庄铁矿	初勘	详查	大型	1959	平黄山铁矿	勘探	详查	中型	1970
					田湖铁矿	勘探	详查	中型	1963
					屯秋铁矿	勘探	勘探	中型	1973
官店铁矿区黑石板铁矿	初勘	总体普查，局部详查	大型	1959	当多铁矿	普查	预查	中型	1961
					黑拉铁矿	普查	预查	中型	1972
火烧坪铁矿	详勘	详查	大型	1961	十八格铁矿	详查	预查	中型	1966
龙角坝铁矿	详查	预查	大型	1960	六市铁矿	勘探	普查	中型	1971
大坪铁矿	勘探	勘探	大型	1961	碧鸡山铁矿	普查	预查	中型	1962
鱼子甸铁矿	勘探	详查	大型	1960	寸田铁矿	勘探	详查	中型	1960
官庄铁矿	初勘	详查	中型	1971	乌石山铁矿	勘探	勘探	中型	1954
马鞍山铁矿	初勘	主要普查，局部详查	中型	1961	海洋铁矿	勘探	勘探	中型	1973
					杨家坊铁矿	勘探	详查	中型	1965
铁厂坝铁矿	详查	普查	中型	1970	马虎坪铁矿	普查	预查	中型	1972
杨柳池铁矿	初勘	普查	中型	1959	长潭河铁矿	详查	预查	中型	1971
伍家河铁矿	详查	普查	中型	1958	黄粮坪铁矿	普查	预查	中型	1973
太平口铁矿	详查	普查	中型	1959	桃花铁矿	普查	普查	中型	1960
菜园子铁矿	详查	普查	中型	1985	谢家坪铁矿	初勘	预查	中型	1972
龙坪铁矿	详查	普查	中型	1971	阮家河铁矿	详查	预查	中型	1969
仙人岩铁矿	初勘	普查	中型	1959	石板坡铁矿	初勘	普查	中型	1975
瓦屋场铁矿	普查	预查	中型	1974	朝阳坪铁矿	普查	预查	小型	1973
青岗坪铁矿	初勘	主要普查，局部详查	中型	1968	白燕山铁矿	普查	预查	小型	1963
					茅坪铁矿	详查	预查	小型	1975
田家坪铁矿	详查	普查	中型	1961	上株岭铁矿	勘探	详查	小型	1963
松木坪铁矿	初勘	详查	中型	1974	烧巴岩铁矿	普查	预查	小型	1971

续表 14-1

矿床名称	原勘查程度	现行规范勘查程度	矿床规模	提交报告时间	矿床名称	原勘查程度	现行规范勘查程度	矿床规模	提交报告时间
火烧堡铁矿	普查	预查	小型	1973	红莲池铁矿	普查	预查	小型	1974
傅家堰铁矿	初勘	普查	小型	1959	锯齿岩铁矿	普查	预查	小型	1973
尹家村铁矿	普查	预查	小型	1960	白庙岭铁矿	普查	预查	小型	1972
石崖坪铁矿	普查	预查	小型	1974	铁厂湾铁矿	普查	预查	小型	1971
清水湄铁矿	普查	预查	小型	1973	中坪铁矿	普查	预查	小型	1972

宁乡式铁矿绝大多数矿床都是20世纪60～70年代勘查评价的，按照当时的铁矿勘查规范及审批备案的勘查成果，宁乡式铁矿总体勘查程度较高，特别是大、中型矿床多数进行了勘探，部分达到了详查或普查，小型矿床多数达到了普查。6个大型矿床中5个进行了勘探，1个达到了详查。中型矿床中，官庄铁矿、马鞍山铁矿、杨柳池铁矿、仙人岩铁矿、松木坪铁矿、平黄山铁矿、田湖铁矿、屯秋铁矿、六市铁矿、寸田铁矿、乌石山铁矿、海洋铁矿、杨家坊铁矿、谢家坪铁矿、石板坡铁矿等达到了勘探程度。小型矿床中，除个别如傅家堰铁矿、上株岭铁矿达到勘探程度外，多数达到普查程度。达到详查和勘探的矿床提交的资源储量以C级为主体，并求得了一定比例的A、B级储量。

第二节 按现行铁矿勘查规范宁乡式铁矿的勘查程度

按照现行国土资源部《铁、锰、铬矿地质勘查规范》（DZ/T 0200—2002）中铁矿勘查程度的要求衡量，宁乡式铁矿勘查程度，除个别矿床能达到勘探或详查外，大多数矿床仅能达到普查或预查程度，总体勘查程度相对较低。

6个大型矿床中，除大坪铁矿达到勘探程度外，基本上达到详查程度，其中龙角坝铁矿仅为地表勘查工程控制，无深部探矿工程，原定为详查，现只能达到预查程度。中型矿床中，除乌石山铁矿、海洋铁矿、屯秋铁矿可达到勘探程度，官庄铁矿、龙坪铁矿、平黄山铁矿、田湖铁矿、寸田铁矿、杨家坊铁矿达到详查程度外，其他仅达到普查或预查程度。小型矿床除上株岭铁矿达到详查、傅家堰铁矿达到普查外，其他仅达到预查程度。作出这样评述的依据为：

（1）勘查工程控制程度不够，基本上达不到现行规范要求的勘查网度（表14-1）。如第Ⅰ、Ⅱ、Ⅲ勘查类型，现行规范控制的资源储量勘查网度分别为：400m×(200～400)m、200m×(100～200)m、100m×(50～100)m，而原C级资源储量勘查网度分别为：1600m×800m或800m×400m、400m×400m或200m×200m、150m×150m或100m×100m。勘查网度明显偏稀。有的矿床控制程度放得过宽，如龙角坝铁矿无深部工程控制，仅有地表探槽工程，但原勘查程度仍确定为详查。

（2）宁乡式铁矿属于难选矿石，达到详查和勘探的矿床缺少实验室扩大连续试验或半工业试验或工业试验。

（3）矿床开采技术条件研究内容不全，普遍缺少环境地质条件研究。对矿床开采可能引发的水文地质、工程地质、环境地质问题的预测评估，防治措施与建议，矿床开采技术条件总体评价等内容均未涉及。

（4）对矿床开发经济意义可行性评价未进行研究。

（5）控制的和探明的储量比例不够明确。当时规范要求："以探明详勘范围内所需各级储量为原则，B级储量占10%～20%，C级储量占主要比例，D级资源量占10%～30%，对于复杂小型矿床探求C+D级或D级储量，供生产部门边采边探，B级储量应分布在首采区。"现行规范要求"详查阶段查明的矿量应达到矿山服务年限，勘探阶段探明的可采储量应满足矿山还本付息要求"。

总体来看，宁乡式铁矿勘查内容的广度和研究深度都有待提升，当时大多数矿床勘查程度还达不到现行规范要求的勘查程度，要达到开发利用的要求，还需要开展补充勘查工作。

第十五章 铁矿石采样、制样及分析测试

第一节 样品采集加工

一、样品采集

宁乡式铁矿地质勘查采集的样品种类主要有化学分析样、技术样、技术加工样、岩矿鉴定样等。通过化学分析、测试、鉴定，确定矿石质量、矿石与围岩物理化学性质、矿石加工技术性能、矿床开采技术条件等，为矿床评价、估算资源储量以及选冶和综合利用提供技术支撑。

矿床是经多种地质作用形成的地质体，矿石组分分布不均匀，因此样品的代表性是取样工作的核心。采样方法主要有刻槽法、剥层法、全巷法、刻线法、方格法、攫取法、打眼法等。各种采样方法适用范围、操作方法、取样效果和注意事项各不相同。其中化学分析和体重测定结果是储量估算不可或缺的参数，在此仅对化学分析样和体重样采样方法和质量要求作简要介绍。

（一）化学分析样

矿体露头、探槽、浅井、坑道等探矿工程中，对矿体采用连续刻槽法取样。样槽断面规格和样长视矿化均匀程度、矿石类型和品级、矿体厚度确定。宁乡式铁矿由于矿石类型较单一，矿化相对均匀，样槽规格一般采用5cm×3cm，样长1~2m。而对于经后期改造的磁赤铁矿层，因矿石组分变化较大，样槽断面规模宜采用10cm×3cm，样长0.5~1m。样品布置原则和要求如下：

（1）样槽延伸方向要与矿体厚度方向或矿石质量变化最大方向相一致，同时要控制矿体的全部厚度。

（2）按矿石类型、品级分段连续布样，同一件样品不得跨越不同矿石类型、品级或矿层。

（3）矿层中夹石大于或等于夹石剔除厚度，矿石与夹石分别取样；小于夹石剔除厚度应合并到相邻样品。

（4）矿层顶底板必须各有一件控制样。探槽中样品多布置于槽壁或槽底；浅井中一般在井壁取样；坑道中可在坑壁、顶板或掌子面取样。

岩矿心用劈样机或切割机取样，1/2保留，1/2作为样品，劈开面尽量垂直于矿化集中面，两侧矿化相对均匀。当岩心破碎，呈小岩块、岩屑、岩粉时，改用拣块法取样，将其混合均匀后取一半作为样品。同一件样品不得跨越不同孔径或采取率相差较大的回次。

（二）体重样

采取矿石体重样的目的是测定矿石在自然状态下单位体积的重量，用于资源储量估

算。包括小体重样和大体重样。

（1）小体重样。小体重样在探槽、坑道、探井、矿心中按矿石类型和品级分别用拣块法取样，空间分布要有代表性，每种矿石类型和品级不少于30件，样品体积一般为60～120cm^3。

（2）大体重样。对于裂隙发育或松散矿石要采集大体重样。采样方法为：在矿层表面凿取四壁及底部都平整的正方形或矩形体，全部取出。每种矿石类型和品级应测定2～5个大体重样，样品体积一般不小于0.125m^3。大体重样用于修正小体重值或直接参与资源储量估算。

二、样品加工

实验室将样品编号、破碎、缩分制成具有代表性的分析样品，样品加工过程中要保证整体原始样品的物质组分和含量不变，要求样品的粒度、均匀性满足分析要求。样品加工过程中总质量损失率不大于5%，样品缩分误差不大于3%。为保证样品缩分后的代表性，实际工作中遵循切乔特经验公式：

$$Q = Kd^2$$

式中，Q为样品最低可靠质量，kg；d为样品最大颗粒直径，mm；K为缩分系数。

一般情况下，缩分系数K值根据元素含量变化、分布均匀情况、分析精度要求确定。根据《地质矿产实验室质量管理规范》（DZ/T 0130—2006）规定，铁矿石样品加工过程中缩分系数K值为0.1～0.2。宁乡式铁矿中铁含量一般在20%～50%，铁矿物主要为赤铁矿，矿石中各组分分布较均匀，样品制备时缩分系数K值可取较小值。少部分矿石类型复杂的矿区，样品加工时K值可根据实际情况试验确定。

三、样品送检

（1）基本分析样品。基本分析要求测定矿石中主要元素含量，是圈定矿体、划分矿石类型及估算资源储量的主要依据。宁乡式铁矿一般要求测定TFe、S、P；磁铁赤铁矿型矿石需测定磁性铁；确定宁乡式铁矿酸碱类型时还需测定CaO、MgO、SiO_2、Al_2O_3等。

（2）光谱全分析。光谱全分析为确定组合分析、化学全分析项目和矿床综合评价提供参考依据。

（3）组合分析。组合分析样品一般从基本分析样品的副样中抽取，组合时各样品取样重量按矿层长度比例组合（样品长度一般与矿石类型自然分层一致）。组合样需要分析的元素可根据光谱全分析的结果确定。宁乡式铁矿中含量相对较高的伴生元素有Mn、TiO_2、V、Ga等，待测元素视矿区具体情况而定。

（4）化学全分析。在光谱全分析及岩矿鉴定的基础上进行，查明矿石主成分及伴生元素的含量，以确定矿石类型及特点。根据需要，有时围岩也需要进行全分析。全分析结果总和一般应控制在99.3%～100.7%之间。

（5）化学物相分析。化学物相分析主要是确定矿石主要成分及伴生矿物的赋存状态，宁乡式铁矿石中铁的化学物相一般分析磁性铁、碳酸铁、硫化铁、硅酸铁、赤（褐）铁等5相。宁乡式铁矿中磷含量较高，是影响其矿石质量的重要元素，因此分析该类型铁矿磷的赋存状态也尤为重要。

四、分析质量检查

（一）内检

内部检验样品由送检单位从基本分析副样中抽取，密码编号后送原实验室检测，基本分析按样品总数的10%、组合分析按样品总数3%~5%抽取。当样品数量较少时，基本分析内检不得少于30件，组合分析不得少于10件。边界品位以下的样品不作内检。不参加资源储量估算的组合分析项目，必要时可作一定数量的内外检，数量无规定。

（二）外检

外检样品由送检单位从基本分析内检合格的正样中抽取，由基本分析实验室送指定的同等或以上资质的实验室进行检测，外检分析样品数量分别为基本分析和组合分析的5%。当基本分析样品数量较少时，外检样品数量不得少于30件。

一般情况下，实验室样品分析的内检合格率不得小于95%，外检合格率不得小于90%。按照《地质矿产实验室测试质量管理规范》（DZ/T 0130—2006）要求进行质量管理和监控。

（三）仲裁分析

外检两者分析结果出现系统误差时，双方各自检查原因，若无法解决，则进行第三方仲裁分析。若仲裁分析证实基本分析是错误的，并无法补救，应全部返工。仲裁分析样从外检正样中抽取，数量不少于外检样的20%，最少不得少于10件。仲裁分析送检时应将原分析方法告知仲裁分析单位。

第二节 铁及铁的化学物相分析

一、全铁的测定

铁矿石样品根据样品组成采用不同的方法分解（酸溶、碱熔、先酸溶残渣焦硫酸钾或过氧化钠—碳酸钠分解），全铁的测定方法很多，容量法、光度法、原子吸收法、电感耦合等离子体光谱法、X荧光光谱法均有运用。

（一）容量法

（1）重铬酸钾容量法。样品溶解后，在盐酸溶液中，用氯化亚锡将Fe^{3+}还原成Fe^{2+}，加入氯化高汞除去过量的氯化亚锡，用二苯胺磺酸钠作指示剂，重铬酸钾标准溶液滴定。化学反应如下：

$$2Fe^{3+} + Sn^{2+} + 6Cl^{-} \longrightarrow 2Fe^{2+} + 6SnCl_6^{2-}$$

$$Sn^{2+} + 4Cl^{-} + 2HgCl_2 \longrightarrow SnCl_6^{2-} + Hg_2Cl_2 \downarrow$$

$$6Fe^{2+} + Cr_2O_7^{2-} + 14H^{-} \longrightarrow 6Fe^{3+} + 2Cr^{3+} + 7H_2O$$

此方法稳定，受温度影响较小，滴定终点变化明显，测定结果准确，适用于5%以上的铁的测定。缺点是在测定过程中用到汞盐，对环境有较大影响，废液需严格回收。

（2）无汞盐重铬酸钾容量法。试样经硫-磷混酸分解，在硫-磷-盐酸介质中先用氯化亚锡还原溶液至浅黄色（Fe^{3+}还原成Fe^{2+}），再以中性红作指示剂，用三氯化钛还原溶液至无色并过量1~2滴，用重铬酸钾氧化过量的三氯化钛后，再用二苯胺磺酸钠作指示剂，重铬酸钾标准溶液滴定。

此方法避免了汞盐，但前后引入两种指示剂，终点变色不够敏锐，实际操作中准确度较汞盐法稍差。

（3）硫酸铈容量法。样品溶解后，酸性条件下，氯化亚锡将 Fe^{3+} 还原成 Fe^{2+}，用二苯胺磺酸钠作指示剂，硫酸铈标准溶液滴定。此方法仅用于含大量砷的矿石。

（4）EDTA 容量法。样品溶解后，酸性条件下，保证溶液中 Fe^{2+} 全部转化成 Fe^{3+}，Fe^{3+} 与乙二胺四乙酸二钠（EDTA）形成稳定的配合物（$\lg K_{FeY^-}=25.1$），用磺基水杨酸作指示剂测定铁。磺基水杨酸与 Fe^{3+} 形成紫红色的配合物，但其配位强度远远小于 Fe^{3+} 与 EDTA 的配位强度，因此达到终点时，溶液由紫红色转变成淡黄色。

$$Fe^{3+} + sal^{2-} \longrightarrow [Fesal]^{+}$$

$$[Fesal]^{+} + H_2Y^{2-} \longrightarrow FeY^{-} + 2H^{+} + sal^{2-}$$

（紫红色）　　　　（淡黄色）

此方法反应速度较慢，反应温度应控制在 50 ~ 70℃，且溶液 pH 值必须严格控制在 1.3 ~ 2，实际生产中运用较少。

（二）光度法

（1）邻菲啰啉光度法。样品溶解后，以盐酸羟胺将 Fe^{3+} 还原成 Fe^{2+}，pH = 2 ~ 9 时，邻菲啰啉与 Fe^{2+} 生成稳定的红色配合物，在 510nm 测定其吸光度。适用于含量 0.01%~10% 的铁的测定。

（2）磺基水杨酸光度法。样品溶解后，pH = 8 ~ 11.5 的氨性溶液中，磺基水杨酸与 Fe^{3+} 生成稳定的黄色配合物，在 420nm 有最大吸收且与铁的含量成正比。适用于含量 0.05%~5% 的铁的测定。

（三）原子吸收法

样品溶解后，在稀酸介质中，空气-乙炔火焰，于波长 284.7nm 处测定。适用于 5% 以下的铁的测定。

（四）X 荧光光谱法

随着检测技术的发展及检测仪器的进步，X 荧光光谱法因快速、准确、多元素同时测定等优点广泛运用于各类矿石多种元素的检测。其方法原理是元素的原子受到高能辐射激发而引起内层电子的跃迁，同时发射出具有一定特殊性波长的 X 射线。根据荧光 X 射线的波长特性及强度，测定样品中所含元素种类及含量。

X 荧光光谱法测定铁矿石时，以 $Li_2B_4O_7$、$LiBO_2$ 和 LiF 混合溶剂（质量比为 45:10:5）加入硝酸铵作氧化剂，加入 Co_2O_3 作为测定全铁量的内标，消除铁矿石烧失与灼增量差异带来的影响，制成熔片后波长色散 X 射线荧光光谱仪测定，需带矿石类型及元素组成相近的标准物质同批标定。

（五）电感耦合等离子体发射光谱法（ICP-AES）

近年来，电感耦合等离子体原子发射光谱法（ICP-AES）由于其检测限低，灵敏度高、多元素同时测定等特性得到迅速的发展和应用。电感耦等离子体原子发射光谱仪将射频发生器提供的高频能量加到等离子炬管，在炬管中产生高频电磁场，用微电火花引燃，使通入炬管中的氩气电离，产生电子和离子而导电，强大的电流产生的高热形成等离子体。样品由氩气带入雾化系统雾化后，以气溶胶形式进入等离子体，在高温和惰性气氛中被激发，由于激发的原子和离子不稳定，外层电子会从激发态向更低的能级跃迁，跃迁时发射出所含元素的特征谱线。根据其发射出的特征谱线的特性波长和强度测定样品中相应元素的含量。

电感耦合等离子体原子发射光谱法已广泛运用在宁乡式铁矿中的多元素测定中，一般样品经酸溶或碱熔后配制不同元素不同含量系列的标准溶液，采用 ICP-AES 法测定。需要注意的是，铁矿石铁含量较高，测定时注意控制误差。

宁乡式铁矿矿石一般含铁 20%~50%，测定铁含量时较常用的是容量法或 X 荧光光谱法。光度法、原子吸收法、ICP-AES 法等一般运用于铁矿石物相分析时含铁量较低的相（磁性铁、碳酸铁、硫化铁、硅酸铁等）中铁的测定。

二、铁的化学物相分析

依据铁、锰、铬矿地质勘查规范（DZ/T 0200—2002），铁矿石化学物相分析要求测定的相态有磁性铁、碳酸铁、硫化铁、硅酸铁、赤（褐）铁等 5 相。

（一）磁性铁

测定磁性铁的意义在于确定铁矿石中可用弱磁选方法回收的矿物含量，一般将比磁化系数大于 $3000 \times 10^{-6} cm^3/g$ 的铁矿物定义为磁性铁。在样品粒度为 -0.075mm 时，在合适的磁场力作用下，磁选可实现磁性铁与其他矿物的分离。磁选方式有两种：

（1）手工磁选；

（2）WFC-1 型磁选仪磁选（中南冶金地质研究所研制）。

为避免手工磁选中的条件控制及不同人员操作引入的测定误差，1980 年中南冶金地质研究所完成原冶金工业部的科研项目，研制生产了 WFC-1 型磁选仪，现已广泛运用于全国冶金地质实验室。

宁乡式铁矿中磁性铁一般含量很低，磁选时需要注意磁性部分与非磁性部分的完全分离，避免因赤褐铁矿物的混入引起磁性铁含量偏高。磁性部分也包含磁黄铁矿，但宁乡式铁矿中磁黄铁矿含量甚微，除特殊情况外，可不予考虑。选后磁性部分酸溶用光度法、原子吸收法、ICP-AES 法测定较合适。

（二）碳酸铁

碳酸铁是含铁碳酸盐矿物的总称，除菱铁矿外，还包括含钙、镁、铁、锰等二价金属离子的方解石型、白云石型类质同象含铁碳酸盐矿物。分离碳酸铁一般用选择溶解法，常用方法有：

（1）$AlCl_3$浸取分离法。在一定条件下，$AlCl_3$水解产生酸效应（pH = 2.88 ~ 2.91），能选择性地浸取分离碳酸铁矿物；同时由于溶液中铝离子的同离子效应，抑制硅酸铁矿物的溶解。

（2）邻菲啰啉-NH_4Cl 浸取分离法。NH_4Cl 水解产生盐酸可溶解碳酸铁矿物，邻菲啰啉与溶解于溶液中的 Fe^{2+}形成稳定的配合物，既可加速碳酸铁矿物溶解，又可防止溶液中的 Fe^{2+}被氧化。

（3）NH_4Cl-乙酸浸取分离法。NH_4Cl-乙酸对碳酸铁矿物的溶解率在 98% 以上，但磁黄铁矿、蛇纹石、橄榄石溶解较多，因此本法适用于蛇纹石、橄榄石含量较少的铁矿石。

（三）硫化铁

（1）稀硝酸浸取分离法。

（2）乙酸-H_2O_2浸取分离法。硝酸及乙酸-H_2O_2可溶解黄铁矿，也可部分溶解碳酸铁、磁黄铁矿、褐铁矿、云母、高岭石，因宁乡式铁矿中赤褐铁矿等矿物含量较高而硫化铁较少，样品需预先以 HCl-$SnCl_2$浸取除去碳酸铁、赤褐铁矿及大部分易溶硅酸铁，再用稀硝酸或乙酸-H_2O_2浸取，滤液测定铁。

（3）溴水-重铬酸钾浸取分离法。饱和溴水能够溶解硫化铁矿物，但在浸取溶解的过程中生成的单质硫会在矿物表面形成薄膜阻碍反应进一步进行，可在溶液中加入重铬酸钾将反应过程中的 Br^- 转化成 Br_2，让反应生成的 S 转化成 H_2SO_4，促进反应顺利进行，有效溶解黄铁矿。

（四）赤褐铁及硅酸铁分离测定

（1）炭粉还原法。将分离测定磁性铁、碳酸铁、硫化铁后的残渣灰化，用木炭粉作为还原剂，于 550～600℃还原焙烧，将赤褐铁矿物还原成具有磁性的 Fe_3O_4、γ-Fe_2O_3或含 FeO 的富氏体（FeO 熔于 Fe_3O_4中的低熔点混合物），再进行磁选，磁性部分酸溶后测铁为赤褐铁含量，非磁性部分测铁为硅酸铁含量。

（2）氢气还原法。样品预先分离磁性铁、碳酸铁、硫铁矿后残渣灰化，于 600～650℃通氢气还原，还原后磁选，磁性部分测铁为赤、褐铁含量，非磁性部分测铁为硅酸铁含量。

宁乡式铁矿中一般磁性铁、碳酸铁、硫化铁含量较低，硅酸铁视其矿物中绿泥石等含量而定，铁元素主要集中分布在赤褐铁矿中，所以准确测定其中赤褐铁矿含量对宁乡式铁矿尤为重要。

中南冶金地质研究所承担原冶金工业部"八五"重点科研项目《铁矿石化学物相分析标准物质研制》，研制编号为 GBW07271～7276 系列铁矿石化学物相分析国家一级标准物质。该系列标准物质已在全国 20 多个省市自治区的冶金、地质实验室使用，对我国铁矿石的资源评价、开采利用、选冶回收、分析质量评价、分析仪器校准和量值溯源具有重要的指导作用。

第三节　磷及磷的化学物相分析

宁乡式铁矿的特征是磷含量较高，一般磷含量 0.5%～1.5%，在同一矿层及不同矿层的含量变化也较大，磷含量是该类型铁矿的一个重要指标，测定磷含量及磷的赋存状态分析对宁乡式铁矿的开发利用具有重要的指导作用。

一、磷的分析

磷的传统分析方法有光度法、容量法、重量法。磷钼酸喹啉重量法与磷钼酸铵容量法适用于较高含量磷的分析（如磷矿中的磷），宁乡式铁矿中的磷含量一般小于 2%，因此选用光度法进行分析。随着检测仪器更新及检测技术发展，电感耦合等离子体发射光谱法、X 荧光光谱法也运用于宁乡式铁矿中磷的测定。

（1）磷钒钼黄光度法。在5%～8%硝酸介质中，磷酸根与钒酸铵及钼酸铵作用生成可溶性的磷钒钼黄配合物，在波长420nm测定其吸光度。

（2）磷钼蓝光度法。在0.15～0.25mol/L硫酸介质中，磷酸根与钼酸铵生成杂多酸，用抗坏血酸还原，生成24h稳定的蓝色配合物（磷钼蓝），于波长650～700nm测定其吸光度。

（3）电感耦合等离子体发射光谱法。样品酸溶（盐酸-硝酸-氢氟酸-高氯酸分解、微波消解、高压密闭分解）或碳酸钠-四硼酸钠熔融分解后，定容，根据样品中的其他元素干扰情况及不同仪器性能，选择合适的测定条件，采用电感耦合等离子体发射光谱法（ICP-AES）测定。铁矿石中铁含量较高，需在标准溶液中加入同等含量的铁消除基体效应。

（4）X荧光光谱法。样品熔融制片后，波长色散X射线荧光光谱仪测定。需带矿石类型及元素组成相近的不同含量系列标准物质同批标定。

目前，国土资源部公益性研究专项针对鄂西宁乡式铁矿的标准物质研制及X荧光光谱法分析标准方法制定已取得阶段性成果。

二、磷的化学物相分析

目前宁乡式铁矿中的磷的赋存状态分析方法较少，针对该类铁矿中的磷的研究工作大部分集中在采用不同的选矿方法降磷提铁，以达到提高其利用价值的目的。实际上，只有弄清磷的赋存状态才能科学有效地指导宁乡式铁矿的选矿工作。

中南冶金地质研究所在宁乡式铁矿中磷的赋存状态分析方面做了许多研究工作，2015年完成湖北省自然科学重点研究项目“鄂西宁乡式铁矿中的磷的赋存状态分析方法研究”，提出一套宁乡式铁矿中的磷的赋存状态分析的新方法，分析相态有游离磷、磁性铁矿物中的磷、碳酸铁矿物中的磷、赤褐铁矿矿物中的磷、硫化铁矿物中的磷、石英硅酸盐矿物中的磷。

（1）解离磷（游离磷）。宁乡式铁矿成矿过程中有一部分磷以磷矿物单独游离状态存在，一部分磷在矿石加工过程从其他矿物中解离出来，从选矿角度来说，游离磷最易除去从而达到降磷的目的。化学物相分析时，2%柠檬酸30℃振荡浸取30min能有效溶解游离状态的磷，滤液选用合适方法测定磷含量即为游离磷。

（2）磁性铁中的磷。铁矿样品磁选后磁性部分酸溶，选用合适方法（光度法或ICP法）测定磷即为磁性铁矿物中的磷。

（3）碳酸铁中的磷。铁矿样品$AlCl_3$或NH_4Cl-乙酸浸取后过滤，滤液选用合适方法测定磷即为碳酸铁矿物中的磷。

（4）赤褐铁矿中的磷。铁矿样品经HCl-$SnCl_2$浸取后过滤，滤液选用合适方法测定磷即为赤、褐铁矿物中的磷。

（5）硫化铁中的磷。铁矿样品经稀硝酸浸取后过滤，滤液选用合适方法测定磷即硫化铁矿物中的磷。

（6）石英、硅酸盐矿物中的磷。上述流程浸取后的残渣盐酸-硝酸-氢氟酸-高氯酸溶解至溶液清亮，选用合适方法测定磷即为石英、硅酸盐矿物中的磷。

第四节 硫的测定

硫是铁矿中的有害元素，宁乡式铁矿中的硫含量较低，一般不超过0.2%，测定时以燃烧碘量法为首选方法，为避免误差一般不选用硫酸钡重量法；高频燃烧-红外吸收法已被列入铁矿石分析硫的国标方法（GB/T 6730.61—2005），该方法虽灵敏度较高，但因受高频红外碳硫仪的运用情况限制不及燃烧碘量法普遍。

一、燃烧碘量法

样品在1250～1300℃燃烧分解，使硫化物和硫酸盐转化成二氧化硫，用水吸收生成亚硫酸，以淀粉为指示剂，碘酸钾标准溶液滴定。因部分硫酸盐（硫酸钙、硫酸钡等）分解温度较高，应加入铜丝、铜粉、铁粉等作为助溶剂，降低其分解温度保证样品分解完全，测定准确。

二、高频燃烧-红外碳硫分析仪法

样品于高频感应炉的氧气流中加热燃烧，产生的二氧化硫由氧气载至红外分析仪的测量室，二氧化硫吸收某特定波长的红外能，其吸收能与浓度成正比，根据检测器接收能量变化测定硫含量。

第五节 钙、镁的测定

宁乡式铁矿中的钙含量波动较大，一般在百分之几到百分之十几之间，镁含量一般不高，通常含量百分之零点几到百分之几范围内，传统测定方法有EDTA容量法及原子吸收法，随着测试技术发展，X荧光光谱法、电感耦合等离子体光谱法也有普遍运用。

一、EDTA容量法

因矿石中的铁对钙镁的测定有干扰，测定前要对铁、铝等干扰元素进行分离，一般采用以下两种分离方法：

（1）六次甲基四胺-铜试剂沉淀分离。六次甲基四胺-铜试剂小体积沉淀分离铁、钛、铬、铝、铜、铅、锌、银、汞、镉、钴、镍、铋、锰等干扰元素。

（2）乙酸钠水解分离。pH＝5.5时，铝、铁与乙酸反应生成可溶性的乙酸铝、乙酸铁，煮沸水解成碱式乙酸盐沉淀，与钙、镁分离。

分离后的滤液分取2份调节溶液pH值，pH＝10时测定钙、镁含量，PH＞13测定钙含量，两者相减得镁含量。

二、原子吸收法

样品溶解后在2%盐酸介质中以锶盐作释放剂消除干扰，以塞曼效应校正法或连续光谱灯校正法，于波长422.7nm处测定钙、285.27nm处测定镁。

三、电感耦合等离子体发射光谱法

样品酸溶（盐酸-硝酸-氢氟酸-高氯酸分解、微波消解、高压密闭分解）或碳酸钠-四硼酸钠熔融分解后，根据样品中的元素干扰情况及不同仪器性能，选择合适的测定条件，采用电感耦合等离子体发射光谱法（ICP-AES）测定。宁乡式铁矿中铁含量较高，需在标准溶液中加入同等含量的铁消除基体效应。

四、X荧光光谱法测定

样品熔融制片后，采用波长色散X射线荧光光谱仪测定。需同批带矿石类型及元素组成相近的不同含量系列标准物质标定。

第六节 铝的测定

宁乡式铁矿中铝含量通常在0. x%~x%范围内，传统检测方法有容量法、比色法等，随着检测技术发展，X荧光光谱法、电感耦合等离子体发射光谱法也有普遍运用。

一、EDTA容量法

（1）KF取代-EDTA容量法。样品碱熔、沸水浸取酸化后，加DETA配位铁、铝、钛等元素，用氟盐（氟化钾）取代与铝、钛反应的EDTA，乙酸锌标准溶液滴定被氟盐取代出的EDTA，间接测得铝含量。

（2）铜盐回滴-EDTA容量法。样品碱熔、沸水浸取，干过滤分离铁、钛、锰等元素，加入过量标准EDTA溶液，以乙酸-乙酸钠缓冲溶液调pH=4.5，硫酸铜标准溶液回滴过量的EDTA。

二、铬天青S光度法

在pH=5.3~6.3的溶液中，铬天青S和铝生成紫红色的配合物，用抗坏血酸消除Fe^{3+}的干扰，在波长570nm测其吸光值。

三、原子吸收法

原子吸收法需用氧化亚氮-乙炔火焰，实际运用不多。

四、电感耦合等离子体发射光谱法

样品酸溶（盐酸-硝酸-氢氟酸-高氯酸分解、微波消解、高压密闭分解）或碳酸钠-四硼酸钠熔融分解后，根据样品中元素的干扰情况及不同仪器性能，选择合适的测定条件，电感耦合等离子体光谱法（ICP-AES）测定。宁乡式铁矿石中铁含量较高，需在标准溶液中加入同等含量的铁消除基体效应。

五、X荧光光谱法测定

样品熔融制片后，波长色散X射线荧光光谱仪测定。需带矿石类型及元素组成相近的不同含量系列标准物质同批标定。

第七节　硅的测定

宁乡式铁矿中硅的含量一般在 x%～xx% 范围内，视含量高低选用重量法、容量法、比色法测定，随着检测技术发展，X 荧光光谱法、电感耦合等离子体光谱法也有普遍运用。

一、重量法

（1）动物胶凝聚重量法。试样经碱熔后沸水提取，在酸性溶液中动物胶凝聚硅酸，沉淀过滤、洗涤、灼烧、称重后用氢氟酸-硫酸处理，再灼烧称重，两次重量之差加上滤液回收的二氧化硅即为样品中二氧化硅含量。

（2）聚环氧乙烷凝聚重量法。试样经碱熔后沸水提取，在盐酸介质中用聚环氧乙烷凝聚硅酸，沉淀过滤、洗涤、灼烧，称量至恒重即为样品中二氧化硅含量。

二、氟硅酸钾容量法

在有钾离子存在的强酸溶液中，硅酸与氟离子定量转化成氟硅酸钾（K_2SiF_6）沉淀，将沉淀水解析出氢氟酸，用氢氧化钠标准溶液滴定可测定二氧化硅含量。

三、光度法

（1）硅钼蓝光度法。在 0.1mol/L 的硫酸介质中，硅酸与钼酸铵形成不稳定的黄色杂多酸（硅钼黄）$H_8[Si(Mo_2O_7)_6]$。在 0.6～1mol/L 酸性溶液中，用抗坏血酸将硅钼黄还原成稳定的硅钼蓝，于波长 700nm 处测定吸光值。

（2）硅钼黄光度法。在 0.3～0.6mol/L 的硝酸溶液中，硅酸与钼酸铵形成稳定 24h 的黄色配合物，于波长 420nm 处测定吸光值。样品中的磷对测定有干扰，需加草酸消除。

四、电感耦合等离子体发射光谱法

样品酸溶（盐酸-硝酸-氢氟酸-高氯酸分解、微波消解、高压密闭分解）或碳酸钠-四硼酸钠熔融分解后，根据样品中元素的干扰情况及不同仪器性能，选择合适的测定条件，电感耦合等离子体发射光谱法（ICP-AES）测定。宁乡式铁矿中铁含量较高，需在标准溶液中加入同等含量的铁消除基体效应。

五、X 荧光光谱法

样品熔融制片后，波长色散 X 射线荧光光谱仪测定。需同批带矿石类型及元素组成相近的不同含量系列标准物质同批标定。

第八节　钛的测定

宁乡式铁矿中钛含量一般不小于 0.x%，常用光度法、电感耦合等离子体发射光谱法、

X荧光光谱法测定。

一、光度法

（1）过氧化氢光度法。在5%~10%的硫酸介质中，钛（Ⅳ）与过氧化氢生成黄色配合物，在波长420nm处测定吸光值。

（2）二安替比林甲烷光度法。在0.5~2mol/L的盐酸介质中，钛（Ⅳ）与二安替比林甲烷生成黄色配合物，在波长390nm处测定吸光值。

二、电感耦合等离子体发射光谱法

样品酸溶（盐酸-硝酸-氢氟酸-高氯酸分解、微波消解、高压密闭分解）或碳酸钠-四硼酸钠熔融分解后，根据样品干扰情况及不同仪器性能，选择合适的测定条件，电感耦合等离子体光谱法（ICP-AES）测定。宁乡式铁矿中铁含量较高，需在标准溶液中加入同等含量的铁消除基体效应。

三、X荧光光谱法

样品熔融制片后，波长色散X射线荧光光谱仪测定。需同批带矿石类型及元素组成相近的不同含量系列标准物质标定。

第九节 锰的测定

宁乡式铁矿中的锰含量一般0.0x%~0.x%，常用测定方法有以下几种。

一、高碘酸钾光度法

在酸性溶液中，高碘酸钾将二价锰氧化成紫色的高锰酸，在波长525nm处测定吸光值。

二、原子吸收法

样品溶解后在2%盐酸介质中，空气-乙炔火焰，波长279.5nm原子吸收光谱仪测定。

三、电感耦合等离子体光谱发射法

样品酸溶（盐酸-硝酸-氢氟酸-高氯酸分解、微波消解、高压密闭分解）或碳酸钠-四硼酸钠熔融分解后，根据样品中其他元素干扰情况及不同仪器性能，选择合适的测定条件，电感耦合等离子体发射光谱法（ICP-AES）测定。宁乡式铁矿中铁含量较高，需在标准溶液中加入同等含量的铁消除基体效应。

四、X荧光光谱法

样品熔融制片后，波长色散X射线荧光光谱仪测定。需同批带矿石类型及元素组成相近的不同含量系列标准物质标定。

第十节　钾、钠的测定

宁乡式铁矿中的钾、钠含量较低，一般为 0. x% ~ x. x%，测定方法主要有以下几种。

一、火焰光度法

样品酸熔（盐酸-硝酸-氢氟酸-高氯酸分解后，微波消解、高压密闭分解）在微酸性溶液中用尿素水解分离铁、铝、钛等元素，用火焰光度计或原子吸收光谱仪，于波长 766. 5nm、589. 6nm 测定氧化钾、氧化钠的吸光度。

二、电感耦合等离子体发射光谱法

样品酸溶（盐酸-硝酸-氢氟酸-高氯酸分解、微波消解、高压密闭分解）后，根据样品其他元素干扰情况及不同仪器性能，选择合适的测定条件，电感耦合等离子体发射光谱法（ICP-AES）测定。宁乡式铁矿中铁含量较高，需在标准溶液中加入同等含量的铁消除基体效应。

第十一节　烧（灼）失量的测定

宁乡式铁矿的烧失量主要是水、二氧化碳、有机物、硫、砷及其他一些易挥发物质在高温灼烧后挥发所致，一般用重量法测定，样品在一定温度灼烧，灼烧前与灼烧后重量差占样品重量的百分比即为烧（灼）失量。

第十二节　微量元素测定

宁乡式铁矿中微量元素的测定视元素特性及含量高低，选择合适的溶矿及测定方法。常用的测定方法有原子荧光法、原子吸收法、离子选择电极法、极谱法、电弧-发射光谱法、电感耦合等离子体发射光谱法、电感耦合等离子体质谱法。

一、原子荧光光谱法

测定 As、Hg、Se、Bi、Sb、Sn 等元素。

二、离子选择电极法

测定 F、Cl 等元素。

三、极谱法

测定 W、Mo、Cu、Pb、Zn、Sn 等元素。

四、电弧-发射光谱法

测定 Ag、B、Sn、Mo、Pb、Cu、Bi、W 等元素。

五、原子吸收法

测定 Cu、Pb、Zn、Co、Ni、Cd、Cr、Sn、V 等元素。

六、电感耦合等离子体发射光谱法

测定 B、As、Cu、Pb、Zn、W、Mo、V、Cr、Cd、Sr、Ba、Co、Ni、Z、Be、Ga、La、Li、Nb、Rb、Sc、Th 等元素。

七、电感耦合等离子体质谱法

测定 Li、Be、Sc、V、Cr、Co、Ni、Cu、Pb、Zn、Ga、Ge、As、Sb、Rb、Y、Zr、Mo、Ag、Cd、In、Sn、Cs、La、Ce、Pr、Nd、Sm、Eu、Gd、Td、Dy、Ho、Er、Tm、Yb、Lu、Tl、W、Bi、Ba、Th、U 等元素。

第十三节 矿石体重测定

矿石体重包括小体重和大体重。

一、小体重

小体重用封蜡排水法或塑封法测定。

封蜡排水法：分别测定干样品重量、封蜡体积及重量，用 $XT = P_1\Big/\left(V - \frac{P_2 - P_1}{d}\right)$ 公式求得。式中，P_1 为干样品重量；P_2 为封蜡样品重量；V 为封蜡样品体积；d 为蜡比重（一般为0.93）；XT 为小体重，kg/m^3。

塑封法：原理同封蜡排水法，其区别是用塑料袋替代封蜡，测定塑封样重量和体积，用 $XT = P/V$ 公式求得。式中，XT 为小体重，kg/m^3；P 为塑封样重量；V 为塑封样体积。

二、大体重

测定矿石样所占空间体积、称所采矿石重量，按 $DT = P/V$ 公式求得。式中，DT 为大体重，t/m^3；P 为所采矿石重量；V 为矿石样空间的体积。

在测定大体重同时，还要测定主元素品位、湿度、孔隙度等，对数据校正。

第十六章　资源储量估算

第一节　工业指标

矿床工业指标是在当前国家经济政策及技术经济条件下，矿床应达到工业利用的指标体系，是评价矿床工业价值、圈定矿体、估算资源储量的依据。

地质勘查阶段采用的工业指标有两种情况：一是采用当时地质勘查规范《矿产工业要求参考手册》制定的工业指标（或称一般工业指标）；二是采用由地质勘查部门提出矿床工业指标建议书，主管部门委托有资质的设计单位进行技术经济论证，提出矿床工业指标推荐书，报矿产储量管理部门审批下达的方式。

宁乡式铁矿地质勘查中采用的工业指标多由勘查单位提出，经主管部门委托矿山设计院进行技术经济论证确定。由于地质勘查跨越的周期较长，各个时期国家经济技术政策有所变化，且各个矿床地质特征差别较大，技术经济论证和审批的部门也不同，因此当时执行的矿床工业指标并不统一，以湖北的官店矿区凉水井—大庄铁矿和黑石板铁矿、火烧坪铁矿，湖南的大坪铁矿、田湖铁矿，四川的碧鸡山铁矿为例：

（1）官店铁矿区凉水井—大庄铁矿和黑石板铁矿。

两个铁矿规模均为大型，Ⅰ勘查类型。执行鄂西矿务局［58］鄂矿字第0037号文和武汉黑色冶金设计院［58］武矿设经字第68号文推荐，并经原冶金部［59］冶地字1732号文批准下达的工业指标，即表16-1。

表16-1　官店铁矿区凉水井—大庄铁矿和黑石板铁矿工业指标

<table>
<tr><th rowspan="2">矿石品级</th><th colspan="2">TFe/%</th><th colspan="2">有害组分/%</th><th rowspan="2">$(CaO+MgO)/(SiO_2+Al_2O_3)$</th><th rowspan="2">可采厚度/%</th><th rowspan="2">夹石剔除厚度/m</th></tr>
<tr><th>边界品位</th><th>平均品位</th><th>S</th><th>P</th></tr>
<tr><td>高炉富矿</td><td>≥40</td><td>≥45</td><td>0.3</td><td>不定</td><td></td><td rowspan="2">≥0.7</td><td rowspan="4">（1）互层矿中夹层厚度＜0.3m，并入矿层内，按品位及可采厚度指标计算储量。
（2）互层矿中主矿层厚度≥0.5m，次矿层厚度≥0.3m，其间夹层在0.3～1m，各矿层总厚＞1m，则剔除夹层，将各矿层合并计算储量</td></tr>
<tr><td>自熔性富矿</td><td>≥30</td><td>≥35</td><td>0.2</td><td>不定</td><td>≥0.8</td></tr>
<tr><td>贫矿</td><td>≥30</td><td>≥30～45</td><td></td><td></td><td></td><td>＞1</td></tr>
<tr><td>表外矿</td><td>≥20</td><td></td><td></td><td></td><td></td><td></td></tr>
</table>

(2) 大坪铁矿。

矿床规模为大型，主矿体Ⅱ勘查类型，局部地段Ⅲ勘查类型。执行冶金部下达的工业指标，即：富矿边界品位 TFe≥40%；

磁铁贫矿边界品位 TFe≥20%，块段平均品位 TFe≥30%；

赤铁矿贫矿边界品位 TFe≥25%，块段平均品位 TFe >30%；

最低开采厚度 0.7m；

夹石剔除厚度 0.3m。

(3) 碧鸡山铁矿。

矿床规模中型，Ⅰ勘查类型。执行冶金部下达的工业指标，即：

表内矿石边界品位 TFe≥25%；

表内块段平均品位 TFe≥35%；

表外矿石品位 TFe≥20%~25%；

最低开采厚度表内矿 0.7m，表外矿 0.4~0.7m；

夹石剔除厚度 0.3m。

(4) 火烧坪铁矿。

矿床规模大型，Ⅰ勘查类型。执行冶金部武汉黑色矿山设计院［57］矿设技经字第 571 号论证推荐，冶金部［59］冶文发 716 号文批准下达的工业指标，即表 16-2。

表 16-2 火烧坪铁矿工业指标

<table>
<tr><th rowspan="2">矿石品级</th><th colspan="2">TFe 品位/%</th><th rowspan="2">$(CaO+MgO)/(SiO_2+Al_2O_3)$</th><th colspan="2">可采厚度及夹层处理/m</th><th rowspan="2">有害组分 S、P</th></tr>
<tr><th>边界品位</th><th>平均品位</th><th>单层矿</th><th>互层矿</th></tr>
<tr><td>高炉富矿</td><td>≥45</td><td>≥48</td><td></td><td rowspan="3">≥0.7</td><td rowspan="3">主矿层≥0.5
次矿层>0.3
夹层<0.3</td><td rowspan="6">不定</td></tr>
<tr><td>Ⅰ级自熔高炉富矿</td><td>≥35</td><td>≥39</td><td>≥0.8</td></tr>
<tr><td>Ⅱ级自熔富矿</td><td>≥30</td><td>≥35</td><td>≥0.8</td></tr>
<tr><td>贫矿</td><td></td><td>30~45</td><td></td><td>≥1.0</td><td></td></tr>
<tr><td>自熔贫矿</td><td>≥20</td><td>≥25</td><td>>0.8</td><td></td><td></td></tr>
<tr><td>表外矿石</td><td></td><td>20~30</td><td><0.8</td><td></td><td></td></tr>
</table>

(5) 田湖铁矿。

矿床规模中型，Ⅱ或Ⅲ勘查类型。执行湖南省冶金厅［62］湘冶钢字第 27 号文下达的工业指标，即：

自熔性赤铁富矿边界品位 TFe≥30%，块段平均品位 TFe≥35%；

自熔性赤铁贫矿边界品位 TFe≥20%，块段平均品位 TFe≥25%~29%；

最低开采厚度富矿 0.7m，贫矿 1.0m；

夹石剔除厚度 0.3m。

宁乡式铁矿当时地质勘查所采用的工业指标大致归总于表 16-3。

表 16-3　宁乡式铁矿当时勘查采用的工业指标归总表

类别	边界品位(TFe)/%	工业品位(TFe)/%	酸碱度	可采厚度/m	夹石剔除厚度
表外矿	≥20	20~30			
酸性贫矿	≥25~30	30~45	<0.8	1.0	(1) 互层矿中夹层厚度<0.3m，并入矿层内按品位和可采厚度指标计算储量。 (2) 互层矿中夹层厚度≥0.5m，次矿层厚≥0.3m，各矿层总厚>1m，则剔除夹层，将各矿层合并计算储量
自熔性贫矿	≥20	25~35	≥0.8	1.0	
酸性富矿	≥40	≥45	<0.8	0.7~1.0	
自熔性富矿	≥30	≥35	≥0.8	0.7~1.0	

注：有害杂质允许量未作明确要求。

近期地质勘查或资源储量核实，地质勘查单位均采用《铁、锰、铬矿地质勘查规范》(DZ/T 0200—2002) 中铁矿需选赤铁矿石的一般工业指标，即：

边界品位 TFe≥25%；

工业品位 TFe 28%~30%；

最低可采厚度 1m；

夹石剔除厚度 1m。

实际上这一工业指标与早期地质勘查时采用的酸性贫矿工业指标相近。实践表明，该指标可操作性较强，较能客观地反映矿床地质特征。但是该工业指标与矿床开发经济意义的关系仍需经可行性论证后确定。

第二节　矿体圈定

一、矿体边界线种类

(1) 矿体边界线（暂不能开采边界线）。按边界品位圈定的矿体界线，它与可采边界线之间的矿量为表外资源量。

(2) 工业矿体界线（可采边界线）。按最低工业品位和最小可采厚度确定的基点连线，用于圈定工业矿体的边界位置。

(3) 矿石类型与品级边界线。在工业矿体（可采边界线）范围内，按矿石类型或品级要求标准圈定的分界线。

(4) 资源储量级别界线。按不同资源储量级别圈定的界线。

二、矿体圈定

(一) 单工程矿体边界基点的确定

(1) 据截穿矿体单个工程连续样品分析结果，大于或等于边界品位的样品全部圈入矿体。但平均品位应大于或等于最低工业品位，厚度大于或等于最小可采厚度。

（2）矿体内连续多个样品的品位大于边界品位而小于最低工业品位时，允许小于夹石剔除厚度的样品进入矿体。

（3）若矿体一侧或两侧为厚度大且成片分布低品位矿时，应单独圈定。矿体顶、底“穿靴戴帽”的样品应小于夹石剔除厚度。

（4）一个矿体中间剔除夹石后，大于或等于夹石厚度的一侧的样品可并入主矿体，小于夹石厚度的样品不能进入矿体。

（5）在圈定矿体内，品位低于边界品位的样品，当其厚度小于夹石剔除厚度且不能分采时，则不必圈出，仍作为工业矿石对待；否则，必须圈出作夹石处理，但不能参加平均品位和矿体真厚度计算。

（二）矿体连续性的圈定

两个相邻见矿工程其矿体均合乎工业指标要求，赋存的部位互相对应，符合地质规律，在剖面上将这两个工程所见矿体连接为同一矿体。在圈定时要遵循以下原则：

（1）在资源储量估算剖面图或平面图上的矿体连续，一般以直线连接。

（2）若用曲线圈定矿体时，工程之间的矿体推绘厚度不应大于相邻见矿工程矿体的实际厚度。

（3）两工程所见为同一矿体，若矿石类型或品级或资源储量类别不一致或一致时，前者互为对角线尖灭连接，后者直接连接。

（4）若见矿工程之间矿体被断层或沿脉切割，则在允许的间距范围内，矿体据地质规律分别推绘至断层或沿脉边界。

（5）矿体内夹石层位相同、部位对应、地质特征一致，则相连成同一夹层。

（6）对于形态复杂，具有不同产状的分枝或交叉矿体要划分出分枝。当只有单工程见矿，且矿体厚度小于夹石厚度时，不能列为“分枝”矿体。

（三）矿体外推原则

（1）有限外推。两相邻工程，一个见矿且达到工业指标要求，另一个不见矿或仅见矿化（品位大于边界品位 1/2 以上），用有限外推原则确定边界点。前者推工程间距 1/2 尖灭；后者推工程间距 2/3 尖灭或用内插法确定边界点。

（2）无限外推。见矿工程外无工程控制，或未见矿工程到见矿工程之距离远大于勘查时所要求的控制间距，由见矿工程向外推断矿体边界。主要依据自然尖灭法推断，也可推断相应勘查网度的 1/2、1/3 或 1/4（视见矿工程矿体品位和厚度灵活采用）。若见矿工程矿体厚度或品位等于或接近工业指标要求，原则上不应外推，可用自然尖灭法圈定。当勘查工程过稀，间距太大，不应机械强调外推距离，本着合理性原则外推。

（3）内插法。可采边界基点的确定一般用内插法确定。它适用于有用组分（或厚度）呈均匀渐变的情况。当两相邻见矿工程，一个合乎工业要求，另一个达不到工业要求，可采边界基点在两工程间直接内插；若另一个工程未见矿，先确定零点边界，再在零点边界点与见矿工程间内插确定可采边界基点。内插法有图解法和计算法。

第三节 资源储量估算

一、块段划分

矿体圈定后，按控制程度及资源储量级别确定界线，分别划分块段。

（1）工程控制的块段。两勘查线之间为大块段，两勘查线间各工程连接为小块段。

（2）推断的块段。由已知工程控制块段外推的块段，外推线由外推点连接。

（3）各块段的资源储量类型呈递降式。

（4）块段划分原则上以小块段为好，但对于厚度、品位变化太大的矿体，块段过小，由于厚度大、品位高的工程参与多个块段计算，会夸大资源储量，这种情况块段可以大一些，把厚度、品位相近的工程划为一个块段。

二、资源储量估算参数确定

（1）面积。在计算机上，根据矿体（块段）图形直接度量。

（2）平均品位。一般用加权平均法计算。

1）当品位与厚度存在相关关系，以厚度加权；

2）当厚度变化很小，取样间距不等，则用样品控制长度加权；

3）当取样间距不等，且品位与厚度存在相关关系，用厚度与样长乘积加权。

（3）特高品位处理。当某些样品的品位高出一般样品品位很多倍时，为特高品位。它是由个别样品采自矿化特别富集地方产生的。由于它的存在会使平均品位剧烈增高，需要进行处理。品位高出多少倍界定为特高品位，一般用类比法、统计法确定。实际应用中一般用高于平均品位的6～8倍来衡量。处理方法有以下几种：

1）计算平均品位时，除去特高品位；

2）用整个块段平均品位或一般品位最高值替代特高品位；

3）用特高品位相邻两个样品的平均值代替特高品位；

4）用统计法统计不同级别品位频率，用样品率加权计算平均品位。

在实际工作中特高品位是客观存在的，如果处理不当，将影响资源储量的计算结果。要认真研究特高品位引起的原因，如果系富矿体引起，不应人为除去，而要单独圈定富矿体。

（4）平均厚度。用算术平均法计算，应处理特大厚度。

（5）体重。体重样品强调代表性，要包括主要矿石类型和品级。一般测定小体重样，用封蜡排水法或塑封法测定，每种主要矿石类型不少于30块。对于松散或裂隙发育的矿石要采集大体重样，不得少于3～4个，对小体重进行校正。对湿度较大矿石，测定湿度，当湿度大于3%时，要进行湿度校正。平均体重用算术平均法求得。

三、资源储量估算方法

根据宁乡式铁矿矿床（矿体）产出特征，采取的资源储量估算方法有以下几种。

（一）地质块段法

宁乡式铁矿矿体多呈层状、似层状，具有厚度小、分布面积大、产状较缓（一般倾角小于45°）特点，大多数铁矿选取“地质块段法”估算。即将矿体投影在平面图上，按控制程度和资源储量级别划分块段，分别利用面积、平均厚度、体重参数估算块段和矿体矿石量，即：

$$Q = S_0 \cos\alpha MD$$

式中，Q 为矿石量，t；S_0 为水平投影面积，m^2；α 为矿体（块段）倾角，(°)；M 为矿体（块段）平均厚度，m；D 为矿石平均体重，t/m^3。

矿床（矿体）矿石量为各矿体（块段）矿石量之和。

对于少数矿体倾角大于45°，勘探线间距大致相等，地形起伏不大的陡倾斜矿体，则采用平行断面法或垂直纵投影法估算。

（二）平行断面法

在勘探线剖面图上划分矿体（块段），分别测定面积，根据相邻剖面相对面积差 $(S_1 - S_2)/S_1$ 大小选择不同公式计算体积，即：

当 $[(S_1 - S_2)/S_1] < 40\%$ 时，用梯形体积估算公式：$V = (L/2)(S_1 + S_2)$；

当 $[(S_1 - S_2)/S_1] > 40\%$ 时，用截锥体积估算公式：$V = (L/3)(S_1 + S_2 + \sqrt{S \cdot S_2})$；

当两相邻剖面矿体一个有面积，另一个矿体尖灭，则根据剖面上面积形态，分别选用楔形 $V = (L/2) \cdot S$ 或锥形 $V = (L/3) \cdot S$ 公式计算。

式中，V 为两相邻剖面矿体（块段）体积；L 为两相邻剖面间距；S_1、S_2 为两相邻剖面矿体（块段）面积。

再估算各相邻剖面间矿体（块段）矿石量，即：$Q = V \times \overline{D}$。式中，$Q$ 为矿石量；V 为矿体（块段）体积；$\overline{D}$ 为平均体重。

矿床（矿体）矿石量为各矿体（块段）矿石量之和。

（三）垂直纵投影法

将矿体投影在垂直纵投影图上，并划分若干块段，分别利用面积、平均厚度、体重参数估算矿石量。

矿床（矿体）矿石量为各矿体（块段）矿石量之和。

四、资源储量估算的误差分析

矿体自然形态复杂，各种复杂的地质因素对矿体形态影响多种多样，同时由于估算方法的局限性，在资源储量估算时必然会产生一定的误差。其误差主要取决于矿床指标特征值变化程度和研究程度，也取决于资源储量估算方法和指标特征值的测定精度。它包括技术误差和代表性误差。前者是由于测量方法不完善原因产生的误差；后者是用样本数据向总体推断时所产生的随机误差。因此，在资源储量估算时，应依据矿床具体的地质特征，选取科学、合理的估算方法，以期最大限度地降低估算误差。

在宁乡式铁矿资源储量估算时，除地质块段法、平行断面法或垂直纵投影法外，还要求用另外一种合适的方法进行验证（可选用其中的某几个块段），检验其所采用的资源储量估算方法的合理性及估算结果的准确性。如果误差太大，要查明其原因并予以修正。

第四节　资源储量分类

一、资源储量分类沿革

我国矿产资源储量分类在新中国成立初期主要是参照苏联的《固体矿产储量分类》标准，勘探进行较早的官庄铁矿有苏联专家参与。1959 年我国自行拟订了《金属、非金属、探矿储量分类暂行规范（总则）》，并经全国矿产储量委员会批准作为地质勘探工作和资源储量计算依据。

该规范将资源储量按勘探程度分为 A_1、A_2、B、C_1、C_2等五级。按技术经济条件分为表内和表外储量两大类，且依资源储量用途分为开采储量（A_1级）、设计储量（A_2、B、C_1级）、远景储量（C_2级）和地质储量等四大类。

1965 年冶金部《关于冶金矿产资源勘探程度的几项规定》，根据储量工业用途分为工业储量和远景储量两级，并在冶金系统运行。1968—1974 年全国储量平衡表采用了此分级方案，当时不少铁矿勘查报告提交的就是这两级储量。

但是这种分类方法分级过粗，级别要求低，工业储量仅大致相当于原C_1级和少量工程配合物探推测的C_2级储量，取消了 B 级储量，严重降低了勘探程度。该阶段的勘探报告多需补勘或重审降级。所以 1974 年 8 月国家计委地质局会同冶金、燃料、建材等工业部门共同商定，停止使用这个两级分类法，将金属、非金属和煤炭储量仍分为表内和表外两类及 A、B、C、D 四级。

1977 年国家地质总局、冶金部联合制定了《金属矿床地质勘探规范总则》，该总则按技术经济条件将储量分为能利用储量和暂不能利用储量两大类，并根据勘探研究程度分为 A、B、C、D 四级。

1999 年国家对我国矿产资源储量分类进行了一次重大改革，制定了新的分类标准《固体矿产资源/储量分类》（GB/T 1766—1999）。

二、资源储量分级及其控制程度

（一）国家地质总局 1977 年提出的储量分类

为了便于阅读早期地质勘查资料，理解各储量级别的含义，在此对国家地质总局 1977 年提出的储量分级作简要介绍。

（1）根据我国当时技术经济条件，并考虑远景发展的需要，将铁矿资源储量分为以下两类。

能利用（表内）资源储量：符合当时生产技术经济条件的资源储量。

暂不能利用（表外）资源储量：由于有益组分或矿物含量低；矿体厚度薄；矿山开采技术条件或水文地质条件特别复杂；或对这种矿产加工技术方法尚未解决，不符合当时生产技术、经济条件，工业上暂不能利用而将来可能利用的资源储量。

（2）各资源储量级别的控制程度。在矿床勘探研究的基础上，按照对矿体不同部位的控制程度，将铁矿资源储量分为A、B、C、D四级，各级资源储量的工业用途和控制条件如下：

A级——是矿山编制采掘计划依据的储量，由生产部门探求。其控制条件是：

1）准确控制矿体的形状、产状和空间位置。

2）对于影响开采的断层、褶皱、破碎带已准确控制。对于夹石和破坏成矿的火成岩的岩性、产状及分布情况，已经确定。

3）对于矿石工业类型和品级的种类及其比例和变化规律已完全确定。在需要分类和地质条件可能的情况下，应圈出矿石工业类型和品级。

B级——是矿山建设设计依据的储量，又是地质勘探阶段探求的高级储量，并可起到验证C级储量的作用。一般分布在矿体的浅部——矿山初期开采地段。其条件是在C级储量的基础上：

1）详细控制矿体的形状、产状和空间位置。

2）在B级范围内对破坏和影响矿体较大的断层、褶皱、破碎带的性质、产状已详细控制。对夹石和破坏主要矿体的主要火成岩的岩性、产状和分布情况已基本确定。

3）对矿石工业类型和品级的种类及其比例和变化规律已详细确定。在需要分采和地质条件可能的情况下，应圈出主要矿石工业类型和品级。

C级——是矿山建设设计依据的储量。其控制条件是：

1）基本控制矿体的形状、产状和空间位置。

2）对破坏和影响主要矿体的较大断层、褶皱、破碎带的性质和产状已基本控制。对夹石和破坏主要矿体的主要火成岩的岩性、产状和分布规律已大致了解。

3）基本确定矿石工业类型和品级的种类及其比例和变化规律。

D级——此级资源量的用途有：为进一步布置地质勘探工作和矿山建设远景规划的储量；对于复杂的较难求到C级储量的矿床，一定数量的D级资源量可作为设计的依据；对一般矿床，部分的D级资源量，也可为矿山建设设计所利用。其条件是：

1）大致控制矿体的形状、产状和分布范围。

2）大致了解破坏和影响矿体的地质构造特征。

3）大致确定矿石的工业类型和品级。

D级资源量是用稀疏的勘探工程控制的储量；或虽用较密的工程控制，但由于矿体变化复杂或其他原因仍达不到C级要求的储量；或物化探异常经过工程验证所计算的资源量；以及由C级以上的储量块段外推或配合少量工程控制的资源量。

（二）现行资源/储量分级

现行资源/储量分级按GB/T 1766—1999执行。依据地质可靠程度和可行性评价获得的不同结果分为：储量、基础储量和资源量三类。储量是指基础储量中经济可采的部分，用扣除了设计、采矿损失的可实际开采数量表述。基础储量是查明矿产资源的一部分，它能满足现行采矿和生产所需的指标要求（包括品位、质量、厚度、开采技术条件等），是经详查、勘探所获控制的、探明的并通过可行性研究、预可行性研究认为属于经济的、边际经济的部分，用未扣除设计、采矿损失的数量表述。资源量是指查明矿产资源一部分和潜在矿产资源。包括经可行性研究或预可行性研究证实为次边际经济的矿产资源，及经过勘查而未进行可行性研究和预可行性研究的内蕴经济的矿产资源，也包括经过预查后预测的矿产资源。资源/储量分类采用三维编码。第一位数表示经济意义，即 1 = 经济的，2M = 边际经济的，2S = 次边际经济的，3 = 内蕴经济的，？= 经济意义未定的；第二位数表示可行性评价阶段，即 1 = 可行性研究，2 = 预可行性研究；3 = 概略研究；第三位数表示地质可靠程度，即 1 = 探明的，2 = 控制的，3 = 推断的，4 = 预测的。b = 未扣除设计、采矿损失的可采储量。

三、资源储量套改

由于矿床勘查程度的要求和资源储量分类的沿革变化，各个矿床提交的报告又处不同时期，因此提交的资源储量级别和勘查程度评价多有差别，认定的矿石量也有不统一之处。

1999 年 10 月，国土资源部对全国各省（区、市）截至 1998 年底《矿产储量表》（矿产储量数据库）中所有矿产储量按 GB/T 17766—1999《固体矿产资源/储量分类》进行套改。宁乡式铁矿部分大中型矿床资源储量套改前后矿量变化列表于表 16-4。

表 16-4　宁乡式铁矿部分大中型矿床资源储量套改对照表

矿床名称	套改前累计探明铁矿储量/kt			套改后资源储量/kt
	储量级别	表内	表外	
松木坪铁矿	A + B	1447		2M11：1447 2M22：9465 总资源储量：10912
	A + B + C	6455		
	D	4457		
	A + B + C + D	10912		
火烧坪铁矿	A + B	16423		2S21：16423 2S22：145426 总资源储量：161849
	A + B + C	100586		
	D	61263		
	A + B + C + D	152122		
石板坡铁矿	A + B	1933		2S21：1933 2S22：39913 总资源储量：41846
	A + B + C	22162		
	D	19684		
	A + B + C + D	41846		

续表 16-4

矿床名称	套改前累计探明铁矿储量/kt			套改后资源储量/kt
	储量级别	表内	表外	
龙角坝铁矿	D	131788	6837	2S22：138625 总资源储量：138625
青岗坪铁矿	A+B+C	7423		2S22：74798 总资源储量：74798
	D	67375		
	A+B+C+D	74798		
铁厂坝铁矿	A+B+C	11396		2S22：72901 总资源储量：72901
	D	57775	3730	
	A+B+C+D	69171	3730	
官庄铁矿	A+B+C	24897		122b：1124 2S22：84887 总资源储量：86011
	D	63602		
	A+B+C+D	88499		
官店铁矿区凉水井—大庄铁矿	A+B	3032		2S21：30085 2S22：391410 总资源储量：421495
	A+B+C	317442		
	D	104053		
官店铁矿区——黑石板铁矿	A+B+C	97488		2S21：213622 2S22：370172 总资源储量：383794
	D	286306		
大坪铁矿	B+C	88788	88788	122b：38579 2S22：74368 总资源储量：113127
	D	34560	34560	
潞水铁矿				122b：8987 2S22：7266 总资源储量 16253
雷垄里铁矿				122b：343 2S22：9540 总资源储量：9883
鱼子甸铁矿	A_2+B+C_1	215566	215566	2S22：241965 总资源储量：241965
	C_2	52390	52390	
寸田铁矿	A_2+B+C_1	42400	41400	2S22：51970 总资源储量：51970
	C_2	27030	27030	

续表 16-4

<table>
<tr><th rowspan="2">矿床名称</th><th colspan="3">套改前累计探明铁矿储量/kt</th><th rowspan="2">套改后资源储量/kt</th></tr>
<tr><th>储量级别</th><th>表内</th><th>表外</th></tr>
<tr><td rowspan="2">仙人岩铁矿</td><td>A + B + C</td><td>5820</td><td rowspan="2">5419</td><td rowspan="2">2S22：63211
总资源储量：63211</td></tr>
<tr><td>D</td><td>51972</td></tr>
<tr><td>龙坪铁矿</td><td>D</td><td>50501</td><td>15392</td><td>2S22：66443
总资源储量：66443</td></tr>
<tr><td>长潭河铁矿</td><td>D</td><td>97047</td><td></td><td>122b：54
2S22：97101
总资源储量：97155</td></tr>
<tr><td>马虎坪铁矿</td><td>D</td><td>15132</td><td></td><td>2S22：15132
总资源储量：15132</td></tr>
<tr><td>黄粮坪铁矿</td><td>D</td><td>33000</td><td></td><td>2S22：33000
总资源储量：33000</td></tr>
<tr><td>谢家坪铁矿</td><td>D</td><td>20140</td><td></td><td>2S22：20140
总资源储量：20140</td></tr>
<tr><td>马鞍山铁矿</td><td>D</td><td>32000</td><td></td><td>2S22：32000
总资源储量：32000</td></tr>
<tr><td>阮家河铁矿</td><td>D</td><td>12640</td><td></td><td>2S22：12640
总资源储量：12640</td></tr>
<tr><td>杨柳池铁矿</td><td>D</td><td>23879</td><td></td><td>2S22：23879
总资源储量：23879</td></tr>
<tr><td>田家坪铁矿</td><td>D</td><td></td><td>25941</td><td>2S22：25941
总资源储量：25941</td></tr>
<tr><td rowspan="2">五家河铁矿</td><td>A + B + C</td><td>3111</td><td></td><td rowspan="2">2S22：97294
总资源储量：97294</td></tr>
<tr><td>D</td><td>94183</td><td></td></tr>
</table>

对比表中套改前后的内容知：

（1）原 A + B 级储量不分表内和表外，合并为 2S21 资源量，即探明的预可研次边际经济的资源量，肯定了地质勘查可靠性是属于“探明的”，其经济意义则定为“次边际经济”的，明确这部分资源在作预可行性研究当时，开发是不经济的和技术上不可行的。

（2）原 C 级和 D 级储量不分表内和表外，合并为 2S22，即控制的、预可研次边际经济资源量。将地质可靠程度定为控制的，这对于原 C 级储量完全对口，对原 D 级储量有一些放宽，因为 D 级储量控制程度低，多为 C 级储量外推部分，带有较多的推断成分。现行宁乡式铁矿的资源/储量数据中绝大多数为 2S22 资源量，几无多少储量可言。

(3) 有的铁矿已开发利用，主要用作水泥配料或配矿，因此出现基础储量。如松木坪铁矿。

(4) 关于“表内”和“表外”矿量的处理问题比较复杂，既牵涉对矿石选冶性能的认定，又关系到不同历史时期对铁矿开发指导方针。宁乡式铁矿当时地质勘查探明的矿量多分为表内和表外两类，其中以表内矿量为主，并经国家储委审查批准。那么依据当时执行的地质勘查规范，等于认定所获得的矿量是符合当时生产经济技术条件的，即可以在当时就利用的矿量。应该说，这种认识是有一定依据的。火烧坪铁矿矿石冶炼托马斯生铁的试验表明，“长阳铁矿是炼制托马斯生铁的优质原料，可以不经富选及选块而直接入炉冶炼”，随后又有一系列的实验室或工厂试验都表明矿石可被利用。

勘探确定的表外矿量，则是含 TFe 20%~30%，或块段平均厚度只有 0.3 ~0.7m 的矿量，属于“含量低，厚度薄”而“暂不能利用的矿量”。

新的资源储量分类方案无“表内”、“表外”之说，笼统地将宁乡式铁矿大部分表内与表外矿量都划归为“次边际经济的资源量”，不属于储量。其指导思想是这部分铁矿当前不能被利用。可见前后对宁乡式铁矿经济意义的评价是有差别的，前者倾向于可被利用，套改时则强调其暂不能利用。新的分类标准将经济意义，可行性研究和地质可靠程度统一考虑，综合对资源储量进行分类，更加科学、合理。同时矿产资源类别会随着技术进步和市场的变化而变化。可以相信，随着宁乡式铁矿工业利用问题的解决，其巨大的资源量在适当补充勘查的基础上都将变成基础储量和储量。

第十七章　地球物理和地球化学方法在宁乡式铁矿地质勘查中的应用

宁乡式铁矿地球物理和地球化学测量工作相当匮乏，除湖南大坪铁矿进行过大比例尺磁测工作并取得找矿效果外，其他铁矿基本上是空白的。本书就极其有限的资料，对地球物理和地球化学方法在宁乡式铁矿找矿勘查中应用的可行性及找矿效果进行探讨，以期对今后该类铁矿的地质勘查有所启迪。

第一节　区域地球物理场背景

一、区域重力场

图 17-1 和图 17-2 分别是湖北省西南部和湖南省宁乡式铁矿与区域布伽重力异常关系图。

如图所示，宁乡式铁矿分布区位于布伽重力异常低值场区，布伽重力异常值在 $-130 \sim -20 \times 10^{-5} m/s^2$。这与宁乡式铁矿分布区的地质背景相关。宁乡式铁矿分布区除大坪铁矿、茶陵铁矿、乌石山铁矿附近有岩浆岩分布外，都是沉积岩分布区，无岩浆岩和变质岩分布。沉积岩类主要是碳酸盐岩和碎屑岩类。碳酸盐岩密度值相对大，介于 $2.6 \sim 2.8 g/cm^3$；黏土岩次之，在 $1.5 \sim 2.2 g/cm^3$ 左右；碎屑岩类低于 $2.0 \sim 2.4 g/cm^3$。重力值取决于岩石矿物成分及含量，碎屑岩类还与岩石的结构构造、孔隙度等有关。一般而言，沉积岩从陆相→海陆交互相→海相沉积环境，岩石密度值具有逐渐增大的变化趋势，但相对于岩浆岩密度值要小得多，岩浆岩密度值取决于铁镁矿物含量，基性—超基岩类达 $3.1 \sim 3.5 g/cm^3$，中酸性岩类 $2.6 \sim 2.8 g/cm^3$。变质岩类密度值较为复杂，变化空间较大，一般为 $2.4 \sim 3.0 g/cm^3$。布伽重力异常值与岩石密度值相关，相对于岩浆岩和变质岩分布区，沉积岩分布区一般形成重力低区，而重力低区中，碳酸盐岩类相对重力高，碎屑岩类相对重力低。

宁乡式铁矿主要矿石类型为赤铁矿石，密度值大，介于 $3.5 \sim 4.0 g/cm^3$，应该反映重力高特征，但由于其厚度小，且具多层矿，难于引起可测量的重力异常。

二、区域磁场

以鄂西南宁乡式铁矿分布区为例。

区域磁场特征以 1:50 万航磁异常为据，参考化极、上延和调平数据处理成果。从湖北省航磁异常图看，以青峰—襄广断裂带为界，南北两侧磁场特征差异明显。北部基本为正值场，磁异常密集，异常呈北西向或北西西向条带状线簇，曲线呈锯齿跳跃状，化极及上延图上更趋明显，表现为地槽型磁场特征，即秦岭地槽型磁场区；南部基本为负值场，

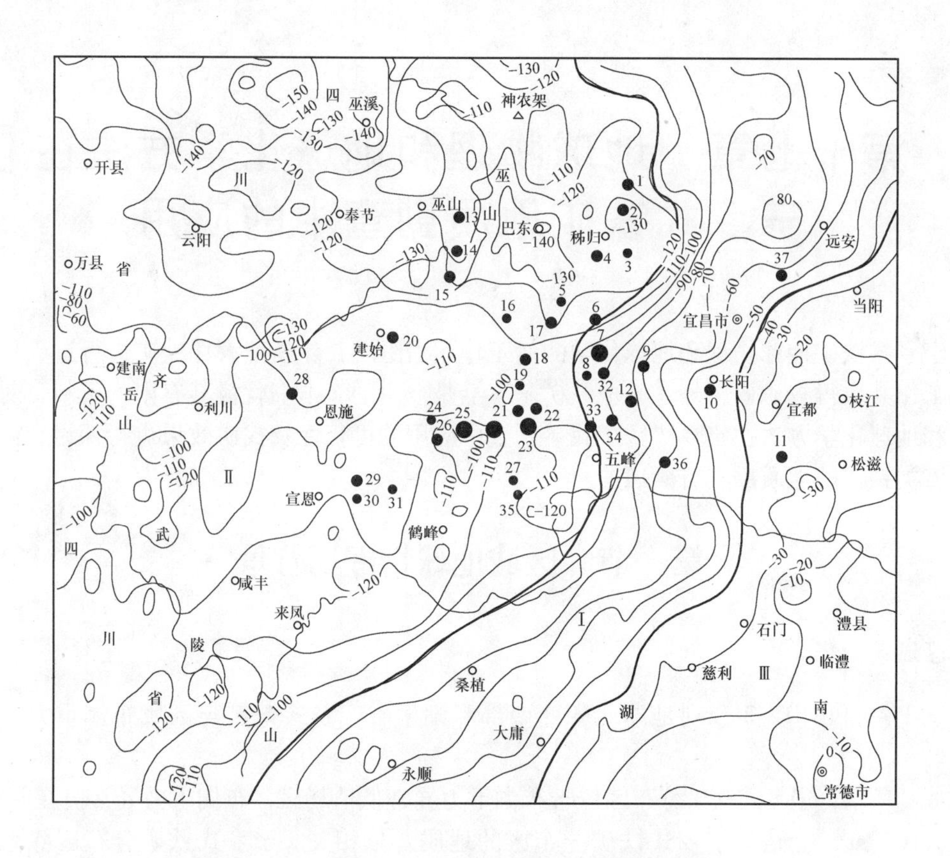

图 17-1 鄂西南宁乡式铁矿与布伽重力异常关系图

● 铁矿（大型） ● 铁矿（中型） • 铁矿（小型）

Ⅰ—十堰—宜昌重力梯度带；Ⅱ—竹溪—利川重力低值区；Ⅲ—潜江—武汉重力高值区

矿床名称：1—周家坡；2—浦平；3—锯齿岩；4—白燕山；5—白庙岭；6—杨柳池；7—火烧坪；8—茅坪；9—青岗坪；10—马鞍山；11—松木坪；12—石板坡；13—桃花；14—邓家乡；15—十八格；16—大支坪；17—仙人岩；18—瓦屋场；19—铁厂湾；20—太平门；21—龙坪；22—傅家堰；23—龙角坝；24—尹家村；25—官店；26—伍家河；27—红莲池；28—铁厂坝；29—长潭河；30—马虎坪；31—烧巴岩；32—田家坪；33—谢家坪；34—黄粮坪；35—清水湄；36—阮家河；37—官庄

上延 5km 图上 0 线位移不大，正负磁场相间，走向多样，异常形态多呈浑圆状，以低缓开阔为特征，反映地台型磁场特征，即扬子准地台型磁场区。

宁乡式铁矿分布于鄂西南沉积岩区，以碳酸盐岩和碎屑岩为主体，基本无磁性，磁化率一般小于 0.0000500SI，这决定了区域磁场强度基本为正常磁场强度，场值在 0nT 上下变化，归属于扬子准地台型磁场区中的宜昌—京山波动磁场亚区（图 17-3）。其特点是：以东西向弧型波动为主，次为南北向升降的双向叠加场，局部异常多呈现为等轴状低缓开阔异常，少见线性异常。这与本区处于扬子准地台下扬子台坪的大地构造位置相吻合。

我国宁乡式铁矿主要矿石类型为赤铁矿石，磁化率变化于 0.001665 ~ 0.0027180SI，基本无磁性或微弱磁性。除湖南的大坪铁矿和茶陵铁矿，湖北的龙角坝和杨柳池铁矿，江西的乌石山铁矿部分矿石为磁铁赤铁矿石或含磁铁赤铁矿石，磁异常应反应明显外，其他铁矿应该不会引起明显高磁异常。

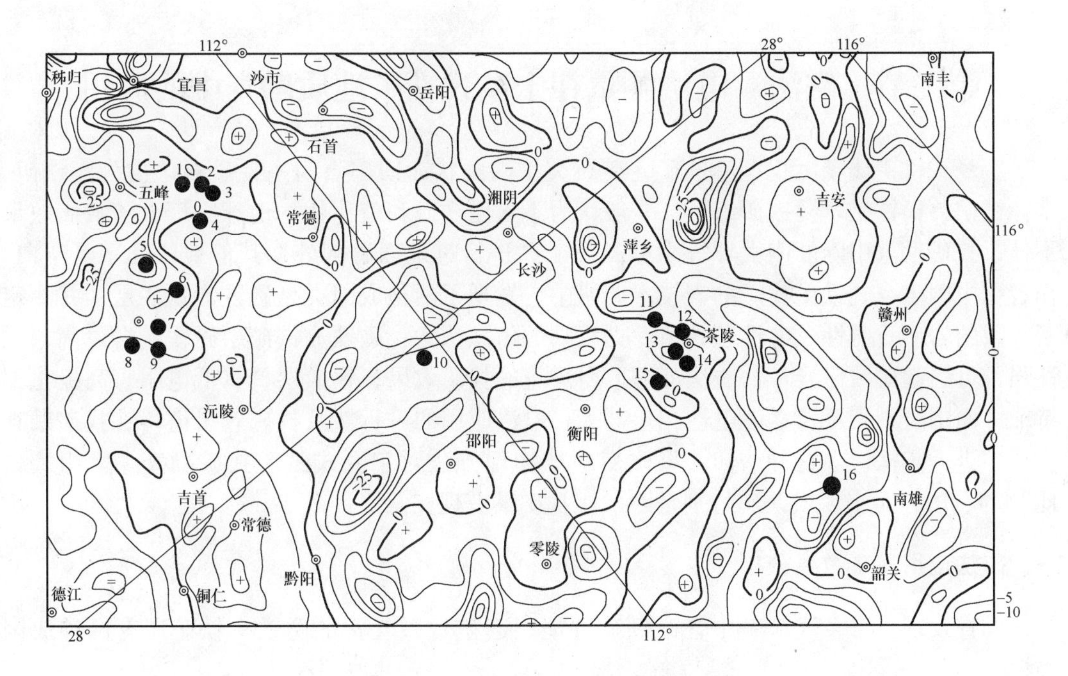

图 17-2　湖南省宁乡式铁矿与布伽重力异常关系图

铁矿（大型）　铁矿（中型）

矿床名称：1—太清山；2—杨家坊；3—新关；4—小溪峪；5—麦地坪；6—喻家咀；7—桃子溪；8—利泌溪；9—槟榔坪；10—田湖；11—凉江；12—清水；13—雷垄里；14—排前；15—九家坳；16—大坪

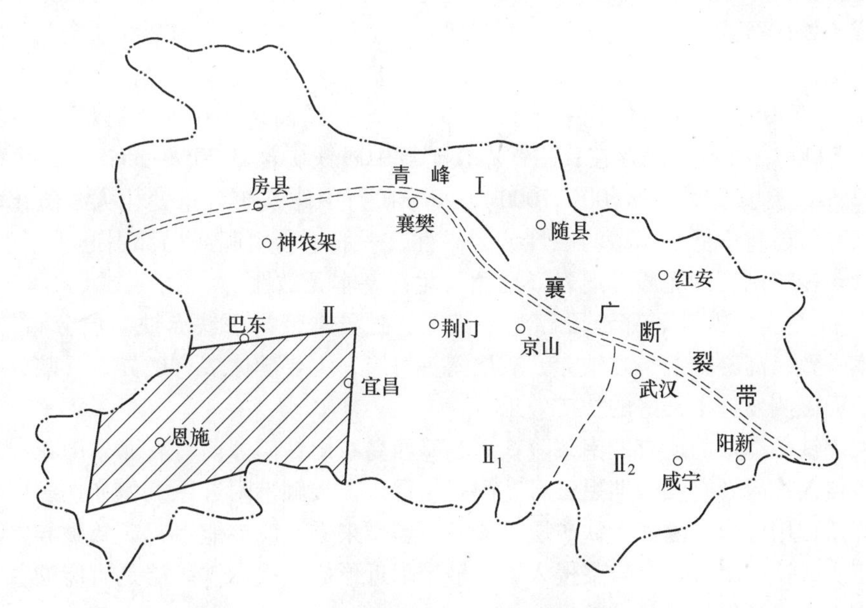

图 17-3　湖北区域磁场与宁乡式铁矿分布关系图

Ⅰ—秦岭地槽型磁场区；Ⅱ—扬子地台型磁场区；$Ⅱ_1$—宜昌-京山波动磁场亚区；

$Ⅱ_2$—鄂东南升降磁异常区；　—宁乡式铁矿分布区

第二节 磁法、电法测量在宁乡式铁矿地质勘查中的应用

宁乡式铁矿属于沉积型赤铁矿，矿石类型以鲕状赤铁矿石为主，矿石矿物为赤铁矿、水针铁矿、褐铁矿、菱铁矿组合，一般认为不含磁铁矿和硫化物，地球物理方法找矿效果不佳，找矿勘查中除湘南大坪等少数几个矿区进行过地面磁测外，其他地区几乎是空白。作者在中国宁乡式铁矿找矿勘查技术调研中，发现了两种成因类型磁铁赤铁矿层，并测定了有限的岩矿石磁性、电性参数值。据反映的信息认为：磁铁赤铁矿层磁铁矿含量高，磁性强，可引起矿致磁异常，磁法能够取得理想的找矿效果；铁矿层具有低电阻、高极化率特征，而围岩则相反，二者电性相差甚大，电法应用的可行性及找矿效果值得在找矿勘查实践中进一步探讨。这种认知，将改变地球物理方法对宁乡式铁矿找矿勘查"无用武之地"的看法，对宁乡式铁矿特别是隐伏矿找矿具有现实意义。

一、磁法应用找矿效果分析

调查发现，宁乡式铁矿中含磁铁矿并能引起矿致磁异常的磁铁赤铁矿层有两种成因类型。

（一）岩浆作用接触变质改造型磁铁赤铁矿层

以湘南大坪铁矿为例。该铁矿是宁乡式铁矿中进行过地面磁测，并取得较好找矿效果的矿床。由于通天庙花岗岩体的侵入，接触带附近含矿岩系和赤铁矿层发生接触变质改造作用，原沉积的赤铁矿层矿物成分、结构构造均发生变化，赤铁矿大部分转变为结晶磁铁矿，形成磁铁矿石或磁铁赤铁矿石。据原湖南冶金局地质勘探公司206队资料，从接触带向外，由磁铁矿石—磁铁赤铁矿石—赤铁矿石分带，矿石磁化率随之依次降低。磁铁矿石中磁铁矿含量40%~50%，磁化率0.179~0.233 SI，最高达0.6126 SI以上，磁场强度一般1000~5000γ，并有余磁存在；磁铁赤铁矿石中磁铁矿含量20%~35%，磁化率0.0064~0.0872 SI，磁场强度一般500~1000γ，由于矿石中磁铁矿含量变化大，磁化率值不规律；赤铁矿石磁化率低，属微弱磁性或无磁性，一般不会引起或局部引起小于100γ低缓弱磁异常。铁矿围岩砂泥质碎屑岩（已角岩化）基本无磁性。

图17-4是大坪铁矿局部地段磁测平剖图。磁异常带与磁铁赤铁矿层分布带的延向、规模基本一致，高磁异常与磁铁赤铁矿层露头对应，主要矿体多有磁异常反映，在找矿勘查中，地面磁测发挥了很好的找矿效果。

与大坪铁矿类似的还有湘南茶陵铁矿、赣西乌石山铁矿。前者有邓阜山花岗岩体和锡田花岗体侵入；后者有燕山期黑云母花岗岩体侵入。接触带附近原沉积赤铁矿层也发生接触变质改造作用，形成磁铁赤铁矿层。从矿石类型来看，应该能引起矿致磁异常。据此认为：在宁乡式铁矿附近若有岩浆侵入，接触带附近形成磁铁赤铁矿层是可能的，开展磁法测量工作将会收到较好的找矿效果。

（二）弱还原环境沉积型磁铁赤铁矿层

以鄂西龙角坝铁矿和杨柳池铁矿为例。

这一类型铁矿，当时地质勘查时厘定为Fe_4矿层。其中上矿层为褐铁矿鲕绿泥石矿层；下矿层为鲕状赤铁矿层。调查发现，下矿层实际为磁铁赤铁矿层。矿石矿物为磁铁矿、赤

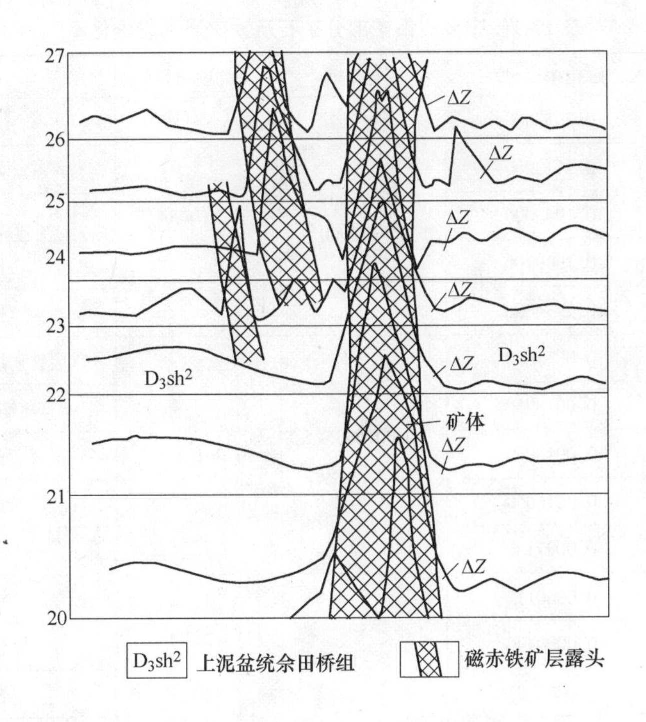

图 17-4　大坪铁矿磁异常平剖图
（据湖南冶金 206 队，1961）

铁矿、褐铁矿、菱铁矿、鲕绿泥石、黄铁矿组合；脉石矿物为方解石、玉髓、黏土矿物。磁铁矿含量 17.3%~35.5%，在矿层中普遍产出，稠密浸染于赤铁矿之间；赤铁矿含量 1.1%~34.4%，组成鲕粒或散布于鲕粒间与磁铁矿交互生长。铁元素沉淀富集服从于铁在沉积作用过程中的地球化学性质，形成的矿物组合取决于 pH 值、E_h 值以及溶液中铁离子活度等。据磁铁矿与赤铁矿的相互关系，二者形成于沉积作用的各自阶段，赤铁矿形成于氧化相，pH 值 7.2~8.5、E_h(V)>0.2，以化学沉积和胶体沉积形成；磁铁矿形成于过渡相或弱还原相，pH 值>7.8、E_h(V)=0.2~0.3。反映了从赤铁矿到磁铁矿氧化还原电位降低、碱性程度升高，导致部分赤铁矿溶解，重新以磁铁矿结晶，并与赤铁矿达到新的平衡。

另外四川越西碧鸡山铁矿敏子洛木矿区，含磁铁矿赤铁矿矿层中赤铁矿含量 25%~30%，磁铁矿含量 5%~8%。经野外实地观察和室内少数标本粗略测定，区内除玄武岩与铁矿石具有较强磁性外，围岩几乎不具磁性。由于玄武岩与铁矿层在空间位置上相距 380m 以上，故两者间磁场的相互干扰可以忽略。经小面积磁测工作，为配合地质填图、了解构造和确定铁矿层埋藏位置，提供了信息，取得了一定地质效果。

表 17-1 是本类型宁乡式铁矿部分矿石及铁矿层围岩的磁化率值。

含磁铁赤铁矿石磁化率变化于 0.19493~0.3112 SI，平均值 0.227406 SI；而铁矿层围岩磁化率变化于 0.0000112~0.0002412 SI，平均值 0.0001003 SI，二者相差达 2000 多倍。虽然对这类铁矿在地质勘查中没有进行过磁法测量工作，但从矿石与围岩磁化率存在明显差异来看，这类铁矿应能够引起较高磁异常，在今后的找矿勘探中应予以关注。

表 17-1 宁乡式铁矿部分矿石及铁矿层围岩磁化率

岩矿石名称	磁化率（SI）	变化区间	平均值（SI）	备 注
含磁铁赤铁矿石	0.2032000	0.1949300 ~ 0.3112000	0.2274060	龙角坝铁矿
含磁铁赤铁矿石	0.3112000			龙角坝铁矿
含磁铁赤铁矿石	0.1943000			龙角坝铁矿
含磁铁赤铁矿石	0.1949300			杨柳池铁矿
含磁铁赤铁矿石	0.2334000			杨柳池铁矿
赤铁矿石	0.0017630	0.001665 ~ 0.0027180	0.0019650	官店铁矿区凉水井—大庄铁矿
赤铁矿石	0.0018710			官店铁矿区黑石板铁矿
赤铁矿石	0.0018060			火烧坪铁矿
赤铁矿石	0.0016650			黄粮坪铁矿
赤铁矿石	0.0027180			乌石山铁矿
石英砂岩	0.0000112	0.0000112 ~ 0.0002412	0.0001003	铁矿层围岩
石英砂岩	0.0000140			铁矿层围岩
泥钙质页岩	0.0001721			铁矿层围岩
泥钙质页岩	0.0001670			铁矿层围岩
泥钙质页岩	0.0001940			铁矿层围岩
泥钙质页岩	0.0002412			铁矿层围岩
粉砂质页岩	0.0000811			铁矿层围岩
粉砂质页岩	0.0000847			铁矿层围岩
泥质灰岩	0.0000654			铁矿层围岩
泥质灰岩	0.0000791			铁矿层围岩
含炭泥质灰岩	0.0000730			铁矿层围岩
灰岩	0.0000616			铁矿层围岩
石英岩	0.0000601			铁矿层围岩

大多数宁乡式铁矿主要矿石类型为赤铁矿石，磁化率变化于0.001665 ~0.0027180 SI，平均值0.0019650 SI，明显低于磁铁矿石和含磁铁赤铁矿石，一般不会引起高磁异常。有限的磁化率测定结果表明，赤铁矿层与铁矿层围岩磁化率仍有较大差别，是否能引起弱磁异常应在找矿勘查实践中进一步探讨。

宁乡式铁矿具有多层矿特点，Fe_4及相当层位分布普遍，在沉积作用过程中其沉积环境也发生变化。受磁铁赤铁矿层发现的启发，随着宁乡式铁矿深入调研，发现更多的磁铁赤铁矿层是可能的，这为磁法应用提供了广阔空间。

二、电法应用可行性分析

表17-2是宁乡式铁矿部分矿石与铁矿层围岩电性参数值。

表 17-2　宁乡式铁矿部分矿石与铁矿层围岩电性参数值

岩矿石名称	电阻率/Ω·m			极化率/%			备　注
	电阻率值	变化范围	平均值	极化率值	变化范围	平均值	
磁铁赤铁矿石	7.2	0.42~7.2	3.38	5.46	4.72~6.56	5.61	龙角坝铁矿
磁铁赤铁矿石	5.65			6.56			龙角坝铁矿
磁铁赤铁矿石	1.44			6.00			龙角坝铁矿
磁铁赤铁矿石	0.42			4.77			龙角坝铁矿
磁铁赤铁矿石	1.36			4.65			杨柳池铁矿
磁铁赤铁矿石	4.21			6.24			杨柳池铁矿
赤铁矿石	15.7	15.65~52.2	30.7	3.72	3.66~4.15	3.89	大庄—凉水井铁矿
赤铁矿石	42.3			3.98			黑石板铁矿
赤铁矿石	15.65			4.15			火烧坪铁矿
赤铁矿石	52.2			3.66			黄粮坪铁矿
赤铁矿石	36.0			3.86			乌石山铁矿
赤铁矿石	22.4			4.00			青岗坪铁矿
石英砂岩	1278	5.2~1278	466.5	1.12	0.75~2.0	1.309	铁矿层围岩
石英砂岩	1156			1.10			铁矿层围岩
石英砂岩	1118			0.75			铁矿层围岩
泥质页岩	64			1.25			铁矿层围岩
泥质页岩	60			1.14			铁矿层围岩
泥质页岩	59			0.96			铁矿层围岩
黏土岩	9.0			2.00			铁矿层围岩
黏土岩	7.3			1.24			铁矿层围岩
黏土岩	5.2			1.86			铁矿层围岩
泥质灰岩	547			1.31			铁矿层围岩
泥质灰岩	529			1.37			铁矿层围岩
含炭泥灰岩	565			1.79			铁矿层围岩
灰　岩	667			1.27			铁矿层围岩

岩矿石电阻率取决于矿物成分、含量、结构构造、所含水分等因素。理论上讲，金属硫化物和某些氧化物电阻率较低，具良好的导电性。从磁铁矿石→赤铁矿石→沉积岩类电阻率依次增大，但各自都有比较大的变化范围。如表 17-2 所示，磁铁赤铁矿石电阻率值

为0.42～7.2Ω·m，平均值为3.38Ω·m；赤铁矿石电阻率值为15.65～52.2Ω·m，平均值为30.7Ω·m，比磁铁赤铁矿石高近10倍左右；铁矿层围岩电阻率值变化于5.2～1278Ω·m，平均值为466.5Ω·m，明显要高得多。不同岩类电阻率值变化大，其中石英砂岩、石灰岩更高，而黏土岩相对低。

岩矿石的极化率主要取决于其中所含导电矿物含量和结构，导电矿物含量越高，粒度越细致，极化率越大；不含导电矿物岩石极化率小，一般不超过1%～2%。如表17-2所示，磁铁赤铁矿石极化率值为4.72%～6.56%，平均值为5.61%；赤铁矿石极化率值为3.66%～4.15%，平均值为3.89%；铁矿层围岩极化率值为0.75%～2.0%，平均值为1.309%，与铁矿石相比要低数倍之多。

由对比可见，铁矿层具有低电阻、高极化率特征，围岩则相反，二者电性差异明显，具备电法勘探地球物理基础，其找矿效果值得在宁乡式铁矿找矿勘查实践中进一步探讨。

1961年四川省地质局202地质队曾对四川碧鸡山铁矿进行过电法测井工作，其中CK3孔作了自然电位（ПС）、电阻率（КС）、电极电位（МЭП）、电解电位（ЭК）、电流（i）六种方法，测定结果见图17-5。

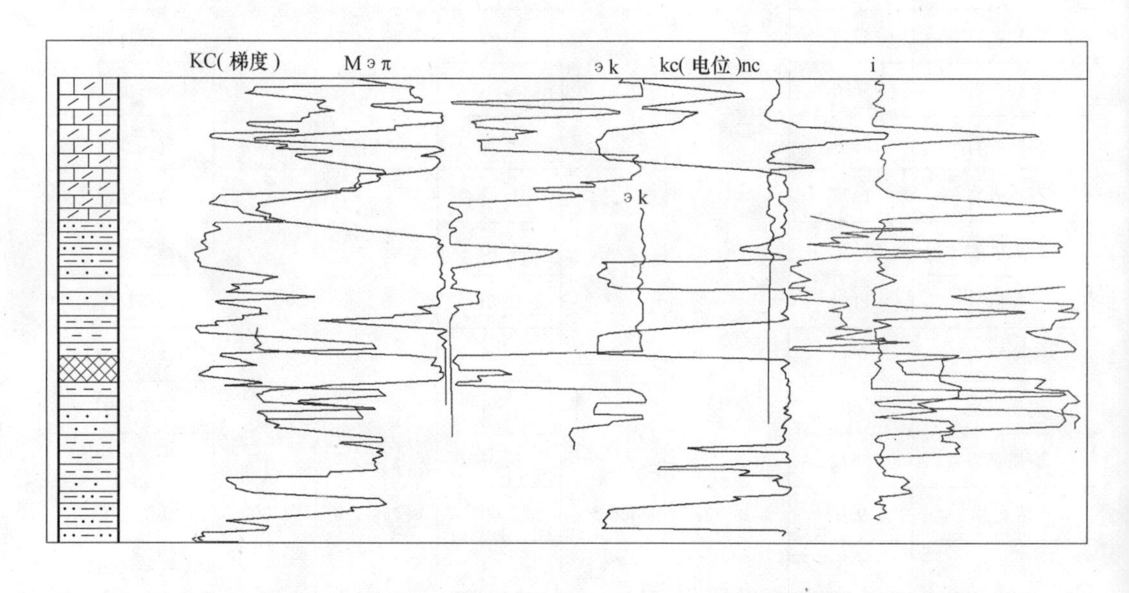

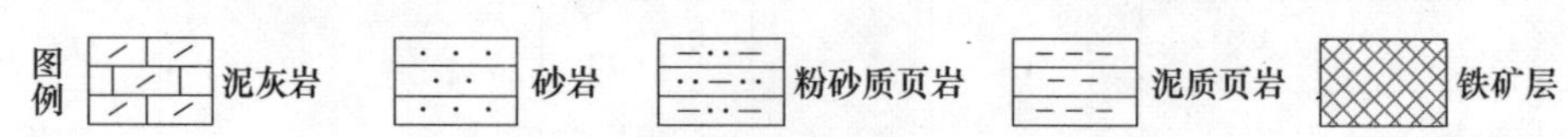

图17-5　碧鸡山铁矿CK3孔电法测井曲线图

（据四川省地质局202队，1962）

电阻率（КС）（梯度）：赤铁矿层电阻率值30～100Ω·m，铁矿层围岩电阻率值240～1200Ω·m，二者相差较大，矿层引起低电阻异常，围岩引起较高电阻异常。

自然电位（ПС）：铁矿层含金属氧化物，具有较高的氧化还原电位，矿层异常曲线呈正异常。

电极电位（МЭЛ）：该方法是金属矿测井参数之一，铁矿层与围岩具有电极电位差，矿层异常曲线呈较高正异常。

电解电位（ЭК）：赤铁矿具有电子异电和活泼性较大特点，从 $\Delta V B \Pi = f(i)$ 关系来看，近似硫化物，矿层异常曲线呈较高正异常。

电流（i）：视为电阻率参数之倒数值反映，矿层电流密度大。

四川省地质局202队认为："宁乡式铁矿的物探测井是地球物理探矿的理论问题，本次试验所取得的成果证明是可行的，今后应通过大量实践和综合研究，总结出一套适合宁乡式铁矿的物探测井工作方法，更好地为地质勘查工作提供信息。"

湖南大坪铁矿进行了物探电法测量，结果证明，联合剖面法对隐伏矿体和构造有显著效应。

综上所述，可得出以下结论：

(1) 宁乡式铁矿存在岩浆作用接触变质改造型和弱还原沉积型两种磁铁赤铁矿层，磁铁矿含量高，磁性强，可引起矿致磁异常，磁法应用能够取得理想的找矿效果。

(2) 铁矿层具有低电阻、高极化率特征，而围岩则相反，二者电性差别大，电法应用的可行性及找矿效果值得在宁乡式铁矿找矿勘查实践中进一步探讨。

(3) 这一认识将改变地球物理方法在宁乡式铁矿找矿勘查中"无用武之地"的看法，对宁乡式铁矿，特别是隐伏矿找矿具有现实意义。

第三节　地球化学异常与宁乡式铁矿的关系

一、地球化学背景

表生风化作用受岩性、气候条件和地形地貌等因素影响。宁乡式铁矿分布区主要位于以碳酸盐岩和碎屑岩为主的沉积岩区。

以碳酸盐岩为主区域，水系沉积物总体组分以钙、镁组分大量淋失，铁镁氢氧化物和含水铝硅酸盐及其他难溶组分残留富集为特征，难溶的微量组分Zr、Nb、Be、Cr、Ti、Th等元素也出现富集，呈现高钙、镁，富铁、硅、铝特征。

以碎屑岩类为主的区域，在表生水合作用下，Ca^{2+}、Mg^{2+}、Na^{+}、K^{+}、Si^{4+} 均被游离，水系沉积物中这些组分布规律不够明显，而 Al_2O_3、Fe_2O_3 相对原岩增高。

一般而言，水系沉积物残留量与原岩组分保持一定程度相关性，可满足地球化学背景的评价要求。

二、地球化学异常与宁乡式铁矿的关系

鄂西宁乡式铁矿分布区39种元素R型聚类分析结果见图17-6。

由聚类分析图可以看出，与主成矿元素 Fe_2O_3 相关性好的元素有V、Ni、Cr、Li、Mn、Ba、Al、Be等。结合宁乡式铁矿磷、硅、铝含量高的特点，选取P、Mn、Ba、Al、Cr元素作为预测 Fe_2O_3 的伴生元素。以这6种元素数值累频85%作为异常下限值编制地球化学

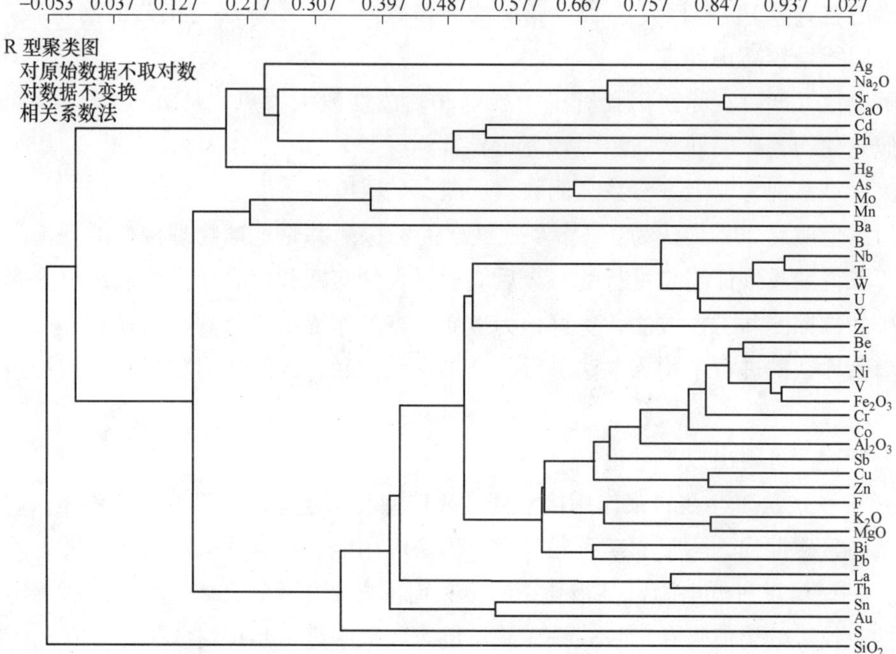

图 17-6 鄂西宁乡式铁矿分布区 39 种元素 R 型聚类分析图

（据湖北省地质调查院，2011）

异常与铁矿关系图（图 17-7）。

由图可以看出，异常主要呈北东向线形分布，与含矿岩系和铁矿层出露位置和分布方向基本吻合，铁矿床（点）在异常区内分布众多，二者具有相关性。

三、自然重砂异常与宁乡式铁矿的关系

指示宁乡式铁矿的铁族自然重砂矿物主要有赤铁矿、磁铁矿、褐铁矿、菱铁矿、钛磁铁矿。按照铁矿分布和找矿意义，确定异常值域和分级，异常值域分别为：Ⅰ级 $\geq 196400 \times 10^{-6}$g，Ⅱ级 $102400 \sim 196400 \times 10^{-6}$g，Ⅲ级 $50000 \sim 102400 \times 10^{-6}$g。据 1:20 万铁族重砂矿物异常图示（图 17-8），具有找矿指示意义的异常带有以下 5 个：

（1）建始县—屯堡区—芭蕉区异常带，有 12 个重砂异常，异常面积大，值高；

（2）茅田区—三岔区异常带，有 3 个异常，异常面积小，但值高；

（3）野三关—杨林桥异常带，有 7 个重砂异常，异常面积较大，值高；

（4）长潭河—牛庄—龙舟坪异常带，有 27 个异常，异常面积大，值高；

（5）仁和坪镇一带异常带，有 3 个异常，异常面积较小，但值高。

这些重砂异常带中的局部异常，铁矿床（点）分布众多，二者吻合度较高，大致指示含矿岩系和铁矿层的位置。

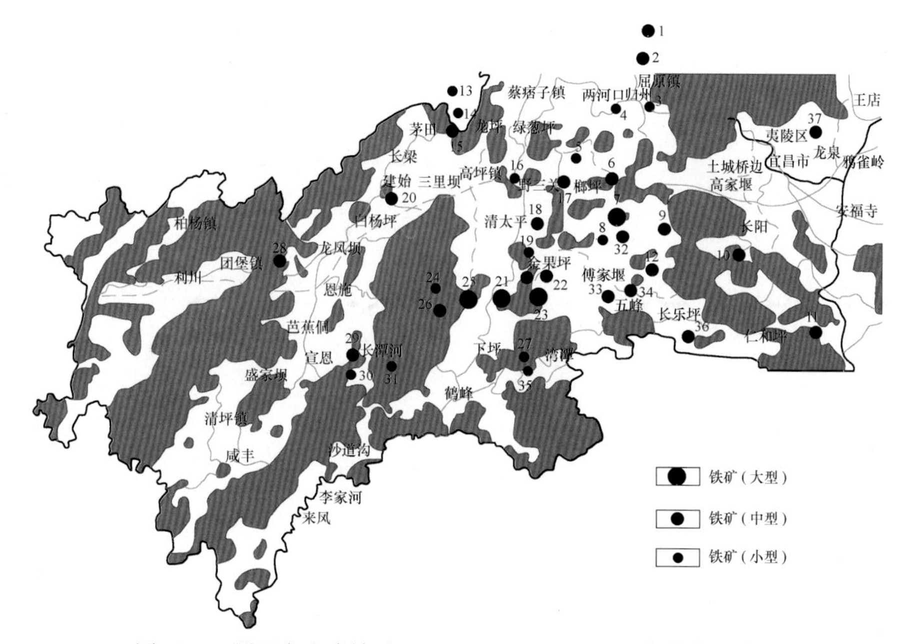

图 17-7　鄂西宁乡式铁矿 Fe-P-Mn-Al-Ba-Cr 六元素综合异常图

（据湖北省地质调查院，2011）

矿床名称：1—周家坡；2—浦平；3—锯齿岩；4—白燕山；5—白庙岭；6—杨柳池；7—火烧坪；8—茅坪；9—青岗坪；10—马鞍山；11—松木坪；12—石板坡；13—桃花；14—邓家乡；15—十八格；16—大支坪；17—仙人岩；18—瓦屋场；19—铁厂湾；20—太平口；21—龙坪；22—傅家堰；23—龙角坝；24—尹家村；25—官店；26—伍家河；27—红莲池；28—铁厂坝；29—长潭河；30—马虎坪；31—烧巴岩；32—田家坪；33—谢家坪；34—黄粮坪；35—清水湄；36—阮家河；37—官庄

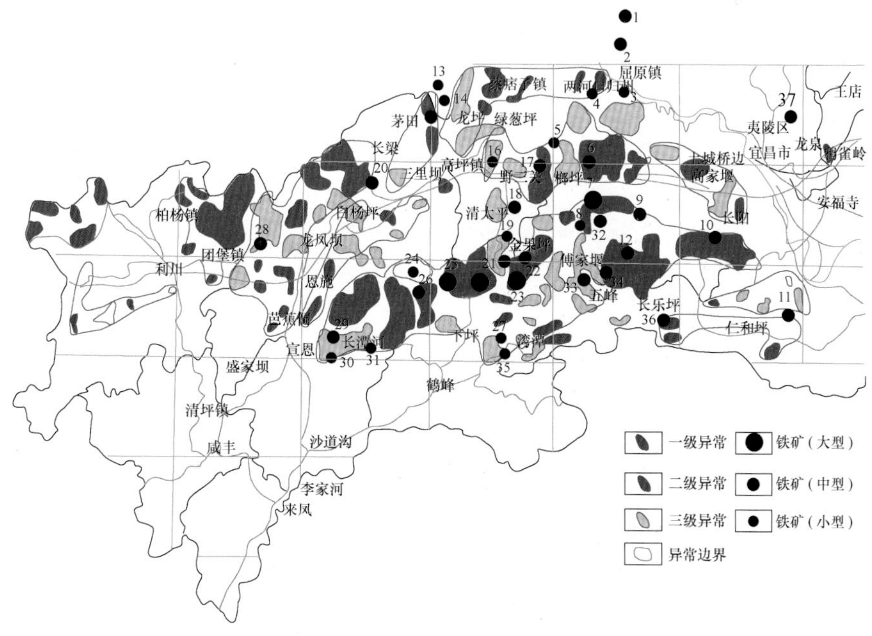

图 17-8　鄂西宁乡式铁矿与自然重砂异常关系图

（据湖北省地质调查院，2011）

矿床名称：1—周家坡；2—浦平；3—锯齿岩；4—白燕山；5—白庙岭；6—杨柳池；7—火烧坪；8—茅坪；9—青岗坪；10—马鞍山；11—松木坪；12—石板坡；13—桃花；14—邓家乡；15—十八格；16—大支坪；17—仙人岩；18—瓦屋场；19—铁厂湾；20—太平口；21—龙坪；22—傅家堰；23—龙角坝；24—尹家村；25—官店；26—伍家河；27—红莲池；28—铁厂坝；29—长潭河；30—马虎坪；31—烧巴岩；32—田家坪；33—谢家坪；34—黄粮坪；35—清水湄；36—阮家河；37—官庄

第十八章 遥感地质

在鄂西宁乡式铁矿整装勘查项目中（2011—2015）首次对该区进行了遥感地质研究。遥感地质工作的目的是最大限度地挖掘遥感数据中的铁信息，圈定找铁有利地段，提高找矿效果及工作效率。

第一节 工作内容及要求

一、遥感影像制图

遥感影像图是区域地质矿产调查的一种重要野外工作图件。根据工作实际情况，制作了3套遥感底图。第一套采用Landsat卫星ETM+数据，通过融合全色波段和多光谱波段，然后组合多光谱数据生成彩色图像；第二套采用Terra卫星ASTER数据，通过组合15m分辨率多光谱数据生成彩色图像；第三套采用GF-1卫星2m分辨率全色波段与8m分辨率多光谱波段进行融合，然后组合多光谱数据生产彩色图像。通过投影变换、几何校正和裁剪处理，制成彩色底图。ETM+与ASTER数据参数见表18-1，GF-1卫星传感器数据参数见表18-2。

充分发挥各套图的地质解译优势，采用第二套图进行含铁地层和破矿构造等的整体解译、第三套图进行局部详细解译。由于第二、三套图镶嵌的影像景数较多，且部分影像的色调不协调，从成图美观角度讲不利于作为底图展示解译结果，所以将解译结果成图在第一套底图（即ETM+）中。

表18-1 ETM+与ASTER数据参数

传感器类型	光学子系统	波段序号	光谱范围	空间分辨率	幅　宽
ETM+	VNIR	Pan	0.500~0.900	15	170
		1	0.450~0.520	30	
		2	0.520~0.600		
		3	0.630~0.690		
		4	0.760~0.860		
	SWIR	5	1.550~1.750		
		7	2.080~2.350		
	TIR	6	10.40~12.50	60	
ASTER	VNIR	1	0.520~0.600	15	60
		2	0.630~0.690		
		3N	0.780~0.860		
		3B	0.780~0.800		

续表 18-1

传感器类型	光学子系统	波段序号	光谱范围	空间分辨率	幅　宽
ASTER	SWIR	4	1.600～1.700	30	60
		5	2.145～2.180		
		6	2.185～2.225		
		7	2.235～2.285		
		8	2.295～2.360		
		9	2.360～2.430		
	TIR	10	8.125～8.475	90	
		11	8.475～8.825		
		12	8.925～9.270		
		13	10.25～10.950		
		14	10.95～11.60		

表 18-2　GF-1 卫星传感器数据参数

参　数	2m 分辨率全色/8m 分辨率多光谱相机		16m 分辨率多光谱相机
光谱范围	全色（Pan）	0.45～0.90μm	
	多光谱	0.45～0.52μm	0.45～0.52μm
		0.52～0.59μm	0.52～0.59μm
		0.63～0.69μm	0.63～0.69μm
		0.77～0.89μm	0.77～0.89μm
空间分辨率	全色	2m	16km
	多光谱	8m	
幅宽	60km（2 台相机组合）		800km（4 台相机组合）

二、遥感地质解译

（一）基本内容

野外踏勘之前进行初步解译，初步建立工作区含铁层及周围地层遥感解译标志；踏勘及野外工作中对遥感解译标志进行验证，并尽可能不断地检查、修改、完善解译标志，特别是含铁矿层的解译标志；解译提取泥盆系写经寺组和黄家磴组的含铁层信息，以及影响含铁层形态等特征的相关构造（主要是破矿断层），在此基础上圈定找铁有利地段。

（二）基本要求

（1）划分泥盆系与上下地层的界线，提取泥盆系含铁层信息，分析构造等对铁矿层的影响。

（2）遥感构造解译主要是影响含铁层的相关线形与环形特征影像的提取，即破矿构造的提取。线形、环形特征影像提取主要根据影像的色调（色彩）、形态、影纹（微地貌组成的纹饰）、水系及地质体之间的空间位置关系等来判识。

（3）含铁信息提取是使用 ETM＋和 ASTER 数据，在分析铁矿物光谱特征基础上采用多种方法进行提取。

（4）找铁有利地段的圈定，是在实地验证多种方法提取的铁信息基础上，并结合野外地形、地貌、地质构造及已知矿点等，进行重点区圈定。

第二节　遥感地质解译技术及方法

工作区植被覆盖较高、高差最大可达千米，为了精细解译破矿构造、含铁地层，除进行常规遥感影像二维图的解译外，还建立了可旋转的三维可视化影像，增强场景效果，进行解译。图 18-1 为三维遥感影像解译的技术路线流程图，图 18-2 为工作区三维遥感影像图。

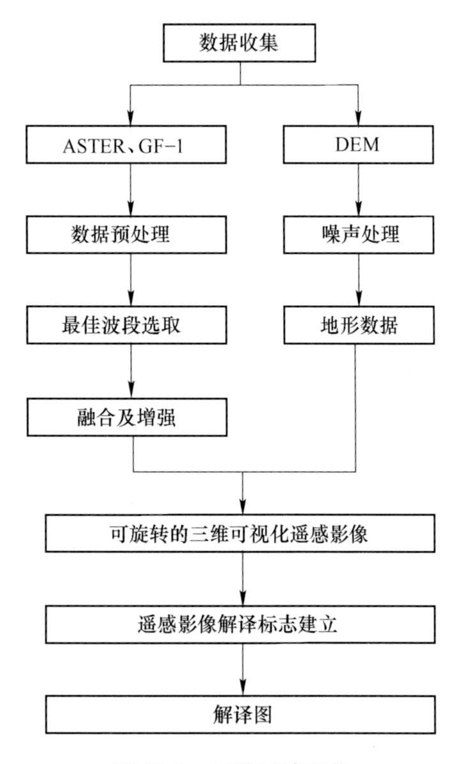

图 18-1　三维遥感影像解译技术路线流程图

图 18-1 中，各项内容方法如下：

（1）ASTER、GF-1 影像数据：

1）数据预处理。主要包括几何精校正和投影转换等。

2）最佳波段选取。计算影像各个波段之间相关系数，通过比较相关系数大小，选择波段间相关性最小的 3 个波段。

3）融合及增强。主要融合方法有 PCA 变换、小波融合、HIS 变换等，目的是为了消除波段之间的相关性和冗余信息；增强方法主要有线性拉伸、非线性拉伸、直方图拉伸、均衡化变换、滤波等，目的是为增强图像轮廓，提高地物识别能力。

4）可旋转的三维可视化遥感影像。使用 ArcGIS 三维分析模块，对遥感影像和地形数据进

图 18-2　工作区三维遥感影像图

行叠加和交互式三维可视化分析；该模块具有对高程数据进行方便、快速的实时漫游、缩放和管理的功能。

（2）DEM 数据。使用的是 ASTER GDEM 数据。

噪声处理：主要是对 DEM 进行异常值检查，检查是否有突起点、异常低值点；处理方法有中值滤波、异常邻近值替换等。

一、破矿构造解译

在遥感影像二维图解译结果基础上，建立三维影像图，对二维图中破矿构造的模糊区及不易现场验证的区域进行确认，以确保解译结果的准确性。图 18-3 为 3 个典型破矿构造的三维遥感影像图。

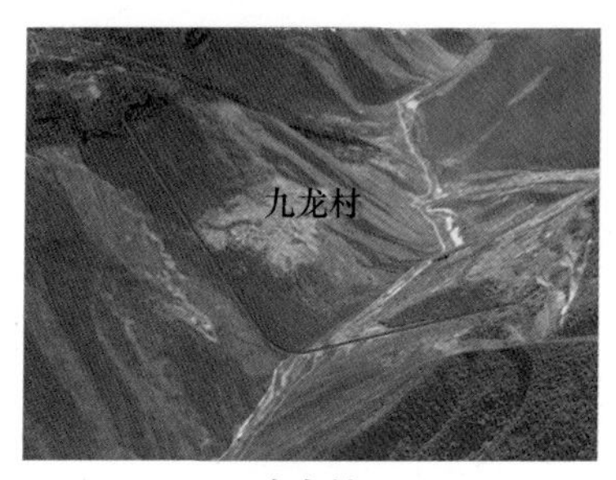

(a) 九龙村

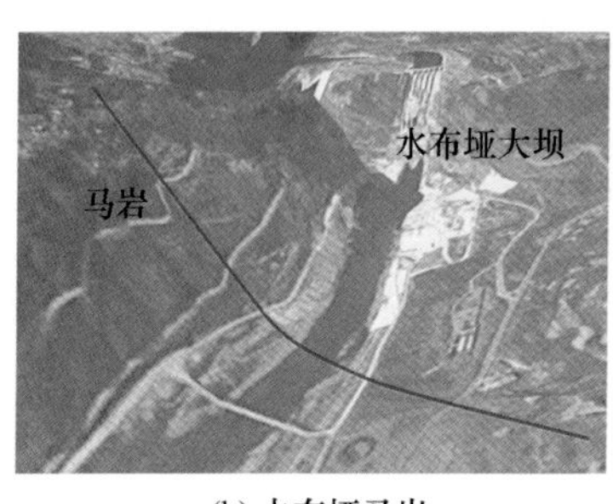

(b) 水布垭马岩

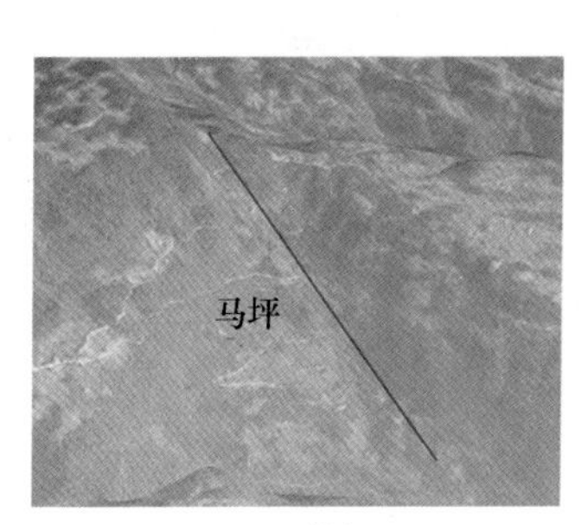

(c) 马坪

图 18-3　破矿构造的三维遥感影像图

二、含铁层解译

由于工作区植被覆盖较大，造成含铁层不清晰，所以仅通过建立遥感解译标志的常规方法难以取得满意效果。本次工作首先使用常规遥感解译方法，根据工作区地层岩性特征，建立含铁层及周围地层的解译标志进行解译，然后在该解译结果基础上，使用 ETM + 和 ASTER 遥感数据对含铁层中铁信息进行提取，从而精细提取含铁层信息。

（一）含铁层及周围地层遥感解译标志

图 18-4 为水布垭含铁层及周围地层遥感影像及野外对应照片，此处表现出典型的泥盆系含矿地层地貌特征。各地层影像特征如下：

（1）石炭系中统黄龙组主要为厚层灰岩，与下伏地层呈平行不整合接触，若出露地表，则在影像上表现为线状展布的正地形，形成陡坎地貌，植被稀疏。

（2）泥盆系上统写经寺组主要为泥灰岩、砂页岩夹 Fe_3、Fe_4铁矿层，黄家磴组主要为砂岩、页岩夹 Fe_1、Fe_2铁矿层，是本区铁矿的主要赋矿层位。由于岩性特点，地层经风化侵蚀作用在遥感影像上表现为洼地负地形，植被较发育。

（3）泥盆系中统云台观组为厚层状石英砂岩夹砂质页岩，与下伏地层呈平行不整合接触，影像上表现为正地形特征。

综上可知，泥盆系含铁矿层与其上下地层岩性存在明显差异，经差异风化后易表现出负地形地貌特征，在遥感影像上表现为呈条带状负地形、植被相对发育的特点。

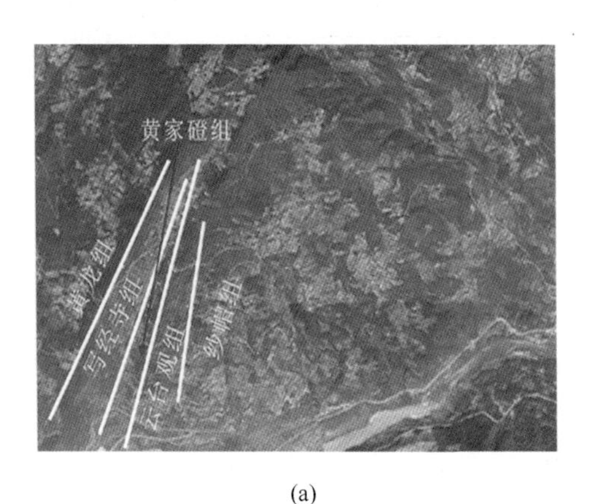

(a)

(b)

图 18-4 水布垭含铁层及周围地层遥感影像（a）及野外对应照片（b）

（二）铁矿层信息提取

考虑到工作区含矿地层主要含铁，本次工作重点提取遥感铁信息，将该信息作为划分含铁层的一个重要依据。工作区范围内已有遥感数据是 Landsat 卫星 ETM + 数据和 Terra 卫星 ASTER 数据。在分析铁矿物光谱特征及工作区地层岩性光谱的基础上，进行铁信息提取。

1. 光谱测试及特征分析

光谱测试及特征分析是保证选取正确提取方法的前提。本次工作采用美国 ASD 公司的 FieldSpec 3 便携式地物波谱仪进行光谱测试，该波谱仪技术参数见表 18-3。工作中获取了几条典型地层路线的近千条岩矿光谱，同时分析含铁层与周围地层岩性的光谱差异，目的是为了选取适宜波段进行铁信息提取。图 18-5 为五峰纸坊头地区地层岩性的光谱曲线，表 18-4 为对应的地层岩性光谱信息表。

由图 18-5 可知，含铁矿层光谱（135. asd，红色实线）在 520nm 和 870nm 附近有强的吸收谷，这是 Fe_3 的典型吸收特征，有别于其他光谱；随波长增加，反射率急剧上升至 1000nm 附近后，呈缓慢下降趋势。利用这些光谱特征，提取含铁层信息。

表 18-3 FieldSpec 3 光谱仪技术参数表

探 测 器	350 ~ 1100nm 低噪声 512 阵元 PDA，1000 ~ 1900nm 及 1700 ~ 2500nm 两个 InCaAs 探测器单元，PE 制冷恒温
波长精度	+/-1nm
波长范围	350 ~ 2500nm
光谱采样间隔	1. 4nm@ 350 ~ 1050nm，2nm@ 1000 ~ 2500nm
光谱分辨率	3nm@ 350 ~ 1000nm，8. 5nm@ 1000 ~ 1900nm，6. 5nm@ 1700 ~ 2500nm
光谱平均	31800 次
数据传输	无线
GPS 同步	有
内置光源的反射探头	有
采集程序运行环境	基于 WINDOS

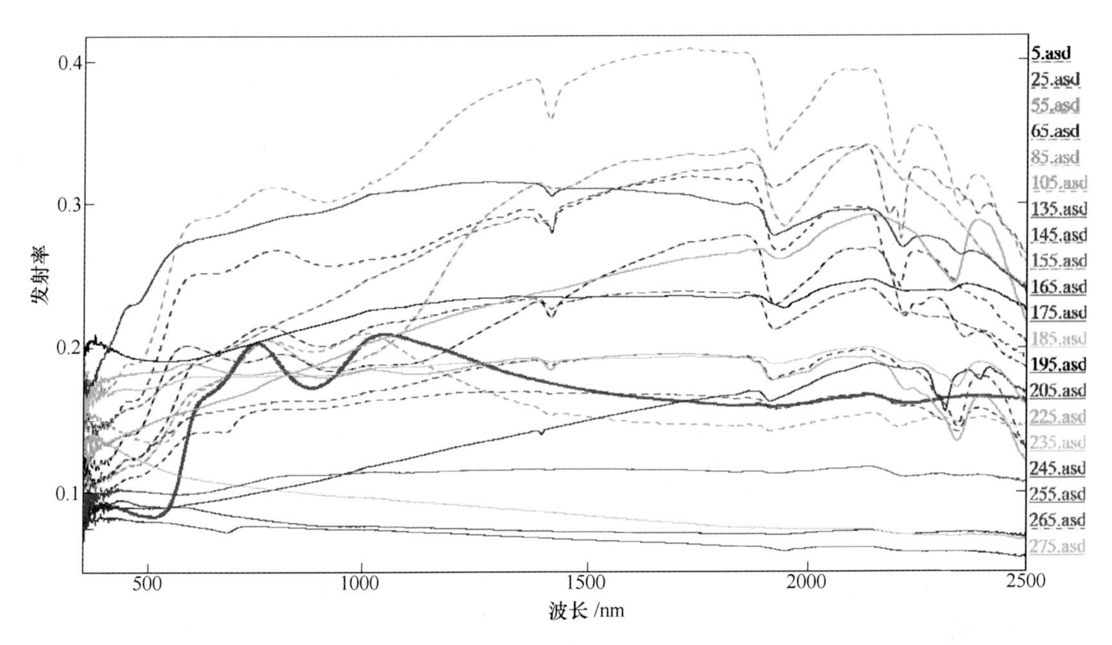

图 18-5　纸坊头地区地层岩性的光谱曲线图

表 18-4　纸坊头地区地层岩性的光谱信息表

编　　号	地 层 岩 性	光　谱　名
B1	S_2石英砂岩	5. asd
B2	D_2y　石英砂岩	25. asd
B3	D_3h　泥质粉砂岩	55. asd
B4	D_3h　铁质粉砂岩	65. asd
B5	D_3x　泥灰岩	85. asd
B6	D_3x　泥质页岩	105. asd
B7	D_3x　Fe_3铁矿层	135. asd
B8	C_2h　灰岩	145. asd
B9	P_1mn　炭质页岩	155. asd
B10	P_1q　燧石结核灰岩	165. asd
B11	P_1m 炭质灰岩	175. asd
B12	P_2w　燧石条带灰岩	185. asd
B14	P_2w　含炭质页岩	195. asd
B15	P_2l 炭质灰岩	205. asd
B16	P_2l 燧石结核灰岩	225. asd
B17	T_1d　灰岩	235. asd
B18	T_1d　泥质钙质粉砂岩	245. asd
B19	T_1d　炭质泥灰岩	255. asd
B20	T_1d　灰岩	265. asd
B21	T_1d　泥灰岩	275. asd

2. ETM + 铁信息提取方法

图 18-6 为工作区 ETM + 库存数据预览图。ETM + 数据预处理主要包括辐射定标、大气校正、镶嵌及裁剪等。根据上述光谱特征分析，本次工作采用主成分分析法、比值法等进行铁矿物信息提取。

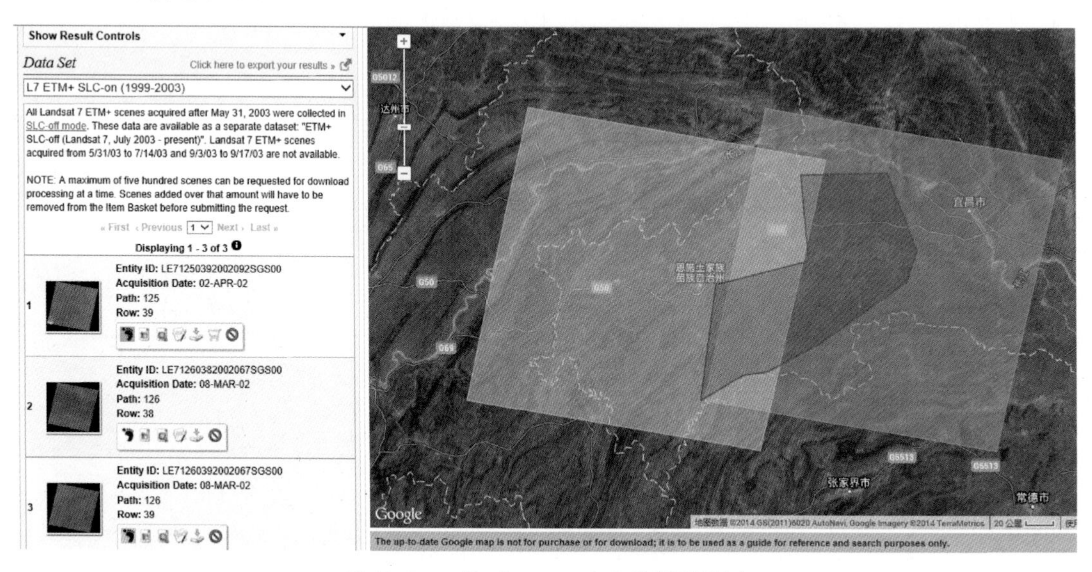

图 18-6　工作区 ETM + 库存数据预览图

3. ASTER 铁信息提取方法

图 18-7 为工作区 ASTER 库存数据预览图。ASTER 数据预处理主要包括辐射定标、大气校正、镶嵌、裁剪及去除负值异常等。在 ETM + 遥感结果基础上，使用 ASTER 数据，

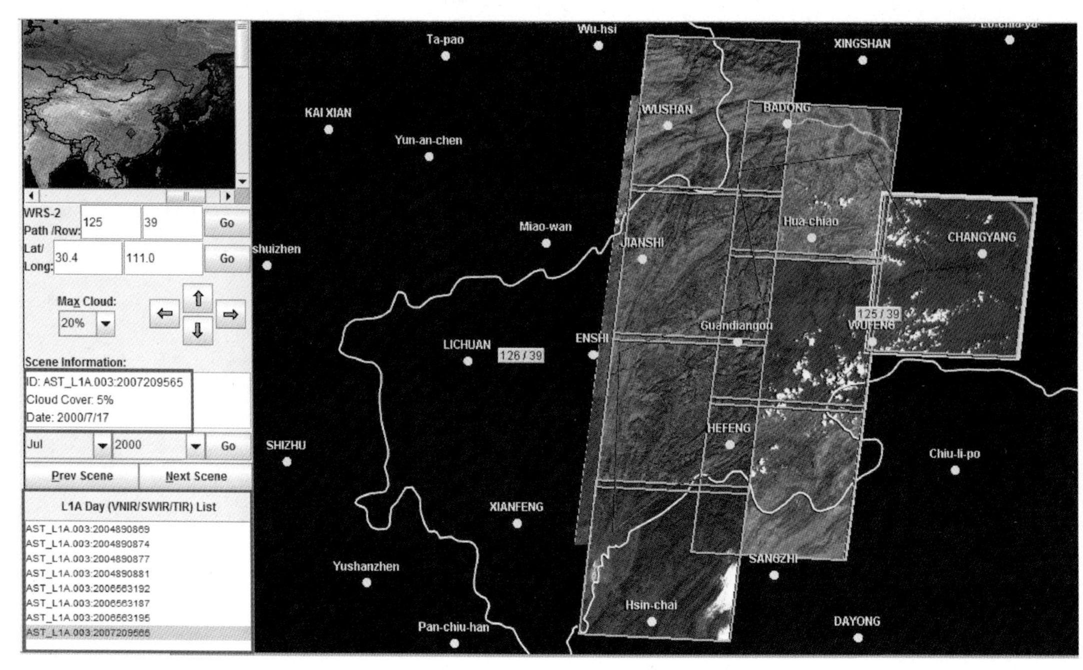

图 18-7　工作区 ASTER 库存数据预览图

采用主成分分析法、比值法等进行铁矿物信息提取。

（三）铁信息筛选

根据工作区地质构造特征、含铁层分布情况等，对铁信息进行筛选，筛选具有如下优先级：不同数据或不同方法提取的铁信息能够相互验证者；与已知矿（床）点吻合的铁信息；与地质、物探和化探等圈定的有利找矿地带吻合的铁信息；铁信息相对较强、较集中。

（四）野外查证及找矿有利地段圈定

野外查证主要以野外实地验证为主，主要内容为不同数据和方法提取结果的查证、铁信息筛选结果查证等。实地核查各级遥感信息划分阈值的正确性，验证遥感信息的可靠性和准确性，现场调整遥感信息划分阈值，进行信息筛选工作。同时，对野外现场地层岩性及环境等进行描述，拍摄野外照片。

综合分析破矿构造解译结果、遥感铁信息及筛选结果、野外查证结果等，圈定重点区，作为找矿有利地段。

第三节　遥感铁信息提取及野外查证

一、ETM+遥感铁信息提取

首先进行影响因素（如植被、水体等）干扰去除、掩膜等，然后使用各种方法提取铁信息。本次工作没有采用常用的（ETM4/ETM3）>1 来消除植被干扰，是因为该方法会造成植被覆盖区被整体消除，没有考虑植被稀疏区铁信息；而是以（ETM5/ETM4）≤1 消除植被干扰，保留了植被稀疏区一些铁信息。

ETM+遥感铁信息采用主成分分析法、比值法和光谱角法等进行提取。本工作区范围较大，包含了两景 ETM+数据（LE71250392002092SGS00、LE71260392002067SGS00）。由于这两景遥感影像色调差异较明显，且图像中干扰信息严重，若利用这两景影像镶嵌的结果进行信息提取会弱化铁信息特征、损失原有色调信息并增加噪声影响。因此，本次工作分别对这两景影像进行信息提取。

（1）主成分分析法。采用 ETM1、ETM3、ETM4、ETM5 波段进行主成分变换，识别铁异常，并对结果进行分级。分级采取统计学异常分级办法，以标准差为尺度，n 倍标准差为阈值（n 根据高中低异常取值为 3、2.5、2），限定异常水平，获取分级异常图。

（2）比值法。利用 ETM3/ETM1 提取铁异常信息。通过对比已知矿点、野外检验点及泥盆系地层范围等进行阈值设置和调整。

（3）光谱角法。使用实验室赤铁矿光谱，采用光谱角法提取赤铁矿信息。

ETM+遥感铁信息提取方法的参数见表 18-5 和表 18-6。

由图 18-5 可知：含铁矿层光谱（135.asd）的吸收谷为 520nm 和 870nm 附近，比值法和主成分分析法利用了这两个吸收特征；光谱角法计算的是光谱全波段数据，但是这两个吸收谱所在的光谱区间较小，且在 1000~2500nm 内与含铁矿层光谱相似光谱较多，因此，从光谱特征角度讲，主成分分析法和比值法的结果应比光谱角的结果好。野外查证也表明：主成分分析法和比值法结果较好，而光谱法精度不高。因此，本次工作最终采纳的结果是主成分分析法和比值法提取的铁信息结果，见图 18-8、图 18-9。

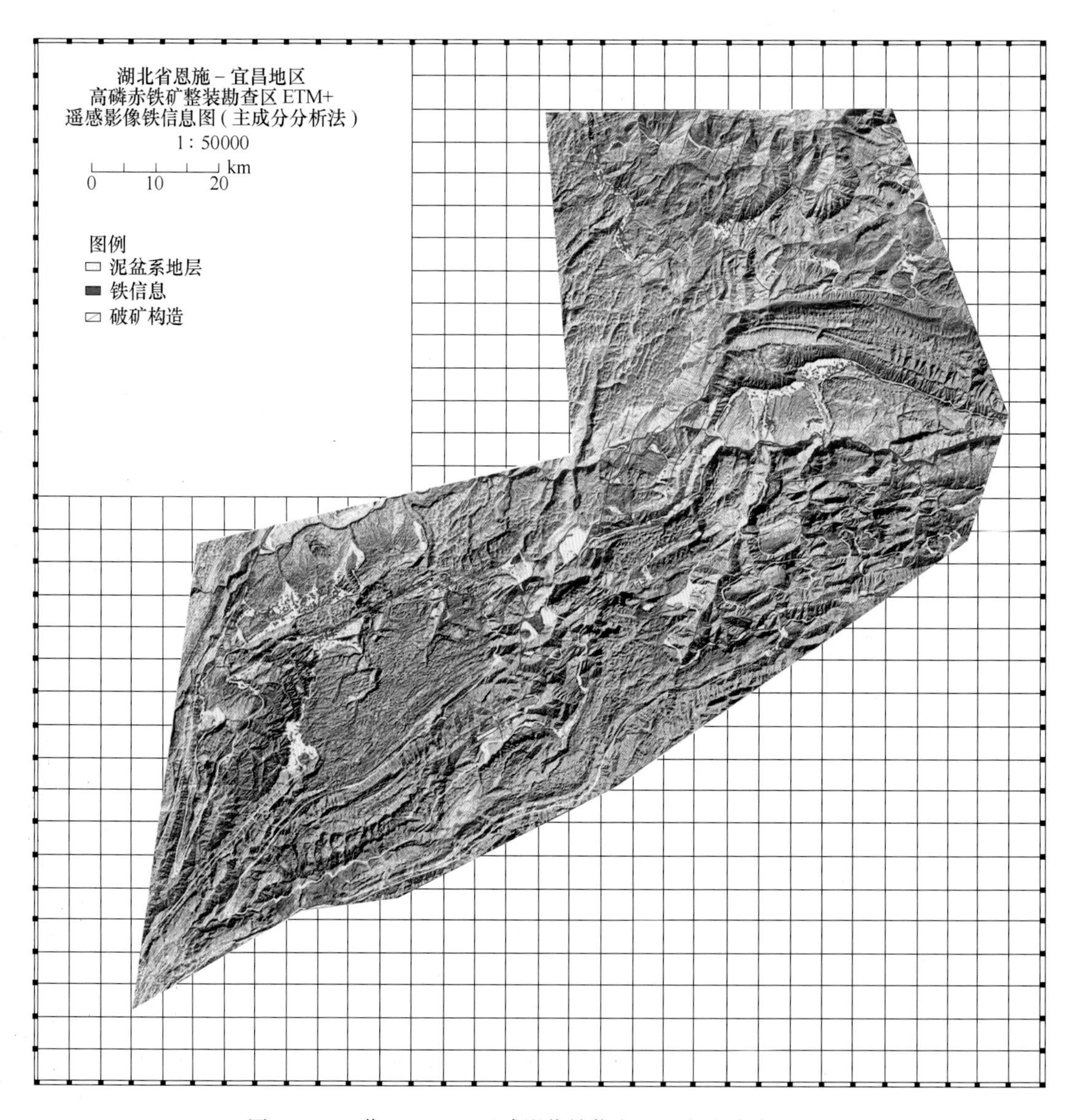

图 18-8　工作区 ETM + 遥感影像铁信息图（主成分分析法）

表 18-5　LE71250392002092SGS00 景影像的铁信息异常分级参数

方　法		参　数　值	
主成分法	铁信息（PCA1345）	一级异常（+/－3 倍标准差）	标准差：99.786745
		二级异常（+/－2.5 倍标准差）	
		三级异常（+/－2 倍标准差）	
比值法	铁信息（ETM3/ETM1）	比值阈值	1.3
光谱角法	赤铁矿信息	光谱角值	0.019

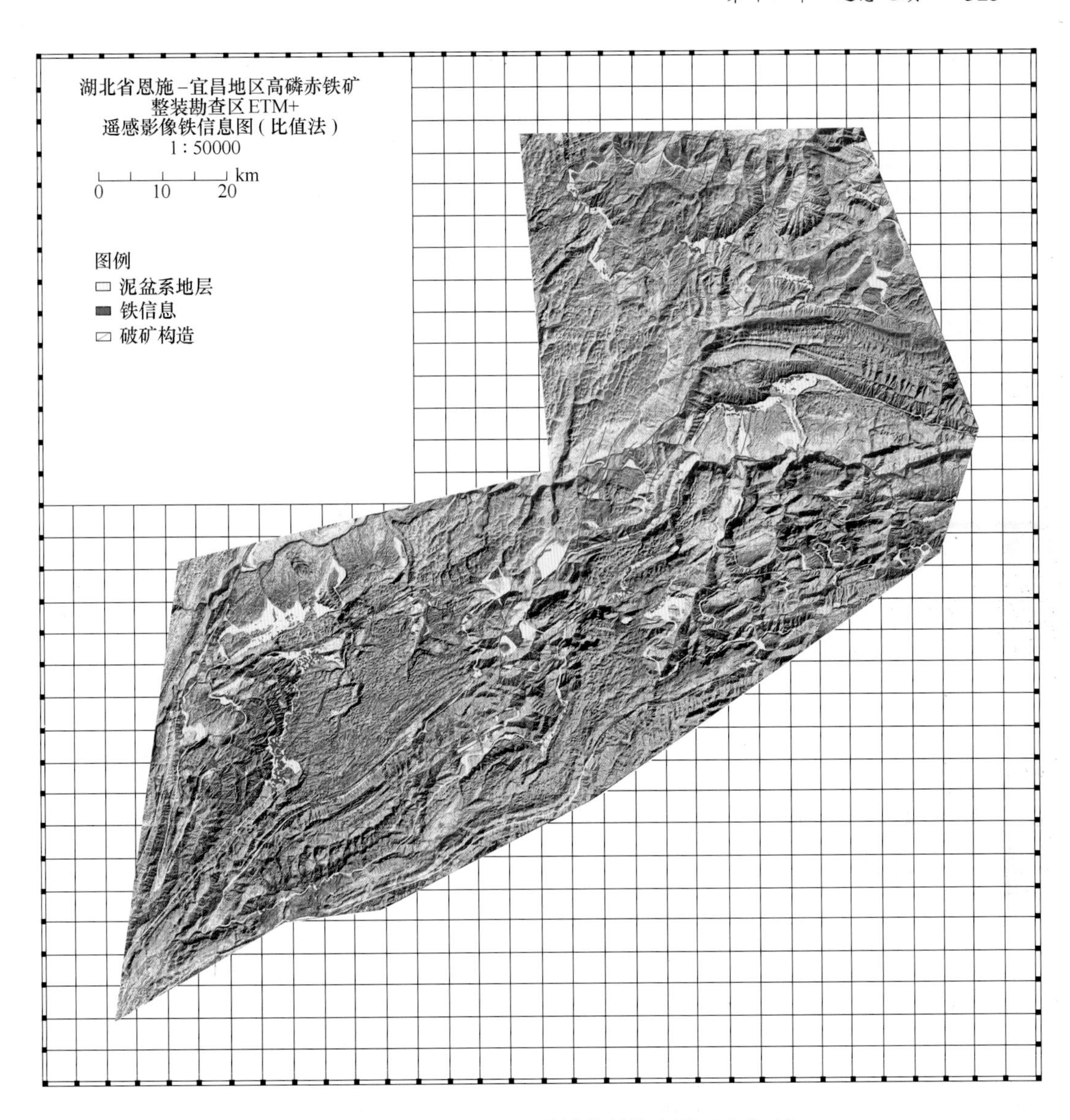

图 18-9　工作区 ETM + 遥感影像铁信息图（比值法）

表 18-6　LE71260392002067SGS00 景影像的铁信息异常分级参数

方　法		参　数　值	
主成分法	铁信息（PCA1345）	一级异常（+/-3 倍标准差）	标准差：51.100640
		二级异常（+/-2.5 倍标准差）	
		三级异常（+/-2 倍标准差）	
比值法	铁信息（ETM3/ETM1）	比值阈值	1.9
光谱角法	赤铁矿信息	光谱角值	0.019

二、ASTER 遥感铁异常信息提取

在提取遥感异常信息前，ASTER 数据也必须进行影响因素（如植被、水体、云等）

干扰去除、掩膜等。工作区包含了五景 ASTER 数据，与 ETM + 一样分别对这五景数据进行信息提取。

（1）主成分分析法。参照 ETM + 数据处理经验，选取 ASTER 数据最佳波段组合作主成分分析，提取铁异常信息。通常选取 ASTER 数据 1、2、3、4 波段组合进行提取。

（2）比值法。使用 Band2/Band1 提取铁异常信息。通过对比已知矿点、野外检验点及泥盆系地层范围等进行阈值设置和调整。

（3）光谱角法。使用实验室赤铁矿光谱，采用光谱角法提取赤铁矿信息。

ASTER 数据铁异常信息提取的参数详情见表 18-7 ~ 表 18-11。

表 18-7 ASTL1A0705020326000705050013B 景的铁信息异常分级参数

方法		参数值	
主成分法	铁信息（PCA1234）	一级异常（+/-3 倍标准差）	标准差：11.620745
		二级异常（+/-2.5 倍标准差）	
		三级异常（+/-2 倍标准差）	
比值法	铁信息（Band2/Band1）	比值阈值	1.5
光谱角法	赤铁矿信息	光谱角值	0.020

表 18-8 ASTL1A0405090326080405240668B 景的铁信息异常分级参数

方法		参数值	
主成分法	铁信息（PCA1234）	一级异常（+/-3 倍标准差）	标准差：6.109245
		二级异常（+/-2.5 倍标准差）	
		三级异常（+/-2 倍标准差）	
比值法	铁信息（Band2/Band1）	比值阈值	1.03
光谱角法	赤铁矿信息	光谱角值	0.020

表 18-9 ASTL1A0209250327270210180692B 景的铁信息异常分级参数

方法		参数值	
主成分法	铁信息（PCA1234）	一级异常（+/-3 倍标准差）	标准差：9.997668
		二级异常（+/-2.5 倍标准差）	
		三级异常（+/-2 倍标准差）	
比值法	铁信息（Band2/Band1）	比值阈值	1.05
光谱角法	赤铁矿信息	光谱角值	0.020

表 18-10 ASTL1A0705020326170705050015B 景的铁信息异常分级参数

方法		参数值	
主成分法	铁信息（PCA1234）	一级异常（+/-3 倍标准差）	标准差：5.223336
		二级异常（+/-2.5 倍标准差）	
		三级异常（+/-2 倍标准差）	
比值法	铁信息（Band2/Band1）	比值阈值	0.85
光谱角法	赤铁矿信息	光谱角值	0.020

表 18-11　ASTL1A0209250327360210180693B 景的铁信息异常分级参数

方　法		参　数　值	
主成分法	铁信息（PCA1234）	一级异常（+/-3 倍标准差）	标准差：6.867765
		二级异常（+/-2.5 倍标准差）	
		三级异常（+/-2 倍标准差）	
比值法	铁信息（Band2/Band1）	比值阈值	0.93
光谱角法	赤铁矿信息	光谱角值	0.020

和上述 ETM + 分析一样，ASTER 提取铁信息中，主成分分析法和比值法利用的是铁矿物的两个吸收特征，效果较好，而光谱角法利用的是光谱整体形态，效果较差。因此，本次工作最终采纳的结果是主成分分析法和比值法提取的铁信息结果，见图 18-10、图 18-11。

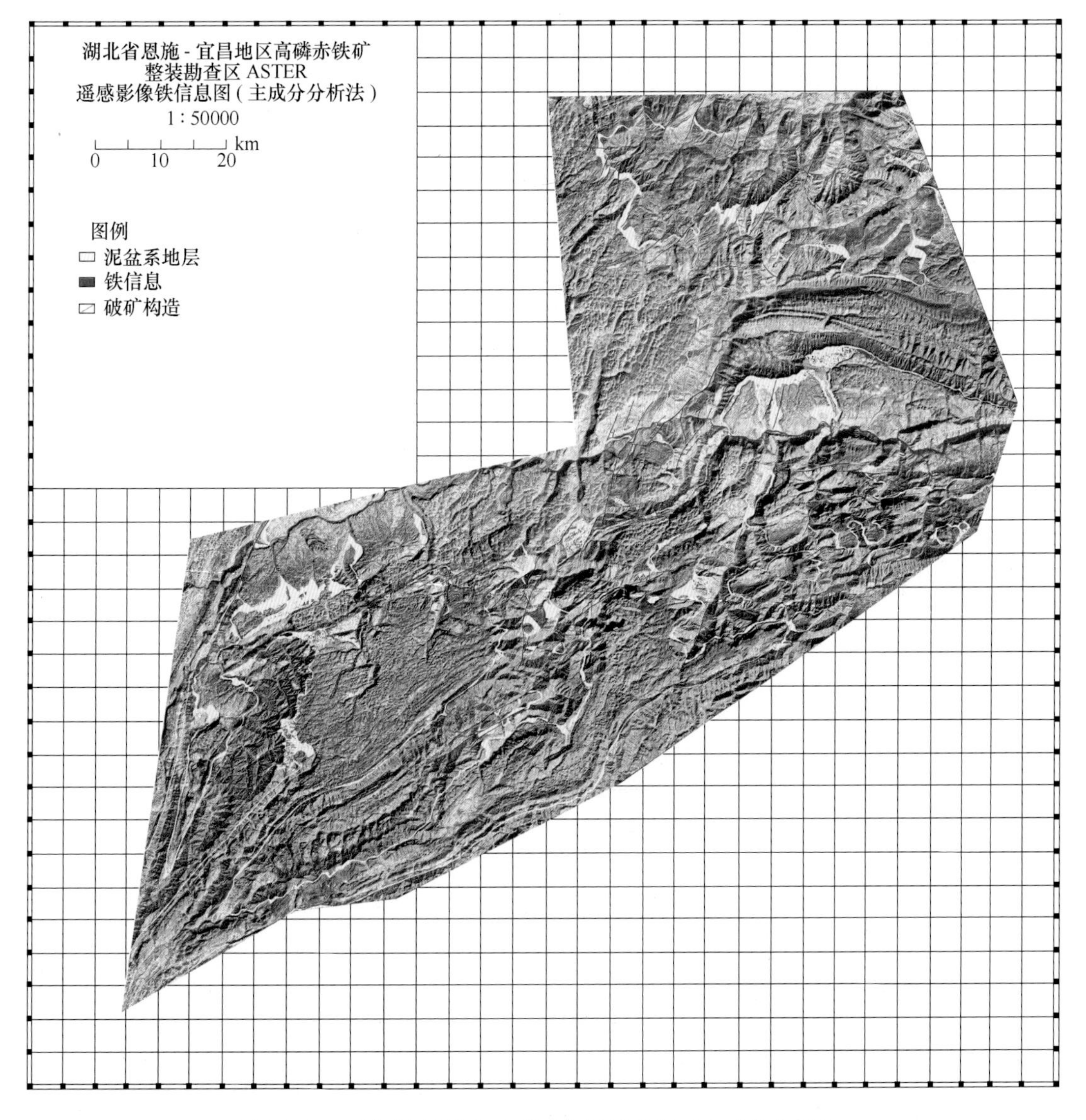

图 18-10　工作区 ASTER 遥感影像铁信息图（主成分分析法）

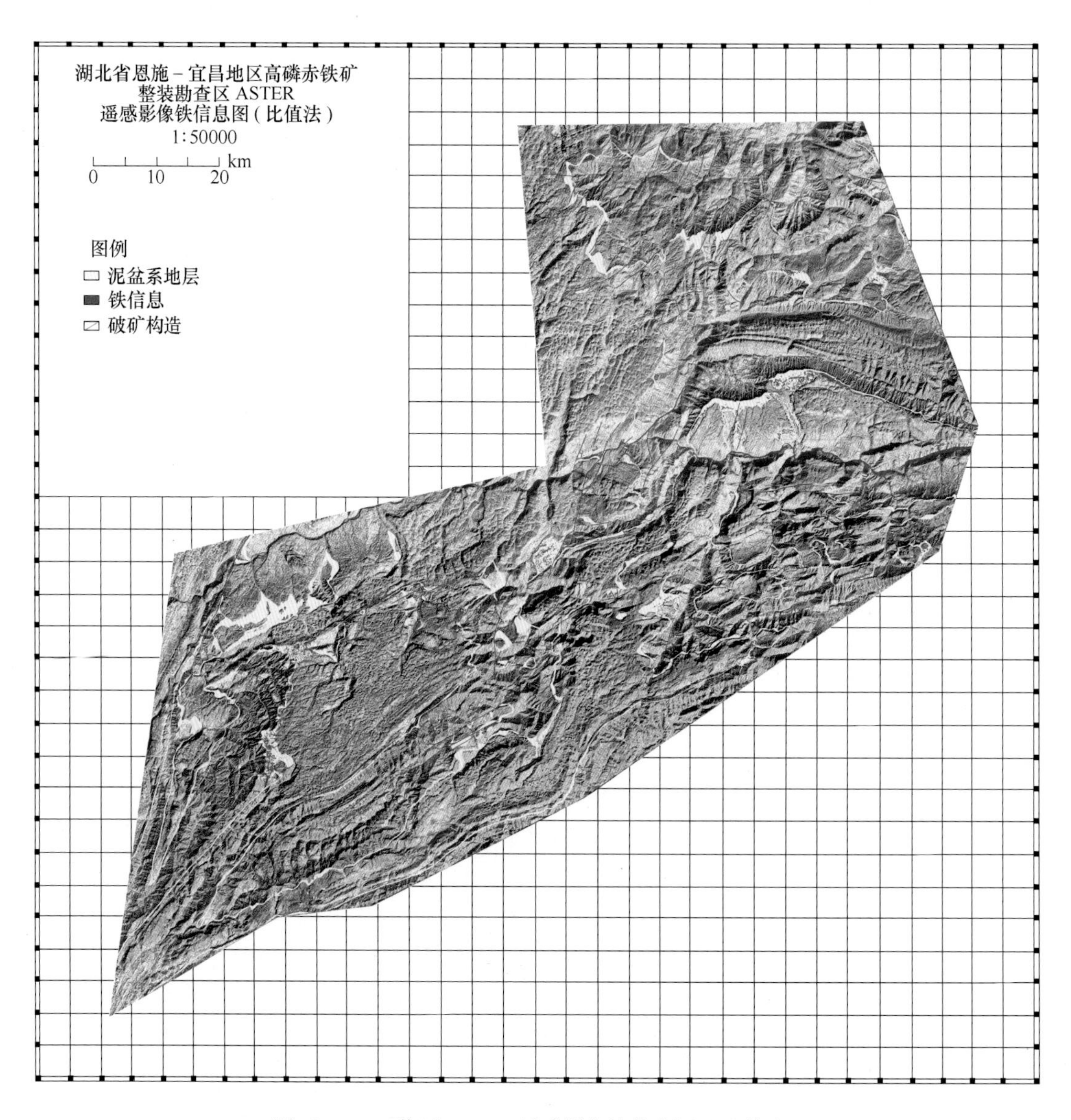

图 18-11　工作区 ASTER 遥感影像铁信息图（比值法）

三、野外典型点查证

表 18-12 列举了部分典型铁信息点野外查证结果。野外查证结果表明：除部分点是大坝、铁建房屋和铁矿石堆场等造成外，大部分实地能找到含铁层。

表 18-12　部分典型铁信息点野外查证结果表

编号	坐　标	照片编号	实　地　描　述	与解译结果对比及说明
DY003	436036E，3369424N	DY003-1/2/3/4	水布垭大坝，大坝护坡、水泥路、钢铁建筑较多	为大坝铁信息
DY008	438656E，3372708N	DY008-1	黄家磴组铁矿层（Fe_1），该处出露较好。Fe_1 顶部为粉砂质、泥质页岩	基本一致

续表 18-12

编号	坐 标	照片编号	实 地 描 述	与解译结果对比及说明
DY009	438610E, 3372830N	DY009-1	写经寺组顶部铁矿层（Fe_3），厚约3m，夹薄层泥灰岩，植被发育	基本一致
DY010	473749E, 3373395N	DY010-1/2/3	首钢采选厂，于2013年前修建，堆场存放大量铁矿石	铁信息来自采选厂和铁矿石
DY011	472732E, 3378352N	DY011-1/2	铁矿层，已被采空	一致
DY012	471804E, 3378639N	DY012-1/2	铁矿层	一致
DY014	458157E, 3375664N	DY014-1/2	铁矿层，大部分已被采空	一致
DY017	460369E, 3361171N	DY017-1/2/3/4	写经寺组 Fe_3 矿层	一致
DY020	460664E, 3361124N	DY020-1	写经寺组 Fe_3 矿层，已被采空	一致
ES003	384349E, 3334846N	ES003-1/2/3/4	含铁层，沿山路连续出露，露头良好	一致
ES004	381030E, 3323816N	ES004-1/2/3	铁矿层，厚约40cm，周边植被覆盖高	一致
ES005	380610E, 3323714N	ES005-1/2	铁矿层，厚约40cm，与ES004属于同一含矿层	一致
ES009	400606E, 3322796N	ES009-1/2/3	写经寺组 Fe_3，出露厚约3m	一致
ES010	403965E, 3325293N	ES010-1/2/3	泥盆系含铁矿层	一致
ES012	459258E, 3396218N	ES012-1/2-7	出露铁矿，露头良好，见开采（民采）洞	一致
ES013	459523E, 3395890N	ES013-1/2-14	出露铁矿，2011年左右有过开采（露天）	一致
ES014	458704E, 3396307N	ES014-1/2-6	出露3层铁矿，最下面一层铁矿质量较好（有过洞内开采），厚约1.7m	一致
ES015	453538E, 3390300N	ES015-1/2-13	出露铁矿，露头良好，开采2年左右（露采）	一致
ES016	453371E, 3390384N	ES016-1/2-6	出露铁矿，露头良好，露天开采	一致
ES017	453714E, 3392498N	ES017-1/2-6	露天开采铁矿，目前铁矿层被上覆岩体碎石覆盖，周边植被较为发育	一致

第四节　遥感找矿有利地段预测及建议

根据上述提取的含铁矿层结果，并结合工作区地形、地貌、地质构造及已知矿床（点）等，圈定找矿有利地段，结果见图 18-12、表 18-13。

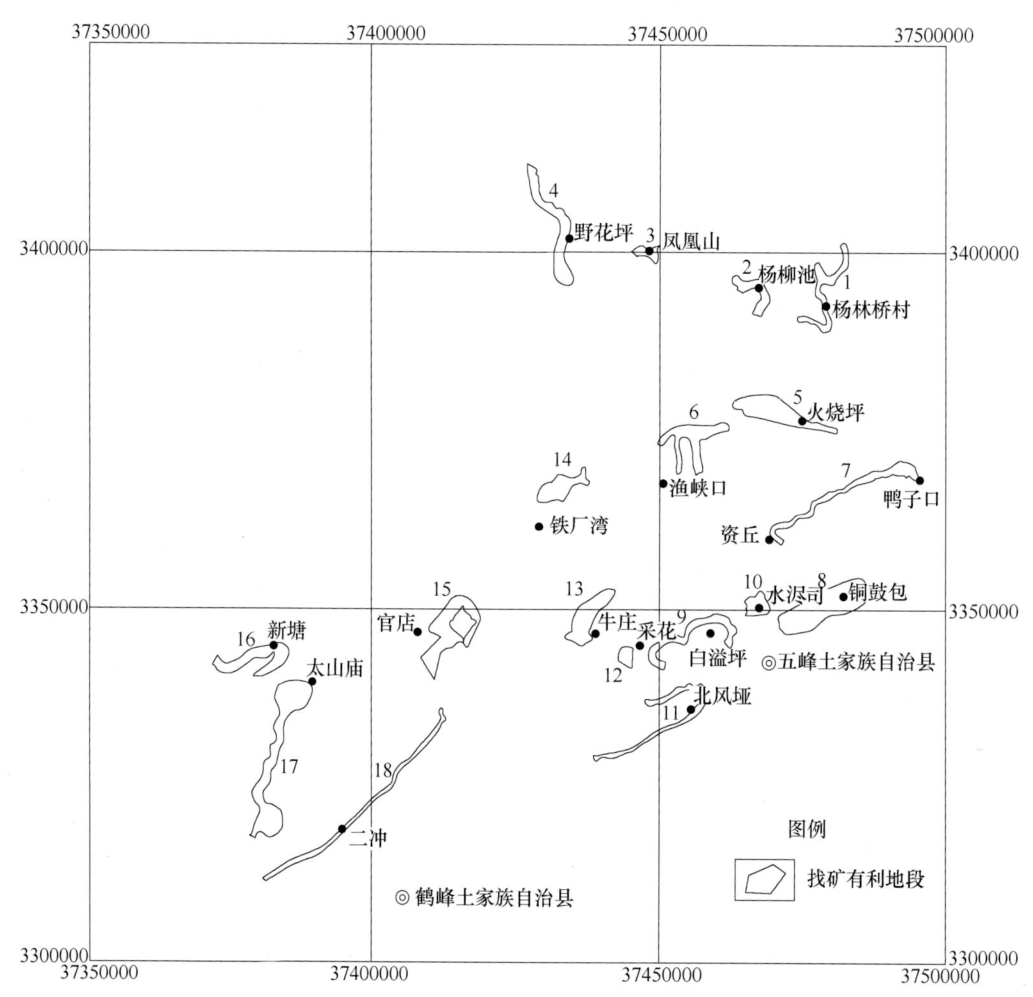

图 18-12　鄂西部分宁乡式铁矿遥感找矿有利地段分布图

由于工作区的一些区域植被覆盖严重，造成影像上铁信息微弱，给铁信息提取带来一定困难；一些含铁层出露较小的区域，提取的铁信息相对较少，在一定程度上影响找矿有利地段的圈定。因此，本次工作是在提取的遥感铁信息基础上，结合了泥盆系含铁层遥感图像特征和已知矿床（点）等信息进行有利地段圈定。这种思路适合于工作区特点，能在其他类似地区推广。此外，工作区严重的大气水汽影响，造成重点找矿地段的高光谱卫星数据采集不成功，因而没有进行相关研究。虽然通过 ETM + 和 ASTER 数据结果的综合分析，可部分避免未使用高光谱数据的不足，但是希望在以后工作中增加重点地带的高光谱遥感研究，这对于完善宁乡式铁矿的遥感基础研究和遥感找矿示范具有极其重要的意义。

表 18-13 遥感解译找矿有利地段预测表

编号	名 称	铁信息提取方法及信息集成
1	杨林新村—锯齿岩地段	出露含矿岩系和铁矿层，分布杨林新村和锯齿岩已知铁矿床。南北两段 ASTER 比值法、ASTER 主成分分析法、ETM + 比值法信息叠合集中；中段 ETM + 主成分分析法、ASTER 主成分分析法信息集中
2	马坪—杨柳池（秭归）地段	出露含矿岩系和铁矿层，分布马坪和杨柳池已知铁矿床。主要为 ASTER 比值法、ETM + 比值法信息和少量 ETM + 主成分分析法信息
3	凤凰山地段	出露含矿岩系和铁矿层，分布 3 个露天采矿点。以 ETM + 比值法信息为主，少量 ETM + 主成分分析法信息
4	野花坪地段	出露含矿岩系和铁矿层，分布三道水已知铁矿床。南北两段主要为 ETM + 主成分分析法信息；中部 ETM + 比值法信息叠合集中
5	火烧坪—田家坪地段	出露含矿岩系和铁矿层，分布有火烧坪大型及田家坪中型两个已知铁矿床。ASTER 比值法、ASTER 主成分分析法、ETM + 比值法、ETM + 主成分分析法均集中
6	渔峡口—小峰垭地段	出露含矿岩系和铁矿层，分布西流溪和萝卜头两个已知铁矿。ETM + 比值法、ETM + 主成分分析法信息均集中
7	鸭子口—资丘地段	出露含矿岩系和铁矿层，分布两个露天采矿点，主要为 ASTER 主成分分析法、ETM + 主成分分析法信息，但信息较分散
8	狮子包—铜鼓包地段	出露含矿岩系和铁矿层，分布一个露天采矿点。以 ETM + 比值法信息为主，少量 ETM + 主成分分析法信息
9	红渔坪—白溢坪地段	出露含矿岩系和铁矿层，分布岩顶子、黄连溪、地泗溪和白溢坪 4 个铁矿点。主要为 ASTER 主成分分析法信息
10	水浕司地段	出露含矿岩系和铁矿层，分布黄粮坪中型铁矿床。以 ETM + 主成分分析法信息为主，少量 ETM + 比值法信息
11	湾潭—北风垭地段	出露含矿岩系和铁矿层，分布有背塔荒、上土坪、五道水 3 个已知铁矿点。向斜北翼主要为 ETM + 主成分分析法信息，南翼为 ETM + 比值法信息
12	采花地段	出露含矿岩系和铁矿层。主要为 ETM + 比值法信息；ETM + 主成分分析法、ASTER 比值法、ASTER 主成分分析法信息也有显示
13	牛庄—沙河地段	出露含矿岩系和铁矿层，分布有龙角坝大型铁矿床和众多露天采矿点。以 ETM + 比值法信息为主，少量 ETM + 主成分分析法信息
14	杨柳池（巴东）—铁厂湾地段	出露含矿岩系和铁矿层，分布有铁厂湾中型已知铁矿床。主要为 ASTER 比值法信息
15	官店铁矿区外围	出露含矿岩系和铁矿层，分布有官店矿区凉水井—大庄铁矿已知大型铁矿床。北部以 ASTER 主成分分析法、ASTER 比值法信息为主，少量 ETM + 比值法信息；南部主要为 ASTER 比值法、ETM + 比值法信息，少量 ETM + 主成分分析法信息
16	三岔—新塘地段	出露含矿岩系和铁矿层，分布有多处露天采矿点。主要为 ETM + 主成分分析法信息，少量 ETM + 比值法信息
17	新桥—火烧堡—太山庙地段	出露含矿岩系和铁矿层，分布有新桥和火烧堡两个已知铁矿点。南北两段信息集中，主要为 ETM + 比值法信息；中段信息相对较少，主要为 ETM + 比值法和 ETM + 主成分分析法信息
18	烧巴岩—二冲—白水—七垭地段	出露含矿岩系和铁矿层，分布有烧巴岩、二冲、白水、七垭 4 个已知铁矿点。主要为 ETM + 比值法信息

第十九章 资源潜力评价技术的应用

应用“资源潜力评价技术”进行宁乡式铁矿资源潜力评价的单位有湖北省地质调查院及辽宁工程技术大学等单位，现以湖北省地质调查院的鄂西宁乡式铁矿资源评价为例加以说明。

第一节 鄂西宁乡式铁矿资源潜力评价

2007—2010 年湖北省地质调查院完成了“湖北省铁矿资源潜力评价”项目，该项目为“全国矿产资源潜力评价”项目的子项目。预测工作按照全国预测工作区统一划分方案，将鄂西地区宁乡式铁矿划分为一个单独的预测工作区。现将该项工作的主要成果引述于下。

一、资源潜力评价方法

鄂西宁乡式铁矿资源潜力评价采用的是“沉积型矿产矿床模型综合地质信息体积法”。预测成果采用 1:25 万岩相古地理图作为预测底图，叠加建造构造图、成矿规律图的内容，以及已有的地质矿产资料、1:5 万及更大比例尺的区域远景调查、矿区地质普查-详查资料，经中国地质科学院矿产资源研究所《矿产资源评价系统（MRAS）》自动化计算、成图与人机交互相结合综合编制而成。资料截止日期为 2007 年底。

编制预测成果图分 7 个步骤，各步骤及相应工作内容见图 19-1。

典型矿床预测模型建立：选取长阳火烧坪铁矿资料进行综合研究，总结并提取典型矿床成矿要素和预测要素，分析成矿研究，对含矿岩系剖面类型、岩石和矿物组合进行研究，建立典型矿床定性预测模型。

预测工作区预测模型建立：在预测工作地质背景和成矿规律的分析研究，及对典型矿床成矿要素图、预测要素图等图件编制的基础上，剔除和矿产预测关系不大的要素，总结提取区域成矿要素和预测要素，建立预测工作区定性预测模型。

信息提取：从复杂的地质特征及相互关系中提取与矿产预测有关联的地质信息。采用 GIS 技术从各预测要素图层及其属性表中提取各种与成矿有关的基本信息。提取的要素包括同时定阀值重新绘制各预测要素边界，或利用图层内相关点、线、面元属性生成新预测图层作为预测图层。共提取基础地质（含岩相古地理）、矿产、自然重砂、遥感等 4 大类 11 个预测图层。

资源量预测以“最小预测区”的方式进行表达。

“最小预测区”是在Ⅳ、Ⅴ级成矿区内圈定的，圈定的准则是“在最小预测区内，发现矿床的可能性最大，漏掉矿床可能性最小的空间”。本区最小预测区的面积圈定首先是依据岩相古地理及古沉积环境的有利部位，含铁沉积建造发育，含矿层位及矿体的走向、

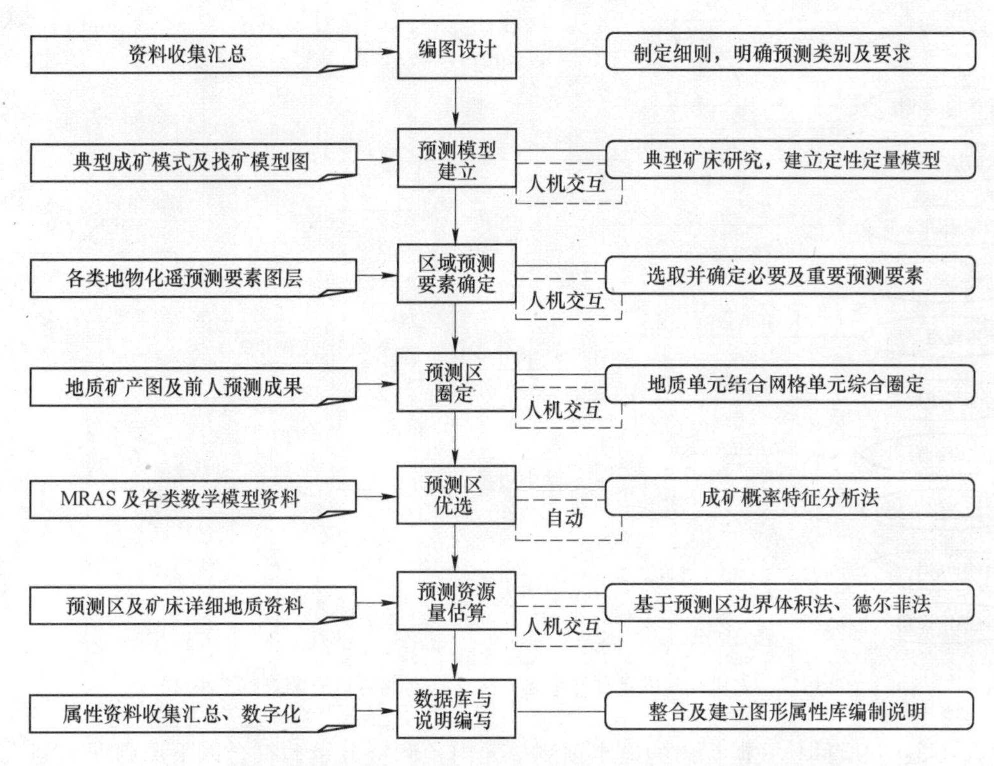

图 19-1　湖北省鄂西南宁乡式铁矿预测类型预测成果图编制流程图

（据湖北省地质调查院，2011）

倾向上的延展变化趋势，自然重砂及遥感解译等综合地质信息构成的 11 类预测要素，采用 MRAS 系统中的地质单元法、结合信息网格单元法，对这些要素进行空间分析，采用交集、并集运算的方式，进行预测单元的圈定（图 19-2），自动形成预测单元边界（网格单元采用 2km×2km-图面 8mm×8mm）。预测单元通过人机互动，进行属性提取、变量赋值、设置矿化等级、变量二值化、预测变量选取、构建预测模型、计算因素权重等，结合专家研究、分析、判断等进行最小预测区的优选。所选预测区结合地质体实际分布情况、地形地貌特点，采用人机对话形式，分割大区，合并或除去小区或碎块，微调边界修正并圈定预测单元，形成最终最小预测区。最小预测区面积控制在 $100km^2$ 以内，一般不大于 $70km^2$，不小于 $6km^2$。

最小预测区以成矿概率小于 0.35、0.35～0.82、大于 0.82 为分界点，划分 A、B、C 三个级别。每一个区按矿床模型综合信息矿（层）体地质参数体积法估算预测资源量。

按照《全国重要矿产总量预测技术要求》及《预测资源量估算技术要求（2010 年补充）》，最小预测区内预测的资源量级别参照以下标准划分：

334-1：具有工业价值的矿产地或已知矿床深部及外围的预测资源量，符合以下原则也可划入本类别，即最小预测区内具有工业价值的矿产地必须是地质调查已提交 334 以上类别资源量的矿产地，且资料精度大于 1:50000；

334-2：同时具备直接（矿点、矿化点、重要找矿线索等）和间接找矿标志的最小预测单元内的预测资源量（间接找矿标志包括物探、化探、遥感、老窿、自然重砂等异常）。资料精度大于或等于 1:50000；

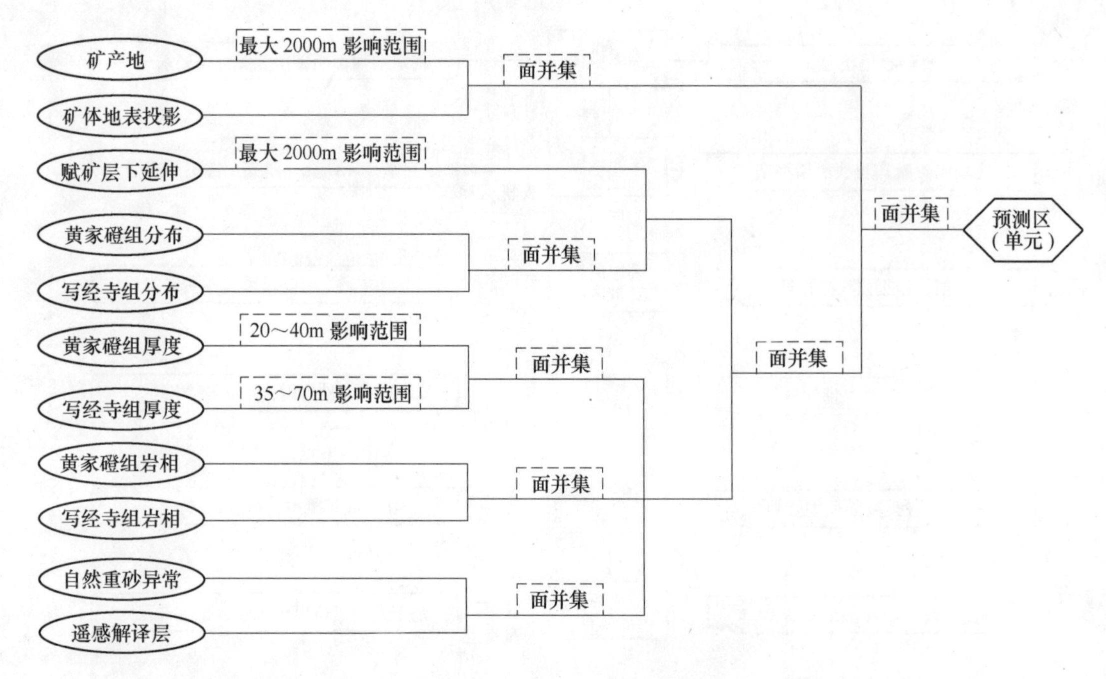

图 19-2　人机交互圈定预测单元方法（据湖北省地质调查院，2011）

334-3：只有间接找矿标志的最小预测单元内预测资源量，符合以下原则即可划入本类别，即任何情况下预测资料精度小于等于 1:200000 的预测单元内资源量。

同时，预测资源量按照不同的预测深度：500m 以浅、1000m 以浅和 2000m 以浅分别进行统计预测。

二、鄂西宁乡式铁矿预测资源量结果

鄂西宁乡式铁矿预测资源量结果见表 19-1。表中列出了 90 个最小预测区的编号、名称、级别及预测资源量。

表 19-1　鄂西宁乡式铁矿资源潜力评价结果（据湖北省地质调查院，2011）

顺序号	最小预测区名称	最小预测区级别	预测资源储量/kt
1	秭归县水府庙预测区	A	25710
2	宜昌市分乡镇预测区	B	23360
3	宜昌市官庄预测区	A	37574
4	秭归县樊家湾预测区	A	98873
5	建始县邓家乡预测区	B	7180
6	巴东县绿葱坡镇预测区	A	45871
7	建始县茅田乡预测区	B	90567
8	秭归县白燕山预测区	A	22272
9	建始县长岭岗林场预测区（十八格）	A	19775
10	建始县龙坪乡预测区	C	11057
11	秭归县金竹山预测区	A	55753
12	秭归县云台荒药材场预测区	C	6937
13	秭归县杨林桥镇预测区	B	107406
14	建始县肖家坪林场预测区	C	13115
15	秭归县杨林新村峡口锯齿岩预测区	A	119718
16	建始县三里乡预测区	C	7737
17	建始县高岩子林场预测区	B	75139

续表 19-1

顺序号	最小预测区名称	最小预测区级别	预测资源储量/kt	顺序号	最小预测区名称	最小预测区级别	预测资源储量/kt
18	秭归县杨柳池铁矿预测区	A	55278	47	长阳县长乐坪镇预测区	C	13409
19	巴东县野三关镇预测区	B	67528	48	五峰县牛庄乡预测区	A	108139
20	长阳县贺家坪镇预测区	C	11026	49	五峰县谢家坪铁矿预测区	A	11436
21	恩施市兴隆镇预测区	C	10863	50	巴东县龙坪铁矿预测区	A	18703
22	长阳县败阵垭铁矿预测区	A	40515	51	五峰自治县预测区	C	15814
23	建始县太平口铁矿预测区1	A	12521	52	恩施市见天电站预测区	C	25715
	建始县太平口铁矿预测区2	A	4022	53	恩施市红土乡预测区	B	37271
24	巴东县大支坪镇预测区	C	29709	54	建始县官店镇预测区	A	43284
25	巴东县仙人岩铁矿预测区	A	16814	55	五峰县傅家堰乡预测区	C	17107
26	巴东县瓦屋场铁矿预测区	A	39187	56	五峰县大花坪林场预测区	C	11524
27	建始县预测区	C	10894	57	五峰县采花乡预测区	C	54311
28	恩施市铁厂坝铁矿预测区	A	52768	58	鹤峰县红莲池铁矿预测	A	72871
29	长阳县火烧坪乡预测区	A	196824	59	巴东县黑石板赤铁矿预测区	A	23388
30	长阳县资丘镇1预测区	C	10909				
31	长阳县土地岭林场预测区	C	41872	60	建始县五家河铁矿预测区	A	17388
32	恩施市白杨坪乡预测区	B	49858	61	恩施市芭蕉侗族乡预测区	B	22417
33	长阳县青岗坪铁矿预测区	A	92101	62	恩施县苏维埃政府旧址预测区	B	72900
34	恩施市龙凤坝镇预测区	C	20810				
35	长阳县资丘镇2预测区	C	29115	63	建始县阮家河铁矿预测区	A	11445
36	巴东县水布垭镇预测区	B	60310	64	五峰县北风垭林场1预测区	C	28410
37	长阳县马鞍山铁矿床预测区	A	3599	65	五峰县石崖坪铁矿1预测区	C	6695
38	长阳县资丘镇3预测区	C	9569	66	恩施市中武当遗址预测区	C	35719
39	长阳县茅坪铁矿预测区	A	126652	67	五峰县石崖坪铁矿2预测区	A	11338
40	恩施市屯堡乡预测区	C	9486				
41	长阳县石板坡铁矿预测区	A	39118	68	松滋县松木坪镇预测区	A	16920
42	巴东县杨柳池铁厂湾铁矿预测区1	A	40984	69	恩施市红山军军部旧址预测区	C	25734
	巴东县杨柳池铁厂湾铁矿预测区2	A	38950	70	五峰县北风垭林场2预测区	C	32578
	巴东县杨柳池铁厂湾铁矿预测区3	A	16684	71	松滋县杨树坪石灰岩矿预测区	C	19662
43	五峰县傅家堰铁矿预测区	A	70092	72	宣恩县火烧堡铁矿预测区	A	138511
44	恩施市沙地乡预测区	C	47341	73	宣恩县壶瓶山林场预测区	B	10202
45	建始县王村坝乡预测区	A	19118	74	恩施市毛坝乡预测区	C	9735
46	五峰县黄粮坪铁矿预测区	A	13610	75	恩施市麻茶沟水电站预测区	C	16686

续表 19-1

顺序号	最小预测区名称	最小预测区级别	预测资源储量/kt	顺序号	最小预测区名称	最小预测区级别	预测资源储量/kt
76	宣恩县长潭河铁矿预测区	A	30497	83	五峰县预测区	C	9969
77	鹤峰县朝阳坪铁矿预测区1	A	46911	84	宣恩县马虎坪矿段预测区	A	92317
	鹤峰县朝阳坪铁矿预测区2	A	26025	85	宣恩县中坪矿段预测区	A	45629
78	松滋县卸甲坪土家族乡预测区	C	15157	86	宣恩县高罗乡预测区	C	22998
				87	鹤峰县烧巴岩铁矿预测区	A	80346
79	鹤峰县下坪乡预测区	C	8546	88	咸丰县清坪镇预测区	C	15488
80	鹤峰县消水洞预测区	C	44323	89	鹤峰县太平乡预测区	B	22182
81	鹤峰县清水湄铁矿预测区	A	49443	90	宣恩县沙道沟镇预测区	C	14546
82	鹤峰县中营乡预测区	C	15847	合计			3532725

对各最小预测区的资源量应用MRAS软件进行了可信度统计分析，分别评价他们的面积、延伸及预测资源总量的综合可信度。其中资源量综合可信度的评价指标为：

最小预测区内矿床勘查程度高，深部及外围预测要素及综合信息齐全，矿产预测类型区域稳定性好，其预测资源量综合的可信度为不低于0.75；最小预测区内有已知矿点（化）点，综合信息较齐全，矿产预测类型区域稳定性较好，其预测资源量综合可信度为不低于0.50；仅以物化探异常推断的最小预测区，其资源量综合可信度为不低于0.25。

该区铁矿资源量定量估算除采用上述“矿床模型综合地质信息体积法”外，还采用了“德尔菲法”预测。德尔菲法（Delplin method）又称“专家规定程序调查法”，是采用背对背的通信方式征询专家小组成员的预测意见，通过几轮征询，使专家小组的预测意见趋于集中，最后作出较符合实际的预测结论。它广泛地应用各种预测领域，而且可以广泛应用于各种评价指标体系的建立和具体指标的确定过程。

该区德尔菲法铁矿资源量预测由湖北省全局系统内聘请的5名工作经验丰富的专家组成的专家组完成的。由专家组对省级矿产课题提出的预测工作区进行审核，确认最小预测区。为了进一步提高预测精度，将定位预测所圈最小预测区的面积大小、数量等信息均以列出表格形式提供给专家。专家按规定程序背靠背填写“德尔菲法资源量意见征询表”，经反复研究修正并确认后由项目部汇总。

本区矿床模型综合地质信息体积法和德尔菲法资源量预测成果汇总于表19-2、表19-3。

表19-2 鄂西宁乡式铁矿资源量预测结果汇总

最小预测区数量	最小预测区级别			最小预测区总面积/km²	A级/km²	B级/km²	C级/km²	已查明资源量/kt
	A	B	C					
90	40	13	37	1313.64	741.08	223.83	348.73	1958528

预测区资源总量/kt	预测资源量/kt	资源量分级别/kt			资源量500m以浅/kt	资源量1000m以浅/kt	资源量2000m以浅/kt
		334-1	334-2	334-3			
5491253	3532725	2163172	639140	730413	2303356	3443979	3532725

表 19-3 鄂西宁乡式铁矿德尔菲法铁矿资源量预测结果

预测深度/m	预测资源量/kt		
	90%（信度）	50%（信度）	10%（信度）
500	12000	408000	1272000
1000	300000	770000	3120000
2000	340000	1352000	3882000

由表19-2知，鄂西宁乡式铁矿的资源潜力巨大，资源总量预测为54.91亿吨，除已查明的19.59亿吨外，还有35.33亿吨的找矿潜力。德尔菲法预测的结果比较少，但预测的资源总量也有38.82亿吨之多，尚有将近20亿的找矿潜力。

第二节 富矿中磷铁矿自熔性矿资源潜力评价

中南冶金地质研究所在鄂西宁乡式铁矿资源量预测的基础上，根据自己的研究的成果进行了富铁矿、中磷铁矿和自熔性矿的预测，结果分述于下。

一、富矿资源潜力评价

（一）富铁矿标准

（1）酸性富矿：TFe≥45%，$(CaO+MgO)/(SiO_2+Al_2O_3)<0.5$；

（2）自熔性富矿：TFe≥35%，$(CaO+MgO)/(SiO_2+Al_2O_3)\geq 0.8$。

（二）预测评价方法

富铁矿资源潜力评价在全区铁矿资源潜力评价的基础上进行，在全区铁矿资源评价选定的最小预测区中，根据富矿产出的地层、构造、岩相古地理条件，以及全区铁矿中含铁量分布图所圈定的富铁区域，优选一部分最小富铁矿预测区，并根据富铁矿预测区中已查明铁矿中富铁矿石所占的数量比推算最小富铁预测区中富铁矿的潜在资源量。

（三）最小富矿预测区的选定准则

（1）为鄂西宁乡式铁矿资源量预测所选定的最小预测区。

（2）区内黄家磴组、写经寺组发育，两者的总厚度应在60～90m。岩性组成稳定，横向上变化小。黄家磴组由中细粒石英砂岩、粉砂岩、粉砂质泥岩组成，其中碎屑岩与泥质岩的数量相近，局部可能出现少量的碳酸盐岩石。岩层中可见到植物、腕足类、珊瑚、鱼类化石。Fe_1、Fe_2矿层分别出现在中部和上部。写经寺组自下而上由页岩夹砂岩、泥质灰岩、页岩组成"三层结构"，铁矿产于上下两个岩性转换面处。

（3）区内Fe_3和Fe_4^1矿层发育，厚度1～3m以上，延长500m以上。矿石为致密块状鲕状赤铁矿、钙质鲕状赤铁矿、含磁铁鲕状赤铁矿，矿石中鲕绿泥石、菱铁矿、泥质、石英碎屑含量少。

（4）最小预测区古构造位置处于鄂西泥盆纪沉积盆地中心及周围区域，其大致边界为中坝—红岩—万寨以东，沙园—湾潭—河口以北，龙潭坪—磨坪—秭归—三斗坪以南，土门—刘家场以西。

（5）最小预测区位于晚泥盆世古地理远滨洼地，及远滨坡地区域，可分为二条带，即西部磨坪—野三关—杨柳池—香潭坪富矿带及东部芝兰—磨池—渔洋关富矿带。

(6) 最小预测区位于晚泥盆世写经寺期页岩夹灰岩砂岩微相区和灰岩夹页岩砂岩微相区。

(7) 最小富矿预测区位于《湖北省恩施—宜昌地区高鳞赤铁矿 TFe 含量分布图》中圈定的 TFe 含量大于40%的（富铁）区域，有下述7个：1）十八格、铁厂坝区；2）长潭河、烧巴岩区；3）伍家河、茅坪区；4）白燕山区；5）黄粮坪、石板坡区；6）青岗坪、火烧坪、官庄区；7）阮家河、松木坪区。每个富铁区内包含3～11个最小富铁预测区，其中第3）区面积最大，约 $2200km^2$，是富铁矿最为集中的产区。对于自熔性矿石，富矿圈定的 TFe 含量为不小于38%。

(四) 最小富矿预测区富铁矿资源量预测结果

(1) 按富铁区计算每一区内各最小预测区预测资源量。

(2) 计算每一富铁区内已查明铁矿的资源总量和查明的富矿总量，求出富矿量和资源总量的比值，作为计算每一最小预测区内富矿量的系数；最小预测区预测资源量乘系数，即为每一富矿最小预测区的富矿资源量。

(3) 各富铁区富矿预测系数为：1）十八格、铁厂坝区 0.6858；2）长潭河、烧巴岩区 0.2887；3）茅坪、王家河区 0.4042；4）白燕山区 0.10；5）黄粮坪、石板坡区 0.3991；6）松木坪区 0.9623；7）火烧坪、青岗坪、官庄区 0.6085。

(五) 富矿预测结果

7个富铁区内共有最小富铁预测区34个（表19-4），预测富铁矿资源总量780474kt。

表19-4 最小富矿预测区资源量预测结果

富铁区	序号	编 号	名 称	预测富矿资源量/kt
十八格、铁厂坝区	9	14201101006	建始县长岭岗林场预测区（十八格）	7583
	7	24201101003	建始县茅田乡预测区	62111
	23	14201101011	建始县太平口铁矿预测区	11345
	16	34201101004	建始县三里乡预测区	5306
	27	34201101008	建始县预测区	7471
	32	24201101007	恩施市白杨坪乡预测区	34193
	34	34201101011	恩施市龙凤坝镇预测区	14271
	28	14201101014	恩施市铁厂坝铁矿预测区	36188
长潭河、烧巴岩区	72	14201101034	宣恩县火烧堡铁矿预测区	39988
	87	14201101040	鹤峰县烧巴岩铁矿预测区	25223
	76	14201101035	宣恩长潭河铁矿预测区	8804
茅坪、五家河区	39	14201101018	长阳县茅坪铁矿预测区	51193
	31	34201101010	长阳县土地岭林场预测区	16925
	36	24201101008	巴东县水布垭镇预测区	24377
	42	14201101020	巴东县杨柳池铁厂湾铁矿预测区	39052
	50	14201101026	巴东县龙坪铁矿预测区	7560

续表 19-4

富铁区	序号	编号	名称	预测富矿资源量/kt
茅坪、五家河区	48	14201101024	五峰牛庄乡预测区	43710
	65	34201101023	五峰石崖坪铁矿预测区	2706
	58	14201101028	鹤峰县红莲池铁矿预测区	29454
	60	14201101030	建始县五家河铁矿预测区	7028
	54	14201101027	建始县官店镇预测区	17495
	59	14201101029	巴东县黑石板赤铁矿预测区	9453
白燕山区	8	14201101005	秭归县白燕山预测区	9057
	13	24201101004	秭归县杨林桥镇预测区	10741
黄粮坪、石板坡区	41	14201101019	长阳县石板坡铁矿预测区	15612
	46	14201101023	五峰县黄粮坪铁矿预测区	5432
	51	34201101017	五峰自治县预测区	6311
	47	34201101016	五峰县长乐坪镇预测区	5352
松木坪区	71	34201101027	松滋县杨树坪石灰岩矿预测区	18881
	68	14201101033	松滋县松木坪镇预测区	16248
	78	34201101030	松滋县卸甲坪土家族乡预测区	14555
火烧坪、青岗坪区、官庄区	3	14201101002	宜昌市官庄预测区	22864
	33	14201101016	长阳县青岗坪铁矿预测区	56043
	29	142011010105	长阳县火烧坪乡预测区	97942
合计				780474

二、中磷铁矿资源潜力评价

（一）中磷铁矿标准

本区铁矿中含磷普遍较高，全区铁矿的平均含量为0.855%。根据鄂西铁矿中磷的分布特点及铁矿开发利用条件的研究，中磷铁矿的指标定为：P＝0.6%~0.25%。

（二）最小中磷铁矿预测区选定标准

（1）为鄂西高磷铁矿资源量预测所选定的最小预测区。

（2）最小中磷铁矿预测区位于全区铁矿磷含量分布图P≤0.7%等值线圈定的范围内，共有5块：官庄铁矿及外围；谢家坪铁矿及外围；伍家河铁矿及外围；铁厂坝铁矿及外围；铁厂湾铁矿及外围。在每个中磷铁矿区内包含2~6个最小中磷铁矿预测区。

（3）最小预测区内有查明的中磷铁矿。

（4）区内虽无查明铁矿资源量，但周围已查明铁矿含磷量相对较低。

（5）多靠近沉积盆地边缘位置，或在盆地凹陷最深部位，晚泥盆世岩相古地理分析古水深为20~40m或高60m的区域。

（6）分布于写经寺期灰岩夹页岩砂岩微相、页岩夹灰岩砂岩微相区域。

（三）最小中磷铁矿预测区中磷铁矿资源量预测结果

最小中磷铁矿预测区资源量预测结果见表19-5，由表可知共有预测区20个，预测中磷矿资源总量619268kt。

表19-5 最小中磷铁矿预测区资源量预测结果

中磷区	预测区序号	预测区编号	预测区名称	预测资源量/kt
官庄铁矿外围	2	24201101001	宜昌市分乡镇预测区	23360
	3	14201101002	宜昌市官庄预测区	37574
谢家坪铁矿及其外围	49	14201101025	五峰县谢家坪铁矿预测区	11436
	46	14201101023	五峰县黄粮坪铁矿预测区	13610
	38	34201101013	长阳县资丘镇3预测区	9569
	57	34201101021	五峰县采花乡预测区	54311
	51	34201101017	五峰县预测区	15814
	47	34201101016	长阳县长乐坪镇预测区	13409
伍家河铁矿及其外围	60	14201101030	建始县伍家河铁矿预测区	17388
	63	14201101031	建始县阮家河铁矿预测区	11445
	77	14201101036	鹤峰县朝阳坪预测区	72936
	79	34201101031	鹤峰县下坪乡预测区	8546
	82	34201101033	鹤峰县中营乡预测区	15847
	80	34201101032	鹤峰县消水洞预测区	44323
铁厂坝铁矿及其外围	28	14201101014	恩施市铁厂坝铁矿预测区	52768
	34	34201101011	恩施市龙凤坝镇预测区	20810
	40	34201101014	恩施市屯堡乡预测区	9486
铁厂湾铁矿及其外围	42	14201101020	巴东县杨柳池铁厂湾铁矿预测区	96617
	24	34201101007	巴东县大支坪镇预测区	29709
	36	24201101008	巴东县水布垭镇预测区	60310
合计				619268

三、自熔性矿资源潜力评价

（一）自熔性矿标准

凡矿石中$(CaO+MgO)/(SiO_2+Al_2O_3)\geqslant 0.8$均划归为自熔性矿，不再从中划分出碱性矿石。

（二）最小自熔性矿预测区选定标准

（1）为鄂西高磷铁矿资源量预测所选定的最小预测区。

（2）位于SiO_2含量分布图中$SiO_2<15\%$的区域。

（3）位于CaO含量分布图中$CaO>8\%$的区域。

（4）位于Fe_3成矿期岩相分布图中铁质岩页岩灰岩微相区。

符合以上标准的有两个区域：火烧坪、青岗坪、官庄区；松木坪区。每个区域中包含3~7个最小自熔性矿预测区。

（三）最小自熔性矿预测区自熔性矿资源量预测结果

共有最小自熔性矿预测区10个（表19-6），预测区预测资源量乘以预测区自熔性矿占有比例（0.8）为预测区自熔性矿预测资源量。10个最小自熔性矿预测区预测自熔性矿资源量357898kt。

表19-6　最小自熔性铁矿预测区资源量预测结果

自熔性矿分布区	序号	编　号	预测区名称	预测自熔性矿石资源量/kt
火烧坪、青岗坪、官庄区	35	34201101012	长阳县资丘镇2预测区	23292
	29	14201101015	长阳县火烧坪乡预测区	128765
	41	14201101019	长阳石板坡铁矿预测区	31294
	47	34201101016	长阳县长乐坪镇预测区	10727
	33	14201101016	长阳县青岗坪铁矿预测区	73681
	3	14201101002	宜昌市官庄预测区	30059
	2	24201101001	宜昌市分乡镇预测区	18688
松木坪区	68	14201101033	宜都市松木坪镇预测区	13536
	71	34201101027	宜都市杨树坪石灰岩矿预测区	15730
	78	34201101030	松滋县卸甲坪乡预测区	12126
合　计				357898

第三篇 选冶技术

本篇包括第二十章至第二十三章，内容为宁乡式铁矿工艺矿物特征、选冶技术、工艺设备和选矿药剂，涵盖了半个世纪以来宁乡式铁矿选冶研究的主要成果和最新进展。宁乡式铁矿的选冶试验研究与地质勘查几乎同步进行的，20世纪70年代后期由于矿石利用问题没有解决，地质勘查进入了停顿状态，而选冶试验研究则反而得到进一步加强，提升至国家科技攻关的高度。国家曾多次组织科研院所、高等院校、钢铁生产企业联合对宁乡式的选冶技术攻关，取得了丰富的、对今后工作有导向意义的成果。本篇对这些成果进行了梳理和评述。

第二十章表述了这一类型铁矿工艺矿物学研究特征及最新研究成果，对不同类型矿石进行了工艺矿物学性质评述，对选矿目标提出了建议。

第二十一章对宁乡式铁矿选冶技术进行了全面总结，分别阐述了重选和磁选、磁化焙烧—磁选—反浮选、反浮选、金属化焙烧磁选等方法的基本流程和选别效果，介绍了富块矿铸造生铁、高炉炼铁—铁水炉外三脱工艺、熔融还原法炼铁脱磷及化学选矿和生物选矿技术，并对宁乡式铁矿选冶技术进行了评述，认为：根据现有的选冶技术和市场需求，近期利用富矿直接作为商品矿供钢铁企业配矿使用，或供专门冶炼高磷生铁的企业使用，资源利用率高，规避了目前选矿尾矿含铁品位高、精矿铁品位和回收率双低的问题；此外，通过磁选和重选，抛除采矿混入的围岩，获得 TFe>50% 的精矿再作配矿使用，选矿回收率高，尾矿可做水泥配料，处理简单易行；未来，富矿及铁精矿采用高炉冶炼高磷铁水，在专用冶金炉中脱磷后进入转炉炼钢，获得各型钢材和钢渣磷肥，高炉矿渣水淬细磨获得混凝土矿物掺合料，实现铁、磷、渣全面综合利用，应是宁乡式铁矿开发利用的主要模式。

第二十二章和第二十三章分别介绍了宁乡式铁矿选冶工艺设备和选矿药剂，阐述了各型高效破磨设备、重选设备、还原焙烧设备的特点、功效，以及宁乡式铁矿选矿常用的各类选矿药剂的性能和使用效果。

第二十章　矿石工艺矿物学性质

第一节　宁乡式铁矿的工艺矿物学分类

一、按照矿石酸碱度分类

酸性矿石（酸碱度 <0.5）：全国宁乡式铁矿中酸性矿石共计34.54亿吨，占全国宁乡式铁矿资源总量的90.78%；酸性矿石是宁乡式铁矿主要类型，也是宁乡式铁矿选冶技术研究的主攻对象。

自熔性（酸碱度 =0.8～1.2）及碱性矿石（酸碱度 >1.2）：主要集中在湖北省宜昌市辖区内，资源量3.103亿吨，集中分布在宜昌地区火烧坪、青岗坪、田家坪、石板坡、官庄五个大中型铁矿中，以及广西海洋、湖南田湖等矿区。应单独作为一个目标，研究在不破坏其自熔性前提下的开发利用技术路线。全国各酸碱类型矿石的资源量分布见图20-1。

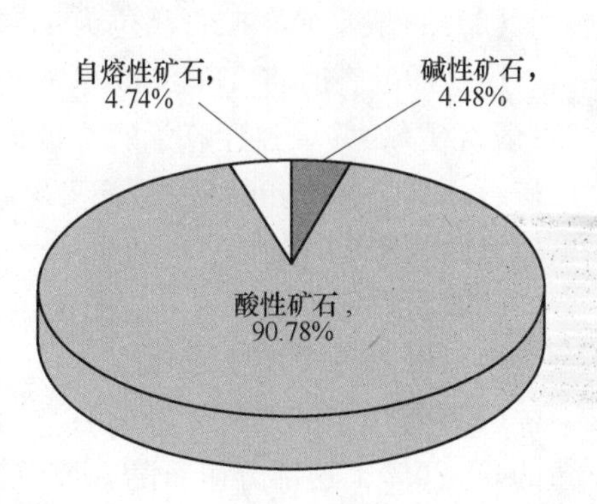

图20-1　全国宁乡式铁矿酸碱类型的构成

二、按照矿石自然类型分类

宁乡式铁矿矿石按工业矿物种类不同分为三类：鲕状赤铁矿矿石、鲕状绿泥石菱铁矿矿石及鲕状磁铁赤铁矿石。

鲕状赤铁矿矿石：铁矿物以赤铁矿为主，鲕绿泥石和菱铁矿占很次要的地位。根据矿石构造又有砾状赤铁矿、豆状赤铁矿、粒状赤铁矿等变种。有的矿区根据矿石中方解石的含量和石英碎屑、岩屑等含量分出钙质鲕状赤铁矿和砂质鲕状赤铁矿。大多数的宁乡式铁矿以这种矿石类型为主。

鲕绿泥石菱铁矿矿石：铁矿物以鲕绿泥石、菱铁矿为主，赤铁矿含量较少。矿石具鲕状结构或粒状结构，风化后变化为褐铁鲕绿泥石矿石或褐铁矿矿石，这种类型的矿石分布也比较普遍。

鲕状磁铁赤铁矿石：铁矿物以磁铁矿、赤铁矿为主，具有鲕状构造，赤铁矿组成鲕粒，磁铁矿产于其间，或交代赤铁矿。该种矿石主要分布在湘东赣西地区，鄂西 Fe_4层矿中也有产出。

三、按矿石品级分类

根据地质勘查确定的工业指标及近些年开发利用宁乡式铁矿时对矿石的要求，矿石品级可分为三类：

富矿：TFe≥50%；

一般富矿：TFe 45%~50%；

贫矿：TFe 25%~45%。

（1）富矿。矿石品位 TFe≥50%，可直接作为商品矿供高炉炼铁配矿使用，可理解为铁矿富矿的Ⅰ级品。这一类矿石品级在过去地质勘查时并未划定，因此也没有单独计算其资源量，它包含在“一般富矿”这一品级中。目前全国宁乡式铁矿产区都有开采富矿供高炉炼铁配矿使用的情况，故有必要估算富矿的资源量。我们根据铁矿床中矿石品位一般呈正态分布的特点，利用数理统计方法，估算了全国宁乡式铁矿含铁大于 50% 的富矿约为 1.59 亿吨。

（2）一般富矿。矿石品位为 TFe 45%~50% 的铁矿，可理解铁矿富矿的Ⅱ级品。

原地质勘查时将 TFe≥45%（酸性矿石）或 TFe≥35%（自熔性矿石）的矿石作为“一般富矿”，并单独计算了资源量，因此它包括了本书中所指的富矿和一般富矿两个品级的矿石。从总量中扣除含铁大于 50% 的富矿即为一般富矿的量。全国宁乡式铁矿中的一般富矿量约为 9.54 亿吨。

一般富矿属于需选矿石，是当前选冶技术攻关的主要目标，由于含铁较高，相对较易突破，可以取得较好经济效益。

（3）贫矿。品位 TFe 25%~45% 的矿石，总量约为 26.92 亿吨，占宁乡式铁矿资源总量的 69.96%，这部分矿石随着今后技术进步也可能得到经济利用。

第二节 宁乡式铁矿工艺矿物学性质

一、矿石的化学组成及特征

根据 52 个主要铁矿区矿石化学成分分析资料综合的宁乡式铁矿的主要化学成分见表 20-1。

表 20-1 宁乡式铁矿主要化学成分 （%）

成分	TFe	P	S	CaO	MgO	SiO_2	Al_2O_3
最高	48.52	1.44	0.947	15.70	4.89	34.80	10.76
最低	25.21	0.03	<0.01	0.85	0.06	8.91	1.57
平均	38.58	0.646	0.146	5.36	1.56	17.96	6.87

其他成分及含量平均为：K_2O、Na_2O $n\times10^{-3}$；Mn、Ti、V $n\times10^{-3}\sim n\times10^{-4}$；Ga $n\times10^{-5}$；Cu、Pb、Zn $n\times10^{-4}$；Co、Ni $n\times10^{-4}\sim n\times10^{-5}$；Mo、Sn $<10^{-5}$；As $n\times10^{-4}$；Cr $n\times10^{-4}\sim n\times10^{-5}$。此外有的矿区还进行了放射性测量，确定在正常范围内。以上数据表明：

（1）宁乡式铁矿主矿区产出的矿石属于低硫高磷贫铁矿石。

（2）矿石中 SiO_2、Al_2O_3 含量高，CaO、MgO 含量低，属酸性矿石。据统计有 90.78% 的资源为高硅铝酸性矿石，少部分矿石为自熔性或碱性矿石，因此 CaO 和 MgO 对于宁乡式铁矿是重要的应利用部分。

（3）矿石主要有害元素是磷，如果处理得当也是主要可供综合利用的元素。据鄂西宁乡式铁矿中伴生磷的资源量计算结果，伴生磷总量为1664万吨，折合成 P_2O_5 30%的矿石为9370万吨，相当于2个大型磷矿的资源量。

（4）曾受关注的伴生元素锰、钒、钛、镓等含量均很低，没有单独提取的价值，有可能在冶炼过程中作为有益成分进入钢铁而得到利用。

（5）可以预计，将来选矿尾矿的主要组成是钙、镁、硅、铝，其成分配比适合制作陶瓷、砖或其他建筑材料。

（6）与环境有关的元素除磷、硫外，As、Pb及放射性成分含量低，开发利用时不至于对环境造成影响。

二、矿石矿物组成及结构构造

（一）*矿石矿物组成*

宁乡式铁矿的矿物组成见表20-2。组成矿石的矿物有20余种，可分为铁矿物（工业利用矿物）、磷硫矿物（冶金有害矿物）、脉石矿物和其他矿物。“有害矿物”如能综合回收则能变害为利。脉石矿物中的方解石、白云石为熔剂矿物，在选矿过程中应尽量保留。脉石矿物石英、玉髓、黏土矿物进入尾矿，应考虑二次利用。

表20-2　宁乡式铁矿矿物组成

种类	铁矿物	磷矿物	硫矿物	脉石矿物		其他矿物
				主要	次要	
含量	$n\times10^{-1}\sim n\times10^{-2}$	$n\times10^{-2}\sim n\times10^{-3}$	$n\times10^{-2}\sim n\times10^{-3}$	$n\times10^{-1}\sim n\times10^{-2}$	$<10^{-2}$	$<10^{-2}$
矿物	赤铁矿 褐铁矿（针铁矿、水针铁矿） 菱铁矿 铁白云石 磁铁矿 磁赤铁矿 鲕绿泥石	胶磷矿 磷灰石 碳磷灰石	黄铁矿 硫磷铝锶矿	方解石 白云石 石　英 玉　髓 黏土矿物	白云母 电气石 绿帘石 海绿石 锆石 蛋白石 绢云母 斜长石 金红石	黄铜矿 硬锰矿 菱锰矿 斑铜矿 镁铁矿 兰铁矿

一些矿区矿石的矿物组成见表20-3。根据矿石的主要矿物组成，宁乡式铁矿的矿石基本上可划分为三种类型：鲕状赤铁矿矿石、鲕绿泥石菱铁矿矿石及两者的混合矿石，总体上以鲕状赤铁矿为主。少部分矿区含有较多量的磁铁矿，出现磁铁赤铁矿石。

表20-3　某些矿区矿石主要矿物组成

矿区名称	矿　物　组　成
火烧坪	鲕状赤铁矿石：赤铁矿65%，方解石13.16%，白云石12.15%，胶磷矿5.33%，石英3.47%，其他0.39%

续表 20-3

矿区名称	矿 物 组 成
海 洋	鲕绿泥石菱铁矿石：铁白云石 31%，鲕绿泥石 35%，菱铁矿 20%，绿泥石 3%，赤铁矿 2%，磁铁矿 2.5%，菱铁矿 2%，胶磷矿及细晶磷灰石 3%，石英 1%，电气石、锆英石 <1%
大石桥	赤铁矿石：赤铁矿 36.1%，菱铁矿 0.6%，磷矿物 2.9%，碳酸盐 32.9%，绿泥石 18.0%，石英 6.5%，黏土矿物 3%
松木坪	鲕状赤铁矿石：赤铁矿 80%~90%，胶磷矿 5%，石英 3%，玉髓 5%~7%，海绿石、鲕绿泥石少量，碳酸盐少见
阮家河	砂质鲕状赤铁矿石：赤铁矿 45%~50%，绿泥石 20%，石英 30%，褐铁矿 15%~20%；菱铁矿质鲕绿泥石矿石：褐铁矿 50%~80%，石英 5%~40%，硬锰矿 10%~15%，绿泥石 10%
碧鸡山	赤铁菱铁矿石：赤铁矿 25%~30%，菱铁矿 15%~17%，磁铁矿 5%~8%，褐铁矿 10%~15%，石英 8%~6%，绿泥石 26%~30%。鲕绿泥石菱铁矿石：赤铁矿 2%~3%，菱铁矿 21%~24%，磁铁矿 <1%，褐铁矿 8%~9%，石英 26%~30%，绿泥石 33%~35%
官 店	鲕状赤铁矿石：赤铁矿 58%，石英 24%，胶磷矿 7%，方解石 6%，白云石 2%，绿泥石 2%，其他 1%
十八格	鲕状赤铁矿石：赤铁矿 65%~75%，鲕绿泥石 2%~3%，石英 5%~7%，泥质物 20%
鱼子甸	鲕状赤铁矿石：赤铁矿 60.70%，菱铁矿 20%~50%，鲕绿泥石 5%，褐铁矿、磁铁矿，石英 5%~10%，黏土矿物、水云母、白云石、方解石 5%~10%
六 市	菱铁磁铁赤铁矿石：菱铁矿 58.86%，磁铁矿 27.18%，赤铁矿 12.29%，黄铁矿 1.47%，绿泥石、石英、方解石、白云石小于 1%
菜园子	赤铁矿型矿石：赤铁矿 50%~80%，菱铁矿 10%~30%，褐铁矿 0%~8%，鲕绿泥石 1%~5%，绿泥石 5%，黏土 2%，石英 1%~5%，白云石 0.2%，方解石 0.20%，有机质 0.6%，黄铁矿 1%，菱铁矿型矿石：赤铁矿 5%~15%，菱铁矿 40%~66%，褐铁矿 0~7%，鲕绿泥石 5%~40%，绿泥石 5%~30%，黏土 0.27%，石英 1%~10%，白云石 0~5%，方解石 0~8%，有机质 0~8%，黄铁矿 0.2%~3%
杨家坊	鲕状赤铁矿石：赤铁矿 65%，石英 35%，泥质微，绿泥石 <1%
利泌溪	块状赤铁矿石：赤铁矿 30%~55%，褐铁矿 5%~20%，黏土 20%~30%，石英 1%~2%，绿泥石 5%~10%；角砾状赤铁矿石：赤铁矿 50%~60%，褐铁矿 0%~20%，黏土 25%~35%，石英 3%，绿泥石 15%
乌石山	磁铁赤铁矿石：赤铁矿 65%，磁铁矿 26%，绿泥石 5%，石英 0.2%，方解石 4%
潞 水	磁铁矿石：磁铁矿 36.51%，赤铁矿 1.31%，褐铁矿 2.55%，假象赤铁矿 1.44%，菱铁矿 1.42%，黄铁矿 0.90%，碳酸盐 19.61%，绿泥石 28.20%，石英 4.94%，胶磷矿 0.41%
桃 花	鲕状赤铁矿石：赤铁矿 60%~90%，鲕绿泥石 5%~20%，石英 3%~20%，蛋白石 2%~5%，碳酸盐 2%~5%，褐铁（黄铁）少量，电气石偶见

（二）矿石结构构造

根据矿物的结晶粒度、结晶形态确定宁乡式铁矿的主要结构有：赤铁矿微粒、极微粒结构、菱铁矿微粒-细粒自形、半自形粒状结构，鲕绿泥石微粒-细粒鳞片结构，磁铁矿微粒-细粒半自形-他形粒状结构。脉石矿物常见结构：石英碎屑结构、方解石他形粒状结构、白云石自形半自形粒状结构、黏土矿物泥质结构、玉髓纤维状结构，矿石中还见有生物碎屑结构、胶磷矿凝胶状结构等。

宁乡式铁矿的构造有鲕状结构、砾状构造、粒状构造、纹层构造、块状构造，其中以鲕状构造最为典型。

鲕状构造的鲕粒是由赤铁矿、鲕绿泥石、玉髓、方解石、胶磷矿和黏土矿物组成，这些矿物围绕一个中心，层层环状包裹形成鲕粒。鲕粒大小0.1～1.0mm，最常见为0.3～0.5mm。鲕粒形状有球状、椭球状、枕状、纺锤状、长条状等。鲕粒有时有核心。鲕粒环带数不一，少则10余环，多的达50多环。各环厚度不一，疏密相间。赤铁矿环带一般较厚，37～72μm，方解石、胶磷矿的环带最薄，一般只有几微米宽。赤铁矿的环带由核心向鲕粒外层有密集的趋向。鲕粒中的赤铁矿环带本身并非纯净的赤铁矿，而是由赤铁矿极微细的针状晶体（一般长1～3μm，宽<1μm）交织成絮状小鳞片（长14～7μm，宽4～1μm），再相互连接成环带。在赤铁矿的晶体之间，鳞片的孔隙中又充填黏土矿物、玉髓及少量胶磷矿。

鲕粒之间由微细粒状的赤铁矿、细粒的碳酸盐及黏土矿物、玉髓等充填。

（三）矿石工艺矿物学性质

1. 铁矿物的工艺矿物学性质

宁乡式铁矿中出现的铁矿物有6～7种，其中作为工业利用需选取的矿物有赤铁矿、磁铁矿、褐铁矿、菱铁矿、鲕绿泥石、黄铁矿等6种。这些矿物的工艺性质见表20-4。

表20-4　铁矿物工艺矿物性质

矿物名称	矿物含铁量/%	嵌布粒度/mm		密度/g·cm^{-3}	硬度	比磁化系数/×10^{-6}cm^3·g^{-1}
		单晶	集合体			
赤铁矿	69.94	0.001～0.01	0.05～0.2	4.8～5.3	5.5～6	18.91～30.91
褐铁矿	62.90	0.001～0.01	0.1～0.2	3.4～4.4	1～4	32.0～36.52
菱铁矿	48.23	0.01～0.50	0.1～0.5	3.90	3.5～4.5	107
鲕绿泥石	34.89	0.001～0.01	0.05～0.2	3.03～3.4	3	12.24～96.19
磁铁矿	72.40	0.03～0.10	0.1～0.5	4.9～5.2	5.5～6	53000～92000
黄铁矿	46.67	0.01～0.05	0.01～0.05	4.95～5.10	6～6.5	11.3～70.36

（1）矿物含铁量。矿物含铁量是精矿品位的基础，磁铁矿含TFe 72.40%，最易获得高品位的精矿。赤铁矿含铁69.94%，也应能获得品位大于60%的精矿，但是由于宁乡式铁矿的赤铁矿单晶颗粒极细，无法解离进行选别，在实际选矿工艺中都是选赤铁矿集合体。赤铁矿集合体中赤铁矿约占80%～85%，其余为脉石矿物，含铁量为55%～59%，一般不超过60%。据火烧坪铁矿工艺矿物学研究，专门在显微镜下挑取铁矿鲕壳（富铁集合体），铁的含量为59.11%，由此可见，仅用机械选矿方法几乎不可能获得品位超过60%的铁精矿，这已为多次实验室选矿试验和半工业试验所证实。

菱铁矿和鲕绿泥石含铁量很低，分别为48.23%和34.89%，如果矿石以这两种矿物为主，则精矿的品位更低。如广西海洋铁矿铁精矿品位只能达到31%～32%，只比原矿高出1～2个百分点。

褐铁矿的含铁量为62.90%，比赤铁矿低，但是由于地表氧化作用破坏了原矿石的结构，使其变松散，褐铁矿从集合体中解脱，有可能得到更好的富集。

（2）嵌布粒度。赤铁矿单晶的嵌布粒度为0.001～0.01mm，属于微粒及极微粒结构。赤铁矿的针状单晶交错丛生，其晶隙和裂隙中为脉石矿物充填，组成了富铁集合体。这些集合体又相互聚集形成较宽的环带与脉石矿物环带相间组成鲕粒。富铁集合体的粒度为0.05～0.2mm，鲕粒大小一般为0.1～1.0mm，大的可大于2.0mm，变成豆粒。在选矿过程中，随着矿石的破碎程度加大富铁集合体从鲕粒中脱离出来，进而形成单独的集合体与脉石集合体混杂，选矿过程实际是将铁矿集合体与脉石集合体分离。屯秋铁矿解离度测定结果见表20-5，铁矿物集合体与脉石矿物解离不需要磨得很细，当矿样粒度小于0.1mm时两者已基本完全解离。

表20-5 屯秋铁矿物集合体“单体”解离度测定结果

粒级/mm	全铁集合体/%	铁占3/4连生体/%	铁占1/2连生体/%	铁占1/4连生体/%
+0.20	81.92	9.86	5.75	2.47
-0.2+0.15	92.86	2.27	3.57	1.30
-0.15+0.1	96.97	0.43	1.73	0.87
-0.1+0.074	98.98	0.29	0.58	0.15
-0.074	>99			

注：磨矿细度34.4%-0.075mm。据长沙矿冶研究所，1973。

褐铁矿单晶的嵌布粒度为0.001～0.01mm，集合体的粒度为0.1～0.2mm，褐铁矿是鲕绿泥石、菱铁矿等的风化产物，在风化过程中原矿物被褐铁矿交代，结构变松散，易实现解离。但是褐铁矿硬度低，容易泥化，给选矿带来麻烦。

鲕绿泥石单晶粒度为0.001～0.01mm，集合体粒度为0.05～0.2mm，鲕绿泥石单晶具显微片状结构，鲕绿泥石集合体组成较宽的条带，与其他矿物条带组成鲕粒。

菱铁矿单晶粒度较粗（0.01～0.50mm），具有半自形粒状结构，相互紧密镶嵌，形成大小为0.1～0.5mm的聚晶。

磁铁矿的单晶粒度为0.03～0.1mm，具有他形及半自形粒状结构，交代赤铁矿形成。

鲕绿泥石、菱铁矿和磁铁矿在加工过程中与赤铁矿相比，比较容易实现解离形成单体。

（3）物理性质：

1）密度。各铁矿物密度数值见表20-4。铁矿物的密度较大，都大于3，其中赤铁矿为4.8～5.3，是石英、方解石等脉石矿物的1.8～2.0倍，密度差异系数$e=2.375$～2.529，属于极易重选和可重选的矿石。赤铁矿集合体的密度随其中赤铁矿的含量而变化，一般为4～4.5g/cm^3，也是脉石矿物的1.5～1.7倍，$e=2.058$～1.764，因此采用重选能有效地分离铁矿集合体和脉石，达到富铁的效果。火烧坪使用摇床选矿，可使精矿中铁的品位提高16个百分点；大石桥采用跳汰法，使铁精矿的品位提高8个百分点（表20-6）。

表20-6 铁矿摇床跳汰选别效果

火烧坪铁矿摇床选别			
产品名称	产率/%	TFe/%	铁回收率/%
精矿	39.37	48.00	58.75
中矿	20.43	32.97	21.00
尾矿	40.20	16.24	20.25
原矿	100.00	32.17	100.00

续表 20-6

大石桥铁矿跳汰选别			
产品名称	产率/%	TFe/%	铁回收率/%
精矿	65.91	48.81	80.35
尾矿	34.09	23.08	19.65
原矿	100.00	40.04	100.00

注：据峨眉矿产综合利用研究所，1975。

为了研究重选所能达到的极限效果，对火烧坪0.1～0.2mm的梯形跳汰重选精矿进行了重液分离试验，结果见表20-7。重液分离的效果较好，重产品SiO_2可降至10%以下，CaO降至3%以下；铁品位比跳汰精矿提高了9.1个百分点。由于试验物料粒度较粗，铁矿物集合体与脉石矿物未充分解离，因此铁精矿品位提高有限。

表20-7　火烧坪梯跳精矿重液分离试验结果

粒度/mm	产品名称	产率/%	化学成分/%			
			TFe	P	CaO	SiO_2
0.2～0.1	重产品	78.39	52.34	0.551	2.98	9.44
	中间产品	9.51	16.02	5.432	27.33	13.51
	轻产品	12.10	5.64	1.382	30.67	18.98
	合　计	100.00	43.23	1.116	8.64	10.97

注：重产品密度大于3.31g/cm³，中产品部密度3.3～2.90g/cm³，轻产品密度小于2.91g/cm³。据峨眉矿产综合利用研究所，1975。

2）比磁化系数。磁铁矿的比磁化系数为$53000\times10^{-6}\sim92000\times10^{-6}cm^3/g$，为强磁性矿物，采用弱磁选即可获得较好的分离效果。如大坪铁矿的磁铁矿石采用磁选即可获得TFe 56.3%的铁精矿，回收率74.18%。

赤铁矿、褐铁矿、菱铁矿和鲕绿泥石的比磁化系数分别为$(18.91\sim30.91)\times10^{-6}cm^3/g$、$(32.0\sim36.52)\times10^{-6}cm^3/g$、$107\times10^{-6}cm^3/g$和$(12.24\sim46.19)\times10^{-6}cm^3/g$，均为弱磁性矿物，比磁化系数明显高于脉石矿物，因此采用强磁选可取得明显富铁效果（表20-8），通过一次粗选即可使精矿中的铁矿品位比原矿高出11个百分点，而SiO_2及CaO有明显降低。

表20-8　火烧坪铁矿强磁选结果

产品名称	产率/%	品位/%				回收率/%			
		TFe	CaO	SiO_2	P	TFe	CaO	SiO_2	P
铁精矿	65.46	41.81	10.20	10.04	0.860	90.46	43.85	45.35	68.95
尾矿	34.54	8.37	24.75	22.93	0.734	9.54	56.15	54.65	31.05
原矿	100.00	30.30	15.23	14.49	0.817	100.00	100.00	100.00	100.00

注：－6mm原矿，双盘干式强磁选机，场强800～960kA/m。据峨眉矿产综合利用研究所，1975。

2. 磷矿物的工艺矿物学性质

（1）磷矿物及其产出形式。矿石中的磷赋存于细晶磷灰石和胶磷矿中，以胶磷矿为主。胶磷矿实际上由极为细微的磷灰石组成，两者的化学组成都为 $Ca_5(PO_4)_3$（F，Cl，OH），理论含磷18%左右。经进一步鉴定，鱼子甸铁矿中的磷灰石为碳磷灰石，白燕山铁矿中的磷灰石含有稀土元素（中国地质大学，2005）。含P 0.5%~1.0%的矿石中磷灰石和胶磷矿的含量应为2.78%~5.56%，因此，在薄片中磷矿物颇为常见。

胶磷矿常呈凝块状产出，凝块粒度0.05~0.1mm，最大可达0.3mm，多与脉石连生，少部分与赤铁矿连生，且界线清楚。有的在鲕状赤铁矿边缘出现，边缘带宽0.01~0.05mm；还有一部分以0.001~0.01mm大小的颗粒散布于赤铁矿之中。前两部分胶磷矿易于和赤铁矿解离，通过选矿方法将其分离；后一部分胶磷矿由于粒度太细，呈分散状存在于铁矿物中，难以将其解离，这部分磷约占矿石总磷量的10%。

（2）磷矿物的工艺矿物学性质。磷矿物的主要物理化学性质为：密度2.9~3.1g/cm³，硬度5，比磁化系数 $9.39\times10^{-6}\sim19\times10^{-6}$ cm³/g；用脂肪酸及其皂类可改变颗粒表面浸润性能，使其成为疏水性。由于其密度小于赤铁矿又大于脉石矿物，因此采用重选方法不能使其与铁矿物很好地分离，重液分离试验表明，磷矿物富集于中间产品（表20-7）。同样，由于比磁化系数与赤铁矿比较接近，与脉石差别大，在强磁选过程中铁精矿中的磷反比原矿略高（表20-8）。根据磷矿物的表面特性，最好的分离办法是采用浮选法。中南冶金地质研究所用氧化石蜡皂作为捕收剂，采用反浮选选磷矿物，泡沫产品再次扫选得精矿Ⅱ及尾矿，选别结果见表20-9。浮选分离磷的效果比较好，除磷率达到86.65%，铁精矿中磷的含量可降低至0.25%以下。这既说明了捕收剂的有效性，也证明了岩矿鉴定对磷矿物嵌布特性的结论。冶金部矿冶研究院用类似的方法获得了含磷0.13%的铁精矿，除磷率达91.45%。

表20-9 反浮选试验结果

产品名称	产率/%	品位/%				回收率/%			
		Fe	P	SiO_2	CaO	Fe	P	SiO_2	CaO
精矿Ⅰ	60.58	53.77	0.228	11.01	1.03	77.25	11.84	63.10	6.27
精矿Ⅱ	5.41	52.56	0.313	11.64	0.97	7.75	1.51	5.96	0.58
尾矿	30.01	19.84	2.96	9.61	27.23	15.00	86.65	30.94	93.15
合计	100.00	42.16	1.16	10.57	9.94	100.00	100.00	100.00	100.00

注：样品为火烧坪自熔性矿石。

3. 脉石矿物的工艺矿物学性质

（1）脉石矿物及嵌布特性。宁乡式铁矿矿石中主要脉石矿物有石英（玉髓）、方解石、白云石及黏土矿物等5种（表20-10）。试样中的 SiO_2 主要含在石英（玉髓）及黏土矿物中，CaO含在方解石、白云石和磷灰石中。

表20-10 脉石矿物工艺矿物性质

矿物名称	矿物主要成分	嵌布粒度/mm		密度/g·cm⁻³	硬度	比磁化系数/×10⁻⁶cm³·g⁻¹
		单晶	集合体			
石英	SiO_2 >95%	0.005~0.02	0.05~0.3	2.65	7	-0.41~1.02
玉髓	SiO_2 >95%	0.001~0.002	0.05~0.2	2.60±	6~6.5	-0.41~1.02

续表 20-10

矿物名称	矿物主要成分	嵌布粒度/mm		密度/$g \cdot cm^{-3}$	硬度	比磁化系数 /$\times 10^{-6} cm^3 \cdot g^{-1}$
		单晶	集合体			
方解石	CaO 56%	0.01 ~ 0.5	0.05 ~ 0.5	2.71	3	-0.08 ~ 1.52
白云石	CaO 30.49%	0.01 ~ 0.5	0.05 ~ 0.5	2.87	3.4 ~ 4	-0.08 ~ 1.52
黏土矿物	Al_2O_3 39.5% SiO_2 46.5%	0.001 ~ 0.003	0.05 ~ 0.2	2.56 ~ 2.60	1	

石英：在矿石中的含量为5%~15%，单体粒度0.005 ~0.02mm，集合体粒度0.05 ~ 0.3mm。有几种产出形式：组成鲕粒同心层，粒状产于鲕粒之间，成颗粒较粗的棱角状碎屑。石英结晶颗粒较粗，与赤铁矿边界清楚，两者易于解离。

玉髓：为微细粒和隐晶质的SiO_2，单体粒度0.001 ~0.002mm，集合体的粒度0.05 ~ 0.2mm。主要产出形式：作为硅质岩岩屑的主要成分，多单独产出；参与鲕粒同心层的组成；在基质中与方解石相互交织；呈微细粒充填于赤铁矿晶体间隙中。前3种形式产出的玉髓尚可解离并选别，最后一种形式的玉髓则基本不能选除，这部分矿物中的SiO_2约占矿石中SiO_2总量的30%~40%。因此，选矿除硅是一个难题。

方解石：在酸性矿石中的含量为5%~10%，在自熔性和碱性矿石中的含量为15%~20%。方解石的粒度较粗，粒度0.01 ~0.5mm。方解石一方面与赤铁矿、石英、黏土矿物等组成鲕粒同心层，另一方面经重结晶成为较粗的颗粒胶结鲕粒和碎屑。方解石与赤铁矿边界清楚，两者易解离，能分离出的方解石其中所含CaO约占矿石中CaO总量的70%~80%。

白云石：在矿石中的含量为3%~6%，产出状态与方解石相近，呈不规则粒状产于方解石颗粒间。

黏土矿物：主要为高岭石和伊利石类。黏土矿物在矿石中的含量应为5%~15%，由于黏土矿物结晶微细，又混杂于其他矿物间，因此，岩矿鉴定难以进行准确定量，根据矿石含铝量推断，以往的鉴定结果黏土矿物含量估计偏低，有的矿区甚至漏检。黏土矿物的产出形式有：呈极微细颗粒（0.001 ~0.003mm）充填于赤铁矿微晶间；与方解石、白云石、玉髓等混杂作为鲕粒和碎屑胶结物。黏土矿物是矿石中Al_2O_3的主要载体（含Al_2O_3 39.5%），也是SiO_2的重要载体（含SiO_2 46.5%），选矿除硅工艺应充分考虑到这种矿物。

（2）脉石矿物物理化学性质。脉石矿物的物理化学性质见表20-10。脉石矿物密度小，一般在2.70g/cm^3以下，与铁矿物密度差别显著，采用重选法分离铁矿集合体和脉石是有效的（表20-7），石英、玉髓、方解石、黏土都在轻产品富集。

脉石矿物的比磁化系数小，介于$-0.41 \times 10^{-6} \sim 1.52 \times 10^{-6} cm^3/g$之间，与铁矿物差别明显，因此，在强磁选铁精矿中钙、硅的含量都比原矿低（表20-8），尾矿中CaO和SiO_2分别比原矿高9个百分点和8个百分点，说明强磁选的有效性。然而和重液分离相比，效果相对较差。

方解石的表面性质与磷灰石十分相似，也易被脂肪酸和皂类改变成为疏水性，使两者在浮选中同时被泡沫带起，这给选矿试验的“除磷保钙”带来困难。火烧坪自熔性矿石的浮选试验表明（表20-9），在反浮选选磷的同时，有90%的钙也同时浮起，使铁精矿中的

CaO 由原来的 9.94% 降低为 1.03%，完全破坏了矿石的自熔性。为达到“除磷保钙”，已进行多方面的试验，如加抑制剂，改变试验条件等，但效果均不理想。有的采用 S_{208} 浮选药剂，使之对磷矿物和钙矿物的表面作用不同，达到两者分离的目的，已取得一定的效果。

4. 矿物的硬度强度系数与可磨性

矿石中各矿物的硬度差别很大，石英属硬矿物，赤铁矿、磁铁矿的硬度为 5.5~6，属中等硬度矿物，褐铁矿、菱铁矿、鲕绿泥石及黏土矿物硬度一般小于 4，易破碎和泥化。与矿石破碎难度直接有关的是强度系数，宁乡式鲕状赤铁矿的强度系数为 6.45~7.75，属中等强度的矿石。矿石的强度不仅取决于组成矿物的硬度，还取决于矿物之间接合的紧密程度和结构构造。图 20-2 为火烧坪铁矿、大石桥铁矿的矿石和鞍山大孤山矿石可磨性的比较。同一类型不同铁矿矿石可磨性有差别，火烧坪铁矿矿石的可磨性与大孤山相似，而大石桥铁矿的矿石比较松散，要容易磨得多。

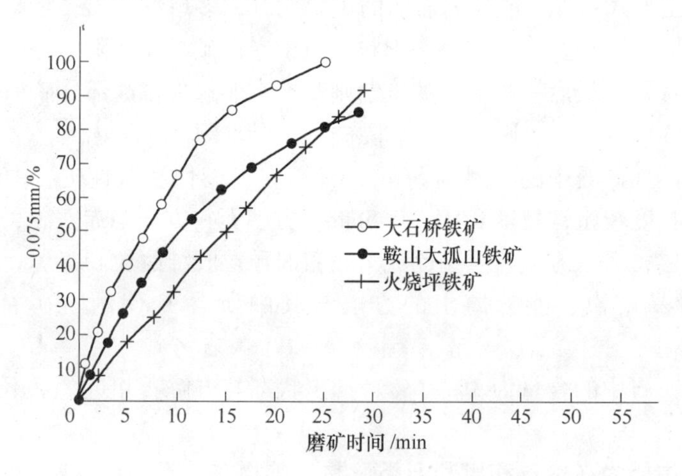

图 20-2　大石桥、火烧坪铁矿矿石可磨性曲线图

第三节　鄂西铁矿工艺矿物学研究

研究样品取自鄂西最大的铁矿——官店铁矿。

一、铁磷硅铝矿物嵌布粒度特征

（一）铁矿物嵌布特征

1. 赤铁矿

矿石中赤铁矿主要以鲕状同心环带产出（约占 75%），部分以非鲕状形式存在（约占 25%）。鲕粒中赤铁矿的环带宽窄差别显著宽的大于 0.2mm，窄的小于 0.01m。宽环带破碎后将成为单体或富铁连生体（连生体中赤铁矿占 1/2 以上）；窄环带多成为贫铁连生体（连生体中赤铁矿占 1/2 以下）。非鲕状赤铁矿主要分布于鲕粒间，其嵌布粒度似比鲕粒中的稍大。

样品中赤铁矿的嵌布粒度经显微镜统计结果见表 20-11。鲕粒中的赤铁矿嵌布粒度以鲕环宽度为准，鲕粒外的赤铁矿以无脉石包裹的完整颗粒为准。

表20-11 赤铁矿嵌布粒度频率分布

粒级/mm	-0.01	0.01~0.02	0.02~0.05	0.05~0.08	0.08~0.10	0.10~0.15	0.15~0.20	总 计
频率/%	9.50	16.12	40.91	18.18	8.26	5.79	1.24	100.00

由表20-11知，嵌布粒度最为常见的为0.02~0.05mm，占40.91%；嵌布粒度小于0.02mm的占25.62%；嵌布粒度大于0.05mm的占33.47%。

赤铁矿与鲕绿泥石、胶磷矿、黏土矿物组成的鲕粒中，赤铁矿环带与其他矿物的环带边界清楚，且一般尚平直，部分为锯齿状、港湾状，少见特别复杂的边界。

非鲕粒形式产出的赤铁矿的嵌布形态有以下几种：

（1）呈不规则粒状（0.05~0.1mm）与石英、方解石、绿泥石、黏土矿物交互生长，颗粒完整，与其他矿物界线清楚；

（2）凝块状充填于鲕粒之间，但包含有较多石英碎屑和泥质物，形成筛孔状构造。

（3）产于石英、绿泥石、黏土矿物的颗粒之间，以微细的（$d<0.005$mm）网脉状形式产出。

以（1）形式产出的赤铁矿易解理形成单体或富铁连生体，以（2）形式产出的易形成贫铁连生体，以（3）形式产出的多损失于尾矿中。

2. 褐铁矿

赤铁矿石中的褐铁矿由赤铁矿表生氧化而成，多围绕赤铁矿生长，或整个交代赤铁矿，使赤铁矿鲕环变成褐铁矿鲕环。部分呈脉状或网脉状嵌布于脉石矿物中。褐铁矿的嵌布粒度一般为0.02~0.1mm，由于硬度小，在磨矿作业中易过磨。

3. 菱铁矿

菱铁矿以半自形、不规则粒状形式产出，单晶粒度0.01~0.05mm，多聚集成集合体分布于赤铁矿鲕粒间，集合体的嵌布粒度0.1~0.3mm。菱铁矿与鲕绿泥石关系密切，常交互生长。

4. 鲕绿泥石

鲕绿泥石与赤铁矿的嵌布特征相似，可分为鲕状结构和非鲕状结构两类。鲕状结构的鲕绿泥石与赤铁矿组成同心环带，相间排列，这部分鲕绿泥石的嵌布粒度一般为0.02~0.08mm。部分矿石中的鲕绿泥石可单独形成鲕粒，嵌布粒度较粗，可达到0.1~0.5mm。非鲕粒结构的鲕绿泥石充填在鲕粒间，与石英、黏土矿物等交互生长，嵌布粒度0.02~0.05mm。

5. 磁铁矿

磁铁矿出现于磁性赤铁矿石中。有两种嵌布形式，单独散布或串珠状、环状交代赤铁矿鲕粒。磁铁矿结晶程度高，自形半自形粒状，晶形完整，边界清楚，即使以集合体形式交代赤铁矿，磁铁矿单体的轮廓仍清晰可见。磁铁矿与赤铁矿关系密切，相互紧密连生。很少见到磁铁矿单独分布于鲕粒间的脉石中。磁铁矿的嵌布粒度分布频率显微镜统计结果见表20-12。

表 20-12 磁铁矿嵌布粒度频率分布

粒级/mm	-0.01	0.01～0.02	0.02～0.03	0.03～0.04	0.04～0.05	0.05～0.06	0.06～0.07	合计
频率/%	1.29	14.29	31.60	24.24	18.18	6.49	3.90	100

由表 20-12 知，磁铁矿的嵌布粒度比较细，主要频率集中于 0.02～0.05mm，占 74.02%，几乎见不到较粗大的颗粒。同时，由于磁铁矿多以交代赤铁矿形式存在，加工后会出现大量磁铁矿与赤铁矿的连生体。

6. 富铁鲕粒特征及选矿意义

矿石中绝大部分赤铁矿呈微晶状产出，仅少量赤铁矿结晶较好，结晶较好的赤铁矿多以微细包裹体嵌生在白云石、磷灰石等脉石矿物中，部分赤铁矿则呈细脉状嵌生在脉石矿物裂隙中，粗粒赤铁矿十分罕见。除此之外，多数赤铁矿不仅嵌布粒度细且多呈微晶状与鲕绿泥石、绢石母和微细粒石英紧密共生，组成含铁矿物集合体，其中部分形成富铁鲕粒。

富铁鲕粒是鄂西高磷鲕状赤铁矿的选别对象。鲕粒含铁变化较大，一般在 38%～61% 之间，其他为硅、铝、镁、钙、磷等杂质组分。

几种纯鲕粒主要化学成分见表 20-13。可以看出，由于组成鲕粒的矿物十分微细，一般的机械选矿不能使之充分解离，理论上讲，得到的精矿全铁品位最高也只能达到富铁鲕粒的铁含量。

表 20-13 几种纯鲕粒主要成分分析结果 (%)

种 类	TFe	P	CaO	MgO	SiO_2	Al_2O_3
磁选精矿中挑出的鲕粒	52.60	0.402	3.78	1.70	8.11	5.17
磁选中矿中挑出的鲕粒	47.35	0.623	5.81	2.39	8.96	4.96
磁选尾矿中挑出的鲕粒	12.69	8.579	32.00		18.85	
重选精矿中挑出的鲕壳	59.11	0.379	0.89	0.86	6.73	3.60

富铁鲕粒的存在一方面使得以微晶状存在的赤铁矿可选性得到提高，另一方面因富铁鲕粒含一定量不可剔除的杂质使得铁精矿品位很难提高。与富铁鲕粒对应的是矿石中存在相当数量的贫铁鲕粒，其是选矿工艺循环里中矿的主要组成部分，它们含铁量不高，即使纯的贫铁鲕粒也难于达到铁精矿的含铁标准。因此，尽可能地降低矿石入选粒度，提高富铁鲕粒纯度，减少贫铁鲕粒含量，是获得较好选别技术指标的主要条件。

（二）磷矿物嵌布特征

胶磷矿在矿石中的嵌布形式有以下几种：

（1）凝块状，凝块尺度为 0.05～0.1mm，最大可达 0.3mm，大部分与脉石连生，少部分与赤铁矿连生，但界线清楚。

（2）在鲕状赤铁矿边缘出现，与鲕状赤铁矿形成边缘结构，边缘带宽 0.01～0.05mm。

（3）与赤铁矿形成同心环状结构，胶磷矿带宽 0.01～0.05mm。

（4）长条状产于鲕粒之间的脉石中，0.015～0.025mm。

（5）星点状散布于赤铁矿中，小于 0.003mm。

其中（1）、（4）形式的胶磷矿，易于与赤铁矿解离，（2）、（3）形式的胶磷矿有较大一部分可与赤铁矿解离，（5）形式的胶磷矿与赤铁矿无法实现分离。与赤铁矿可以实现分离的胶磷矿约占80%~85%，无法分离的约占15%~20%。

（三）硅矿物嵌布特征

矿石中硅矿物按含硅量高低排列有如下几种：石英（含 SiO_2 100%，经扫描电镜能谱分析，基本不含杂质）、玉髓（含 SiO_2 100%）、高岭石（含 SiO_2 46.5%）、伊利石（含 SiO_2 45.21%）、鲕绿泥石（含 SiO_2 24.8%）。高岭石、伊利石和鲕绿泥石均为铝硅酸盐矿物，既含硅又含铝。鲕绿泥石嵌布特征前已述，伊利石和高岭石嵌布特征在铝矿物部分阐述。

1. 石英

石英有如下嵌布形式：

（1）不规则粒状，作为鲕粒核心（图20-3），粒度0.01~0.05mm。

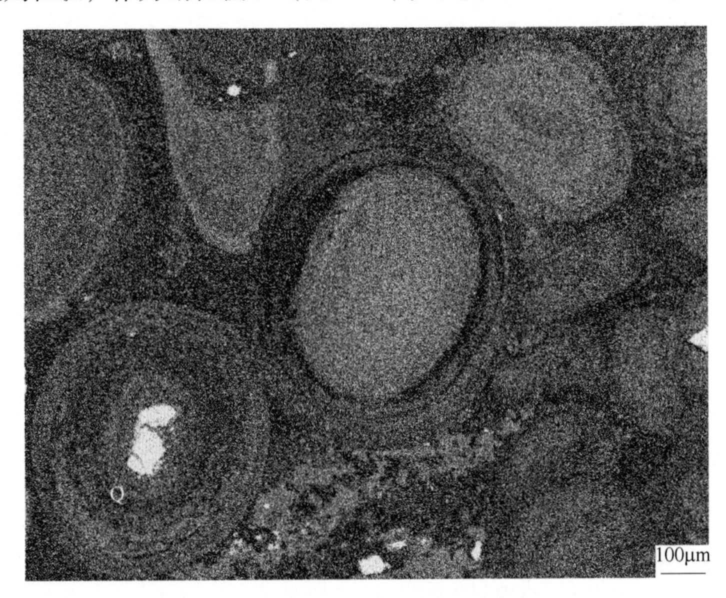

图20-3　建始官店铁矿电子探针分析照相

硅元素（黄色）和铝元素（蓝色）浓度分布像，纯黄色代表石英（Q）颗粒，黄蓝细点代表黏土矿物或绿泥石

（2）碎屑状散布于鲕粒之间（图20-4），颗粒大小多为0.03~0.06mm，少部分为0.06~0.2mm。多与高岭石、伊利石连生，部分与非鲕状结构赤铁矿连生。

（3）含在砂岩、粉砂岩岩屑中，粒度取决于原岩种类，砂岩中的石英颗粒粒度为0.06~0.15mm，粉砂岩中的石英颗粒粒度为0.03~0.06mm。

石英颗粒边界清楚，且较简单，在磨矿作业中可与赤铁矿解离。石英与鲕绿泥石、伊利石、高岭石由于硬度差别较大，在加工过程中也易于解离。

2. 玉髓

玉髓为隐晶质或微晶质的石英，嵌布形式有：

（1）微粒散布于赤铁矿结晶颗粒之间，与赤铁矿紧密结合。扫描电镜测定赤铁矿微区

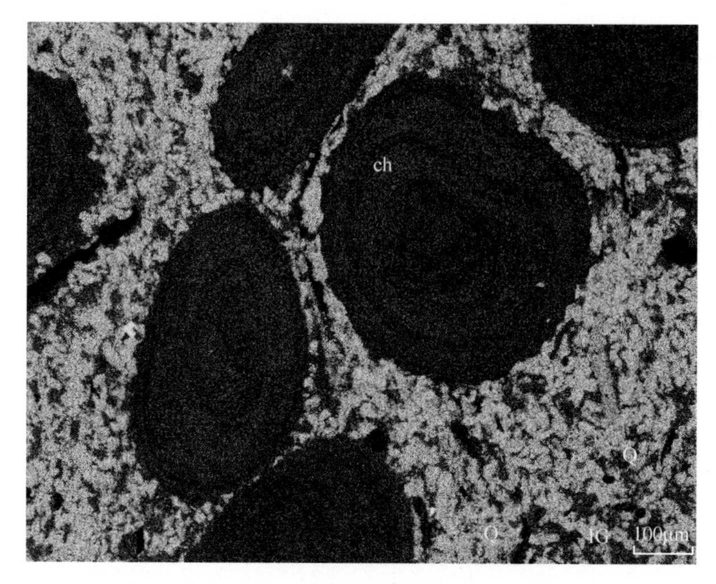

图 20-4 五峰龙角坝铁矿电子探针分析照片
（硅元素（黄色）和铝元素（蓝色）的浓度分布像表明，碎屑状石英（Q）分布于鲕粒间，
与黏土矿物（IG）交互生长，鲕粒中的铝与铁组成鲕绿泥石（ch），鲕粒间硅浓度大）

成分时出现的 Si 谱线，其中有一部分即由玉髓引起，致使赤铁矿中 SiO_2 的含量可达 0.92%，褐铁矿 SiO_2 含量达 2.34%。这种形式的玉髓无法脱除。

（2）玉髓参与鲕粒组成，形成宽 0.001～0.01mm 的鲕环，与赤铁矿、鲕绿泥石、胶磷矿的鲕环交错生长。

（3）作为硅质岩岩屑的主要成分散布于鲕粒间，岩屑的粒度为 0.05～0.15mm。

（四）铝硅矿物嵌布特征

伊利石（水白云母）含 Al_2O_3 37.50%，含 K_2O 9.60%，如果矿石中无其他含钾矿物，则可根据矿石含钾量推算伊利石的含量，一般为 5%～7%，是矿石中主要的含铝矿物。伊利石以 0.001～0.003mm 的极微细鳞片状产出，相互交织产于石英碎屑间。部分颗粒稍有重结晶，粒度加大至 0.01～0.03mm。

高岭石含 Al_2O_3 39.5%，以 0.001～0.003mm 极微细颗粒与伊利石交错生长形成混杂体，两者不可分离。矿石中伊利石与高岭石有以下几种嵌布方式：

（1）极微粒产于赤铁矿结晶颗粒之间，与赤铁矿紧密结合。扫描电镜测定赤铁矿的成分，其中就包含了这一部分的含铝矿物，致使赤铁矿含 Al_2O_3 0.70%，褐铁矿含 Al_2O_3 1.78%。这部分高岭石与伊利石不能脱除。

（2）伊利石和高岭石以 2～8μm 的颗粒产于赤铁矿的颗粒间，两者紧密交互生长。这部分铝矿物难脱除。

（3）伊利石与高岭石以 0.02～0.05mm 的混杂体与石英交互生长，分布于碎屑状石英的颗粒之间（图 20-4）。这部分伊利石与高岭石易于与赤铁矿分离，同时由于其与石英硬度的差别也易于与石英分离，但易发生泥化。

二、铁磷硅铝的赋存状态

（一）铁的赋存状态

1. 酸性矿石中铁的赋存状态

官店酸性矿石中铁的赋存状态见表20-14。

表20-14 酸性矿中铁的赋存状态

矿物名称	矿物含量/%	矿物含铁量/%	矿物含铁总量/%	占有率/%
赤铁矿	60.89	68.81	41.90	92.88
褐铁矿	1.61	55.94	0.90	1.99
磁铁矿	0.06	72.41	0.04	0.09
菱铁矿	2.80	48.17	1.35	2.99
鲕绿泥石	2.96	30.44	0.90	1.99
黄铁矿	0.04	46.67	0.02	0.05
总　计	68.36		45.11	100.00

注：官店铁矿样品。

由表20-14知，铁主要以赤铁矿的形式存在（占92.88%），褐铁矿、菱铁矿和鲕绿泥石含铁占有率合计为6.97%。

2. 自熔性、碱性矿

自熔性、碱性矿中铁的赋存状态相似，以火烧坪自熔性铁矿为例予以说明（表20-15）。

表20-15 自熔性矿中铁的赋存状态

矿物名称	矿物含量/%	矿物含铁量/%	矿物含铁总量/%	占有率/%
赤铁矿	54.44	68.81	37.46	90.55
褐铁矿	2.86	55.94	1.60	3.88
磁铁矿	0.14	72.41	0.10	0.24
菱铁矿	1.725	48.28	0.83	2.01
鲕绿泥石	4.47	30.41	1.36	3.30
黄铁矿	0.02	46.67	0.01	0.02
总　计	63.65		41.26	100.00

由表20-15知，矿石中的铁有90.55%以赤铁矿的形式存在，3.88%以褐铁矿形式存在，2.01%以菱铁矿形式存在，有3.30%赋存于鲕绿泥石中。铁的赋存状态表明，铁矿选矿具备基本工艺矿物学条件。

3. 磁性铁矿

龙角坝西淌（红矿）磁性铁矿铁的赋存状态见表20-16。

表 20-16 磁性富矿铁的赋存状态

矿物名称	矿物含量/%	矿物含铁量/%	矿物含铁总量/%	占有率/%
磁铁矿	16.71	72.41	12.10	22.32
赤铁矿	49.41	67.38	34.00	62.72
褐铁矿	0.63	55.94	0.35	0.65
菱铁矿	0.25	48.28	0.12	0.22
鲕绿泥石	24.87	30.41	7.57	13.96
黄铁矿	0.16	46.67	0.075	0.14
总 计	92.03		54.21	100.00

由表 20-16 知，磁性铁矿中铁的赋存状态比较复杂：磁铁矿中的铁占 22.32%，赤铁矿中的铁占 62.72%，鲕绿泥石中的铁占 13.96%。在选矿流程中为保证回收率这几种矿物都要考虑回收，会导致流程复杂化和影响回收率。

（二）磷的赋存状态

官店铁矿矿石中磷的赋存状态见表 20-17。

表 20-17 官店铁矿矿石中磷的赋存状态

矿物名称	矿物含量/%	矿物中磷含量/%	矿物总含磷量/%	占有率/%
赤铁矿	49.14	0.16	0.08	9.23
褐铁矿	4.99	1.40	0.07	8.07
胶磷矿	3.78	18.51	0.70	80.74
其他矿物	42.09	0.04	0.017	1.96
总 计	100.00		0.867	100.00

由表 20-17 知，矿石中的磷 80.74% 以胶磷矿形式存在，以极微细颗粒分散在赤铁矿中的磷占 9.23%，分散在褐铁矿中的磷占 8.07%，其他矿物含磷很少。磷的赋存状态表明，选矿除磷是有希望的，因为分散在赤铁矿中的磷占 9.23%，分散在褐铁矿中的磷占 8.07%，这两部分合计 17.30%。有 80% 以上的磷以胶磷矿的形式存在，且嵌布特征表明是可以脱除的。

（三）硅的赋存状态

由 20-18 表知，官店铁矿矿石中硅主要赋存于石英中（占 62.30%），其次为鲕绿泥石（占 14.12%），以及伊利石和高岭石（两者合计占 21.07%）。分散在赤铁矿和褐铁矿中的硅很少，不足 3%。选矿脱硅除了脱石英外，还应大力脱除鲕绿泥石及黏土矿物，不然精矿中硅的含量不会低。

表 20-18 官店铁矿矿石中 SiO_2 的赋存状态

矿物名称	矿物含量/%	矿物含 SiO_2/%	矿物含 SiO_2 总量/%	占有率/%
赤铁矿	49.14	0.92	0.45	2.02
褐铁矿	4.99	2.34	0.12	0.54
鲕绿泥石	12.71	24.8	3.15	14.12

续表 20-18

矿物名称	矿物含量/%	矿物含 SiO_2/%	矿物含 SiO_2 总量/%	占有率/%
伊利石	6.88	45.21	3.11	13.94
高岭石	3.48	45.96	1.59	7.13
石　英	13.89	100.0	13.89	62.30
其他矿物	8.91	0	0	0
总　计	100.00		22.31	100.00

在合适的磨矿条件下，通过磁选和反浮选可将石英最大限度地脱除，预计脱除效果较好；鲕绿泥石和黏土矿物中的硅一部分因与赤铁矿嵌布紧密难以脱除；伊利石和高岭石在磨矿过程中较易泥化，应该可通过脱泥作业脱除一部分；至于分散于赤铁矿和褐铁矿中分散的硅无法脱除，但因含量低，对铁精矿中 SiO_2 含量的影响不是太大，官店铁矿铁精矿中的 SiO_2 降至5%以下是有可能的。

（四）铝的赋存状况

由表 20-19 可知，官店铁矿矿石中铝主要赋存在鲕绿泥石、伊利石和高岭石中（共占93.55%），分散在赤铁矿和褐铁矿中的铝占6.52%。虽然鲕绿泥石、伊利石和高岭石与赤铁矿在比重、比磁化系数和硬度方面存在差异，但由于铝矿物与铁矿物为微细粒嵌布，实现两者分离比较困难。如果铁精矿中这 3 种矿物的含量能控制在 10%~15%，则 Al_2O_3 的含量可控制在 5%左右。

表 20-19　官店铁矿矿石中的 Al_2O_3 的赋存状态

矿物名称	矿物含量/%	矿物含 Al_2O_3/%	矿物含 Al_2O_3 总量/%	占有率/%
赤铁矿	49.14	0.70	0.35	5.09
褐铁矿	4.99	1.78	0.10	1.43
鲕绿泥石	12.71	20.49	2.61	37.39
伊利石	6.88	37.50	2.59	37.11
高岭石	3.48	37.95	1.33	19.05
石　英	13.89	0	0	0
其　他	8.91	0	0	0
合　计	100.00		6.98	100.00

三、问题和讨论

（一）问题

当前鄂西高磷铁矿选矿试验在基本解决了脱磷脱硅后转向以下两个问题：第一，精矿含铝硅仍然高，难以降低；第二，尾矿含铁高，影响选矿回收率。

1. 脱铝硅问题

（1）脱铝。铝是鄂西铁矿中普遍存在的常量成分，含量最低的矿区矿石中含 Al_2O_3 3.84%，最高的矿区含 Al_2O_3 达11.57%，全区平均6.84%。一般酸性矿石含铝较高，自熔性矿石和碱性矿石含铝较低。因此，脱铝降铝是本区选矿中必然会面临并必须解决的问题。

由于鄂西铁矿选矿技术攻关是从脱磷开始的，以后又进入到脱硅阶段，因此对磷和硅（石英）的工艺矿物学研究比较详细，而对铝只是一般性查定，未进行专门性的工艺矿物学研究。目前对铝在精矿中的赋存状态、铝在选矿过程中的集散走向了解很少。以往试验过程中产品一般只化验 P、TFe 两项，多一点的加 CaO、MgO、SiO_2 三项，一般没有分析铝，数据很少。与铝密切有关的 K_2O 的分析数据更少。因此根据前人已有资料无法确切回答精矿中铝高且难以脱除的原因，必须作专门性研究。

本次研究据精矿 K_2O、SiO_2、Al_2O_3 含量及矿物组成确定，精矿中的铝主要以高岭石的形式存在，伊利石只占次要地位。

（2）脱硅。据铁精矿矿物组成研究，已无游离石英存在，因此精矿中的硅也主要含在黏土矿物和鲕绿石中，其中又以高岭石为主。

2. 尾矿中铁含量高

尾矿中铁的含量高，特别是焙烧磁选后的尾矿 TFe 含量可高达 24.2%~29.18%。火烧坪工业化试验尾矿含 TFe 26.64%，已接近地质勘查铁矿的边界品位（28%），显然也不是令人满意的数字。由于对尾矿未进行过专门的工艺矿物学研究，其中铁的赋存形式不很清楚。

（二）讨论

1. 焙烧磁选反浮选效果工艺矿物学分析

根据长沙矿冶研究院、武汉理工大学采用焙烧—磁选—反浮选处理官店酸性赤铁矿石所获结果，编制表 20-20、图 20-5。

表 20-20　焙烧磁选反浮选原矿与精矿成分对比

化学成分	原矿品位/%	精矿品位/%	富集比
TFe	42.59	60.35	1.42
P	0.87	0.24	0.28
S	0.026	0.06	2.31
Mn	0.15	0.09	0.60
As	0.0068		
SiO_2	22.32	6.46	0.29
Al_2O_3	6.99	6.30	0.90
CaO	3.90	0.57	0.15
MgO	0.76	0.60	0.79
Na_2O	0.11	0.31	2.82
K_2O	0.66	0.08	0.12
烧失量	3.56	1.17	0.33

由图和表可知，精矿与原矿相比，富集比有三种情况：（1）明显富集：铁富集 1.42 倍，硫富集 2.31 倍，Na_2O 富集 2.82 倍；（2）明显降低：P 降低至 0.28 倍，SiO_2 降低至 0.29 倍，钾降低至 0.12 倍，烧失量降低至 0.33 倍，CaO 降低至 0.15 倍；（3）虽有降低，

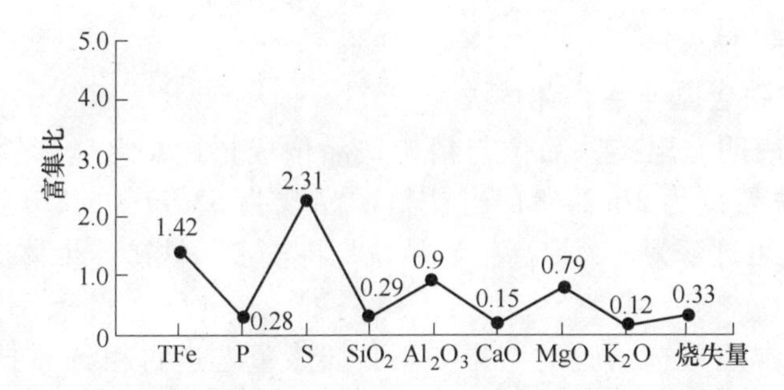

图 20-5　焙烧—磁选—反浮选精矿化学成分富集比示意图

但变化小：Al_2O_3 降至 0.90 倍，MgO 降低至 0.79 倍。三种富集比说明这一选矿流程富铁，降磷、硅、钙的效果较好，降铝、镁效果差。

为了研究矿物在选矿过程中的行为，根据岩矿鉴定，结合化学多元素分析、物相分析结果计算得原矿和精矿中矿物成分和矿物富集比（表 20-21、图 20-6）。

表 20-21　焙烧磁选反浮选选别效果工艺矿物学分析

矿物名称	原矿中品位/%	精矿中品位/%	富集比
赤铁矿	49.14	0.085	1.53
褐铁矿	4.99	0	
磁铁矿	0.07	81.10	
菱铁矿	0.46	2.71	
鲕绿泥石	12.71	2.29	0.18
胶磷矿	3.78	1.30	0.28
方解石	1.89	0	0
白云石	1.23	0	0
伊利石	6.88	1.19	0.17
高岭石	3.48	11.85	3.40
石　英	13.89	0	0
黄铁矿	0.04	0.10	2.5

表中赤铁矿、褐铁矿、磁铁矿、菱铁矿归为一类，因为在焙烧后这些矿物均被磁化，被选入精矿中，富集比为 1.53。黄铁矿在焙烧中也被磁化，因此也富集。石英、方解石、白云石选别效果最好，在精矿中已不存在。伊利石、鲕绿泥石及胶磷矿选别效果也不错，富集比分别为 0.17、0.18 和 0.28。值得注意的是高岭石不但没有被脱除，反而

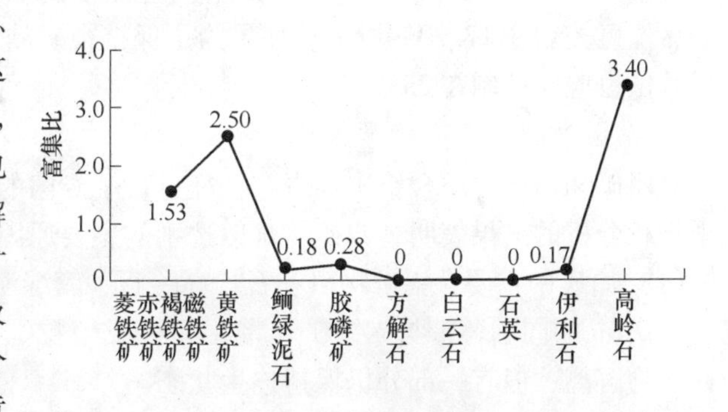

图 20-6　焙烧磁选反浮选矿物富集比示意图

在精矿中富集了3.40倍。

2. 重选尾矿中铁含量与连生体的关系

已有重选试验表明，尾矿铁品位与精矿铁品位成正比：火烧坪铁矿重选精矿品位48.00%时，尾矿铁品位为16.24%；当铁精矿品位为53.77%时，尾矿品位即提高到19.84%。这种情况可理解为，为提高精矿品位，将较多的铁矿连生体抛入尾矿，提高了尾矿中铁的含量。

官店铁矿进行常规重选试验的结果如下：摇床重选进行粗选和扫选，精矿品位为53.37%时尾矿品位39.89%，显然效果不好。因为该样品 -10mm 原矿重液（二碘甲烷）分离试验结果表明，无论是粗细级别，轻产物铁的品位均可降低至11.14%~13.59%；中间产物铁的品位为27%~30%，也远低于摇床重选尾矿。尾矿工艺矿物鉴定结果表明，尾矿品位高低主要取决于尾矿中铁矿物与脉石的连生体类型。

赤铁矿与脉石矿物连生体根据赤铁矿在连生体中的体积比分为3/4、1/2等类型，各类型连生体的比重与含铁量见表20-22。

表20-22 连生体比重与含铁量

连生体类型（赤铁矿占连生体比例）	连生体密度/$g \cdot cm^{-3}$	连生体含铁量/%
3/4 连生体	4.43	51.60
1/2 连生体	3.85	34.41
1/4 连生体	3.28	17.20
1/8/连生体	2.98	8.60
1/16 连生体	2.84	4.30

由表20-22知，1/8连生体的密度为2.98g/cm^3，1/16连生体的密度为2.84g/cm^3，已基本无异于脉石，当采用重液密度3.3g/cm^{3}和2.98g/cm^{3}的二碘甲烷分离时，应上浮成为轻矿物部分，因此如果重液试验做得成功，轻矿物部分的含铁量应在8.60%以下。实际上火烧坪跳汰精矿重液试验轻矿物部分的含铁量可低到5.64%。

上述样品重液试验轻部分铁品位为11.14%~13.59%，说明有一部分1/4连生体也进入了轻产品，而中间产品则主要由1/2和1/4连生体构成。1/2连生体与1/4连生体，在密度和含铁量方面为一重要分界线，1/2连生体密度3.85g/cm^3、含铁34.41%，1/4连生体密度3.28g/cm^3、含铁17.20%。如果重选能控制1/2连生体均被选入精矿，则尾矿中铁的品位可控制在17.20%以下；如果为了保持精矿品位，将部分1/2连生体也抛入尾矿，尾矿品位也应能控制在23%以下。

3. 除铝难的工艺矿物学原因

对原矿和精矿中的含铝矿物嵌布特征进行了专门的查定，显微镜、扫描电子显微镜及化学物相分析的结果表明，铝矿物难以选别的主要原因如下：

（1）原矿中主要含铝矿物伊利石、高岭石、鲕绿泥石与铁矿物嵌布关系密切，常形成宽5~20μm的同心环带与赤铁矿环带相间构成鲕粒。这部分铝矿物虽在加工过程中可能与铁矿物解离，但有一部分仍保持连生状态。

（2）在10~20μm的微观层次内观察赤铁矿集合体，可见粒度5~10μm的铝矿物嵌布于铁矿物的间隙中，且两者的边界曲折复杂（图20-7）。

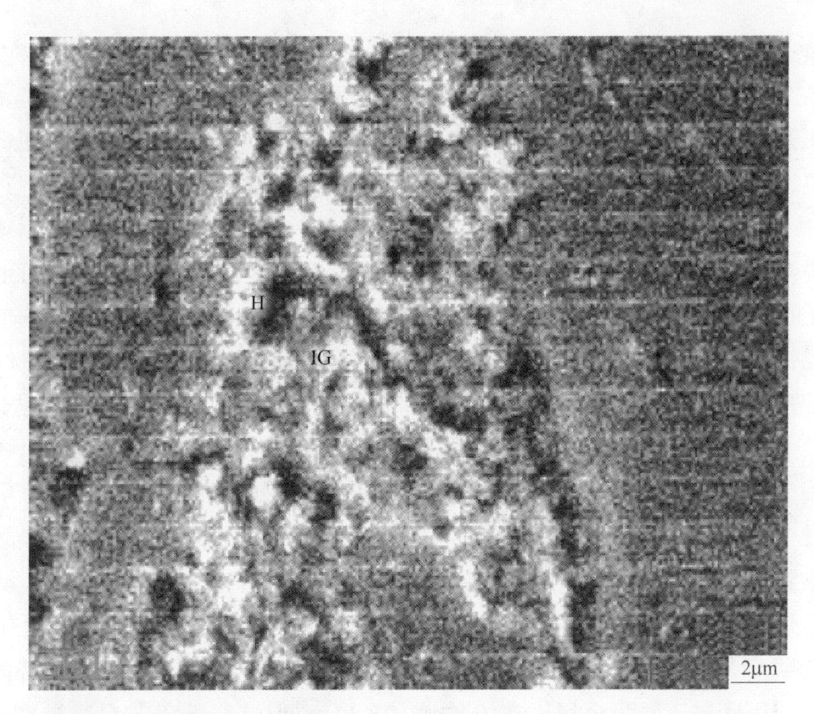

图 20-7　扫描电镜下见赤铁矿（H）与含铝物（IG）的微细粒嵌布关系

（3）在 1～5μm 的微观层次内观察赤铁矿，可见少量微粒（<1～2μm）铝矿物分散在赤铁矿晶隙间，导致赤铁矿含少量的铝（Al_2O_3 0.5%～0.7%）。

（4）焙烧—磁选—反浮选精矿的扫描电镜分析表明，精矿中铝矿物以 1～8μm 的颗粒与磁铁矿形成连生体，铝矿物的种类应为高岭石。

根据精矿工艺矿物学研究，精矿中铝的赋存状态见表 20-23。

表 20-23　焙烧—磁选—反浮选精矿中铝的赋存状态

矿物名称	矿物含量/%	矿物含 Al_2O_3/%	矿物含 Al_2O_3 总量/%	占有率/%
鲕绿泥石	2.29	20.49	0.46	7.30
伊利石	1.19	37.50	0.45	7.14
高岭石	11.85	37.95	4.50	71.43
磁铁矿	81.10	1.09	0.89	14.13
合计			6.30	100.00

由表 20-23 知，精矿中有 4.50% 的 Al_2O_3 是高岭石贡献的，占精矿中含铝总量（6.3%）的 71.43%。由此可认为精矿铝高主要是由高岭石引起的。造成高岭石在精矿中含量高的原因有两方面：（1）原矿中有较多的高岭石与赤铁矿紧密连生；（2）在焙烧过程中高岭石脱水硬结，与铁矿物结合更为紧密，在磁选过程中大量被带入精矿。

第四节　宁乡式铁矿工艺矿物学性质小结

一、工艺矿物学性质评述

（1）根据矿石中主要铁矿物赤铁矿的含铁量及密度和比磁化系数与脉石矿物的明显差

异，采用重选和强磁选均可有效地将铁矿物和脉石矿物分离，获得 TFe > 50% 的精矿，回收率 80% 左右。因此，今后不管采用何种方法利用宁乡式铁矿，重选和强磁选都是应该考虑采用的工艺过程，对原矿进行梯形跳汰（粗级别）和强磁选（细级别）处理，恢复矿石地质品位，提高产品含铁量在技术上和经济上都是必不可少的。

（2）由于赤铁矿单晶粒度极为微细，在磨矿过程中不可能使其成为单体，选矿只能以选铁矿物集合体为目标。由于铁矿物的集合体尺度较大，因此没有必要将加工的细度提得很高。铁矿精矿品位不够高，主要并不是由于磨细度不够，而是受铁矿集合体中赤铁矿含量的限制。铁矿精矿品位一般在 52%~53%，已说明选矿有效，如能达到 55%~57%，则就是不错的指标。如想继续提高精矿品位，采用提高磨细度和絮凝选矿等方法，从已有试验结果看，效果不佳，且铁回收率大打折扣。采用低温焙烧磁选的方法同样不会有非常明显效果。因为焙烧过程中赤铁矿在氧化气氛（680℃）下成磁赤铁矿（γ-Fe_2O_3），在还原的气氛下转变成磁铁矿，但是这样的相变并未改变原矿的嵌布特征和铁矿物的颗粒结构。虽然铁矿物的选别性提高，选别效果或许改善，但改变不了选集合体的事实。官店铁矿原矿还原—焙烧—磁选铁精矿的品位为 57.01%，火烧坪铁矿为 55.20%，仍没有重大突破。如欲获得含铁量大于 64% 的精矿，唯一的办法是提高焙烧温度，破坏赤铁矿晶格，使赤铁矿中的铁不同程度地还原为金属铁或方铁矿（FeO），但这样的工艺在某种意义上已属冶炼范畴。

（3）磷矿物的工艺矿物特征表明有 90% 的磷矿物易于与铁矿物解离而被分选出去，因此对于宁乡式铁矿选矿“提铁降磷”的目标而言，提铁难降磷易。通过一般的浮选就可将铁精矿中磷的含量降至 0.25% 以下，但是由于有少部分磷以星散状分布于赤铁矿晶体之间，因此铁精矿中的磷要降到很低只靠机械选矿是难以办到的。矿石中的磷矿物与我国沉积型磷块岩中的磷矿物属同一种矿物，因此，在铁矿选矿工艺中应有使胶磷矿进一步富集的流程，使其达到磷精矿的标准。但是对于宁乡式铁矿要通过选矿做到这一点是非常困难的。据国外同类矿产利用经验和国内冶炼试验，选矿不除磷，让它随铁还原进入生铁，在转炉炼钢过程中以钢渣磷肥的形式得到回收和综合利用是可能的。

（4）脉石矿物工艺矿物特性决定了宁乡式铁矿除硅铝是一个难题，因为有相当数量的含硅铝矿物与赤铁矿呈极微细嵌布状态，铁精矿品位上不去的主要原因是硅铝除不去。钙矿物方解石、白云石的嵌布粒度较粗，与铁矿物界线清楚且易解离，因此，实现钙铁分离是很容易办到的。但由于宁乡式铁矿大多是高硅酸性矿石，少部分自熔性矿石中的钙是宝贵的可利用的部分，在选矿过程中应尽量留在精矿中而保持产品的自熔性。研究浮选除磷时的保钙技术是宁乡式铁矿选矿的一个重要课题，通过研究浮选药剂等途径解决这个问题值得试探。

（5）根据宁乡式铁矿工艺矿物学禀赋特征，解决矿石利用问题的最终途径可能是冶炼方式。但应充分利用矿物物性差异和可能达到的解离程度，采用重选、强磁选、浮选等选矿方法作为补充和辅助工艺，以提高冶炼物料的质量和降低成本。由于宁乡式铁矿矿层多为深而缓倾，又需地下开采，采矿贫化率高，采用重选和强磁选恢复地质品位是必不可少的程序。

二、对宁乡式铁矿选矿目标的建议

（1）根据矿石工艺矿物学性质和当前选矿技术水平，通过磁选、重选、焙烧、浮选等工艺手段，选矿可能达到的技术指标为：精矿铁品位55%~58%，含P 0.2%~0.25%，铁回收率75%~80%；精矿含$Al_2O_3 \leqslant 5\%$，含$SiO_2 \leqslant 5\%$，尾矿含铁20%~25%。当前已有的选矿实验室试验和半工业试验结果已接近这一指标，但尚有进一步提高的空间。

（2）宁乡式铁矿，尤其是鄂西高磷铁矿工艺矿物学禀赋性质提示，该种类型矿石选矿“技术突破”的标准应定位在合理的水平，那种认为只有获得含磷很低、含铁很高的精矿，并有高的回收率才称得上“突破”的观念是不切合实际的。“突破”标准只能建立在符合矿石本身性质的基础上，不能要求低品质矿石也能获得高品质矿石同样的或相近的选矿效果，否则试验工作导向可能出现问题。

（3）宁乡式铁矿中酸性富矿的资源量最大，今后规模开发较为合理的工艺模式是通过重选抛尾，焙烧磁选或强磁选提铁，浮选脱磷，获得铁精矿供钢铁企业使用。此种工艺虽有磷无法综合利用的缺憾，但在现有条件下仍然是最实际的选择。

（4）对于自熔性富矿，应重视前人几十年的实验室和工厂试验的技术路线和试验成果，即通过重选恢复地质品位，严格混匀，全烧结入炉炼铁，用顶底复合吹转炉炼钢脱磷，获得合格的钢和钢渣磷肥。当年参加试验的国内重钢、涟钢、马钢、唐钢等钢铁厂以及国外卢森堡研究室对这一技术路线都作了肯定的结论；宜昌八一钢厂的中试也已实施了一半，后来中试项目下马不是技术上问题，而是因为体制调整。因此建议对这一技术路线再次予以验证并用新的科技手段改进优化，使之成为一种资源得到综合利用、技术上可行、经济上合理的开发利用途径。

第二十一章 宁乡式铁矿选冶技术

第一节 重选和磁选

一、重选

重选主要用来作为预选，与反浮选组成重选—反浮选工艺流程处理高磷铁矿中的贫矿；或直接选别高磷铁矿中的富矿，产出高炉炼铁配矿用铁精矿。

根据富铁鲕粒和脉石的密度差异（表21-1），鲕状铁矿石在较粗粒度下重选可以有效地剔除采矿时混入的围岩和夹石，恢复地质品位，这在技术和经济上是有意义的。

表21-1 鲕状铁矿石中不同矿物和矿物集合体密度 （g/cm^3）

名 称	鲕 粒	鲕粒集合体	胶结物	含铁灰岩	砂质板岩	石英	胶磷矿	方解石
密 度	4.45	3.80~4.10	3.35	<3.29	2.65	2.65	2.93	2.7

注：表中数字为实测值。

部分高磷鲕状铁矿石粗粒重选试验结果见表21-2。

表21-2 部分高磷鲕状铁矿石粗粒重选试验结果

矿样名称	入选粒度/mm	选矿流程	试验指标/%				铁精矿含P/%	铁精矿碱度
			原矿品位	精矿品位	尾矿品位	回收率		
贵州平黄山矿	-75	重介质振动溜槽+跳汰	20.19	25.97	10.52	80.58		
云南鱼子甸矿	-10	分级跳汰	33.03	36.25	12.22	95.23	0.93	
广西屯秋矿	-10	重选（跳汰—摇床、离心机）	46.22	49.32		92.14		
鄂西火烧坪矿	-60	重介质振动溜槽+跳汰	29.33	38.51	10.57	88.16	1.01	1.89
鄂西火烧坪矿	-10	分级跳汰	30.35	40.76	9.54	89.50	1.033	1.05
鄂西松木坪矿	-10	分级跳汰	35.91	46.18	10.17	91.91	1.14	0.82
鄂西官店矿	-10	分级跳汰	42.65	48.07	23.17	87.64	1.10	
鄂西官店矿	-6	跳汰+强磁	43.67	50.04	21.60	88.93	1.04	
湘东清水矿	-10	分级跳汰	46.93	51.07	32.74	83.50	0.50	
湖南田湖矿	-10	跳汰	26.28	38~43	9~10	80~90	0.72	1.00
江西上株岭矿	-35	跳汰（AM-30型）	47.30~47.80	50.24~51.81	21.40~23.79	95.26~92.89	0.55	

某些碱性铁矿石在重选时，通过改变铁精矿中（碱性的）含铁灰岩及胶结物的含量，可以控制其精矿的碱度。例如火烧坪碱性鲕状赤铁矿以 -60mm 或 -10mm 入选均可恢复地质品位，降低入选粒度可使铁精矿碱度（CaO/SiO_2）降低。一般说来，粗粒重选对于碱性或自熔性铁矿石，能使铁精矿保持一定的自熔性；对于酸性矿石，由于抛弃了围岩和夹石，铁精矿碱度也能有所提高。

经过粗粒重选，铁精矿中 P 含量一般稍高于原矿，若能使铁精矿含 P 满足转炉生产托马斯生铁的要求，通过冶炼高磷生铁，然后以转炉除磷吹炼合格钢，同时副产钢渣磷肥，可使铁矿石中的磷和钙都得到综合利用。

在粗粒重选流程中，“大块跳汰机”（如 AM-30 型）具有较好的选别效果。它采取筛上筛下联合排精矿，入选粒度上限可达 35mm，某种程度上可代替重介质振动溜槽。

由于工业生产中跳汰机对细级别物料分选效果较差，而高磷鲕状铁矿石又容易泥化，故在粗粒重选流程中增设强磁选作业（或其他细粒物料重选设备）分选细粒级部分，组成联合流程，有利于提高选别效果，增强对原矿含泥量变化的适应性。表 21-2 官店铁矿试验结果也表明，跳汰加强磁联合流程优于单一跳汰选矿。

此外，以剔除废石、恢复地质品位为目的的“块矿重选”，入选粒度不宜小于 5～6mm。继续降低入选粒度虽能提高精矿品位，但随着入选粒度的降低，必然增大细泥的产率，导致精矿回收率降低，也增大了破碎作业的工作量。湘东清潞水酸性铁矿，-10mm 入选时，跳汰精矿品位 50.41%，作业回收率 87.02%；若将入选粒度降为 -2mm，虽可得到品位为 55.03% 的精矿，但其回收率只有 34.05%。

粗粒重选具有流程简单、基建投资省、经营费用低等优点。但是由于入选粒度较大，虽然回收率较高，精矿品位一般只能达到或稍高于矿石地质品位，故特别适用于碱性和自熔性铁矿石。

细粒级高磷鲕状铁矿不适宜采用重选。采用各类溜槽、摇床等只能获得少量（产率 10%～20%）高品位精矿，并且精矿回收率极低。

二、强磁选

强磁选与重选一样主要用来作为预选，与反浮选组成强磁选—反浮选工艺流程处理高磷铁矿中的贫矿；或直接选别高磷铁矿中的富矿，产出高炉炼铁配矿用铁精矿。

强磁场磁选在高磷鲕状赤铁矿石的选矿方案中，是一种较多采用的手段。虽然许多高磷鲕状赤铁矿石的强磁试验指标并不太理想，但强磁选具有铁回收率较高、尾矿品位较低、可直接抛弃的优点，所以在与其他选矿方法组成的联合流程中，它常常是主要组成部分之一。

当用于粗粒级剔除围岩、夹石，恢复地质品位时，强磁选可以获得稍高于单一重选的试验指标（表 21-3）。

官店产出的酸性高磷鲕状赤铁矿石，以梯形跳汰机选别 -6+0.6mm 粒级，以强磁选处理 -0.6+0mm 粒级及再磨后的中矿（跳汰第四室精矿），可以充分发挥联合流程中两种选矿方法的各自特长，因而获得了优于单一方法选别时所得的指标。

峨眉综合所对官店铁矿进行的细磨强磁选试验结果表明，采取下列措施可以改善总精矿指标。

表 21-3 鲕状铁矿石强磁选与重选试验结果比较

选矿方法	火烧坪碱性矿				官店酸性矿				入选粒度/mm
	原矿 TFe/%	精矿 TFe/%	回收率/%	尾矿 TFe/%	原矿 TFe/%	精矿 TFe/%	回收率/%	尾矿 TFe/%	
跳汰	30.35	40.76	89.50	9.54	42.65	48.07	87.64	23.71	-10
强磁选	30.30	41.87	90.46	8.37	43.18	48.88	90.10	21.03	-6
跳汰+强磁选					43.67	50.04	88.93	21.60	-6

(1) 磁选前预先脱出铁品位近50%的矿泥作为次精矿，但应根据磁选机的性能尽量降低脱泥粒度，以减少这种不经选别就并入最终精矿的矿泥产率。

(2) 对粗细级别采用适合各自特点的条件进行分选，即+74μm级别采用较低场强和较大冲洗水，而-74μm级别则采用较高场强和较小冲洗水。

采取上述工艺措施后的细磨强磁选可以获得优于细磨螺旋溜槽的指标（表21-4），但流程要略复杂一些。

表 21-4 强磁选与螺旋溜槽选别结果比较 (%)

选别工艺	入选粒度(-0.075mm)	给矿		精矿		尾矿	
		品位	回收率	品位	回收率	品位	回收率
强磁选	68	49.94	88.92	53.52	74.13	22.18	10.34
螺旋溜槽选	相当于70~80	50.20	88.37	53.14	70.74	25.32	17.63

注：两种选矿工艺的给矿同为跳汰、强磁联合流程的粗精矿，其回收率均对原矿计。

对于某些自熔性矿石，采用强磁选可取得较好指标。例如：湘东排前自熔性铁矿采用单一强磁或者跳汰—强磁，其精矿配成自熔性烧结矿时，其品位分别为43%和45%，而磁化焙烧磁选精矿（品位50.12%）配成自熔性烧结矿时品位仅为46%，即实际有效品位只高出约1%；广西屯秋铁矿采用湿式强磁选，也获得了与焙烧磁选精矿质量相当的指标。

此外，细磨强磁选还有一个需要解决的问题：强磁选不能得到低磷铁精矿，同时又存在提高精矿铁品位与“保磷”——以便综合利用磷的矛盾（这一点与细磨重选相似）。鄂西官店铁矿细磨强磁选的铁精矿含P 0.80%，折合生铁含P为1.41%。按生产托马斯生铁矿石含P≤0.8%~1.2%的标准，该精矿含P偏低。为了弥补铁精矿含磷不足的缺陷，需要研究一些补救的办法，如在流程中加进浮选作业，从细磨强磁尾矿中回收磷并入铁精矿；选用合适的含磷石灰岩或钙质胶磷矿的尾矿作为烧结矿的熔剂等。

需要说明的是，不同地区产出的宁乡式铁矿的性质变化是较大的，不同矿区矿石有其特殊性，其可选性差异较大。例如半工业试验时，采用高梯度强磁选方法处理秭归野狼坪等矿区产出的高磷鲕状赤铁矿，原矿TFe 37.5%左右，入选粒度70% -0.075mm，经一次高梯度磁选，即可获得TFe≥52%，回收率在75%左右的铁精矿。又如实验室小型试验时，对建始官店矿区的矿石进行单一强磁选（图21-1）和阶段磨矿—阶段强磁选（图21-2），获得的铁精矿可以作为下一步深选作业的给矿，也可以作为高炉炼铁配矿用矿直接出售。

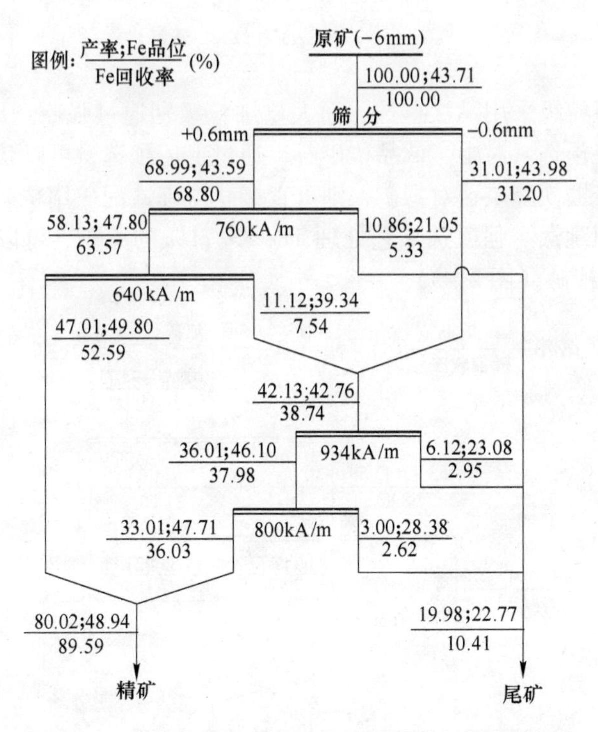

图 21-1 建始官店矿区矿石单一磁选试验流程及结果

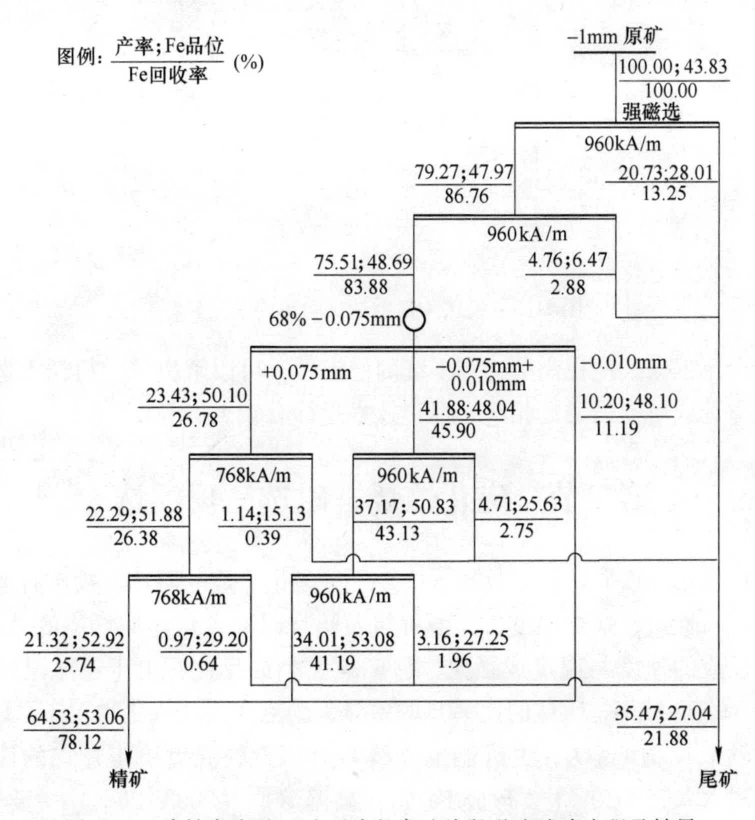

图 21-2 建始官店矿区矿石阶段磨矿阶段磁选试验流程及结果

三、重选—强磁选

原矿破碎后，粗粒级采用跳汰重选，而大量细粒级别通过强磁选回收其中的铁矿物，从而实现原矿全粒级预选。对中、低品位矿石，通过上述预选，可以获得 TFe 50% 左右的粗精矿供后续进一步提铁降磷；对富矿，则可直接获得炼铁配矿用精矿。如对建始官店矿区产出的矿石，采用跳汰 + 强磁选工艺处理 TFe 43.71% 的原矿，可以获得 TFe 50.12%，回收率 86.78% 的粗精矿（图 21-3）。

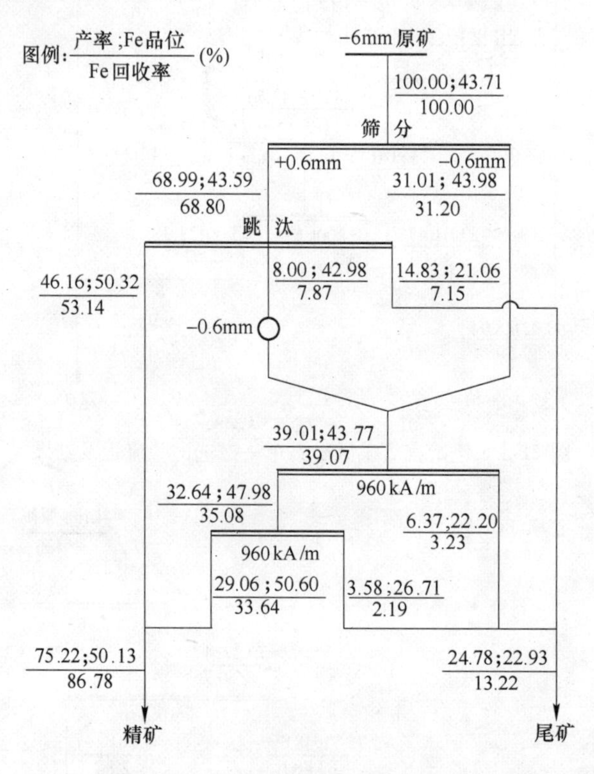

图 21-3 跳汰 + 强磁选试验流程及结果

全粒级预选流程极大地提高了选别系统的稳定性，可以解决单一粗粒重选时细粒级的流失，与单一重选或单一强磁选相比，选别技术指标有较大提升。

第二节 磁化焙烧—磁选—反浮选

处理低品位难选赤铁矿比较有效的方法之一是磁化焙烧—磁选。铁矿石还原焙烧的主要影响因素是矿石性质、焙烧温度、还原气氛及焙烧时间。从还原焙烧的基本原理来看，铁氧化物还原反应的速度与温度成正比，与矿粒大小成反比；由于还原温度和还原气氛（即还原气中 CO/CO_2 或 H_2/H_2O 的比率）的差异，弱磁性的铁氧化物在还原焙烧过程中可能生成磁性的铁氧化物 Fe_3O_4，也可能生金属 Fe，因此，温度决定过程的性质。一般而论，低温焙烧时（<750℃）主要形成 Fe_3O_4；高温焙烧（900℃以上）主要形成金属铁。根据这一差异，按焙烧温度及所进行的物理化学过程，鲕状铁矿石还原焙烧磁选可分为磁

化焙烧和金属化焙烧（或称低温还原焙烧和高温还原焙烧）磁选两类。

一、磁化焙烧—磁选

磁化焙烧磁选已有几十年的科研和生产实践，是比较成熟的工艺。用磁化焙烧磁选法处理鲕状铁矿石，由于：

（1）使原来属弱磁性的铁矿物获得了强磁性，而绿泥石类硅酸铁在磁化焙烧后一般仍未能获得强磁性，就有利于铁矿物与硅酸铁及其他脉石矿物在弱磁场磁选中分离；

（2）在焙烧过程中矿石产生一定程度的裂隙，使鲕粒间的胶结物能较多地排除；

（3）烧损及铁矿物部分脱氧，使矿石中铁含量相对提高。

所以，该工艺可以比其他选矿方法获得更高的选别指标。但是，鲕状铁矿石的焙烧磁选若与鞍山式赤铁矿的焙烧磁选比较，其选别效果还是比之不及的。由于鲕状铁矿石本身的特点，焙砂磁选精矿品位主要取决于矿石中鲕粒的结构形式、化学成分及胶结物赋存的状态，所以一般情况下，鲕状铁矿石磁化焙烧磁选精矿的铁品位都难以超过57%~58%，很少能达到60%（表21-5）；加之焙烧磁选的热损失多、能耗高，基建和生产费用大，这就限制了它在鲕状铁矿石选矿中的应用。

表21-5　鲕状铁矿石磁化焙烧磁选试验结果

矿石类型	矿样名称	品位 TFe/%			精矿品位提高/%		回收率/%	原矿烧损/%
		原矿	焙烧矿	精矿	比原矿	比焙烧矿		
自熔性矿石	湘东排前（深部）矿	31.4		50.12	18.72		76.79	15.00
	湖南大石桥富矿	40.4	42.16	52.55	12.51	10.39	84.55	9.46
	湖南大石桥贫矿	34.01	35.71	48.27	14.26	12.56	78.35	12.69
	鄂西火烧坪矿	29.99		56.24	26.25		85.90	14.96
	鄂西松木坪矿	35.58	38.39	57.78	22.2	19.39	88.18	
酸性矿石	湘东排前（浅部）矿	40.62	41.49	53.70	13.08	12.21	80.67	7.7
	贵州赫章小河边矿	38.10	41.47	50.48	12.38	9.01	83.00	6.14
	贵州平黄山矿	23.30		51.90	28.60		73.20	20
	云南鱼子甸矿	33	39.62	51.25	18	11.63	88.15	
	广西屯秋矿	46.16		57.17~55.88	10~11		78.00~80.40	1.0
	鄂西官店矿	41.22		60.42	19		78.94	

有些鲕状铁矿石中绿泥石及其他硅铝酸盐矿物同铁矿物紧密共生，嵌布粒度极细，在没有充分单体解离的情况下，磁化焙烧磁选也难以取得良好指标，如贵州赫章、平黄山及云南鱼子甸矿，其焙砂磁选精矿品位只有50%~52%。鄂西官店铁矿实验室小型试验焙烧磁选（焙烧温度为750℃）精矿品位之所以能达到60%，除鲕粒平均铁品位比较高外，细磨（磨至-320目占97.60%）可能是一个重要因素。但试验证明，若继续细磨，即使成数倍的延长磨矿时间，也难以在已有的基础上再提高铁品位1%。这是因为在微米级粒度下，仍有硅铝酸盐脉石矿物与铁矿物嵌生，难于形成铁矿物单体。

此外，酸性鲕状铁矿石（如官店铁矿）嵌布致密，焙烧时不易“龟裂”，不利于还原反应。还原剂只能与矿块表面接触，矿块内部难以还原，所以工业竖炉或工业回转窑的焙烧磁选试验结果均比小型试验要差。碱性鲕状铁矿石，因容易热裂，胶结物中又含有较多的钙镁矿物，焙烧时能提高强磁性 γ-Fe_2O_3的热稳定性，对磁选是有利的。长阳火烧坪碱性铁矿石在鞍钢烧结总厂进行的投笼试验表明，总的指标接近实验室试验指标，但磁选后铁精矿碱度只有0.37，故从技术经济全面考虑，不如重选、强磁或重选—强磁方案。

在磁化焙烧磁选中，由于还原温度不是很高，晶体结构基本保持，鲕状矿石中与铁矿物紧密共生的微粒黏土在一般的细磨中未能解离，所以铁精矿含硅、铝仍然较高（表21-6）。

表 21-6 官店铁矿石焙烧-磁选铁精矿多元素分析结果

成分	TFe	SiO_2	Al_2O_3	CaO	MgO	P	S	K_2O	Na_2O	烧损
含量/%	60.43	7.26	5.13	2.06	1.46	0.66	0.023	0.235	0.13	-3.81

二、弱磁选精矿反浮选

小型试验时，对建始官店矿区产出的矿石进行磁化焙烧—磁选，磁选精矿再磨反浮选脱磷，工艺流程见图21-4，结果见图21-5。获得的铁精矿含铁大于60%，磷含量0.24%，

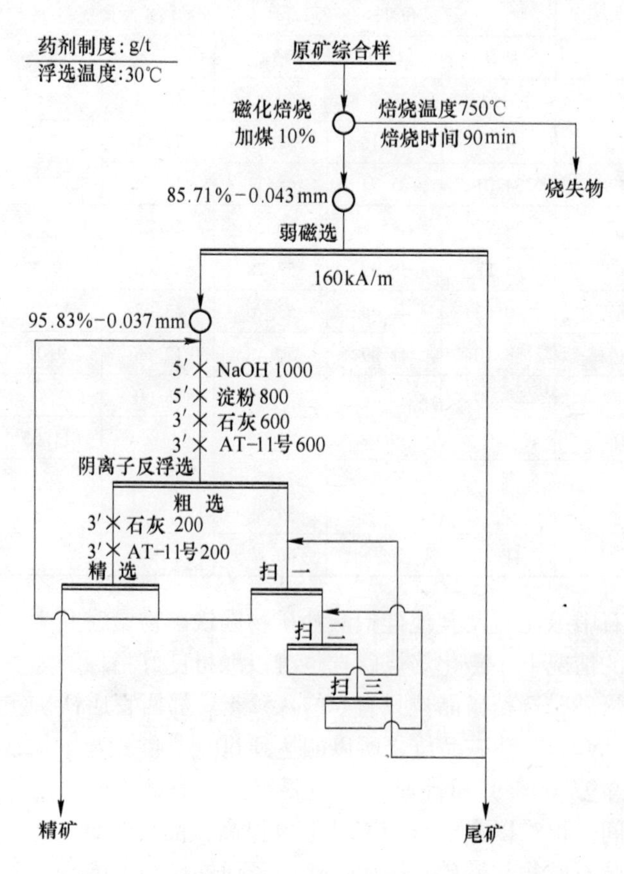

图 21-4 焙烧—弱磁选—反浮选试验工艺流程

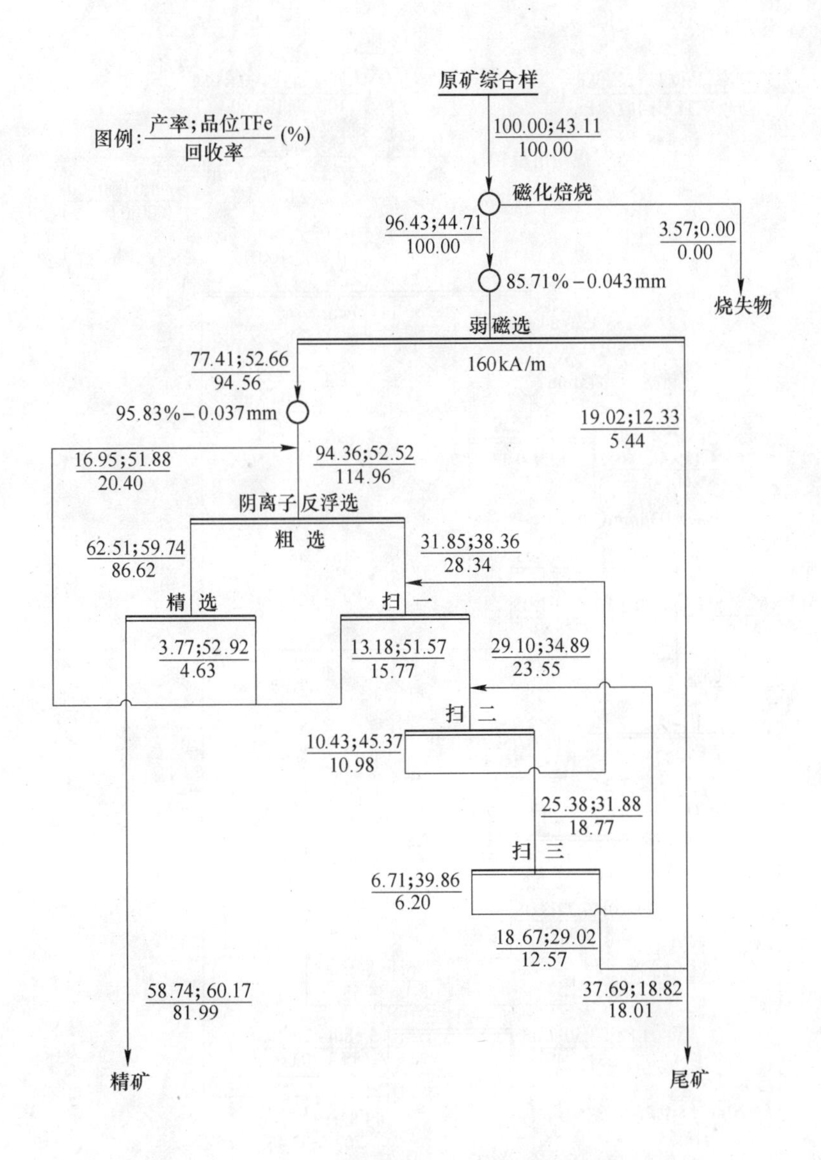

图 21-5　焙烧—弱磁选—反浮选闭路试验数质量流程

回收率近 82%，该工艺流程处理官店矿区产出的矿石获得的技术指标比较好。

长沙矿冶研究院对五峰龙角坝矿区产出的矿石也进行了磁化焙烧—磁选—反浮选试验研究，获得的结果见图 21-6。

试验结果表明，采用焙烧磁选—阴离子反浮选流程，可获得产率 56.20%、TFe 61.88%、P 0.25%、回收率 79.95% 的铁精矿，其铁、磷品位和回收率均比较理想。

因此，采用磁化焙烧—磁选—反浮选工艺处理酸性高磷铁矿，尤其是含鲕绿泥石、褐铁矿较多的酸性贫矿石，是一种较合适的工艺。

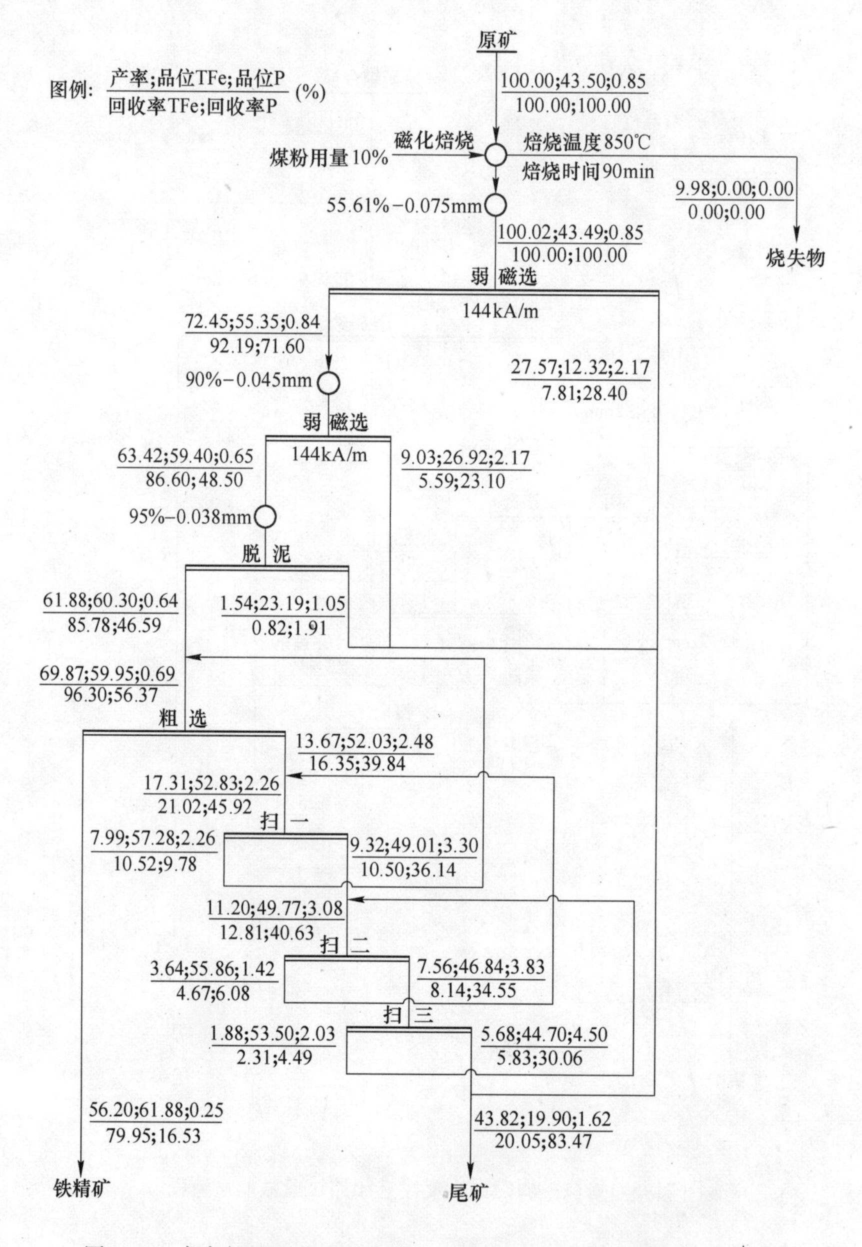

图 21-6 龙角坝矿区矿石磁化焙烧—磁选—反浮选试验数质量流程图

第三节 反 浮 选

宁乡式铁矿中酸性矿石资源量占总量的90%左右，因此酸性矿石选冶技术研究应是宁乡式铁矿的主攻方向。

自熔性及碱性矿石的选矿技术几乎都适用于酸性矿石。但由于酸性鲕状铁矿石（如官店铁矿）嵌布致密，焙烧时不易“龟裂”，不利于还原反应，还原剂只能与矿块表面接触，矿块内部难以还原，所以工业竖炉或工业回转炉的焙烧磁选试验结果均比小型试验要差许多，铁精矿品位和回收率均不太理想，因此，磁化焙烧并不适用于酸性矿石。

高磷鲕状赤铁矿反浮选，是抑制铁矿物而浮出磷矿物、石英类硅质矿物，反浮选工艺流程较正浮选流程简单，选别效果较好。

对于碱性矿石和自熔性矿石，反浮选可除去大部分含磷矿物，使铁精矿磷含量低于炼铁用铁精矿含磷一般工业指标，但此时铁精矿质量（TFe）并不高，而且在浮磷的同时，矿石中的一部分钙镁质矿物被同时浮出，使铁精矿碱比降低，破坏了其冶炼自熔性。因此，反浮选工艺更适用于酸性高磷鲕状赤铁矿的降磷提铁。目前，宁乡式铁矿反浮选已发展为阴离子捕收剂反浮选降磷—阳离子捕收剂反浮选降硅的双反浮选工艺。

一、直接反浮选

当原矿中原生矿泥含量少、磨矿时产生的次生矿泥也不多、入选粒度不太细时，采用一次磨矿—直接反浮选，或采用阶段磨矿—反浮选脱磷—反浮选脱硅，可以获得较好的选别指标。例如，对建始官店矿区矿石，采用一次磨矿后直接反浮选工艺，当入选矿石 TFe 为 42.66% 时，可以获得 TFe 45.22%、P 0.23%、回收率为 84.74% 的粗精矿（图 21-7）；如果对该粗精矿进一步反浮选脱硅，最终可以获得 TFe 52.50%，回收率 62.48% 的铁精矿。

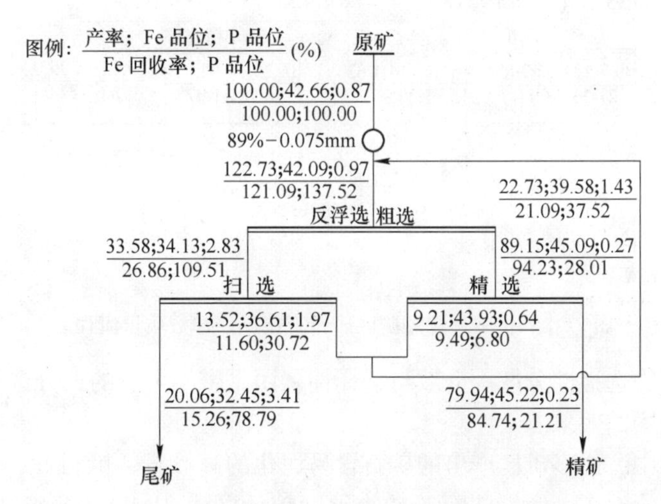

图 21-7 一次磨矿—直接反浮选数质量流程

又如对长阳火烧坪矿区产出的自熔性矿石，采用一次磨矿、入选粒度为 70% −74μm，经直接反浮选脱磷，原矿 TFe 49.10%，获得的精矿 TFe 57.16%、P 0.23%，铁回收率达 77.26%（图 21-8）。

与建始官店矿区产出的酸性矿石相比，长阳火烧坪矿区产出的自熔性矿石，在直接反浮选脱磷时，因钙镁质矿物与磷灰石矿物有着相近的可浮性，在脱磷的同时，一部分钙镁质矿物也同时被脱除，故铁精矿品位较高。

二、絮凝—脱泥—反浮选

微细粒矿物获得有效分选的必备条件是矿物颗粒得到充分分散，在浮选过程中，分散

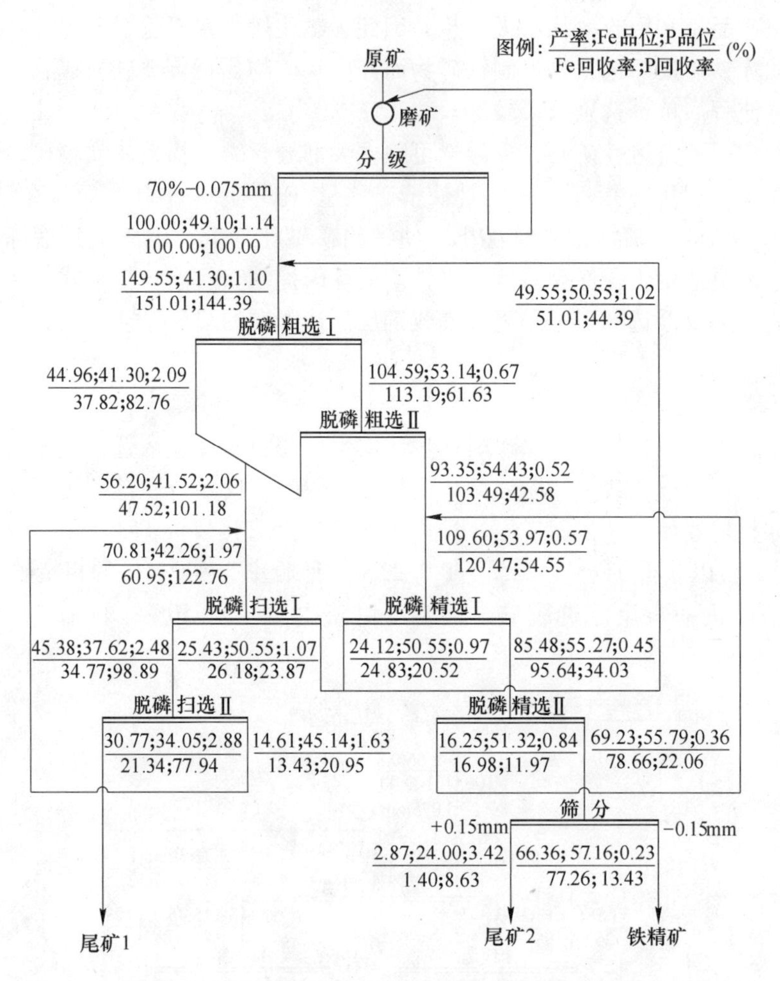

图 21-8 长阳火烧坪矿区矿石直接反浮选数质量流程

主要体现在脉石矿物选择性分散。分散与选择性聚团是密不可分的，分选指标的优劣取决于分散—选择性聚团的效果。

鄂西高磷铁矿中，许多矿区产出的矿石含易泥化的高岭石、伊利石、云母，加之本区铁矿中的赤铁矿、褐铁矿、鲕绿泥石等矿物硬度较低（表 21-7），磨矿过程中较易泥化，因此，矿泥的不良影响是鄂西高磷铁矿反浮选难于获得更好指标的重要因素之一。

表 21-7 几种赤铁矿硬度值比较

矿区名称	广西屯秋	广西海洋	鄂西火烧坪	海南	四川拉克	安徽钟九	云南罗茨
矿石类型	宁乡式	宁乡式	宁乡式	沉积变质	矽卡岩型	热液型	火山热液
显微硬度 /kg·mm^{-3}	160~250	200~560	180~540	729	800	800	759
莫氏硬度	3.8~4.2	4.0~5.1	3.9~4.9	5.7	6.0	6.0	5.79

北京矿冶研究总院对官店某矿段产出的酸性矿石进行选别，在常规浮选中，小于 0.010mm 的矿物颗粒选择性较差，由于其有较大的比表面积，吸附了较多的浮选药剂，不仅其自身的选择性分离较为困难，而且对其他矿物颗粒的分选也不利。为消除矿泥在浮选

中的不良影响，采用BK-MZ-3进行矿泥分散，DF进行铁矿物选择性聚团，试验流程见图21-9。为比较不同流程对该矿石的适应性，进行了选择性聚团直接反浮选试验，试验流程见图21-10，对比试验结果见表21-8。脱泥反浮选与直接反浮选在精矿含磷量及铁的品位相差不大的情况下，脱泥反浮选铁的回收率高于直接反浮选，消除了矿泥对矿物选择性分离的不利影响。

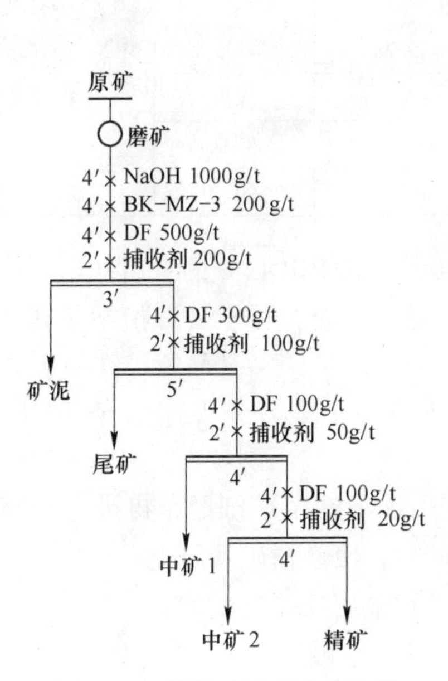

图21-9 脱泥反浮选试验流程

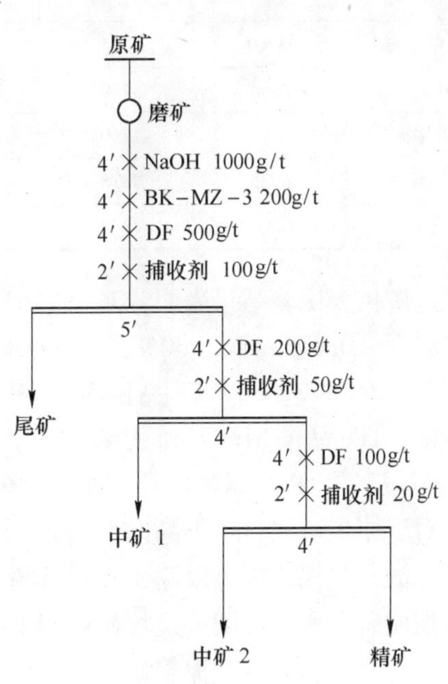

图21-10 直接反浮选试验流程

表21-8 流程结构对比试验结果

流程结构	产品名称	产率/%	品位/%		铁回收率/%
			Fe	P	
脱泥反浮选	矿泥	4.04	41.46		3.20
	精矿	78.28	53.60	0.23	80.21
	中矿1	3.03	48.76		2.82
	中矿2	5.05	50.84		4.91
	尾矿	9.60	48.25		8.86
	原矿	100.00	52.31		100.00
直接反浮选	精矿	71.50	53.50	0.24	73.26
	中矿1	2.50	50.52		2.42
	中矿2	4.00	52.67		4.03
	尾矿	22.00	48.17		20.29
	原矿	100.00	52.22		100.00

中国地质科学院矿产综合利用研究所，采用脱泥—反浮选脱磷脱硅工艺对鄂西官店铁矿进行了扩大连续试验，结果见表21-9。

表 21-9　脱泥—反浮选扩大连续稳定试验结果

产品名称	产率/%	品位/%		回收率/%		入选粒度/%
		TFe	P	TFe	P	
铁精矿 1	59.31	58.10	0.23	71.34	11.82	-0.075mm 含量 91.30（-0.038mm 含量 53.67）
铁精矿 2	8.70	51.99	0.63	9.36	4.81	
总铁精矿	68.01	57.32	0.28	80.70	16.63	
硅尾矿	7.54	37.02	0.21	5.78	1.39	
磷尾矿	18.11	18.93	4.84	7.10	76.96	
泥	6.35	48.89	0.90	6.43	5.02	
原矿	100.00	48.30	1.14	100.00	100.00	

选矿扩大试验结果表明：对原矿 TFe 品位 48.30%、含 P 1.14% 的官店铁矿，在最终磨矿粒度 -0.075mm 91.30%、-0.038mm 53.67% 时，试验获得了良好指标。其中，铁精矿 1 产率 59.31%，TFe 品位 58.10%，P 0.23%，TFe 回收率 71.34%；铁精矿 2 产率 8.70%，TFe 品位 51.99%，P 0.63%，TFe 回收率 9.36%；总铁精矿产率 68.01%，TFe 品位 57.32%，P 0.28%，TFe 回收率 80.7%。

对于原生矿泥含量不高的矿石采用直接反浮选后，将铁精矿细磨，再进行选择性聚团—分散—脱泥，也可以除去二次解离的泥质脉石矿物，使铁精矿品质进一步提升。中南冶金地质研究所对长阳火烧坪矿区产出的半自熔性矿石采用反浮选脱磷后，粗精矿再磨—分散—选择性絮凝—脱泥，原矿 TFe 42.12%，P 1.09%，铁精矿 TFe 56% 左右，P 0.25% 左右，絮凝脱泥作业回收率 85% 左右，对原矿铁回收率 70% 左右（见表 21-10）。

选择性絮凝—脱泥用于分选鄂西高磷铁矿，若要在分选技术指标上更上一层，关键是解决微细粒赤铁矿与微细粒脉石矿物在矿浆体系中相互吸附，从而使絮凝作业选择性降低的问题。

表 21-10　反浮选精矿絮凝—脱泥试验结果

絮凝剂名称	用量/$g \cdot t^{-1}$	产品名称	产率/%	品位（Fe）/%	回收率（Fe）/%
可溶淀粉	350	泥 1	22.38	48.50	20.31
		泥 2	10.37	48.44	9.40
		沉砂	67.25	55.85	70.29
		浮选精矿	100.00	53.43	100.00
玉米淀粉	350	泥 1	17.13	48.56	15.42
		泥 2	11.51	46.80	10.04
		沉砂	71.36	56.02	74.54
		浮选精矿	100.00	53.63	100.00
普通面粉	350	泥 1	21.70	49.49	20.00
		泥 2	11.79	43.17	9.48
		沉砂	66.51	56.92	70.52
		浮选精矿	100.00	53.69	100.00

续表 21-10

絮凝剂名称	用量/$g \cdot t^{-1}$	产品名称	产率/%	品位（Fe）/%	回收率（Fe）/%
马铃薯淀粉	350	泥1	10.79	42.70	8.73
		泥2	7.58	42.24	6.06
		沉砂	81.63	55.11	85.21
		浮选精矿	100.00	52.80	100.00
食用豆粉	350	泥1	13.34	47.50	12.06
		泥2	8.50	40.01	6.47
		沉砂	78.16	54.76	81.47
		浮选精矿	100.00	52.54	100.00
腐殖酸铵	800	泥1	16.77	52.22	16.67
		泥2	11.97	51.52	11.74
		沉砂	71.26	52.77	71.59
		浮选精矿	100.00	52.53	100.00

三、重选—反浮选

对于中低品位矿石，或含原生矿泥较多的矿石，在粗粒条件下进行跳汰重选预选，可以抛弃矿石中围岩、夹石和含铁很低的连生体，也可以脱除原生矿泥为后续反浮选创造良好条件；同时抛弃大量预选尾矿，减轻磨矿负荷，使选矿成本得以降低。对高品位矿石，尤其是高品位碱性矿石和自熔性矿石，通过粗粒跳汰选别，抛除围岩、夹石和部分脉石后，可以获得炼铁配矿用商品矿。因此，采用重选—反浮选流程处理鄂西高磷铁矿对矿石适应性较好、流程运行稳定、产品方案灵活。

对长阳火烧坪矿区低品位矿采用跳汰—反浮选（图 21-11），可以获得 TFe 53.30%、P 0.247%、TFe 作业回收率达 85.06%（对原矿回收率 76.13%）的良好指标（表 21-11）。

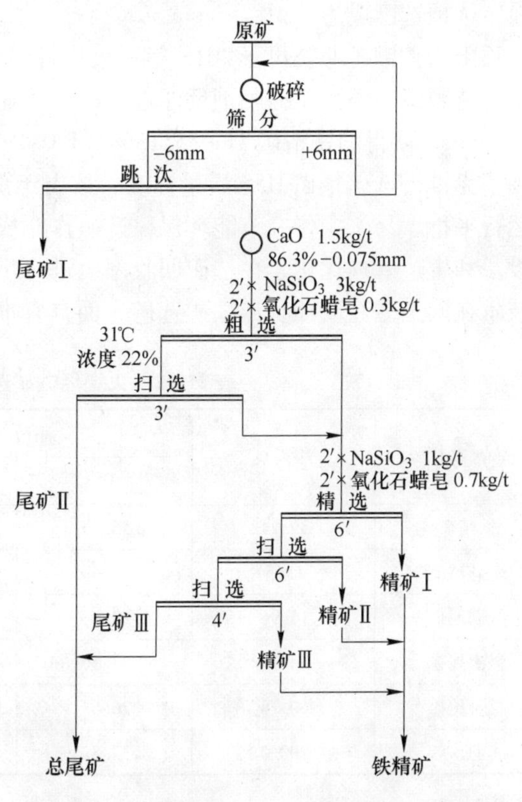

图 21-11　火烧坪铁矿跳汰—反浮选试验工艺流程

表 21-11 火烧坪铁矿跳汰—反浮选试验结果

产品名称	产率/%	品位/%				回收率/%			
		TFe	P	CaO	SiO_2	TFe	P	CaO	SiO_2
精矿Ⅰ	54. 99	54. 44	0. 180	0. 59	10. 53	74. 27	9. 58	3. 03	56. 65
精矿Ⅱ	6. 95	48. 18	0. 503	2. 23	13. 62	8. 31	3. 38	1. 44	9. 26
精矿Ⅲ	2. 37	42. 02	1. 057	5. 14	15. 00	2. 48	2. 43	1. 13	3. 48
总精矿	64. 31	53. 30	0. 247	0. 94	11. 03	85. 06	15. 39	5. 60	69. 39
尾矿Ⅱ	23. 06	12. 40	2. 082	33. 20	6. 08	7. 09	46. 41	71. 26	13. 72
尾矿Ⅲ	12. 63	25. 06	3. 127	19. 68	13. 67	7. 85	38. 20	23. 14	16. 89
总尾矿	35. 69	16. 88	2. 452	28. 42	8. 77	14. 94	84. 61	94. 40	30. 61
给矿	100. 00	40. 30	1. 034	10. 74	10. 22	100. 00	100. 00	100. 00	100. 00

四、强磁选—反浮选

采用强磁选、尤其是高梯度磁选进行预选，可以实现一个工艺方法下的全粒级预选，富集比较高、选矿效率高、抛尾效果好，可以为后续反浮选创造较好条件。由于高梯度磁选机结构和性能的完善，使得采用该型设备预选获得的技术指标优于重选预选，采用高梯度强磁选预选已成为共识。

长阳新首钢矿业公司于 2013 年对火烧坪自熔性矿石进行了高梯度磁选—阴离子捕收剂反浮选脱磷—阳离子捕收剂反浮选脱硅的工业试验（图 21-12），入选原矿 TFe 37. 82%、P 0. 975%，获得的铁精矿 TFe 55. 13%、P 0. 193%、回收率 57. 21%（表 21-12）。铁精矿达到了赤铁矿选矿精矿 H55 质量标准，按当年铁精矿价格计算，具有经济效益。该工艺系统运行平稳、易于操作、节能环保，选矿作业成本较低。如果进一步对工艺技术条件、工艺设备和生产管理优化，在选矿回收率上进一步提高，使选矿经济效益得以提高，则该工艺技术在同类型高磷鲕状赤铁矿选矿方面具有推广意义。

表 21-12 火烧坪铁矿选矿工业试验指标

产品名称	产率/%	品位/%		回收率/%	
		Fe	P	Fe	P
铁精矿	39. 24	55. 13	0. 193	57. 21	7. 76
脱硅尾矿	1. 65	44. 44	0. 662	1. 94	1. 12
脱磷尾矿	16. 96	32. 53	1. 798	14. 59	31. 29
强磁尾矿	42. 14	23. 56	1. 384	26. 26	59. 83
综合尾矿	60. 76	26. 63	1. 480	42. 79	92. 24
原矿	100. 0	37. 82	0. 975	100. 0	100. 0

武钢集团公司恩施项目部对建始官店酸性矿石采用了强磁选预选—再磨反浮选工艺（图 21-13）进行处理，实验室试验结果见图 21-14 和表 21-13。

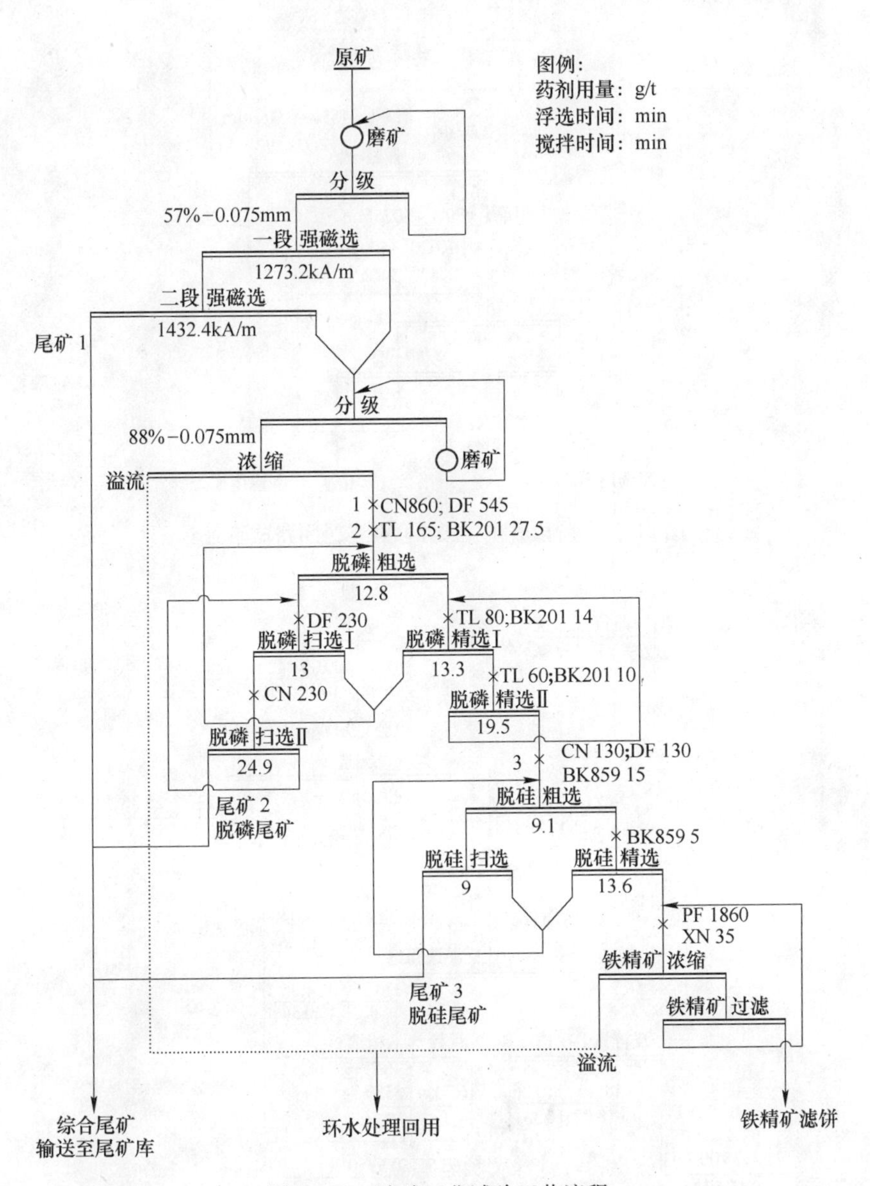

图 21-12　选矿工业试验工艺流程

表 21-13　阶段磨矿—磁浮联合流程闭路试验结果

产品名称	产率/%	品位/%		回收率/%	
		Fe	P	Fe	P
铁精矿	63.55	50.52	0.20	75.39	13.61
浮选尾矿	12.68	35.09	3.93	10.45	57.25
磁选尾矿	23.77	25.36	1.03	13.16	28.14
原矿	100.00	42.58	0.87	100.00	100.00

强磁选预选可以在获得较高回收率的同时将铁精矿品位提高 5 个百分点，同时使大量原生和次生矿泥进入尾矿，因此极大地优化了后续反浮选作业的条件。

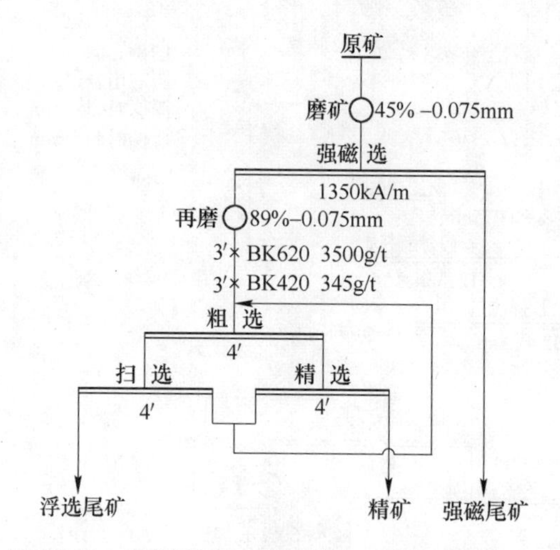

图 21-13 阶段磨矿—磁浮联合工艺闭路试验流程

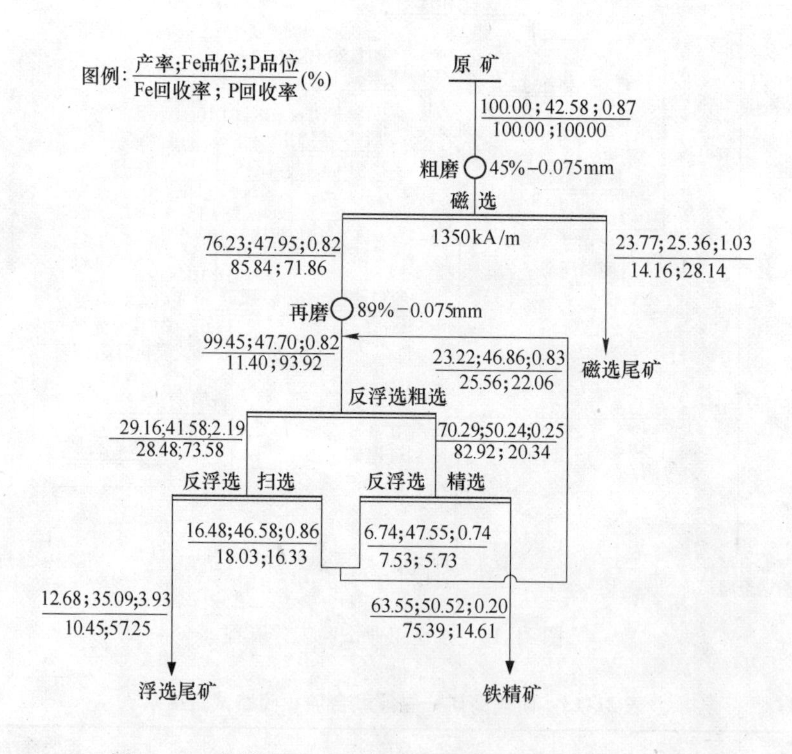

图 21-14 阶段磨矿—磁浮联合工艺闭路试验数质量流程

第四节 磁性矿的选别

湘东和赣西地区的宁乡式铁矿中，有的含近 30% 的磁铁矿，形成磁铁矿—赤铁矿矿石，有的直接以磁铁矿石产出。这类矿石中富铁鲕粒含铁高，磷含量在 0.5% 左右。采用中磁场磁选机或弱磁选机进行选别即可获得 TFe 60% 以上的精矿，直接作为商品矿出售，选别流程简单，选别指标较好，选矿加工成本较低，资源利用率较高。

中南冶金地质研究所对采自五峰龙角坝高磷铁矿区 Fe_4 矿层内的磁性铁矿石进行了选矿方法的初步研究。在 119.16kA/m 左右背景场强下，将原矿分级为 -2mm +1mm、-1mm +0.1mm、-0.1mm 三个粒级原料，使用辊式磁选机对 -2mm +1mm、-1mm +0.1mm 原矿进行干式磁选试验，试验流程见图 21-15，试验结果见表 21-14。

使用 CT-406 型滚筒磁选机对 -0.1mm 原矿进行湿式弱磁选，试验流程见图 21-16，试验结果见表 21-15。

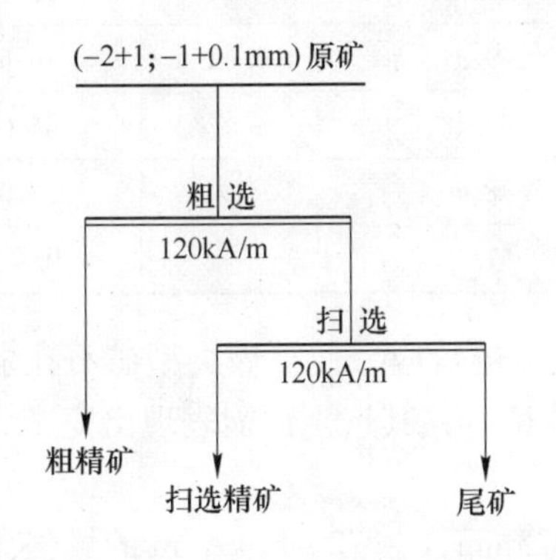

图 21-15　干式强磁选试验流程

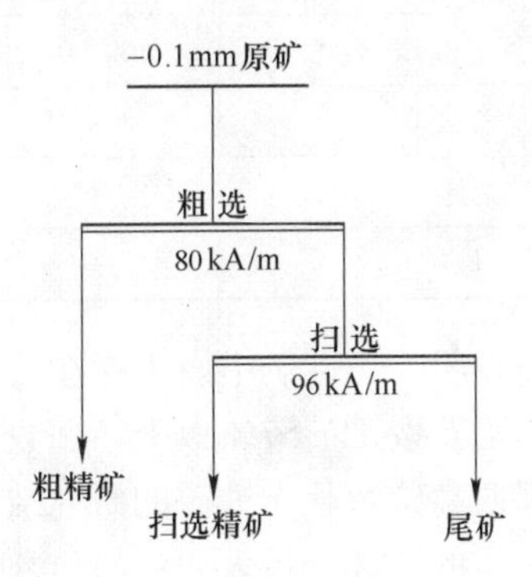

图 21-16　弱磁选试验流程

由表 21-14 及表 21-15 可知，对 -2mm +1mm、-1mm +0.1mm 原矿进行一粗一扫干式磁选，获得精矿铁品位分别为 56.93%、57.40%，作业回收率分别为 42.30%、44.80%，对原矿回收率分别为 4.50%、32.57%；对 -0.1mm 原矿进行一粗一扫湿式弱磁选，获得精矿铁品位 55.78%，作业回收率 23.60%，对原矿回收率 3.93%。最终获得总精矿铁品位 57.18%，回收率 41.00%。

表 21-14　干式强磁选试验结果

粒级/mm	产品名称	作业产率/%	对原矿产率/%	Fe 品位/%	作业回收率/%	对原矿回收率/%
-2 +1	粗精	27.36	2.88	57.38	30.05	3.20
	扫精	11.46	1.20	55.86	12.25	1.30
	总精	38.82	4.08	56.93	42.30	4.50
	尾矿	61.18	6.44	49.28	57.70	6.15
	合计	100.00	10.52	52.25	100.00	10.65
-1 +0.1	粗精	28.39	20.43	57.87	31.51	22.91
	扫精	12.31	8.86	56.30	13.29	9.66
	总精	40.70	29.29	57.40	44.80	32.57
	尾矿	59.30	42.67	48.53	55.20	40.13
	合计	100.00	71.96	52.14	100.00	72.70

表 21-15 弱磁选试验结果

粒级/mm	产品名称	作业产率/%	对原矿产率/%	Fe 品位/%	作业回收率/%	对原矿回收率/%
-0.1	粗精	13.86	2.43	56.08	15.70	2.61
	扫精	7.09	1.24	55.19	7.90	1.32
	总精	20.95	3.67	55.78	23.60	3.93
	尾矿	79.05	13.85	47.85	76.40	12.72
	合计	100.00	17.52	49.51	100.00	16.65
总精矿		—	37.04	57.18	—	41.00
总尾矿		—	62.96	48.46	—	59.00
原矿		—	100.00	51.69	—	100.00

研究表明，磁性矿中由于存在磁铁矿并由此产生磁链效应，使得该类型矿石在弱磁场条件下即可获取TFe 57%以上，回收率大于40%的铁精矿，其选别性能表现出完全不同于前人对鄂西高磷鲕状赤铁矿的研究结果。

进一步的磁性分析表明：(1) 细磨至90% -0.075mm，在72～80kA/m的场强条件下即可获得产率13%以上、TFe大于60%的磁铁矿精矿，说明矿石中的磁性铁矿物含量在10%以上，磁性铁矿物集合体相对高磷鲕状赤铁矿中的赤铁矿集合体而言，富铁鲕粒含铁较高。(2) 随着入选粒度变细，铁精矿中磷呈大幅下降态势。原矿含磷1.24%，入选粒度为65% -0.075mm时，铁精矿含磷0.51%，入选粒度为85% -0.075mm时，铁精矿含磷0.43%，入选粒度为90% -0.075mm时，铁精矿含磷0.39%。说明自形晶和半自形晶产出的磁铁矿与磷矿物关系不紧密，通过磁选即可抛除大部分磷。(3) 细磨条件下，由于磁铁矿的磁链作用，在弱磁场中即可回收占原矿产率37%以上、TFe 57%以上、P小于0.5%的铁精矿，可以作为高炉炼铁配矿的商品矿出售，选别成本低，选别技术指标优于高磷鲕状赤铁矿。

经弱磁选处理后的尾矿，同高磷鲕状赤铁矿的处理工艺一样，通过高梯度磁选—粗精矿再磨—反浮选等工艺进行处理。

第五节 加盐金属化焙烧—磁选工艺

铁矿石金属化焙烧后，经细磨—弱磁选，得到海绵铁或还原铁，这一工艺称为直接还原铁工艺。与磁化焙烧不同，金属化焙烧是在更高温度下实现氧化铁向金属铁在固相条件的转换，表21-16、表21-17给出了几个鲕状铁矿石试样分别采用磁化（低温还原）焙烧和金属化（高温还原）焙烧的磁选结果。高温焙烧所以能够取得比一般磁化焙烧高出许多的磁选指标，主要是在较高温度下还原时，焙烧产品中铁元素金属化率较高；同时，铁矿物在较高温度下还原后晶体有所长大，有利于分选，提高了脱硅率。即温度是决定的因素。例如，鄂西官店铁矿在不同温度下进行金属化焙烧磁选，较高还原温度所需的磨矿细度较粗，精矿中SiO_2含量也较容易降低（表21-17）。

表 21-16　鲕状铁矿石不同温度下焙烧磁选试验结果

矿山名称		贵州平黄山铁矿		贵州赫章铁矿		鄂西官店铁矿	
焙烧温度/℃		750	950	700	1020	750	1050
磨矿粒度		98% −0.045mm	91% −0.056mm	95% −0.045mm	95% −0.045mm	97.6% −0.045mm	约 0.045mm
回收率/%		65.0	74.18	67.09	67.44	78.94	88.63
原矿品位/%	TFe	23.31	23.31	34.79	34.79	41.22	56.65①
	SiO_2	21.41	21.41	22.16	22.16	16.69	23.07
	P			0.47	0.47	0.85	1.19
精矿品位/%	TFe	54.7	63.7	52.5	81.5	60.43	95.78
	SiO_2	15.83	11.52	13.21	6.36	7.26	1.27
	P	0.22	0.21	0.25	0.17	0.66	0.31
脱硅率/%		76.4	35.3	73.17	91.64		

① 焙烧矿品位，原矿经高温还原焙烧后，脱氧烧损较高，TFe、SiO_2、P 品位均较原矿升高。

表 21-17　焙烧温度与选别结果的关系

焙烧条件		精矿品位/%		
温度/℃	时间/h	TFe	P	SiO_2
1000	5	82.87	0.72	6.70
1050	3	84.88	1.16	5.45
1150	1	91.70	2.04	2.13

焙烧产品金属化率/%	铁收率/%	磨矿细度/%（−0.075mm）
93.00	91.08	96.5
97.41	95.94	78.0
98.51	96.01	55.00

通过对一些矿石进行焙烧磁选进行试验研究得知，高温和低温两种还原焙烧制度，在焙烧时间、还原剂用量及磁选的磨矿细度等因素方面还有以下差异点：

（1）低温还原焙烧所需的焙烧时间较短，高温还原焙烧（>950℃）所需的焙烧时间较长。在高温还原焙烧时，延长焙烧时间往往有利于精矿品位和回收率的提高。

（2）当焙烧温度在 750℃以下时，过多增加还原剂用量不会提高选矿效率；当焙烧温度在 900℃以上时，增加还原剂用量对选矿指标的提高有显著好处，即高温焙烧所需的还原剂用量较多。

（3）低温还原焙烧难以借细磨作业提高磁选指标；而高温还原焙烧磁选则相反，在一定范围内随着磨矿细度的增大，精矿品位、选矿效率及脱硅率均显著提高，只是回收率有所下降。

在高温还原焙烧中，加入一定量的辅助添加剂有助于提高精矿品位或回收率（表 21-18）。这可能是碱性金属盐类促进了铁晶体长大，或者加速了铁的还原作用，从而有利于磁选分离。此外，辅助添加剂对铁精矿降磷也有一定的效果。

表 21-18 直接焙烧与加助剂焙烧试验结果比较

矿样名称	辅助添加剂	焙烧产品金属化率/%	精矿品位/%			铁收率/%	焙烧条件	
			TFe	P	SiO_2		温度/℃	时间/h
鄂西官店酸性矿	无	73.88	72.21	0.89	6.92	69.57	900	3
	无	80.44	75.27	0.90	6.55	77.35	900	5
	NaCl 1%		80.14	0.72	4.85	93.38	900	3
	加 CaCl 至 $CaO/SiO_2=1$		86.63	0.47	3.24	93.10	900	5
鄂西火烧坪碱性矿	无	91.95	82.70	1.565		51.33	1200	4
	Na_2SO_4 2%	94.65	82.05	1.496		68.04	1200	4
	Na_2SO_4 6%	90.36	80.91	1.328		68.26	1200	4
	Na_2SO_4 10%	93.29	82.21	1.599		85.03	1200	4
湘东雷龙里自熔性矿	无	57.38	69.24	0.64		51.75	950	2
	NaCl 1%	82.26	69.94	0.56		73.25	950	2
	NaCl 1.5%	86.42	70.92	0.59		79.09	950	2
	NaCl 2.0%	89.11	63.95	0.45		84.91	950	2
	NaCl 3.0%	87.50	68.85	0.42		84.69	950	2

湖南省钢铁研究所根据对含磷铁矿石在高温还原焙烧条件下磷酸盐变化规律的热力学分析推断认为，在高温还原焙烧过程中各种非钙矿物结合磷酸盐的存在，既会增加还原产物金属铁相固熔磷的程度，也有促进磷从气相排除的作用。因此采用钠盐作催化剂既可提高铁氧化物还原速度，促进金属铁相聚集长大，同时又能提高脱磷效果。在前一作用中，由于还原产物金属铁相固熔磷的程度增加，导致精矿含磷量的增高。在相同原料条件下，还原焙烧温度和产品金属化率愈高，还原剂的反应性愈好，再添加碱性金属盐类，则精矿的含磷量就会增大。

峨眉矿产综合利用研究所在金属化焙烧磁选试验中发现，精矿的含磷量与矿石中 SiO_2 含量有关，而与矿石中 Al_2O_3 含量关系不大。这可能是矿石细磨造球后进行金属化焙烧，由于胶磷矿与游离石英均匀混合和紧密接触，在高温下发生置换反应：

$$2Ca_3(PO_4)_2+3SiO_2+10CO \xlongequal{} 3Ca_2SiO_4+2P_2+10CO_2$$

因而加速了磷的还原。

为了避免这一情况的发生，改用粗粒度矿块进行试验，结果表明，如果没有细粒矿石的均匀混合，即使焙烧温度达到1200℃，磷也大部分被还原而进入铁相（表 21-19）。基于这一情况，通过改变焙烧矿石的粒度、温度和矿石含硅量（如对粉矿进行一定程度的选矿除硅），可以适当控制还原产品的含磷量。

表 21-19　官店铁矿块矿和球团矿焙烧对磷还原的影响

矿样名称		焙烧时间		产率/%	品位/%		回收率/%	
		温度/℃	时间/h		TFe	P	TFe	P
粗粒度矿块还原	6~0.6mm 梯跳精矿	1000	2	44.47	93.07	0.16	67.27	4.18
		1050	2	52.85	95.10	0.21	80.91	6.67
		1150	2	58.74	94.43	0.45	88.24	16.15
	-6mm 原矿	1200	3	32.99	90.81	0.52	59.00	16.50
梯跳精矿细磨造球还原		900	1		72.88	0.80	24.08	
		1000	1		77.81	0.91	83.69	
		1050	1		81.68	0.88	94.15	
		1150	1		91.70	2.04	96.01	

在金属化焙烧过程中，焙烧温度是影响金属铁颗粒聚集长大的决定因素。为了使被还原的金属铁颗粒较原矿中铁矿物的嵌布粒度有所长大，需要提高焙烧温度，但是提高温度又不利于铁精矿脱磷，而且当温度超过炉料最低软化点时，将会引起炉料黏结。因此，适宜的焙烧温度应该权衡几个方面的得失而定。至于铁精矿（海绵铁粉）中的磷，湖南钢铁研究所认为，以 Fe_2P 状态存在的磷较少，大部分磷仍与脉石相结合，在炼钢熔化初期这部分磷即可进入渣相而除去。

自 2005 年以来，北京科技大学、中南大学等在高磷铁矿加盐焙烧—磁选生产低磷还原铁方面取得了重大突破。焙烧过程中加入碱金属或碱土金属盐及其他辅助添加剂，可与高磷铁矿中的硅、铝脉石矿物生成铝酸盐和铝硅酸盐，改变硅、铝元素物相，破坏原有的鲕状结构，从而使硅、铝、磷等脉石矿物通过细磨与铁矿物解离开来；同时加盐焙烧使赤铁矿、褐铁矿晶格点阵发生畸变、产生微孔，使还原气氛更易扩散到反应界面上，从而加速氧化铁的还原反应。对恩施建始官店凉水井矿区高磷铁矿进行的实验室小型试验结果为：原矿 TFe 43.65%、P 0.83%，还原铁 TFe 92.34%、P 0.025%、回收率 90.30%；工业试验结果为：原矿 TFe 42.59%、P 0.87%，还原铁 TFe 92.56%、P 0.089%、回收率 82.77%。该工艺处理鄂西高磷铁矿所获产品技术先进，达到了武钢集团（项目业主）对产品品质的要求。据初步成本概算，该工艺经济上可行。

中南冶金地质研究所对建始伍家河矿区高磷铁矿进行了加盐金属化焙烧—磁选试验研究，原矿 TFe 41.80%、P 0.85%，还原铁 TFe 90.91%、P 0.08%、回收率 91.22%。研究结果还认为，采用该类工艺处理鄂西高磷铁矿，若在焙烧矿出炉时进行水淬，磁选产生的尾矿为高铝高硅矿物微细粉体，因经过高温焙烧和水淬激活，硅、铝质具有一定反应活性，其物化性质类似高炉细磨矿渣，在激发剂作用下可与水泥熟料矿物成分反应，因此可作为水泥混凝土矿物掺合料使用，从而实现该工艺的无尾排放。

诸多单位在对加盐金属化焙烧工艺技术进行的研究中，详细进行了焙烧温度、还原剂种类与用量、脱磷剂种类与用量、入炉原矿粒度与制粒方式、焙烧时间、焙砂入选粒度、磁选磁场强度等工艺条件研究；同时也对还原铁颗粒形成机理、还原铁颗粒赋存形式、脱磷剂作用机理等基础理论进行了深入探讨，取得的实验室研究成果工业化试验结果表明，采用该工艺处理鄂西宁乡式铁矿，尤其是富矿，是一条可行和有效的开发途径。

第六节　富铁矿块生产铸造生铁

铸造是装备制造业的基础，我国各类铸件生产总量已连续多年位居世界第 1 位。2013 年，我国各类铸件总产量为 4450 万吨，同比增长 4.7%。铸件总量的增长带动了铸造生铁和废钢需求，原料供给成为威胁铸造行业持续健康发展的隐患之一。铸造生铁大多由 $400m^3$ 以下的小高炉生产，从长远看属于需淘汰的落后产能。随着产业结构调整工作的展开产量很难持续增长，难以满足铸造行业对原料的需求。废钢虽然来源广泛，但成分波动较大，铸件的废品率较高。尤其对于小铸造炉，废钢成分造成的铸件质量波动更加明显。

利用高磷富铁矿块（TFe 50% 左右）和加热介质，配加少量焦粉（或优质无烟煤）作为还原剂，采用中频感应电炉（简称中频炉）冶炼，可生产出质量稳定的铸造生铁，或托马斯生铁，满足铸造生产需要。

一、技术特点

（1）技术成熟，见效快。使用铸造行业最熟悉、应用最广泛的中频炉生产铸造生铁，不需研发新炉窑。富铁矿块和焦粒升温到 950℃ 以上后发生还原反应，达到共熔点后熔化为铁水。

（2）加热速度快，热效率高。使用中频炉为还原反应提供热能，加热介质在感应电流的作用下发热，热量传递给邻近的富铁矿块和焦粒，传热距离短、炉料受热均匀、升温速度快、热效率高。

（3）原料成本低廉、生产成本低。以富铁矿块（TFe 50%，半自熔性）和焦粉（或优质无烟煤）为主要原料，价格低廉，中频炉生产周期短，可根据电价灵活安排生产时段，用电成本低。

（4）产品质量稳定，适合于深加工，且资源利用率高。该工艺将高磷富铁矿块直接还原并熔炼为铁水，可将铁水铸造成铸造生铁，或接转炉脱磷，再转炉炼钢，深加工生产特钢，同时可得到钢渣磷肥，将炼铁炉渣水淬细磨作矿物掺和料出售，铁、磷、渣能够得到全部利用。

（5）热能利用率高，能源消耗低。使用中频炉作为富铁矿块的直接还原设备，使用加热介质加热富铁矿块和焦粉达到还原温度，富铁矿块直接还原冶炼铁回收率大于 98%，资源利用率高；采用焦粉（或优质无烟煤）为还原剂直接还原富铁矿块并直接熔分，渣量少，无需热装熔分，更无需磨矿磁选富集铁，能源消耗低。

（6）粒状加热介质易于实现中频炉均匀加热。粒状加热介质价廉易得，因其易于均匀装填于中频炉中并与富铁矿块、焦粉（或优质无烟煤）均匀混合，加热效率高。富铁矿块直接还原生成的金属铁粒作为自生加热介质，容易实现高温还原和熔分。

（7）适合加工利用难选富铁矿石。主要设备为中频炉，附属及配套设备少，投资少；中频炉建设周期短，通常不超过 3 个月；项目建成即可达产见效，无需长的生产调试周期；深加工难选富铁矿石，经济效益高。

二、可行性

（1）技术层面。加热介质产自固废利用副产品，价廉易得。将加热介质、富铁矿块和焦粉（或优质无烟煤）混装于中频炉中，加热介质在中频炉中起到间接加热的作用；富铁矿块和焦粉（或优质无烟煤）在加热介质的作用下，加热至950℃以上发生焦粉（或优质无烟煤）与赤铁矿的直接还原反应；至1350℃，赤铁矿等铁矿物最终被还原成金属铁，并最终熔化为铁水，在重力作用下，铁水与炉渣分离，得到铁水（半钢水），可直接浇铸为铸铁块，也可以浇铸成铸件，更可以后接转炉脱磷炼钢，得到连铸连轧最终产品。

含碳球团采用回转窑生产金属化球团，或采用转底炉直接还原，已得到工程验证，但由于回转窑结圈或转底炉直接还原产品的二次氧化，导致回转窑生产金属化球团，或采用转底炉直接还原，并未大规模工业化生产应用。而采用中频炉间接加热熔炼铁水或炼钢，是非常成熟的工艺。北京科技大学王化军教授研究的创新技术，提出采用中频炉利用加热介质间接加热富铁矿块和焦粉（或优质无烟煤），当温度达到950℃以上时，发生铁矿物的还原反应，并最终还原为金属铁；还原生成的金属铁粒作为自生加热介质，进一步提高加热速率，最终达到铁的熔化温度，在重力作用下铁水与炉渣分离，得到质量稳定的铁水；铁水可直接浇铸为铸铁块，也可以浇铸成铸件，更可以后接转炉炼钢。采用中频炉间接加热直接还原富铁矿块已经通过了试验验证，不存在技术风险。

（2）经济方面。投资不高。采用中频炉间接加热直接还原富铁矿块，需要外购焦粉和加热介质以及修补炉衬的耐火材料。所有外购材料无需进一步加工。

采用中频炉间接加热直接还原富铁矿块生产铸造生铁，需要购置的设备主要是中频炉，配套设施主要为上料设备和铸铁设备；若进一步将铸造生铁加工成铸件或进行转炉脱磷炼钢，就可在生产铸造生铁的基础上与现有相关企业联营形成完整生产流程。

（3）节能、环保。中频炉冶炼能效高，废气和粉尘收集与处理相对简单；炉渣水淬细磨后供应水泥厂使用，或作为混凝土矿物掺和料供商品混凝土搅拌站使用，可实现固体废料零排放。

第七节 高炉炼铁—铁水炉外三脱工艺

一、国外鲕状铁矿选冶研究

法国黑色冶金研究院梅斯分院曾将铁品位28.6%的洛林鲕状褐铁矿磨细到0.5mm。脱去-10μm细泥，然后分成0.5～0.1mm和0.1～0.01mm两个粒级，分别进行重选（螺旋选矿机）和浮选，得到铁品位分别为41.0%和40.0%的重选和浮选精矿，其回收率分别为45.5%和15.5%。总精矿铁品位为40.8%，总回收率61%。因此，该分院认为重—浮联合流程对于这类矿石是不适用的。该院还进行了沸腾还原焙烧磁选试验，试验规模从日处理量2.5t/d一直扩大到250t/d，结果为：原矿TFe 35%左右，铁精矿TFe 55%，铁回收率85%左右。

据梅斯分院研究，铁品位为33%的自熔性铁矿石（$CaO/SiO_2=1.4$）直接烧结入炉冶炼时，渣量为1000kg/t生铁。经过选别入炉时渣量700kg/t生铁。因此，他们认为洛林矿区的铁矿石不经选别配成自熔性矿石烧结后入炉，在经济上是可行的。这也是法国洛林矿区自 1962 年兴建迈特赞基选矿厂（干式强磁选，处理能力 50t/a）以来，一直未再扩建或另建新选厂的主要原因。梅斯分院指出，对于洛林贫鲕状褐铁矿，选矿精矿铁品位的合理上限为 52%，此时精矿中 Al_2O_3 含量为 6%。在高炉中冶炼的渣量为 600kg/t 生铁，渣中 Al_2O_3 的含量为 20%。如果以焙烧磁选流程使精矿铁品位提高到 55%，所除去的主要是 SiO_2，而 Al_2O_3 较难除去。这样，为了保持高炉炼铁要求的 $Al_2O_3/SiO_2=0.6$，还得添加 SiO_2。权衡之下，虽然铁精矿品位提高了，选矿的单独指标好，却不是理想的高炉原料。加之焙烧磁选的成本较高，故工业上不能推广应用。

西欧一些选矿厂对鲕状褐铁矿有一个共同认识，就是在选矿过程中尽量保持鲕粒或结核体不受破碎。因此，破碎作业多采用破碎比大，选择性好的反击式破碎机而不采用磨矿设备。对鲕状铁矿石的选矿，他们不单独评价选矿试验指标，而是与高炉炼铁的技术经济指标综合考虑。所以在选矿试验中既注意精矿品位和回收率，也注意铁精矿中造渣元素的含量和精矿的粒度组成。

在冶炼方面，法国对贫鲕状铁矿石还进行了直接炼铁的研究，着重于直接以原矿破碎、配矿、烧结的原料准备工作。在改进烧结矿质量和高炉冶炼方面，法国取得了十分实用、可行的成果。早在 20 世纪 20 年代，法国在洛林建立了欧洲最大的米涅脱铁矿，所产矿石是当时法国、德国、比利时、卢森堡等国钢铁厂的主要原料。矿石利用途径是先在高炉中将铁矿石炼成高磷生铁，然后在托马斯转炉中炼钢，使钢水中的磷与碱性物质结合成炉渣排出。炉渣含 P_2O_5 15%~20%，可作磷肥使用。这种钢渣磷肥曾是西欧一些国家磷肥的主要来源。60 年代中期以后，法国在高炉装备水平并不高的情况下，以铁品位为 40%~44% 的烧结矿入炉炼铁，渣量 820~1000kg/t 生铁，焦比可从 60 年代初的 1000 kg/t 生铁左右普遍降到 600 kg/t 生铁以下。最先进的洛林地区特翁维尔高炉年平均燃料比降到 530 kg/t 生铁，接近了大型高炉冶炼进口富矿的水平。

加拿大阿耳伯塔省和平河鲕状铁矿石储量有 10 亿吨，矿层厚度约 1~9m，矿石含铁 32%~37%，铁矿物主要是针铁矿、菱铁矿；脉石主要是铁蛋白石和绿脱石，以及石英、非晶质磷酸盐、伊利石等。矿石呈鲕状构造，鲕粒直径 0.05~1mm，鲕粒含铁 43%~45%，矿石属酸性类型，含 P 0.61%~0.70%，烧损 10.0%~10.6%。

加拿大对和平河铁矿石进行了比较深入的选冶试验研究，其中重、磁、浮选的试验指标均不理想。几种机械选矿方法所得的精矿品位都未能超过鲕粒平均含铁量。在浮选研究方面，作了反浮选、正浮选、选择性絮凝与脱泥等的预选试验，以脱泥产物正浮选所得结果最好。其精矿成分见表 21-20。

表 21-20 和平河铁矿正浮选精矿多元素分析结果

成分	TFe	SiO_2	Al_2O_3	CaO	MgO	P	烧损
含量/%	43.04	12.3	4.5	1.9	0.9	0.87	17.2

据认为，从和平河铁矿所得精矿虽然硅高铁贫，但由于加拿大西部缺乏大的可供选择的铁矿床，加之当地有能源（煤和天然气）可资利用，使得冶炼这种低品位铁精矿可以与从加拿大东部运来的高品位铁精矿的高成本相竞争。

因此，该矿就在矿山附近建设了专门冶炼该类型矿石的钢铁企业，直接冶炼 TFe 43%

的浮选精矿。

二、鲕状铁矿石直接冶炼的意义

由于机械选矿方法对高磷鲕状赤铁矿石提铁降磷的选别效果较差，而且若选矿除磷便难以综合利用磷和钙，因此就应该考虑在选矿处理中让磷保留在铁精矿中，以供冶炼高磷生铁（托马斯生铁），然后在炼钢中脱磷同时综合回收磷产品（钢渣磷肥）。采用托马斯法生产1t钢，大约可联产0.2~0.25t钢渣磷肥，在经济上是合算的。1965年曾以湖南涟源和宜昌松滋两地产出的高磷生铁（含P 1.86%~2.62%）在唐山钢厂作过氧气顶吹转炉试验。试验表明，除炼出了合格钢外，副产之钢渣磷肥质量好，含 P_2O_5 20%左右，枸溶率也较高。目前，我国氧气底吹转炉吹炼高磷生铁在技术上已经很成熟，除磷效果好（除磷快且较彻底）、金属回收率高，可以吹炼包括高碳钢在内的多种钢种。

钢渣磷肥是一种枸溶性磷肥，且含多种植物所必需的微量元素，它的特点是不吸潮、不结块，便于储存和运输。它既不需要开采磷矿，也不需要酸和燃料，又不需要很多设备和投资。1970年国外钢渣磷肥产量约占世界磷肥产量的10%左右。在西欧一些国家中，钢渣磷肥产量占本国全部磷肥产量的25%~50%。根据我国的资源特点，宁乡式鲕状铁矿石含磷高，主要分布在我国南方，而南方又多为酸性土壤，正适宜于施用钢渣磷肥。因此，通过发展钢渣磷肥综合利用矿石中的磷，在技术、环保和经济方面有重大意义的。

为了得到 P_2O_5 品位较高的钢渣磷肥（若品位太低，在经济上不一定合算），对高磷生铁的最低含磷量应有一规定。过去冶金部曾提出高磷生铁含P为1.8%~2.0%，从德国、法国、卢森堡等西欧国家的冶炼生产资料来看，用于托马斯转炉的铁水含P应不低于1.5%，法国铁水含P 1.7%左右，其钢渣磷肥含 P_2O_5 14%以上。我国有些鲕状铁矿石含磷中等；有些鲕状铁矿石经细磨深选后铁精矿含磷也是中等，不利于炼钢处理。为此，在考虑选矿方案流程时，应尽量设法使铁精矿P含量能满足高磷生铁最低P含量的要求。如果选矿过程中满足不了，那就要考虑在高炉中有意配入磷矿石，或者采取其他弥补的办法。

鲕状铁矿石 Al_2O_3 含量较高，选矿又难以除去，在高炉炼铁时，高炉渣中 Al_2O_3 含量可高达16%~24%（我国高炉渣中一般 Al_2O_3 含量为8%~14%）。高铝渣自然会给冶炼产生不利影响，但是由于含 Al_2O_3 高，其水淬渣的综合利用价值也高，可作为生产高标号水泥的优质原料，应予重视。

三、跨越深选，直接烧结入炉冶炼

目前宁乡式铁矿，尤其是鄂西高磷鲕状铁矿石不受欢迎的主要原因之一，是虽经选矿处理，精矿铁品位仍然不高，因此，效仿国外利用低品位的自熔性或高碱度熔剂性烧结矿入炉冶炼，是根据我国资源特点，大规模合理利用这类矿石的可能途径之一。

低品位矿石烧结入炉的意义，主要是对炉料入炉前进行热处理，驱逐炉料中的挥发物质（气体杂质），相当于进行火法选矿；同时也可改善矿石的软化性能和热稳定性（自熔性鲕状铁矿石在高温还原时有热裂现象），以及使脉石烧结成预成渣，有利于大幅度降低焦比。

1969年，国内有关单位曾在 $84m^3$ 高炉上采用原矿品位30%~36%、CaO 16%~17%、高温挥发物15%~17%的自熔性、低品位鲕状赤铁矿进行过生料和熟料冶炼对比试验（表21-21），结果见表21-22。从表21-22中可以看出熟料可大幅降低焦比。

表21-21 冶炼用生、熟料的成分和软化性 （%）

入炉方式	TFe	FeO	CaO	SiO_2	MgO
100%生矿	36.2	4.5	16.95	11	2.36
100%熟矿	34.14	10.78	21.55	17.2	4.21

入炉方式	Al_2O_3	P	软化初温/℃	软化温度区间/℃
100%生矿	3.37	0.524	1075	155
100%熟矿	5.40	0.674	1180	65

表21-22 采用生、熟料冶炼结果

入炉料	渣量 /kg·t^{-1}铁	CO_2矿 /kg·t^{-1}铁	风温/℃	负荷/t·t^{-1}焦	干焦比 /kg·t^{-1}铁	校正焦比 /kg·t^{-1}铁
100%生料	924	412	893	2.48	1059	1059
100%熟料	1422	0	795	3.36	858	720

1979郭秉兴提出冶金性能良好的自熔性或高碱度熔剂性烧结矿，其品位对焦比的影响与原矿（生矿）有很大的不同。通过中和、烧结、整粒等原料准备工序的烧结矿，当品位在40%~60%之间时，含铁量相差1%，仅影响焦比0.5%~1.0%；含Fe 40%~45%的烧结矿，在现代高炉先进操作条件下，可以达到530~580kg燃料比的较先进水平。也就是说，鲕状铁矿跨越深选直接烧结入炉冶炼在技术经济上是有可能站得住脚的。然而，冶炼低品位矿，高炉就要大渣量操作，亦即降低高炉利用系数，影响生产率，需要解决大渣量操作与产量之间的矛盾。

当然，要实现鲕状铁矿石直接入炉冶炼，还需要进行一些模拟试验及至扩大试验。要做到既能充分利用资源和设备潜力，又能达到最佳技术经济效果，困难还有很多。但是，它作为一种利用途径的可能性已经提了出来，值得重视和继续研究。

四、高炉炼铁——转炉脱磷或铁水三脱预处理工艺

如前所述，转炉吹炼脱磷工艺技术始于20世纪30年代法、德、比、卢和苏等国，用于处理高磷铁水并综合回收钢渣磷肥；后发展为氧气顶吹转炉冶炼、氧气底吹转炉冶炼和顶底复吹转炉冶炼对高磷铁水脱磷，同时回收钢渣磷肥。

为进一步降低钢产品中磷含量，提高钢种规格和质量；也为减轻转炉炼钢负担，缩短转炉冶炼周期，提高转炉产量，减少转炉渣量，节省转炉造渣成本，在前述高炉冶炼高磷铁矿—转炉顶（底或顶底复）吹脱磷工艺的基础上，日本、美国和韩国等一些冶金技术比较先进的国家，相继开发和实施了铁水三脱预处理技术。即高炉冶炼出来的高磷铁水在进入转炉炼钢之前，在铁水沟、鱼雷罐、铁水包或专用冶金炉进行脱硅、脱硫和脱磷预处理。

我国于20世纪60年代中后期，在涟源钢铁厂82m^3高炉上进行了高磷铁矿原矿全块矿、配矿和全烧结矿冶炼高磷生铁试验，均取得了成功；同时在中科院化工冶金所进行了

顶吹氧气转炉冶炼含磷4%高磷铁水试验，获得成功；在唐山钢厂进行了转炉纯氧顶吹冶炼高磷生铁的炼钢工业试验，先后吹炼含磷1.4%~1.7%的涟源高磷生铁1010t，含磷2%~2.5%的长阳高磷生铁1000t，生产出08镇、16Mn、25MnSi及5号钢等普碳钢和低合金钢；1971年在马钢8t卡尔多转炉上冶炼含磷2.4%~3.35%高磷生铁，炼出了电机硅钢、40Cr合金结构钢、$60Si_2Mn$弹簧钢、T9碳类工具钢等钢种；1974—1976年在马钢二炼厂8号LD转炉上采用氧气顶吹法，在12t转炉上采用氧气底吹法进行了高磷生铁炼钢工业试验，用含磷1.6%~2.0%的高磷生铁炼出了多型钢材。

上述试验均是高炉冶炼高磷铁矿生产高磷铁水后直接在转炉上进行吹炼脱磷，这种工艺在欧洲有数十年成熟的生产历程。进入20世纪后期，发达国家对低磷钢和超低磷钢的生产越来越重视，加大了高磷铁水脱磷预处理研究和应用力度。如日本新日铁QRP川田千叶厂、水岛厂、钢管京滨厂及住友的SARP预处理工艺等，在铁水包或鱼雷罐中进行脱磷；神户制钢H炉、新日铁LD20RP工艺、NKK福山钢厂、住友金属和歌山厂、韩国浦项钢铁公司等则在专用的冶金炉内进行脱磷。我国的宝钢、太钢、首钢及马钢等数家钢铁冶炼企业也引进了这项技术，对冶炼脱磷机理、工艺等进行了不同程度的研究，认为采用带脱磷预处理的冶炼工艺直接处理高磷铁矿原矿或选矿精矿，技术上完全可行，可以减轻选矿和冶炼脱磷压力，减少铁金属在选矿中的损失，同时，脱磷预处理也是生产优质低磷及超低磷钢的必要手段，是钢铁冶金技术发展的方向。

第八节　熔融还原法炼铁脱磷

熔融还原炼铁技术是指非高炉中冶炼液态热铁水的工艺过程，是高炉炼铁的一项根本性的变革。早在20世纪50~60年代，一些工业发达国家就先后进行过不同规模、不同工艺形式的研究。但是，这些钢铁产品的出口国对熔融还原技术进行研究的目的是为了技术出口和转让，并获取专利技术，在其国内都没有建设具有规模生产能力的熔融还原生产线。目前，世界上只有少数几个国家采用熔融还原炼铁工艺，其中印度有2座，韩国和南非各有一座C-2000型熔融还原炼铁炉，每座年产生铁100万吨。我国宝钢集团浦钢引进二座C-3000型炼铁炉，2007年投产，具有年产300万吨生铁生产能力。澳大利亚Hismelt熔融还原法的工业化试验已获成功，达到年产80万吨生铁能力。

熔融还原法细分为COREX法、Hismelt法和Ausmelt法。其中Hismelt法主要针对高磷铁矿进行冶炼，直接使用粉矿、粉煤和1200℃热风（不用氧气，用$22m^3/t$天然气）的铁浴熔融还原炼铁。Hismelt的工艺原理是用喷枪向铁浴熔融还原熔渣层内喷吹－6mm铁矿粉、溶剂和煤粉；富氧热风从炉顶吹入，与熔池里逸出的CO、H_2进行二次燃烧，释放出热能，并在强烈的渣铁喷溅搅动中完成热传递，熔化喷入的固体炉料。Hismelt熔融还原炉内有很强的氧化性气氛，因而炉渣有很好的脱磷效果（据报道脱磷率可达80%），非常适于冶炼高磷铁矿，其还原产出的铁水含磷低、含硫高，几乎不含硅，不适合直接供传统的炼铁流程使用，要添加硅铁、锰铁，并进行炉外脱硫才能达到炼铁的要求。此外，Hismelt工艺可以直接使用粉矿和非炼焦煤生产热铁水，和高炉相比可以省去烧结厂、球团厂和焦化厂，故投资规模和运行成本都相对较低，并且可以减少CO_2和二噁英的排放，对环境污染小。针对恩施州铁矿设计的基本工艺流程见图21-17，根据这一流程炼铁，最后可获取炼钢原料和富磷渣。

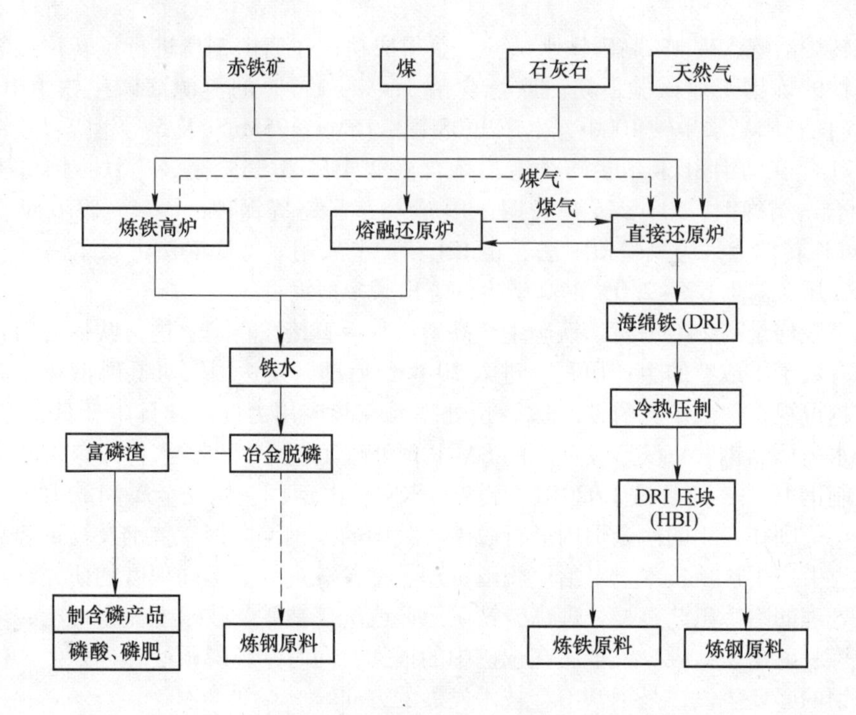

图 21-17　熔融还原法炼铁工艺流程图

（据武钢设计研究院，2006）

第九节　化学选矿

一、化学法降磷

化学法降磷就是利用硝酸、盐酸、硫酸、草酸或柠檬酸等对矿石进行酸浸脱磷。宁乡式铁矿中磷以弱酸强碱式磷酸盐形式存在，因此，对磷酸盐进行酸溶解浸出以达到铁矿石降磷的目的是十分有效的。

化学法脱磷耗酸量大、成本高，酸性矿浆对设备和管线腐蚀严重，挥发的酸雾对设备、电器侵蚀严重且严重污染空气。因此，大规模工业生产采用化学法降磷不合适。

中南冶金地质研究所、武汉理工大学、江西理工大学等数十家研究院所和江西乌石山铁矿均进行过高磷鲕状铁矿的酸浸降磷研究，在对酸浸脱磷耗酸量、浸出温度、抗溶铁保护剂、矿石入浸粒度、微波助浸条件、超声波助浸条件等工艺条件进行研究的基础上，确认除包裹于赤铁矿、褐铁矿中的磷难于浸出外，80%以上的磷可以浸出。

用硫酸（H_2SO_4）、盐酸（HCl）、硝酸（HNO_3）、草酸（$C_2H_2O_4$）和柠檬酸（$C_6H_8O_3$）处理磁化焙烧—磁选精矿，原料中 TFe 55%，P 0.83%，结果分别见图 21-18 和图 21-19。

从图 21-18 中可以看出，除草酸（$C_2H_2O_4$）浸矿后铁品位降到 50.01%，铁损失率为 21.19%，其他几种酸浸后铁的品位都有增加，铁损失率均低于 4%，且在硝酸和盐酸条件下，铁损失率分别只有 0.23% 和 0.49%，均达到了很好的效果。

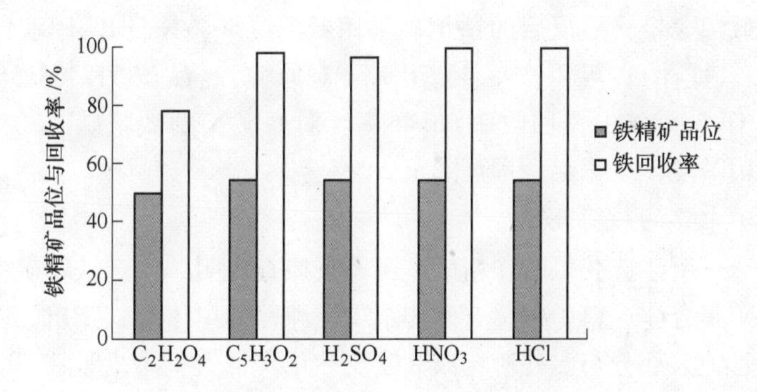

图 21-18　酸浸精矿铁品位及回收率

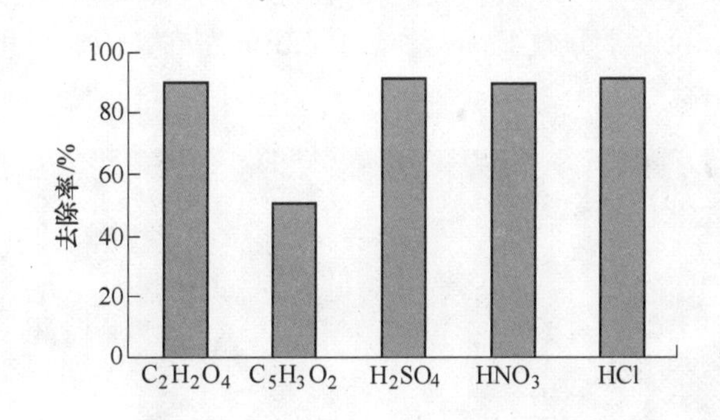

图 21-19　酸浸精矿磷去除率

同时，由图21-19可以看出，除柠檬酸除磷效果较差外（除磷率为51.81%），其他几种酸对精矿作用后，除磷率都达到了92%以上，其中硫酸的除磷效果最好，铁品位为57.98%，回收率为96.47%，除磷率为95.30%。

乌石山铁矿用解胶酸式浸矿，有效地脱除了铁矿石中40%~45%的磷，并且提高铁品位4~6个百分点。脱磷时不用磨矿和焙烧，只需堆浸或容器浸取。云南某些民营企业用工业废硝酸浸取铁精矿，使矿石中的磷溶于硝酸而除去。

二、化学法降铝

鄂西高磷鲕状赤铁矿开发利用的瓶颈是选矿精矿铁品位和铁回收率均不高，更深入的研究认为，精矿中杂质铝难于更进一步脱除是影响铁精矿质量的主要原因。长沙矿冶研究院、武汉理工大学等单位在采用反浮选脱除铁精矿含铝矿物试验研究结果不明显后，又进行了化学法降铝试验研究。

（一）浮选铁精矿化学浸出降铝

针对浮选铁精矿铝含量（5%左右）偏高进行化学浸出深度降铝试验，采用酸浸（5%盐酸、固液比1∶1、15min），可得产率44.22%（对原矿）、品位TFe 64.39%、P 0.09%、SiO_2 5.75%、Al_2O_3 4.69%、铁回收率65.46%（对原矿）的铁精矿，试验结果表明：铁精矿采用酸浸降磷效果好，但降铝效果不明显。

为进一步降低铝含量，酸浸后的铁精矿采用碱浸（50% NaOH、固液比 1:1、180min、水浴加温、100℃、搅拌），可得产率 43.70%（对原矿）、品位 TFe 65.16%、P 0.07%、SiO_2 5.57%、Al_2O_3 2.53%、铁回收率 65.46%（对原矿）的铁精矿，试验结果表明：酸浸后的铁精矿采用碱浸，氧化铝含量可降至 2.5% 左右。

（二）铁精矿中铝的赋存形式

对焙烧—磁选—反浮选获得的铁精矿进行镜下检查表明：浮选铁精矿中铁矿物主要为不同纯度的磁铁矿集合体；精矿中脉石矿物很少呈纯粹的单体形式产出，主要以不同程度的连生体存在，且绝大部分与磁铁矿构成紧密交生的“嵌生体”，即磁铁矿集合体中微细粒脉石与磁铁矿复杂交生、共生（图 21-20、图 21-21）。扫描电镜分析结果显示：精矿中铁矿物“嵌生体”内部嵌生的脉石矿物以伊利石 $K_{1\sim1.5}Al_4(Si_{7\sim6.5}Al_{1\sim1.5}O_{20})(OH)_4$、高岭石 $Al_4(Si_4O_{10})(OH)_8$、绿泥石 $(Mg,Fe)_{4.5}Al_{1.5}(Al_{1.5}Si_{2.5}O_{10})(OH)_8$ 为主，矿物大多呈纤维状、毛发状、丝状，粒度十分微细，大多在 1 ~ 2μm 左右，因此，化学浸出降铝也很难获得较高的降铝率。

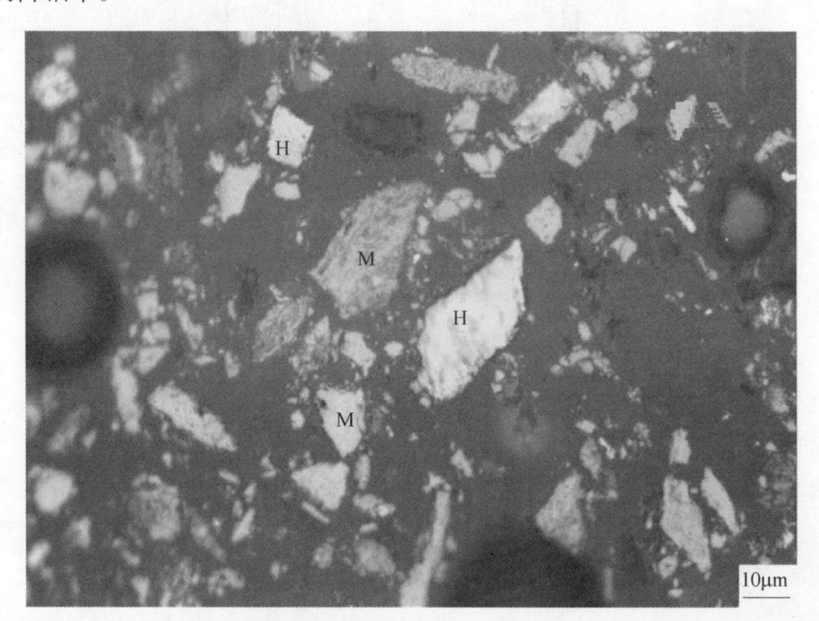

图 21-20 焙烧弱磁选铁精矿的镜下状况：部分磁铁矿（M）仍与脉石连生（中部）（H ~ 与磁铁矿镶嵌的赤铁矿）
（据武钢科研报告，2010）

由镜检结果可以判断，即使对铁精矿进行进一步的深度细磨，也难以使其中的铁矿物与脉石矿物完全解离。由于嵌生的伊利石（$K_{1\sim1.5}Al_4(Si_{7\sim6.5}Al_{1\sim1.5}O_{20})(OH)_4$）、绿泥石（$(Mg,Fe)_{4.5}Al_{1.5}(Al_{1.5}Si_{2.5}O_{10})(OH)_8$）、高岭石难于去除，导致浮选铁精矿中铝含量偏高（图 21-22）。

（三）降铝试验小结

工艺矿物学研究表明：鄂西高磷鲕状赤铁矿矿石各种矿物组成复杂、嵌布粒度微细，铁矿物与脉石矿物之间构成极其复杂微细的交生、共生关系，矿石中含铝脉石矿物主要有

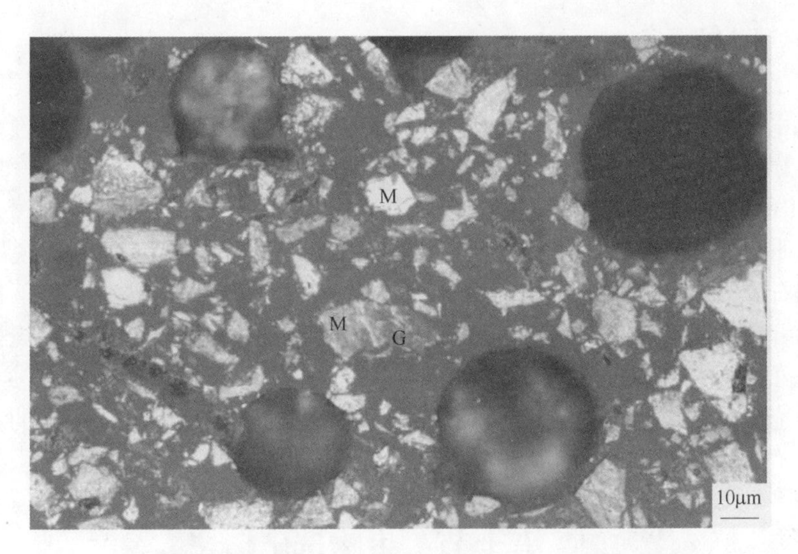

图 21-21　焙烧弱磁选铁精矿镜下状况：脉石（G）与磁铁矿（M）连生体（中部）（不同纯度的磁铁矿进入精矿反光）

（据武钢科研报告，2010）

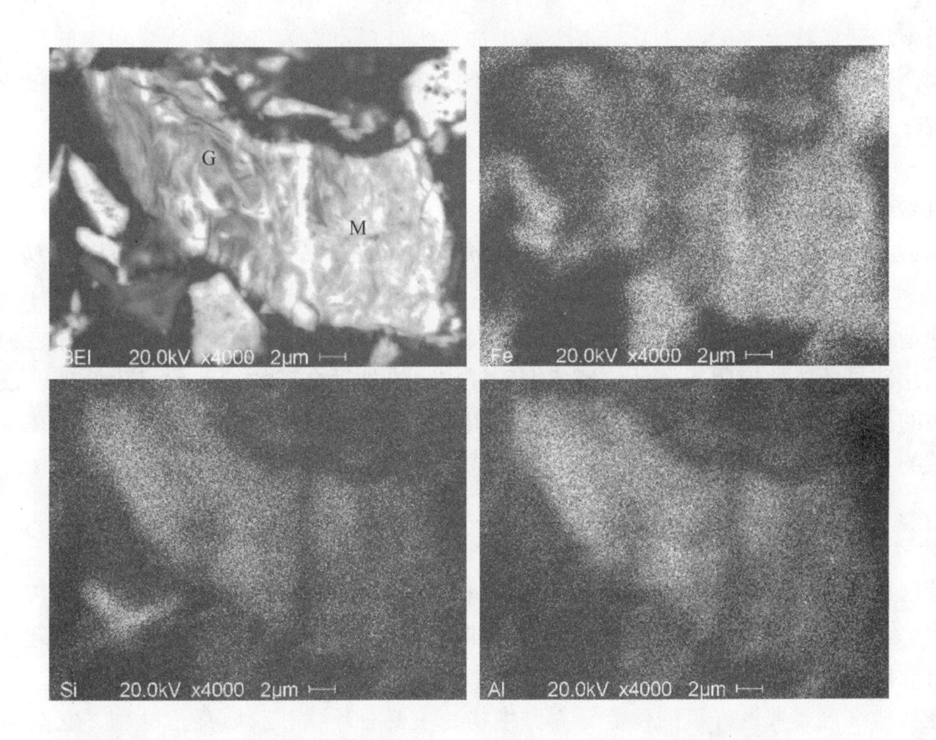

图 21-22　焙烧弱磁选磁铁矿（M）颗粒中夹杂微粒硅、铝脉石矿物（G）

BEI—背散射电子像；Fe—铁的面扫描；

Si—硅的面扫描；Al—铝的面扫描

（据武钢科研报告，2010）

高岭石、鲕绿泥石和伊利石，矿物粒度十分微细，多呈纤维状、毛发状，大多在 1～2μm 左右。即使对浮选铁精矿进行深度细磨，也难以实现铁矿物与脉石矿物有效单体解离，所以浮选铁精矿中铝含量偏高。

在当前选矿技术条件下，鄂西高磷鲕状赤铁矿采用常规机械物理选矿（磁选、浮选等）工艺难以得到低铝（Al_2O_3 < 2.5%）铁精矿。

针对浮选铁精矿中铝含量偏高（Al_2O_3 5%左右），采用化学碱浸可进一步降低铝含量，即使 Al_2O_3 含量降至 2.5%左右。

试验表明，即使采用高温碱浸，精矿中的 Al_2O_3 含量仍在 2.5%左右，说明赋存于绿泥石和伊利石等铝硅酸盐中的铝难于溶出被脱掉。况且强碱浸铝需在高温下进行，能耗高，设备和管道长期运行后因 NaOH-Al-Si 形成溶胶易造成堵塞，因此，大规模工业生产采用化学法降铝不太合适。

现在的选矿技术未能经济有效地降低鄂西鲕状矿焙烧磁选铁精矿中 Al 的含量，制约了鄂西鲕状矿焙烧磁选铁精矿的大规模利用，只能与其他铁精矿配合使用。

第十节 生物选矿

一、细菌脱磷

微生物浸矿技术工艺简单、投资少、生产成本低，可有效开采和充分利用低品位或难选冶矿产资源，同时有利于清洁生产和保护生态环境，具有良好的发展应用前景和社会经济效益。用解磷细菌对鄂西高磷铁矿进行降磷处理技术上是可行的。

（一）解磷细菌研究现状

自然生态中微生物种类繁多，具有解磷能力的主要有芽孢杆菌属（*Bacillus*）、假单胞菌属（*Pseudomonas*）、硫氧化硫杆菌（*Thiobacillus thiooxidans*）和多硫杆菌属（*Thiobaeillus*）等。其中，芽孢杆菌属（*Bacillus*）是溶解能力较强的菌种之一，主要有芽孢杆菌、巨大芽孢杆菌、蜡状芽孢杆菌等。在浸矿方面研究较多的是硅酸盐细菌，我国称之为钾细菌。氧化硫杆菌主要应用于低品位硫化铜矿浸出、难处理金矿的细菌预氧化处理以及其他贵金属的浸出，由于不断研究探索，已成功实现了产业化应用。随着微生物技术在资源加工领域的不断拓展，逐渐开始针对含磷难选铁矿石进行生物除磷研究，并已取得一定进展。

1. 硅酸盐细菌

俄国科学家 K. Passik 在 1912 年发现了一种能分解正长石等硅酸盐矿物和磷灰石的芽孢杆菌，随后，亚历山大罗夫也分离出一种细菌，研究发现这种细菌具有分解铝硅酸盐和磷灰石的能力，可将可溶性的磷和钾释放出来，故将其称为硅酸盐细菌。

硅酸盐细菌是兼性好氧的化能异养微生物，主要有环状和胶质芽孢杆菌，它具有许多重要的特性，能利用各种糖类及淀粉，固定空气中的氮源，利用磷灰石中的磷，分解由硅酸盐和铝硅酸盐组成的原始岩矿，具有溶磷、解钾、固氮能力。硅酸盐细菌在硅酸盐琼脂上培养观察为两端钝圆的大杆菌，长 4 ~ 7μm，宽 1.2 ~ 1.4μm，具大黏液状荚膜。芽孢形成时，杆菌的中央部分变粗，芽孢呈椭圆状，大小（1.5 ~ 1.8）μm ×（3.0 ~ 3.5）μm。在不含氮的硅酸盐琼脂上培养观察，硅酸盐细菌则形成黏液状凸起的透明菌落。

我国不同地区分离所得的硅酸盐细菌形态上相近，菌体为长杆状，大小为（4 ~ 7）μm ×

(1~1.2)μm；具有椭圆形的大荚膜，大小（5~7）μm×（7~10）μm。该菌在含氮和无氮琼脂上培养的菌落呈圆形、凸起、光亮半透明状。在无氮培养基上菌落更为密集且富有弹性，无氮液体培养基上则不形成荚膜。

Sakhvadze 等在 20 世纪 80 年代初对含 Mn 23.5%~40.0%、P 0.19%~0.35% 和 SiO_2 15.0%~23.0% 的锰矿利用硅酸盐细菌除去锰矿中的磷、硅杂质，经细菌处理后，P 和 Si 含量分别降至 0.06% 和 5%~6%，提高了矿石的质量。

李明等人于 20 世纪 90 年代通过硅酸盐细菌 JF88 菌株磷化作用与磷细菌 MBl 的对比研究，发现前者菌株的磷转化强度达 39.18%，为磷细菌 MBl 的 15.79 倍，浸出后浸出液中磷有效浓度达 118.72μg/L。

肖春桥等（2003）以巨大芽孢杆菌和多黏芽孢杆菌为实验菌种，在不同磷矿粉用量、培养时间以及碳源物质和氮源物质的质量分数条件下研究了其对磷细菌浸出率和 pH 值的影响。结果表明：两株菌种均能提高浸出液中磷的浸出率，培养时间越长，磷的浸出率越高，最高达到 83.30%。增加磷矿粉的用量，磷的浸出率显著降低，浸出液 pH 值逐渐升高；当磷矿粉用量超过 10g/L，pH 值则趋于稳定。当碳、氮源物质的质量分数为 3% 时，细菌浸磷效果最好，过低或过高均抑制磷的浸出。

2. 氧化亚铁硫杆菌

氧化亚铁硫杆菌革兰氏阴性无机化能自养菌，于 1947 年由美国的 Colme 和 Hinkle 首先从矿山酸性矿坑水中分离鉴定出来，并命名为 *Thiobacillus ferrooxidans*（*T.f*），由于其嗜酸，故重新命名为 *Acidithiobacillus ferrooxidans*（*At.f*）。显微镜下观察，*At.f* 呈圆端短杆状，长 1.0μm 至数微米，宽约 0.5~0.8μm，有鞭毛，能运动。研究发现，该菌在 9K 固体培养基上培养生成红棕色菌落，直径约 0.5cm，菌体呈球杆状。

作为酸性环境中浸矿的主要菌种，*At.f* 通过氧化 Fe^{2+} 或硫化矿物、元素硫及可溶性硫化合物获得能量，在纯系培养时能快速有效分解硫化矿物，对溶液中的 Cu^{2+}、Ca^{2+}、Mg^{2+}、Fe^{3+}、Ag^{+}、Au^{+} 等金属离子具有一定的抗性，并通过固定大气中的 N 以及 CO_2 获得细胞生长、繁衍所需的碳氮源，因此该菌广泛地用于生物浸矿实践。*At.f* 广泛分布于自然界，在无机矿床环境中旺盛繁衍，主要栖居于含硫温泉、硫、硫化矿矿床、煤和含金矿床，也存在于硫化矿床氧化带中。

总的来说，目前对浸矿脱磷微生物研究较多的是氧化亚铁硫杆菌，也有研究芽孢杆菌的报道。特别是对于含磷铁矿的浸出，其微生物浸出过程及脱磷机理的研究还不够深入，因此，多因素下影响脱磷生物浸矿机理的研究需不断深入。

（二）高磷铁矿生物脱磷现状

自 1947 年美国 Colmer 和 Hinkle 从矿山酸性坑水中分离鉴定出氧化亚铁硫杆菌，并证实了微生物在浸矿中的生物化学作用以来，国外多个国家开始微生物湿法冶金的现代工业应用。我国于 20 世纪 50 年代末开始对生物冶金展开研究，对低品位硫化矿以及难处理金矿的微生物浸出进行了大量研究并成功实现产业化，对于难选高磷铁矿的生物浸出也开始逐渐重视，但其研究程度远不及硫化矿，对其浸出机理的报道也比较少。

Delvasto P 等人对巴西 Minas Gemis 地区含磷 0.18% 的高磷铁矿进行了生物浸出研究。对 *Burkholderia ferrariae FeGl* 01、*Leifsonia xyli FeGl* 02、*Burkholderia earibensis FeGl* 03 和 *Burkholderia cenocepacia FeSu* 01 四种脱磷菌进行分离培养，其中脱磷菌 *B. caribensis FeGl*

03*B. ferrariae FeGl* 01 获得了溶磷生物活性，两种细菌通过代谢产生的葡萄糖酸对铁矿物中的 $AlPO_4$、$Ca_3(PO_4)_2$、$CuAl_6(PO_4)_4(OH)_8 \cdot 5H_2O$ 等含磷矿物进行溶解，试验表明细菌除磷具有一定的选择性。

黄剑聆（1993）用硫杆菌对某试验矿样进行预处理，将不溶性的硫化物转化为硫酸，与嵌布于铁矿石内部的磷灰石发生化学反应，并添加溶磷剂 SP-9 增加磷的溶出，使磷含量降至 0.2% 以下。

胡芳仁（1998）对氧化亚铁硫杆菌氧化黄铁矿生产浸出液并以此浸出液浸矿脱磷进行了系统的研究，试验对含磷 0.493% 的梅山铁矿进行浸出，浸出后铁矿磷含量为 0.16%，脱磷率达 67.55%。

郑少奎（1999）以生尘芽孢杆菌探讨了微生物脱磷的可能性及其机理，研究发现微生物降磷是可行的，并指出生尘芽孢杆菌通过代谢产生有机酸降低溶液 pH，使磷矿石中的磷溶出，并形成胞内聚磷酸盐富集溶液中的磷。

何良菊等（1998）对梅山铁矿高磷铁矿石进行了氧化亚铁硫杆菌氧化黄铁矿浸矿脱磷的研究，试验表明微生物氧化黄铁矿产酸，酸浸脱磷的途径是可行的。氧化亚铁硫杆菌利用氧化黄铁矿所产出的浸出液对该高磷铁矿石浸出脱磷，脱磷率可达 76.89%，并认为此过程是以化学浸出为主的生物辅助脱磷。

张晓峥（2006）对某低品位磷矿废石采用细菌浸出，通过加入不同吐温类表面活性剂的方法，对其浸磷效果进行了研究。试验表明，吐温类表面活性剂可改善氧化硫硫杆菌的浸磷作用，提高磷矿石的浸出率。

龚文琪（2006）对氧化亚铁硫杆菌的形态特征和生长特性进行了研究，考察了培养基、能源物质以及表面活性剂等因素对脱磷效果的影响，试验在一定条件下获得磷浸出率 48%。

罗立群等（2007）在探讨我国含磷铁矿石生物浸出脱磷机理和发展前景的基础上，对湖南某含磷 0.38% 的难选氧化铁矿石进行了微生物脱磷研究，浸出 15d 后，浸出率达 21.63%。

姜涛（2007）利用黄铁矿作为微生物的营养源对氧化亚铁硫杆菌浸出某含磷 1.12% 的铁矿石进行了研究。试验采用 *At. f* 浸出，在试样度 -0.074mm、矿浆浓度 10%、细菌接种量 5%、初始 pH 为 2.20、温度 30℃，搅拌速度 160r/min 的条件下进行，研究表明，*At. f* 具有一定的脱磷效果，黄铁矿的添加能将脱磷效果从 34.01% 提高到 78.84%。

鲍光明等人通过嗜酸氧化亚铁硫杆菌和嗜酸氧化硫硫杆菌的协同作用对鄂西鲕状高磷赤铁矿进行了脱磷研究。试验表明，在 pH 1.8 ~ 2.5 的条件下，当 *At. f* 与 *At. t* 接种量为 1:2 时，脱磷效果较好，脱磷率达 88.7%。

大量的铁矿除磷研究工作表明，常规方法虽然能除去铁矿中的部分磷，但成本较大，工艺复杂。微生物浸出工艺以其反应温和、无污染、低成本等特点显示其较大的优势，越来越受到国内外学者的重视，对其研究也取得了一定的进展。

（三）解磷菌与矿物的吸附作用

微生物与矿物间的吸附是一个由多种作用力综合决定、影响的物理化学过程，包括范德华力、静电力、疏水作用力、氢键和空间位阻效应等，是两者相互作用的基础。微生物和矿物的表面性质，如表面电荷、疏水性以及环境条件（温度、浓度、体系 pH 等）都影响着微生物-矿物的吸附过程。

细菌与矿物之间的吸附过程分为以下4个步骤：(1) 细菌向矿物表面迁移。细菌由于布朗运动向矿物表面靠近及主动运输。(2) 初始吸附。细菌与矿物相互接触，细菌吸附于矿物表面。(3) 细菌牢固地吸附在矿物表面上。(4) 细菌定殖，黏附于矿物颗粒表面形成微菌落或生物膜。前两个步骤细菌可视为惰性胶体颗粒，细菌在这个阶段持续的时间较短，不进行新陈代谢，在几秒或数分钟内完成。在结合与定殖这两个步骤中，细菌为活性颗粒，持续时间为几小时或几天，同时进行新陈代谢并合成胞外多聚物，如多聚糖或蛋白质，这些生物大分子也趋向于吸附在矿物颗粒表面，使细菌更加紧密地吸附在颗粒上。细菌吸附于矿物后，自身代谢活性发生改变，从而影响细菌对营养物的利用以及同化作用、异化作用和细菌生长繁殖等过程。细菌与矿物之间的吸附可能性、吸附的紧密程度以及吸附后的脱附等情况由各种环境条件综合决定。

由于细菌与矿物相互作用的复杂性，目前大多是针对细菌和矿物的表面特征进行研究，如表面疏水性、表面电荷等对吸附过程的贡献，从分子或原子水平研究细菌-矿物相互作用的机理还比较少。

(四) 细菌脱磷机理

细菌地球化学研究表明，在自然生态系统中，细菌参与了C、O、N、P、S、Fe、Mn、Si等多种元素的物质与能量循环，密切影响着60多种元素在自然界中的分布。细菌法处理废水中的磷在工业上已获成功，表明细菌具有除磷能力。由于资源型经济的过度发展，环境污染日趋严重，水体富营养化的根源在于水中磷含量过高，采用细菌法去除废水中的磷已成为国内外最常用的技术方法。从生物化学角度来看，一方面，细菌需吸收磷构成细胞组分，如核酸、磷脂、核蛋白和其他含磷化合物等；另一方面，细菌利用磷合成ATP进行能量代谢。因此，从某种意义上讲，没有磷源，细菌也就失去了生命的基础。

当前细菌浸矿脱磷机理主要有：(1) 摄取矿物中存在的磷源，促进难溶性磷酸盐的分解；(2) 通过代谢产酸降低环境的pH值，使磷矿物溶解进入液相；(3) 细菌在代谢过程中衍生出柠檬酸、草酸、氨基酸等有机酸，并与Ca^{2+}、Mg^{2+}、Al^{3+}等离子形成螯合物，促进磷矿物的溶解。细菌浸磷过程主要是细菌代谢产酸溶解难溶性的磷酸盐，磷矿中的主要成分磷酸钙是一种难溶性化合物，它在溶液中存在如下平衡：

$$Ca_3(PO_4)_2 \xrightarrow{\text{细菌}} 3Ca^{2+} + 2PO_4^{3+}$$

$$PO_4^{3+} + H^+ \xrightarrow{\text{细菌}} HPO_4^{2-}$$

$$PO_4^{3+} + 2H^+ \xrightarrow{\text{细菌}} H_2PO_4^-$$

由于细菌利用磷源合成细胞组分代谢产酸，并将磷以各种酸根形式（HPO_4^{2-}、$H_2PO_4^-$等）存在于溶液中，促使整个平衡向右移动，因此，细菌对磷酸钙的分解主要通过摄磷和酸溶两个过程达到解磷效果。细菌正常代谢需磷量很少，因此磷矿物的解离主要在于细菌过量摄取、细菌代谢产酸溶解所致。

细菌从外界大量吸收可溶性磷酸盐合成多聚磷酸盐，并富集在体内，供对数生长期合成核酸所需。当细菌进入稳定期时，体系中的营养物质大多已消耗，大部分细胞停止繁殖，对磷需求很低，此时若环境中仍存在其他磷源，细胞又储存一定能量，便将外界中的磷以多聚磷酸盐的形式合成于体内，作为储存物质。这一富磷过程可表示为：

$$-\mathrm{Pi}-_{n}+\mathrm{ATP}\longrightarrow-\mathrm{Pi}-_{n+1}+\mathrm{ADP}$$

具有聚磷与解磷能力的微生物，绝大多数是聚磷菌、反硝化聚磷菌、芽孢杆菌以及硫杆菌，还有一些微藻类，它们在生物除磷体系中发挥着重要作用。

二、细菌富铁

红城红球菌（*R. erythropolis*），又称红平红球菌或红串红球菌，是一种广泛存在于自然界的无毒微生物，细胞表面含有脂肪链霉菌酸、糖脂、脂肪酸和多糖等多种物质，脂肪酸的碳链长度一般 $C_{12}\sim C_{24}$，因而具有较大的疏水性，已广泛用于油污染水中油的降解和去除受油污染土壤的生物修复。如用这种微生物去除油污染水体中大量的长烃链烷烃，水中烷烃是通过微生物的吸附—絮凝作用而得到去除的，形成的絮团直径可达 0.1 ~ 2 cm，很容易采用沉降方法从水中脱除。同时，发现这种微生物还适合从盐分较高的油污染水甚至海水中通过吸附—絮凝作用去除烷烃。*R. erythropolis* 对土壤中的碳氢化合物也可通过吸附—絮凝作用进行降解。*R. erythropolis* 对柴油和原油污染土壤的修复作用正是通过微生物的吸附—絮凝作用实现的，并发现能降解 $C_{10}\sim C_{32}$ 的碳氢化合物。研究表明：即使在温度为 4 ~ 37 ℃，pH = 3 ~ 11，NaCl 含量（质量分数）为 7.5% 和硫酸铜含量（质量分数）为 1% 等极端条件下，*R. erythropolis* 仍可通过吸附—絮凝作用降解石油污染土壤中 $C_6\sim C_{16}$ 的长链烷烃、醇类物质、甲苯等。此外，红城红球菌对酚醛树脂生产过程产生的工业废水、增塑剂废水中酚、醛等碳氢化合物均有明显的吸附降解作用，对煤炭、石油中的含硫物质有吸附脱硫作用。因此，红城红球菌已成为令人瞩目的极具应用价值的工业菌种之一。利用红城红球菌吸附—絮凝微细粒矿物的可行性还有待研究。如果红城红球菌能吸附于微细粒矿物表面，那么它会以本身疏水性改变矿物表面的疏水性，使微细粒矿物形成疏水絮团，或沉降分离或浮选分离，这对微细粒矿物分选、含微细颗粒液流的净化、低浓度物料的浓缩等方面具有重要意义。北京科技大学杨慧芬等在 2012 年以红城红球菌为吸附—絮凝剂，研究红城红球菌对微细粒赤铁矿的吸附—絮凝效果，认为微细粒赤铁矿的分离回收中可作为赤铁矿微生物捕收剂。

（1）红城红球菌在赤铁矿表面的吸附可使赤铁矿发生沉降，沉降速度和沉降效果的好坏与矿浆 pH、红城红球菌用量密切相关。赤铁矿沉降速度和效果较好的矿浆 pH = 5 ~ 7、红城红球菌用量为 30mg/L。

（2）红城红球菌表面的负电性有利于其在矿浆 pH < 7 时吸附在赤铁矿表面，降低赤铁矿表面的电性，形成有利于赤铁矿—赤铁矿颗粒形成絮团的电性条件。赤铁矿吸附了红城红球菌后，表面等电点（IEP）提高到 pH = 6.2。因此，最有利于赤铁矿形成絮团的 pH 为 5 ~ 7。

（3）赤铁矿在红城红球菌作用下形成的絮团粒度及其紧密程度与矿浆 pH、红城红球菌用量有关。矿浆 pH 影响赤铁矿絮团的粒度，红城红球菌用量不仅影响赤铁矿絮团的粒度，也影响赤铁矿絮团的紧密程度。赤铁矿絮团大、紧密程度高，赤铁矿颗粒的沉降效果好。

（4）红城红球菌通过本身基团吸附在赤铁矿表面。其中，羟基（—OH）、亚甲基

(—CH_2)、氨基（—NH_2）、甲基（—CH_3）、醚基（C—O—C）5 个官能团在赤铁矿表面的吸附属于物理吸附，而羧基（—COOH）在赤铁矿表面吸附属于化学吸附。

（5）红城红球菌对微细粒赤铁矿具有吸附—絮凝双重作用，可作为赤铁矿絮凝剂使用，为微细粒赤铁矿的吸附—絮凝找到了一种新的微生物药剂。

生物选矿——细菌脱磷和细菌富铁技术，因技术工艺简单、投资少、成本低和环境友好，是十分具有开发价值的选矿工艺。但是菌种选育条件要求高、时间长，选矿循环周期长，尤其在鄂西每年有近半年的低温期，大规模工业生产时产品产出周期长，因此，该工艺用于鄂西高磷铁矿大规模开发尚有许多工作要做。

第十一节　宁乡式铁矿选冶技术小结

宁乡式铁矿一方面由于成分和结构复杂，提铁降磷困难，难于获得高品质铁精矿；另一方面，不同矿区甚至同一矿区的不同矿层产出的矿石，在矿石酸碱度、工业矿物组成、铁品位、不同类型矿石资源储量等方面又有其独特性，已有的选冶技术成果中，有的是适用于所有矿石的，而有些工艺技术又只适用于某类或某几类矿石。有些类型矿石资源量很大（酸性矿石数十亿吨），是宁乡式铁矿选冶技术攻关的重点；而有些类型矿石资源量较小（如鲕绿泥石菱铁矿矿石）或尚未确定资源储量（如鲕状磁铁赤铁矿石、磁性矿石），选冶技术研究程度较低。

从现有的选冶技术和近几年市场需求看，近期，TFe≥50%酸性富矿及 TFe≥45%的碱性和自熔性富矿，可直接作为商品矿供钢铁企业炼铁配矿使用，或供专门冶炼高磷生铁的企业使用。由于无需选矿加工，矿石直接进入冶炼工艺环节，因此规避了目前高磷鲕状赤铁矿选矿尾矿含铁品位高、精矿铁品位和回收率双低的问题，采出的富矿具有很高的资源利用率。再者，TFe≥45%的碱性和自熔性矿石，相当于 TFe 50%以上的酸性矿，这一品级的矿石若进行提铁降磷选矿加工，抛除的尾矿大部分为钙镁质矿物，选别获得的铁精矿碱度降低，铁精矿进入冶炼工艺时又重新配入钙镁熔剂，因此对其选别加工不划算。

TFe 45%~50%的酸性矿或 TFe 40%~45%的碱性矿，在粗碎或中碎条件下，分别采用干式强磁选、干式中磁场磁选或重选，抛除采矿混入的围岩、夹石和少量脉石矿物后，即可获得 TFe＞50%（碱性矿精矿 TFe＞45%）的精矿，选矿回收率高，所得精矿用途如前所述。由于尾矿粒度粗、无需脱水，因此可以干式堆放或作为建筑材料，处置简单易行。

未来，对于 TFe≥50%酸性富矿及 TFe≥45%的碱性和自熔性富矿，以及贫矿选矿获得的铁精矿，采用高炉冶炼高磷铁水、高磷铁水在专用冶金炉中脱磷后进入转炉炼钢，获得各型钢材和钢渣磷肥，高炉矿渣水淬细磨获得混凝土矿物掺和料，实现铁、磷、渣全面综合利用，应是宁乡式铁矿，尤其是鄂西高磷铁矿开发的主要模式。

絮凝—脱泥—反浮选、重选—反浮选，尤其是高梯度磁选—双反浮选工艺，随着抑制剂、捕收剂“高选择性”和微细粒选别工艺及设备的进一步突破，是处理鄂西高磷低品位铁矿石最有希望的工艺技术。

随着我国工业化进程的不断深入，原有的钢筋混凝土建筑拆除后的废旧钢材及各类旧机械废钢将大量产出，在二次冶炼利用这些废旧钢材时将会对直接还原铁产生很大需求。因此，对宁乡式铁矿中的富矿直接添加脱磷剂进行深度金属化还原焙烧——磁选生产还原铁，也是其重要利用方式。

铸造生铁、托马斯生铁一直并永远都会有一定的市场需求，采用中频炉冶炼等节能、环保、适应国家节能减排政策的工艺，直接开发利用鄂西高磷铁矿中的富块矿石是可行的。

各类化学和生物降磷、降铝、富铁技术方案，在技术、经济和工艺上突破后，将可能成为鄂西高磷铁矿提铁降磷的有效途径。

第二十二章　选冶工艺设备

宁乡式铁矿有着特殊的工艺矿物学性质，在选冶加工工程技术研究中，有一些工艺设备，如细磨设备、重选设备、强磁选设备和还原焙烧设备值得重视。至于浮选机，目前宁乡式铁矿选矿所用浮选机均为机械搅拌式浮选机，在此不再叙述。

第一节　高效破磨设备

一般情况下，宁乡式高磷鲕状赤铁矿的机械选矿，是以富铁鲕粒为目标，此时，在常规入选粒度下即可实现有效分选。但当选别工艺要求（微）细粒入选时，矿石必须细磨，此时需要配置高效破碎和细磨设备。以下设备在其他类型矿山上使用效果良好，宁乡式铁矿细磨深选时可参考选择使用这些设备。

一、高压辊磨机

我国金属矿石资源种类繁多，但大多数矿种品质属贫、杂、细。国内金属矿山企业为了解决自身在矿业开发上存在的经济、技术和环保等方面面临的突出问题，积极引进、消化、吸收国外新型、高效的矿山生产工艺设备。高压辊磨机就是在这样的市场背景下得到研究、论证，并开始在国内金属矿山企业应用的高效粉碎设备，也是国内矿业界当下最为关注的矿山生产设备。

高压辊磨机是在对辊破碎机基础上发展起来的，它在高压下进行“料层粉碎”，能使辊子施加的应力和物料特性相适应，将机械能有效地转变为破碎能，达到超细碎的效果，并具有高产、节能、节约钢耗、降低成本、适用面广等优越性。

传统对辊破碎机的给料基本上是小于辊缝（排料口）宽度的各粒级，以松散的颗粒群形式给入机内，辊子的粉碎力作用在单体颗粒（主要是较大的颗粒）上；而在辊压机工作时，是“挤满给料”，即给料中各粒级在两个辊子之间的粉碎腔内形成一堆密实的料团，并且被两个相向转动的辊子咬住，向下运动，即多层聚集的物料在高压辊间受到稳定而持续的高压静压力，一般为150～300MPa，物料颗粒的相互挤压力使颗粒产生压缩变形，产生微裂纹和粉碎，经压实的料团单位容重达到物料真密度的85%～88%。

辊压机料团粉碎产品中超细粒含量往往高于常规粉碎机，配合分级机组成破碎闭路流程时破碎产品粒度可达80% -2mm，可极大地减少磨矿设备投入和磨矿能耗，也为细磨提供了很好的给料条件。常规粉碎机中，细颗粒处于粗颗粒之间的空隙中，不直接受粉碎工具的作用力，发生粉碎的概率较低。辊压机中料团粉碎时，细颗粒在封闭粉碎空间除受到粉碎工具作用力外，还受到颗粒与颗粒之间的作用力，全部颗粒都产生粉碎。这反映在粉碎产品的粒度分布上，就是细粒和超细粒含量较常规粉碎机高。

我国某铁矿山用辊压机进行矿石细碎试验。以矿山年产量1700万吨为基础，将试验结果同大型圆锥破碎机粉碎数据进行对比，见表22-1。

表22-1 某大型铁矿山辊压机和大型圆锥破碎机细碎试验比较

项目		辊压机	圆锥破碎机
单机产量（t/h）（所需台数）		1700（1）	310（6）
投资费用（美元）/ $\times 10^3$		4100	8500
厂房占地面积/m^2		130	350
磨损件寿命/h		12000～14000	1500～2000
作业率/%		>95	约80
单位能耗/$kW \cdot h \cdot t^{-1}$		1.6	1.92
产品粒度分布/%	-7mm	78	72
	-2mm	59	36
	-0.3mm	32	8

可以看出辊压机与圆锥破碎机相比，具有单机产量高、辊面寿命长、作业率高、可靠性好、单位能耗低等优点。特别是大型矿山，单机产量高意味机器总台数减少，厂房、占地面积、地基、生产和维修等费用降低。

从破碎辊的数量上讲，高压辊磨机可分为双辊式和三辊式；从结构形式看，高压辊磨机可分为立式（塔式）、卧式、悬辊式等；从主传动辊数量看，可分为单传动式、双传动式。用于铁矿高效超细破碎的主要是单传动或双传动双辊高压辊磨机。尤其是单传动高压辊磨机，结构紧凑、科学，采用料床挤压的粉磨原理，一个为固定辊，一个为活动辊，两辊速度相同、相对运转，物料由上部喂料口进入，在两辊缝隙中被高压力挤压而粉碎，从底部排出。单传动辊压机只由定辊传输动力，动辊运动通过齿系由定辊传递，电耗低，出料粒级可控；调压系统采用的是组合弹簧，辊子静态挤压，噪声低，故障率低，运转率高。

单传动辊压机具有以下特点：

（1）运转作业率高达95%以上，结构简单，无液压装置的烦琐系统，而是采用高压弹簧系统加压，几乎无故障。

（2）辊面耐磨，辊面采用合金耐磨焊材堆焊而成；弹簧压力来自物料的反作用力，压力始终平衡，既可达到粉碎目的，又保护了辊面；动辊与定辊之间通过齿系啮合传动，速度完全同步，避免了物料与辊面的滑动摩擦。因此，使用寿命远远高于双传动辊压机。

（3）出料粒级可调。双辊间隙调宽，出料粒度变大；反之，出料粒度变小。在外部还可加分级设备组成闭路工艺。

（4）电耗低，性价比高。采用低速静态料层滚压原理，能耗低，比传统锤破、圆锥破、雷蒙磨、球磨机的性价比高；比双传动辊压机节电45%，由于采用单辊传动，只有一个电机，装机功率只相当于双传动辊压机的55%。

（5）操作和维护方便，静态挤压运行平稳，噪声低，无鼓风，无扬尘点。

二、立式螺旋搅拌磨机

立式螺旋搅拌磨矿机（立磨机/塔磨机）是一种新型细磨设备，广泛用于矿山、冶金、轻工、建材、煤炭等工业部门，适用于物料的干式、湿式细磨或超细磨。它具有以下优点：高效节能，与卧式球磨机相比节能30%以上，且研磨效率是卧式球磨机的10倍以上；产品粒度可调，可经济地将矿石磨至 -0.038mm 大于 95%，甚至可将矿石磨至 -0.010mm；可间歇，也可连续生产；噪声低、振动小，噪声小于85dB；结构简单、操作维护方便、占地面积小、基础费用小于设备造价的1%。

（一）总体结构

立式螺旋搅拌磨矿机总体结构见图22-1所示，由筒体、螺旋搅拌器、传动装置和机架等组成。筒体内充满一定的磨矿介质（钢球、瓷球或砾石）。螺旋搅拌器经减速机驱动作缓慢旋转，磨矿介质和物料在筒体内作整体的多维循环运动和自转运动，在磨矿介质重量压力和螺旋回转产生的挤压力下，因摩擦、少量的冲击挤压和剪切，物料被有效地粉磨。

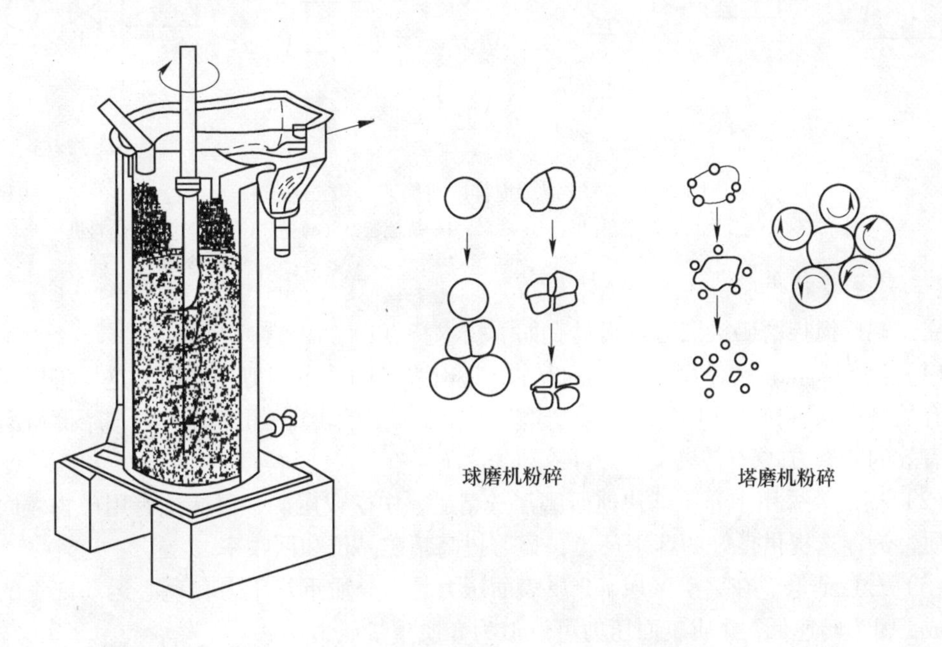

图22-1 立式螺旋搅拌磨矿机结构及磨矿机理

（二）工艺流程特点

立式螺旋搅拌磨机典型的工艺流程见图22-2。

图22-2（a）开路流程采用底部给矿，顶部排矿；闭路流程采用水力旋流器分级。具体流程为先将矿物用旋流器分级，粗粒的矿物经高位槽由磨机底部进料口加入磨机，经一定时间的搅拌研磨后，细粒的矿物浆体经磨机顶部排料口溢流进入搅拌桶，最后由砂泵将料浆泵入旋流器进行新一轮的分级。

图22-2（b）开路流程采用顶部给矿，顶部排矿；闭路流程也是采用水力旋流器分级。具体流程为矿物浆料由给料机从磨机顶部进料口加入磨机，经一定时间的搅拌研磨后，细粒的矿物浆体经磨机顶部排料口溢流进入搅拌桶，最后由砂泵将料浆泵入旋流器进行分级，粗粒的矿物重新进入磨机研磨。

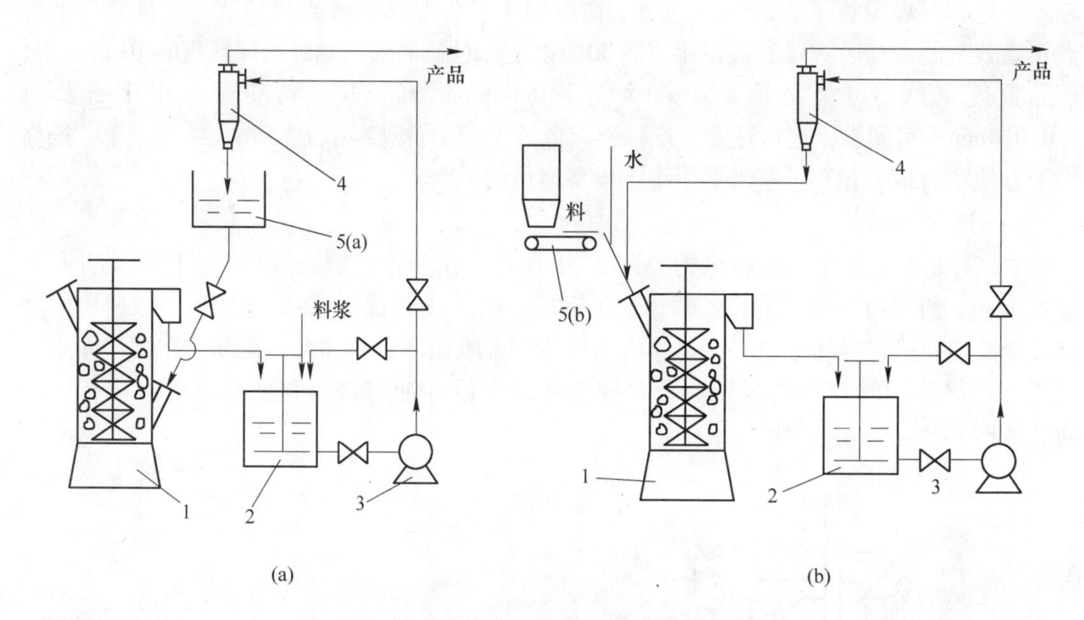

图 22-2 立式螺旋搅拌磨机磨矿分级工艺流程

1—立式螺旋搅拌磨机；2—搅拌桶；3—砂泵；4—旋流器；5(a)—高位槽；5(b)—给料机

（三）主要技术特点

立式螺旋搅拌磨矿机细磨过程具有如下技术特点：

（1）磨剥离。粉磨作用以磨剥离为主，还有少量的冲击和剪切作用，这样可以保持物料原有晶格形状，充分利用能量有效研磨物料。因为在细磨和超细磨矿中，摩擦研磨磨矿是最有效的粉磨方式。

（2）擦洗。采用小介质球快速研磨浮选精矿、中矿或尾矿，可搓洗有用矿物表面黏附的杂质，为浮选提供良好的选别环境，显著提高精矿品位和回收率。

（3）分层研磨。在磨矿区域，介质表面压力是由介质重量压力和离心运动产生的挤压力组成，因为转速低，介质表面压力可近似为介质重量压力。

（4）内部分级。湿法磨矿时，在介质充填之上是搅拌分级区域，物料按自然沉降和离心沉降分级，减少了过粉磨。

（5）独有的介质运动规律。介质的均衡运动、多维运动和自转运动，把搅拌器传输的能量均匀地弥散给研磨物料。

（四）主要技术参数

表 22-2 列出了 JM 系列立式螺旋搅拌磨矿机的主要型号及其主要技术参数。

表 22-2 立式螺旋搅拌磨主要技术参数

型 号	电机功率/kW	筒体内径/mm	有效容积/m^3	处理量/$t \cdot d^{-1}$
JM-1000	45	1000	2.0	70 ~ 120
JM-1200	75	1200	3.0	100 ~ 200
JM-1500	132	1500	5.0	200 ~ 300

续表 22-2

型　号	电机功率/kW	筒体内径/mm	有效容积/m^3	处理量/$t \cdot d^{-1}$
JM-1800	250	1800	8.0	400~600
JM-2200	355	2200	12.0	600~800
JM-2600	600	2600	22.0	900~1200
JM-3200	1000	3200	35.0	1400~1800

注：处理量为给矿粒度60%~70% -0.075mm，产品粒度85%~95% -0.038mm的数据。

（五）在铁矿选厂的应用

包钢稀土白云博宇铁选厂选用两台JM-1500型号的立式搅拌磨进行铁粗精矿细磨，给入立式螺旋搅拌磨矿机的粒度为-0.075mm含量大于95%。立式螺旋搅拌磨矿机与水力旋流器闭路，磨矿产品粒度达到-0.038mm含量不小于95%，铁品位从55%提高到65%以上（彩图22-3）。

柿竹园有色金属矿铁精矿再磨多年来都是采用普通卧式球磨机，磨矿产品粒度一直都是60%-0.043mm，铁品位在53%~55%，磨矿产品粒度较粗，铁精矿品位不高。经过多次试验，柿竹园有色金属矿铁精矿再磨设备采用长沙矿冶研究院研制的立式螺旋搅拌磨矿机，从2005年开始在柿竹园有色金属矿尾矿回收铁精矿生产线上应用，磨矿产品粒度达到95%-0.038mm以上，铁精矿品位稳定在65%左右（彩图22-4）。

三、高能卧式搅拌磨

根据鄂西宁乡式铁矿矿石嵌布粒度细的特点，武汉科技大学设计制造了磨矿粒度细、能耗低的高能卧式搅拌磨。该设备结合实际需要，极大地降低了常规磨机细磨的能耗，并能提供粒度分布合理的、解离度合格的物料。该设备的研制，是先进行实验室高能磨机的设计和试验，再在实验室结果的基础上进行工业设备的设计和制造。

GN型搅拌磨机主要由控制系统、传动机构、研磨室、搅拌器、密封系统五部分组成。

圆筒形的研磨室水平安装在基座上。主轴带有搅拌叶轮的一端在研磨室内，另一端穿过密封系统与传动机构连接，主轴在研磨室内呈悬臂式。GN型搅拌磨机的搅拌叶轮可以采用带孔圆盘、表面凹凸的实心圆盘等。磨机工作时，传动机构带动搅拌器旋转，搅拌叶轮对研磨室内的研磨介质及矿物颗粒进行强力搅拌，离搅拌器越近的地方研磨介质的活跃程度越高，高速运动的介质与矿物颗粒间的碰撞磨剥作用使物料颗粒得到粉碎。

（一）细粒级磨矿能力比较

使用GN8型搅拌磨与实验室球磨机对相同的给矿（给矿粒度为-75μm约占80%的鄂西赤铁矿）进行一系列磨矿时间试验。实验室球磨机总容积为7.6L，介质充填率为42%，加矿量为1kg，磨矿浓度50%；GN8磨机使用4mm、5mm钢球介质，充填率为80%，搅拌器转速8.5m/s，加矿量为2.7kg，磨矿浓度40%。试验过程中连续多次记录磨机的运行功率并求平均值。磨矿产品粒度使用better 9300s型激光粒度分析仪进行分析。

从两种磨机磨矿产品中取粒度相似的两组磨矿产品进行比较，并计算相应磨矿条件下不同磨机的能量新生能力和容积新生能力。在相同的给矿条件下，达到相似的磨矿粒度，GN8磨机只需要3min，而实验室球磨机需要60min；并且GN8磨机的容积新生能力远高于实验室球磨机。

GN8 磨机极细粒级、过粗粒级含量都少于球磨机的磨矿产品。

中粒级磨矿能力比较表明，GN8 磨机的磨矿产品中合格粒级的含量明显高于实验室球磨机磨矿产品中合格粒级的含量，且随着磨矿时间的延长 GN8 产品中合格粒级的含量明显增加，过细粒级含量仅增加 1.94%；而球磨机产品中合格粒级的变化却很小，过细粒级增加 9.43%。说明磨矿过程中很多已经合格的粒级又被粉碎成了过细粒级，球磨机这种等概率无选择性的粉碎行为也是工业球磨机闭路磨矿且要保证一定返砂比的原因。

（二）不同磨机磨矿特殊粒级产出速率比较

定义单位时间内指定粒级百分含量的增加量为产出速率。通过分析粒级平均产出速率发现，GN8 磨机有着明显的优势，细粒级 20～35μm 的产出速率高于两边的粒级；对于传统球磨机，其产出速率虽然会因为介质的变小而略有增加，但是总体上还是要比 GN8 高能磨机小，小钢球介质最高的粒级产出率仅为 2.330%/min，是高能磨机的 1/5。

（三）单位能耗新生能力对比

对单位能耗下粒级新生能力进行比较可以直观地看到磨机的生产能力，其值为每消耗 1kW·h 的电能相应粒级的产出质量。通过分析发现，GN8 磨机细粒级 30μm 单位能耗新生能力可以达到 7.323kg/(kW·h)，而实验室标准球磨机却只有 0.925kg/(kW·h)，高能磨机是传统球磨机的 7.9 倍。

（四）单位总容积新生能力对比

不同的磨机容积决定了其所能给入磨机矿量的大小，在满足细度和产率要求的同时，还必须考虑其磨机的工作条件。对于传统球磨机来说其矿浆并不能像 GN8 高能搅拌磨机那样以满矿浆的方式给入原料，二者磨矿方式不同。前者主要以磨矿介质的泻落和抛落对物料进行砸碎和冲撞，过多的矿浆会降低钢球介质对物料的粉碎强度；而后者的钢球介质在磨机内是以高速的离心运动完成对物料颗粒的剪切、挤压和粉碎的，所以矿浆充满磨机是可行的，这也从磨矿机理上决定了传统球磨机容积新生能力要比 GN8 磨机小得多。

GN8 高能搅拌磨机单位容积新生能力在 30μm 达到 2.330kg/(m^3·h)，而传统球磨机只有 0.184 kg/(m^3·h)，不到前者的 1/10。对于不同类型的介质，该磨机也体现出了不同的磨矿能力，刚玉球磨矿各粒级的新生能力几乎是钢球作磨矿介质下的 2 倍。

（五）单位净容积新生能力对比

传统球磨机的净容积是指除了磨矿介质外的剩余容积，GN8 高能搅拌磨机的净容积是指除了磨机内搅拌器、搅拌叶轮及磨矿介质外剩余的容积。通过比较两者净容积下的单位新生能力可以发现，GN8 高能搅拌磨机 30μm 粒级的新生能力最大，达到 3.457kg/(m^3·h)，而传统球磨机只有 0.241kg/(m^3·h)；传统球磨机最大的粒级新生能力仅仅是 GN8 高能搅拌磨机的 1/15，由此可见传统球磨机的新生能力远远小于后者。

（六）GN8 磨机连续磨矿试验

GN8 连续磨矿试验方案：将配制好浓度的矿浆加入泵池中，渣浆泵将一部分矿浆输入至 GN8 磨机，一部分作为循环矿浆又打进泵池里起到混匀矿浆的目的，通过磨机供矿阀及排矿阀调整矿浆流量，利用电磁流量计监视流量变化。连续试验流程示意图见图 22-5。

在 GN20 高能磨机基础上设计的 GN8 高能磨机实现了连续磨矿，通过对 GN8 磨机的

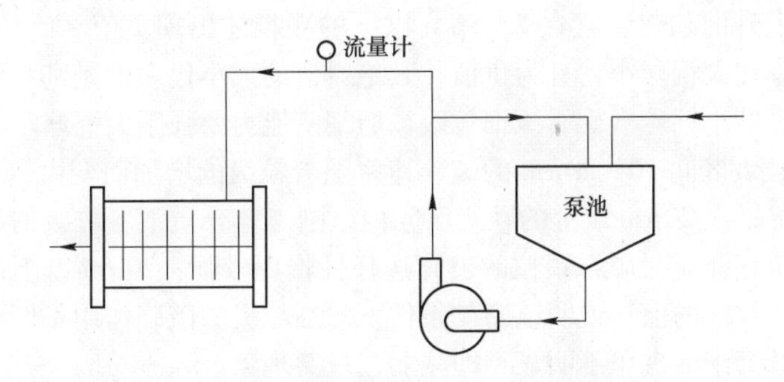

图 22-5　连续试验流程示意图

基本性能测定，及不同试验条件下连续、间断磨矿研究，得出了以下结论：

（1）实验室传统球磨机有功功率系数为 11.66%，单位容积内能量输入密度为 $129kW/m^3$，而 GN8 高能搅拌磨机的有功功率系数可以达到 480.12%，是传统球磨机的 41.18 倍，而单位容积内能量输入密度有 $470.09kW/m^3$ 的高输入值，是传统球磨机的 3.65 倍。综合两方面基本性能测试结果，GN8 高能搅拌磨机要远优于传统球磨机。

（2）对 GN8 能量特性的研究得出如下结论：

不同介质充填率及搅拌器转速下，磨机的有功利用率不同。随着搅拌器转速及介质充填率的不断提高，有功利用率增大。数学拟合得出 GN8 高能磨机有功利用率与搅拌器转速的关系为：$K_y = kln(v) + b$，其中参数 k、b 由磨机的充填率决定。

不同介质充填率及搅拌器转速下，磨机的净功率密度不同。随着搅拌器转速及介质充填率的不断提高，净功率密度增大。数学拟合得出 GN8 高能磨机净功率密度与搅拌器转速的关系为：$S_y = an^m$，其中参数 a、m 与介质充填率有关。

在一定的介质充填率下能量密度随着搅拌器转速的加快而增大，在相同的搅拌器转速下能量密度随介质充填率的增加而增大，并且搅拌器转速越快，能量密度的增量越大。可以认为在磨机研磨室内充满矿浆、相同介质充填率的情况下，磨机的能量密度与搅拌器转速的关系也可近似用二次多项式表示。

（3）在鄂西宁乡式铁矿的细粒磨矿试验中，GN8 磨机的能量新生能力是实验室球磨机的 10 倍以上，容积新生能力是实验室球磨机的 30 倍以上，显示出 GN8 磨机高效的细磨能力。在中粒级磨矿试验中 GN8 磨机依然表现出磨矿速度快、能耗低的特点，且在较粗的给矿条件下，对比 GN8 磨机与实验室球磨机的磨矿产品粒度，GN8 磨机没有明显的过磨现象，过细粒级（$-2\mu m$）生成量少，说明 GN8 磨机有一定的按粒度大小选择性磨矿特点。

（4）通过对 GN8 磨机和实验室球磨机不同介质制度下磨矿选择性破碎速率的计算可以发现：

实验室球磨机充填 25mm 钢球，在 $37.5\mu m$ 时破碎速率出现负值，说明该粒级以上的颗粒破碎作用较明显，$17.5 \sim 37.5\mu m$ 区间内的颗粒破碎速率变化趋势平缓且为负值，说明该区间粒级的破碎速率要小于其产出的能力，可以认为大直径的钢球对细粒级的磨细效果不足；

实验室球磨机换用 4mm、5mm 的小钢球，各个粒级区间内的破碎速率函数随着颗粒的变大呈现逐渐上升的趋势，且在22.5μm以下的颗粒才出现负值。此外，17.5μm以下小钢球的破碎速率比大钢球小，且为负值，其绝对值的大小代表的是细粒级内的产出能力大于其破碎能力，即小钢球磨矿后该细粒级被磨细的能力要强于大钢球。

GN8磨机在粒级区间30~50μm的破碎速率随着粒级的增加而变大，说明对该粒级下的破碎选择性明显；在20μm以上的粒级区间内，刚玉球介质下各粒级的破碎速率要大于钢球，说明了刚玉球介质对矿石颗粒的破碎选择性作用较强；20μm以下的粒级区间内破碎速率要远小于粗粒级的值，说明该磨矿条件下对细粒级的破碎作用不明显，颗粒被磨细到一定程度被继续磨细的现象不明显，即减弱了过磨现象。

（5）使用GN8磨机对d_{50}为41.25μm的石英进行了间断磨矿条件试验，可变因素包括介质充填率、磨矿浓度、介质的粒度、密度及搅拌器的转速。

GN8磨机磨矿产品中各个粒级的产出速率随着充填率的增加呈变大的趋势，充填率为60%时达到峰值，之后开始下降，说明60%的钢球充填率的磨碎效果较好。

由产品粒度特点及粒级产出速率比较发现，矿浆浓度为40%时的产品粒度最细，不同粒级下的产出速率均高于其他矿浆浓度下的产出速率，磨矿效果强于其他浓度。

改变介质密度、粒度及搅拌器转速的磨矿试验结果显示：对于给定的石英，使用2mm、3mm的刚玉球磨矿效果较好。结合搅拌磨机应力强度的观点计算出各试验条件下介质的应力强度，在所做的磨矿试验中介质应力强度为$4.2\times10^{-3}\sim7.0\times10^{-3}$N·m时，磨矿的能量利用率最高，即输入相等的能量在这个介质应力强度范围内磨矿产品的粒度最细。

（6）GN8连续磨矿试验中对磨矿处理量变化、搅拌器转速、介质粒度对磨矿效果的影响进行了研究。并在进行连续试验的过程中对磨机叶轮及磨矿介质的磨损进行了测定。

GN8磨机使用4mm、5mm钢球的连续磨矿试验中，随着处理量的增大，磨矿产品的粒度呈现变粗的趋势。以-38μm为例，当处理量从23.58kg/h增加到111.87kg/h时，磨矿产品中-38μm含量从90.88%减少到79.39%，降低了11.49%；但-38μm的绝对含量却从23.58×90.88%=21.4kg增加到111.87×79.39%=88.8kg，增加了约4.1倍。

GN8磨机使用4mm、5mm钢球的连续磨矿试验中，搅拌器转速在10m/s以下的变化对磨矿产品粒度的影响并不十分明显。净容积新生能力和能量新生能力随着搅拌器转速的提高而逐渐变小。

GN8磨机使用2mm、3mm的刚玉球介质，搅拌器转速为11.90m/s时，在处理量从25.49kg/h增加到74.98kg/h情况下，磨矿产品中-38μm含量都能达到90%以上。在不同的处理量下，相对于磨机给矿，磨矿产品中-20μm粒级含量变化总是最大，说明GN8磨机当前的介质、搅拌器转速条件很容易将给定的石英颗粒粉碎到20μm。

与间断磨矿试验的产品粒度对比显示了分级叶轮的分级作用，分级叶轮保证了在连续磨矿时磨矿产品中粗颗粒含量不高。

经过1h的连续磨矿试验，发现搅拌叶轮的磨损量太大，单位磨耗为1.18kg/t，相对于未磨损的搅拌叶轮，磨损率达到59%，说明硬聚氯乙烯不能作为搅拌叶轮的制造材料。试验前后钢球介质的磨损量在合理的范围内，为0.572kg/t，与工业球磨机相当。

（七）GN125工业高能磨机设计与调试

GN125磨机是GN系列第一台工业磨机，它的基础是GN20间断高能磨机和GN8连续高能磨机，这两种实验室磨机经过大量的基本性能测定，包括能量输入特性测定、启动负荷测定、间断磨矿实验、连续磨矿实验，实验室研究已经证明了GN型高能卧式搅拌磨在能量密度、能量利用率、容积新生能力、能量新生能力等方面大大优于传统球磨机。尤其是连续磨矿实验证实了它的选择性磨矿功能和细磨能力。

基于实验室研究的成功，设计一种可以用于工业或半工业生产的超细磨矿机，用于鄂西高磷赤铁矿的磨矿，为示范基地提供高效磨矿分级设备，并进一步研究GN型高能磨机的磨矿性能，为该系列的磨机大型化提供工业依据。

GN125型搅拌磨机主要由控制系统、传动机构、电机、搅拌器、密封系统五大部分组成。

设计的难点在于：（1）轴承与轴。由于GN磨机的轴是悬臂轴，轴承的选择对轴的摆动十分重要，过大的摆动将降低设备的寿命，甚至导致设备不能正常运行。（2）密封系统。磨矿是在固液两相流中进行，且固体的浓度很高，运动的轴和固定部件之间容易产生磨损，导致泄漏，不仅影响工作环境的整洁，消耗能量，而且由于磨机一般没有备用设备不能频繁停车，因此必须设计可靠的密封系统。（3）搅拌叶轮的形状。搅拌叶轮是决定磨矿效率高低的关键因素，搅拌效率和叶轮的磨损是一对难以调和的矛盾，因此要做到既有较长的使用寿命，又有较好的磨矿效果，两者必须合理的优化。（4）分级叶轮的形状。分级叶轮是决定排矿粒度的关键部件，这方面的工作仍开展的不够，需要在工业试验中进一步研究。

1. 基本参数

鄂西宁乡式铁矿示范基地原矿年处理能力为20万吨/年，小时处理能力为25t/h，经焙烧、磁选后二段或三段磨矿的粗精矿为15t/h，本研究的半工业磨机希望能够处理上述粗精矿的1/4，即每小时4t，该半工业磨机将在示范基地进行分流试验，考察其磨机能力和选择性磨矿，依据连续磨矿的数据确定半工业磨机的基本参数如下：

磨机总容积：125L；

搅拌器体积：31L；

磨机净容积：94L；

装机功率：按净容积功率放大原则，$94/6.57\times5.5=78$kW，取75kW；

电机最高转速：参照ISA磨机最大线速度17m/s的标准，将搅拌器的线速度设定为15m/s，那么磨机的最高转速为740r/min，为了考察不同线速度下的磨矿性能，电机采用变频调速（0~50Hz连续可调）。

2. 总体设计

图22-6是GN125高能磨机总图，由电动机、联轴结、轴承、轴、轴承支座、副叶轮密封装置、叶轮、筒体、导轨等组成。

与实验室GN8磨机最大的差别在于，半工业磨机可以方便地拆卸，筒体下部装有4个滚动轴承的滑块，磨机工作时，滑块由螺栓固定在导轨上，卸下连接螺栓后，筒体可以方便地沿导轨滑动，将筒体与搅拌器分离，实现分级叶轮、搅拌叶轮的维修和更换。这一点也是GN型高能磨机与立式搅拌磨最大的差异。立式搅拌磨维修时需要整体吊装轴和叶轮，需要大于2倍于轴的垂直高度，以1m直径的立式搅拌磨为例，装机功率大约为75kW，主轴与减速机的总高为3.5m，检修时需要4m左右的起吊高度，也就是说厂房高

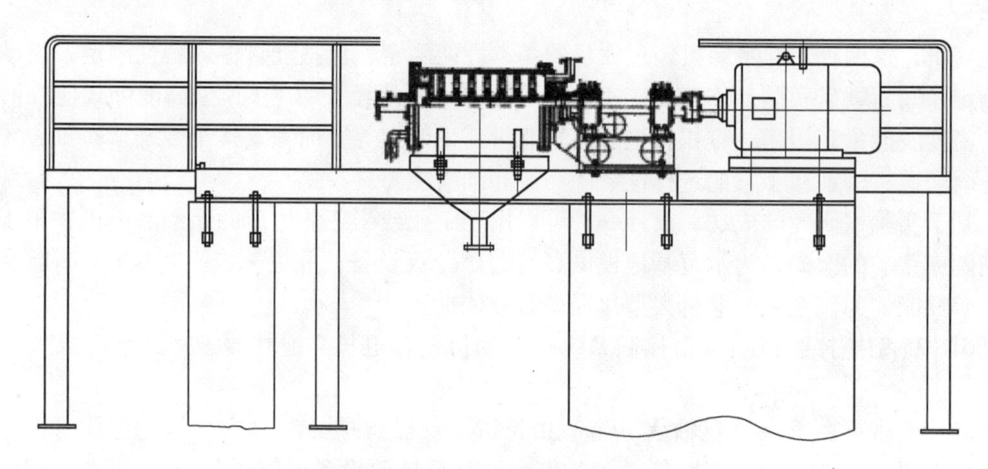

图 22-6 GN125 高能磨机结构总图

度需要 10m 左右。而 GN125 高能磨机总的安装高度为 2.56m，检修时不需要额外的起吊高度。

第二节 重选设备

一、跳汰机

比较适合宁乡式铁矿预选，或其富矿重选的跳汰机是 AM-30 重型跳汰机和梯形跳汰机。前者主要处理大块度（粗、中碎产品）原矿石，而后者为中细粒跳汰机，两者联合使用可实现 0~30mm 原矿全粒级分选。

（一）AM30 跳汰机

AM30 跳汰机属于双列四室侧动式矩形跳汰机，利用水作为选矿介质，按矿物与脉石的比重（密度）差进行分选。AM30 跳汰机具有上排料（8~30mm 粗矿）和下排料（0~8mm 细矿）同时连续工作的特点。因此该设备具有处理量大、处理粒级宽、连续不间断工作的优点，广泛用于铁、锰、有色及非金属矿的重力选矿。

AM30 跳汰机主要用于大粒度矿石的分选作业，具有回收率高、处理量大等优点。

AM30 跳汰机特点：（1）入选粒度大。最大入选粒度可达 30mm，是国内外应用最广泛的大颗粒跳汰机之一。（2）入选粒级宽。该跳汰机可上下同时排料，8~30mm 粒级精矿由上排矿口排出，0~8mm 粒级精矿由下排矿口排出。（3）单台设备处理能力大、功耗低、对环境无污染。该型号跳汰机处理量为 10~15t/h，功耗 3kW，采用循环水作业，对水质要求不高，选矿过程中不会对环境产生二次污染。（4）AM30 跳汰机占地面积小，安装无需浇筑地基，冲程、冲次调节方便，操作简单。AM30 跳汰机技术参数见表 22-3。

表 22-3 AM30 跳汰机技术参数

型号	截面形式	列数	跳汰室数量	跳汰面积/m^2	冲程系数	冲程/mm	冲次/次·min^{-1}	最大给矿粒度/mm	处理量/$t·h^{-1}$	耗水量/$t·h^{-1}$	总功率/kW
AM30	矩形	2	4	2.574	0.47	0~50	130~160	30	10~15	100~150	3

（二）梯形跳汰机

梯形跳汰机是我国自行改制的一种双列八室侧动型隔膜跳汰机。它的鼓动隔膜垂直安装于机体侧壁上。隔膜用橡胶压成U形，这样的形状可以允许有较大的冲程。这种隔膜使用寿命长（半年以上）。传动部件由一组偏心连杆机构组成，装在密封箱内，以防砂水浸入，见图22-7。

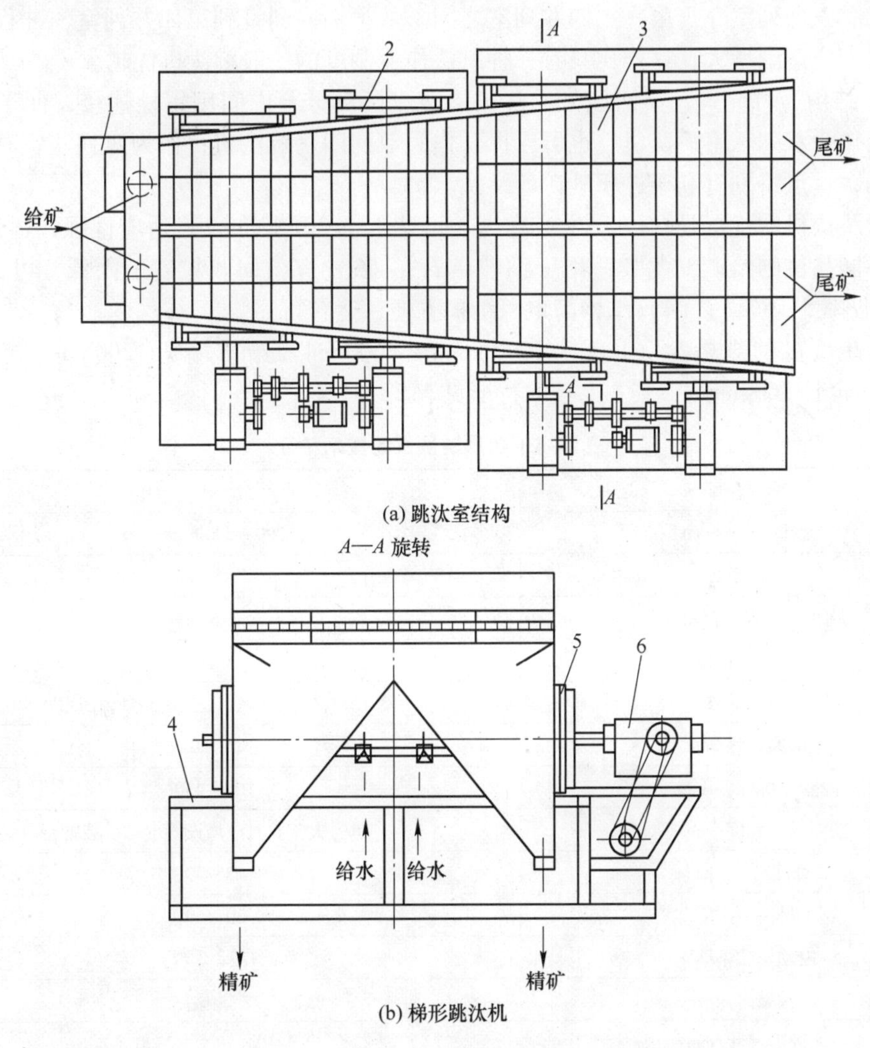

图 22-7　梯形跳汰机

1—给矿槽；2—中间轴；3—筛框；4—机架；5—鼓动隔膜；6—传动箱

梯形跳汰机和一般跳汰机相比，还有下面几个主要特点：

（1）横截面呈梯形，沿矿浆流动方向由窄变宽。因此矿浆流速随跳汰室宽度的增大而逐渐减慢，这样有利于细粒重矿物的回收，对于细粒宽级别物料（如水力分级第一、二室沉砂）跳汰特别显得有利。

（2）全机由8个跳汰室组成，分成2列，每列4室（图22-7）。并列的2室共用一个传动箱传动，传动箱的往复杆和前鼓动盘连接，并借连接管与后鼓动盘连成一体。当往复杆往复运动时，分别装在机体侧壁的前后二鼓动隔膜沿水平方向交替作此进彼退的往复运动，从而迫使跳汰室内的水作上升下降运动，8个室只需用两台1.7kW的电动机传动。隔膜和连接管都装在机体外面，维修和更换隔膜都很方便。

（3）各并列室的冲程、冲次可分别单独调节，组成不同的跳汰作业制度，以充分发挥每个室的作用。例如，第一并列室矿浆流速快、矿层厚，应配以大冲程、低冲次，以回收粗粒重矿物；第四并列室矿浆流速慢、矿层薄，应配以小冲程、高冲次，以回收细粒重矿物；第二、三并列室介于第一、四并列室之间。从第一并列室到第四并列室，冲程依次减小，冲次相应逐渐增大，这样比只有一种跳汰作业制度的一般跳汰机优越。

（4）结构为可拆式，灵活性大。其机体做成两部分，中间用螺栓连接，便于拆卸搬运，可以作为双列八室跳汰机，也可以拆开作为双列四室跳汰机；作为双列八室时，也可单列使用，这点特别有利于冲积砂矿的跳汰。

梯形跳汰机的优点是：（1）生产率大，可达15~30t/h；（2）适应性强，适用于中、细粒和不同品位的给矿，尤其适用于细粒矿石；（3）有效回收粒度下限低，可达53μm（粒级回收率51.6%）；（4）结构简单、维护方便、运转可靠。

这种跳汰机的规格为（1200~2000）mm×3600mm（给矿端宽1200mm，尾矿端宽2000mm，全长3600mm），其主要技术特征见表22-4。

表22-4 梯形跳汰机的技术特征

项 目	数 值
规格/mm×mm	（1200~2000）×3600
跳汰室数	8（双列）
跳汰室总有效面积/m^2	5
隔膜鼓动面积/m^2	0.3
冲程系数	一室0.60，二室0.52，三室0.45，四室0.40
隔膜冲程/mm	0~50
隔膜冲次/次·min^{-1}	100~450
给矿粒度/mm	-6（大于6时应增设筛上排矿装置）
处理量/t·h^{-1}	15~30
耗水量/t·h^{-1}	30~50
电动机功率/kW	1.7，2台
设备重量/t	3.6
外形尺寸/mm	4210×2920×2300

梯形跳汰机在我国重选厂得到了广泛应用，一般适应的选别粒度范围为0.2~10mm，适合宁乡式铁矿恢复地质品位的预选。

二、重介质振动溜槽

重介质振动溜槽的构造见图22-8。它的主要部件是一个宽300~1000mm，长5000~5500mm的振动槽，槽体倾斜10°的板用弹簧支承在机架上，槽体向排料方向倾斜2°~3°，由偏心连杆机构传动产生振动，振次为380r/min左右。槽的末端有排料分离隔板，它的位置可上下调动。槽内有双层冲孔筛板，筛板下面有通入上升水管的水室，每个水室由阀门调节水量的大小（水压 3 ~ 4kg/cm^2）。

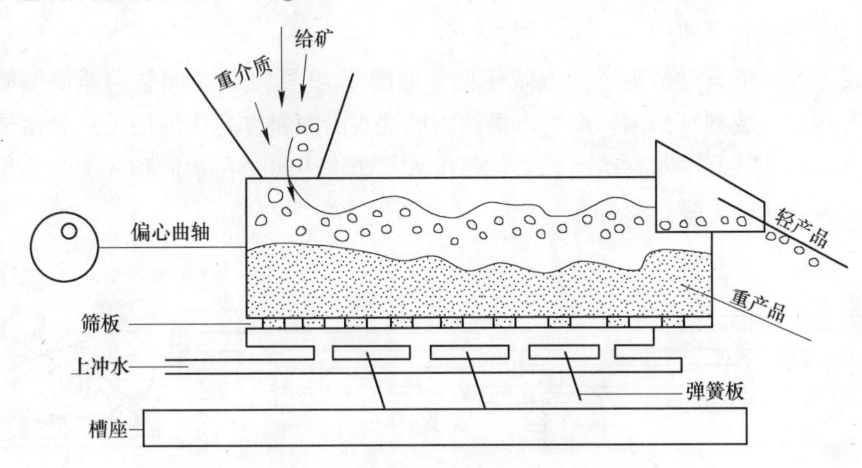

图 22-8 重介质振动溜槽选矿示意图

按要求将分离比重配制好的悬浮液用漏斗由槽头给入振动溜槽，待选的矿石也由槽头给入，并由槽底进入的上升水保持悬浮液稳定。这样，重产品沉到槽底，轻产品浮在表面，最后由末端被排料分离隔板分开，分别排到脱除介质用的筛子上，得到轻重不同的产品。

该设备与一般重介质选矿机比较，具有如下特点：

（1）由于槽体的摇动和槽底高压上升水的作用，加强了介质密度的稳定和均匀。这就可以使用较粗的加重剂（可粗至 2mm），而一般重介质选矿用的加重剂要求粒度较细（-0.074mm占 80% 以上），介质的制备简单。

（2）振动溜槽的重介质固体容积浓度可达 55% ~ 65%，远较其他重介质选矿高，因此可以采用价廉的较低比重的加重剂。

（3）由于加重剂较粗，且是靠振动和上冲水使其松散悬浮成床层，因此，介质的污染对选别的影响不及其他重介质那样严重，在一般情况下，无介质净化过程，可大大简化加重剂回收工艺。

（4）设备生产率高、操作简单。重介质振动溜槽在我国某些铁矿已推广使用，如某铁矿用 400mm × 5000mm 重介质振动溜槽选别 10 ~ 70mm 的鲕状赤铁矿，用密度为 4.0t/m^3、粒度为 -2mm 的赤铁矿作加重剂，所得结果为：原矿品位 Fe 35%，精矿品位 Fe 47%，回收率 84%，尾矿品位小于 Fe 15%。我国现场使用的重介质振动溜槽规格列于表 22-5。

表 22-5 我国现场使用的重介质振动溜槽规格

槽子尺寸/mm			槽子倾角 /(°)	冲程 /mm	冲次 /次·min^{-1}	给矿最大粒度/mm	处理量 /t·h^{-1}	电动机功率/kW	总重 /kg
长	宽	高							
4500	300	500	2 ~ 3	18	380	50	15 ~ 20	7	1114
5500	1000	530	3	16 ~ 22	360 ~ 380	75	70 ~ 80	20	7107

三、摇床

摇床是选别细粒矿石应用最成功和最广泛的重力选矿设备之一，它不仅可以作为一个独立的选矿作业，而且还往往与跳汰、浮选、磁选以及离心选矿机、螺旋选矿机、皮带溜槽等其他选矿设备联合使用。

摇床是一个矩形或近似矩形的宽阔床面。如图 22-9 所示，床面微向尾矿侧倾斜，在床面上钉有床条，或刻有槽沟。由给水槽给入的洗水沿倾斜方向成薄层流过，由传动端的传动机构使床面作往复不对称运动，当矿浆给入给矿槽内时，在水流和摇动的作用下，不同比重的矿粒在床面上呈扇形分布。

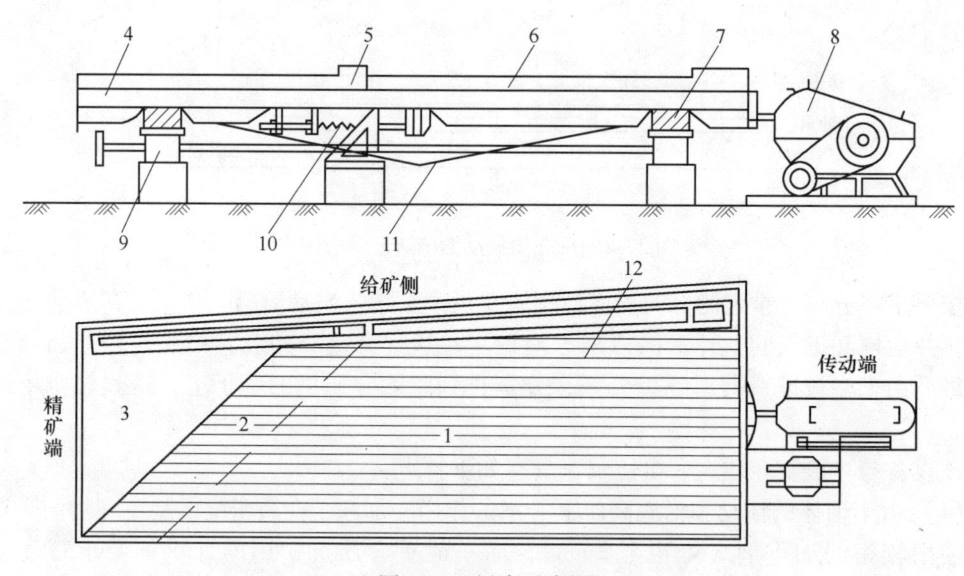

图 22-9 摇床示意图

1—粗选区；2—复选区；3—精选区；4—床面；5—给水槽；6—给矿槽；7—支承；8—传动机构；9—调坡机构；10—弹簧；11—张力线；12—床条

摇床选矿是根据矿物因比重差异，在沿斜面流动的横向水流中具有分层特性，以及摇床纵向摇动和床面上床条的综合作用来进行分选的，矿粒的粒度和形状也影响分选的精确性。因此，为了提高摇床的选别指标和生产率，在选别之前需将物料分级，使各粒级单独进行选别。

摇床用于选别细粒和微细物料，选别粒度上限为 3mm。但在选别实践中，入选粒度大多控制在 2 ~ 0. 019mm，在选煤时粒度上限可增大至 10mm。工业生产中，摇床是与其他重选设备配合使用，多用以回收 0. 037mm 以上的细粒矿物。

我国许多大型重力选矿厂中，摇床的台数多达一二百台，而且作业回收率高。

与回收中、细粒金属矿物的其他重选设备相比，摇床的富矿比高，可达 100 倍以上，作业回收率也高，这样高的选别指标是处理相同原料的其他重选设备难以达到的。

摇床的排矿线长，分带清楚，看管和操作方便，也便于调节；但其主要缺点是单位面积的生产率低，占用的厂房面积大，基本建设的费用高。为了克服这种缺点，我国已研究出多层摇床，如六层矿泥摇床。国外悬挂式多层摇床、折叠式双联多层摇床在生产中也有应用。

四、离心选矿机

离心选矿机是回收微细矿泥中金属矿物的设备，它是利用矿泥在重力场中难以进行分选，而在离心力场中所受的离心力比重力大得很多，以及流膜选矿相结合的原理进行分选的。它的出现解决了从微细粒中（74～10μm）回收细粒有用矿物的难题。多年来的实践证明，它可以取代匀分槽、五层自动溜槽和十六层翻床。

（一）离心选矿机的构造

离心选矿机简称离心机，又名离心溜槽。其构造及工作过程见图22-10，主要由主机和控制机构两大部分组成。主机的作用主要是选矿，控制机构的功能是控制主机的给矿、断矿、冲矿和分矿，使主机能够按照选矿工艺的要求，准确、及时地进行工作。

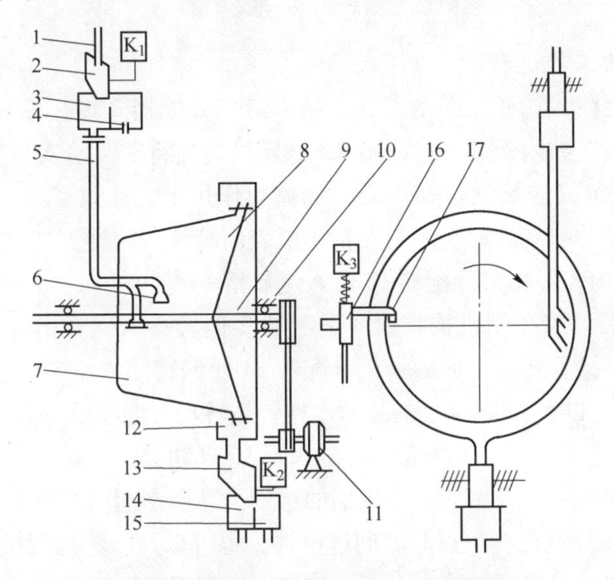

图22-10 离心机的构造及工作过程示意图

1—给矿管；2—给矿分配器；3—给矿槽；4—回浆槽；5—给矿导管；6—给矿嘴；7—转鼓；8—底盘；9—转动轴；10—滚动轴承；11—电动机；12—接矿槽；13—排矿分配器；14—尾矿槽；15—精矿槽；16—高压水阀门；17—冲洗水鸭嘴；K_1，K_2，K_3—控制机构

主机包括转鼓、底盘、传动轴、接矿槽、给矿嘴、冲矿嘴、防护罩等。转鼓可用钢板、铝板铸成截头中空圆锥，也可用玻璃钢、尼龙等耐磨材料铸成，其坡度为4°～5°。转鼓的大头端用法兰盘固定在底盘上，法兰盘中间垫有垫圈，使转鼓与底盘之间有14mm的缝隙，以便排出精矿和尾矿。底盘固定在转动轴上，轴的两端放入滚动轴承内，通过电动机带动机体转动，在机体外部罩有防护罩，它除了作为防护装置外，还有防止矿浆飞溅的作用。

给矿嘴为鸭嘴形，共有两个。它的安装位置见图22-11。上给矿嘴由小头端向大头端轴向深入170mm（加上嘴宽140mm，嘴的另一边即深入310mm），距鼓壁30mm，距中心线垂直距离为100mm；下给矿嘴轴向深入40mm（另一边即深入180mm），距鼓壁30mm，距垂直中心线200mm。矿浆由给矿嘴给入方向应成切线方向，避免与鼓壁垂直相交。给矿嘴由于是鸭嘴形的，容易阻塞。接矿槽用于接取转鼓排出的精矿和尾矿。

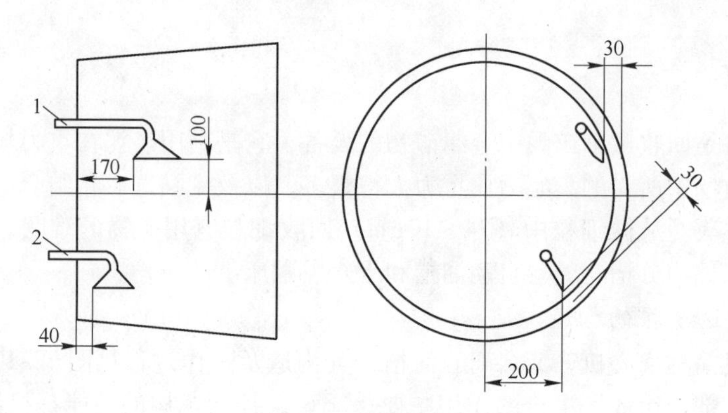

图 22-11 给矿嘴安装示意图

1—上给矿嘴；2—下给矿嘴

(二) 离心机的工作过程

离心机工作时，将入选矿浆经给矿管 1 给入给矿分配器 2 内，然后流入给矿槽 3 中，经导管 5 进入离心机转鼓内，通过给矿嘴 6，顺转鼓转向将矿浆给入转鼓小头部分内壁上。转鼓以 350～500r/min 高速旋转，在离心力和流膜作用下，使重矿物沉积到转鼓内壁上，成为精矿，并随转鼓一起旋转；轻矿物在精矿层表面沿转鼓坡度方向被流膜冲走，成为尾矿而流入接矿槽 12 内，经排矿分配器 13 流入尾矿槽 14 中。

给矿时间完毕后，由控制机构将给矿分配器 2 偏转移入回浆槽 4 处，转鼓内停止给矿，待尾矿排完后，接着转鼓下面的排矿分配器 13 便偏转移入精矿槽 15 一侧。同时高压水阀门 16 自动打开，以 5～8kg/cm^{2}的高压水逆转鼓转动方向将紧贴在内壁上的精矿冲下，排入精矿槽 15 内。待精矿冲洗干净后，冲矿水阀 16 自动关闭，给矿分矿器及排矿分矿器也自动复位，并继续给矿，开始另一个周期的选别。高压水阀的自动开关分别由控制机构 K_1、K_2、K_3来完成。控制机构可以是时间继电器，也可以是凸轮控制机构。

离心选矿机工作过程是间歇式的，一个选矿周期根据入选矿石性质而定。

(三) 离心选矿机选别的主要特点

离心选矿机高速旋转时，矿粒在离心选矿机中受到相互垂直的 3 个主要力的作用，是在边流动边沉积的过程中逐步完成分选的，见图 22-12。

(1) 与鼓壁的垂直分力 A 加速了矿粒的沉降。由于离心选矿机转鼓壁是倾斜的，因此，在鼓壁垂直的方向有一个离心力的垂直分力，这个垂直分力比平面溜槽重力的垂直分力大近百倍，它大大加快了矿粒向鼓壁的沉降速度，降低了分选粒度的下限，加快了矿粒的分层过程，提高了单位选矿面积的处理能力。

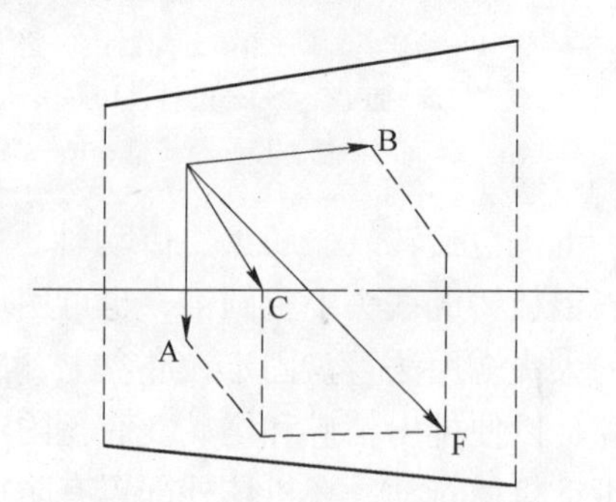

图 22-12 离心机中矿粒受力情况示意图

A—垂直分力；B—平行分力；C—惯性力；F—合力，矿粒运动的轨迹

(2) 与鼓壁平行的分力 B 加快了纵向流膜的流动速度，促使矿粒群松散和分层。此力比平面溜槽重力的平行分力大数十倍，由于它的作用，加快了纵向流膜的流速，使离心选矿机内矿浆流膜更薄。流膜液层间速度差更大，涡流作用更强，促使矿粒群松散和分

层。因此，是离心选矿机起分选作用的最重要的因素。

（3）惯性力产生的横向流膜，有利于矿粒群的松散和分层。离心选矿机以20m/s的线速度转动，贴在鼓壁上的矿层与鼓壁同步旋转，距离鼓壁远的矿层滞后于鼓壁旋转，因此，就产生了一层相对转鼓来说与转鼓转动方向相反的横向流膜，横向流膜液层间有一定的速度差。这种独特现象的产生，是由于惯性力作用的结果。横向流膜的速度分布见图22-13。

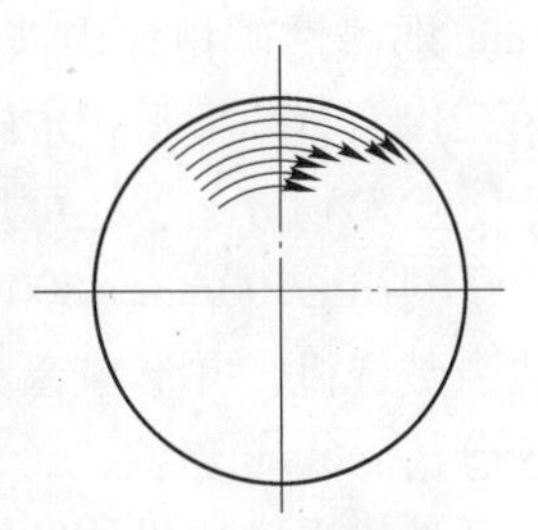

图22-13　横向流膜速度分布示意图

（4）侧面给矿加强了矿粒群的松散。离心选矿机的给矿方式是保证良好的选别指标的一个重要条件。由于离心选矿机从侧边切线方向给入，而且矿流与转鼓壁任意一点每秒钟都要碰击6～8次，沉积在鼓壁上的矿层受给入矿浆的不断碰击，加强了矿粒群的松散，为矿粒群分层创造了良好的条件。

以上这些特点，综合起来使给入离心选矿机内的矿浆分为清水层、悬浮层和沉积层。各层间的流速有很大的差异，悬浮层内由于液层间速度差大而造成涡流，使矿粒群呈松散状态，大比重的矿粒很快就沉积到离心选矿机鼓壁上，成为精矿。它贴近鼓壁而不受涡流脉动水流的影响，所以细粒不致得而复失，这是离心选矿机能回收细粒的原因之一，但也影响了富集比的提高。比重小的矿粒挤到表层，并被纵向流膜带到大头方向，从排矿端排出，成为尾矿。

由于离心机的分层和排矿速度快，所以它能在较短的转鼓和较小的选矿面积内迅速完成选别过程。

赣州有色冶金研究所开发的SLon立环脉动高梯度磁选机＋离心选矿机联合分选氧化铁矿新技术，取得了较好的分选技术指标。其中离心选矿机用于对高梯度磁选精矿的精选，可有效地除去石英、硅酸盐等脉石矿物，从而获得较高品位的铁精矿。

第三节　强磁选设备

强磁场磁选机是磁极表面磁感应强度为0.8～2T的磁选设备，用于分选比磁化率为$3800\times10^{-8}\sim12.6\times10^{-8}m^3/kg$的弱磁性矿物。它采用闭合磁系和一定形状的感应磁极或磁介质，在工作间隙形成大的磁力，因而能从给矿中吸出弱磁性矿粒。这种设备种类较多，按作业方式分为湿式和干式，按磁源分为电磁式和永磁式，按分选矿石粒度可分为粗粒、中粒和细粒强磁选机，即分选矿石粒度大于5mm的粗粒强磁选机和分选矿石粒度小于1mm的细粒强磁选机，介于1～5mm分选矿石粒度的为中粒强磁选机，实际后者归类于粗粒强磁选机。

宁乡式铁矿磁选主要是使用中、粗粒强磁选机，用来对中、高品位矿石在较粗粒度下恢复地质品位、获取TFe＞50%的炼铁配矿。

在中、粗粒强磁选机方面，以CS系列电磁感应辊式强磁选机为代表的常规机型CS-1型、CS-3型分选的矿石粒度为0.5～7mm，CS-2型为0.5～12mm，磁感应强度可在0.4～1.8T间调节。该机型分别由马鞍山矿山研究院于1982年和1988年研制成功。长沙矿冶研究院于1994年研制成功分选－30mm锰矿石的第一代DPMS型干式永磁筒式强磁选机，

1999 研制成功 ϕ300mm × 1000mm DPMS 型第二代干式永磁筒式强磁选机，解决了 15 ~ 6mm 弱磁性矿物（赤铁矿）的选别，1999—2001 年研制出分选 45 ~ 15mm 弱磁性矿物的第三代 DPMS 型干式永磁筒式磁选机。该机型既可用于弱磁性矿物粗粒预选抛尾，也可用于工业矿物分选，还可用于非金属矿除去铁磁性杂质。在上述研制成功的基础上于 2002 年研制出 ϕ300mm × 800mm 可分选 -6mm 弱磁性矿物的 DPMS 型广义分选空间湿式永磁筒式强磁选机，并形成系列产品。还有 ϕ300mm × 1200mm、ϕ300mm × 1800mm 等规格，用于分选 -6mm 赤铁矿、褐铁矿、锰矿、钛铁矿、铬铁矿及非金属矿物料的湿法除铁。在永磁辊带式强磁选机的发展史上，以南非 Bateman 公司 1981 年研制的 Permroll 永磁磁选机最早，我国长沙矿冶研究院于 1992 年研制成功工业用 GRMM-100mm × 1000mm2 型 Nd-Fe-B 永磁辊带式强磁选机，1998 年 3 月研制出 ϕ300mm × 1000mm 永磁辊带式强磁选机；马鞍山矿山研究院于 20 世纪 90 年代开始研制，并于 2002 年 2 月研制出工业型 YCG 粗粒永磁辊带式强磁选机，现产品已系列化，辊径有 ϕ100mm、ϕ150mm、ϕ300mm、ϕ350mm、ϕ600mm，辊长 500 ~ 1500mm，给矿粒度上限从 6mm 到 75mm，处理能力从 0.4t/h 到 100t/h。

为解决微细粒级干物料的提纯，北京矿冶研究总院研制了 ZC40/110 槽式振动磁选机，槽体表面磁感应强度大于 0.8T，给料粒度 0.01 ~ 3mm。

一、粗粒强磁选机

（一）CS 系列电磁感应辊式强磁选机

CS 系列电磁感应辊式强磁选机在建始官店、宜都松木坪、五峰等高磷鲕状铁矿产区均有应用，用于在粗粒条件下对采出的富矿恢复地质品位。

CS 系列电磁感应辊式强磁选机有 4 种机型，即 CS-1、CS-2、CS-3、CS-4。它们的分选原理、结构特点、磁路系统基本是相同的，不同之处在于机重、处理能力和分选矿石粒度。

CS 系列电磁感应辊式强磁选机采用“口”字形闭合磁路，没有非工作间隙，磁能利用率高。工作间隙为 14 ~ 28mm 时，辊齿尖磁感应强度可在 0.4 ~ 1.8T 间调节。分选矿石粒度：CS-1 和 CS-3 型机为 0.5 ~ 7mm，而 CS-2 型机为 0.5 ~ 12mm；台时处理能力：锰矿石 CS-2 型机为 10 ~ 12t，CS-1 型机为 8 ~ 10t，CS-3 型机为 4 ~ 5t。可用来选别氧化锰矿、菱锰矿、赤铁矿、褐铁矿、假象赤铁矿、菱铁矿、镜铁矿等弱磁性矿物，也可用于有色金属矿山选矿，是选矿厂获得精矿，恢复矿石地质品位或入磨前进行预选的有效设备。

（1）结构。CS-1 型和 CS-2 磁选机的结构基本相同，均由电磁系统、传动系统、电气控制系统、给矿系统和供水系统等组成。电磁系统是本机的核心部分，用以产生分选区内的强磁场，整个系统由 8 个激磁线圈、2 个铁芯、4 个磁极头和 2 个感应辊组成。线圈采用 B 线绝缘的双玻璃丝包扁铜线绕制，它们平均分套在两个铁芯上，采用二串四并的接法。激磁线圈通电后在铁芯中产生的磁通，经过磁极头，穿过分选间隙，随后顺着感应辊进入另一个分选间隙，然后再经另一磁极头与另一铁芯上激磁线圈所产生的磁通构成“口”字形闭合磁回路。有 2 套完全相同的传动系统，分别带动 2 个感应辊旋转。传动系统由电动机、V形带及减速器组成。通过更换电动机轴上的带轮，可改变感应辊的转速。CS-1型电磁感应辊式强磁选机的结构见图22-14。

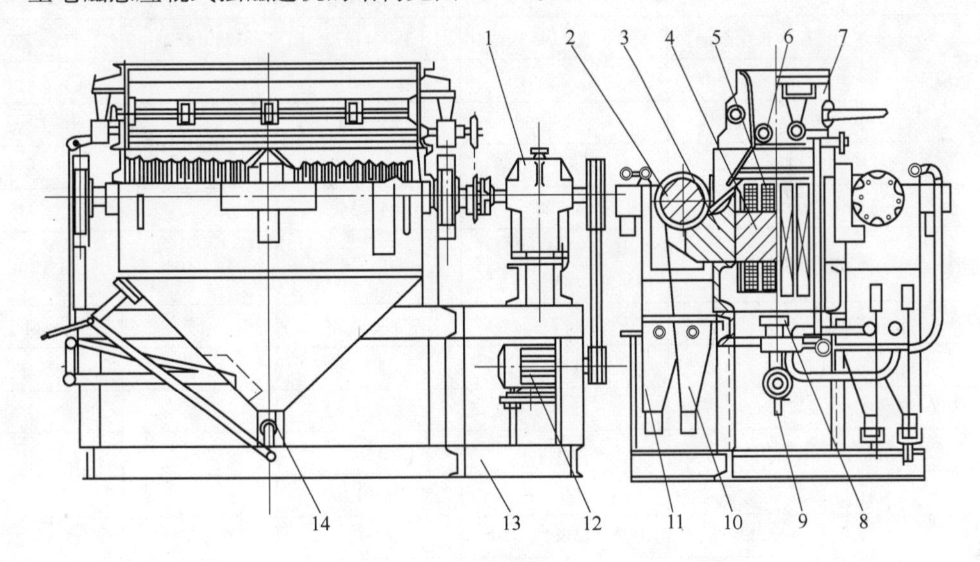

图22-14　CS-1型强磁选机结构示意图

1—减速机；2—感应辊；3—磁极头；4—铁芯；5—线圈；6—给料辊；7—给矿箱；8—风机；9—水管；10—尾矿箱；11—精矿箱；12—电动机；13—机架；14—球形阀

（2）分选过程。输入该机给矿箱7中的原矿石，沿给矿箱的长度均匀分布，根据原矿石粒级组成情况和选矿工艺的要求，送入给矿箱中的原矿可以是预先调好的矿浆，也可以是干矿。给矿箱中有给料辊6，磁选机开动时，通过感应辊2的链传动带动给料辊旋转，此辊旋转时将原矿从给矿箱侧壁上的桃形孔拨出，沿溜板和波浪形板给入感应辊与磁极头3之间的分选间隙中。在强磁场作用下，使原矿分为两部分，即磁性部分（精矿）和非磁性部分（尾矿）。旋转的感应辊将精矿带入精矿箱11内，尾矿从分选区通过磁极头梳齿状的缺口流入尾矿箱10。排放精矿和尾矿是通过出口断面可调的球形阀14来进行的。分选过程示意见图22-15。

给矿装置也可以采用给矿二分器、电磁振动给料器，将原矿均匀地给入两个分选间隙。

（3）CS-2型电磁感应辊式强磁选机主要特点。CS-2型与CS-1型的主要不同点是：辊直径大5mm，辊齿略大而齿数减少，分选间隙较大；CS-2型强磁选机的主要特点是采用湿法选别粗粒（15mm）的弱磁性矿石，处理量25～30t/h，选别磁感应强度可调范围为0.4～1.78T。

（4）主要技术性能。CS系列粗粒湿式电磁感应辊强磁场磁选机主要技术性能见表22-6。

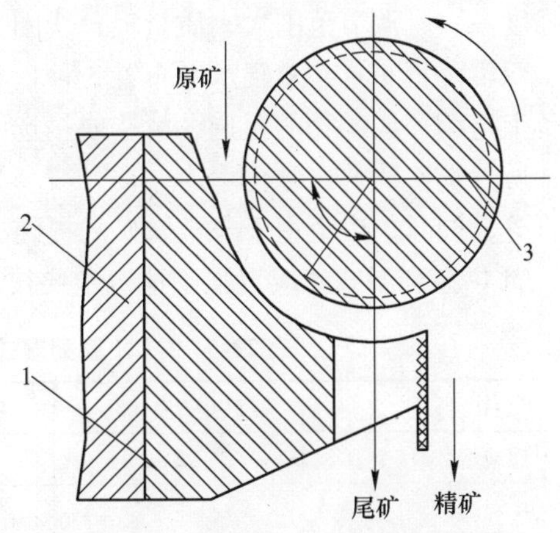

图22-15　分选过程示意图

1—磁极头；2—铁芯；3—感应辊

表 22-6 CS 系列湿式电磁感应辊强磁场磁选机主要技术参数

型号		CS-1	CS-2	CS-3	CS-4
感应辊	直径×长度/mm	375×1452	380×1372	375×1372	375×770
	数量	2	2	2	2
	转速/$r \cdot min^{-1}$	40，45，50	40，45，50，55		
磁感应强度/T		0.1~1.87（可调）	0.4~1.78（可调）	0.9~1.92	0.1~1.75
分选间隙/mm		14~28	14~35		
处理能力（与矿种及粒度有关）/$t \cdot h^{-1}$		8~10（贫氧化锰矿） 15~20（贫赤铁矿）	25~30	5~10	3~10
给矿粒度/mm		<7	<14	<7	<14
额定激磁电流/A		110	128		
激磁功率/kW		5.5	9.7		
激磁线圈允许温度/℃		130	130		
传动电动机	型号	Y180L-6	Y180L-6		
	功率/kW	15×2	15×2	7.5×2	7.5×2
冷却风机功率/kW		0.09×2	0.09×2		
最大零件（铁芯）重/t		1.795	1.795		
最大部件（1个铁芯，4个线圈，2个磁极头）重/t		4.475	4.57		
机器总量/t		14.8	16	8.63	7.64
外形尺寸（长×宽×高）/mm×mm×mm		3250×2374×2277	3320×2400×2780	2770×2185×2210	2390×2014×2100

（二）QCG 系列湿式感应辊强磁选机

QCG 系列湿式感应辊强磁选机由北京矿冶研究总院于 1994 年研制成功，是用于分选粗粒弱磁性矿物的湿式强磁选设备。该设备激磁方式有电磁、永磁两种，电磁感应辊磁感应强度高，且调节范围大，质量轻；线圈采用水外冷，冷却效果好，噪声小。感应辊有单辊、双辊垂直布置和双辊水平布置 3 种。双辊水平布置处理量大，双辊垂直布置可在 1 台设备上连续完成矿物的粗选、精选或扫选两次选别，简化了流程。

所分选矿物的比磁化率为 $(1.9\sim7.5)\times10^{-6}m^3/kg$，如赤铁矿、钛铁矿、锰矿物、石榴石等，同时也广泛用于非金属矿的提纯。

QCG 系列湿式感应辊强磁选机主要技术性能见表 22-7。

表 22-7 QCG 系列湿式感应辊强磁选机主要技术性能

型号	2QCG25/105	1/1QCG25/105	2/2QCG25/105	1QCG25/105
感应辊数量/个	2	2	4	1
磁感应强度/T	1.8	1.4~1.6（上）， 1.6~1.8（下）	1.4~1.6（上）， 1.6~1.8（下）	1.9
入选粒度/mm	5~0	5~0	5~0	5~0

续表 22-7

型号	2QCG25/105	1/1QCG25/105	2/2QCG25/105	1QCG25/105
给矿浓度/%	30 ~ 60	30 ~ 60	30 ~ 60	30 ~ 60
处理能力/t · h^{-1}	4 ~ 6	2 ~ 3	10 ~ 16	0. 2 ~ 0. 4
外形尺寸（长×宽×高）/mm×mm×mm	3123×2030×1940	3123×1656×2200	3523×2430×2700	1153×1200×1295
设备重量/t	5. 20	6. 77	14. 50	2. 03

（三）永磁筒式强磁选机

永磁筒式强磁选机结构见图 22-16。

工作原理：给料速度可调的振动给料器直接或通过溜槽间接地把分选物料给到永磁圆筒上。给料速度与永磁圆筒的圆周速度相等。非磁性物料在离心力和重力作用下被抛离永磁圆筒；磁性物料被吸在永磁圆筒上，由与永磁圆筒同向转动的毛刷刷下。永磁圆筒转速连续可调。根据产品的磁化率和粒度选择最佳转速。

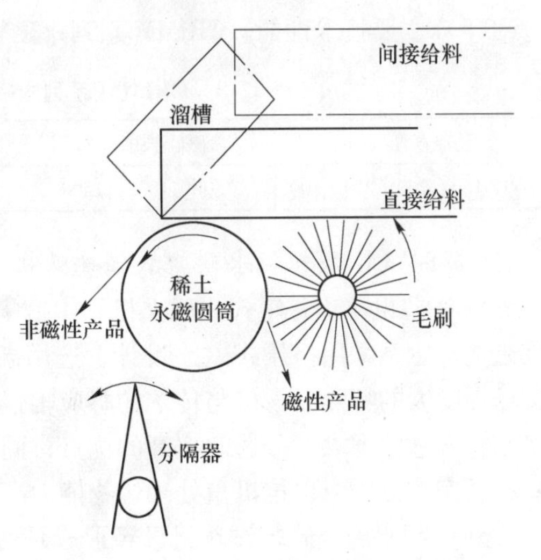

图 22-16 永磁筒式强磁选机结构示意图

Bateman 公司制造的 Permroll 牌号的普通型磁选机重约 0. 5t，占据空间 $2m^3$，比同样用途的电磁感应辊式磁选机更具优势。输送带采用强力 Kevler 49 纤维（聚对苯甲酰胺纤维）制造，其抗拉强度大于不锈钢。带厚度仅 0. 125mm。为减少静电积累，带面涂有石墨。最新设计的 Mark Ⅱ 型机设有输送带导轨系统，允许带左右摆动，延长其寿命，从而降低作业费用。处理粒度上限可达 100mm，处理能力为 60t/h。1m 辊长的 Permroll 永磁辊带式强磁选机的传动功率约为 0. 2kW；磁辊转速 15 ~ 650r/min。Permroll 永磁辊带式强磁选机的实际处理能力与物料粒度、密度及比磁化率等因素有关。一般 1m 辊长的处理量为 3 ~ 5t/h。

（四）永磁辊带式强磁选机

CRIMM 系列永磁辊带式强磁选机由长沙矿冶研究院研制。该机是一种采用新型高性能稀土永磁材料经过合理的磁系设计加工而成的高场强永磁辊带式干式磁分离设备。

（1）结构。该机由分选磁辊、张紧辊、传送分选胶带、分隔板、给料器和传动装置等组成。其结构特点：1）采用新型高磁能积稀土永磁材料，轴向串极对斥磁系结构，磁感应强度高（1. 2 ~ 1. 8T）、磁场梯度高（10^4T/m）以及高比磁力；2）简单实用的自重式平胶带张紧及纠偏机械装置；3）高强度超薄型（$\delta = 1$mm）传送、分选胶带；4）配备有适合于不同物料薄层均匀给料的多种振动给料器。

（2）工作原理。入选物料通过给料器，均匀给入分选带面后，在均匀带的拖动下进入分选磁辊，非磁性颗粒由于不受磁力作用，在离心力和重力的作用下呈抛物线运动，落入非磁性产品接料槽中；而磁性颗粒则由于受到较大磁力的吸引，黏附于分选磁辊区的带面上，由传送分选胶带带离磁辊区落入磁性产品接料槽中，从而实现磁性与非磁性物料的分离。

(3) 技术特点。1) 采用了新型轴向串极对斥磁系结构，磁辊表面磁感应强度 1.2 ~ 1.8T，与磁选机相比磁场梯度高 3 ~ 4 倍，达 10^4T/m，比磁力高 2 ~ 3 倍；2) 无气隙、物料不阻塞，分选效率高；3) 入选粒度最大可达 50mm；4) 磁辊受传动分选带保护，无磨损、难退磁；5) 安装、维修及生产运行费用低，操作简便。

(4) 应用范围。1) 粗粒弱磁性矿物（赤铁矿、锰矿等）抛尾或精选提纯；2) 非金属矿物原料及产品的提纯（除铁、钛等杂质）；3) 去除各种磨料产品、催化剂及其他物料中的弱磁性有害杂质。

(5) 主要技术性能。CRIMM 系列永磁辊带式强磁选机主要技术性能见表 22-8。

表 22-8 CRIMM 系列永磁辊带式强磁选机主要技术性能

磁辊直径/mm	磁辊长度/mm	磁辊表面磁感应强度/T	磁辊数量（机内分选段数）/个
100、150、200、250、300	500、1000、1500	1.2 ~ 1.8	1、2、3、4

(五) YCG 型粗粒永磁辊式强磁选机

YCG 型粗粒永磁辊式强磁选机是中钢集团马鞍山矿山研究院研制的新型磁分离设备。该磁选机磁系采用挤压式磁路设计，选用高性能钕铁硼稀土磁性材料，具有磁场强度高、磁场梯度大的特点。该机与传统的感应辊强磁选机比较具有辊内无涡流、传动功率小、不堵塞、入选粒度大、分选效率高的优点，同时其机械结构先进、体积小、质量轻、占地面积小、安装方便、单位机重处理矿物能力高。

YCG 型永磁辊式强磁选机已经形成系列化产品，磁辊可积木化装配，辊径、辊长可根据分选物料比磁化率、粒度、处理能力的需要进行选择。该机在武钢集团鄂西宁乡式选矿项目中，用于高磷铁矿富矿粗粒选别。

(1) 结构。该机由永磁强磁辊、永磁中磁辊、高度超薄皮带、张紧辊、分矿板、给矿斗、精矿斗、尾矿斗、传动装置、机架等组成。其结构示意见图 22-17。

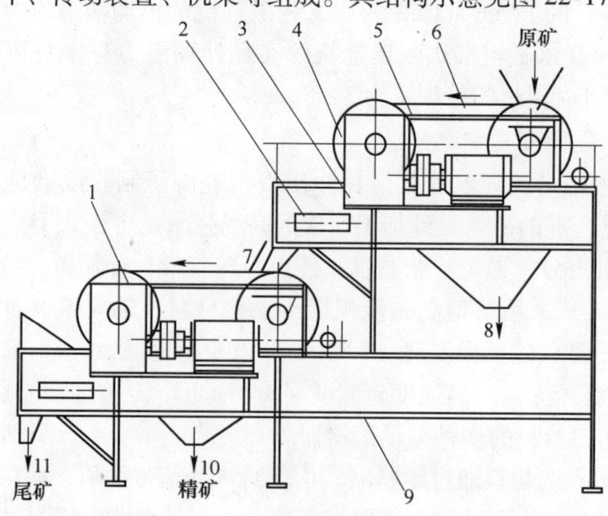

图 22-17 YCG-350 × 1000 粗粒永磁辊式强磁选机结构示意图

1—永磁强磁辊；2—分矿板；3—传动装置；4—永磁中磁辊；5—高强度超薄皮带；6—整体轴承座架；7—中磁辊尾矿斗；8—中磁辊精矿漏斗；9—机架、槽体；10—强磁辊精矿斗；11—强磁辊尾矿斗

（2）分选原理。YCG 型永磁辊式强磁选机配置与分选原理见图 22-18。该机是根据各种矿物不同的比磁化率，利用磁力进行矿物分离。当原矿给到中磁场磁选机上后，矿石开始分离，磁性较强的矿石被吸附在中磁场磁辊筒外表的运输带上，带入中磁辊精矿斗；而磁性较弱的矿石不能被中磁场磁选机吸引，进入粗粒辊式强磁选机上。在永磁辊强磁场力作用下，弱磁性矿物被吸附在紧贴永磁辊外表的薄型运输带上，排入强磁辊的精矿斗；脉石或磁性极弱的连生体被抛入强磁辊的尾矿斗，从而完成分选全过程。

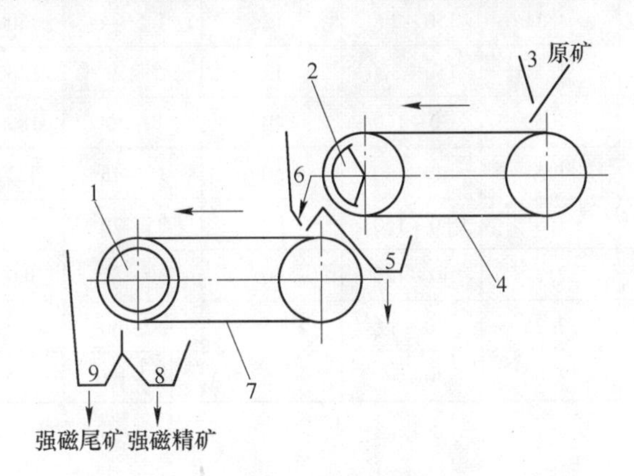

图 22-18　YCG 型永磁辊式强磁选机配置与分选原理

1—粗粒永磁辊式强磁选机永磁辊；2—永磁中磁场干式磁选机；3—原矿仓；4，7—高强度薄型运输带；5—中磁场磁选机精矿斗；6—中磁场磁选机尾矿斗；8—辊式强磁选机精矿斗；9—辊式强磁选机尾矿斗

（3）技术特点。1）辊径大。国外生产的永磁辊式强磁选机辊径较小，而该机辊径为350mm，有利于提高入选矿石粒度。2）挤压磁系。采用高性能稀土钕铁硼磁材与纯铁导磁材料组成挤压式磁系，磁辊表面磁感应强度高，磁性能稳定，不易退磁。磁系结构见图 22-19。3）无主轴。没有中心轴孔，辊体中心安置磁体，由于没有中心孔，从而消除了因中心孔形成的不可利用的磁回路，增强了磁辊外圆周磁感应强度，这是该机磁路的最大特点。4）采用国产高强度薄型运输带输送矿石，价格低廉，使用寿命长。

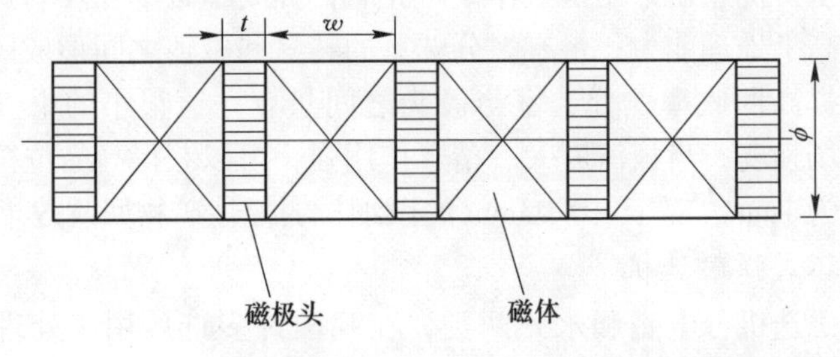

图 22-19　粗粒永磁辊式强磁选机磁系结构示意图

ϕ—磁辊直径；w—磁体厚度；t—磁极头厚度

（4）适用范围。该机应用范围非常广泛，既可粗粒抛尾，也可取得合格精矿；不仅能适应赤铁矿、菱铁矿、锰矿等弱磁性矿的选别，同时也适用于非金属矿物的提纯。

（5）主要技术性能见表 22-9。

表 22-9 YCG 型永磁辊式强磁选机主要技术性能

规格（辊径×皮带宽度）/mm×mm	磁感应强度/T	传动电动机功率/kW	转速/r·min⁻¹	给矿粒度上限/mm	处理能力/t·h⁻¹	外形尺寸（长×宽×高）/mm×mm×mm	机重/t
100×500	1.40	0.75	200~400	6	0.4~0.5	1200×1500×1000	0.8
100×1000	1.40	1.1	200~400	6	0.7~3	1200×2000×1000	1.2
150×1000	1.35	1.1	150~300	12	1.5~4	1300×1500×1000	1.1
150×1500	1.35	1.5	150~300	12	2~10	1300×2000×1000	2.2
300×1000	1.30	1.5	50~160	40	8~30	1800×2049×1050	2.8
350×1000	1.30	1.5	50~130	50	15~45	3222×2049×1050	3.5
350×1500	1.30	1.5	50~130	50	25~70	3700×2100×1300	4.2
400×1500	1.30	2.2	40~120	60	30~80	3800×2100×1400	4.8
600×1000	1.30	2.2	30~80	75	20~60	3200×2400×1800	5
600×1500	1.30	3.0	30~80	75	40~100	3200×2900×1800	6

二、细粒强磁选机

在宁乡式铁矿选矿中，细粒强磁选机主要用来作预选设备。早期，在高梯度磁选机的入选粒度要求较粗、分选腔易堵塞时，强磁选—反浮选工艺流程中一般采用细粒强磁选机；20 世纪以来，强磁选—反浮选工艺流程中大多采用高梯度磁选机进行预选。

（一）（仿）琼斯型强磁场磁选机

琼斯型强磁场磁选机是分选细粒弱磁性铁矿石较为成功的一款湿式强磁选机，已在许多国家得到大规模应用。我国使用的 SHP 型湿式强磁选机是其改进型，也称仿琼斯型强磁场磁选机。目前 SHP-1000 型、SHP-2000 型和 SHP-3200 型三种规格的双盘强磁选机在我国许多铁矿选厂得到应用。

该型机主要用于选别细粒嵌布的赤铁矿、假象赤铁矿、褐铁矿和菱铁矿，也可处理稀有金属矿石。该机主要优点是采用齿板作聚磁介质，提高了磁场强度和磁场梯度，增加了分选面积，从而提高了处理能力；带有多分选室的转盘和磁轭之间形成闭合磁路，及较长的分选区，有利于提高回收率；分选室与极头之间只有一道很小的空气间隙，减少了磁阻，从而提高了磁场强度；齿板深度大、精选作用强，可以获得高品位精矿。

分选粒度上限为 1mm，对于 -0.03mm 的微细粒弱磁性矿物回收效果差。

（二）湿式平环式强磁选机

湿式平环式强磁选机分电磁和永磁两类，在我国许多选厂用来处理赤铁矿、褐铁矿等。分选粒度上限为 1mm，对于 -0.02mm 的微细粒弱磁性矿物回收效果差。如工业生产中处理江西铁坑铁矿的褐铁矿石，原矿 TFe 34.45%，一次粗选和一次扫选，获得的铁精矿 TFe 59.29%、回收率 70.57%。

（三）双立环式强磁选机

双立环式强磁选机主要用于赤铁矿和褐铁矿的分选。该机特点是球介质随分选圆环的垂直运动可以得到较好的松散，较好地解决了介质堵塞问题；有退磁功能，常压水条件下即可容易卸矿。

该机适应性强、选别粒度范围宽，因此应用较广，在黑色、有色和稀有金属矿石分选中均有应用。该机可回收的矿物粒度下限为0.02mm。

三、高梯度磁选机

经过三十余年的不断研制、改进和完善，我国生产的高梯度磁选机结构和性能优越，尤其是分选粒度下限降至10μm后，使得它在宁乡式铁矿分选、预选上的应用取得了较好效果。

高梯度磁选机的分选原理是在包铁螺线管产生的均匀磁场中，设置钢毛、钢板网之类的聚磁介质，使之被磁化后在径向表面产生高度不均匀的磁场，即高梯度的磁化磁场。因此，在背景场强不太高的情况下，可产生较高的磁场力，顺磁性物料在这种磁场中将受到一个与外加磁场和磁场梯度的乘积成比例的磁引力，利用此高梯度不均匀磁场，可以分离一般磁选机难以分选的磁性极弱的微细粒物料，并大大降低分选粒度下限（可降至10μm），改善分选指标。

高梯度磁选机可分为电磁和永磁两种，目前我国主要生产电磁高梯度磁选机。高梯度磁选机除用来分选弱磁性的微细粒矿物外，还可用来处理工业废水。

中南大学于1981年开始在实验室研究振动、脉动高梯度磁选，大量的小型试验结果表明，振动或脉动高梯度磁选可显著提高磁性精矿的品位，并保持高梯度磁选对细粒弱磁性矿物回收率较高的优点。用振动高梯度磁选机分选赤铁矿，与无振动比较，铁精矿品位可提高8~12个百分点，铁回收率基本不变。这种高效的选矿方法能否转化为生产力，关键在于研制出适应于工业生产的连续振动或脉动高梯度磁选机。

（一）SLon系列立环脉动高梯度磁选机

从1986年开始，赣州有色冶金研究所先后与中南大学、马钢姑山铁矿、赣州有色冶金机械厂、鞍钢矿业公司及弓长岭选矿厂等合作研制出了SLon-1000、SLon-1500、SLon-2000、SLon-2500、SLon-3000和SLon-4000立环脉动高梯度磁选机。

SLon系列立环脉动高梯度磁选机是目前国内应用最广泛的一种高梯度磁选机。它是一种利用磁力、脉动流体力和重力等的综合力场选矿的新型高效连续工业生产用的设备。适用于-2mm（-0.074mm占50%~100%）的赤铁矿、褐铁矿、菱铁矿等多种弱磁性金属矿物的湿式分选。

该机针对铁矿选矿特点，在技术上采取了如下有力的措施：(1) 将重选理论与磁选理论相结合，设置脉动机械驱动分选区的矿浆脉动，以利减少脉石的机械夹杂，提高铁精矿品位。(2) 转环立式旋转、反冲精矿。对于每一组磁介质堆而言，其给矿方向与排精矿方向相反，粗粒和木渣草屑不必穿过磁介质堆便可冲洗出来，可有效地防止磁介质堵塞。(3) 扩大分选粒度范围，减少现场筛分作业。目前该机的分选粒度上限可达2mm，其有效捕收粒度下限为10μm左右，比平环高梯度磁选机的适应范围（0~0.2mm）大得多。实际上，该机的给矿粒度上限与齿板类强磁磁选机一致。(4) 为了克服网介质较易松动，经常需要添加和需要定期清洗的缺点，SLon磁选机已开始采用棒介质，安装在弓长岭选矿厂SLon-1500磁选机上的棒介质已应用多年，证明棒介质具有工作稳定、不堵塞、寿命长、维护工作量小、选矿指标稳定的优点，棒介质的应用彻底解决了磁介质的堵塞问题。SLon高梯度磁选机已有数千台在国内外广泛应用，显著地提高了高梯度磁选技术水平。

该机的最大特点是分选环为立式，下部给矿，上部反向冲洗精矿，并配有脉动机构，磁介质不易堵塞，富集比大、回收率高、分选粒度范围较宽，特别对微细粒级矿物有很好的回收效果，对各种弱磁性矿物的适应性强，操作、维护也比较简单，可靠性高，设备作业率高达98%以上（彩图22-20）。

截至2016年，赣州金环磁选设备有限公司已完成了SLon-500、750、1000、1250、1500、1750、2000、2500、3000、3500和4000等机型的研制与工业应用，设备处理能力为0.05~150t/h。该机对提升国内贫细弱磁性铁矿石选矿技术水平起到关键作用。

（二）结构和工作原理

SLon立环脉动高梯度磁选机主要由脉动机构、激磁线圈、铁轭、转环和各种矿斗、漂洗水斗组成。用导磁不锈钢制成的钢板网或圆棒作磁介质。其结构见图22-21。

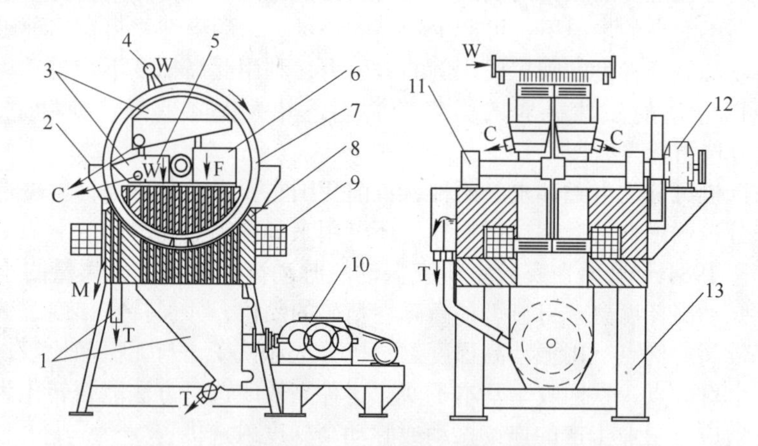

图22-21 SLon立环脉动高梯度磁选机结构示意图

1—尾矿斗；2—中矿斗；3—精矿斗；4—精矿冲洗装置；5—漂洗水斗；6—给矿斗；7—转环；8—铁轭；9—激磁线圈；10—脉动机构；11—液位斗；12—转环驱动机构；13—机架；F—给矿；W—清水；C—精矿；M—中矿；T—尾矿

工作原理：激磁线圈通以直流电，在分选区产生感应磁场，使位于分选区的磁介质表面产生非均匀磁场，即高梯度磁场；转环作顺时针旋转，将磁介质不断送入和运出分选区；矿浆从给矿斗给入，沿上铁轭缝隙流经转环。矿浆中的磁性颗粒吸附在磁介质棒表面上，并被转环带至顶部无磁场区，并被冲洗水冲入精矿斗，非磁性颗粒在重力、脉动流体力的作用下穿过磁介质堆，与磁性颗粒分离，然后沿上铁轭缝隙流入尾矿斗排走。

该机的转环采用立式旋转方式，对于每一组磁介质而言，冲洗磁性精矿的方向与给矿方向相反，粗颗粒不必穿过磁介质堆便可冲洗出来。该机的脉动机构驱动矿浆产生脉动，可使位于分选区磁介质堆中的矿粒群保持松散状态，使磁性矿粒更容易被捕获，使非磁性矿粒尽快穿过磁介质堆进入到尾矿中去。

显然，反冲精矿和矿浆脉动可防止磁介质堵塞；脉动分选可提高磁性精矿的质量。这些措施保证了该机具有较大的富集比、较高的分选效率和较强的适应能力。经30多年持续的研究、创新与改进，SLon立环脉动高梯度磁选机已形成系列化产品（表22-10）。该产品具有优异的选矿性能和机电性能，在我国弱磁性矿石选矿工业中得到广泛应用，成为我国新一代高梯度强磁选设备。

表 22-10　SLon 高梯度磁选机主要技术性能

机　型	给矿粒度/mm	给矿浓度/%	矿浆通过能力/$m^3 \cdot h^{-1}$	干矿处理量/$t \cdot h^{-1}$	额定背景磁感应强度/T	额定激磁功率/kW	脉动冲程/mm	脉动冲次/$r \cdot min^{-1}$	机重/t
SLon-500 强磁机	-1.0	10~40	0.5~1.0	0.05~0.25	1.0	13.5	0~50	0~400	1.5
SLon-750 强磁机	-1.0	10~40	1.0~2.0	0.1~0.5	1.0	22	0~50	0~400	3
SLon-1000 强磁机	-1.3	10~40	12.5~20	4~7	1.2	28.6	0~30	0~300	6
SLon-1250 强磁机	-1.3	10~40	20~50	10~18	1.0	35	0~20	0~300	14
SLon-1500 强磁机	-1.3	10~40	50~100	20~30	1.0	44	0~30	0~300	20
SLon-1750 强磁机	-1.3	10~40	75~150	30~50	1.0	62	0~30	0~300	35
SLon-2000 强磁机	-1.3	10~40	100~200	50~80	1.0	74	0~30	0~300	50
SLon-2500 强磁机	-1.3	10~40	200~400	100~150	1.0	94	0~30	0~300	105
SLon-1500 中磁机	-1.3	10~40	75~150	30~50	0.4	16	0~30	0~300	15
SLon-1750 中磁机	-1.3	10~40	75~150	30~50	0.6	38	0~30	0~300	35
SLon-2000 中磁机	-1.3	10~40	100~200	50~80	0.6	42	0~30	0~300	40

经过 20 多年的持续研究与技术创新，SLon 立环脉动高梯度磁选机已发展成为国内外新一代高效高梯度强磁选设备，广泛地应用于分选赤铁矿，创造了我国弱磁性铁矿选矿历史最高水平，促进了我国赤铁矿选矿工业的快速发展。

（三）应用实例

湖北长阳新首钢矿业有限公司选矿厂使用两台 SLon-2000 高梯度磁选机作为高磷鲕状赤铁矿的预选设备（彩图 22-22），与浮选机组成两个高梯度磁选—反浮选脱磷—反浮选脱硅系列，成功完成了火烧坪高磷鲕状赤铁矿 50 万吨选矿工业试验。秭归天润矿业公司选矿厂使用一台 SLon-1500 高梯度磁选机，对秭归野狼坪矿区产出的高磷鲕状赤铁矿进行了半工业试验，原矿 TFe 37% 左右，铁精矿 TFe 52% 左右，选矿回收率 75% 左右（彩图 22-23）。

第四节　还原焙烧设备

对宁乡式铁矿进行磁化焙烧，或进行深度还原金属化焙烧，在实验室小型试验时一般采用马弗炉，若要进行扩大试验、工业试验乃至工业生产，则需要采用其他合适的焙烧设备。

一、回转窑

回转窑的筒体由钢板卷制而成，筒体内镶砌耐火衬，且与水平线成规定的斜度，由 3 个轮带支承在各挡支承装置上，在入料端轮带附近的跨内筒体上用切向弹簧板固定一个大齿圈，其下有一个小齿轮与其啮合。正常运转时，由主传动电动机经主减速器向该开式齿轮装置传递动力，驱动回转窑（图 22-24）。

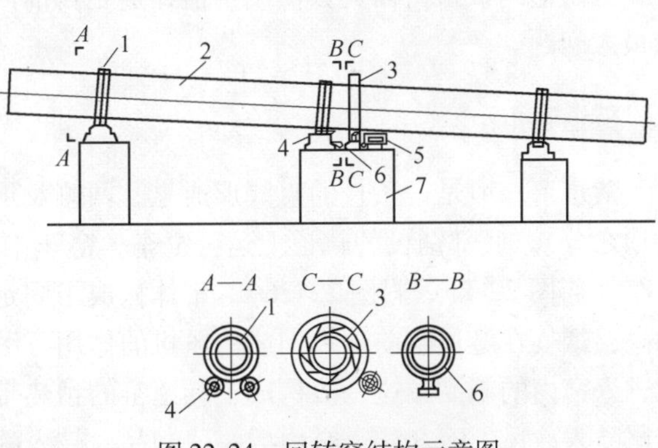

图 22-24　回转窑结构示意图

1—支持齿轮；2—窑壳；3—大齿轮圈；4—拖轮；5—传动机构；6—挡轮；7—基础

物料从窑尾（筒体的高端）进入回转窑内煅烧。由于筒体的倾斜和缓慢的回转作用，物料既沿圆周方向翻滚又沿轴向（从高端向低端）移动，继续完成其工艺过程；最后，生产熟料经窑头罩进入冷却机冷却。燃料由窑头喷入窑内，燃烧产生的废气与物料进行交换后由窑尾导出。

回转窑窑体的主要结构包括：

（1）窑壳。它是回转窑的主体，窑壳钢板厚度在40mm左右，胎环的附近因为承重比较大，窑壳钢板要厚一些。窑壳的内部砌有一层200mm左右的耐火砖。窑壳在运转的时候，由于高温及承重的关系会有椭圆形的变形，这样就会对窑砖产生压力，影响窑砖的寿命。在窑尾大约有1m长的地方为锥形，使从预热机进料室来的料能较为顺畅地进入到窑内。

（2）胎环、支持滚轮、轴承。胎环与支持滚轮都是用来支撑窑的重量的。胎环套在窑壳上，它与窑壳间并没有固定，窑壳与胎环之间加有一块铁板隔开，使胎环与窑壳间保留一定间隙，不能太大也不能过小。如果间隙太小，窑壳的膨胀受到胎环的限制，窑砖容易破坏；如果间隙太大，窑壳与胎环间相对移动、摩擦更加厉害，也会使窑壳的椭圆变形更加严重。通常要在二者间加润滑油。可以通过窑壳与胎环间的相对运动来估计窑壳的椭圆变形程度。

窑壳与胎环之间存在着热传导率的差异，必须借助外部的风车帮助窑壳散热，平衡减小两者间的温差，否则窑壳的膨胀会受到胎环的限制。在开窑时，窑壳的升温速率高于胎环，窑工必须控制回转窑的升温速率在50℃/h，这样有利于保护窑砖。通常托轮要比轮带宽50~100mm左右，滚轮轴承采用巴氏合金，如果轴承失去润滑，会使轴承因温度过高而烧坏。在轴承处有冷却水进行循环冷却。为减少窑壳对胎环的热辐射，造成托轮温度过高，在二者之间都加有隔热板减少热辐射。回转窑一般有2~3组托轮。

（3）止推滚轮。止推滚轮就是限制回转窑吃下或吃上时的极限开关。因为支持滚轮要比窑胎宽一些，为使托轮与轮带能够上下移动、磨损均匀，在胎环的端面设有止推滚轮。

止推滚轮只起到阻挡的作用，滚轮本身并没有动力。窑体的上下调整是靠滚轮的偏位使托轮与窑的中心线有一定角度，让托轮给窑体向上的力，使窑壳上移。有时撒一些生料粉或将托轮擦干净，增大其摩擦系数，也可使窑体上移；窑体向上调整时，只要在托轮与轮带之间撒上石墨粉，减小两者间的摩擦力即可。

回转窑作高温深度还原金属化焙烧时，物料易在窑内壁固化结圈，经过一段时间使用后，窑内空间被挤占而失去使用价值，这是目前回转窑作为鄂西高磷铁矿生产直接还原铁的最大问题。

二、隧道窑

隧道窑一般是一条长的直线形通道，两侧及顶部有固定的窑墙及窑顶（顶部有平顶和拱顶之分），底部铺设的轨道上运行窑车，窑车上装载着待烧产品，依次窑头进车，窑尾出车（彩图22-25、彩图22-26）。窑体构成了固定的预热带、烧成带、冷却带。燃烧产生的高温烟气在隧道窑前端烟囱或引风机的作用下沿着隧道向窑头方向流动，同时逐步地预热进入窑内的制品，这一段构成了隧道窑的预热带。隧道窑的中间为烧成带，在隧道窑的窑尾鼓入冷风，冷却隧道窑内后一段制品，鼓入的冷风经制品而被加热后，再抽出送入干燥窑作为干燥生坯的热源，这一段便构成了隧道窑的冷却带。烧结砖隧道窑使用的燃料有固体、液体和气体3种。以前我国大部分隧道窑使用的是固体燃料，也就是煤，称作内烧结法；目前，有条件的地方也使用外烧结法，也就是以油和人造煤气作为燃烧原料。

隧道窑是连续化生产，中间没有间断期，烧成周期短、产量大，不受自然天气的影响，节约燃料。它主要是利用逆流原理工作，因此热利用率较高，与常规回转窑相比热利用率可达50%左右。隧道窑生产可节省劳力，能改善劳动环境，可减少环境污染，操作简便，装卸产品便于实现机械化，可减轻工人的劳动强度。在提高产品质量上，与回转窑相比，减少了工人二次倒运，烧成温度可控可调，容易掌握其烧成规律，破碎率较低。隧道窑和窑体内配套设备比较耐用，因为隧道窑与回转窑相比窑内不受急冷急热的影响，所以窑体使用寿命较长，一般5年内不大修。隧道窑在占地面积上与相同产量和规格的回转窑相比要少2/3。隧道窑与回转窑所用砌筑材料和配备设备不一样，因此，投资造价要高于回转窑，但后期生产成本低于回转窑。

在隧道窑中，有平顶、吊平顶、拱顶、吊拱顶4种顶部结构方式。中、小断面的隧道窑一般用拱顶和平顶结构，大断面隧道窑用吊平顶结构。平顶和吊平顶的隧道窑，顶部重量产生的重力都是垂直方向的力，故不会对窑侧墙的结构产生任何影响；拱顶隧道窑，拱顶重量不但产生一个垂直力，还会产生较大的水平分力，对窑侧墙的结构有一定影响。

隧道窑可按内宽、产量、结构、运行自动化程度等各种标准进行分类。其中在隧道窑的窑体结构分类中，有砖混结构、砖混加钢柱结构、钢筋混凝土结构、钢筋混凝土框架结构、钢架结构、压型钢板结构。在小断面隧道窑中，一般用砖混结构或砖混钢柱维护结构。中断面隧道窑用钢筋混凝土框架结构，大断面隧道窑用钢架结构或压型钢板结构才是最经济的建设方案。

产量、质量和能耗反映了隧道窑的烧成性能。相同断面尺寸的隧道窑，产质、产量取决于系统组成是否合理、窑的断面结构是否适合于热气体的运动，是否有利于气体与被烧物体之间热交换，取得最大的热交换系数。小断面二次码烧隧道窑的内高较高，窑内气体及热量分布均匀性较差。一次码烧隧道窑的内高较低，窑顶预热带、烧成带、冷却带的气体及热量分布较均匀，可使被烧物料在窑内得到均匀预热，均匀烧成，均匀冷却，使制品外在和内在质量都具有较好的均匀性。从生产能耗来看，二次码烧隧道窑的能耗要比一次码烧隧道窑高10%左右。如果采用隧道窑进行烧结砖的生产，最好采用一次码烧工艺进行生产。

在建设投资方面，平顶隧道窑的建设投资高于拱顶隧道窑。顶部为拱顶或吊拱顶，侧墙为砖混结构的隧道窑造价较低；顶部为吊顶或吊拱顶，侧墙为砖混加钢柱维护结构的隧道窑及小断面吊平顶隧道窑的造价较高；钢筋砼框架结构和钢架结构及压型钢板结构的隧道窑造价最高。

隧道窑建造所需材料和设备较多，因此一次投资较大。对于不同制品必须全面改变焙烧工艺制度，生产技术要求严格，窑车易损坏，维修工作量大。由于隧道窑是连续性窑炉，热利用较好，且多数隧道窑使用的助燃空气采取的是自然风或在冷却带吹入冷风，从而使空气变热。虽然余热可以利用，但因为抽出的热空气中混入有非常多高温废气，所以导致助燃空气中氧气不足，燃烧效果不佳。使用换热器加热的热空气是新鲜的热空气，可达到最佳的助燃效果。如果使用金属换热器，可以进行一部分的余热回收，但如果冷却带温度达到800℃以上，金属换热器非常容易被高温损坏。

三、闪速炉

武汉理工大学采用闪速磁化焙烧—磁选工艺处理鄂西宁乡式铁矿，大幅降低焙烧成本。

闪速炉是有色冶炼厂的主要设备，具有燃耗低、生产能力大、脱硫率高、有利于烟气回收治理等特点，是环保型冶炼设备，其结构形式见图 22-27。

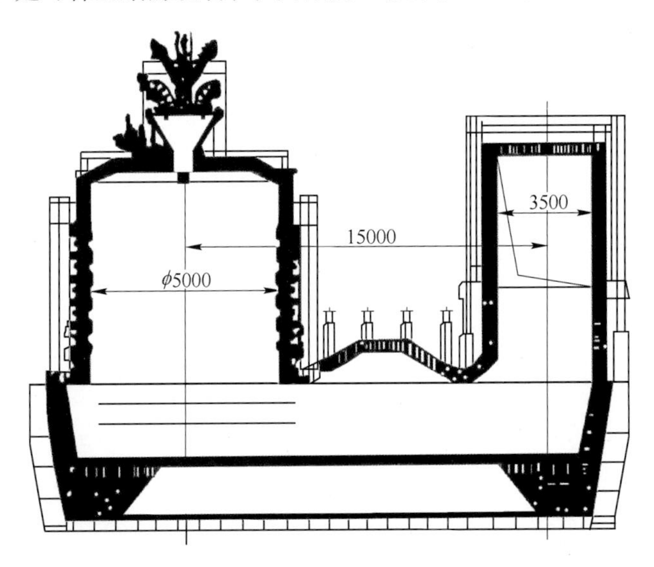

图 22-27 闪速炉筒体结构

此外，闪速熔炼还具有自动化程度高，可实现在线控制，炉体使用寿命长等一系列优点。有的闪速炉至今已使用 10 年，大修时仍有 40% 以上的耐火材料内衬完好。

四、竖炉

无锡中板不锈钢有限公司在实验室小型试验的基础上，利用工业竖炉，对产自建始官店矿区的矿石开展了加盐金属化还原焙烧—磁选试验。

熔炼竖炉的炉缸有三种典型结构：(1) 高炉型结构。铁水和炉渣在炉缸中分离，每隔一段时间分别从铁口和渣口放出。(2) 炼铅鼓风炉型结构。熔炼过程中虹吸口内始终存满铅液，像是个“水封”，从虹吸口连续放出铅液。(3) 带有前室的结构 (部分冲天炉)。金属液和炉渣连续不断地流入用煤气或重油加热的前室。前室一方面起保温作用，另一方面又可使铁水成分趋于均匀。

炉顶的构造有敞开式和密闭式两种。废气出口位于炉顶中心或炉顶侧面。高炉炉顶排放的煤气 (高炉煤气) 含一氧化碳量较大，净化后可作燃料。炼铜、炼镍鼓风炉的炉顶煤气含二氧化硫量较多，可回收制酸。

竖炉料柱应有良好的透气性，所以要求炉料粒度均匀，粉料最多不超过 10%。精矿粉必须经过烧结或制成球团才能入炉。炉顶的装料和布料装置应能使炉料透气均匀。鼓风压力的高低，取决于气体通过料柱时的压力损失大小。

焙烧竖炉结构见图 22-28。可用于焙烧各种物料，如铁矿石、铁精矿球团、有色金属矿石、黏土矿物、石灰石等。物料在焙烧过程中始终保持固态。

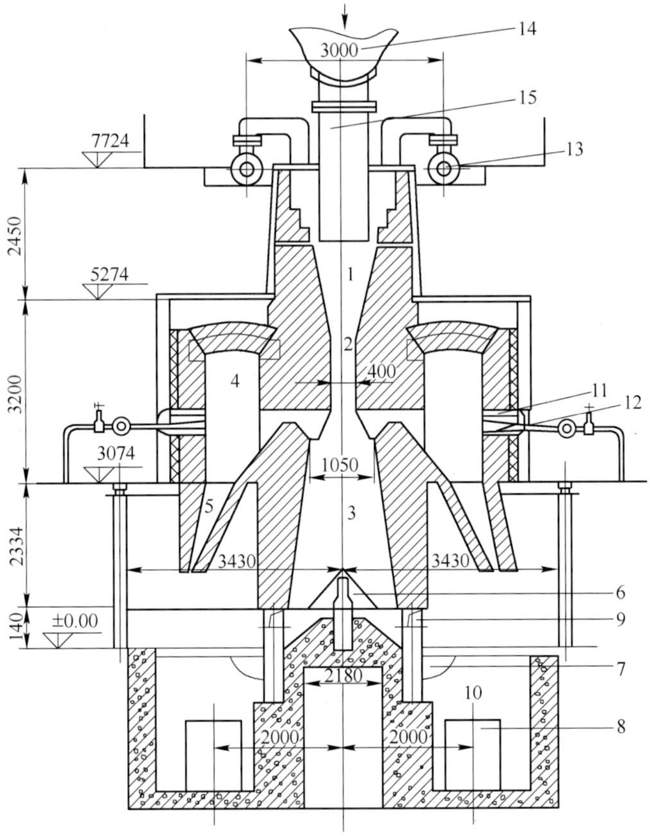

图 22-28 50m³竖炉结构图

1—预热带；2—加热带；3—还原带；4—燃烧室；5—灰斗；6—还原煤气喷出塔；7—排矿辊；8—搬出机；9—水箱梁；10—冷却水池；11—窥视孔；12—加热煤气烧嘴；13—废气排出管；14—矿槽；15—给料漏斗

竖炉按身形可分为高等身型内冷式和中等身型外冷式。

高等身型内冷式竖炉，冷却和焙烧在同一炉身内完成，燃烧室布置在矩形焙烧室两侧，利用两侧喷火孔对吹容易将炉料中心吹透。此外，炉身高，冷却带相应加长，有利于球团矿冷却，但排矿温度仍在427～540℃，需要炉外喷水冷却，影响成品球质量。高等身型内冷式竖炉单产量高，应用广泛。

中等身型外冷式竖炉，焙烧在炉身内进行，焙烧后的球团矿在竖炉外的冷却器中进行冷却并有余热利用系统，使竖炉的热量可得到较好的利用，成品球也得到较好的冷却，排矿温度可控制在100℃以下。但这种竖炉结构复杂，单位产品的投资和动力消耗略有增加。

五、(流化床) 悬浮焙烧炉

中国地质科学院矿产综合利用研究所与东北大学，在分析了用于铝土矿焙烧的流态化悬浮焙烧炉后，进行了针对该类型焙烧炉处理宁乡式铁矿的技术改造提升。宁乡式高磷铁矿石中含有部分熔点较低的矿物，在高温和还原气氛下易形成结圈，堵塞炉腔，导致焙烧炉毁坏。高磷赤铁矿磁化焙烧后获得的强磁性矿物——磁铁矿，如果采用水淬冷却，虽可获得较好的选别加工工艺矿物学性质，但会浪费大量热能，从而提高选矿成本。如果在空气中冷却，容易造成已还原的磁铁矿二次氧化成赤铁矿，严重影响选别指标。悬浮焙烧炉中的流态化预热、流态化还原反应及流态化冷却装置设计若不合理，将造成炉腔内物料运行不畅、还原产品质量低和能量浪费。针对上述技术难点，通过热平衡计算和优化炉结构设计，制造出的实验室型连续矿用悬浮焙烧炉，在高磷铁矿磁化焙烧—磁选—反浮选工艺试验中，获得了较好的效果，获得的铁精矿 TFe 60.13%、P 0.24%、精矿铁回收率 74.59%。

试验表明，该设备焙烧能耗低、焙烧产品质量好、设备运行稳定、焙烧温度低、焙烧时间短、焙烧成本低、自动化程度高、设备作业率高、占地面积小、设备磨损小。经测算，焙烧作业单位成本分别为竖炉的 90% 和回转窑的 50% 左右。

六、中频炉

中频感应电炉（中频炉）的工作频率在 50～1000Hz 之间，广泛用于有色金属和黑色金属的熔炼。采用中频炉间接加热直接还原富铁矿块。与其他铸造设备相比，中频感应电炉具有热效率高、熔炼时间短、合金元素烧损少、熔炼材质广、对环境污染小、能精确控制金属液的温度和成分等优点（彩图 22-29）。

其工作原理是将三相工频 50Hz 交流电转变为中频（300Hz 以上至 1000Hz）交流电（彩图 22-30）。在中频感应炉中利用中频电源建立中频高密度的磁力线磁场，使铁磁材料内部产生感应涡电流发热，达到加热材料的目的。

中频炉加热装置具有体积小、重量轻、效率高、热加工质量优及有利环境等优点，正迅速淘汰燃煤炉、燃气炉、燃油炉及普通电阻炉，是新一代的金属加热设备。

第五节　选冶工艺设备小结

用于宁乡式高磷鲕状铁矿选冶的设备，无论是实验室型的还是工业型的，均为常用的设备，或是在常用设备基础上进一步改进。某些设备针对性不强，未来进行大规模开发前，设备的研制需得到重视。如目前的磨矿设备获得的磨矿产品粒度分布不佳，过粗和过细产率太高；浮选机用于反浮选时转速偏快、充气量偏大等。

用于宁乡式铁矿选别的重选设备主要是中、粗粒跳汰机，如重型跳汰机和梯形跳汰机，主要用作反浮选前的预选和富矿恢复地质品位。对于细粒级含量高的矿石，仅用跳汰机是不够的，此时用湿式强磁选机或高梯度磁选机与跳汰机组成全粒级预选流程可以取得较好的效果。

高梯度磁选机富集比大、选别回收率高、设备运行稳定可靠，单独作为选别设备处理宁乡式铁矿，可以获得目前市场认可的炼铁配矿用铁精矿；单独作为预选选别设备与浮选组成高梯度磁选—反浮选脱磷—反浮选脱硅的工艺流程，是目前处理鄂西高磷铁矿贫矿较为合理的工艺方案。

回转窑、隧道窑和竖炉等传统设备仍是目前主要的工业用铁矿石深度还原焙烧设备，存在能耗高、热效率和工作效率较低、设备寿命较短等问题。闪速炉、（流态）悬浮焙烧炉等新型低温焙烧设备的结构及性能尚需工业化试验验证。中频炉热效率高、熔炼时间短、合金元素烧损少、熔炼材质广、对环境污染小、能精确控制金属液的温度和成分，但单台设备处理能力不高，作为冶炼高磷生铁设备是较好的选择。

彩图 22-3 白云博宇铁选厂立式搅拌磨铁粗精矿再磨系统

彩图 22-4 柿竹园有色金属公司铁粗精矿立式搅拌磨再磨系统

彩图 22-20 SLon 高梯度磁选机
（赣州有色冶金研究所研制，1986）

彩图 22-22 长阳新首钢矿业有限公司选矿厂高梯度磁选预选

彩图 22-23 秭归天润矿业公司选矿厂高梯度磁选

彩图 22-25 隧道窑窑内结构

彩图 22-26 隧道窑外观

彩图 22-29 中频炉

彩图 22-30 中频炉控—变电系统

第二十三章　选矿药剂

浮选是宁乡式铁矿降磷富铁不可或缺的工艺流程，合理选择或研制新的浮选药剂，增强各类药剂的选择性作用是提高浮选效果的关键。

第一节　捕　收　剂

一、阳离子捕收剂

阳离子捕收剂的一般特点是和矿物作用快、分选效果好，这类捕收剂主要有胺类及其衍生物。醚胺（一元或多元胺）是在胺类的基础上增加一个或多个醚基生成的，它是反浮选铁矿脱硅最有效的捕收剂之一。由于分子中亲水的RO—基团的存在提高了药剂在水中的溶解性，使它更易进入固-液和液-气界面，同时还可提高气泡周围液膜的弹性，起泡性能良好。

阳离子捕收剂在国内铁矿山反浮选工艺中的应用还不多，但随着合成成本降低、改性后性能得到提升，特别是对含硅高的铁矿效果好，该类捕收剂在国内将得到一定应用。

（一）胺类捕收剂

胺类捕收剂是阳离子型极性捕收剂。药剂的极性基中含有氮（N）原子。因起捕收作用的是带烃基的阳离子（$R\text{-}NH_3^+$），故又称阳离子捕收剂。这种捕收剂用于浮选硅酸盐和铝硅酸盐矿物（如石英、绿柱石、锂辉石、长石、云母等）、碳酸盐矿物（如菱锌矿等）、可溶性盐（如钾盐等），是对铁矿石进行反浮选脱硅的捕收剂。

胺类捕收剂包括伯胺盐（RNH_3Cl）、仲胺盐（$RR'NH_2Cl$）、叔胺盐（$R(R')_2NHCl$）和季胺盐（$R(R')_3NCl$）。分子式中R代表长链烃基或芳香烃基，多为$C_{10}\sim C_{20}$烃基，R'通常为短链烃基，一般为CH_3。浮选常用的胺盐主要是8~18个碳原子的烷烃伯胺及其盐，如合成十二胺（$C_nH_{2n+1}NH_2$，$n=10\sim13$）、椰油胺（$C_nH_{2n+1}NH_2$，$n=8\sim18$）、合成十八胺（$C_nH_{2n+1}NH_2$，$n=17\sim19$）、混合胺（$C_nH_{2n+1}NH_2$，$n=10\sim20$）等。此外还有一种醚胺（$ROCH_2CH_2CH_2NH_2$），是在胺的烃基上引入一个醚基，可使固体的胺变为液体。

胺类阳离子捕收剂在铁矿石反浮选工艺中主要应用于4个方面：（1）磁选精矿的反浮选，获得品位在65.00%以上的高品位铁精矿；（2）生产超纯铁精矿（含$Fe>72\%$，$SiO_2<0.3$的铁精矿）；（3）处理高品位的原矿；（4）赤铁矿反浮选脱硅，这也是宁乡式铁矿提供降杂的主要手段。

（二）十二胺

我国制取十二胺主要采用石蜡氧化—脂肪腈氢化法。石蜡氧化后得含碳原子$C_{10\sim20}$的混合脂肪酸，再通入氨气及脱水，合成腈：

$$RCOOH \xrightarrow[100\sim300℃]{NH_3} RCOONH_4 \xrightarrow[\substack{310\sim320℃ \\ 硅胶}]{-H_2O} RCONH_2 \xrightarrow[\substack{310\sim320℃ \\ 硅胶}]{-H_2O} RCN$$

然后将腈催化氢化，则得第一胺：

$$RCN + 2H_2 \xrightarrow[14大气压]{Ni催化剂} RCH_2NH_2$$

所得第一胺中之R，其结构依所用原料而定。如上述用$C_{10\sim20}$混合脂肪酸为原料，则得混合（脂肪）胺，已用作氧化锌浮选的捕收剂。如用含碳原子主要为$C_{11\sim13}$的窄馏分混合脂肪酸为原料，制得的窄馏分混合胺（十二胺），作为捕收剂已用于焙烧磁选精矿和赤铁矿的反浮选。此外，可以由植物油中提取的纯的脂肪酸（一般为不饱和的），制取纯的C_{12}、C_{14}、C_{18}等脂肪胺，供理论研究应用。

（三）醚胺

醚胺在20世纪60年代开始应用于浮选，美国阿什兰德化学公司（Ashland Chem. Co.）利用醚胺在蒂尔登选矿厂对赤铁矿反浮选取得了重大突破，此后在一些国家广泛应用。我国醚胺阳离子捕收剂由北京矿冶研究总院于1978年开始研制，于1985年研制成功，并于1985年由冶金部组织技术鉴定。

工业试验表明，只用单一种醚胺时，浮选泡沫多、空虚和流动性差，跑槽，操作困难，可能是矿泥的影响。通过小型试验发现，将煤油加到胺的溶液中，可显著改善浮选泡沫的性能，使浮选过程趋于稳定。

（四）GE-601和GE-609

GE-601和GE-609阳离子反浮选捕收剂是武汉理工大学经过多次合成和筛选研制成功的新型阳离子捕收剂。该药剂在铁矿反浮选脱硅和提高铁精矿品位方面取得了良好效果，并已用于生产。与十二胺相比较，反浮选铁矿石泡沫量大大减少，且泡沫性脆、易消泡，泡沫产品较好处理，选择性好，还具有良好的耐低温性能，适合于微细粒嵌布的赤铁矿的选矿。

二、阴离子捕收剂

（一）氧化石蜡皂

氧化石蜡皂是以石油蜡为原料，经氧化加工后又经皂化处理所得的产品。这曾经是氧化矿（主要是赤铁矿）的良好捕收剂。

氧化石蜡皂由饱和脂肪酸、含氧酸（包括醇酸、酮酸等）、二羧酸、不饱和酸、不皂化的氧化产物（醇、醛、酮等）及未氧化的烃类组成。浮选用的氧化石蜡皂已将大部分未氧化的烃类及不皂化物除去，故主要成分是脂肪酸类，其中饱和脂肪酸约占各种酸的80%以上，含氧酸则主要是羟基酸（醇酸），约占5%~10%，不皂化的氧化物仅占3%~5%。

氧化石蜡皂中饱和脂肪酸的烃链长度随原料性质及氧化深度而定。一般原料蜡熔点较低（如37~38℃）时，饱和脂肪酸的烃链较短，带支链的较多，甚至可能含有少量不饱和脂肪酸；原料蜡熔点较高（如40℃以上），同时饱和脂肪酸的烃链较长时，主要是直链烃。饱和脂肪酸的烃链越长，捕收性能越强，用量越少，浮选适应的pH值范围越宽；但烃链越长，溶解度越小，浮选所需的温度越高。烃链短时，则恰好相反，一般以$C_{10}\sim C_{20}$为宜。

氧化石蜡皂中的羟基酸主要是α羟基酸，也有β羟基酸，其浮选性能比一般饱和脂肪酸好。将氧化石蜡皂用石油醚萃取，萃出产品以羧酸为主，萃余产品以羟基酸为主，分别皂化后，其性能对比列于表23-1。

表23-1 氧化石蜡皂产品性能

产 品	酸值/mgKOH · g^{-1}	皂化值/mgKOH · g^{-1}	羟 值	羧 值
氧化石蜡皂	72.55	165.6	109.3	65.52
萃出产品	55.47	107.5	99.25	56.31
萃余产品	82.48	210.5	107.3	

采用表23-1产品对赤铁矿进行浮选，试验结果表明，在同样条件下，产品（Ⅱ）的精矿品位和回收率都比产品（Ⅰ）要高，说明羟基酸的浮选性能优于饱和羧酸。

因此，氧化石蜡皂的生产条件都采用较深度的氧化（加长氧化时间或适当提高温度），以提高产品中羟基酸的含量。但氧化深度又不能过大，否则会使烃链断裂过多，产品分子量过小，导致捕收性能下降。

氧化石蜡皂用于赤铁矿浮选，主要优点是成本低、来源广；主要缺点是不能在常温或30℃以下时浮选。

氧化石蜡皂由于主要是饱和酸，且低分子量酸占一定比例，因而捕收性能较低，起泡性能也较差，不宜单独使用。我国赤铁矿浮选使用多年的成功经验表明，氧化石蜡皂和粗塔尔油混合使用（混合比例一般为3:1），可以取长补短，改善浮选效果。

（二）塔尔油

1. 塔尔油

将纸浆废液（粗硫酸盐皂）用 Na_2CO_3洗涤，然后静置分层，下层弃去，上层加硫酸酸解，再静置分层，上层产品即粗塔尔油，中层为木质素等杂质，下层为水、Na_2SO_4等杂质。一般生产1t粗塔尔油需用纸浆废液2t及25%的 H_2SO_4 220kg。

粗塔尔油中提高了脂肪酸和树脂酸的含量，减少了杂质的含量。一般含脂肪酸及树脂酸各为30%~40%，比纸浆废液提高了1倍左右，并且成分相对稳定，因而其浮选效果较好。但由于粗塔尔油中树脂酸含量较高，几乎与脂肪酸量相等，其起泡能力较强，因此，当粗塔尔油用量较大时，泡沫过多过黏，操作困难。实践中采用粗塔尔油与氧化石蜡皂混用（比例1:3～1:4），效果较好。

我国生产的粗塔尔油成分列于表23-2。

表23-2 粗塔尔油成分

厂 名	造纸原料	粗塔尔油成分/%				
		水分	脂肪酸	树脂酸	不皂化物	杂质
佳木斯造纸厂	落叶松和马尾松	5.0	47.24	29.66	18.10	0.2以下
南平造纸厂	马尾松	5.0	47.85	37.88	7.27	少量

2. 精塔尔油

将粗塔尔油进行减压蒸馏，使树脂酸与不饱和脂肪酸分离，得到的脂肪酸馏分，称为精塔尔油。两种粗塔尔油与一种精塔尔油成分的对照列于表 23-3。

表 23-3 塔尔油成分对照

产品名称	成 分/%				备 注
	棕榈酸	亚油酸	油酸	树脂酸	
粗塔尔油 A	2.0	6.0	35.0	32.0	另含亚麻酸 25.0%
粗塔尔油 B	2.0	36.0	33.0	29.0	不含亚麻酸
精塔尔油	2.0	47.5	49.5	1.0	不含亚麻酸

精塔尔油中不饱和脂肪酸含量一般达 90% 以上，捕收性能较好。粗塔尔油制成精塔尔油，不仅提高了选矿效果，而且分离出的树脂酸又是重要的化工原料。

（三）碱渣

碱渣是石油原料精炼过程中对各馏分进行碱精制时得到的呈皂液排出的副产品。石油原料在常压蒸馏过程中，由于切割馏分的不同，将碱渣分为常压一线、常压二线及常压三线 3 种。

常压一线及常压二线碱渣，捕收性能较弱，不适于作浮选捕收剂；常压三线碱渣具有较强的捕收性能，适于作赤铁矿的浮选捕收剂。常压三线碱渣是石油原油常压蒸馏时重柴油馏分在碱精制时呈皂液排出的副产品。

（1）碱渣的组成。常压三线碱渣在 60℃ 以上是棕褐色均匀乳浊液，冷却静置后会产生离析现象，分成 3 层：上层是油层，中层是皂与油的乳化层（主要的浮选活性物质），下层是少量有机酸皂、磺酸盐及无机盐的水溶液。

从炼油厂排出的常压三线碱渣，一般含有机酸 17%~20%，中性油 10%~12%，游离碱 0.6%~0.8%，其余则主要是水。碱渣中有机酸的组成列于表 23-4。

表 23-4 碱渣中有机酸的组成及特性（胜利油田）

正构酸 /%	异构酸 /%	平均分子量	密度 /g·cm^{-3}	酸价 /mgKOH·g^{-1}	碘价	凝固点 /℃
13~15	85~87	345	0.9546	185.62	8.77	18.3

注：正构酸主要是 $C_nH_{2n+1}COOH$ 饱和脂肪酸。

（2）碱渣的捕收性能。试验证明，Ca^{2+}、Mg^{2+}、Al^{3+}、Co^{2+}、Cu^{2+}、Mn^{2+}、Zn^{2+}、Pb^{2+} 及 Cr^{2+} 等金属离子及碱土金属离子均能与环烷酸生成难溶化合物，故环烷酸可作为浮选捕收剂。例如，作为浮选针铁矿和水化针铁矿的捕收剂，效果良好。我国胜利油田生产的碱渣对东鞍山赤铁矿矿石具有良好的捕收性能。

（3）碱渣的使用。碱渣是石油工业副产品，其特点是价格低、来源广，且具有较强的捕收性能，但选择性较差。因此，实践中将碱渣与氧化石蜡皂混用，以改善赤铁矿浮选指标。另外，炼油厂排入的碱渣浓度较低，因此为了保证药剂的稳定性，减少运输量，可将碱渣在出厂前预先浓缩。

（四）石油磺酸钠

1. MPD 型石油磺酸钠

该药剂由马鞍山矿山研究院从 1982 年开始研制，并于 1985 年获得成功。

（1）MPD 型石油磺酸钠主要技术规格。是以脱沥青渣油的抽出油（分子量 450～500）为原料，直接用气态硫酐磺化，再用 NaOH 皂化而成。其主要技术规格见表 23-5。

表 23-5 MPD 型石油磺酸钠主要技术规格

有机物/%		水分/%	无机盐、游离碱等/%	5% 水溶液的 pH 值
磺酸钠	中性油			
25±1	35±1	35±2	5 以下	7～8

（2）MPD 型石油磺酸钠的使用。该药为褐黑色，40℃以下呈固体状混合物，溶于热水中。具有良好的选择性和捕收能力，在弱酸性介质中选别脱泥后的铁矿物时，有泡沫脆、选矿产品沉降快、精矿易脱水过滤等优点。

使用时须将该药预先在 80～90℃的水浴或暖房中加热熔化，同时将配药槽的水加热至 70～80℃，然后将熔化的药剂倒入配药槽内，搅拌均匀即可使用。药液的浓度不宜过高，以 5% 为好（按总有机物计）。药液温度需维持 50～60℃，矿浆温度不要低于 25℃。

该药剂在弱酸介质中分选司家营贫赤铁矿石时，达到铁精矿品位 65.51%、回收率 81.26% 的选别指标。

2. NJ 型石油磺酸钠

该药剂由马鞍山矿山研究院 1972 年开始研制，并于 1979 年研制成功。

（1）NJ 型石油磺酸钠主要技术规格。该药剂是利用南京第二石油化工厂生产凡士林等产品的工业副产品，经适当的质量控制加工而得石油磺酸钠（分子量 500～550）。该药剂的主要成分是磺酸盐、中性油、水和杂质等。

（2）NJ 型石油磺酸钠的使用。该药剂呈棕黑色，30℃以下为膏状固体，在夏季或加热时变成黏稠的半固体或液体。易溶于热水，在冷水中溶解很慢。它具有良好的选择性和捕收能力，尤其在弱酸性介质中作为已脱泥的铁矿物的捕收剂时，有选择性好、泡沫脆、选矿产品沉降快、精矿易过滤、滤饼水分低等优点。药剂使用的注意事项与 MPD 型石油磺酸钠相同。

（五）羟肟酸

羟肟酸又名氧肟酸或异羟肟酸，对多种氧化矿物具有良好的捕收性能。羟肟酸最初用于硅孔雀石浮选，后来引用到赤铁矿浮选，效果显著。

羟肟酸可用多种方法制取。用酯、酰胺、酰氯或烯酮等与羟氨反应均能制得羟肟酸。我国选矿工业应用的羟肟酸是以酯与羟氨反应而得。首先将适当烃链长度（$C_7 \sim C_9$）的脂肪酸（制取氧化石蜡时分馏截取的馏分）在浓硫酸的存在下与甲醇进行酯化，得 $C_{7\sim9}$ 的脂肪酸甲酯：

$$RCOOH + CH_3OH \xrightarrow[75\sim85^\circ C]{H_2SO_4} RCOOCH_3 + H_2O$$

脂肪酸甲酯与羟氨作用生成羟肟酸：

$$RCOOCH_3 + NH_2OH \longrightarrow R\overset{\overset{\displaystyle O}{\|}}{C} - NHOH + CH_3OH$$

羟肟酸再用 NaOH 皂化，得羟肟酸钠，产品为白色至淡黄色粉末，其可溶于水。

羟肟酸有两种互变异构体：

$$\underset{\text{(羟肟酸)}}{R\overset{O}{\overset{\|}{C}}—NHOH} \rightleftharpoons \underset{\text{(异羟肟酸)}}{R\overset{NOH}{\overset{\|}{C}}—OH}$$

它们在酸性介质中不稳定，容易水解成脂肪酸和羟胺。

（六）RA-315、RA-515、RA-715 和 RA-915 药剂

1. RA-315（改性脂肪酸药剂）

以油酸、塔尔油和氧化石蜡为代表的脂肪酸类药剂是第二代选矿药剂的典型代表，由于它们的选择性差、不耐硬水和低温及药剂用量大等缺点，所以近年来国内外致力于寻找它们的代用品或进行加工改性以制取更有效的新药剂，然而成效甚微。长沙矿冶研究院用脂肪酸类物质做基础原料进行氯化反应加工改性制得 RA-315 药剂，其性能见表 23-6。

表 23-6 RA-315 的主要技术指标

项目名称	塔尔油	RA-315	RA-315
外观	黄棕色油状物	棕色油状物	棕色油状物
密度/$g \cdot cm^{-3}$	0.96 左右	0.9 左右	0.9 左右
水分/%	5 左右	5 以下	5 以下
不皂化物/%	15.51	8.37	10 左右
皂化值/$mgKOH \cdot g^{-1}$	148.13	180.22	178 ~ 183
酸值/$mgKOH \cdot g^{-1}$	119.21	156.78	154 ~ 164
碘值/%	112.66	75.89	74 ~ 82

20 世纪 90 年代在齐大山铁矿选矿分厂建有 3000t/a 生产规模的 RA-315 药剂生产厂；在鄂西高磷铁矿选矿试验中，采用 RA-315 进行反浮选脱硅也取得一定效果。

2. RA-515 和 RA-715

RA-515 和 RA-715 由化工副产品作原料，经氯化等反应而制得。RA-515 和 RA-715 的化学成分基本一样。它们的不同在于反应物（原料）配比及工艺操作有所不同；药剂产品浓度不同，RA-515 药剂有效成分为 70%，RA-715 为 98% 以上。其中 RA-515 酸值 175 ± 10mgKOH/g，碘值 80% ±10%，皂化值 180 ±10mgKOH/g，凝固点 25 ±5℃，外观为褐色油（膏）状物。

制取 RA-515 和 RA-715 的主体原料是化工副产品（有机羧酸类与小部分脂肪酸混合物），其他有氯化剂、催化剂和其他少量添加剂。由分析检测可知，部分药剂分子烃基结构上增加了氯原子（—Cl）和其他活性基团。

RA-515 和 RA-715 药剂结构模型为：

$$Cl—R_1—\underset{\underset{COOH}{|}}{R}—M_2$$

活性基团的引入提高了它们的选矿性能，而这些活性基团引进多少及其在烃基上的位置，直接影响了它的选矿性能，所以在制取过程必须严格控制反应物料的配比、反应条件及操作。

3. RA-915

在 RA 系列药剂的研究过程中，RA-315 被认为是 RA 系列药剂的第一代产品，即脂肪

酸的改性产品。时隔20年研制成功RA系列药剂的第二代产品，即RA-515和RA-715。它们被作为脂肪酸（油酸、塔尔油和氧化石蜡等）药剂的替代品且效果比脂肪酸药剂更好。然而它们仅适合于选别我国鞍山式赤铁矿矿石，而较难适应“贫、细、难磨、难选”铁矿石的选别。为此，长沙矿冶研究院研制出第三代RA药剂，即RA-915，用它选别舞阳铁矿石和祁东铁矿石，试验均获得比RA-515和RA-715更满意的选矿效果。

由分析检测可知，部分药剂分子烃基结构上增加了氯基（—Cl）和羟基（—OH）等活性基团。

RA-915药剂结构模型为：

$$\begin{array}{c} \mathrm{Cl—R_1—\ R—R_2—OH} \\ \quad\ \ | \\ \quad\ \ \mathrm{M} \end{array}$$

活性基团的引入提高了药剂活性，同时还能与矿物形成环状螯合体提高选矿效果。

4. A. B组合药剂

RA系列药剂在选矿工业应用的经验表明，它比脂肪酸类阴离子捕收剂及胺类阳离子捕收剂具有更好的选矿性能和其他许多优点。然而RA系列药剂也存在许多亟待解决的技术问题，例如用RA药剂作为铁矿反浮选捕收剂，跟其他阴离子捕收剂一样必须同时添加调整剂（NaOH）、抑制剂（淀粉）和活化剂（石灰）才能达到良好的选矿效果。为了解决添加药剂品种多的问题，继而研制成功A. B组合药剂。

A. B组合药剂的优点：与RA系列相比，配药车间只要配制A药和B药两种药剂而不必加温配制，节省配药费用，从而降低选矿成本；浮选作业只添加A药和B药两种药剂，药剂制度简单，便于工人操作，生产指标稳定；A. B组合药剂具有比其他药剂更好的选矿性能。

（七）MZ-21

MZ-21捕收剂是马鞍山矿山研究院研制的新型铁矿物反浮选阴离子捕收剂。它与RA-315捕收剂相比，在浮选过程表现出选择性好、捕收能力强、淀粉用量低、适于较低矿浆温度、节约能源、浮选精矿沉降速度快、药剂配制简便等优点。MZ-21捕收剂主辅原材料来源广泛，可就近采购且质量有保障。MZ-21生产间歇式，反应过程稳定，生产工艺可靠，无易燃、易爆及有害气体产生，对生产设备及储运设备无特殊要求，生产中的能耗低于RA-315，排放的三废量极小，且新产生的污染物可直接回收利用或处理后达标排放，具备工业化大规模生产条件。

（八）MD-28和MD-30

MD-28、MD-30阴离子捕收剂是马鞍山矿山研究院研制成功的新型选矿药剂。

MD型药剂的制取。合成原料主要是混合脂肪酸加螯合剂Ⅰ、Ⅱ和催化剂、水解剂等，将原料混合后在60～90℃下反应4h即成产品。MD-30的主要技术指标见表23-7。

表23-7　MD-30主要技术指标

项目名称	有效成分/%	有机物/%	杂质/%	酸值/mgKOH·g^{-1}	碘值/%
含　量	80～85	90～95	<1.5	≥175	≤40

MD-28、MD-30药剂是新研制的螯合型反浮选捕收剂，药剂的原料来源广泛，价格适

宜，合成工艺简单，无毒、无污染，且易配制使用，具有良好的捕收能力和较优的选择性能，对含硅酸盐铁矿石的适应性较好，具有良好的应用前景。

（九）EM-501

EM-501为中国地质科学院矿产综合利用研究所配制的新型铁矿反浮选阴离子捕收剂，对含磷矿物捕收能力强、选择性好。采用该捕收剂对建始官店矿区矿石进行反浮选，经一粗一扫一精，原矿含磷0.82%，精矿磷含量0.21%。

（十）TL磷矿物捕收剂

TL磷矿物捕收剂为北京矿冶研究总院针对宁乡式铁矿特性进行改性的阴离子磷矿物捕收剂，捕收能力强。采用该捕收剂对长阳县火烧坪矿区混合矿石进行反浮选脱磷，经一粗二扫二精，原矿含磷0.968%，精矿磷含量0.202%。

第二节 调 整 剂

浮选药剂中的抑制剂能够破坏或削弱矿物对捕收剂的吸附，增强矿物表面亲水性。

一、淀粉

淀粉是赤铁矿的典型抑制剂，国外在赤铁矿反浮选实践中广泛应用。

（一）天然淀粉

淀粉的原料主要是粮食（如玉米、木薯、米、小麦及马铃薯等）。另外，许多野生植物中也含有较多的淀粉。

天然淀粉的分子式为$(C_6H_{10}O_5)_n$，严格地讲为$C_6H_{12}O_6(C_6H_{10}O_5)_n$，$n$为不定数，称$n$为聚合度（DP），$(C_6H_{10}O_5)$为脱水葡萄糖单位（AGU）。D-葡萄糖结构见图23-1。在D-葡萄糖中^5C上羟基氧与^1C上醛基相互作用形成环式结构，由于旋转180°，将氧原子带到成环的主平面上，使^6C处在环平面的上方。由于^1C与4个不相同基团连接（碳原子上连有4个不相同的原子或基团），具有两种不同的端基异构体。如果^1C上氧与^6C羟甲基处于环平面同一侧，形成的是β-D-吡喃葡萄糖；如果^1C上的氧与^6C羟甲基处于环平面的两侧，形成的是α-D-葡萄糖。天然淀粉直接作铁矿抑制剂效果不佳，需进一步处理方可高效使用。

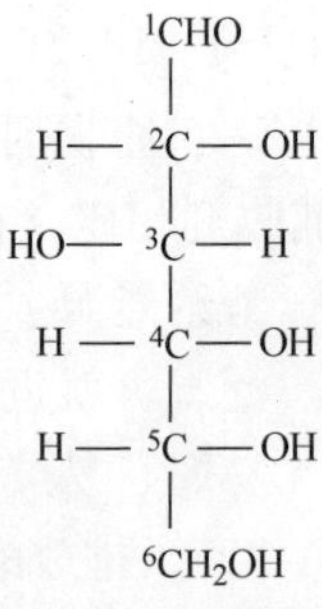

^1CHO

H— ^2C —OH

HO— ^3C —H

H— ^4C —OH

H— ^5C —OH

$^6CH_2OH$

图23-1 D-葡萄糖结构

（二）改性淀粉

在淀粉所具有的固有特性的基础上，为改善淀粉的性能和扩大应用范围，利用物理、化学或酶法处理，改变淀粉的天然性质，增加其某些功能性或引进新的特性，使其更适合于一定应用的要求。经过二次加工，可得“加工淀粉”。改变了性质的产品统称为变性淀粉。

目前，变性淀粉的品种、规格达2000多种，变性淀粉的分类一般是根据处理方式进行：

（1）物理变性：有预糊化（α-化）淀粉、γ射线或超高频辐射处理淀粉、机械研磨处理淀粉、湿热处理淀粉等。

（2）化学变性：用各种化学试剂处理得到的变性淀粉。其中有两大类：一类是使淀粉分子量下降，如酸解淀粉、氧化淀粉、焙烤糊精等；另一类是使淀粉分子量增加，如交联淀粉、酯化淀粉、醚化淀粉、接枝淀粉等。

（3）酶法变性（生物改性）：各种酶处理的淀粉，如 α、β、γ-环状糊精、麦芽糊精和直链淀粉等。

（4）复合变性：采用两种以上处理方法得到的变性淀粉，如氧化交联淀粉、交联酯化淀粉等。采用复合变性得到的变性淀粉具有两种变性淀粉的各自优点。

选矿中常用的变性淀粉包括糊精、氧化淀粉、羧甲基淀粉、磷酸酯化淀粉等。

（1）糊精。通常分为3类：白糊精、黄糊精和英国胶或称"不列颠胶"。它们之间的差异在于对淀粉的预处理方法及热处理条件不同。通常，白糊精是在较低温度下转化生成的，转化反应宜在低 pH 值下进行，且不致有过多的有色产物的形成；英国胶是在较高 pH 值及较高温度下转化的，由于高温处理，故它们的色泽比白糊精深；黄糊精是在低 pH 值及高温下的高度转化产品。制备糊精的过程中淀粉主要发生 4 种反应：水解反应、苷键转移作用、再聚合和焦糖化作用。

（2）氧化淀粉。淀粉在酸、碱、中性介质中与氧化剂作用，氧化所得的产品称为氧化淀粉。氧化主要发生在葡萄糖单位^{2}C和^{3}C碳原子仲醇羟基，生成羰基或羧基，环形结构开裂。羟基先被氧化成羰基，再氧化成羧基，有两个不同的过程：一是经过 α-三羰结构；二是烯二醇结构。与高碘酸的氧化相似，将C_2和C_3碳原子的羟基氧化成醛基，得双醛淀粉，醛基再进一步氧化成羧基，成双羧淀粉。在不同 pH 值条件下生产氧化淀粉时，产品的羟基含量随 pH 值增加而增加，在 pH 值为 9 时达到最高值，然后羧基含量随 pH 值增加而迅速下降。

（3）羧甲基淀粉。一种阴离子淀粉醚，在碱性介质中淀粉与一氯醋酸发生双分子亲核取代反应。取代反应优先发生在仲醇羟基上，生成CH_2COO^-。

（4）磷酸酯化淀粉。用正、焦、偏或三聚磷酸盐（STP）通过"干热"反应可将磷酸酯基团引入淀粉中。STP 被用来制取 DS 为 0.02 的淀粉磷酸单酯，磷酸二氢钠与磷酸氢二钠的混合物能方便地制得 DS 为 0.2 以上的淀粉产品。淀粉与 STP 反应的温度（100 ~ 120℃）比淀粉与正磷酸盐反应的温度（140 ~ 160℃）要低些。

pH 是影响淀粉磷酸酯化反应的因素。pH 值低于 4 将加速淀粉的水解；pH 值为 4.2 ~ 4.8 时 STP 的溶解度可达 20% ~ 36%，并生成淀粉磷酸单酯；随着 pH 值的升高，酯化反应效率越来越低，到 pH 值为 11.6 时，STP 在 160℃时 30min 内基本上不参与反应。

在选矿过程中，淀粉主要用来作为矿物的絮凝剂和浮选过程中铁矿物的抑制剂。由于单葡萄糖结构中的 OH—基，淀粉聚合分子具有很强的亲水性，为常用的浮选抑制剂。另外在溶液中通过桥联作用，淀粉又为细颗粒矿物的絮凝剂。玉米淀粉可通过热处理、酸水解或酶作用转化为糊精。糊精保留了原淀粉分子中的直链和支链结构的比例，但葡萄糖单元的聚合度 n 值大大降低，虽仍具亲水性，但结构链太短，在颗粒间不能形成桥联，只有当要求颗粒在矿浆中有很高的分散性时才使用。变性淀粉是淀粉在结构上发生一些改变的产物，由于结构的改变和一些基团的引入，与淀粉相比具有更广泛的用途。淀粉和变性淀粉在选矿中主要用途如下：（1）铁矿石反浮选工艺中氧化铁矿物的抑制剂。（2）以胺类捕收剂浮选石英和硅酸盐矿物。(3) 以脂肪酸为捕收剂的磷酸盐选别工艺中作为碳酸盐和其他含铁矿物的抑制剂。(4) 硫化铜矿浮选中作为铁和镁的硅酸盐矿物的抑制剂。(5) 在石英岩型铁矿石浮选工艺中，石英经氧化钙活化后采用油酸钠捕收，以淀粉作为赤铁矿的抑制剂。

二、木质素类

木质素是具有网状结构的天然高聚物，存在于植物的茎、根、叶中，在树木中一般含70%左右。木质素有各种异构体，其分子中均带有—OH 基、—OCH 基等。造纸工业中的木浆的主要成分是游离木质素或木质素酸、钠盐及各种金属盐、木质素磺酸等。

制造木质素类抑制剂，是用各种工业副产品为原料，如造纸废液、锯木屑、酒糟及甘蔗渣等。木质素经磺化、氯化处理可得到水溶性的磺化木质素和氯化木质素，加入的极性基可以在丙基的侧链上，也可以在苯核上。

木质素磺化可用亚硫酸法，但一般是直接使用已经磺化的副产品，如酸法造纸的纸浆废液中所含的即为磺化木质素，一般是木质素磺酸钙。其加工过程是将天然植物破碎后，用亚硫酸钙在高温高压下浸煮，分解后除去不溶的纤维素，所余的水溶液中主要含木素硝酸钙。还可以将其进一步加工成膏状或粉末状使用。

氯化木质素一般是将原料悬浮于水中，通入氯气进行氯化，或将氯气直接通入固体渣料中。氯化木质素为橙黄色粉末，可溶于乙醇或稀碱溶液中，不溶于水。

三、NDF、JE 型抑制剂

NDF、JE 型抑制剂是清华大学研制的新型铁矿物抑制剂，它们由煤焦化工品制成，为褐色粉末，无毒，来源广泛。新药剂 NDF、JE 配制较为简单，将新药剂加入室温的水中，搅拌后即可完全溶于水，配制浓度为15%。

齐大山铁矿选矿分厂采用弱磁选—强磁选—阴离子反浮选工艺流程，该工艺流程中使用的铁矿物抑制剂已由投产时使用的玉米淀粉改为改性淀粉，并且用量减少一半。但是原料仍没有离开粮食，按选矿厂年处理原矿 900 万吨计，每年消耗淀粉 0.3 万 ~ 0.4 万吨，即选矿厂每年将耗掉大量的粮食，这对选矿厂的生产是很不利的。

浮选试验采用一次粗选、一次精选、二次扫选（或三次扫选）的阴离子反浮选流程。工艺条件为浮选浓度 33%，浮选温度 30 ~ 33℃，调整剂苛性钠用量 451g/t，抑制剂为 NDF（ADF、JE)，对比抑制剂为天然淀粉，活化剂为医用白灰 165g/t，捕收剂为 RA - 315，矿浆 pH = 10.5 ~ 11，浮选时间 4 ~ 6min（粗选)。NDF、JE 型抑制剂和天然淀粉的对比试验结果表明：(1) NDF + JE 混合抑制剂试验指标为 NDF + JE（1.5∶1)，用量 1110g/t，精矿品位 65.33%，尾矿品位 9.37%，回收率 77.17%。淀粉试验指标为淀粉用量 880g/t，精矿品位 65.19%，尾矿品位 9.35%，回收率 77.25%。取得了基本相同的选矿指标。(2) NDF + JE（1.5：1）作为抑制剂，对矿泥适应性强，为强磁选别作业减轻了负担，对矿物抑制的选择性好，易获得高品位精矿。NDF + JE 药剂配制简单，使用方便、容易保管、不易变质。(3) NDF、JE 为化工产品，作为淀粉代用品可减少粮食消耗，社会效益显著。

四、絮凝剂

选择性絮凝是20世纪60年代发展起来的一种新工艺，它是从两种或更多种矿物的分散体系中使一种矿物絮凝，以更有效地选别微细粒矿物。

细粒矿物的特点是颗粒质量小、比表面大、表面能大、表面活性大、不易分散、浮选时用药量大、难于选别。对细粒矿物的矿浆采取选择性絮凝的措施，是为了改变目的矿物颗粒的表面性质，适当增大颗粒尺寸，使得絮凝沉淀，与脉石分离。若沉降的目的絮团仍带有过多脉石，可进一步用浮选方法提高其品位；或加适量电解质将第一次得到的絮团分散再加絮凝剂进行絮凝。这样重复多次，可得到较高品位的精矿。

使用高分子化合物作为抑制剂已相当普遍，前述用作抑制剂的淀粉、糊精、单宁、羧甲基纤维素、木质素磺酸等均是高分子化合物，这些高分子抑制剂也可用作絮凝剂。用于铁矿选矿的常见絮凝剂除上述药剂外，还有聚丙烯酰胺及其改性产品。

（1）聚丙烯酰胺的性质。一般合成的聚丙烯酰胺，分子量都很大，最高分子量可达 12×10^6，一般在 $4\times10^6\sim8\times10^6$。其絮凝能力随着分子量的增加而增强；活性基团是酰胺基（$—CO—NH_2$），在碱性以及弱酸性介质中，都具有非离子的特性，在强酸性介质中具有弱的阳离子活性，因为，酰胺在强酸性介质中有下述反应：

$$—CO—NH_2 + H^+ \longrightarrow —CO—NH_3^+$$

故显弱的阳离子特性。酰胺基能借助氢键与固体颗粒相结合而吸附在颗粒表面上，因其分子很长，故能在颗粒之间起桥联作用，将颗粒絮凝。它能在很宽的pH值范围内使用，即使有阳离子存在也很灵敏。

（2）聚丙烯酰胺的絮凝性能。聚丙烯酰胺目前在我国得到比较广泛的使用，如石油、冶金、选矿、有机合成工业都用聚丙烯酰胺，其性能良好。江西第四选矿厂试用聚丙烯酰胺取得了良好的技术指标。

（3）改性聚丙烯酰胺。聚丙烯酰胺对细粒矿泥的絮凝作用很强，但选择性较差，一般难于达到选择性絮凝目的矿物的要求，若将其改性，即将某一对目的矿物有选择吸附特性的功能团联结到聚丙烯酰胺分子上，即成改性聚丙烯酰胺，这样得到的改性聚丙烯酰胺选择性得到提高。

用于铁矿选矿的改性聚丙烯酰胺主要是磺化聚丙烯酰胺。合成磺化聚丙烯酰胺的主要原料是聚丙烯酰胺、亚硫酸钠和含量为36%~38%的甲醛溶液。

磺化聚丙烯酰胺无色、无臭、无毒，水溶性极好。对细粒石英质铁矿石有较好的选择性絮凝作用。采用磺化聚丙烯酰胺与天然淀粉同时对山西岚县铁矿石进行絮凝对比，矿样主要金属矿物为假象赤铁矿和半假象赤铁矿，主要脉石矿物为石英、方解石及铁白云石，金属矿物和脉石的嵌布粒度极细，大部分颗粒在0.045mm以下。用磺化聚丙烯酰胺一次选择性絮凝脱泥，可脱除产率为22.60%、铁品位为9.15%的矿泥。经二次絮凝脱泥可脱除产率为31.70%、铁品位为8.80%的矿泥，沉砂铁品位达到43.85%，为下一步浮选创造了有利条件。在同样的条件下，玉米淀粉一次选择性絮凝脱泥，可脱除产率为24.45%、铁品位为7.05%的矿泥；经二次絮凝脱泥可脱除产率为31.23%、铁品位为7.20%的矿泥。相比之下，在选择性方面磺化聚丙烯酰胺比玉米淀粉略差，但絮凝能力比玉米淀粉强，用量仅为玉米淀粉的几十分之一。

五、助磨剂

磨矿作业是选矿厂能耗最高的作业环节，在单一的磁选选矿厂，磨矿成本可以达到选矿总成本的75%，在浮选选矿厂也可达到50%以上。因此降低磨矿作业能耗可以显著提高选矿厂经济效益。宁乡式赤铁矿嵌布粒度极细，有时选别作业要求入选矿石粒度在20μm以下，如果单纯延长磨矿时间，将明显增加磨矿能耗，且严重降低磨机单位时间的生产能力。

东北大学、武汉科技大学等单位研究了以六偏磷酸钠、三聚磷酸钠、油酸钠等作为宁乡式铁矿助磨剂的可行性。通过对助磨剂在矿石表面的吸附特性、对矿浆黏度的影响、对矿浆电位的影响、对磨矿产品—矿粒形貌的影响、对磨矿效率的影响等研究分析，从理论上和实验中证实了上述助磨剂可以促进赤铁矿的粉碎，提高磨矿效率。

可作为鲕状赤铁矿助磨剂的物质还有木质素磺酸钠、工业盐、硫酸钠、三乙醇胺、乙二醇等，值得研究。

（一）油酸钠助磨剂

1. 油酸钠对磨矿效果的影响

油酸钠与矿样质量之比分别为0、0.2%、0.4%和0.6%，磨矿时间分别为5min、10min、15min、20min条件下进行磨矿，试验结果见图23-2、图23-3。

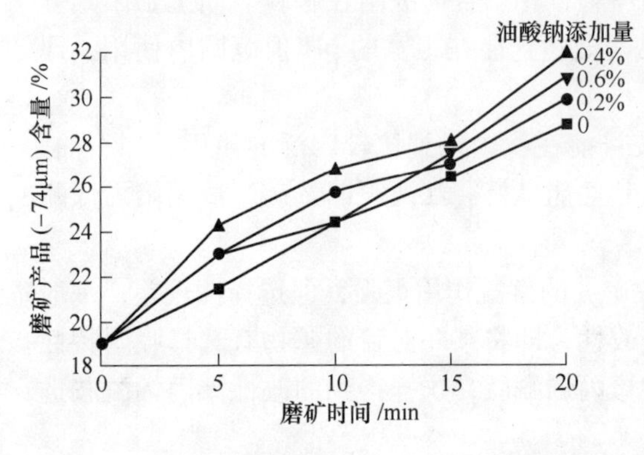

图23-2 油酸钠添加量对－74μm粒级产率的影响

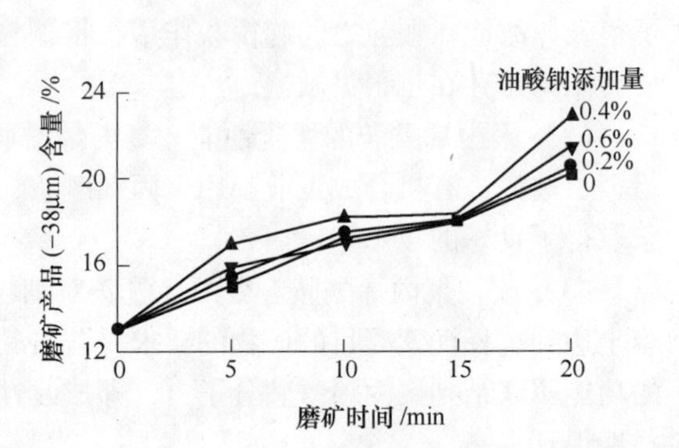

图23-3 油酸钠添加量对－38μm粒级产率的影响

从图23-2、图23-3可以看出，当油酸钠添加量与试样质量之比不高于0.4%时，随着油酸钠添加量的增加，磨矿产品中－74μm、－38μm粒级产率呈上升趋势；当油酸钠添加量超过0.4%以后，随着油酸钠添加量的增加，磨矿产品中－74μm、－38μm粒级产率呈下降趋势。在磨矿的前15min，油酸钠的助磨作用先增强后变差；磨矿时间超过15 min以后，助磨作用又呈现增强趋势。由此可见，添加适量的油酸钠有利于提高试样的磨矿效率，增加微细粒级的含量；油酸钠添加过量助磨作用将减弱。当油酸钠用量与试样质量之比为0.4%，磨矿时间为20min时，可使磨矿产品－74μm粒级含量提高3.36个百分点，相对增幅为11.71%；可使磨矿产品－38μm粒级含量提高2.30个百分点，相对增幅为11.18%。

从图23-2、图23-3还可以看出，添加油酸钠可以用较短的磨矿时间达到相同的磨矿细度。当油酸钠添加量为0.4%，磨矿产品细度为－74μm占25%和－38μm占18%所对应的磨矿时间分别为6.2min、8.0min；不添加油酸钠，磨矿产品细度为-74μm占25%和-38μm占18%所对应的磨矿时间分别为10.6min、12.3min。即添加0.4%的油酸钠与不添加油酸钠比较，磨矿产品细度均为-74μm占25%所对应的磨矿时间可减少41.51%；磨矿产品细度均为-38μm占18%所对应的磨矿时间可减少34.96%。因此，油酸钠对鄂西鲕状赤铁矿石有明显的助磨作用。

2. 助磨机理分析

根据油酸钠的溶液化学性质和油酸钠与矿物表面的反应热力学可知，一方面，随着油酸钠用量的增加，溶液中H^+浓度逐渐降低，磨矿体系pH升高，而这有利于油酸钠在赤铁矿石表面发生化学吸附，降低鲕状赤铁矿石的显微硬度，改善其表面的力学性能，促进赤铁矿颗粒的解离；另一方面，加入的油酸钠使鲕状赤铁矿颗粒发生强烈疏水凝聚，促进了鲕状赤铁矿石与介质的碰撞作用。当油酸钠用量达到试样质量的0.4%后，继续增加油酸钠用量，矿浆的pH基本不变（pH = 7.5左右），此时溶液中的OH^-与油酸根在鲕状赤铁矿石表面发生竞争吸附，使油酸钠与鲕状赤铁矿石间的化学吸附作用减弱，因而助磨作用减弱。因此，在鲕状赤铁矿石磨矿过程中，油酸钠的助磨作用呈现出先增强后变差的趋势，转折点在油酸钠添加量为0.4%时。

磨矿过程中伴随着两种起主导作用的过程：（1）随着磨矿时间增加，细颗粒含量和矿浆黏度增加，矿浆的流动性变差，因而延长磨矿时间，磨矿效率将下降。（2）随着磨矿时间增加，油酸钠逐渐渗入细小矿粒微裂缝内部，使鲕状赤铁矿石的显微硬度降低，因而有利于磨矿效率的提高。由于两种作用的交互影响，油酸钠的助磨作用随磨矿时间的延长呈现增强—变差—增强的规律。

SEM分析表明，油酸钠的加入一方面降低了鲕状赤铁矿石的显微硬度，提高了磨矿效率；另一方面促进了赤铁矿物的凝聚，使赤铁矿与胶磷矿分离。

3. 结论

（1）在磨矿过程中添加油酸钠能有效提高鲕状赤铁矿石的磨矿效率，添加量为该鲕状赤铁矿石质量的0.4%时助磨效果最佳。添加油酸钠后，达到相同磨矿细度所需的时间和能耗明显降低。

（2）油酸钠的助磨作用主要是降低赤铁矿石的显微硬度，此外油酸钠的加入使赤铁矿石颗粒发生疏水团聚，也有利于赤铁矿和胶磷矿的分离。

（二）六偏磷酸钠助磨剂

1. 六偏磷酸钠用量对鲕状赤铁矿磨矿效率的影响

磨矿效率是指磨机单位能耗生产率，可以表示为每消耗1kW·h能量所产生的-0.074mm粒级的量。在磨矿条件相同时，磨矿产品中-0.074mm粒级含量越高，磨机的磨矿效率越高。

六偏磷酸钠用量对磨矿效率影响试验结果见图23-4。

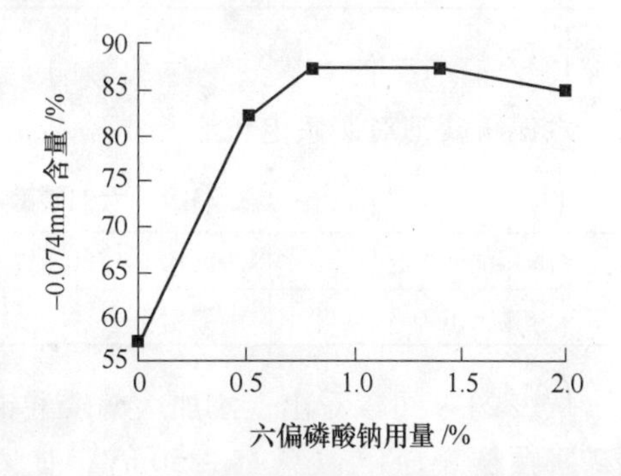

图23-4　六偏磷酸钠用量对磨矿产品细度的影响

从图23-4可以看出，随着六偏磷酸钠用量的增大，磨矿产品中-0.074mm粒级含量先明显上升后缓慢下降。因此，六偏磷酸钠可以显著提高试样的磨矿效率，当六偏磷酸钠用量为0.8%时，磨矿效率提高最显著。

2. 六偏磷酸钠在鲕状赤铁矿颗粒表面的吸附特性

添加0.8%六偏磷酸钠的磨矿产品和不添加六偏磷酸钠的磨矿产品的傅里叶红外光谱见图23-5。

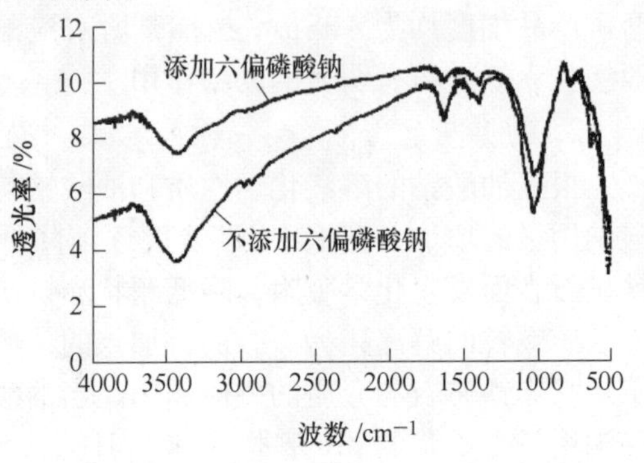

图23-5 鲕状赤铁矿磨矿产品的红外光谱

从图23-5可以看出，鲕状赤铁矿与六偏磷酸钠作用后，很多特征峰发生了偏移，层间水分子收缩振动峰由3431.80cm^{-1}和2975.58cm^{-1}处移至3423.50cm^{-1}和2967.28cm^{-1}处，层间水分子弯曲振动峰由1635.94cm^{-1}处移至1631.80cm^{-1}处，羰基伸缩振动峰由1403.69cm^{-1}处移至1399.54cm^{-1}处，P—O—(X)的伸缩振动峰由1034.56cm^{-1}处移至1030.41cm^{-1}处，说明有氢键形成。这是由于六偏磷酸钠分子中的P═O可与矿粒表面的活性氧原子借助水分子通过氢键相互结合。白云石中的羰基可与水分子生成氢键，其中的活性O^-也可吸引六偏磷酸钠分子。六偏磷酸钠分子含有大量的活性O^-，可以与矿粒表面的Fe^{3+}、Ca^{2+}、Mg^{2+}等金属阳离子通过静电引力相结合，进而在矿粒的表面形成吸附层。

3. 六偏磷酸钠对矿浆黏度的影响

六偏磷酸钠对矿浆黏度影响试验结果见表23-8。可以看出，随着六偏磷酸钠用量的增加，矿浆黏度呈先显著下降后小幅上升的趋势。加入0.8%的六偏磷酸钠时矿浆的黏度最小，为298.42Pa·s，与不加六偏磷酸钠时的1423.05Pa·s相比大幅度降低。这是因为六偏磷酸钠在矿粒表面形成的吸附薄膜起到了润滑剂的作用，降低了矿粒间的摩擦力，改善了矿粒的流动性，增加了矿浆体系的分散性，阻止了矿粒在研磨介质和磨机内壁上的黏附及颗粒之间的团聚，从而显著降低了矿浆的黏度。结合图23-4可以看出，降低矿浆黏度可以提高磨矿效率。

表23-8 六偏磷酸钠对矿浆黏度影响试验结果

六偏磷酸钠用量/%	0	0.5	0.8	1.4	2.0
矿浆黏度/Pa·s	1423.05	638.70	298.42	315.94	329.87

4. 六偏磷酸钠对矿浆电位的影响

六偏磷酸钠对矿浆电位影响试验结果见表23-9。

表23-9 六偏磷酸钠对矿浆电位影响试验结果

六偏磷酸钠用量/%	0	0.5	0.8	1.4	2.0
矿浆电位/mV	-50	-80	-78	-83	-81

从表23-9可以看出，添加六偏磷酸钠以后，矿浆电位显著下降。不加六偏磷酸钠时的矿浆颗粒表面电位只有-50mV，加入0.8%的六偏磷酸钠后的矿浆颗粒电位变为-78mV。因此，加入六偏磷酸钠可以增加矿粒表面的电荷，增大颗粒双电层间的静电排

斥力，有利于矿浆中颗粒的分散，降低矿浆的黏度，从而提高鲕状赤铁矿的磨矿效率。

5. 结论

（1）鄂西鲕状赤铁矿嵌布粒度细，难以实现单体解离，使用六偏磷酸钠作为助磨剂可以显著提高其磨矿效率。

（2）在其他条件相同的情况下，加入0.8%的六偏磷酸钠可使磨矿产品中-0.074mm粒级的含量提高30.25个百分点。

（3）六偏磷酸钠可以在鲕状赤铁矿表面大量吸附，减少微细粒级的黏附，整体上使颗粒趋向于圆形化，改变鲕状赤铁矿的表面形貌，促进矿粒表面空隙和裂缝的生成，使矿粒更容易被磨碎。

（4）加入六偏磷酸钠可以增加矿浆体系的分散性，阻止矿粒在研磨介质和磨机内壁上的黏附及颗粒之间的团聚，显著降低矿浆的黏度，改善矿浆的流动性。

（5）六偏磷酸钠通过降低矿浆黏度、增加矿粒表面电荷、促进矿粒表面空隙和裂缝生成等作用，可大幅度提高鲕状赤铁矿的磨矿效率。

第三节　选矿药剂小结

用于铁矿石浮选的药剂很多，宁乡式铁矿的工艺矿物学特性决定了其更适合采用反浮选进行选别，反浮选时最重要的药剂是选择性良好的抑制剂和捕收剂。为此，本章介绍了最有代表性的数类捕收剂和调整剂。

反浮选脱磷和反浮选脱硅时，需要将赤（褐）铁矿和磁铁矿进行选择性抑制。从已有的研究成果看，淀粉和改性淀粉对铁矿物抑制效果较好且来源广泛、价格不贵。清华大学研制的NDF、JE新型铁矿物抑制剂由煤焦化工品制成，为褐色粉末，无毒，来源广泛，用量较少，是替代淀粉类抑制剂较为理想的产品。

将各类阴离子捕收剂和胺类阳离子捕收剂进行改性，以获得选择性优良、泡沫性脆和黏度适中的脱磷、脱硅捕收剂是近些年来高磷铁矿反浮选中研究得比较多的。长沙矿冶研究院研制的RA系列、A.B组合药剂系列，马鞍山矿山研究院研制的MZ系列、MD系列，中国地质科学研究院矿产综合利用研究所研制的EM系列和北京矿冶研究总院研制的TL系列等在脂肪酸基础上改性而得的阴离子捕收剂，是高磷铁矿反浮选脱硅、脱磷捕收剂中效果较好的代表。

未来，宁乡式铁矿选矿工艺技术的进一步突破，首先需在浮选药剂研制、改性上取得更大的进步。本章所论述的反浮选脱磷阴离子捕收剂、反浮选脱硅阳离子捕收剂、抑制剂及絮凝剂，在选择性性能、泡沫黏性、温度适应性等方面尚有较大提升空间，还有一系列问题有待解决和改进：反浮选脱硅阳离子捕收剂仅对石英作用强而对含硅的硅（铝）酸盐效果甚微；针对鲕状赤铁矿开发的各型反浮选脱磷捕收剂，捕获磷矿物的同时，矿石中的造渣组分——钙镁矿物也被一起脱除；反浮选脱硅捕收剂在脱硅的同时使铁损失严重；脱磷和脱硅捕收剂黏度大，在浮选时泡沫层清洗效果差，且造成选矿产品脱水困难。随着这些问题的解决，宁乡式铁矿浮选指标将得到进一步提升。

参考文献

第一篇

[1] 陈汉中，等．湖南地质矿产资源开发战略形势研究［M］．武汉：中国地质大学出版，1990.

[2] 陈毓川，等．中国成矿体系与区域成矿评价（上）［M］．北京：地质出版社，2007：319～350.

[3] 程裕淇，主编．中国区域地质概论［M］．北京：地质出版社，1994：386～478.

[4] 程裕淇，赵一鸣，林文蔚．中国铁矿床（中国矿床中册）［M］．北京：地质出版社，1994.

[5] 程裕淇．我国已知重要铁矿类型简介［J］．地质论评，1959，25（19）：236～239.

[6] 柴辛娜，李明，金振民，高山．鄂西晚泥盆世含磷鲕状铁矿中磷的赋存状态与形成［J］．地球科学：中国地质大学学报，2011（3）：440～454.

[7] 丁格兰．中国铁矿志（上、下册）［Z］．地质专报，1921、1923 甲种第2号：27～276.

[8] 冯增昭，等．中国沉积学［M］．北京：石油工业出版社，1994：26～234.

[9] 弗里德曼，等．沉积学原理［M］．北京：科学出版社，1987：29～368.

[10] 傅家谟．鄂西宁乡式铁矿的相与成因［J］．地质学报，1961（2）：112～126.

[11] 傅家谟．鄂西宁乡式铁矿的形成和分布规律［J］．地质科学，1959（4）：109～115.

[12] 戈金明，孙传敏，何政伟，等．重庆巫山桃花铁矿床地质特征及成因［J］．四川地质学报，2008（4）：293～295.

[13] 广东省地质局．广东省区域地质志［M］．北京：地质出版社，1988.

[14] 广西壮族自治区地质局．广西区域地质志［M］．北京：地质出版社，1985.

[15] 广西壮族自治区地质局．广西泥盆纪沉积相古地理及矿产［M］．南宁：广西人民出版社，1987：17～197.

[16] 贵州省地质局．贵州省区域地质志［M］．北京：地质出版社，1987.

[17] 甘肃省地质局．甘肃省区域地质志［M］．北京：地质出版社，1989.

[18] 胡宁，徐安武．鄂西宁乡式铁矿分布层位岩相特征与成因探讨［J］．地质找矿论丛，1998（1）：40～46.

[19] 黄德仁．湘东铁矿成矿条件及找矿标志［J］．地质与勘探，1992（12）：19～29.

[20] 湖北省地质局．湖北省区域地质志［M］．北京：地质出版社，1990.

[21] 湖北省地质科学研究所，等．中南地区古生物图册（二）［M］．北京：地质出版社，1971.

[22] 湖南省地质局．湖南省区域地质志［M］．北京：地质出版社，1988.

[23] 肯尼特．海洋地质学［M］．北京：海洋出版社，1992：7～400.

[24] 侯鸿飞，王士涛．中国泥盆纪古地理［J］．古生物学报，1985，24（2）：186～197.

[25] 洪文勇，赵仕钦．广东怀集泥盆纪铁矿地质特征及远景评价［J］．西部探矿工程，2006，18（1）：111～114.

[26] 江西省地质局．江西省区域地质志［M］．北京：地质出版社，1984.

[27] 廖士范．中国宁乡式铁矿的岩相古地理条件及其成矿规律的探讨［J］．地质学报，1964（2）：68～79.

[28] 廖士范．湘赣边境宁乡式铁矿概述［J］．地质论评，1958（6）：424～427.

[29] 李思田，等．沉积盆地分析基础与应用［M］．北京：高等教育出版社，2004：1～95.

[30] 李建林．赣湘桂粤泥盆裂陷槽系及其与层控矿床的关系［J］．成都地质学院学报，1986，13（3）.

[31] 李文渊，黄福辰，姜寒冰，等．西北地区重要金属矿产成矿特征及其找矿潜力［J］．西北地质，2006（2）.

[32] 刘宝珺，曾允孚，主编．岩相古地理基础和工作方法［M］．北京：地质出版社，1985：138～206.

[33] 刘宝珺，主编．沉积岩石学［M］．北京：地质出版社，1980：396～439.

[34] 刘英俊等．元素地球化学［M］．北京：科学出版社，1984：50～58.

[35] 刘云勇，姚敬劬，万传辉．鄂西泥盆纪沉积铁矿成矿元素和主要伴生元素分布规律［J］．资源环境与工程，2016（1）：17～24.
[36] 刘严松，何政伟，龙晓君，等．重庆桃花赤铁矿地质特征及成矿规律分析［J］．地质与勘探，2010（2）：230～237.
[37] 林成辉．湘东地区宁乡式铁矿地质矿床特征及开发利用意见［J］．湖南冶金，1989（5）：42～45.
[38] 林立青．菜园子菱铁矿床氢氧碳同位素特征及其地质意义［J］．贵州地质，1986（3）．
[39] 毛丕建，秦元奎．湖北省建始县宁乡式铁矿基本特征及开发利用［J］．资源环境与工程，2007（5）：524～532.
[40] 彭大明．摩天岭隆起金属矿产查勘浅析［J］．黄金科学技术，2003.6：1～10.
[41] 孟祥化，等．沉积盆地与建造层序［M］．北京：地质出版社，1993：1～101.
[42] 秦元奎，杨宏伟，吴义松，姚敬劬．鄂西沉积铁矿含矿盆地分析［J］．资源环境与工程，2013（6）：741～748.
[43] 秦元奎，姚敬劬．鄂西泥盆纪沉积铁矿建造分析［J］．资源环境与工程，2014（2）：132～137.
[44] 秦元奎，姚敬劬．五峰县龙角坝铁矿区磁性铁矿层的发现及其地质意义［J］．资源环境与工程，2011（4）：299～303.
[45] 秦元奎，边敏，杨宏伟，姚敬劬．鄂西泥盆纪沉积铁矿成矿岩相古地理条件分析［J］．资源环境与工程，2015（2）：132～139.
[46] 丘赫洛夫．胶体矿物学原理［M］．北京：科学出版社，1965：1～243.
[47] 丘达光．桂东北宁乡式铁矿中赤铁矿鲕粒成因的新认识［J］．矿物岩石地球化学通报，1991（3）：148～150.
[48] 沈承珩，王守伦，等．世界黑色金属矿产资源［M］．北京：地质出版社，1995：1～143.
[49] 四川省地质局．四川省区域地质志［M］．北京：地质出版社，1991.
[50] 水涛．中国东南大陆基底构造格局［J］．中国科学（B辑），1987（4）：414～422.
[51] 孙唯衡，吴鹏，张雷．湖北巴东县刘家湾铁矿地质特征及成矿浅析［J］．资源环境与工程，2015（4）：387～390.
[52] 同济大学海洋地质系．海陆地层辨认标志［M］．北京：科学出版社，1980：135～146.
[53] 王鸿祯，主编．中国古地理图集［M］．北京：地质出版社，1985：54～141.
[54] 王鸿祯，主编．华南地区古大陆边缘构造史［M］．武汉：武汉地质学院出版社，1986：1～256.
[55] 王钰，俞昌民．中国的泥盆系［M］．北京：科学出版社，1962：38～49.
[56] 王曰伦，刘祖彝，程裕淇．湖南宁乡铁矿地质［R］．地质汇报，1938，32号：1～32.
[57] 徐安武，胡宁，曾波夫．岩相古地理文集（7）［M］．北京：地质出版社，1992：127～172.
[58] 谢家荣，孙健初，程裕淇．扬子江下游铁矿志［J］．地质学报，1935，甲种第十三号：1～78.
[59] 肖军，刘严松，孙传敏，等．巫山县桃花赤铁矿地质特征及成因探讨［J］．矿物岩石，2009（3）：69～73.
[60] 姚敬劬．应重新规划开发宁乡式铁矿［J］．国土资源科技管理，2005（5）：13～16.
[61] 姚敬劬，张华成．宁乡式铁矿工艺矿物学特征及选矿效果预期［J］．资源环境与工程，2008（5）：481～487.
[62] 姚培慧，主编．中国铁矿志［M］．北京：冶金工业出版社，1993：399～598.
[63] 杨敬之，穆恩之．鄂西泥盆纪地层［J］．古生物学报，1953，1（2）：58～65.
[64] 云南省地质局．云南省区域地质志［M］．北京：地质出版社，1990.
[65] 叶连俊．沉积矿床成矿时代的地史意义［J］．地质科学，1997（7）：210～216.
[66] 叶连俊．外生矿床陆源汲取成矿论［J］．地质科学，1963（2）：67～87.
[67] 袁见齐，朱上庆，翟裕生．矿床学［M］．第二版．北京：地质出版社，1985：1～345.

[68] 赵一鸣，毕承思．宁乡式沉积铁矿床的时空分布和演化［J］．矿床地质，2000（4）：350～360.
[69] 赵一鸣，主编．中国铁矿矿产资源图（1:500万）［M］．北京：地质出版社，2005.
[70] 中国地层典编委会．中国地层典（泥盆系）［M］．北京：地质出版社，2000.
[71] 中国矿床发现史（湖北卷）编委会．中国矿床发现史（湖北卷）［M］．北京：地质出版社，1996.
[72] 张汉金．湖北省泥盆纪古地理基本模式［J］．资源环境与工程，2006（5）：493～495.
[73] 张裕书．宁乡式鲕状赤铁矿选矿研究进展［J］．金属矿山，2010（8）：90～96.
[74] 张大玉．四川江油泥盆纪宁乡式铁矿中的铁绿泥石［J］．矿物岩石，1981（5）：17～19.
[75] 张丽萍，杨达源，朱大奎．长江三峡黄陵背斜段地质时期结晶风化剥蚀速率研究［J］．中国科学：D辑，2003，33（1）：81～88.
[76] 曾允孚，等．中国南方泥盆纪岩相古地理与成矿作用［M］．北京：地质出版社，1993：1～49.
[77] 翟裕生，姚书振，蔡克勤，主编．矿床学［M］．北京：地质出版社，2011：248～285.
[78] 祝新友，王京彬，王艳丽，程细音．宁乡式铁矿成因新解——后生热液成因的地球化学证据［J］．矿产勘查，2015（1）：7～16.
[79] 朱继存．宁乡式铁矿床成因的新认识［J］．合肥工业大学学报，2001（1）：143～145.
[80] 周家云，郑荣才，张裕书，等．华南泥盆纪古地理环境对宁乡式铁矿床时空分布矿石特征的制约［J］．地质科技情报，2009（1）：93～98.
[81] Anderson Don L. New Theory of the Earth [M]. Blackwell: Blackwell Scientific Publications, 1989: 1～403.
[82] Borchert H. Genesis of marine sedimentary iron ores [J]. Irans, Inst Min Metall, 1960, 69: 261～279.
[83] Bubenicek L. Geologie des minerais de fer oolithiques [J]. Miner Deposita, 1968 (3): 89～108.
[84] Dickinson W R, Suczek C A. Plate tectonics and sandstone compositions [J]. Bull Am Ass Petrol Geol, 1979, 63: 2164～2182.
[85] Klei G. Current aspects of basin analysis [J]. Sedimentary Geology, 1987, 50: 95～118.
[86] Mckenzie D. Some remarks on the development of sedimentary basins [J]. Earth and Planetary Science Letters, 1978, 40: 25～32.
[87] Miall A D. Principles of sedimentary basin analysis [M]. Berlin: Springer-Verlag, 1984: 253～257.
[88] Paproth, Streel M. In searth of devonian-Carboniferous Boundary [J]. Episodes, 1985, 8: 110～111.
[89] Pettijohn E J. Sedimentary rocks [M]. New York: Itarper and Row Publish, 1975.
[90] Reineck H E. et al. Depositional sedimentary environments [M]. Berlin: Springer-Verlay, 1973: 175～176.
[91] Read J F. Carbonate platform facies models [J]. AAPG, 1985, 69: 1～21.
[92] Schwab F L. Cyclical geosynclinals sedimentation: A petrographic examination [J]. Sedim Petrol, 1969, 39: 1325～1343.
[93] White W M. Geochemistry [M]. John-Hpkins University Press, 2005: 1～701.

第二篇

[1] 北京矿冶研究总院．矿石及有色金属分析手册［M］．北京：冶金工业出版社，1990：253～300.
[2] 边效曾．铁矿的普查与勘探［M］．北京：地质出版社，1957：1～178.
[3] 曹信禹．关于应用工业指标圈定矿体问题的初步探讨［J］．有色金属（矿山部分），1984（2）：43～45.
[4] 曹宏燕，主编．冶金材料分析技术与应用［M］．北京：冶金工业出版社，2008：985～1010.
[5] 曹叔良．对湖南宁乡式铁矿勘探与评价的见解［J］．地质与勘探，1957，14：1～5.
[6] 程裕淇．对于勘探中国铁矿的初步意见［J］．地质学报，1953（2）：15～25.
[7] 地质部，冶金部．铁矿地质勘探规范［M］．北京：地质出版社，1981.

[8] 丁绪荣．地球物理勘探 [M]．北京：地质出版社，1982：75～98.
[9] 傅良魁．电法勘探教程 [M]．北京：地质出版社，1990：127～254.
[10] 郭茂生，王峰．铁矿石物相分析标准物质研制 [J]．岩矿测试，1996（4）：311～318.
[11] 国家标准化管理委员会．GB/T 6730.63—2006 铁矿石铝、钙、镁、锰、磷、硅和钛含量的测定，电感耦合等离子体发射光谱法 [S]．北京：中国标准出版社，2006.
[12] 国家标准化管理委员会．GB/T 6730.62—2005 铁矿石钙、硅、镁、钛、磷、锰、铝和钡含量测定，波长色散 X 射线荧光光谱法 [S]．北京：中国标准出版社，2005.
[13] 国家标准化管理委员会．GB/T 6730.5—2007 铁矿石全铁含量的测定，三氯化钛还原法重铬酸钾滴定法 [S]．北京：中国标准出版社，2008.
[14] 国家标准化管理委员会．GB/T 6730.70—2013 铁矿石全铁含量的测定，氯化亚锡还原滴定法 [S]．北京：中国标准出版社，2013.
[15] 国家标准化管理委员会．GB/T 6730.17—2014 铁矿石化学分析方法，燃烧碘量法测定硫量 [S]．北京：中国标准出版社，2014.
[16] 国家标准化管理委员会．GB/T 6730.9—2006 铁矿石化学分析方法，硅含量的测定 [S]．北京：中国标准出版社，2006.
[17] 国家标准化管理委员会．GB/T 6730.11—2007 铁矿石化学分析方法，EDTA 容量法测定铝量 [S]．北京：中国标准出版社，2007.
[18] 国家标准化管理委员会．GB/T 6730.49—1986 铁矿石化学分析方法，原子吸收分光光度法测定钾和钠 [S]．北京：中国标准出版社，1986.
[19] 国家标准化管理委员会．GB/T 6730.13—2007 铁矿石化学分析方法，EGTA-CyDTA 滴定法 [S]．北京：中国标准出版社，2007.
[20] 国家标准化管理委员会．GB/T 6730.14—1986 铁矿石化学分析方法，原子吸收分光光度法测定钙、镁量 [S]．北京：中国标准出版社，1986.
[21] 国家标准化管理委员会．GB/T 6730.18—2006 铁矿石磷含量的测定，钼蓝分光光度法 [S]．北京：中国标准出版社，2006.
[22] 国家标准化管理委员会．GB/T 6730.59—2005 铁矿石锰含量的测定，火焰原子吸收光谱法 [S]．北京：中国标准出版社，2005.
[23] 国家标准化管理委员会．GB/T 6730.68—2009 铁矿石灼烧减量的测定 [S]．北京：中国标准出版社，2009.
[24] 国家标准化管理委员会．GB/T10322.1—2000 铁矿石取样和制样方法 [S]．北京：中国标准出版社，2000.
[25] 国土资源部．DZ/T 0200—2002 铁、锰、铬矿地质勘查规范 [S]．北京：地质出版社，2002.
[26] 国土资源部．DZ/T 0130—2006 地质矿产实验室测试质量管理规范 [S]．北京：地质出版社，2006.
[27] 国家地质总局．金属矿床地质勘探规范总则 [M]．北京：地质出版社，1977.
[28] 侯景儒，李飞跃．地质统计学（空间信息统计学）及其在地质勘查及找矿中的应用 [J]．钢铁，1997，32（增刊）：162～164.
[29] 侯德义．找矿勘探地质学 [M]．北京：地质出版社，1984.
[30] 李裕伟．空间信息技术的发展及其在地球科学中的应用 [J]．地学前缘，1998（2）：335～341.
[31] 李赋屏，李毅，苏亚汝．矿床地球化学类型及其在地质勘查中的意义 [J]．矿床地质，2010，29（3）：572～578.
[32] 李色篆，蒲绍东，张益民，等．岩矿石磁性研究方法 [M]．北京：冶金工业出版社，1988：58～295.
[33] 李程光．对矿石工业品位指标的几点认识 [J]．中国地质，1989（1）：13～15.
[34] 刘天佑．地球物理勘探概论 [M]．北京：地质出版社，2007：154～201.

[35] 刘凤祥，王学武，李新仁．固体矿产地质勘查基本方法［M］. 昆明：云南科技出版社，2013：243～261.
[36] 罗明扬．地质与矿山地质学［M］. 北京：冶金工业出版社，1993：17～25.
[37] 谭承泽，郭绍雍．磁法勘探教程［M］. 北京：地质出版社，1984：254～310.
[38] 唐瑞才．试论固体矿产普查勘探阶段合理划分［J］. 地质与勘探，1987（9）：27～30.
[39] 唐瑞才．湖北官店矿区的勘探网度问题［J］. 地质与勘探，1958（8）：24～27.
[40] 王润生，熊盛青，聂洪峰，等．遥感地质勘查技术与应用研究［J］. 地质学报，2011，85（11）：1699～1743.
[41] 王永基．中国铁矿勘查回顾［J］. 地质学刊，2007，31（3）：161～164.
[42] 薛建之．对矿石工业品位指标问题的几点探讨［J］. 地质与勘探，1974（7）：28～34.
[43] 颜茜．铁矿开发利用对勘探程度要求浅析［J］. 工程建设，2011，43（1）：14～19.
[44] 袁仁华，夏宏伟．论固体矿产地质勘查技术的应用［J］. 地球（勘探与测绘），2014（8）.
[45] 袁学诚．金属地球物理勘探的三十年［J］. 地球物理学报，1979，22（4）：364～369.
[46] 叶松青．矿产勘查学［M］. 北京：地质出版社，2011：1～236.
[47] 岩石矿物分析编委会．岩石矿物分析［M］. 北京：地质出版社，2011.
[48] 有色金属工业分析丛书编辑委员会．现代分析化学基础［M］. 北京：冶金工业出版社，1993.
[49] 中化化工标准化所．化学试剂标准汇编［M］. 北京：中国标准化出版社，2005.
[50] 中南矿冶学院物探教研室．金属矿电法勘探［M］. 北京：冶金工业出版社，1980：1～420.
[51] 周秋兰．谈谈勘探类型和勘探网度问题［J］. 地质与勘探，1977（5）：43～47.
[52] 张义彬．多源地学数据的图像处理及在地质勘查中的应用［J］. 物探化探计算技术，1992（1）：84～87.
[53] 张久恒．地质勘探研究程度与矿山建设衔接问题的讨论［J］. 新疆有色金属，1989（3）：17～21.
[54] 张燕．金属矿产地质学［M］. 北京：冶金工业出版社，2011：1～279.
[55] 朱裕生．矿产预测理论——区域成矿学向矿产勘查延伸的理论体系［J］. 地质学报，2006，80（10）：1518～1527.
[56] 赵鹏大．地质勘查中的统计分析［M］．北京：中国地质大学出版社，1990：5～123.

第三篇

[1] 鲍光明，等．鄂西鲕状高磷赤铁矿微生物脱磷研究［J］. 金属矿山，2010（3）：40～42.
[2] 毕学工，等．高磷铁矿脱磷工艺研究现状［J］. 河南冶金，2007（6）：3～7.
[3] 陈有垒，等．重庆巫山桃花铁矿脱泥——反浮选试验［J］. 现代矿业，2012（1）：89～92.
[4] 陈文祥，等．巫山桃花高磷鲕状赤铁矿联合选矿脱磷工艺研究［J］. 金属矿山，2009（3）：50～53.
[5] 陈斌，主编．磁电选矿技术［M］. 北京：冶金工业出版社，2010.
[6] 崔吉让，等．高磷铁矿石脱磷工艺研究现状及发展方向［J］. 矿产综合利用，1998（6）：20～24.
[7] 段正义，等．鄂西高磷赤铁矿絮凝效果及性能研究［J］. 现代矿业，2011（1）：43～45.
[8] 段正义，等．鄂西高磷赤铁矿分散剂性能及机理研究［J］. 金属矿山，2015（3）：63～65.
[9] 杜俊峰，等．积极发展直接还原铁生产技术应对21世纪电炉废钢紧缺的挑战［J］. 工业加热，2002（2）：1～4.
[10] 郭倩，等．原矿粒度对鄂西高磷鲕状赤铁矿直接还原焙烧同步脱磷的影响研究［J］. 矿冶工程，2013，33（1）：60～64.
[11] 贺爱平，等．鄂西宁乡式铁矿物质组成研究［J］. 资源环境与工程，2012，26（6）：557～565.
[12] 贺爱平．中国采选技术十年回顾与展望：鄂西高磷铁矿开发技术路线之思考［M］. 北京：冶金工业出版社，2012：92～96.

[13] 黄涛．高磷鲕状赤铁矿制备铁精矿和富磷渣技术研究［D］．长沙：中南大学，2012.
[14] 黄礼煌．化学选矿［M］．北京：冶金工业出版社，2012.
[15] 胡文韬，等．直接还原—烧结系统中铁颗粒聚集体的形成与金相组织研究［J］．中南大学学报，2013（10）：3971～3976.
[16] 韩尚龙，等．铁矿石“块矿重选”现状及几个问题的探讨［J］．矿山技术，1973（3）.
[17] 姜涛，等．钠盐对高铝褐铁矿还原焙烧铝铁分离的影响［J］．中国有色金属学报，2010，20（6）：1226～1233.
[18] 李艳军，等．现代铁矿石选矿［M］．合肥：中国科学技术大学出版社，2009.
[19] 李育彪，等．鄂西某高磷鲕状赤铁矿磁化焙烧及浸出除磷试验［J］．金属矿山，2010（5）：64～67.
[20] 李永利．高磷鲕状赤铁矿直接还原同步脱磷研究［J］．矿冶工程，2011，31（2）：68～70.
[21] 李国峰，等．鄂西某鲕状赤铁矿石深度还原—弱磁选试验［J］．金属矿山，2013（8）：53～56.
[22] 李静华．高磷鲕状赤铁矿还原焙烧—磁选中铁和磷的富集行为研究［J］．中南大学学报，2014（4）.
[23] 廖建国，等．转炉连续脱磷脱碳工艺的开发［J］．世界金属导报，2001（6）.
[24] 刘万峰，等．湖北含磷鲕状赤铁矿选矿扩大试验研究［J］．有色金属（选矿部分），2008（2）：9～12.
[25] 刘竹林，主编．炼铁原料［M］．北京：化学工业出版社，2007.
[26] 刘君，等．高磷铁矿处理及高磷铁水脱磷研究进展［J］．材料与冶金学报，2007，6（3）：173～179.
[27] 雷绍民，等主编．矿物加工技术经济［M］．长沙：中南大学出版社，2012.
[28] 雷婷．高磷鲕状赤铁矿中磷矿物的还原焙烧行为及铁磷分离技术［J］．中南大学学报，2012（3）.
[29] 林祥辉，等．鄂西难选铁矿的选矿与药剂研究新进展［J］．矿冶工程，2007，27（3）：28～29.
[30] 卢尚文．宁乡式胶磷铁矿用解胶浸矿法降磷的研究［J］．金属矿山，1994（8）：30～36.
[31] 梅光军，等．宜昌高磷赤铁矿反浮选提铁降磷试验研究［J］．武汉理工大学学报，2010，32（19）：93～97.
[32] 秦元奎，等．湖北省建始县宁乡式铁矿基本特征及开发利用［J］．资源环境与工程，2007（5）：524～532.
[33] 秦元奎，姚敬劬．龙角坝铁矿磁性矿石的发现及其地质意义［J］．资源环境与工程，2011（4）：299～303.
[34] 钱功明，等．油酸钠对鄂西某鲕状赤铁矿石的助磨作用［J］．金属矿山，2013（9）：70～75.
[35] 邱俊，等编著．铁矿选矿技术［M］．北京：化学工业出版社，2009.
[36] 饶鹏．宜昌高磷赤铁矿反浮选提铁降磷工艺与机理研究［D］．武汉：武汉理工大学学报，2008.
[37] 苏建芳，等．高磷鲕状赤铁矿脱磷技术研究现状［J］．现代矿业，2013（7）：1～6.
[38] 邵广全，等．鄂西高磷鲕状赤铁矿资源开发应用［J］．有色金属（选矿部分），2013（增刊）：155～160.
[39] 孙传尧，主编．当代世界的矿物加工技术与装备［M］．北京：科学出版社，2006.
[40] 唐海燕，等．恩施高磷鲕状铁矿煤基直接还原的试验［J］．钢铁，2013（8）：9～13.
[41] 王化军，等．微细铁颗粒的单体解离特性和选择性回收工艺［J］．北京科技大学学报，2013（11）：1424～1430.
[42] 王运敏，主编．中国黑色金属矿产选矿实践［M］．北京：冶金工业出版社，2014.
[43] 王国军，等．鲕状赤铁矿循环流化床焙烧—磁选试验研究［J］．金属矿山，2010（2）：57～61.
[44] 王纪镇，等．赤铁矿反浮选脱硅新型胺类捕收剂的结构性能计算［J］．北京科技大学学报，2013

(10)：1262～1267.
[45] 王泽红，等．六偏磷酸钠提高鄂西鲕状赤铁矿石磨矿效率研究［J］．金属矿山，2013 (5)：71～74.
[46] 王秋林，等．闪速磁化焙烧技术实现复杂难选铁矿资源化产业化［J］．金属矿山，2009 (11)：179～182.
[47] 王秋林，等．复杂难选高磷鲕状赤铁矿提铁降磷试验研究［J］．矿产保护与利用，2011 (3)：10～14.
[48] 王秋林，等．高磷鲕状赤铁矿焙烧—磁选—反浮选试验研究［J］．湖南有色金属，2009（8），25 (4)：12～15.
[49] 文勒，等．鲕状赤铁矿提铁降磷工艺研究［J］．武汉理工大学，2006（5）.
[50] 韦东．鄂西高磷鲕状赤铁矿提铁降杂技术研究［J］．现代矿业，2011（5）：28～31.
[51] 魏玉霞，等．某难选铁矿石压球—直接还原—磁选试验［J］．金属矿山，2012（3）：70～73.
[52] 小川雄司，等．转炉连续脱磷脱碳工艺的开发［J］．世界钢铁，2001（6）：44～51.
[53] 闫武，等．EM-501 对高磷鲕状赤铁矿的脱磷效果［J］．金属矿山，2010（8）：55～58.
[54] 杨慧芬，等．红城红球菌对微细粒赤铁矿的吸附—絮凝作用［J］．中南大学学报，2013 (3)：874～879.
[55] 杨大伟，等．鄂西某高磷鲕状赤铁矿提铁降磷选矿试验研究［J］．金属矿山，2009（10）：81～83.
[56] 姚敬劬，张华成．宁乡式铁矿工艺矿物学特征及选矿效果预期［J］．资源环境与工程，2008 (5)：481～487.
[57] 叶卉，等．铁矿石资源的战略研究［M］．北京：冶金工业出版社，2009.
[58] 袁启东，等．云南东川包子铺高磷赤褐铁矿选矿工艺研究［J］．金属矿山，2007（4）：30～33.
[59] 袁致涛，等．我国难选铁矿资源利用的现状及发展方向［J］．金属矿山，2007（1）：1～6.
[60] 于宏东．长阳火烧坪铁矿工艺矿物学研究［J］．矿冶，2008（2）：107～110.
[61] 余侃萍．高磷铁矿反浮选降磷捕收剂的研究与应用［J］．中南大学学报，2013（2）.
[62] 余锦涛，等．高磷鲕状铁矿酸浸脱磷［J］．北京科技大学学报，2013（8）：986～993.
[63] 尹明水，等．磷酸酯淀粉对赤铁矿抑制性能研究［J］．有色金属（选矿部分），2013（2）：64～67.
[64] 印万忠，等．铁矿选矿新技术与新设备［M］．北京：冶金工业出版社，2008.
[65] 周建男．钢铁生产工艺装备新技术［M］．北京：冶金工业出版社，2004.
[66] 周继程．高磷铁矿脱磷技术研究［J］．炼铁，2007，26（2）：40～42.
[67] 张洪恩，等．红铁矿选矿［M］．北京：冶金工业出版社，1983.
[68] 张裕书，等．宁乡式鲕状赤铁矿选矿研究进展［J］．金属矿山，2010（8）：91～96.
[69] 张裕书，等．EM-501 对高磷鲕状赤铁矿的脱磷效果［J］．金属矿山，2010（8）：55～58.
[70] 朱玉霜，等．浮选药剂的化学原理［M］．长沙：中南工业大学出版社，1996.
[71] 朱江，等．湖北宜昌高磷赤铁矿的选矿工艺研究［J］．金属矿山，2006（增刊）：189～191.
[72] 朱俊士．选矿试验研究与产业化［M］．北京：冶金工业出版社，2004.
[73] 朱一民，等．高取代度羧甲基淀粉作齐大山铁矿反浮选抑制剂［J］．金属矿山，2013 (7)：67～70.
[74] 赵伟，等．磁选设备的发展及应用现状［J］．矿冶，2012（1）：80～82.
[75] 赵文广．电弧炉炼钢生产技术［M］．北京：化学工业出版社，2010.
[76] 郑桂兵，等．高磷铁矿石脱磷工艺研究现状与发展［J］．中国矿业，2006（增刊）：1～3.
[77] 曾克文．鲕状高磷赤铁矿选矿脱磷试验研究［J］．金属矿山，2010（9）：41～43.
[78] Henrion R, et al. The LBE process: Five years of worldwide industrial operation [R]. Fachbenchte Huttenpraxis Metallweiterverarbeitung, 1985.

[79] Jamieson E, Jones A, Cooling D, Stockton N. Magnetic separation of Red Sand to produce value [J] Minerals Engineering, 2006, 19 (15): 1603 ~ 1605.

[80] Natarajan K A, et al. Role of bacterial interaction and bioreagents in iron flotation [J]. Int Miner Process, 2001 (9): 143 ~ 157.

[81] Osamay Y, Ishii Y, Koizumik K, et al. Enhancement and stabilization of desulofurizato activity of rhodococcus erythropolis KA2-5-1 by feeding ethanol and sulfue components [J]. Journal of Bioscience and Bioengineering, 2002, 94 (5): 447 ~ 452.

[82] Yoshida K. Development of new metal dephosphorization process at Kashima steel works [J]. Steel Times Interenation, 1990, 14 (3) .